猫狗自然养育圣经

DR.PITCAIRN'S COMPLETE GUIDE TO NATURAL HEALTH FOR DOGS AND CATS

[美] 理查德 · H. 皮特凯恩
（Richard H. Pitcairn）——著

[美] 苏珊 · H. 皮特凯恩
（Susan H. Pitca

欧阳瑾 ——

電子工業出版社
Publishing House of Electronics Industry
北京 · BEIJING

版权贸易合同登记号 图字：01-2019-0549

图书在版编目（CIP）数据

猫狗自然养育圣经 /（美）理查德 • H.皮特凯恩（Richard H. Pitcairn），（美）苏珊 • H.皮特凯恩（Susan H. Pitcairn）著；欧阳瑾译. — 北京：电子工业出版社，2019.7
书名原文：DR. PITCAIRN'S COMPLETE GUIDE TO NATURAL HEALTH FOR DOGS AND CATS
ISBN 978-7-121-36885-1

Ⅰ. ①猫… Ⅱ. ①理… ②苏… ③欧… Ⅲ. ①猫—饲养管理②犬—饲养管理
Ⅳ. ①S829.3②S829.2

中国版本图书馆 CIP 数据核字（2019）第 120916 号

责任编辑：周　林　　特约编辑：徐学锋
印　　刷：三河市鑫金马印装有限公司
装　　订：三河市鑫金马印装有限公司
出版发行：电子工业出版社
　　　　　北京市海淀区万寿路 173 信箱　　邮编：100036
开　　本：787×1 092　1/16　印张：32.75　字数：681 千字
版　　次：2019 年 7 月第 1 版
印　　次：2019 年 7 月第 1 次印刷
定　　价：118.00 元

凡所购买电子工业出版社图书有缺损问题，请向购买书店调换。若书店售缺，请与本社发行部联系，联系及邮购电话：（010）88254888，88258888。
质量投诉请发邮件至zlts@phei.com.cn，盗版侵权举报请发邮件至dbqq@phei.com.cn。
本书咨询联系方式：25305573（QQ）。

谨以本书，献给世间的所有动物：它们与人类为友，与我们做伴，在很多方面也是我们的良师，我们与其一路同行。我们深切希望，本书既能够让已经成为人类家庭一员的宠物猫狗长久受益，也能够让其他动物长久受益，因为它们与人类一起，分享着地球这颗美丽宝贵的行星。

我们还要感谢关注这本书的所有老师、学者、作家，同事、客户、编辑、朋友、家人、读者，以及爱心满怀的支持者，因为正是你们，让我们的生活和工作变得与众不同。你们所做的一切，我们会永远铭记在心。

推荐序

理查德·H. 皮特凯恩与苏珊·H. 皮特凯恩合著的《猫狗自然养育圣经》中文版，就要与大家见面了。我有幸先一步阅读了欧阳瑾先生翻译的中文书稿，并对照翻阅了英文原著，有一种爱不释手的感觉，这是一本不可多得的好书。

皮特凯恩的这部专著初版于 1981 年出版，我们现在看到的中文版，是经作者 2017 年最新修订的第四版。该书在美国已经累计销售 50 余万册，被誉为整体保健和自然保健的奠基之作。它推动了一场宠物整体保健运动，其提倡的一种符合自然的宠物养育方法，已被很多人接受。

20 世纪 80 年代中叶，正值中国农业大学教学动物医院的一个发展转折点。那时，我刚研究生毕业留校任教，我院的教学动物医院可谓是车水马龙：第一排平房住满了前来就诊的马、牛、驴和骡子，第二排平房是提供给畜主住的客房，诊室里每天都有许多大家畜在那里化验、输液和接受手术，晚上医院也是灯火通明，临床系教授们轮流在动物医院值班。那时在北京的城乡接合部还经常能看到马车。然而到了 20 世纪 90 年代初，我们学院新建的动物医院及临床兽医学大楼落成后，来医院诊疗的大动物一下子不见了；大动物诊疗大厅成了教学示范的地方，而带着小型犬猫前来就诊的人，却逐渐多了起来。我担任班主任的那一届大五里有几名学生，翻译了一本《养猫知识与猫病》。此书经内科高得仪教授校正后，于 1987 年出版，恐怕是当时少有的关于宠物疾病方面的书了。这几位学生都是十分喜爱兽医临床的，可如今只有一位名叫刘郎的学生一直坚持从事小动物临床工作，后来还成了首都宠物医师协会会长及亚洲小动物医师协会会长。

宠物养育在中国的兴起，与中国的经济发展是相伴而行的。经过 20 世纪 90 年代的萌芽期、21 世纪头十年的培育期，和近十年的快速发展期，已经形成了相当的规模，使中国成了全球宠物数量增长最快的国家。据有关不完全统计，我国宠物犬猫数量已有 1 亿只以上，养有宠物的家庭超过 6000 万，宠物医院超过 1 万家，从业人员（包括兽医师、助理兽医师和辅助人员）

逾 10 万人，每年还新增兽医师和助理兽医师约 1.5 万人。

宠物数量在中国快速增长，犬猫走进了千家万户，也使很多方面跟不上，出现失衡。一方面是对公众的教育不足，养狗养猫人群的理念、态度、知识和技术等方面远远滞后于需求，譬如犬猫怎样喂养才能更健康？宠物的哪些行为是正常行为？哪些是异常行为？我们如何与犬猫交流？什么情况下需要看兽医？怎样做好宠物的免疫、驱虫和卫生管理？特殊情况或应急状况下我们该如何去应对？这些实用知识方面的读物太少，而且要么是太浅显，要么就是过于专业，缺少医学知识的人很难读懂。另一方面，我国宠物医师的整体水平跟不上宠物对保健和医疗的需求。本人在 1999 年到 2012 年曾担任中国农业大学动物医学院院长一职。在过去的 20 多年里，中国农业大学一直承担着高校教学动物医院宠物临床的师资培训工作。我看到，很多大学兽医学院大动物临床系的老师转型成了宠物医师，而教学动物医院也逐步转型为以犬猫疾病诊疗为主的医院，尤其是在大城市里，由于大动物进不了城，农场大动物疾病主要靠临床大夫出诊。中国农业大学动物医学院动物医学专业每年有毕业生 120 人，其中有大约 10%的学生毕业后会从事小动物临床工作，每年也有一些小动物临床医学专业的硕士、博士加入宠物医疗的队伍，成为这个领域的佼佼者。但总体看，中国宠物医师无论在数量上还是在质量上，都不能满足犬猫伴侣动物数量快速增长的需要。近年来，我国大学教育开始强调以本科教育为本、知识传授与技能训练并重，行业协会开始提供执业兽医继续教育，大型连锁宠物医院也开始提供系统内的培训，国际交流日益广泛，因此我相信，中国宠物医师的整体水平将出现一种飞跃式的发展，逐步接近发达国家的水平。

本书非常适合犬猫主人阅读和学习，可帮助读者回答上面的问题。其中的每一章节篇幅都很短，文字生动、活泼、流畅，像讲故事一样娓娓道来，不但教会你处理养犬养猫过程中遇到的各种难题，还会告诉你，你和你的宠物应该采取一种什么样的健康的生活方式。我们观察到，宠物主人的生活方式存在问题，而她（他）的犬猫往往也会有同样的问题，比如肥胖症或一些慢性病，它们都与生活方式有关。你也可以把这本书当作手册来使用，带着问题去寻找解决问题的方案。

本书也非常适合宠物医师学习，尤其是适合刚入门的年轻宠物大夫，因为他们对于猫狗及其疾病的知识还知之甚少，碰到的挑战一定很多，正如作者描述的他刚刚从业时的情形：“治疗并不像学校里老师告诉我们的那样，课本上的方法对许多疾病完全不起作用”。作者的从业经历给了我们很多宝贵的经验。皮特凯恩博士毕业于加州戴维斯分校兽医学院，并在该院获得了兽医学博士（DVM）学位；在南加州一家诊所工作了一段时间之后，他进入华盛顿州立大学主攻兽医微生物学与免疫学，并获得了博士学位（Ph. D）；接下来，他又回到宠物临床领域，

成立了“动物自然保健中心”，采用营养学、顺势疗法和草药进行动物保健工作。皮特凯恩博士是一个善于学习、勤于思考、勇于实践并追求理想的人，他善于从实践中发现问题，在实践中摸索解决问题的方法，并总结提炼上升为经典。书中列举了一个个生动的案例，提供了大量翔实的参数、营养配方和操作规程，实用性强，应该说这些经验总结凝集了作者毕生的心血。

最后，我想提一下贯穿全书始终的核心词，就是“自然”与“整体”四个字，在本书的引言中，作者也对其做了阐述。人类对于生命体的认识，是从整体向细节逐步深入的。就像我们教学生学习动物解剖与组织学课程一样，学生是从认识个体开始，到认识系统、器官、组织，再到认识细胞及大分子。然而，生命个体并不是由这些大大小小的物件简单组合而成的，它是一个有机体。中国古代医书《黄帝内经》就运用“整体”观念，认为人体本身与自然界是一个整体，同时人体结构和各个部分都是彼此联系的，是一个统一体。因此，用整体观认识生命，会为我们解决宠物的健康问题提供思路和解决方案。本书作者在猫犬的保健问题上，自始至终都体现出了“整体”和“自然”的理念，并在实践中摸索出了一整套的方法，归纳总结成行之有效的保健方法。我认为，这种理念的哲学思想和价值观是值得推崇的，对于解决当今人类所面临的困境如环境恶化、资源短缺等问题是有益的。千千万万人的生活方式会改变世界、改变地球，我们应提倡一种节俭自然的生活方式，杜绝浪费奢侈的生活方式。让我们以自然、和谐的生活方式，去拥抱美好的未来吧！

汪　明

中国农业大学　教　授

中国兽医协会　副会长

教育部高等学校动物医学类教学指导委员会　主　任

农业农村部全国执业兽医考试委员会　委　员

中文版序言

欢迎大家踏上这趟陪伴宠物、照顾宠物的奇妙之旅。在今天的世界中，我们常常过于沉浸在人类自身的体验中，而忘记了与我们共同分享世界的众多可爱生物。与过去相比，今天的我们一般不能经常接触到自然环境。与宠物为伴是一条途径，通过这条途径，我们可以打开心扉，获得更加丰富的体验。

早在2000多年前，中国著名典籍《列子》中就曾经说过："天地万物，与我并生，类也。"今天，对许多人而言，宠物已经成了家庭中的一员。我们意识到，宠物猫狗在很多方面其实与我们相似——它们也有好恶爱憎，有情绪反应，有生理需求；它们也会在进食的过程中找到乐趣，也会希望有人陪伴，也会喜欢出去走走，从而获得一种愉悦的生活。

要想让宠物过上愉悦的生活，重要的一点是保证它们的健康。本书提供了我们必须与大家分享的一些建议。这些建议，强调通过最佳营养搭配来保持身体健康的重要性，是我50余年从事兽医职业的心得。如今的食品质量，可谓是千差万别。如何喂养未处于自然状态的动物比以前更复杂了。此外，今天的宠物食品中含有各种化学品和其他物质，我们可不愿用这样的食品去喂饲宠物。在阅读本书时，您将看到我们如何与您一起探索这些主题，并提供自己制作食物的解决方案。虽说这有点儿费事，但完全值得这样去做。

本书的另一部分提供了一些方法，能够让大家用惯常手段之外的办法去解决宠物的健康问题。这些方法，包括草药、针灸、顺势疗法、推拿，以及像按摩和特殊时期禁食之类的自然疗法。

本书的结尾部分，是一个关于治疗建议的附录，您可以通过它来解决许多常见宠物病患。由于本人的治疗经验主要在于顺势疗法、花朵精华剂和草药，因此我推荐给大家的治疗建议，也主要是这几个方面。在美国，这些药用材料都很容易买到，中国读者却较难获得。对此，我只能深表歉意。不过，这些药物在美国亚马逊等购物网站上都有售，或许还有其他的销售渠道，大家至少可以通过网购获得。你们为买到这些药物而额外付出的辛劳将有所回报——它们通常都很有效；而且，在您的宠物恢复健康后，您会发现，您所花费的治疗费用远低于通常的治疗费用。

衷心希望我的中国朋友们能喜欢这本书，并希望它能对你们确有益处。我也希望，通过阅读本书，大家能更加善待我们的宠物朋友。

理查德 · H. 皮特凯恩

苏珊 · H. 皮特凯恩

引言　　深入透视“自然”与“整体”

本书 1981 年首次出版，如今已经成了经典之作。从那时起，人们开始提倡宠物整体保健运动，倡导更加自然的宠物护理方法。此后，宠物整体保健运动获得了长足的发展，今天，已经拥有了众多相关协会、联盟、期刊、网站、书籍和产品，在此过程中，我们也有幸发挥了支持、协助作用。

回顾过往，我们深感荣幸。在这场运动中我们结识了许多优秀而敬业的人，他们都在尽最大努力，真诚地想要照料好自己所养的宠物。

展望未来，我们感受到了一种风气的变化。这种变化，对所有重视自然和整体方法的人发出了召唤，要求我们扩大视野，去接纳所有的动物——其中包括数以亿计的濒危野生动物，以及那些养在隐蔽的工业化农场里，每天都在受苦受难的动物。这些动物，全都迫切需要我们认真仔细、满怀爱心地去加以关注。如果进一步拓宽视野的话，我们就会看到，“候诊室”里还有一位体形硕大的“患者”——所有生物都赖以生存的地球。

只有重视自然而整体的生活方式与治疗方法的人，才能协助治愈我们这颗已经染病的行星；在这个方面，没有人比他们更加称职。

我们认为，要想充分发挥出我们的潜能，有必要重新审视一下“整体”与“自然”的理念前提。本书提出，要突破性地改变宠物的饮食。理解这样改变的原因，体会其带来的好处，也需要进行这样的重新审视。我们相信，对于所有物种来说，进行饮食改变不但令人激动，也是非常适宜的。

“整体”这个词，是从“全部”一词衍生出来的。在医学领域里，常常把整体疗法称为“综合疗法”。后者巧妙地概括了影响人体健康的许多因素，其中包括饮食、锻炼、压力、毒素、病原体、内分泌功能，甚至包括一些无形的能量场。

虽然这些因素都很重要，但对于“整体性”来说，却还具有一种更加深刻的内涵。按照整体的观点，我们承认世界上存在一种具有引导性的最高智慧，这种最高智慧，并非只是把各个组成部分简单相加而成，而是一种无形的力量，它既能超越生命中的一切，又能协调生命中的一切。物理学家戴维·玻姆[1]把这种最高智慧称作“隐缠序”；它不但让微观世界与宏观世界结合起来，也给那些极其复杂的进化模式与生态系统（我们称为“生命”）带来了凝聚力。当生命产生发展、寻求平衡与秩序时，生命的整体性为所有生物提供了理想的解决方案和适应办法。

牢记这种整体观，是十分重要的。否则的话，对于另一条原则，即“自然”原则，我们往往就会在理解上产生局限性。

我们在努力给动物伙伴们提供最“自然”的饮食、生活方式、家和亲友关系时，都是不假思索地照着大自然中的样子来，而甚少思考这个问题：以往的动物生存模式中哪些是“自然的”，大自然中真正的“自然”又是什么？

如果我们仅停留在照抄照搬大自然，那就很容易忽视大自然内部那种整体智慧所蕴含的无穷创造力。在过去数百万年间，尤其是在每一次的进化飞跃中，正是这种创造力，帮助所有生命适应了不断变化的环境。基因不但能够改变，也的确会发生变化，它们能够用全然不同的方式表达出来。不只是脱氧核糖核酸（DNA），还有其他因素也会支配这种变化。除非我们清晰地认识到这一点，否则，我们关于“自然”的那些观点，反而会成为大自然、动物和人类具有局限性的论据。

这也是理解本书提出的开创性建议的关键。本书提出的建议是：为了所有生灵的共同利益，我们应当用食物链上的低级生物来喂养宠物，并且也应当用这种食物养活我们自己。在倡导“自然”的名义下，许多读者可能都会同意，以素食为主的饮食习惯适合于人类这种灵长类动物。可出于同样的原因，许多人会反驳说，正如“动物专属生食”（SARF）范例中建议的那样，对于那些已经进化成型的食肉动物而言，肉类才是它们唯一合理的食物。这里所说的“肉类”，通常并非仅指瘦肉，还指骨头和各种各样的器官——凡是捕食得到的，都包括在内。

---

1 戴维·玻姆（David Joseph Bohm，1917—1992），美国当代著名的量子物理学家和科学思想家。“隐缠序”是其量子理论中相对于“显析序”的一个概念，指任何相对独立要素的内部都包含着一切要素（存在总体）的总和。

我们认为，自然界的非凡整体智慧，可能正在为所有生物面临的问题找到合适的解决办法。忽视这一点，许多人就不免狭隘，让自己和宠物都只习惯于以肉食为主的饮食。这些饮食习惯，不但会危害其他动物，危及我们所在的地球的健康，或许还会危害所养的宠物。之所以这么说，是因为绝大部分环境毒素，以及抗生素、激素和除草剂等的残留物，都是通过动物食品中的脂肪组织进入我们身体的。

同样，如果对“自然”持有一种过度狭隘的观点，我们就有可能否认许多报告的结论，它们都说明了许多宠物数十年来靠素食也成长得很健康（参见第 5 章）；我们就有可能无视基因研究的成果，它们已经表明，狗类还在人类文明发端的时候，就已适应了以谷物为食；并且，我们就会继续轻信猫狗无法消化谷物的那种传言，即便是研究已经表明，猫狗能够消化谷物，而实际上绝大多数宠物的过敏症状都是由肉类导致的。

依此类推，我们不妨追问一下以下问题：用生长于深海的金枪鱼去喂一只猫，是不是合乎自然规律呢？让奶牛去喂养一只吉娃娃犬，是不是也合乎自然规律呢？把塑料玩具给宠物玩耍呢？把宠物关起来，让宠物繁殖，甚至是让宠物去喂养另一个完全不同的物种呢？

从某种角度来看，现代生活中，几乎所有的东西都是不符合自然规律的。不过，从一种更广义的观点来看，一切都是自然的，因为一切全都来自自然。

我们可以对这些观点展开争论，但一个毋庸置疑的事实是：我们都很清楚，一切生命形式，完全都依赖于地球这颗蓝色小行星的健康兴旺，依赖于地球上的土壤、淡水、空气、气候、森林及海洋能否存续下去。可在过去的六十年里（我们当中，有许多人都是生活在这段时间），人类已经毁掉了地球上一半的森林，耗尽了地球上 1/3 的含水层，使得地球朝着气候恶化的方向前进，消耗掉了地球上大部分丰富的矿物燃料与矿产，并且让绝大多数主要的渔场资源枯竭。毫无疑问，在未来的几十年里，我们的后代将为此付出巨大的代价。

尽管这一切似乎都不受我们个人的掌控，可人类的未来，实际上还是掌握在我们的手里。原因就在于，导致这些破坏行为的主要原因，并非仅仅是行业或者政府办公室里做出的决策，还有我们每个人日常的简单选择最终造成的集体性影响。这种简单选择，就是不加权衡地购买肉类、蛋类、奶类及海产品，其中也包括狗粮、猫粮。我们将会看到，畜牧业其实很可能是地球上最具破坏性的一种产业。

实际上，所谓自然，不过就是一种健全的生活罢了。生活正在对所有的人提出要求：我们必须改变这种破坏进程，并且聆听整体意识的指引，去为整个人类谋求幸福。大自然尤其对所有热爱宠物的人提出了要求：我们应当把对宠物的关爱扩展出去，去拥抱所有的动物，拥抱所有的生命。

这种对自然的深入理解，不但是一切自然疗法与整体疗法的真正根基，也是发现我们自身本性的一种旅程。

亲爱的读者，我们知道，你们都是特别具有关爱之心的人，都是对宠物拥有无限爱心的人。因此，现在我们衷心邀请大家，跟我们一起踏上一场探索之旅，拓展我们的思维、我们的眼界，以及对身边宠物、对世间所有动物的爱。

理查德·H. 皮特凯恩（兽医学博士，哲学博士）

苏珊·H. 皮特凯恩（理学硕士）

目 录 Contents

附录 A 快速参考 /331

第1章
一只小狗，一场巨变

那一年大概是1976年，还是我成为“兽医整体疗法运动”中一名排头兵很久以前的时候，当时，尽管对兽医这一行业的标准做法不再抱有幻想，可为了谋生，我仍然在俄勒冈州一个典型的郊区诊所里上班。

“您何不来照料照料这个呢？”我的同事微笑着问我，脸上分明带着一种摆脱某个棘手问题时的神情。他指了指门那边：一条名叫蒂尼的小型成年吉娃娃犬，正可怜巴巴地坐在检查台上。或许蒂尼的皮毛曾经光滑柔软，也很健康，但它现在的情况却很糟糕。显然，蒂尼的毛已经掉了一段时间，身上露出了大片大片油脂过多的皮肤，还带有一股难闻的气味。就连它的情绪，也非常低落。

遗憾的是，这种情况在诊所里司空见惯。

坐在这条小狗旁边的一对老年夫妇是它的主人，两人同样神情沮丧，说他们已经“想尽了办法”。不过，伊莱恩和汤姆·威尔逊夫妇很在乎蒂尼，所以让它到这里再试一试。蒂尼的病历表明，它接受过长期的治疗，比如注射过可的松[1]，用过药皂、药膏，如此反反复复。可这些都没能让蒂尼的病情得到明显的改善。

“这小家伙太不幸了，大夫，”伊莱恩恳求道，“只要是觉得有用，我们什么都会去做的。”看上去，她似乎五味杂陈，既无奈、沮丧、难过，又很担心。

我看了看蒂尼，正好看到了它那双目光锐利的褐色眼睛，它的眼睛里，在这一切苦楚磨难的背后，还闪烁着一种神秘的生命之光。我知道，不能再用老一套办法了。现在是一个极为难得的机会，可以去全面验证一种新方法，这种方法，在我的心里已酝酿了多年。对于蒂尼而言，现代医学显然是走进了一条死胡同，所以试一试也不会带来什么损失。不过，更为重要的是，我知道新方法很可能会有效。

于是，一切便由此开始了。在对蒂尼进行仔细检查后，我告诉威尔逊夫妇，小狗康复的关键不在于使用正确的药物，而在于正确饮食。

“在各种宠物疾病中，蒂尼的皮肤病可能是最常见的，但也是最令人懊恼的一种疾病。”我解释道，“皮肤是身体上的可见区域，从皮肤上可以看出宠物潜在问题的早期迹象，尤其是那些由不当饮食导致的问题。皮肤生长得非常迅速，差不多每隔两周的时间，皮肤细胞就会完全更换一次。这需要大量的营养，所以，如果饮食当中缺乏身体真正需要的那种营养，皮肤就会成为最先出现问题的组织，就像我们在蒂尼身上看到的这样。”

我们继续谈了一会儿，谈到了营养的重要性，谈到了精加工食品及罐装食品带来的害处，一些罐装食品是由食品行业里不健康的副产品加工而成的。很快，威尔逊夫妇便开始认同我的观点了。对他们来说，这种关注饮食的方法完全是合情合理的。我们也感到惊讶，兽医学校里竟然没有教授过这方面的知识。

于是，我们为蒂尼精心制订了一个喂养方案：基础食物是新鲜的纯肉、谷物和蔬菜。这种饮食搭配，类似于人类食物。实际上，它比“人类食物”的饮食搭配更健康（其中可没有薯片、薯条、白面包、小甜饼、碳酸饮料和冰激凌）。除此之外，方案中还添加了几种补品，其中富含对皮肤健康很重要的营养，比如酵母粉、植物油、鱼肝油、海藻、骨粉、维生素E和锌。威尔逊夫妇都急不可耐，

---

1 可的松（Cortisone），一种激素类药品，亦称肾上腺皮质酮，主要用于治疗肾上腺皮质功能减退症及垂体功能减退症，亦可用于过敏性和炎症性疾病的治疗。

跃跃欲试了。

“偶尔用一种性质温和、没有药物的自然香波给蒂尼洗洗澡，也是很有好处的。”就在他们抱起小狗准备走的时候，我又微笑着告诉他们，“这样做，既有助于去除皮肤上那些具有刺激性的有毒分泌物，又不会使它的皮肤粘上带有刺激性的化学品。”

在接下来的几个星期里，我常常想到蒂尼，不知道它的情况怎么样了。一个月后，威尔逊夫妇喜悦地来到了诊所，向大家展示治疗的成果。

蒂尼简直是焕然一新了：它生龙活虎，兴奋地在检查台上乱蹦乱跳。它的皮毛健康多了，原来那些光秃秃的地方，已经开始长出了新毛。

“变化那么大，简直难以置信!”伊莱恩大声感叹道，“它到处跑动、玩耍，好像又变回了一条幼犬。太感谢您了，皮特凯恩医生。”

蒂尼的康复，让我们所有人都备感欣慰，但获益最大的，当然还是蒂尼自己。至于威尔逊夫妇，两人还有一种收获，那就是他们认识到，自己如今可以控制那条小狗的健康了；而且，如今也无须每个月都去注射可的松，无须进行其他的药物治疗（药物治疗会给小狗带来各种令人厌恶的副作用），就可以让小狗蒂尼保持健康了。

蒂尼这个病例，是我首次把自己在漫长的学习过程中学到的知识，应用到临床中去。简言之，这种知识就是：营养在健康方面发挥着至关重要的作用。在这方面，我已经探究了多年，早在20世纪70年代，我还是华盛顿州一个免疫学博士项目中的研究人员兼讲师时，就开始探究这个方面了。

此后在这种知识的指导下，出现了更多的奇迹，可以说数不胜数。本书前几个版本的读者，以及我在这些年里培训过和认识的许多兽医，都写来过热情洋溢、充满溢美之词的感谢信。的确，我们的饮食，决定了我们的健康。

时光荏苒，一晃就进入了21世纪初。在数十年的时间里见证了临床成功之后，如今营养对恢复健康的深远意义，也被人们前所未有地重视。在关注如今的饮食领域时，任何一个敏锐而善于观察的人，都会同意这一点的：我们的食品供应，从来都没有像如今这样岌岌可危过。

尽管如此，希望还是有的。

从1981年以来，本书，即《猫狗自然养育圣经》一直都在不断地印行。在第四版中，我和我的妻子兼合著者苏珊，将带领读者踏上旅程，更加深入地去了解食品与健康之间的关系。我们所说的健康，不但指大家喜爱的宠物猫狗的健康，而且包括你的家人、朋友、子孙后代和野生动物的健康。也就是说，包括了地球上所有生物的健康。

在我们开始讨论如今的食品出了什么问题，以及相应的解决办法之前，请容许我跟大家多分享一点经历，先说一说我是如何认识到饮食对健康的作用。其实，无数的保健医生，以及千千万万的其他人，对此都早已了然于胸，甚至一些古代的达人就已经得出了这样的结论呢！

我的故事

1965年，我带着一颗治疗生病动物的渴望之心，从一所顶级的兽医学校（加州大学戴维斯分校）毕业了。不过，我在猫狗营养方面接受的那种正式培训，基本上就只有这样的一句忠告："告诉客户，要用优质的商业宠物食品去喂养他们的宠物，而不要用残羹剩饭去喂宠物。"除此之外，我们之前所受的教育，全然没有把营养当成是其中一个重要的组成部分。那种教育，涉及的全都是药物和手术。

今天，人们日益认识到营养的重要性，如果有人再持有这种肤浅的观点，就会显得有点奇怪了。不过，在那时，大家都想当然地认为，前人和老师知识最渊博。所以，毕业之后，我便凭借最新的药物，凭借多年学校教育积累起来的外科手术技术等"常规武器"，自信满满地去征服疾病了。

很快，现实就给了我当头一击。我的第一份工作，是在南加州一个忙碌的诊所里，面对着日复一日的挑战，治疗猫、狗、猪、牛、马和野生动物。我很快便失望地认识到，治疗并不像学校里老师告诉我们的那样，课本上的方法对许多疾病完全不起作用。

虽然我使尽了浑身解数，可实际上，我采取的治疗措施很少能取得效果。说实在的，在让动物恢复健康的战场上，我觉得自己就像是个旁观者，虽然不停地欢呼，偶尔也会发挥出某种作用，可经常觉得自己是徒劳无功的。

不过，我天生有股钻劲，不把情况弄清楚绝不罢休。我决心一定要弄明白疾病与治疗的关系，这是一场旷日持久的征程，一直持续到了今天。慢慢地，我发现几个根本性问题。比如：

⊙为什么有些动物很容易康复，可还有些动物不论用哪些药物，从来没有很好地康复过呢？

⊙为什么同一群牲畜中，有些牲畜容易生跳蚤，还易感染传染性疾病，可有些牲畜却似乎对此免疫呢？

⊙为什么动物（以及人们）出现了越来越多的慢性疾病呢？

我知道，这些问题一定有答案。对于人和动物身体当中那种能够自卫和自愈的能力，一定存在某种基本的规律，只是我没有理解罢了。

步入学术殿堂

提出问题后，只要钻研得足够长久、足够深入，生活就会给出机会，让人找到答案。不久之后，我得到了一个去华盛顿州立大学兽医学院担任讲师的工作机会，我希望借机弥补自己知识的欠缺。

接下来的一年，我作为助教讲授流行病学和公共卫生课，给农场打电话，同时在一个大型的动物收容所工作。利用在学校的机会，我还去听了病毒研究方面的一些课程。我发现，病毒研究对自己很有吸引力。这些课程我都学得很好，有一天，我问讲授病毒学的教授，我可不可以多上一些这样的课程。

“让我先查查看吧。”教授回答道。当时我觉得他这个回答有些奇怪，他们究竟有没有开更多的课程，难道教授自己也不清楚吗？几天之后，系主任大步走到我的面前，高兴地宣布说：“您进了!”

“进了什么呀？”我问道，不太确定他的意思。

“唔，当然是研究生院啦！”他微笑着同我握手，表示祝贺。

不得不说，那个时候的情况就是如此：没有什么正式的申请，也不要什么推荐信。高等教育方面的资金非常充足，科学专业尤其如此；所以，我很快就成了一个主攻兽医微生物学的全日制博士研究生，并且获得了由政府慷慨地提供的全额奖学金。

“太妙了！”接下来的那个学期，当我在科学的殿堂里开始了新的学习生涯时，我不禁想道，“现在，我就可以一探身体防御机制的真正奥秘了。”

就这样，我开始学习和研究各种各样的问题，尤其是研究身体的免疫反应，研究这种免疫反应是如何激活的，研究免疫系统是如何“知道”某种异质或起反作用的东西（如癌细胞）不属于身体组成部分的。这是一条理想的途径，让我了解怎样真正去治疗疾病。但是，经过五年的学习，获得博士学位之后，我发现仍然没有找到那些问题的满意答案。尽管在免疫机制和新陈代谢机制方面，我已经获得了更加海量的事实性信息，可我仍觉得，我并没有真正洞悉怎样去促进健康的问题。

山重水复疑无路，柳暗花明又一村。博士毕业时，我无意中看到了一份真正具有吸引力的研究报告：在非洲致力于饥饿儿童工作的医生确定，人体免疫系统极其依赖于某些营养因子，只需增加摄入某些缺失的物质，饥饿儿童抵抗疾病的能力就会极大提升。

如今被视为“理所当然”的这一研究，当时让我感到多么激动，无法用言语来表达。在对免疫系统运行的具体原理进行研究的那些年里，我从没看到有哪一种研究成果涉及此项，即怎样让免疫系统更好地发挥作用。这实际上正是我一直都在苦苦寻找的答案。

一次亲身实验

终于，我看到了自己一直都在寻找的线索，我决定验证一下，并且从自身开始。我和前妻把家里的饮食习惯从“标准美国饮食”（包括加工食品、食糖、动物制品、白面包、油炸食品及极少量的果蔬产品），改成了吃一盘盘的全麦面包、糙米、豆类和新鲜蔬菜，而肉类却吃得少多了。我们吃当时的超级食品补充剂，比如营养酵母、麦芽粉，以及各种各样的维生素。我还开始定期慢跑，使用草药，并且通过冥想和心灵观照，来探究自己的内心世界。

不久之后，我觉得与之前相比，身体要好一些了。这并不是说我以前患有某种疾病，而是这些措施最终汇集起来，全都发挥出了作用，把不需要的东西从我的生活当中清理出去了。比如说，我当时正在出现的“啤酒肚”，加上我的结肠炎、耳部感染、过度紧张的情绪、容易得上感冒和流感，以及许多消极的心理习惯，统统都没有了。

尽管这个实验在统计学上没有什么意义，没有加以控制，也没有利用“双盲法”[2]（不过，我的视力的确有点问题，不太看得清东西），但对于我而言，它却具有极大的价值。没有什么东西比切身感受更加令人信服，更加让人相信这种疗法的功效了。认识到自己的身体和精神都发生了积极有益的变化，这并不需要学术权威做出解释或者评价。我们可能很难弄清楚究竟是哪个方面起了作用。但我觉得，自己终于还是走对了路子。

野猫“麻雀”

我读博士时曾收养了一只毛茸茸的流浪小猫，那时我还没有认识到食物营养的价值。当时，这只猫已经饿了个半死，并且由于长期在树林里面生存，全身乱糟糟的。我给它起了个名字，叫作“麻雀”。因为它的样子就像是一只全身大都是羽毛和绒毛的小鸟。起初，我给它喂的是常规粗粮，这只小猫的身体也没有什么问题。

一两年之后，“麻雀”怀上了小猫，我决定增强它的体质，在它的日常吃食中添加了新鲜的生牛肝、生鸡蛋、骨粉、新鲜鸡肉、酵母及其他的营养食品。

跟我见到的许多猫咪不一样，“麻雀”在怀孕期间，始终都没有瘦下来过，也没有脱过毛；它的分娩也非常顺利、轻松，情绪也很好。“麻雀”的奶水很足，那三只体形很大、茁壮成长的幼猫总有

2 双盲法（Double-blind），临床研究中所用的一种试验方法，指试验中参加工作的医务人员及受试者均不知道病人接受的药物是试验药还是对照药，或者研究对象和研究者都不了解试验分组情况，而是由研究设计者来安排和控制全部试验。其优点是可以避免研究对象和研究者的主观因素带来的影响，缺点则是方法复杂、较难实行，并且一旦出现意外，较难及时处理。作者在括号中提及自己的视力问题，是利用“盲”（blind）这个字所说的俏皮话。

奶吃，并且全都长得比它们的妈妈要大得多。

我们留下了三只小猫中的一只“吉尼”。我还继续给“麻雀”和“吉尼”的食物中添加补充营养品。“吉尼”当时长得胖乎乎的，非常快乐。看到它们如此健康，我总不禁感到惊讶。我从来都不用给它们除跳蚤。而且，要是两只猫中有哪一只蹭破了皮，或者是与别的猫狗打架时被咬伤了，伤口也会迅速愈合，从来不会发展到感染或者化脓的地步。几年之后，“吉尼”不幸被一辆汽车撞死了，而“麻雀”则活到了十八岁的正常年龄，从来都没有因为出现猫类的常见问题而需要去看兽医。

重操旧业，主攻饮食和顺势疗法

早期的这些成功给我带来了动力，使我想要在学术领域里研究营养学和动物保健。不过，我发现这种研究可能不会获得多少资金支持。于是，我决定重操旧业，到临床实践中去验证这种理论。

起初，我对患病的宠物运用营养疗法，都属于试验性的，而用营养疗法治疗的病例，在数量上也很有限。雇用我的诊所，虽然允许我跟客户谈论营养疗法，但诊所里却不会存有任何营养添加食品。尽管如此，我还是鼓励客户在宠物食品中添加某些维生素和矿物质，并选择那些没有经过加工的食品来添加，比如酵母、海藻、酸奶、鸡蛋，等等。

接下来的好几年，我每隔一周就到一所宠物绝育诊所里去上班。这让我有了充足的时间去研究和了解营养方面的更多知识，去研究和了解顺势疗法这一新发现。我在加州圣克鲁兹开了一个小型的家庭电话诊所，重点就放在这两种疗法上面。1985年，我搬家到俄勒冈州，然后在尤金市的市中心成立了“动物自然保健中心”，开始完全以营养学、顺势疗法和一些草药进行动物保健。在20年间，我和数位同事都获得了不凡的成就。当然，我现在这样说，似乎有点为时过早。

回顾往昔，我对营养学的运用与理解，显然是渐进式的。开始时，我仅认识到，对于免疫系统的健康功效来说，某些特定的营养成分是必不可少的。除了这个，我对饮食的重要性还没有形成整体概念。真正激励我前进的，还是因为我看到了大量的临床成果：在接受真正健康的饮食方法喂养后，许多患有疾病的宠物都变得健康多了。

健康饮食与候诊宠物减少

我们的出诊程序非常简单：宠物主人在我们诊所的前台为患病的宠物进行预约。由于诊所的医生通常都很繁忙，因此我们会把想要预约的客户记在一张候诊表上，并且会给客户发放一份宠物食谱。这份食谱与本书前几版中附有的食谱相同。我们建议客户在医生问诊之前，就按照家庭自制食谱去喂养宠物。我们希望这样做有助于宠物的恢复，在之后按照我们精心制订的顺势疗法治疗时，

效果也会更好。

结果出乎意料。工作人员一个月左右之后再给客户打电话确定出诊时间时，客户却经常会告诉我们说，他们没有必要再来咨询了，因为他们的宠物已经恢复了健康!

“怎么会那样呢？”起初，我感到很惊讶。像新鲜食品这样简单的东西，怎么可能产生我多年来苦苦寻找的那种结果呢？如果只是利用经过精心计划的新鲜食谱，就可以让宠物在健康方面获得如此重大的改善，那么，经过加工的商业宠物食品没能做到这一点，又是怎么回事呢？

正如我们将在下一章中看到的那样，大多数宠物食品里面，都包含一些令人厌恶的东西。我认为，今天宠物食品的问题要比几十年前更加严重。甚至我们喂养家禽家畜的饲料和我们自己所吃的食物，情况也是如此。如今，我们的整个食品供应品质正在下降，原因包括我们的农业生产方法、我们对食物的选择，以及有害物质在整个世界扩散等多个方面。这些问题，将是本书第3章讨论的主题。

更深层次上说，如果继续像今天这样下去，后果将会更加严重。许多专家都警告说，在不久的将来，人类必然会面临严重的淡水与食物短缺问题。不少读者在有生之年甚至就可能看到这种情况。在本书第4章中，我们将会对地球和世间所有生物这幅日益令人担忧的“大图”进行探究，因为这将涉及我们所有人的基本健康问题。

虽然我们无法改变整个系统，但每一个人都可以通过自己的日常选择，来影响这个系统。这样做非常重要，因为其还将影响到远离我们家庭之外的那些生物。我们可以选择继续破坏土壤、含水层、海洋和森林，它们都是我们赖以生存的基础。或者，我们也可以选择保护它们，甚至帮助修复它们。我们可以选择继续耗尽矿物燃料，增加温室气体，进而给无数的人类与动物带来痛苦，让成千上万的物种灭绝。或者，我们也可以选择创造出种种条件，让所有生命都茁壮成长、和谐共存，并且给大自然一个发挥出巨大修复能力的机会。

我们深信，一旦了解到形势岌岌可危，我们当中的许多人，就会做出慈悲而明智的选择；这种选择，将会扭转乾坤，创造出一个全新的世界，让每一个人都会为生于此世而感到幸福。

欢迎大家选择本书，很可能这将是本书的最后一版。多亏了此时手中正捧着本书的读者们，我们可以自豪地说，本书在这一领域里已经成了一部领先之作。我们将会大胆探究21世纪一些重要的食品问题，因为这些问题涉及宠物，涉及我们，涉及所有生物，也涉及我们这颗宝贵的地球。

我们也会提到一些好消息，指出一些非常简单、却具有深远意义的改变。为了目前生存于地球上的所有生物，为了未来即将生存于地球上的所有生命，我们必须改善环境，并且帮助消除大部分危害，这是我们每个人的责任。我们尤其要感谢读者朋友们，感谢你们带着开阔的心胸来阅读这本新书，感谢你们为了变成解决办法中的一分子而有可能去做的一切。

第2章

宠物食品揭秘

上一章与大家分享早期经历的时候，我曾经说过，用新鲜食品和相对的非加工食品去喂养猫狗，对其恢复健康很有帮助。这种食品，基本上就是我们在超市里经常购买的生鲜食品。它们常常被摆放在散装品、农产品和肉食品的区域，而不是和加工过的包装食品一样堆在货架上。

一般来说，这种喂养方法带来的变化都是非常巨大的。不过，为什么一些宠物成品食品不能达到相同的健康水平呢？

在深入观察大多数成品宠物食品里种种令人不安的成分时，大家对恰当喂养宠物所面临的整体挑战，可能都会感到彻底的气馁和沮丧。我可不希望出现那种情况。我认为，我们必须详细说明宠物食品当中的成分，以及美国宠物食品行业缺乏质量控制的普遍现象，从而使得大家可以明白，这个问题究竟是多么重要。

以下介绍的关于宠物食品的情况，或许会让你们感到震惊难过。而后续各章中，会探究一些更大的问题，甚至是在探究如今那些纯粹而新鲜的人类食品时，情况也是如此。

但是，大家不要感到绝望。探究过后，我们会把解决这些问题的方法向大家进行说明，并提供轻松可行的种种营养方案。我们将向大家说明几种办法，使得你们可以利用简单的食谱，亲自去为宠物准备食物。这样做出来的食物，比外面售卖的绝大多数宠物食品都要好。

尤其令人鼓舞的是：这些食谱，我的客户和本书前几版的读者已经使用了30多年，并且都获得了巨大的成功。世界上寿命最长、身体最健康的一些宠物，都是用了这种方法，才长得那么健壮，活得那么长久的。你们可能会发现，本书中的一些内容会让你们感到惊讶，尤其是看到第5章中我们列举成功病例的时候。就算大家太忙，没法为宠物做饭，或者是在外面旅行，我们也会告诉大家，如何去辨识和买到那些最健康的宠物食品。

我和其他许多人都发现，宠物会对一种营养饮食非常迅速地做出积极的回应。事实上，要想彻底根除宠物在如今这个时代可能患上的许多慢性疾病，营养饮食正是大家必需的一种主要工具。遵循本书的指导方针，大家所养的宠物会变得更加健康。我敢担保，就算以前一直用质量低劣的食品喂养宠物，并且喂养了多年，其造成的负面影响也是完全有可能消除的。

生命具有顽强的恢复能力。通过做出简单的改变，宠物健康状况就会得到改善，其速度之快，才真的令人惊讶。所以，鼓起勇气，随我一起，进入宠物食品这个很少有人探究的领域吧！

深入探究宠物食品

尽管在一些高质量的品牌宠物食品当中，可能也存在例外情况，但绝大多数宠物食品的来源都是人类不能食用的动物或植物废料。

安·马丁是《致命的宠物食品》和《保护你的宠物》两本书的作者，她对于宠物食品成分所做的研究，很可能比其他任何人都要多；她曾经想方设法与一些公司和检疫人员联系，查明了宠物食品的真相。她得出了这样的一个结论：“在对该行业进行研究的这些年里，我已经发现，美国绝大多数商业性宠物食品中所用的原料，除了当成垃圾之外，可以说什么都不是。”[1]

---

1 参见安·马丁所著的《保护你的宠物》（特劳特代尔，俄勒冈州：新圣人出版社，2001 年），第 11 页。

这怎么可能呢？好吧，从某种程度上来说，这是完全说得过去的。我们不妨从肉类和肉类副产品开始，因为它们通常都是宠物食品里的主角。

// 肉类检疫人员：正在寻找……什么？

动物屠宰和加工，如果是供人类食用而进行的，就必须遵守政府机构制订的健康标准，目的是保护公众，使得食品供应当中不会出现导致疾病的物质或者有害的物质。这种制度，是不是很有效呢？不见得，甚至可以说完全是另一回事。

无论在哪种情况下，肉类检疫人员对屠宰后的动物尸体进行评估，都会导致无法利用的不合格材料越积越多。有些东西必须处理掉才行，而人们的想法就是，为什么要浪费呢？于是，这种不合格材料的常规使用方式是加工成宠物食品，甚至是返回去当饲料，喂给那些通常不食用肉类的家畜。这种做法完全合乎美国法律，并且似乎也是一种有效利用材料的方法，如若不然，这些不合格的材料就必须掩埋掉。

“那么，这有什么问题吗？”大家可能会这样问。别忘了，野生犬科动物会吃数天前猎杀的动物，甚至是部分已经腐烂的动物尸体（当然，野生猫科动物不是这样的，它们只吃刚刚猎杀的动物，不会吃腐烂变质的猎物尸体）。

不过，肉类加工企业里面的不合格材料，跟自然界中的食物完全不同。狼群猎杀的野生动物，通常都没有生病，也没有受到污染。这些动物之所以被猎杀，可能是因为找不到食物而变得体质虚弱，可能是因为撕咬而受了伤，或者是因为太小、太老，跑得不快。由于生活在野外，并且吃的也是自然、新鲜的食物，因此它们通常都是相对健康的。的确，有个别猎物可能生了病，但这属于例外情况。看一看YouTube网站上或者电视里的动物捕猎视频，一头身体健康而强壮的羚羊、鹿或者驼鹿在拼命地奔跑，想要逃过一劫。它们之所以会被天敌猎杀，不过是因为它们在错误的时间出现在错误的地方罢了。

相比而言，肉类检疫人员就是替宠物猫狗进行捕猎的人。肉类检疫人员寻找的，就是有生病迹象的肉类，比如看肉类有没有脓肿、肿瘤、器官异常、受到了感染的组织，以及像肝吸虫和绦虫这样的寄生虫；总而言之，凡是看上去不对劲的部位，都算病肉。对于每一只动物，肉类检疫人员只有短短几秒钟的检查时间；因此，他们必须迅速做出判断。

大家可能会想当然地认为，那些患有癌症或者明显受到了感染的家畜，全都会被肉类检疫人员判定为不合格，因而完全不会让人们去食用。其实不是这样的。他们会把认为病变了的部位（比如脓肿或者肿瘤）切除，而这头生了病的牲畜其余的部位，却会被继续当成人类的食物。

大家不妨猜一猜，切除掉的脓肿或者肿瘤到哪里去了呢？到了宠物食品里面。

《预防》杂志曾经刊登过一封读者来信；这封信，让我们看到了业内人员对宠物食品行业的描述。

> 我曾经在缅因州的一家宰鸡厂里工作过。当时，我们的平均日产量是 10 万只鸡……产品传送带边站在我前方的，就是美国农业部（USDA）的检疫人员，以及他们手下的修剪工。修剪工把鸡身上的受损部位和染病部位切下来，扔进定期清空的垃圾桶里。这些部位，送往了一家宠物食品工厂。
>
> 所以，下次如果再听到宠物食品广告中宣称产品中用的是上好材料，请千万不要相信。

真够糟糕的。不过，除了动物身上感染了疾病的组织器官，还有所谓的“4-D动物（非屠宰死亡的已死、垂死、残疾或有疾病的动物）”尸体，它们也加入进来，成了宠物和家畜的食物。这些动物完全不能用作人类食品。那些怀了孕的动物的子宫与胎儿也会被去除，然后变成宠物和家畜的饲料。

注意，这种原料当中，可能遍布着危险的细菌。诚然，我们会把饲料煮熟之后，才去喂给宠物和家畜吃；可尽管这样，其中还是会含有毒素，对大家所养的宠物没有好处。这些毒素，是细菌在肉类和动物组织处于非冷藏状态、等待加工的时候（通常是一两天）产生的。它们可以持久存在，然后进入宠物食品当中。一项针对商业性宠物食品的研究发现，所有宠物食品当中都含有毒素，有些有毒物质的含量还非常巨大。[2]

// 进入提炼厂

屠宰场里剩下来的这种感染了疾病、不健康的动物部位，接下来就会送进提炼厂，去进行进一步的处理。在提炼厂里，这些原料会与其他各种废弃肉类混到一起。正如安·马丁所说的那样：“提炼厂里加工出来的产品，有各种各样的来源：食品杂货店里的垃圾；餐馆里的油脂与变质饭菜；在路上被车辆轧死，但体形太大，无法在路边就地掩埋的动物；生了病，或是由于其他原因而不是屠宰死亡的家畜；人类不宜食用的食物；动物收容所、走失动物待领场和兽医诊所里实施了安乐死的猫狗。

“在提炼厂里，这些原料全都会倒入一个个巨型容器里面，用104～132℃的高温煮上20分钟到1小时。经过烹煮的原料，会用离心机进行分离，将油脂和动物油从中分离出来。然后，这种原料

2 参见唐纳德·斯特朗姆贝克所著的《宠物猫狗家备食物》（埃姆斯，爱荷华州：爱荷华州立出版社，2010 年），附录部分有关于商业性宠物食品污染的问题。斯特朗姆贝克博士是兽医学博士兼哲学博士，是加州大学戴维斯分校兽医学院的退休教授。

又会经过精心磨制，最终的产品就是肉粉。”[3]

很多报道都称，上述原料当中，甚至可能包括过期肉类的包装材料、实施了安乐死的宠物的颈圈，以及安乐死药物的残留成分。这可不是我们心中所想的卫生食品。

// 肉类副产品

上面我们刚刚描述过的那种东西，通常都被标为“肉粉”或者“肉类副产品”。绝大多数人都没有意识到，像“肉类副产品”或者“禽类副产品”这样的术语，实际上可能还包括禽类羽毛粉、结缔组织（软骨）、皮革粉（是的，皮革，就像用于制作皮带和皮鞋的那种皮革）、禽类和其他动物的排泄物，以及牛毛马毛。罗伯特 · 阿巴迪狗粮公司的创始人罗伯特 · 阿巴迪曾说，肉粉和骨粉“通常都由磨成粉末的骨头、软骨和筋腱组成”，并且还说，这些东西都是“粉状副产品当中最便宜、最没有营养的原料”。至于羊肉粉、禽类或鸡肉粉、鱼粉，情况都差不多。

肉粉、骨粉和其他副产品，都被广泛应用于宠物食品中。这些原料，虽说肯定会提高宠物食品中的粗蛋白含量，但它们提供的营养却相对很少（在我看来，这种东西肯定不能说是宠物的丰盛美食啊）。

由于其中还添加了难以消化的纤维类原料，因此普遍的情形是，小狗只能吸收肉粉当中大约75%的蛋白质。而且，为了消毒杀菌，必须要用高温烹煮，因此所有的肉粉甚至更加难以被宠物消化了。还有一种廉价原料，那就是干血粉，其中宠物可以吸收的蛋白质含量甚至更低。

宠物食品中还有什么？

听到宠物食品是由这些东西制成的，可能会让人感到很不安；要是以前从来没有听说过这种情况的话，大家就会感到震惊了。不过，人们通常都要经历了这种不安才会认识到，自己必须采取重大措施去改变宠物的饮食方式。假如大家想要了解更多详情，我建议你们去看一看安 · 马丁的那些佳作；不过，我们在此不妨先列举一下，除了屠宰场的废料与人工添加剂之外，宠物食品当中还有其他哪些典型的原料。

⊙**为人类食用而加工过的食品的残留物，**比如土豆或者红薯皮、甜菜渣、玉米麸粉（也就是玉米去除了淀粉、胚芽和麸皮之后的干燥残渣）。

⊙**变质或者发霉的谷物，**就是那些不适合人类食用的谷物。

⊙**米粉，**经过了细磨，通常都是制粉最后一道工序中残留下来的，营养价值非常低。

3　参见安 · 马丁所著的《保护你的宠物》（特劳特代尔，俄勒冈州：新圣人出版社，2001 年），第 21 页。

⊙**酿造大米，**就是啤酒生产过程中的废弃物，其中含有粉状的干废啤酒花。就算有什么营养价值的话，这种东西的营养价值也是很低的。

⊙**纤维，**它可能完全来自全麦和蔬菜（这是一件好事），或者像花生壳、羽毛之类的东西。

⊙**经过了水解的毛发、经过了脱水的垃圾和禽畜粪便**（来自猪、反刍动物和禽类）。这些，都是按照美国饲料管理协会（AAFCO）的“成分定义”而出现的真实状况。[4]美国饲料管理协会负责制订饲料指导方针和标准，比如一种动物的推荐蛋白质喂饲量是多少，但并不会对宠物食品制造业本身进行管控。

⊙**实施了安乐死的宠物。**宠物食品生产商并没有正式承认，说他们利用了千千万万只在宠物医院和动物保护协会里实施了安乐死的猫狗，但已经有了一些报道，说一些生产商确实是这样干的。明尼苏达大学曾经进行过一项研究，其结果发表在一份兽医杂志上；那篇文章证实，用于实施安乐死的药物戊巴比妥在经历整个提炼工序之后，仍然具有药效。[5]

⊙**抗生素。**工厂化养殖的禽畜，会频繁地使用抗生素（这类禽畜大约占到了美国生产出来的肉类的99%）。绝大多数养殖的鸡、火鸡、猪、奶牛、鱼，以及其他动物，由于所处环境非常不利于健康，并且长期精神紧张，因此必须持续使用抗生素，否则它们就没法存活到屠宰年龄，就没法给养殖者带来利益了。这些抗生素中，许多都会残留在动物性食品当中，从而导致药物不良反应，使细菌形成抗药性。

⊙**促生长药与激素。**人们会对养殖的禽畜定期使用药物（抗生素）和激素，以便加速禽畜生长，或者防止禽畜因为养殖条件太差而出现健康问题。“如今，美国和加拿大的常规肉牛饲养场里，都会用不同的组合方式，给几乎所有的牲畜使用六种促代谢类固醇；其中，有三种属于天然类固醇（雌二醇、睾酮和黄体酮），另外三种属于合成激素（雌激素合成物玉米赤霉醇、雄激素乙酸去甲雄三烯醇酮和甲烯雌醇乙酸酯）。人们通常都会组合使用促代谢类固醇。在送到屠宰场里的动物的肌肉组织、脂肪、肝脏、肾脏及其他器官当中已经发现，上述促生长激素的含量都达到了可以测出的水平。美国食品药品监督管理局（FDA）还为这些兽药制订了‘每日允许摄入量’（ADIs）。”[6]很有可能，这些药物既会给人类带来危害，也会对猫狗造成影响。

⊙**农药和杀虫剂，**这是为了控杀苍蝇和其他蚊虫而喷到禽畜身上的。这些药物能够在禽畜身上残留好几个月。

⊙**辐射。**2011年日本福岛核反应堆熔毁，是人类历史上最严重的一场生态灾难。此后，海洋中

---

4 参见安·马丁所著的《保护你的宠物》，第 12 页。
5 同上书，第 22 页。
6 参见网址： www.organic-center.org。

的高辐射物质越来越多，而且会逐渐在海洋鱼类和海生植物当中积聚起来。这种情况，对猫类来说尤其可忧，因为猫类所吃的海产品，根据每千克体重来算，通常都达到了人类食用量的30倍左右。[7]

⊙**有毒重金属，**比如铅、汞、镉和砷，存在于许多加工过程和产品当中，而宠物的颈圈和脚环中也有，这就更不用说了。据说，宠物的颈圈和脚环这些东西，很容易被人粗心大意地扔进宠物食品容器当中（在一罐优质猫粮里面，我们就曾经看到了一些明显的碎金属片）。在食物链中，重金属具有生物累积性。想一想，那些病得最厉害、最终又成了宠物食品的禽畜，很可能也是体内有毒物质含量最高的禽畜呢！因此，得知一些试验已经发现，有些商业性宠物食品中的汞含量，达到了人类体内汞含量安全上限的120倍，而且还有许多其他重金属的含量也达到了危险水平，我们就不会感到奇怪了。颗粒状宠物食品的情况，要比含水包装的宠物食品更为严重。美国食品药品监督管理局已经收到了成千上万例报告，称许多宠物都因为宠物食品中含有重金属而生病或者丧生了。[8]

// 添加剂

令人遗憾的是，宠物食品的其他配料，也有可能给宠物带来严重的健康影响。在我看来，尤其值得关注的就是添加剂。

例如，为了让他们生产出来的调和宠物食品显得更加诱人，宠物食品生产商可能会往其中添加食用色素。这样做，是为了让看不出颜色的猫狗觉得更加诱人吗？不是的，是为了让买这些产品的人觉得诱人；因为人类看到肉红色或者暖棕色时，与看到一种灰色的大杂烩相比，心里会觉得更加舒服一些。

添加防腐剂也是一种标准的做法，很可能还是一种必要的做法；这样做的目的，是为了让干燥的宠物食品能够在商店货架上或者你们家的食品储藏室里放上很长时间，而不至于腐坏。因此，看到一些报道称，许多宠物因为这些化学品而出现健康问题，我们就不必感到惊讶了。二丁基羟基茴香醚（BHA）、二丁基羟基甲苯（BHT）及乙氧基奎宁，就是三种典型的防腐剂。BHA和BHT是添加在油类（脂肪）里面的，用作宠物食品和宠物零食的防腐剂。据美国加利福尼亚州环境危害评估办公室称，BHA属于已知的致癌物和生殖有毒物质，而BHT也是一种致癌物质，可以导致老鼠的肾

7 参见马克・冈瑟于 2015 年 7 月 31 日发表的博客帖子《我很遗憾地告诉您，您的宠物对地球有害》。冈瑟引述的资料中称，普通宠物猫每年要吃大约 13.6 千克鱼，是美国人食用量的两倍。因此，如果一只体重为 4.5 千克的宠物猫每年吃 13.6 千克海产品的话，那就是猫的每 1 千克体重每年要吃 3 千克海产品。如果一个体重为 68 千克的人每年吃 6.8 千克海产品，那么人的每 1 千克体重每年所吃的鱼就是 0.1 千克。所以，宠物猫每 1 千克体重所吃的海产品，实际上就达到了人类每 1 千克体重所吃海产品的 30 倍。

8 参见“中毒的宠物”（网站）。又参见迈克・亚当斯的《宠物零食已发现受到了重金属的污染》一文，发表于 2014 年 4 月 21 日的《天然新闻》。

 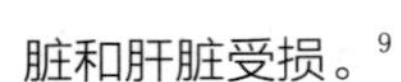

脏和肝脏受损。[9]

乙氧基奎宁是由孟山都公司[10]于20世纪50年代开发出来的一种化学制品，最初用作杀虫剂和农药。后来，这种化学品开始添加到宠物食品当中，而美国食品药品监督管理局兽药中心（FDA/CVM）也开始接到报告，一些购买和使用过此种产品的人称，这种化学品会带来不良反应。这两个机构制作的一份消费宣传册称："已经报告的不良反应包括过敏反应、皮肤问题、重要器官衰竭、行为问题及癌症。"[11]可报告接着说，由于没有科学证据支持这些说法，因此不会改变使用这种产品的做法。后来，孟山都公司委托其他机构，用比格犬进行了一次为期3年的饲喂实验，并于1996年公布了实验结果。实验报告称，虽然受试比格犬的肝脏颜色和肝脏酶水平有所变化，但对整体健康并没有产生影响。

大家可以看出，如今想要了解如何对添加到食品当中去的这些物质进行评估，为什么会变得如此困难了。当然，它们有可能没有害处；不过，不同犬种或者年纪不同、发育阶段不同的宠物狗之间，也有可能具有差异。情况甚至有可能是，假如一只宠物的身体已经出了问题，那么像乙氧基奎宁这样的化学物质，就只是一种存疑的致病因素了；于是，处理或者排泄这种化学物质的常用方法或许就会受到连累，从而会使这种化学物质积累到异常严重的程度。真正彻底地去核验所有的情况，几乎是不可能做到的。说得更直白一点就是，用比格犬做测试，并不会让我们更多地了解，其他种类的宠物、幼小或者年老的宠物、猫类吃了同样的东西之后会有什么样的结果。

还有一个例子，就是使用丙二醇。这是一种湿润剂，用于给半湿润的宠物食品保湿，时间差不多可达15年。丙二醇与防冻剂同族，而根据美国食品药品监督管理局确认的研究结果证实，这种物质是导致猫科动物心脏疾病的一个主要原因。美国食品药品监督管理局发布的"了解宠物食品标签"中称："我们已经了解到，它（丙二醇）会导致明显的贫血或其他临床效果。近来一些科学合理的研究表明，丙二醇会降低红细胞的存活时间，导致红细胞更易受到氧化性损伤，并且会对根据半湿润宠物食品所定水平喂饲的猫类产生其他一些副作用。"[12]2001年1月，美国食品药品监督管理局兽药中心规定，禁止再在半湿猫粮中使用丙二醇。然而，在湿软狗粮中，这种物质却仍在使用。

---

9 参见兽医学博士帕特里克·马哈尼在"爪印博客"上的博文《宠物食品：好、差与健康的宠物食品》。

10 孟山都公司（Monsanto），美国著名的一家农业生化公司，主要生产农业种子、除草剂、杀虫剂、食品添加剂、化工产品、医用产品等，总部位于密苏里州的圣路易斯市。

11 参见安·马丁所著的《保护你的宠物》，第 41 页。

12 同上书，第 42 页。

对于这种情况，我们必须更加充分地理解一些东西才行。听到一种有害物质得到了确认，并且停止了使用，这是一件令人满意的事情。但是，我们不妨问一问，这种物质最初是怎么出现的。重要的是，我们还要认识到，如此轻而易举地加入宠物食品当中的各种添加剂，一直都没有在猫狗身上验证过安全性。人类食品生产中的安全试验，同样也不那么让人放心。1958年1月1日，美国食品药品监督管理局制订了《1958年食品添加剂修正案》，其中列出了一份名单，规定了多达700种无须进行进一步评估的食品；从那以后，人们便一直毫无异议地使用着这份名单。这些特殊食品有一个术语，叫作“格拉斯”（GRAS），意思就是“公认安全食品”。

更加糟糕的是，在如今我们所处的环境当中，在空气、水和土壤中，有差不多8万种工业化学物质，或者人工合成的化学物质。这些化学物质会被植物和动物吸收，但尤其会在以工业化生产的饲料喂养的禽畜体内组织中积聚起来，然后再沿着食物链一路向上，在食用这些禽畜的人和动物体内积聚到最高水平。食用这些禽畜的，既包括人类，也包括我们所养的宠物。我们将会用整整一章的篇幅，专门来论述这个问题（参见第3章“我们的食物出了什么问题？”）。之所以这样做，是因为我们相信，化学物质是导致我们如今在动物和人类身上会看到种种慢性疾病的一个主要因素。

// 利用废弃物的道德标准

所有这些配料，全都令人忧心。因此，在本书的前面几版中，我们曾经特别强调，不要用食品行业里的废弃物去喂养宠物，而要用达到了人类可食用级别的新鲜食物去喂养。

但是，由于我们正在日益使地球上的资源不堪重负，有人可能会提出，从经济、环保甚至是人道的角度来看，使用商业性宠物食品是有道理的。毕竟这是一种杜绝浪费原料的做法，不然的话，我们还得付出一定的成本，将这些原料丢弃。甚至，人们可能认为这是一种更加人道的方法，因为这样做，我们需要饲养和屠宰的、通常都是在非常残酷的条件下喂养出来的禽畜就会更少。

不过，对于用这些染了病、腐坏变质和受到污染之物喂养的宠物，关心它们健康与幸福的人的心里，却仍然存在一个问题：如果这些东西不适宜人类食用，那么它们为什么会适合猫狗食用呢？难道是因为猫狗的适应能力比人类更强吗？难道是因为它们的体质比人类更强吗？难道是因为它们吃了腐坏变质、感染了疾病和过度加工的食品之后，不那么容易生病吗？我可不这样想。

那么，我们又为什么要用这种方式去喂养宠物呢？我能想到的答案就是，这是一种文化判断的表达。归根结底，我们的信条就是，其他动物都不如人类重要，猫狗也包括在内。我们必须保护人类，可猫狗呢？啊，它们可没有那么要紧。

当然，本书的绝大多数读者，对自己钟爱和喂养的宠物都特别关心，想为宠物尽自己最大的力量。我所说的，是一种更大的文化视角，人们通常都没有对其加以审视。实际上，在我们看来，这是一个精神与道德的问题；同一种异议，也适用于以这种废弃原料为食的禽畜，因为其中的许多禽畜都跟我们所养的宠物一样，即便天生是食草动物，也被迫同类相食。

宠物慢性疾病：“以惊人的速度在增长”

在我们看来，不管怎么说，对于那些与人类为伴的动物来说，食品质量问题都是严重危及健康的问题。班菲尔德宠物医院在2015年对240万条狗与48万只猫进行的一项研究表明，宠物患上慢性疾病的情况正在上升。[13]

超重和肥胖，实际上是营养过剩的标志（参见第3章）；如今这种现象正在激增，影响到了1/4的宠物狗和1/3的宠物猫。超重，常常都与关节炎、糖尿病、心脏病及其他许多的不幸疾病有关联。

对于许多宠物猫狗来说，食物过敏也是一个严重的问题。考虑到迄今为止我们看到的情况，宠物身上出现的绝大多数食物过敏症状都与动物制品相关，这种现象难道不让人感到奇怪吗？例如，狗的十大过敏原就是牛肉、乳品、小麦、鸡蛋、鸡肉、羊肉、大豆、猪肉、兔肉和鱼类。[14]这一点，可能会让一些人感到惊讶；那些人，近年来都追随无谷物配方的潮流，可能希望上述过敏原中列出的主要都是谷物呢！

第3章还探讨了关于鲜肉与谷物的争议，但只是暂时性地研究了宠物狗两种主要的植物性食物过敏原，即大豆和小麦。几乎在所有的情况下，大豆都经过了深加工，并且原料也是转基因生物（GMO）大豆；而所用的小麦，很有可能是已经陈旧发霉、长了虫子的小麦，或者是食品行业里废弃的低营养小麦。这些原料，是很难与营养全面、新鲜配制的谷物制品和豆制品（在理想状态下，它们都应当是有机食品）相提并论的；用后面这些制品来喂养，宠物猫狗就会茁壮成长，并且事实也是如此。

// 为了宠物而杀害野生动物：难道这就是答案？

由于宠物对常见肉类会产生过敏（这种情况可能是利用肉类副产品导致的），因此，作为回应，有的高端生产商一直都在提供一些看似更加自然或者野生的“替代”肉源，比如野牛肉、袋鼠肉、

13 参见班菲尔德宠物医院发布的《2015 年宠物健康状况报告 TM》。

14 引自兽医学博士苏珊·韦恩接受“医学博士网”宠物健康专题记者桑迪·埃克斯坦的一次采访。

鸵鸟肉、麋鹿肉、鲑鱼和鹿肉。羊肉和兔肉，曾经被人们推荐充当宠物对牛肉、鸡肉或猪肉过敏时的替代肉食，可如今呢，这两种肉源也有问题了。似乎，对每一种不属于常见肉类的新肉食，宠物都会产生过敏症状；如果还有我们在上面已经提到过的那些问题，尤其会如此。

这种比较新奇的“野生”替代肉类当中，有一些可能是政府机构应牧场主或农民的要求而消灭的野生动物，或者甚至是路上被车辆轧死的野生动物。我们当地的报纸上曾经刊登过一则报道，报道披露说，公路上发现的死亡动物会送往提炼厂，并在提炼厂里制成宠物食品。写这则报道的记者确实曾经采访过公路部门，公路部门领着他来到动物管理处，接下来动物管理处又领着他前往“尤金化学提炼厂”。在这个工厂里，他得知，经过提炼的原料都卖给了一些生产宠物食品（以及禽畜饲料）的公司。其他地方也出现了类似的报道，因此，我认为这不是一种地方性的现象。

我们很难了解到，这些“野生”宠物食品的原料究竟来自何处。但是，不论它们是怎么来的，我们都需要对其中涉及的环境、人道与健康问题加以警惕才是。不管它们是不是用一种更加有益于健康的方式加工而成的（我们也很难知道），我们尤其必须这样来问一问自己：需要杀害多少野生动物，才能满足人类所养的千百万只宠物呢？

// 食品：比以往更加重要

对于宠物食品里面都有些什么，无论您是初次得知，还是说早已了解、此时只是回顾一下罢了，您都不难看出，我为什么会这样认为了：如果客户和读者用新鲜、加工过程更合理和品质更高的食物去喂养宠物，那么宠物的健康状况就会大有改善。实际上，考虑到它们所吃的食物，许多宠物如今仍然表现正常，倒的确是一件令人有点儿惊讶的事情呢！

随着时间的推移，我认为食品对健康方面的作用比以往更加重要了。研究人类健康的人员和专业人士，都把高达80%的慢性疾病归因于一些可以预防的因素，特别是我们的不良饮食：肉食太多，果蔬农产品太少，经过加工和精炼的食品太多。[15]

我们所养的宠物，无疑也是这样。在职业生涯中，我早就看出了用什么东西来喂养猫狗这一点很重要。自本书于1981年首次出版以来，我们已经把这个问题当成一个严肃的方面提了出来。不过，我当时并没有预计到，宠物食品会随着时间的推移，变成一个更加严重的问题。

我已经具有50多年的从业经验，治疗过患有各种健康问题的宠物，因此，我的理解已经不断地偏离了原来在兽医学校里接受的教育。当时，学校教导我们的是，宠物的主要问题就是传染病，因此强调使用抗生素。如今我却认为，我们在宠物猫狗身上看到的大量慢性疾病，都是因为有害物质在它们体内形成了毒性积累，同时也是因为宠物食品的营养价值整体下降而导致的；接下来，我们

15　参见医学博士乔尔·富尔曼所著的《饮食生存》（纽约：利特尔和布朗出版社，2011 年），其中引述的各项研究都说明，绝大多数重大慢性疾病都可以通过健康饮食、保持健康体重、加强锻炼及不吸烟来加以预防。

会在这方面进行探究。除此之外，我们正面临着一些严重的环境制约因素，这些因素是对每一种生物身体健康的根本性威胁。

这些都是坏消息。好消息是，我们还是有解决办法的，也就是说，我们能够为宠物和我们自身获得健康、可持续并且合乎人道的食物。这一点，我们将在第5章里进行归纳。

第3章

我们的食物出了什么问题？

今天，我们在自家的阳光露台上，享用了一顿色香味俱全的丰盛午餐：有鲜美多汁的紫甘蓝、可口的土豆拌新鲜茴香沙拉、刚刚从窗台边摘来的油葵苗。这几道菜，四周全都配有通红的番茄片。多么希望你们也在这里，跟我们一起享用啊!

我总是把准备和享用优质、健康的食物作为生活的重要部分。在参加工作之初，我之所以能够偏离那种标准的建议，认识到让宠物食用优质新鲜的食品会改善它们的健康状况，这也是原因之一。

如今，许多人都认识到了保持良好营养状况的重要性，并且尽力用优质饲料去喂养他们的动物

朋友，他们自己也尽量做到只吃优质食物。即便是商业性宠物食品，常常也会使用达到了人类食用级别的有机原料，有一些小型的公司，还出售新鲜或者冷冻的宠物食品，并且质量都很不错。

日益令人担忧的方面

然而，在近几年里，我却日益担忧我们食物的状况了。虽然从总体上看，许多食物都是优质和健康的，但我仍然感到担忧。我发现，日益增多的慢性疾病中，绝大多数都跟我们食物中令人遗憾的质量变化相关，也是因我们对食物的选择而导致的。

宠物食品行业是与生产人类食品的农业生产体系紧密相关的。宠物食品行业设立的原则是，宠物猫狗的食品应当与人类食物相同，只是宠物食品原料更多是一些卖不上价格的农牧业副产品。由此而言，人类的食品与宠物食品之间，质量上并不存在什么重大的差别。诚然，有些宠物食品所用的原料质量较差，甚至会有某种程度的腐坏，或者来自那些还没有到达屠宰场就死掉了的禽畜。不过，假如把注意力全都放在这个方面，那么，我们就会一叶障目，看不到全局了。必须看到，笼统意义上的食物，包括人类的食品和动物所吃的食品，在过去的20年里，全都经历了巨大的变化。因此，在计划如何为我们的动物朋友提供最好的食物时，必须首先认识到这一点，把它当成计划的一部分才行。

在本章中，我们将着眼于如今食品质量方面两种令人担忧的变化。第一种变化，是食品中的营养成分显著下降，常规种植的粮食尤其如此。第二种变化，是食物里面的有毒物质正在不知不觉地增加。有毒物质在海产品、肉类和乳制品当中累积较高，在我们用于喂饲宠物猫狗的动物产品和副产品当中，有毒物质含量尤其高。

我们可能倾向于回避这些问题，觉得我们的反对意见或者担忧，不可能改变“食品大环境”。不过，如果从现在开始改变，从我们自家的厨房里开始改变，我们每个人都可以给世界带来巨大的影响。这种影响，既有利于我们自己，也有利于所有的生物。我们所养的小狗小猫，也可以跟我们一起，踏上这场希望之旅。

营养成分：正在消失的现实

我们常常会觉得，食物不再是记忆中的味道。这并非是大家的臆想。许多的食物中，都缺失了一些至关重要的营养成分。得克萨斯大学的生物化学家唐纳德·戴维斯称，自20世纪中期以来，常规种植或者养殖的水果、蔬菜、肉类、蛋类、乳制品中，蛋白质、钙、磷、铁、维生素B_2和维生素C等的含量都出现了严重的下降。戴维斯将这种情况归咎于人类使用现代化肥和现代饲养方法，不断促进快速生长的做法。[1]

如果动物从食物中得不到所需的营养成分，那么其健康状况必定会受到影响。另一位杰出的生物化学家布鲁斯·艾姆斯博士已经警告说，这些膳食性缺乏给健康方面带来的后果（包括癌症渐增和加速老龄化的现象），实际上比农药残留（这是一种更加普遍的担忧）所导致的后果要严重得多。[2]

当然，我们可以买到有机食品，甚至是自己种植有机食品，来避免营养缺失和农药残留。2004年，维吉妮亚·沃辛顿对诸多研究所做的整合分析得出结论说，有机食品中的确含有更多的营养成分，尤其是维生素C、铁、镁及磷等成分；同时，其中的重金属和硝酸盐含量也较低。[3]发表在《应用营养学杂志》上的一项研究发现，有机食品中的硒（一种对抗癌症的关键元素）含量非常高，超过了常规食品的390%；此外，有机食品中含有的镁、钾、铬、碘、钙、锌及铁，也分别超过了常规食品的138%、125%、78%、73%、63%、60%和59%。[4]

那么，常规食品中为什么会“缺失”这些东西呢？我认为，有下面几个原因。

第一，氮含量高的人工合成化肥。这些肥料都是由石油化工品生产而成，的确使植物生长得很迅速，然而，速生会使植物吸收重要营养成分的时间较少。这就意味着，植物当中的植物营养素含量较低，色彩、芳香与味道也都没那么好了。这些营养成分，还包括对植物健康和抵抗病虫害至关重要的一些矿物质。

第二，贫瘠土壤取代了活性土壤。相比之下，原生或者有机土壤是通过分解植物和动物粪便，再加上豆科植物根部的固氮作用，来为植物提供氮元素的。健康的土壤，就是一种具有活性的超级有机组织。土壤会滋生出千百万种细菌、真菌、蚯蚓及无数种微小的生物，它们相互协作，使得植物更加容易吸收到矿物质。可惜的是，许多这些微生物都被人工合成肥料和工业化农作（典型做法如平整土地与密集耕作）杀死了，结果植物更加难以吸收到矿物质。正是出于这个原因，如今一些种植户才开始使用“免耕法”或“种植床”这样的办法。

第三，转基因作物。导致作物中氮含量降低还有一个较新的原因，叫作“基因改造”，通常缩写为“转基因”。科学家们在创造转基因食物的时候，是用一把“基因枪”，给作物植入一段新的DNA。这一过程，可能导致附近的基因受到间接性的损伤。你可以把基因序列想象成一份下达指令的文本

1 参见布鲁斯·埃姆斯在《食物的营养价值正在下降》中提到的内容，见于 2012 年 1 月 23 日的《地球新闻》。
2 同上。
3 参见维吉妮亚·沃辛顿的《有机水果、蔬菜、谷物与传统水果、蔬菜、谷物的营养质量对比》一文，发表于《替代与补充医学杂志》第 7 期（2004 年 7 月），第 161～173 页。
4 参见《有机食品与超市食品比较：营养元素含量》，发表于《应用营养学杂志》第 45 期（1993 年），第 35～39 页。引于约翰·罗宾斯所著的《食物革命》（旧金山：康纳瑞出版社，2011 年），第 370 页。

当中的一句话。基因序列，即“文本”，下达了身体如何生长以及如何维护身体健康的指令。如果把一个新的“句子”插入到这个“文本”当中，那么这个“句子”有可能在任何一个地方结束，并且在这一过程中形成一个我们再也理解不了的“段落”。有证据表明，加入新指令是有代价的，那就是会丧失其他一些同样重要的指令。这样一来，就解释了报道称转基因作物中营养成分含量较低的原因。2012年进行的一项营养学分析，得出了一个令人震惊的发现：与普通的非转基因玉米相比，转基因玉米中的钙含量低了437倍，同时镁含量低了56倍、锰含量低了7倍。[5]对于这些转基因食物，最有意思的一项观察结果就是，假如可以选择的话，动物就不会去吃。它们显然能够闻出或者尝出转基因食物与普通食物之间的差异，因此不想吃这些转基因食物。我曾经听到一位兽医报告说，一家农场里停放卡车的地方掉出来的转基因玉米，连放养的鸡都不吃。洒出来的玉米一直留在那儿，最后全部烂掉了。

第四，使用草甘膦除草剂。土壤中的矿物质，是可以被螯合剂（能够把矿物质粘合起来，使得植物无法吸收的分子）锁住的。草甘膦是“农达”这种除草剂的主要成分，起初实际上就是用作螯合剂的。自从20世纪90年代中期开始推广抗除草剂的转基因作物以来，草甘膦的使用量大幅增加了。[6]（并且，由于一些超级杂草也已对草甘膦产生了耐药性，因此人们还在研制更多的强力除草剂。）

第五，生长激素。通过使用生长激素这种常规做法，人们正在促使禽畜更加迅速地生长，或者产出更多的蛋（而在经过认证的有机食品生产过程中，是不允许使用生长激素的）。这些激素，类似于运动员为了增加肌肉和体重而服用的激素，目的是让禽畜长得更胖、生长速度更快。经常用在牲畜身上的这些激素共有6种。牲畜在使用了激素之后，增加的体重大部分也都是脂肪，脂肪当中没有其他的营养成分，却是储存有毒物质的好地方。至于植物，快速生长就意味着吸收营养物质的时间较短。动物制品当中，都会残留有生长激素。从生物学上来看，这些激素与我们人类体内的激素很接近，因此，与有些人担心的大豆当中含有的植物雌激素相比，生长激素对我们的影响会更大。不吃动物制品的女性（纯素食主义者）生双胞胎的概率之所以只有杂食者的20%，最有可能的原因就是，她们没有摄入这些不请自来的激素。[7]

---

5 参见约瑟夫·默寇拉的《分析发现，孟山都公司的转基因玉米存在令人震惊的问题》一文。

6 参见《转基因的神话与真相》一书的作者、英国“转基因监视网”的克莱尔·罗宾逊在约翰·罗宾逊举办的“转基因生物迷你峰会”上接受杰弗里·史密斯的采访时所说的话。

7 参见迈克尔·葛瑞格《为什么素食女性生双胞胎的概率低五倍？》一文，发表于《营养真相》杂志第22期（2014年12月26日）。

// 营养成分丧失的其他途径

不管用的是常规种植还是有机种植法，种植业主的一些其他做法也会降低作物的营养成分。

一是速生饲育。数千年来，农民选择的都是生长速度较快、体型较大或者味道更好的植物和动物。我们虽然享受了这样做带来的成果，但也为此付出了代价：现代食品当中，纤维、矿物质和蛋白质的含量显著偏低，而糖分和脂肪的含量，却比以前的野生动植物、比人类早期尽情享用的那些食物更高。[8]

现代的繁殖与饲养知识，实际上已经加快了这一过程。因此，如今的绝大多数农民，都在把牲畜逼往远远说不上健康或者人道的地步。例如，大家知不知道，如今的鸡和奶牛，与20世纪50年代相比，产蛋量与产奶量都大得多了？如今，一只鸡每年可以产蛋300枚左右，而仍然在东南亚丛林里生存的它们的野生远祖，每年却只会产蛋10～15枚。此种对照，不可谓不鲜明。这就导致了如今鸡蛋钙质缺乏、繁殖条件令人烦恼的现状，而饲养的肉畜体型也变得异常巨大，以至于有些禽畜都无法走到饲料槽去进食。

二是在饲养场和畜棚里圈养禽畜。这会降低禽畜对有益于健康的Ω-3脂肪酸的摄入量。家畜若是在牧场上放养，就会摄入丰富的Ω-3脂肪酸。这样一来，肉类、蛋类和牛奶当中Ω-3脂肪酸的含量就降低了。有些医生认为，这正是导致我们人类炎症疾病过多的一个主要因素；而炎症过多，又被人们普遍认为是滋生慢性疾病包括癌症的根源。这种情况，也适用于我们的宠物，因为宠物与我们有着同样的需求。

三是提前采收。这也会降低营养成分的含量。无论我们是为了种植更多作物，还是为了让作物不那么容易烂掉而提前采收，都是如此。只要拿来一个饱满成熟的番茄和一个硬邦邦、颜色发淡的番茄，比一比它们的味道就可以了。提前采收不仅让我们吃这些东西时的口感丧失，还使许多的维生素、矿物质和成千上万种植物营养素丧失。要知道，植物营养素可是植物性食物当中那把“打开王国的钥匙”。

四是运输和储存时间漫长。如今的绝大多数食物，都需要经过长途运输，或者是储存起来，以满足全国全年的农产品需求。这样也会导致食物损失一些营养成分，使得食物味道变差。在运输和储存过程中付出的环境代价，那就更不用说了。我们在作物培育方面的重点，大部分都放到了这种能够经受长途运输，却不会遭到损坏（或者显得遭到了损坏）的农产品上了。耐受运输和储存成了重要因素，农产品的味道和高营养价值反倒位居其次了。

---

8 参见布兰达·戴维斯在 YouTube 网上一场题为《原始人饮食法：神话与现实》的演讲，2014 年 5 月 1 日。

// 代价高昂的便利

现代生活变得越来越忙碌，许多人经常光顾快餐连锁店，甚至全然依赖于包装好了的方便食品，其中也包括用于喂养宠物的食品。这些食品，既可以轻松获得、味道鲜美，还会让人上瘾。对于这类便利食品，我的态度很鲜明：它们会危及我们的健康，会使得我们以及与我们为伴的宠物“吃得太多，营养不良”。[9]如今，大约70%的美国人具有某种程度的超重[10]，并且患有随之而来的种种疾病。同样，2015年进行的一项大规模兽医学研究发现，有25%的宠物狗和33%的宠物猫超重或者过胖。[11]可我在1965年开始行医的时候，这种情况却非常罕见。

尽管食品生产商经常会在产品当中添加某些维生素和矿物质，但是，这样做真的能够弥补缺失的那些营养成分吗？在纯天然的食物当中，尤其是在植物当中，还有成千上万种人类几乎不甚了解的营养成分。如果吃了太多的“垃圾食品”，我们或宠物的身体就会发出信号，让我们或宠物不停地吃，以便努力获得身体所需的营养成分。然而，我们却再次转向了加工便利食品，这些食品都巧妙地添加了食盐、糖、脂肪和其他调味品，会对我们种种进化而来、喜爱丰富滋味的本能产生吸引力。

宠物食品制造商非常擅长把他们的产品弄得很吸引人，甚至会让宠物猫狗上瘾。为宠物食品制造商提供原料的提炼厂，必须将禽畜废弃物用高温烹煮，才能杀死其中的致病菌。可惜的是，时间过长的高温烹煮会改变蛋白质的性质，破坏其中的重要维生素和氨基酸，其中还包括宠物猫不可缺少的牛磺酸。于是，宠物食品制造商便会在进行包装之前，再把牛磺酸（通常都是人工合成的）和其他营养元素回添到宠物食品的表面，认为这样做可以弥补因高温烹煮而损失掉的营养成分。

// 可以让宠物恢复健康的高营养食物

对于这种营养损失，人类和动物都会付出巨大的代价。《饮食生存：神奇的富营养型快速持续减肥计划》一书的作者乔尔·富尔曼博士和《我为蛋白质狂：沉迷肉食的习惯正在消灭我们及其应对之道》一书的作者加斯·戴维斯博士，曾对成千上万名身体不好的人和肥胖者进行过营养测试。这些人吃的都是标准的美国饮食。即便许多人都觉得自己吃得很好，并且吃的通常都是高蛋白/低碳水化合物的时尚食物，可令人惊讶的是，绝大多数接受测试者的重要维生素和矿物质的摄入量，却存

---

9 参见乔尔·富尔曼所著的《饮食生存：神奇的富营养型快速持续减肥计划》（纽约：利特尔和布朗出版社，2011年）；T. 科林·坎贝尔与霍华德·雅各布森合著的《健康：对营养科学的重新思考》（达拉斯：本贝拉图书出版社，2013年）。

10 同上书，第75页。

11 参见班菲尔德宠物医院发布的《2015年宠物健康状况报告TM》。

在不足的状况。

美国人很少吃有色蔬菜、水果和绿叶蔬菜，可这些东西其实都是营养最丰富的食物，也是最适合于喂养宠物的食品，尤其适合于喂狗。它们（特别是绿叶蔬菜）当中，含有数千种我们才发现的营养元素。富尔曼博士还发明了一种方法，来对食物每1卡路里[12]所含的营养进行分级，叫作“总计营养密度指标”（ANDI）。结果表明，连卷心莴苣每1卡路里所含的营养成分，也要多于动物制品，而动物制品的营养等级几乎完全属于垫底级别，真是令人惊讶。

好消息是，这些人和其他许多有营养学基础的医学博士，把加工食品与动物性食品（脂肪含量通常都很高）换成其他一些营养密度更高的植物性食品之后，他们的体重都永久性地减了下来，而他们所患的各种慢性病症，也都有了奇妙的好转。[13]

同样，尽管狗的远祖属于食肉动物，但人们经常说，若是每天都给宠物狗吃新鲜的有机蔬菜，它们的身体也会变得明显健康而长寿起来（参见第5章）。

// 维生素补充剂怎么样？

在以前，维生素补充剂似乎就是解决这些营养缺乏问题的办法。起码来说，服用它们“以防万一”，也是一种明智的做法。不过，有些研究却表明，某些维生素补充剂会导致营养失衡，这样做弊大于利。脱离了天然食品当中那种复杂的营养素结构，把营养成分孤立起来，似乎是造成营养失衡的原因。正是出于这个原因，如今许多人才盼望着超级食品或者食源性维生素，它们当中都含有相关的生物性复合成分，而不是纯粹的人工合成元素。

许多处于临床最前沿并且关注营养学的医生，都会对患者运用高营养、以植物性食物为基础的饮食疗法。他们认为，维生素B_{12}几乎就是他们唯一会真正推荐给患者的维生素补充剂。同样，我们给宠物猫狗设计的、以植物性食物为基础的可选食谱当中（参见第6章），也的确有含维生素B_{12}的特殊补充剂，同时也含有满足猫狗特殊需要的其他营养成分。大家可不要漏掉了这些东西。

然而，最重要的一点就是，没有哪种药丸或者粉剂，能够弥补加工食品所导致的营养缺失。营养密集型的“原生态食物”，才是让我们达到最佳健康状态的关键。

12 卡路里（calorie），热量单位，相当于将 1 克水在 1 个大气压下温度提高 1℃所需的热量。1 卡路里≈4.186 焦耳。

13 参见乔尔·富尔曼所著的《饮食生存：神奇的富营养型快速持续减肥计划》，第 75 页，以及加斯·戴维斯与霍华德·雅各布森合著的《我为蛋白质狂：沉迷肉食的习惯正在消灭我们及其应对之道》（纽约：哈珀一号出版社，2015 年）。

有毒物质揭秘

现在，我们来看一看危及食物和健康的第二大问题——有毒物质。在过去的几十年里，大约有85 000种人工合成的化学物质，进入了我们的食物和身体。

尽管绝大多数人，甚至是健康专家，都会忽视这个问题，但任何一个关注此问题的人都知道，大量工业和家用化学品的使用，显然是导致我们出现种种健康问题、使得我们的健康状况一代不如一代的重要原因。作为一名具有50多年从业经验的兽医，我认为，环境当中的有毒物质尤其会对宠物猫狗产生影响。下面，我就来说一说原因。

如今的食物，都因为这些化学物质而受到了非常严重的污染。其中，有些污染还是人类有意为之的。光是美国的食品当中，就有超过3 000种化学添加剂，其中包括防腐剂、着色剂、调味剂及其他物质。

除此以外，还有数千种工业化学物质，已经从空气、水和土壤里，逐渐进入了我们和动物所吃的食物当中。这些化学物质，都是现代社会产生出来的，原本完全不是用于食品的，而人们也没有料想到，它们会进入人体。

我们竟然允许众多公司生产出无数种产品，用于家居、草坪、庭院、农田、牧场和森林，而其中绝大多数产品中含有通常会对某种生命形式产生毒性的物质，这可真是一个奇怪的文化盲点。即便我们明知用完这些产品之后，它们会渗入或者飘到其他地区、河流、湖泊中去，在我们生存的整个生物圈里扩散，我们仍在继续这样做。

想象一下，假如有位邻居正在喷洒某种气味令人作呕的东西，然后这种东西又飘进您家的院子、花园，或者从您家开着的窗户飘进来，导致您哮喘发作，将会是一种什么情形？当时您肯定会怒不可遏。现在，再把这种情况加以扩展，想象一下，千百万邻居、农民和牧场主正在用各种各样的化学物质、工业产品、杀虫剂、除草剂、抗生素、激素，以及许多谁也不知道是什么的东西这样做，会是一种什么样的情形？

汉密尔顿是一名内科医生，也是食品毒素领域里的一位顶级权威人士。他曾经非常痛心地指出："这种污染的结果，就是让我们如今成了地球上受到污染最严重的物种之一。实际上，如果我们是食人族的话，那么我们的肉就会禁止为人类食用了。"[14]

美国疾控中心曾做过一项规模很大的研究，并在2005年报告说，美国人的体内组织中，携带有超过100种农药和有毒化合物，尤其是有许多用于消费品的化合物。其中许多化合物都潜在地威胁

14 参见兰德尔·菲茨杰拉德所著的《百年大谎》（纽约：杜登/企鹅出版社，2006 年），第 5 页。

健康。[15]更令人痛心的是，携带水平最高的人群是儿童。这表明，这个问题正在每一代人当中变得日益严重，而不是日益减轻。

想一想这个吧：如今，我们有30 000多种处方药，以及至少200 000种不同品牌的非处方药。其中的许多药物，最终都排泄到了厕所，进入了河流流域，并且再从那里进入了食物链。就算是在设施最好的污水处理厂里，水中的这些化学物质也没有完全被去除掉。它们会在城市污泥中残留下来。因此，不管在哪里，城市污泥绝对都是毒性很强的物质。而且，这种污泥必须清理到别的地方才行，令人难以置信的是，它们大多竟然被用到了我们的粮食作物生产上，也就是那些常规种植的粮食作物上（经过认证的有机农场，是禁止使用这种污泥的）。

// 无罪推定

大家可能会这样问："可是，难道我们的身体不能去除这些有毒物质吗？"简单地回答，就是"对的，不能"。它们都是人工合成的新生物质，我们的身体还不知道如何去处理它们。常见的解毒途径，就是肝脏识别出有害物质，然后给这些有害物质加上一个肾脏可以识别的生物化学标记，让肾脏能够将这些物质从血液中过滤出来，使之进入尿液，然后迅速排泄出去。这里的"识别"一词至关重要，也是整个毒素问题的核心。所有动物体内那些看不见的毒素，就像是陌生人，我们的身体无法识别，所以只好储存起来放到一边，做到"眼不见，心不烦"。

而且，其中还有一些化学物质，比如"滴滴涕"（DDT）、二噁英及其他持久性有机污染物（POP），都是不溶于水的，因此，它们根本就无法经由肾脏去除。实际上，它们溶于脂质（脂肪），会存在于我们人体的脂肪细胞当中。它们会在我们与宠物所吃的鱼、肉、蛋、奶中积聚起来。尽管许多人都把这些食品等同于"蛋白质"，但绝大多数鱼、肉、蛋、奶中，其实是脂肪含量更高。而脂肪，就意味着毒素。

"唔，好吧，"你们可能会说，"可真的如此严重吗？我们仍然过得好好的，活蹦乱跳啊，或许这些有毒物质在我们体内的聚积量太小，所以没有害处吧。"在本章的后文中，我们将会探究一下这个问题：随着我们在食物链上的级别越高，这些有毒物质会急剧增加。这种情况导致的结果，相当于大剂量吃药。

1998年，美国环境保护署（EPA）承认，大批量生产的化学品当中，只有7%曾经接受过全面的基本毒性研究。其中许多化学品，在美国环境保护署成立之前就已出现，因此不受新的法律法规

15 参见美国病症控制与预防中心发布的《美国疾控中心（CDC）关于人类接触环境化学物质的第三次全国性报告》，2005 年 7 月。

约束。它们都适用于“无罪推定”原则，因此政府机构很难对它们加以管控。

人们对一些化学物质已经进行了检测，比如“滴滴涕”、二噁英、多氯联苯（PCB），以及各种各样的激素、除草剂，还有涉嫌或者已知会导致一些健康问题的重金属。重金属导致的健康问题，包括癌症、生殖问题先天畸形、神经系统紊乱等。有些化学物质已经被禁止或者限制使用，但由于它们降解缓慢，因此甚至是过了几十年之后，仍然会残留在环境当中，仍然会残留在食物和我们的身体里。

我们不妨来认识认识 “嫌犯”阵容中的一些吧！

⊙重金属：它们分布广泛，持久稳定，会在动物的组织器官当中积聚。其中包括：铅，它存在于骨头和骨粉、土壤、灰尘、管道、玩具、化妆品、陶瓷、1978年以前生产的涂料及含铅汽油当中；汞，存在于海产品中，来自金矿开采、燃煤电厂、垃圾焚烧、炼油、水泥生产当中；砷，存在于鸡肉产品、粪肥、白米当中，源自添加剂、采矿、冶炼和以前的农耕过程；镉，存在于细粮当中，源自磷肥、采矿、冶炼、城市污泥、电池、涂料及塑料。本书中，我们在食品烹调方面提出的建议，目的就是要让食品接触到重金属的可能性降至最低（请参见第10章“开辟健康家园”）。

⊙农药、农用化学品和农用药物：尤其是除草剂、杀虫剂和杀菌剂，包括用于杀灭蜱虫、跳蚤和恶丝虫的产品。有些农药，比如“滴滴涕”，虽说早已禁止使用了（从1977年以来），但依然残留在世界范围内的动物脂肪组织中。这一类化学品，还包括硝酸盐、砒霜、激素、抗生素及其他常规性地用于禽畜身上的药物。所以，我们应当选择有机食品，或者更好一点，选择纯素有机食品（这种食物，不会施用可以积聚有毒物质的粪肥）。

⊙自来水，甚至是瓶装水中的化学物质：包括氯、三卤甲烷和其他一些消毒副产品（这是水中有氯时，由一些有机碎屑产生出来的）、氟化物，以及工业、农业与水力压裂作业导致的各种污染物。瓶装水里，也有可能有污染物。我们应当利用逆向渗透器或者活性炭过滤器，并且用玻璃容器或者不锈钢容器来储存水。

⊙除草剂：转基因食物当中，含有除草剂（抗虫害基因直接嵌入了转基因玉米当中）。因此，我们应当选择有机的或者非转基因的大豆、玉米、油菜、糖和其他产品。

⊙塑料和食品包装：双酚A（BPA）是一种与不孕症、肥胖、糖尿病及生殖问题相关的影响内分泌的物质，存在于美国60%的罐装食品当中。更换罐子的内衬可能也无济于事。到处都有塑料：玩具、碗碟、塑料袋、容器及无数种家居用品（以酞酸酯、双酚A及许多未列出的产品存在）。我们应当尽量少买罐装食品，应当避免使用塑料容器和碗碟去喂食猫狗或储存食物。

⊙核事故产生的辐射性有毒物质：比如福岛核事故和核武器试验所产生的有毒物质。它们与肿瘤及各种退行性疾病有关。我们应当避免购买海产品，尤其是不要买金枪鱼和其他的大型鱼类，以及含有鱼粉的产品。

⊙天然毒素：正在变质或者已经储存了很长时间的食品当中，可能会产生真菌和黄曲霉。我们应当尽量购买和使用新鲜食品，并且小心储存产品。大家甚至可以购买真空容器，使食物的氧降解速度降到最低，从而可以让食品安全地储存更长的时间。

⊙家用清洁剂、空气清新剂、阻燃剂（存在于家具和床上用品当中）、除锈剂、挥发性溶剂、涂料、化妆品、香水、草坪护理品、香烟烟雾。我们应当使用无毒的天然产品。

⊙还有成千上万种其他的工业化学品，它们散布在空气、水和土壤中，其中绝大多数都没有经过检测，并且会沿着食物链往上形成生物积累性。特别应当注意的是二噁英（源自纸浆厂、火灾和垃圾焚烧），以及其他的持久性有机污染物。

// 宠物身上的毒素比人类身上的多吗？

我认为，今天兽医与人类健康专家都必须面对的许多慢性疾病，很有可能是由患者体内逐渐聚积起来的化学物质和重金属导致的。诊断时的难点就在于，罪魁祸首并非只是一种明确的有毒物质或者因素，而是有许多种。无疑，是它们的组合性交互作用协同起来，才导致了种种具有抗疗性的退行性疾病。

思考了有毒物质这个问题多年之后，我认为：极有可能，我们的动物伙伴会因为这些看不见、不可识别的物质而严重受害。之所以这样说，至少有三个原因。

第一，动物性产品中的生物积累性。正如约翰 · 麦克杜格尔博士报告的那样："据估计，人体吸收的化学物质当中，有89%～99%来自我们所吃的食物。而其中的绝大部分，又来自那些处在食物链顶端的食物：肉类、禽类、蛋类、鱼类和乳制品。"[16]这些食物，既是宠物猫狗吃得最多的东西，也是那些追随种种"高蛋白"和"低碳水化合物"时尚的人吃得最多的东西。

第二，宠物食品的原材料。此外，还有一个可悲的真相，那就是宠物吃到的食物，通常都是屠宰场和提炼厂里品质不好的下脚料，即那些不准用于人类食品的废弃物和不合格品，其中，包括大量内脏、骨头碎片，以及切割下来的脂肪组织。这些组织里面储存的有毒物质，比人类更喜欢吃的纯肉要多得多。

第三，尘土当中的有毒物质。除此之外，由于宠物猫狗距地面和地板更近，而从铅到织物当中

16 参见约翰 · 麦克杜格尔的《帕金森症与其他由饮食引发的震颤症》一文，见于《麦克杜格尔时事通讯》，2010年11月。

的阻燃剂都会留在尘土当中，并且粘到宠物猫狗的爪子和皮毛上。接下来，它们又会把自己的身上舔干净。众所周知，小狗会翻垃圾找食物，会喝水坑里的脏水；并且，许多小狗还会舔食防冻液和其他有毒的东西。

实际上，对这个问题进行的为数不多的研究，都支持了这种观点。2008年，美国环境工作组对华盛顿特区附近35条狗、37只猫的血样和尿样进行了检测。在血样和尿样中，他们发现多种化学物质的含量都很高，其中包括用于制造家具、织物和电器的化学品。血样和尿样中的汞含量也很高，可能来自宠物食品中所用的鱼。[17]

在另一次测试当中，猫狗身上每1千克体重的汞含量，达到了人体的5倍。宠物食品和宠物零食当中，也发现了各种各样的重金属，包括铅、镉、汞、砷，甚至还有铀，并且总量都超过了我们认为属于安全的水平。美国食品药品监督管理局并没有限定宠物食品当中的重金属含量。连美国农业部对经过认证的有机宠物食品和宠物零食中重金属的含量也没有进行限制。[18]在后文中，我们还将深入探究重金属这个问题。

由此更深入一步来看的话，我强烈怀疑，食物中有毒物质的过度积累，可能是导致宠物慢性疾病日益增多的最主要的原因。近年来，宠物患上慢性疾病的比例，已经达到了令人吃惊的程度。

> 据估计，人体吸收的化学物质当中，有89%～99%来自我们所吃的食物，而其中的绝大部分，又都来自那些处在食物链顶端的食物：肉类、禽类、蛋类、鱼类和乳制品。
>
> ——约翰·麦克杜格尔，医学博士

// 动物制品越多，有毒物质也越多

食物链上有毒物质的高度密集，让我对一些兽医自20世纪90年代以来的普遍做法产生了疑问。这种做法，就是用一种“适合物种”的饮食去喂养宠物，其中主要是生肉、骨头、内脏和一些未经加工的蔬菜或者浆果。有些人甚至用活的猎物来喂养宠物。

这种喂法的肉食进食量，比普通喂养要多得多。这种喂法，也比过去几个世纪里绝大多数犬类所吃的肉类都要多得多（参见第5章）。以前，小狗的主食就是面包、大麦，以及一点儿乳清、牛奶，或者是碎瘦肉、碎肥肉。有些宠物狗，吃的甚至是豆浆泡面包。它们都生下了健康的后代，并且一直延续到了我们这个时代。猫类主要靠捕食猎物生存，并辅以粥、牛奶和碎肉。

无疑，大多数宠物猫狗都很喜欢吃大量的肉食，就像大多数人一样。不过，从长远来看，代价

---

17 参见《猫狗有毒》一文，见于《纽约时报》，2008 年 4 月 18 日。

18 参见迈克·亚当斯的《宠物零食已受到重金属的污染》一文，见于 2014 年 4 月 21 日的《自然新闻》。

又是什么呢？今天，我们都生活在一个严重受到污染的世界上，有毒物质在这些食物当中普遍聚积，甚至即便这些食物源自优质、有机、草饲性动物和野生动物，也是如此。

例如，野生动物的器官组织中，持久性有机污染物的含量可能比周围环境当中的高70 000倍。这些污染物中，包括威力强大的二噁英，以及“滴滴涕”、氯甲桥萘、氧桥氯甲桥萘、异狄氏剂、氯丹、七氯、多氯联苯及多种化学品。[19]鱼类身上有毒物质的聚积量甚至更高，有时会达到水中含量的数百万倍。

尽管绝大多数（并非全部）宠物吃了这种肉类占很大比重的食物（尤其是与标准的宠物食品相比而言）之后，似乎没有什么问题。但久而久之，这种做法会增加多少它们患上癌症或者其他由环境导致的疾病的风险，我们并不知道。不过，我却知道一点：如今，宠物患上癌症的情况正在急剧增加，而且半数宠物狗可能会患上这种疾病。在20世纪60年代我开始行医的时候，这种情况却不常见。甲状腺组织癌变、过敏、肾脏病变和皮肤疾病，正在宠物猫狗身上蔓延。这些病症，全都可以与有毒物质关联起来。

对于那些真正相信自己所养的宠物只能吃一种适合于肉食动物的自然饮食才能茁壮成长的人而言，这可是一个重要的问题。因此，在进一步论述之前，我们不妨来了解一下食物链，看一看有毒物质为什么会在食物链的顶端聚积起来。

// 认识食物链

⊙土壤微生物、藻类和浮游生物位于食物链的最底层。它们会吸收土壤、空气和水中的营养物质与有毒物质；而这些营养物质和有毒物质，则是从农场、工业企业、家居用品、垃圾和废水中，漂浮或者冲刷到土壤、空气和水中的。

⊙接下来就是植物。除了从上述那个复杂微生物网中吸收到的营养物质，植物也会吸收更多的有毒物质。

⊙草食性动物（以及大多数野生动物），不管是昆虫、野兔还是牛，它们都以植物为食，因而会逐渐使得有毒物质进一步汇集起来；尤其是那些脂溶性的有毒物质，会在它们的脂肪组织中聚积起来。其他毒素，会储存在它们的肝脏中；还有一些有毒物质，比如铅，则会置换掉它们骨骼中的钙质。人们广泛用鱼粉和动物废料来喂食禽畜，以便禽畜生长得更加迅速。可这种做法会让有毒物质在禽畜的器官组织中进一步聚积起来。

---

19 参见联合国工业开发组织发布的《十二黑名单》。2014 年 3 月 17 日检索。

⊙肉食性动物以这些草食性动物为食，比如郊狼吃野兔、鸟儿吃虫子。因此，随着时间的推移，它们的体内会聚积更多的有毒物质。

⊙顶层食肉动物以体形较小的食肉动物为食。比如，像金枪鱼和鲨鱼这样的大型海洋鱼类，会吃体型较小的鱼类，后者又以体型更小的鱼类为食，后者再吃体型更小的鱼儿，或者是浮游生物。有毒物质会在每个层级聚积，因此大型鱼类身上聚积起来的有毒物质，可以达到水中含量的数千倍，甚至是数百万倍。我们或者宠物吃了海产品（或禽肉畜肉）之后，就是把自己置于整个食物链的顶端。

⊙除此之外，每个物种的幼仔，尤其是哺乳动物的幼仔，体内聚积的有毒物质都要比父母多。母乳喂养的婴儿，每1千克体重所吸收的有毒物质，比成年人多242倍，达到了令人惊讶的程度，并且还是在婴儿发育的关键时期。[20]现在，大家就能看出，我们为什么会对处于怀孕期和哺乳期的女性提出特别建议，要她们不吃金枪鱼了。因为那样做的话，有可能使得体质脆弱的婴儿吸收的汞达到危险水平，并且将人类婴儿、连同那些以海产品为食的猫狗所生的小猫小狗，一起置于食物链的顶端。

因此，就算大家对本章中的内容什么也不记得，那也要记住这一点：海产品、肉类、奶类和蛋类吃得越多，吸收的有毒物质也就越多。虽然植物当中也不是说没有这些有毒物质，但动物制品当中的有毒化学物质聚积量更大。

// 数字分析

几十年前，约翰·罗宾斯[21]曾经在他所著的畅销书《新世纪饮食》一书中警告说，肉类当中含有的农药，比常规种植作物中的农药残留量高出了14倍。乳制品当中的农药含量，也比常规种植的作物高出了5.5倍。在这本书中，他曾经引用了一份发表在《新英格兰医学杂志》上的研究报告。该报告表明，素食女性的乳汁当中，农药残留量只有美国普通女性乳汁当中农药残留量的1%～2%。[22]在他最近的作品《食物革命》当中，罗宾斯重点关注的是二噁英，因为二噁英被看成是迄今为止人类已知的、毒性最强的化学物质。人们认为，二噁英非但导致了高达12%的癌症，而且还是导致基因

---

20 参见L．里特尔、K．R．所罗门、J．福尔热、M．斯特梅洛夫和C．欧里尔撰写的《持久性有机污染物：对“滴滴涕”、艾氏剂、狄氏剂、异狄氏剂、氯丹、七氯、六氯苯、灭蚁灵、八氯莰烯、多氯联苯、二噁英和呋喃的评估报告》。这份报告，是给位于“跨组织化学品无害管理计划（IOMC）”框架内的“化学安全国际项目”（IPCS）准备的。于2007年9月16日检索。

21 约翰·罗宾斯（John Robbins，1947—），美国作家兼素食主义者。虽然出生于富裕家庭，但长大之后，他却崇尚素食主义，成立了一个名为“拯救地球”（EarthSave）的非营利性组织，大力提倡环保、营养、动物权利等。《新世纪饮食》一书出版于1987年，全面探讨了素食、营养与动物生命等问题。

22 参见约翰·罗宾逊所著的《新世纪饮食》一书。

与生殖缺陷、学习障碍的主要元凶。二噁英并不是人类有意制造出来的，而是制造业、城市和医疗垃圾焚烧过程中的一种附带产物，会在脂肪组织里面聚积起来。据美国环境保护署估计，人类吸收的二噁英当中，有95%来自牛羊肉、鱼类和奶制品。因此，显而易见的是，少吃或者不吃肉类和奶制品，就会让我们少吸收这些化学物质。1999年进行的一次检测发现，班杰利公司在佛蒙特州那些田园牧歌式的农场里生产出来的浓郁冰激凌，其中二噁英的含量竟然达到了美国环境保护署规定的“实际安全剂量”的200倍。一年之后，这种冰激凌的另一个样品中检测出来的二噁英含量，竟然比旧金山一座汽油提炼厂的废水里二噁英的含量高出了2 200倍。[23]

最近，迈克尔·格雷格博士引述2009年美国农业部的研究结果并指出，鱼类中二噁英的含量最高，其次是蛋类，再次是奶酪；而人体组织中的二噁英含量，每一个年龄组都超过了美国环境保护署规定的危险等级。他还仔细审视了一些对有机氯进行的研究。有机氯是一种高残留农药，许多国家在20世纪70年代就已禁止使用了。如今，它们却仍然残留在母乳、鱼类、肉类和乳制品当中，并且含量很高。在检测了这些已经禁止的有机氯农药和其他许多工业有毒物质之后，一个国际研究小组发现，严格的素食者受到这些物质的污染程度，要比杂食者受到的污染程度低得多。尽管如此，即便是严格的素食主义者，他们身上的有毒物质含量也达到了惊人的水平。科学家们认为，这是儿童时期绝大多数人都属于杂食者所致。[24]

宠物食品中的重金属

重金属是食物中已知的“坏蛋”之一，会在食物链中聚积起来，尤其会在宠物食品当中聚积到令人无法接受的程度。《光谱学》杂志（2011年1月号）曾经刊登过一份对58种宠物食品进行的调查报告（其中31种是干粮，27种是湿粮，并且差不多一半是狗粮，一半是猫粮）。研究人员发现，以体重来衡量的话，宠物吸收的重金属，要比公认的人体安全水平高得多。

⊙一只体重为4.5千克的猫，如果每天吃1杯干粮或者1小罐湿粮，那么与公认的人体吸收安全水平相比，猫吸收的汞会多30倍，砷会多20倍，镉会多2倍以上，而铀则会多3倍以上。

⊙一条体重为23千克的狗，如果每天吃5杯干粮或者1大罐湿粮，那么与公认的人体吸收安全水平相比，狗吸收的汞会多120倍，砷会多20倍，镉会多2倍以上，而铀则会多5倍以上。[25]

---

23 参见约翰·罗宾逊所著的《食物革命》（旧金山康纳瑞出版社，2011年），第42页引述的“美国食品药品监督管理局开始研究鱼类和乳制品中的二噁英含量”一文，该文发表于《食品化学新闻》，1995年2月27日。

24 参见迈克尔·葛瑞格的《食品供应中的二噁英》一文，发表于《营养真相》第4期（2010年11月26日），其中引述了数项科学研究。

25 参见《利用低温研磨和定量分析方法，通过电感耦合等离子体质谱（ICP-MS）对宠物食品中的痕量有毒金属进行的分析》第一部分，发表于《光谱学》杂志（2011年1月）。

这种情况，真是令人吃惊，对不对？注意，其中的汞吸收量与砷吸收量都特别高。兽医学博士德瓦·卡尔沙称，与人体的组织器官相比，猫狗的器官组织中，每千克的汞含量都达到了人体含量的5倍。[26]

// 认识重金属的危害

那么我们可以料想到，重金属会对宠物的身体健康造成影响，所以，很有必要认真研究一下这些重金属。不过，很少有兽医会认识到，重金属竟然是导致宠物猫狗身上可能表现出种种症状的原因。因此，他们极有可能会给宠物注射抗生素或者类固醇，好像宠物得的是感染或者发炎，需要消炎似的。如果能够找出宠物得病的深层原因，并且尝试着去减少或者彻底消除这些深层原因，那就可取得多了。

汞中毒或者砷中毒，可能会通过什么症状表现出来呢？什么样的症状可能提醒我们，要对宠物进行体内重金属含量检测，并且通过改变饮食、制订一个解毒计划来进行相应的治疗呢？

首先，我们不妨来看一看汞。汞这种东西，虽说会随着火山喷发或者森林火灾扩散到大气当中，但主要还是来自燃煤电厂及金矿开采，因为人类长久以来一直都是用汞协助提炼黄金的。最后，汞会以降雨的形式进入海洋，或者经由河流进入海洋。不幸的是，一进入海洋，汞就会被海中的微生物转化成一种更具毒性的形式，即甲基汞。在海洋中，汞会在鱼类身上开始聚积。鱼的体型越大，体内积聚的汞就会越多。相关部门之所以建议我们，尤其是孕妇和处于哺乳期的女性，每个月顶多只能吃一次金枪鱼，原因就在于此。以甲基汞这一形式存在的汞，尤其会对儿童产生不利影响。它的毒性极强，既会造成急性中毒，也会导致慢性疾病。

宠物食品当中，很多都是用鱼粉或者渔业的其他废弃产品制成的。我们在前文已经指出，据估计，一只普通体重的宠物猫，每年大约要吃13.6千克重的海产品，是普通美国人每年所吃海产品重量的2倍。假如这只猫的体重为4.5千克，而普通人的体重为68千克，那就意味着，按每1千克体重来计，猫类进食的海产品，达到了我们所吃的30倍。我之所以建议大家不要给宠物喂食海产品，还有一个原因，那就是渔业正在彻底毁灭我们的海洋。虽然其他食品当中也发现了汞，但汞在其他食品当中的聚积程度，并没有在鱼类当中那么高。

// 汞中毒的症状

毒理学与顺势疗法的文献当中，有一些论述汞影响的报告，它们描述了一些可能出现的症状。

26 参见德瓦·卡尔沙在《宠物健康杂志》上的撰文。

⊙口腔疾病：口腔特别容易受到感染，会出现牙龈发炎、红肿、异味、牙齿松动、龋齿、唾液分泌过多等症状。我推断，宠物猫体内汞的聚积，就是导致它们的口腔经常出现各种问题的主要原因。我在1965年开始行医的时候，并没有看到宠物猫身上出现过这种口腔疾病，这种情况，是近几十年才出现的，显然也是由环境当中的某种东西导致的。

⊙甲状腺肿大：汞中毒者有甲状腺肿大症状。汞有可能是导致我们在临床当中见到的许多甲状腺疾病的一个因素。

⊙其他的汞中毒症状可能还包括：体弱和颤抖；反应迟钝；溃疡；眼部发炎（尤其是角膜炎和虹膜炎）；耳屎很稠，呈黄色，带血，并且气味难闻；鼻子和鼻梁骨长期发炎，鼻涕呈绿色且气味难闻；腹泻，典型特征就是频繁排便，但刚刚排完，肚子却又一阵阵地胀痛，似乎还要排便似的；胃病，并且还有消化不良却总是吃不饱的异常现象。

// 砷：另一个“嫌犯”

特别令人担忧的另一种重金属，就是砷。据报道，约有88%的饲养肉鸡，一直都被喂食有机砷（用于治疗寄生虫），而在烹煮过的样品当中，这种有机砷也可以检测出来。[27]看一看网上列举出的标准症状，以及数个世纪里人们用顺势疗法进行砷酸试验的详细结果，我们总结出了下述可能由砷中毒导致的典型症状。

⊙在宠物猫和宠物狗身上，大家可能会看到它们体质日益虚弱、稍微运动一下就累得动不了、身体总是发凉、消化不良、消瘦，甚至是癌症等症状，以及异常胆小、害怕陌生人等状况。

⊙对于宠物狗，如果小狗害怕独自待着，鼻孔和嘴角发红且肿痛，有癫痫等症状，我就会怀疑，这只小狗体内的砷含量很高。砷还可以导致严重的慢性皮肤疾病，比如皮肤过敏、长疥癣，以及狗毛一圈圈地脱落，皮肤看上去粗糙肮脏等。

⊙对于宠物猫，体内砷含量若是很高，则有可能更多地表现为口腔长期发炎、牙龈出血、溃疡，以及唾液浓稠、分泌量大等症状。这些症状，有点像是大家看到的汞中毒症状，但它们更多地会导致溃疡。大家可能还会看到慢性哮喘、膀胱炎和尿沉渣（结石）、肾病和尿毒症的症状。宠物猫还可能会出现心腔积液，通往后腿的血管当中可能会出现血栓。

---

27 参见基夫·E. 纳赫曼等人撰写的论文《鸡肉中的洛克沙砷、无机砷及其他类型的砷：对美国出产的一份市场售卖样品进行分析》，发表于《环境健康展望》杂志第121期（2013年7月）。

转基因生物：当今食品面临的重大挑战

下面谈谈农业。如今的农业，可不是过去的那个样子了。

我们当中一些人的祖父母，还是出生于汽车发明出来之前。当时，绝大多数人都是种植有机作物的家庭农场主。过去的情况就是如此。然而，仅仅过了两代人之后，我们就发生了巨大的变化：如今，绝大多数人都在城市里生活，开着车，上着网，吃着快餐，坐着飞机在各地来来去去。虽说美国如今仍然还有一些家庭农场主，但绝大部分耕种工作都是由大型企业来进行的，并且会大量使用农用化学品。

有毒化学品对养育婴幼儿来说尤其危险，而在第二次世界大战后生育高峰期出生的我们这一代人，就是在使用高残留农药的环境下长大的第一代人。这些高残留农药旨在灭杀害虫，其中就包括“滴滴涕”和“狄氏剂”。这些农药，对我们或者我们在童年时代所养的宠物造成了什么样的损害，又有谁知道呢？人们患上帕金森症、乳腺癌，在免疫、生殖、神经、内分泌等系统遭受损伤，都与“狄氏剂”有关，这些疾病，都成了我们所患的常见疾病。

到了20世纪70年代，我们这一代人长大成人，得知小时候跟在喷洒“滴滴涕”的卡车后面到处乱跑不好之后，人们发起了环保运动，并且促成了其中许多农药被禁止使用。即便如此，虽然对组织器官的分析表明人体内的农药残留水平正在缓慢下降，可由于它们属于名副其实的“高残留”，这些农药仍然存在于绝大多数美国人的体内。[28]

从那时以来，每一代人都不得不与其他不断更新换代的农用化学品做斗争。如今最令人担忧的一种农用化学品，是大剂量用于转基因作物上的草甘膦。自20世纪90年代以来，转基因作物已经开始在美国的农业领域占据了优势，尤其是用于喂养禽畜的转基因大豆和玉米，以及油菜和甜菜。

// 草甘膦：首要“嫌犯”

情况是这样的。发现一种细菌对草甘膦（用于孟山都公司的“农达”牌除草剂中）具有耐受性之后，生物技术人员想出了一个聪明的主意，就是将这种细菌的DNA嵌入主要作物的DNA当中。这样，就出现了“抗农达”的玉米、大豆、油菜和甜菜。这样，农民就可以将孟山都公司的主打除草剂直接喷洒到这些作物上了，这既不会对作物造成伤害，同时又可以杀死那些与作物争夺养分的杂草。

当时看上去，这确实是个好主意。我们记得，在1981年本书的第一版，我们还对草甘膦进行了

28 参见库什克·加贾与尚德拉巴汗·达尔马尼撰写的论文《人体组织器官中“滴滴涕”（DDT）和“滴滴伊”（DDE）水平的全球监测》，发表于《国际职业医学与环境卫生杂志》第16期（1）（2003年）第7~20页。

一番小小的研究。当时，人们普遍使用草甘膦来清理屋前屋后的杂草。动物试验表明，草甘膦只有低毒性，因此这种除草剂获得了批准。转基因生物出现之后，当局曾向我们保证说，使用转基因生物是安全的，而且我们还会真正看到，农场里将会逐渐减少使用除草剂。

可是，不管是转基因（GM）作物还是草甘膦，都没有达到这种承诺的标准。而在转基因作物快速获得政府批准，并于1996年全面推广之前，美国食品药品监督管理局里的科学家就已经预计到，它们都具有很多的负面影响。[29]

正如遗传学家所预计的那样，杂草最终也获得了跟"抗农达"转基因作物相同的DNA，因此农民需要使用越来越多的除草剂才行了（人们还在研制效果更强的除草剂，并且结合使用草甘膦与存在于"橙剂"[30]当中的2-4-D丁酯，这并不是一个好消息）。与此同时，绝大多数种植小麦的农民，也已经使用了数十年的草甘膦，来让小麦和大麦作物在收割前很快干透。

这些导致了自20世纪90年代中期以来，美国用于农作物的草甘膦使用量大幅增加。2014年，斯旺森、列乌、亚伯拉罕森和沃利特等人将这种现象与美国从2009年至2014年民众重大疾病急剧增加、寿命减少的情况进行了比较。利用官方数据和统计分析的方法，他们发现，草甘膦的使用与肝癌、肾癌、膀胱癌、甲状腺癌，与肠易激综合征（IBS），与儿童自闭症，与因高血压、糖尿病、肥胖症、肾病、帕金森症、阿尔茨海默病而导致的死亡，都具有密切的关联。虽然"关联"并不一定意味着二者之间是因果关系，但这显然是我们必须认真面对的重要问题。为了支持自己的观点，他们还提到，德国的科学家已经发现，草甘膦会在动物和人类的组织器官中聚积，而患有慢性疾病的人身上聚积水平尤其高。他们还引用研究结果，称草甘膦会破坏新陈代谢功能和内分泌功能，会增强食物当中其他有毒物质的损伤作用，对肝脏细胞具有毒性，会破坏DNA，并且杀死肠道内的有益菌，从而导致肠道疾病高发，尤其是使得家畜肠道疾病高发。[31]因此，如今选择有机食物，比以往任何时候都要更为明智。

// 苏云金杆菌（Bt）转基因玉米

经基因工程处理过的Bt转基因玉米，是转基因生物中值得担忧的另一种作物。一切全都始于苏云金杆菌，这是一种厉害的土壤小细菌，人们早已知道这种细菌会产生出一种自然的毒素，通过破

29 参见责任技术研究所所长杰弗里·史密斯所著《基因轮盘赌》一书所附赠的光盘中引用根据《信息自由法》而披露的一些研究成果。

30 橙剂（Agent Orange），即毒性枯叶剂，因盛放剧毒除草剂的容器标志为橙色条纹，故得此名。美军在越南战争中曾经使用过这种毒剂。

31 参见南茜·斯旺森等人撰写的论文《转基因作物、草甘膦与美国公众健康的恶化》，发表于《有机系统杂志》第9期（2）（2014年）。

坏昆虫的胃部而杀死昆虫。这对昆虫来说虽然不妙，但对我们来说却是件好事，因此，政府批准在有机农业里使用苏云金杆菌。

待生物技术科学家们确定了产生这种杀虫剂的基因之后，他们又想出了一个“很棒”的主意，当时看起来相当不错：把这种基因，嵌入玉米当中去！Bt转基因玉米的确能够杀死昆虫，但问题是，玉米当中这种毒素的浓度，与其他任何一种有机Bt喷雾方法残留下来的毒素浓度相比，竟然高出了数千倍。而且，我们没有办法把这种毒素去除掉，因为这种毒素是“嵌”在玉米的每个细胞里面的。

尽管科学家发出了警告，可Bt转基因玉米还是获得了批准，并且像野火一样普及开来了。如今，美国几乎所有的玉米制品当中，都有Bt转基因玉米，包括玉米饼、玉米糖浆、玉米粉（因此，许多宠物零食当中也含有）；而许多人钟爱的、用玉米加工而成的每一种衍生食品当中也有Bt转基因玉米，这一点就更不用说了。

人们担忧，食用了转基因玉米之后，可能会把Bt基因转移到肠道细菌中去，从而导致更加严重的胃肠道问题，还包括导致自体免疫疾病、食物过敏，以及儿童时期的学习障碍等。由政府资助的一些意大利科学家已经发现，用Bt转基因玉米饲养的白鼠表现出了范围广泛的免疫反应，比如免疫球蛋白E（IgE）抗体和免疫球蛋白G（IgG）抗体增加。这些都是标志，通常都与过敏、感染、关节炎、炎症性肠道疾病、多发性硬化症及癌症有关联。他们还发现了T细胞增加的状况，这也是患有哮喘的人，以及患有食物过敏症、幼年型关节炎、结缔组织疾病的儿童身上高发的症状。此外，这种白鼠还出现了肝脏毒性和肾脏毒性的迹象。[32]

如果实际情况确如所担忧的那样，那就太过分了。所以，当我们在墨西哥餐厅里排队等吃饭，大口大口地吃下炸玉米片时，不妨三思而后行。并且，我们也不妨学一学欧洲人，他们可是一开始就拒绝了转基因食品。

// 肠道渗漏综合征与健康状况恶化

草甘膦与转基因生物正在给我们带来什么样的影响呢？我们很难将二者的影响区分开来。比如，假如用喷洒过草甘膦的转基因玉米去喂饲动物，结果导致了某些健康问题，我们又怎么知道到底是哪种因素导致了这种损害呢？总之，政府并没有要求就转基因作物对健康的影响进行试验，我们在这两个方面并没有多少资料可以参考。对动物进行的少量研究发现，用转基因作物喂养的猪，与用非转基因作物喂养的猪相比，胃部患上炎症性疾病的情况有所增加。而且，如今美国绝大多数猪的

32 参见约瑟夫·默寇拉撰写的《孟山都公司信誉尽失》一文。

肠道都太细，以至于都无法用来做香肠的肠衣了。[33]还有一些研究得出的结果非常令人担忧，表明用转基因食物喂饲的白鼠患有肿瘤的比例增大了。有些研究人员还报告说，由于行业的影响力，公众很难得知这些情况。

与此同时，近来草甘膦已经变成了引发肠道渗漏综合征，进而导致许多自体免疫性疾病与炎症性疾病的主要“嫌犯”。这种综合征究竟是什么呢？

人们已经发现，我们的肠道，以及其他动物（包括猫和狗）的肠道，是大量重要细菌和其他微生物的温床。这种情况很正常，实际上对我们的健康来说还是必不可少的。细菌和微生物会参与食物的消化过程，阻挡病原体，甚至还会产生出我们可以吸收的一些营养元素。为了让大家对这些细菌和微生物的数量有个概念，可以做个比较：这些小家伙的实际数量，超过了我们全身的细胞数总和。

虽然迄今为止，人们对所谓的“肠道渗漏综合征”还没有全面了解，但麻省理工学院的科学家们已经发现，由于细菌（以及其他一些至关重要的微生物，比如真菌）实际上属于植物，它们会被食物当中的草甘膦杀死。这就改变了肠道的环境，严重时甚至使得肠道被其他一些不常见的细菌“鸠占鹊巢”，肠黏膜会受到感染，变得“有了漏洞”，让一些原本不该进入的东西进入肠道。有人提出，这是导致脂泻、麸质不耐受症、食物过敏和自体免疫疾病的重要因素，甚至还是导致自闭症日益增多的重要原因，这些疾病，自20世纪90年代以来，一直都在增长。[34]要想更好地了解这个问题，请参看2013年4月23日《罗德尔的有机生活》网络版[35]，以及茱利亚·恩德斯所著的畅销书《肠道：人体最被低估的器官秘闻》。

我们最初并没有预料到会出现这样的结果，但在对粮食作物做出这些改变之前，我们原本应当充分考虑才是。

// 谁在监管？

我们都愿意相信，在涉及转基因生物及其他一些具有潜在危害性的新技术时，美国政府和科研机构真的都是在确保公众的最大利益。但实际上，这些问题并没有在美国的研究领域里占有最重要的位置，因为领导美国农业部和美国食品药品监督管理局的，通常都是一些脚踏两只船、在他们监管的那些行业里也有利益的个人。这些高科技“嫌犯”之所以会获得“无罪推定”这种待遇，原因

33 参见朱迪·A．卡尔曼等人撰写的论文《对结合使用转基因大豆与玉米喂饲的猪进行的一项长期毒理学研究》，发表于《有机系统杂志》第 8 期（1）（2013 年）。

34 参见安东尼·萨姆塞尔和斯蒂芬妮·塞内夫两人撰写的论文《草甘膦，导致现代疾病的途径（二）：脂泻病与麸质不耐受症》，发表于《跨学科毒理学》杂志第 6 期（4）（2013 年 12 月），第 159～184 页。

35 参见利亚·泽布的《对“农达”进行的一项全新研究》，见于《罗德尔的有机生活》，2014 年 4 月 23 日。

就在于此。只要看一看烟草行业的历史，大家就明白了。

不过，美国以外的情况却不同。在其他国家中，即便不是绝大多数，也有许多国家已经声明，它们都是“无转基因生物国”。这些国家既不种植转基因作物，也不允许进口转基因食品。

想一想，美国有多少代宠物猫狗，都是吃着充斥着转基因玉米和大豆制成的零食，以及用同样方式喂养出来的禽畜制成的副产品吧！它们都无意中充当了试验用的动物。

仔细想一想，美国的绝大多数快餐食品、炸玉米片、玉米淀粉、玉米糖浆、用植物油（包括大豆油、玉米油和菜籽油）煎炸的食品、豆腐、豆奶，以及诸如此类的东西，都是从哪里来的吧！除非大家知道它们是有机的，否则我们就可以相当肯定地料想到，它们的原料都是经过了基因改造的，并且在农场里喷洒过草甘膦了。在北美地区，我们的食物当中，有80%都含有转基因生物。[36]

绝大多数美国人都希望，含有转基因生物的产品应当贴上标签。虽然食品行业一直都在阻碍这种做法，但许多的大型食品公司如今已经察觉到前景不妙，因而正在主动给自己的产品贴上标签，努力获得“核准非转基因”或者“核准有机”这样的身份。这是一种好的迹象。

尽管民众存在这些担忧，但针对这一问题的许多研究，据说都受到了那些由行业控制的杂志打压，或者被拒绝发表。因此，生物基因改造的势头非但没有被削弱，反而增强了。人们正在进行的研究，是相当令人震惊的。如今，有人已经“制造”出了能够在黑暗中发光的猫。它们身上，携带着一种水母的DNA。这种DNA，在某种蓝光下会让这些猫变成绿色。还有一家公司宣称，他们已经繁殖出了一只“防过敏”的猫，方法就是通过基因改造，使得这只猫体内无法产生出某些蛋白质。这些猫最初的价格，大约是4 000美元，后来，它们的售价激增到了差不多6 000美元一只。有一只暹罗变种猫的价格达到了10 900美元，而一种具有异域特色的“野猫”，售价竟然高达35 000美元一只。这种情况是否属实，我们并不清楚。不过，这可以让我们对目前的形势有个概念。情况可能会变得相当疯狂。

// 无转基因饮食：带来明显的康复

我们中的大多数人，都会认识一类人，不能吃这个，或者不能吃那个。这种情况十分常见，以至于我们很难外出吃饭，也很难请人到家里来吃饭。不过，这种人常常会说，他们在欧洲旅行时什么问题也没有，因为欧洲各国都拒绝转基因食品。

然而，就算是在美国国内，如果只吃有机食物或者经过非转基因认证的食物，我们也是可以避

36 参见网址：http://www.nongmoproject.org/learn-more/gmos-and-your-family/。

开转基因食物的。有机食物或者经过非转基因认证的食物，包括大豆、玉米或油菜、甜菜，还包括它们的诸多衍生制品，如植物油、果糖含量高的玉米糖浆、大豆分离蛋白，等等。最简单和最健康的方式，就是全面停止食用包装食品和加工食品，因为绝大多数包装食品与加工食品当中，都含有转基因成分。

我们最近参加了转基因活动家杰弗里·史密斯的一场演讲，他谈到，美国环境医学科学院建议说，医生应当给所有患者开具无转基因的饮食处方。一项有3 600名对象参与的研究也证实，无转基因饮食对所有患者都有帮助。研究对象们先是称自己的胃肠功能有所改善，接下来就是精力增加、记忆力增强、情绪更好、思维更清晰，而炎症、真菌感染、湿疹等症状都有所缓解，头疼次数也减少了。此外，他们还减肥了。这些结果，绝大多数都是在很短的时间里就出现了。

在听众当中进行的一项快速调查也表明，那些尝试过无转基因饮食的人身上，也出现了类似的状况。[37]因此，我们全心全意地建议，大家亲自去试一试，为了自己，为了家人，也为了你们所养的宠物。至于我，起码也会先试上两个月，然后再来做出判断。过了这段时间之后，即便是在食用大豆、玉米或者小麦方面有问题的一只宠物或者一个人，没准也可以更好地消化有机大豆、玉米或小麦了呢。

转基因方面的事实

⊙主要的转基因粮食作物，迄今一直都是玉米、大豆、油菜和甜菜。绝大多数加工食品中都含有用它们生产出来的油和衍生品，大约占到了美国超市食品的80%。

⊙绝大多数玉米和大豆都属于转基因作物，并且用作饲料去喂养禽畜。除非标有“有机”或者“非转基因”字样，否则的话，我们就可以认为，所有的肉类、乳制品和蛋类都是来自用这些转基因食物喂养的禽畜。

⊙玉米、大豆及其衍生产品，通常都是超市里售卖的宠物食品的主要原料。在本书撰写之时，除非标有“有机”或者“非转基因”标签，否则的话，我们就可以认为，它们全都属于转基因食物。

⊙转基因苜蓿、土豆、西葫芦和木瓜也有生产，并且还有更多的转基因作物正在审批过程中。即便是草饲牛肉，随着转基因苜蓿的批准种植，如今也会让我们心存疑虑了。

⊙据一些医生与患者报告，无转基因饮食已经让许多慢性疾病得到了逆转。

37 参见史密斯《在塞多纳统一中心关于转基因生物的讲座》，2015年12月1日。

怎么去做?

我们如何来应对这种情况呢？我们又该怎样才能找回那些缺失的营养成分，把那些不请自来的有毒物质迅速清除出去呢？下面按照重要性给出我们的建议。这些建议，既适用于我们自己，当然也适用于我们的宠物朋友。事实上，有许多膳食都是你们和你们的宠物可以一起分享的（参见第6章里的“人宠皆宜食谱”）。

// 可以采取的其他措施

除了饮食，下述做法将会帮助宠物（和你们自己）安全地去除体内随着时光流逝而积聚起来的有毒物质，并且减少摄入源于膳食以外的新毒素。

⊙大量饮用纯净、经过了过滤并且不含氯的水。

⊙获得充足的休息，每日进行充分的锻炼和训练。

⊙饮用由蒲公英根等制成的、性质温和的混合排毒茶。

⊙偶尔禁禁食。

⊙用安全的玻璃、不锈钢或“派热克斯”玻璃容器和碗碟盛放食物，而不要用塑料容器或者塑料碗碟。

⊙在灭蚤、身体护理及购买其他家居用品时，选用无毒产品。

⊙定期吸尘、梳理和擦拭（不要用化学品）。

⊙尽量放松精神，让情绪保持最乐观的状态，并且玩一玩。

我们可以怪罪于工业，但终究来说，不再购买含有大量有毒物质的产品，并且寻找更好的替代品，这种责任仍该由我们自己来担负。生活中使用的很多工业品，并不是我们必需的；或者，我们还可以把已有的东西重复利用起来，从而降低产品的生产需求。我们还可以像我们的祖先那样，寻求简单生活的解决办法。比如，椰子油或者橄榄油，可以做很好的面霜；醋和清水，可以洗涤家中的绝大多数东西；肥皂就是不错的洗发用品，使用它可以减少我们对塑料制品的需求；有机棉可以制作精美的衣物、毛巾和床上用品，竹片也是这样；小苏打是一种优质的除臭剂，也可用作牙膏。我们还可以支持一些社会行动团体、法律法规和政治家，从而更加有力地解决这些问题（要想更多地了解适合家用的天然产品，请参见第10章；要想了解怎样用更加天然的产品去清洁宠物猫狗，请参见第11章。）

多营养、少毒素的膳食指南

⊙减少或者完全不吃禽畜产品，尤其是不吃肥肉和海产品（特别适用于宠物狗与人）*。

⊙拒绝所有的转基因生物（除非标有“非转基因生物”或者“有机”标签，否则就不要吃任何大豆、玉米、油菜）。

⊙吃天然食品，而不是包装食品、加工食品或者精制食品。

⊙只要做得到，就选择有机食品。

⊙饮食中应当含有种类丰富的营养密集型植物性食品**（尤其适用于宠物狗和人）。

⊙越是当地生产的、新鲜的和应季的食物越好。

⊙保持无脂体重（参见第8章中关于减肥的建议）。

注：*参见第6章中我们列出的富蛋白、少肉或者素食食谱。

**乔尔·富尔曼将这些适合于人类的食物首字母组合起来，表示为：GBOMBS（绿叶蔬菜、豆类、洋葱、蘑菇、浆果及块茎）。至于宠物，我们必须去除洋葱，要是大量喂食的话，洋葱会让它们中毒。重点是绿叶蔬菜和豆类，再加上有色蔬菜，或者用胡萝卜、南瓜、番茄、玉米、豌豆及诸如此类的东西制作而成的蔬菜泥。宠物狗也很喜欢吃浆果。

大局：食品供应承受的压力

本版我们对饮食建议的更新，是一段漫长的旅程，旅程中我们在努力追逐着这个不断变化、日新月异的世界。很久以前，我们就认识到，传统宠物包装食品因为原料质量较次、加工过度，可能会给宠物健康带来危害。而今，我们又开始看到，就算是家里刚刚做好的饭菜，其原材料中含有的有毒物质也越来越多，而营养成分却越来越少。虽然我们可以通过给宠物喂饲有机和非转基因食品，来帮助减少这些有毒物质，但我们也开始认识到，有一种大局，需要我们去理解。

现代农业采用的技术和措施，都源于一个基本而紧迫的问题：我们需要生产出越来越多的粮食，以满足日益增长的人口需求。这种需要，是催生出新的化学物质、工程技术和育种培植方法的根源，通过这些新物质和新技术手段来加快植物生长，杀虫，消灭与作物争夺养分的杂草；这种需要，刺激农业从小型的家庭农场变成了规模更大、效率更高的机械化作业；这种需要，导致人们将大批的禽畜赶进很小的围场里面，用非天然的饲料去喂养，并且不断地使用激素与抗生素。

食物系统承受的压力，也是绝大多数宠物食品之所以会用食品行业里的残余之物制成的原因。这种压力，还在抬高有机食品的价格，使之超出了许多人的预算，更不要说去给所养的宠物狗购买像草饲牛肉这样的奢侈品了。

由此，我们看到了食品生产问题的另一端：食品数量。食品数量问题超过了对食品质量问题的

担忧：全球的食品需求，尤其对禽畜产品的需求，正在给全世界的资源和生态系统带来巨大的压力，已远远超出了我们的意料。

因此，我们建议，吃食物链上位置较低的食物。这并非仅仅是一种减少有毒物质、增加绝大多数营养成分的好办法，为了节省粮食、挽救世界，我们做得到的最重要的事，可能就是这个。而这一点，也关系到所有生物的根本健康问题。

此外，假如我们想要继续喂养目光清澈明朗的宠物猫狗，想要继续享受这种长久陪伴着人类的宠物所带来的乐趣，那么我们就必须开始伸出手去，温柔地召唤它们，让它们与我们一起，踏上这趟以植物性食物为基础的旅程。

一路之上，既有挑战，也有机遇。带着身边的宠物做出这样一种改变，将会使我们与所有共生共存的生物，与地球上的森林、海洋、草原、沙漠和农场之间的关系变得更加亲切，将会使我们与它们形成一种热爱和尊重所有生命的伙伴关系。

我们都是天赋重任，生来就是要创造这样一个世界的。作为一个物种也好，作为个人也罢，从错误中吸取教训，弥补过失，成为我们希望看到的那种变革当中的一员，永远都不迟。

第 4 章

热爱地球，热爱动物

作家兼演说家科琳·帕特里克·古德罗一生都非常喜爱动物，家里也养了多只可爱的宠物猫狗。正是她与宠物的这种关系，帮助她认识到了所有的动物都很可爱。如今她在履行自己的人生使命之时，连那种体型庞大、性格温和的奶牛，她也很喜欢去抚摸。科琳的人生使命，就是把我们那种天生的恻隐之心，拓展到所有物种之上，其中包括人们养殖的无数禽畜与捕捞的无数鱼类。我们虽然见不到它们，它们最终却会成为我们的盘中餐（而且，众所周知的是，它们也会成为我们宠物的盘中餐）。

跟科琳一样，我们绝大多数人都爱小狗，都爱小猫，也都热爱大自然。不过，真爱却是没有界限的。因此，会有那么一个时刻，我们的心中会大声呐喊，会这样问自己：“我们是不是关心所有的动物呢？我们是不是关心所有的生命呢？”而我们的回答，应该是一声响亮的“是”。

我们猜想，读者朋友们的回答也是如此。所以，我们诚挚地邀请大家，敞开心扉、开放思想，怀着参与解决问题的那种喜悦之情，随我们一起，进入食物之旅的这一部分吧。看一看您喜爱的那只猫或者那条狗，或许，您还可以把它唤过来，让它坐在您的身边。这个世界，也是小猫或小狗的世界呢！

我们的世界，正在飞速变化。这种情况，常常也要求我们随之改变。在上一章里，我们已经看到，吃食物链上位置较低的食物，是减少人类自身与动物体内积聚多种有毒物质的真正关键。对于人类而言，这样做并不难。要知道，我们属于灵长类，而且还有很多证据表明，植物性饮食很适合于我们的生理机能，会给我们带来益处。

可小狗和小猫呢？以往我们希望遵循“自然”之道，认为除了用如今许多人倡导、广受欢迎的生肉类食物去喂养宠物，没有其他方式比这更“自然”。因为从进化和生理机能两个方面来看，猫狗天生都是要以其他动物为食的。所以，当我们认识到，如今所有肉类当中都聚积了源自环境的有毒物质，而它们会对宠物猫狗的健康产生影响之后，我们被迫面对这么一个难题：在这个日新月异、不断变化的世界上，我们该用什么东西来喂养宠物和养活自己？

为了获得食物而饲养和宰杀数十亿头牲畜，如今已经变成了破坏地球生态系统的一个最重要的原因。我们已经超越了地球生产力的自然极限，因而威胁到了每一个人的未来，也威胁到了每一个人的幸福。更为直接的是，我们对肉、奶、蛋的消费，也给我们饲养的家禽家畜本身带来了一种巨大而可怕的影响。我们自己食用和喂给宠物吃的东西，就是导致其他动物长期严重受苦的直接原因。这些动物，其实与趴在我们身边的宠物猫狗一样有意识，一样敏感，一样有情感，可我们却为了一餐之食，让它们继续遭受痛苦。

要想将来能够生活在一个理想的世界当中，我们目前的种种饮食习惯，就不能继续保持下去了。幸好，正如在下一章里大家将会看到的那样，对于我们自己和所养的宠物来说，都可以选择一种健康、人道而可持续的生活方式。

不过，现在我们不妨先来看一些数字和事实，以便大家理解这一点：我们为什么会如此关心食用动物制品带来的影响，这包括对地球产生的影响，也包括对那些遭到蹂躏的动物生命的影响。

地球岌岌可危

2014年下半年的一个晚上，我们这个每月都会聚上一次“百乐餐”[1]的小组观看了一部电影。这部电影——纪录片《奶牛阴谋：永远不能说的秘密》，一夜之间就改变了我们的生活。此后，我们分享了这部杰出纪录片的多个拷贝，并上传到了网飞公司[2]的网站上。这还改变了其他许多人的生活。

这部电影告诉我们，我们这颗蓝绿相间的美丽地球如今碰到的麻烦，比绝大多数人意识到的情况都更加严重。人类活动会破坏自然，会对水、渔业和森林这些资源构成威胁，会带来气候变化等种种环境问题，这些都可以归结为一个关键原因：我们对肉类、奶制品、蛋类和海产品的大量消耗。有一位可持续发展领域的专家，曾经把这个问题总结为一句话：“畜牧业就是一种环境灾难。”

我将电影的主要内容及我进一步研究后了解到的内容概括如下。

以动物制品为主的饮食，将会让我们付出高昂的代价。[3]

专家们警告说，假如我们继续按照目前的做法干下去，将会出现下述情形	**动物性食品带来的影响**
森林和物种消失：到 2025 年，我们可能会失去亚马孙热带雨林这颗“地球之肺”。雨林是地球上最具多样性的生物栖息地。如今，我们每天都在失去大约 137 个物种。按照这个速度，到 21 世纪中期，世界上的半数物种都会消失	亚马孙热带雨林遭到的破坏，91%都是由养牛和种植饲料作物造成的，这将会在短短的年头里耗尽土壤的肥力，而牛肉和饲料作物中的绝大部分，又出口到了美国、欧洲和中国等地
水体消失：虽然现在还没有人确切地知道时间，但美国大平原上那些最丰产农田下面的“奥加拉拉储水层”，可能到 2030 年就会枯竭，加利福尼亚也将陷入困境之中。全球约有 25%的储水层正在枯竭。印度的水井正在干涸，喜马拉雅山脉冰川的消融也威胁到了整个亚洲的主要河流。与此同时，气候变化将会带来更多的旱灾。为了可持续发展，我们必须将取水率降低 80%，这差不多相当于种植牲畜用的饲料作物的用水量 我们竭力寻找能源的行为，带来了“水力压裂”技术，即把大量淡水注入钻井，从而将石油和天然气压出地表的技术。在美国，这种做法每年都要消耗掉 3 785 亿升的宝贵淡水	美国出产的绝大部分玉米、大豆和燕麦，都是用于制作禽畜饲料。从动物当中获取等量的蛋白质，用水量要比从植物中获取多了大约 100 倍。每出产 1 千克牛肉，可能要用 20 000～6 700 升的水。而出产 1 千克土豆，却只需 284 升的水。人们都在反对“水力压裂”技术，但畜牧业每年却要消耗掉 128 万亿升的优质淡水，差不多是“水力压裂”作业耗水量的 340 倍以上

1 百乐餐（plotluck），西方的一种聚餐方式，由主人准备场地和餐具，参与者每人自带一个菜。

2 网飞公司（Netflix），美国最大的在线视频 PGC（专业生产内容）提供商，曾推出如《纸牌屋》（*House Of Cards*）、《夜魔侠》（*Daredevil*）等优秀剧目。

3 其中的数据引自网上诸多资料和《奶牛阴谋：永远不能说的秘密》（AUM 影业，2014 年），以及与之同时发行的、由基冈 · 库恩与基普 · 安德森所著的《可持续的秘密：反思饮食，改变世界》一书（圣拉斐尔，加州：地球意识版本出版社，2015 年）。

海中无鱼？到2050年，所有海洋中可能都会无鱼可捕了。拖网渔轮是用拖网贴着海底捕捞鱼类和其他海洋生物的，因而会破坏洋底的生态系统。如今，全球75%的渔场资源都已耗尽，或者正在下降。尽管没有一种值得质疑的行业评级系统，但专家称，如今已经不可能持续捕捞了

渔业捕获量当中的一半，都被用作了禽畜饲料、养鱼场饲料及宠物食品。其中又有80%的捕获量属于“顺带捕获物”（渔民并不想要的海洋生物），比如海豚或者鲨鱼，它们基本上都会被渔民扔掉

海洋中出现死亡区域：在有人居住的沿海地区附近，有超过400处耗尽了氧气的死亡区域，正在灭绝那些密度最大的海洋生物。而且，这些死亡区域的规模和数量都正在增加

出现死亡区域的主要原因，就是工业化农场以及为这些农场提供饲料的农田里使用的肥料和粪肥，因为它们都随着地表径流大量排入了海洋当中

气候变化：97%的气象科学家称，气候变化真实存在、正在增强，并且是人类导致的。预计在接下来的几十年中，气候变化的严重程度将会加剧，这将使海平面上升，淹没成百上千座沿海城市，导致极端天气、暴风雨和大面积旱灾频发，让人们不得不大规模迁徙，生存日益困难，从而威胁到所有的人

大约51%的温室气体可能都源自畜牧业生产，比交通运输业产生的温室气体量更多。牛会排放出大量的甲烷，而甲烷这种东西，比二氧化碳的影响要严重得多

土壤流失：按照目前的退化速度，到2070年时，我们可能就会没有表层土壤可用了。全球的农田土壤中，差不多有40%已经属于“退化”或者“严重退化”（流失了70%的表层土壤）。如今，土壤流失的速度，比其自然补充的速度快了10～40倍；即便是在欧洲那些看起来一派田园风光的农场里，情况也是如此

采用一种杂食性的标准美国饮食，与采用一种以植物性食物为主的素食相比，所需产品占用的土地面积要多18倍左右

大规模饥荒：如今，仍有10亿人食不饱肚、营养不良、无力购买粮食，而这一部分粮食，其实主要都是被较富有的人用去喂养禽畜了。仍有许多人因缺少食物饿死，其中还有儿童。然而，到21世纪中叶，世界人口可能还会翻上一番。还有10亿人吃得过多，并因为食用了太多的动物制品而营养失调；可是，他们对动物制品的需求却仍在继续增加

凭借目前已有的农田，我们可以养活120亿到150亿素食人口，从而真正让地球上的许多地方重新回到野生状态，使得大自然能够恢复健康

化石燃料枯竭：我们正在日益耗尽存量有限的化石燃料，而人类的任何活动几乎都要依赖于这些化石燃料：交通运输、供热和制冷、发电、肥料、抽水和污水处理、药品、塑料，等等

每一个素食者每年节省下来的燃料，都足以开车行驶26 000千米

哇！现在，也来看一看用肉类喂养宠物猫狗所带来的影响吧！

⊙仅仅给一条宠物狗喂上 114 克的牛肉（相当于 1 个汉堡），就要耗费差不多 2 300 升淡水！这可相当于整个家庭 6 天的用水量呢！

⊙一只宠物猫每天吃 57 克的肉，似乎不算多。不过，美国总共有大约 9 400 万只宠物猫，要是每只猫都吃这么多的话，那么每天的肉类消耗总量就达到了差不多 536 万千克。这相当于 300 万只鸡，同时我们还须喂饲、给水、圈养好几个月，然后再宰杀、加工、包装，日复一日地进行。[4]

⊙按照全世界如今的吃法，我们即将耗尽 1.6 个地球的资源。假如每个人都像绝大多数美国人一样，吃那么多的动物制品，那么需要 3 个地球的资源才能供应得了。假如每个人都像那些崇尚流行的低碳水化合物、高肉类配比的“原始人”饮食法的人那样去吃，那就需要 10 个地球的资源才能供应得上了。给宠物狗，尤其是给大型宠物狗喂“生食”，就相当于采用那种完全不可持续的“原始人”饮食法。

// 规则改变者

除非削减动物制品的消费，否则的话，我们很可能就会面对食物和淡水普遍短缺的情况，或许，我们在自己的有生之年就会面对这种情况。简而言之，这就是一场灾难。当然，没有人确切知道未来会是什么样子。而这些可怕的预测当中，有一些也有可能是言过其实了。

尽管如此，就算其中只有一半预言是准确的，又会是什么样子呢？那样的话，对我们的孩子、对我们的孙子，甚至是对我们自己的余生来说，又意味着什么呢？对地球上所有的生物来说，这又意味着什么呢？如果的确具有如此严重的影响，那么我们自己吃肉，或者拿肉去喂宠物，还能不能说仅仅是个人选择和喜好的问题呢？

更重要的是，我们还有可能看到另一种未来吗？假如我们能够改变这条“泰坦尼克号”的航程，又会怎样呢？《奶牛阴谋》这部纪录片当中，以及从那以后我们探究过的许多图书、电影、讲座和博文当中，真正让我们深受鼓舞的地方，正在这里。所有的人都一致认为，我们每一个人都可以做出一种简单却意义深远的选择，从而创造出一种更加光明的未来。这种选择就是：改变饮食习惯，转向植物性的饮食。

4 参见哈尔・赫尔佐格所著的《我们爱，我们恨，我们吃》（纽约：哈珀科林斯出版社，2010 年），第 6 页。

这样做的效果，将是直接而意义重大的。我们不妨从自己这种两条腿的动物开始，先把自己的事情做好吧。

吃植物性食物，一个人每天可以大致节约：

⊙4 200 升的淡水

⊙21 千克的谷物

⊙2.8 平方米的森林

⊙9 千克进入大气当中的二氧化碳（CO_2）当量

⊙足够驾车行驶 74 千米的化石燃料

⊙一只动物的生命

植物性饮食并非是一件太难的事。在一夜之间，我们便跟许多朋友一起，完成了向植物性饮食的转变，而且大家都很喜欢这种新的饮食方式。我们都在吃更多的蔬菜、水果、豆类及全谷类。效果是减去了多余的体重，且甲状腺、肾脏的毛病和关节炎等也好了起来。我们身上的胆固醇水平逐步下降，心脏也恢复到了良好的状态。

当然，好转的并非只是我们生理上的心脏。采取植物性饮食，也给我们的内心带来了一种确实很好的感觉。这让我们可以按照自己的价值观，即同情与爱护所有动物的价值观去生活。这给我们带来了一种更加深刻的使命感。

与此同时，我们认识的许多人，其中也包括一些兽医，都开始让自己的宠物转变饮食习惯，吃植物性食物了。对于小狗而言，这种转变可以说是小菜一碟。很早以前，它们就已适应了以植物为主的食物，而吃了这种食物之后，它们的身体状况经常也会显著地变得更好。在下一章里，大家就会看到这种情况。

// 与宠物一起，拯救世界

那么，让宠物改变饮食习惯，会给环境带来哪些好处呢？不妨假设您养了一条体重为34千克的金毛寻回犬，并且一直都是用肉类喂食的。有一个在线宠物食品计算器，表明这条金毛寻回犬每天通常都需要摄入大约1 551卡路里的热量，差不多与一个普通女性需要摄入的热量相当（为1 500卡路里）。假如这条金毛寻回犬食物中的肉类比重与普通美国人饮食中肉类所占的比重差不多（有些人会吃得多一些），那就意味着，这条宠物狗在挽救地球方面的力量，差不多就跟您一样。在1天之内，您与这条宠物狗一起，就可以节约差不多8 400升淡水、42千克用作饲料的谷物、5.6平方米的热带雨林，以及两只动物的生命。一天就能有这样的成就，可是一件很了不起的事情呢！

假如您和这条宠物狗一起，坚持度过接下来那关键的 5 年，那你们就真的厉害了。你们可以分享许多相同的食物，改善你们的健康状况，并且最终还能共同庆祝，因为您和自己的宠物总共节约了：

⊙超过 1 500 万升的淡水

⊙82 吨粮食，可以给正在忍饥挨饿的人吃

⊙10 200 平方米的热带雨林，还挽救了栖息其中的无数生物

⊙33 000 千克的等量二氧化碳（CO_2）

⊙足够开车行驶 27 万千米的汽油（这个距离，足以绕地球 6 圈多了）

⊙挽救了 3 650 只其他动物的生命

看完这一章的内容之后，您也许会想要与自己的宠物坐下来，好好地谈一谈这个方面！假如宠物真的懂得其中的利害关系，那么我敢打赌，您的宠物肯定会选择这样去做。实际上，狗狗完全能够适应这种改变。

再进一步，假如您一直是用肉类喂饲好几条大型宠物狗，其中每一条所吃的肉食都要比绝大多数人吃得多，又会怎样呢？让它们转变饮食习惯，采用一种健康的、以植物为主的饮食，将会对环境做出巨大的贡献，同时也是一种更加符合人道主义的贡献，很可能还会超过您曾经希望做出的其他任何贡献。

想象一下这些可能性：光是美国的7 790万只宠物狗，如果都开始吃植物性食物的话，又会出现一个什么样的局面呢？如果千百万只宠物猫也愿意加入我们，又会如何呢？如果全世界的人，都回复到灵长类动物起源之时食用植物性食品的那种状态，又会如何呢？

到时，这个世界将会大不相同，也会美丽得多了。

// 绕过“中间动物”

我们再接着看一看更多的数字，以便大家能够更加充分地理解，为什么植物性食物可以确保世界的未来更加美好。

最主要的原因是：选用植物性食物，就是直接接触到食物的源头，因而利用效率更高。我们无须种植作物去饲喂禽畜，无须给禽畜喂水，无须圈养、运输、屠宰禽畜，无须将制成的禽畜产品冷藏起来，而是可以简单地绕过这些“中间动物”，并且像它们一样，直接从植物中吸取营养成分。

尽管人们普遍存在理解误区，但纯天然的植物性食物当中，含有我们和宠物所需的一切蛋白质，而且这种食物当中，绝大多数维生素和矿物质的含量也更高。这一点，我们将在下一章里详细加以说明。

为了让这种效率概念更好理解，不妨假设我们拥有一片土地。我们可以饲养肉牛，或是把这块土地变成牧场，或是在地里种植玉米和大豆，然后再用玉米和大豆去喂养肉牛，就像如今绝大多数牛肉生产商的做法一样。或者，我们也可以在地里种植一些玉米，直接供自己食用。我们分别能够生产出多少粮食来呢?

我们做了一点准备工作[5]，表4-1当中就是每4 000平方米土地差不多最大的收获量，可用于家人食用，去喂养牧羊犬及养在假设的谷仓里的猫（它们可能会捕食老鼠）。

表 4-1　4 000 平方米土地最大的收获量

每 4 000 平方米	产量/千克	产量所含热量/卡路里	热量与草饲牛肉对比/倍
草饲牛肉	10	19 140	1
谷饲牛肉	113	376 500	20
豆类	5 524	3 595 878	188
小麦	1 186	3 889 632	189
玉米	3 557	12 984 696	678
土豆	17 690	14 191 120	741

真令人吃惊，对不对？虽然我并不了解大家的情况，可我们都会选择去种植土豆、玉米、大豆和小麦的！大家可以清楚地看出，为什么这些主要作物在过去曾如此重要，为什么这些作物对未来也同样关键了。

关于蛋白质，尽管我们都已经被人洗脑，可即便是土豆，其中所含的蛋白质也可以满足人类的需要，并且还绰绰有余（世界卫生组织早已确认了这一点，而且土豆中只含有5%～7%的热量），豆类当中则有宠物猫狗所需的大量蛋白质。我们也能看出，联合国为什么会把2008年定为“国际土豆年”，为什么会给卑微的土豆以莫大的荣誉，称土豆对粮食安全和结束贫困至关重要了。[6]除此之外，土豆还很容易种植，甚至用盆盆罐罐都可以呢！

---

5 我们的计算，是根据 Mother Earth News.news.com 上的《粮食作物与热量密度》得出的。至于谷饲牛肉与草饲牛肉之间在作物与热量方面的对比，是根据谷歌公司快捷搜索的结果，以及美国农业部关于碎牛肉的数据，而且采用的是其中脂肪含量最高的数据。

6 参见第 60 届联合国大会第 191 号决议。《国际土豆年》2008 A/RES/60/191，第 1 页，2005 年 12 月 22 日。

// 可持续的肉类？

再回到牛肉这个问题上来：现在，我们就可以理解，为什么97%的牛都是在那些臭烘烘、苍蝇乱飞的大型饲养场里喂养出来的了。尽管看到牲畜平静安详地在牧场上放牧，会给我们带来一派田园风光的感觉，可实际上这种方式生产出的牛肉非常少。草饲肉牛需要的放养面积，差不多是谷饲肉牛所需面积的20倍。正如纪录片《奶牛阴谋》中用彩色图表说明的那样，要是把美国人和宠物如今消耗的肉类全都变成草饲性肉类，那就需要占用美国的所有国土，再加上加拿大和南美洲才行！[7] 除了这种荒谬之处，与集中圈养的奶牛相比，牧场放养的牲畜还要饮用更多的水，排泄出更多的甲烷，因为它们需要更长的时间，才能长到可以宰杀售卖的那种体重。

尽管如此，也有一些土地却更适合于放牧，而不那么适合于农耕。这种情况，可以让牲畜的生存条件更好，而与种植作物相比，放牧牲畜对生态系统的干扰也要小得多（尽管我们杀害了千百万只食肉动物，来保护我们所养的牲畜）。一些小型的传统混合农场实行轮牧制，这种农场多半都能维持下去，尤其是在那些水草丰美的地区。家庭喂养禽类或者山羊可能是可持续的，但这取决于它们的食物当中，有多大比重来自觅食，多大比重来自当地市场上被丢弃的过期蔬菜。

人们曾争论过禽畜在可持续农业中的地位问题（要是它们有什么地位的话），因此，假如您觉得有必要用肉类来喂饲宠物，比如说猫，那么，以可持续为标准是您的最佳选择。那么，吃多少肉，才能说是真正可持续的呢？对于这个问题，饮食专栏作家迈克尔·波伦曾经说，我们很难知道确切答案，但他估计，“差不多每个星期57克吧”。[8]（他本人是吃肉的。）

换言之，我们和宠物每周可以分享差不多半个114克重的汉堡。（留在星期天里吃如何？）如今，我们美国人所吃的肉食，却差不多达到了这个标准的31倍（每周1.76千克），是世界上绝大多数人的5倍。而且，有许多人竟然还提倡说，我们和宠物应该吃得更多。

大家可以看出，我们必定会为此付出一定的代价。幸好，2016年，如今消费的肉类已达全球肉食总量28%的中国，宣布实施了一项消费量减半的计划，以此来对抗全球变暖的趋势，并且遏制该国糖尿病患者数量上升的趋势。[9]

通过为自己和宠物选择植物性食物，我们减少了对地球的影响，同时，这种选择对做成宠物食品的那些动物更加意义非凡，这都值得我们欢欣鼓舞。虽然我们永远都不会知道它们是些什么动物，但它们也可以在我们心中找到一个广袤的家园。

---

7 参见库恩与安德森所著的《可持续的秘密》一书。

8 参见迈克尔·波伦在《奶牛阴谋》中的采访。

9 参见奥利弗·米尔曼与斯图亚特·莱文沃斯二人撰写的《中国计划肉类消费减半，受到了气候变化活动人士的欢迎》一文，发表于《卫报》，2016 年 6 月 20 日。

热爱所有的动物

总有某个时刻，我们必须采取一种既不安全、也不明智、不受欢迎的立场，但我们必须采取，因为这种立场是正确的。

——小马丁·路德·金

那是1963年，我被加州大学兽医学院录取了，每个周末都到一家鸡蛋生产企业打工，赚钱来完成学业。每次一打开那道没有窗户的钢筋大棚的门，我便会听到一声声愤怒而疯狂的尖叫声：那是成百上千只母鸡，从四面八方对我尖叫着。

我的工作包括两个方面：先是推着一辆小车，顺着过道，将饲料分发到拥挤不堪的铁笼前面那些长排漏斗中；然后把滚入一个位置较低的凹槽里的鸡蛋捡起来。在那以前，我接触过的只是父亲在洛杉矶家里喂养的一小群鸡。对于我来说，养鸡场是一个陌生的世界，让我开阔了眼界，看到了公司化运作的企业为了节省成本所用的种种办法。

在我伸出手去，将饲料倒入漏斗时，母鸡总想要攻击我，带着它们在暗无天日的处境下压抑着的沮丧感来啄我。这些母鸡，与我们以前养的鸡可不同，它们从来都没有见过天日，从来都没有在地面上走过，也从来没有啄食过一片青草。

鸡笼的下方，是一堆鸡粪，此时已经堆了近1米高。母鸡们被塞在一个个面积比餐具垫大不了多少的笼子里，三四只一起，连展展翅膀都不行。一只死鸡奇怪地平躺着，像一片白色的羽毛地毯，被踩在几只母鸡的脚下，慢慢腐烂、变干，一直要到宰杀的时候，人们才会把笼子翻过来进行清理。这种现象并不少见。一只下蛋的母鸡，寿命只有一两年的时间，到了产蛋量开始下降时，母鸡就会被宰杀。

数年之后，我把这种情况告诉妻子苏珊，她说道："听上去真是可怕，难道那时您就没有对自己吃的东西反省过吗？"

确实没有。那时，我认识的人中还没有一个素食主义者，我甚至从来没有听说过"素食"这个词。对于大家都公认的东西，我们绝大多数人都是不会提出质疑的。在20世纪70年代中期，我认识了苏珊，此后我们都变成了素食主义者，像当时的许多人一样，不再吃肉，但仍然吃鸡蛋和奶制品。偶尔，在外出吃饭或不太方便素食的时候，我们也会破例吃一点鱼。我觉得，自己的饮食习惯，完全是与社会上的普遍潮流保持一致的。

此后的多年里，我们读了很多书、看了很多电影，它们都给我们提供了采取全素饮食习惯的诸多理由。我们有时会试上一段时间，但因为口味和便利，往往也会做出某些妥协。看了《奶牛阴谋》

一片，我们彻底转变了观点，于是决心开始吃素食。不过，真正让我们从那时起一直吃素，并且会让我们此后一生都保持吃素的，还是我们接下来了解到的情况。新买了一台网络电视之后，我们便开始把许多个夜晚的时间，都花在浏览YouTube网站上的素食讲座上，或者看书、看博文，我们真正认识到了环境要求我们食用植物性食物的紧迫理由。2014年，我吃了最后一片鲑鱼、最后一个鸡蛋及最后一片奶酪。当然，“最后”不是说它们曾经是属于“我的”。肉、蛋和鱼，都属于它们的主人——动物所有。

现在，我们才真正明白，即使是我们这种看似无伤大雅的饮食习惯，给动物们带来的代价有多大。我们原以为，不吃肉食是在放过动物的性命，却没有意识到，生产奶制品与蛋类，也会导致禽畜过早死亡。所有的奶牛和蛋鸡，最后都会被宰杀掉，而在此期间，它们通常都会经历更大的痛苦与紧张，即便产品包装上经常标有“有机”或者“散养”这样的字眼。

// 鸡蛋的故事

鸡蛋是鸡下的，而鸡则来自孵化厂，在孵化厂里，受精的鸡蛋都是放在一堆堆的抽屉里进行孵化的。小鸡孵化出来之后不久，在看不到母鸡的情况下，就会被一起扔到一条传送带上，并在传送带上根据性别进行分类。由于小公鸡既不会下蛋，也不能当成肉鸡（在传统的农场里，公鸡也有可能被当成肉鸡喂养），毫无用处，所以它们会被扔到一台螺旋钻下活活碾死；如若不然，就会被扔在塑料袋或者垃圾桶里，慢慢窒息而死；有的时候，它们还会被活活埋入地里。

小母鸡的经历甚至更加糟糕。还在很小的时候，它们的喙就被残忍地剪短了，以便将它们啄食那些层架式孵化笼所导致的损坏降到最低。这些层架式孵化笼，与我工作的鸡蛋生产企业的那种笼子很相似。它们都是用饲料喂养的，以便让它们产下比其远祖更多的鸡蛋（即便是在家庭喂养的鸡舍里，几年之后，它们通常也会由于这种压力而患上生殖道疾病死去）。到了宰杀的时候，它们全都已经骨瘦如柴、奄奄一息了。有些鸡太过瘦弱，甚至都不值得去宰杀。所有送往屠宰场的鸡，尤其是那些肥一点儿的“肉鸡”，都是用笼子装起来，层层叠叠地用卡车运送的，路上既不会喂食，也不会喂水，有时还会接连这样好几天。

那些活着到达屠宰场的鸡，翅膀通常都已经折断了。接下来，人们会把它们赶入电浴槽里击晕，然后倒吊起来，以便割断它们的喉咙。它们往往在并非毫无意识的时候，就被扔进了褪毛缸去拔除羽毛了。

// 牛奶：需要生下牛犊

我们对牛奶的生产过程都比较熟悉，可我们有没有想过，奶牛并不是自然就会“产奶”的呢？它们必须先生下一头小牛犊。这跟所有的哺乳动物都一样。因此，它们每年都得受精（这是人工授精，会有点儿不舒服）。虽然我在兽医学院里曾经学过这方面的技术，却从来都没有深入到奶牛场里，去看一看奶牛受精之后的实际情况。

生下来的小牛犊既麻烦，又要吃很多的奶，因此，母牛分娩之后不久，小牛犊便被人拖走，这会令母牛非常痛苦，母牛与小牛犊可能都会吼叫上好几天。有人曾对我说，那种声音，比我们在屠宰场里听到的声音还要悲惨。最近，我们看了一段视频，讲的是一头被人救起来、却失去了几头小牛犊的母牛。好几年之后，当它在一座“农场动物庇护所”里看到一头新生牛犊的时候，还流下了眼泪。[10]接下来，公牛犊会被宰杀，或者被人拴在关小牛的箱子里，在这种箱子里，它们没有伴儿，人们会用代乳品喂食，以便小牛患上贫血症（这样做，是为了让它们的肉色变淡、肉质变嫩），或者只是简单地养大，然后宰杀。差不多有一半的母牛犊，也会在刚出生不久就被人们宰杀掉，因为奶牛群不需要那么多的母牛，而另外一半则会养大，用来产奶。如今，绝大多数奶牛都是室内养殖的，或者是圈养，因为放养奶牛的效率太低了。与蛋鸡一样，它们也被迫产出比50年前的奶牛要多得多的牛奶，因此经常会患上令它们痛苦不堪的乳腺炎、子宫炎、骨质疏松症，以及其他诸多疾病。

值得讨论的方面还有很多，都是一些让大家感到心碎的故事。比如，猪会被塞入小小的铁围栏里，那种围栏小得连身都不能转。比如，猪会受到虐待，受伤、污秽、苍蝇、空中全是氨气味，这都是平常的事情。比如，有大型公司的屠宰场员工谈道，由于电击过程太快，因此有25%的牛在剥皮的时候都还活着，并且还有意识。比如，人们会让猪在滚烫的开水里挣扎上好几分钟。这种残忍之事，已经不再是无法接受的问题了，可在屠宰场里却是司空见惯的现象。[11]

类似的信息到处都有，互联网上也很容易看到。问题在于，我们是不是愿意正视，是不是愿意听从内心的想法，去行动起来。我完全可以肯定地说，绝大多数人自己都是不愿意去干这种事情的，但我们会付钱雇用别人，只要不当着我们的面这样干。

可是，如果有人对我们喜欢的宠物做这样的事情，我们就不再能容忍，哪怕一秒钟也不行。因此，如果有人说，不让宠物狗或猫吃肉很残忍——因为肉类是它们的天然食物。我总是这么回答（起码会在心里这样想）：“生产肉类的过程中，还有比这残忍得多的事情呢！”诚然，如果一只猫抓住了

10 参见约翰尼·布拉兹在YouTube网站上关于茵陀罗卡农场动物庇护所的《拯救穆奇（还有彭妮！）》一片。

11 参见盖尔·艾斯尼茨所著的《屠宰场：美国肉食行业内部令人震惊的贪婪、冷漠和不人道做法揭秘》一书（纽约，阿姆赫斯特：普罗米修斯出版社，2006年）。

一只老鼠，或者一只大型猫科动物吃掉一只驼鹿，是很自然的一件事情。这些猎物的生存状况，与数十亿禽畜完全不同，禽畜都被人们当成是产肉、产奶、产蛋的机器，而不是当成有感情、有知觉的生物，也完全没有被当成我们的家人。

// 发自内心的转变

大家可以看到，与大多数人一样，在我一生中的绝大部分时光里，都认为养殖的禽畜就是为我们提供食物的。但如今，当我到了七十多岁的时候，我的选择却变成了让行动听从内心和最真切的价值观的指引。工厂化的畜牧业，已经给动物带来了令人难以置信的痛苦。它们的生存状况如此可怜，许多禽畜从未见过太阳，从未接触过大地，需要人们不断给药才能活着，容易受到令人痛苦的伤残，生存条件拥挤，甚至会在幼年就被宰杀。

并不是每个人都关注这个问题，可作为一名兽医，我却忍不住问自己，难道自己可以在喜欢、研究并且努力去帮助某些动物的同时，却毫不在乎另一些动物的生存和生命吗？我做不到。人类为了获取食物或其他目的而对待动物的绝大多数做法，我的内心都不允许我支持。既然我不会仅为了一顿可口的晚餐而去杀害一条狗，也不会花钱雇用别人替我去这样干，那么，我为什么又会如此去对待一头奶牛、一头猪、一只绵羊或者一只鸡呢？

今天，越来越多的人也有了相同的想法，作为一生致力于治疗和照料动物的人，我很高兴看到这种转变。我认为，关于如何对待动物这个问题，我们的文化即将经历一场彻底的变革。倘若我们能平等对待动物，那么，我们在对待彼此的时候，肯定就会比以往更好了。

不管我们只有4岁，还是已经80岁了，喜爱各种动物，包括那些从来没有见过的动物，都是我们的天性。假如真的看到了奶牛、猪、鸡、绵羊、山羊及其同类，即便只是在视频里，我们也会发现，它们显然跟狗狗、猫咪一样可爱。它们聪明、敏感、好奇、机智、温情，对人类也充满了宽容。

我们夫妻俩都希望，有朝一日，所有这些动物仍然会与我们一起，生活得安宁而平静；人们会带着温柔和喜爱之情去对待它们。而动物也提醒我们，在一些最重要的方面，它们与我们并无不同。

采用新的生活方式之后，我们当中出现了一个英雄人物：霍华德·莱曼。他原本是一位牧场主，曾经采用现代化的生产技术，将他在蒙大拿州的农场变成了一家大型“工厂”。数年前，他患上了一种几近致命的疾病，康复中的他改变了主意，退出了这一行业，成为一位素食主义者。多年来他一直在各地旅行、演讲，向人们解释自己这样做的原因。

在他那部优美的在线纪录片《疯狂的牛仔》中，莱曼一边轻轻地抚摸着一头奶牛，一边对我们说道：“奶牛身上没有一丁点儿罪恶。”只有他这样亲身经历过的人，才能说出这样的话来。镜头一

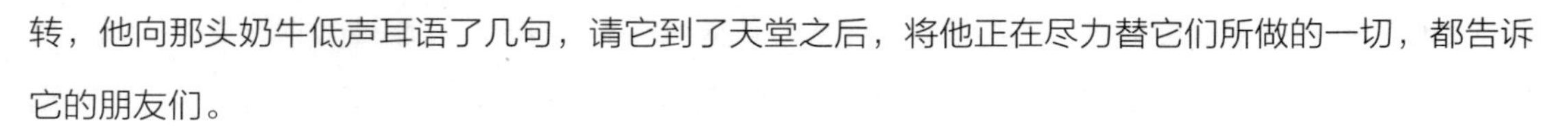

转，他向那头奶牛低声耳语了几句，请它到了天堂之后，将他正在尽力替它们所做的一切，都告诉它的朋友们。

这是一部令人感动的影片中的一个令人感动的瞬间。

莱曼并不孤单。如今，绝大多数家庭农场都已经变成了公司化运作的“工厂”，产量占据了整个畜牧业99%的份额。在这一背景下，许多人像莱曼一样，无法找到这样做的认同。这些人当中，既有以前的工厂化农场主，也有一些小型的“人道农场主”。后者给禽畜的待遇虽然好一点，却仍然实行着许多标准的残害手段，比如不用麻醉药就断去犄角、剪去尾巴、打上烙印、给鼻子套环、给耳朵打标签、阉割、拔牙，等等，且仍然发现，自己必须狠下心来，才能让养殖的这些禽畜去接受屠宰。

注意并且选择生产方式更加人道的产品是一件好事；不过，产品上的标签却有可能对我们产生误导。“自由放养”或者“散养”这样的标签，通常都意味着成千上万只家禽挤在一座肮脏不堪的大棚里，其中家禽能够活动的范围，不过是一些小小的混凝土圈养场罢了。“牧养”这种标签，则有可能指牲畜是被关在一座尘土飞扬的畜栏里养大的。

有一些拍摄得非常优美的影片，比如《最后一头猪》（2016年）和《和平的王国》（2009年），甚至有可能让大家在下一次领养宠物时，想要喂养一头猪、一只鸡、一只绵羊或者山羊呢！

看完本章后，大家可能感到奇怪，为什么绝大多数人之前都不了解这些事情，为什么（迄今为止）这些东西都没有上过新闻头条？

食物来源的真相离普通人太远了。为避免我们不再购买它们的产品，食品企业并不想让我们了解到这些真相，它们甚至还创造出了所谓的“公司封口”法规，对那些揭露畜牧业真相的活动人士进行严厉的打击。我们担心自己当出头鸟的话会遭到棒打。有时候，我们则是故意不去理会这些事情，因为改变自己的习惯会令人觉得很不舒服。再则，生活本身也让我们忙忙碌碌，分散了我们的注意力。

不过，我认为最主要的原因，还是因为我们没有看到要做出改变的理由。我们仍然心安理得地享受着这一切，就像“泰坦尼克号”头等舱里的那些游客一样，在豪华的餐厅里享受着美食，浑然不知噩运很快就会降临。除非我们改变自己的航程，否则噩运必将到来。

在结束论述这极其重要的一章时，我们衷心感谢所有读者，感谢你们对动物的热爱，感谢你们心怀渴望，想要用自然的方式去对待动物。我在这一领域里终生从业的经历告诉我：饲养宠物是我们与正在消失的大自然保持联系的一条重要途径。

更加重要的是，饲养宠物还能教会我们关于爱的知识，教会我们关于生存的知识。从动物与婴儿身上，我们常常都能体会到简单生存的快乐；因为我们与动物和婴儿相处时，既不用思前想后，也不会受到人与人之间经常存在的种种观念隔阂的妨碍。

因此，我们诚挚地请求大家花上一点时间，简简单单地，把你们曾经对任何动物产生过的那种爱与快乐感推广开去，拓展到所有的动物、所有的人和凡有生命存在的所有地方去。这种拓展之爱不可或缺，不但会让我们在体验爱的本身时更觉愉悦，而且也会让大家敞开心扉、开阔思想，去拥抱所有生命一起创造出来的那个更加美好的世界。

为动物祈祷

——理查德·H. 皮特凯恩

我和你们在一起，兄弟和姐妹，
不论你们是长有皮毛、羽翼、尖喙还是畜蹄，
因为我们同享生命，
心灵深处本一体。
祝愿所有为笼所禁、为栏所拘者，
很快可以获得自由。
祝愿从未见过天日者，
生命中从此充满了光明。
祝愿从未踏足大地者，
大地之母将你拥入怀中。
痛失孩子者，
所有安慰尽枉然。
与母骨肉相离者，
但愿心中仍知爱。
被迫彼此相食者，
但愿唯一养分就是爱。
祝愿我们那些
已经失去了家园、
即将离开这个尘世的野生朋友，
早日找到向往的生活。

我们故意将自身疾病
转移到一些动物身上，
我们乞求它们的原谅，并且祈祷。
如今我们将会
自己来承担这些问题。
对于我们以崇拜味道之神的名义
杀害和食用的动物，
但愿你们的牺牲
成为我们最后的教训：
最大的快乐
其实
就是我们彼此之间怀有的爱。
但愿我们能够携手同行，
兄弟和姐妹，
平静而和谐。
爪牵着手，
翅搭着肩，
尾缠着臂，
前往那个统一的世界，
前往我们始终都向往的
伊甸园。

第5章

健康、人道与可持续：新的时代，新的饮食

进入21世纪之后，选择用什么样的食物来喂饲宠物猫狗，已经变成了一种独特的挑战。这不仅是因为担忧绝大多数宠物食品营养成分不足、过度加工、有毒物质增加，更是因为如今的动物制品和海产品中，有毒物质始终在不断地进行生物积累，所以宠物猫狗的健康状况正在日益恶化；而且，如果让它们继续以食物链上位置较高的食物为主食，我们的地球、我们的孩子，以及无数饲养的家禽家畜和正在消失的野生动物，都将付出最终的代价。这些动物，也像我们了解和热爱的宠物一样，都渴望活着，渴望过上一种美好的生活。

因此，尽管传统的宠物猫狗食品当中含有肉类，但在这种重要的现代化转型过程中，我们必须

用一种新的眼光来看待食物才行。用这种新的眼光来看待宠物喂养问题，需要我们具有突破性的思维，跳出近年来动物整体保健领域里那种普遍性观点的窠臼；这种观点认为，“生的”“适合物种需要”且完全以新鲜肉类为主的饮食之道，才是喂养宠物猫狗的唯一健康方式。这种观点还称，宠物猫狗的远祖毕竟都是食肉动物，如今猫狗的生理机能既然与它们的远祖无异，那么它们也要食用肉类才行。就算有许多报道都称，用经过精心设计、能够满足其营养需求的无肉类食物去喂养，猫狗长得也非常健壮，可仍然有人会说，用植物性食物去喂饲猫狗的提法很荒唐，甚至还很残忍。

我们不妨沿着美国商店里任何一条摆放宠物食品的过道走一走，或者浏览一下介绍自然猫狗的杂志和网站。用野生动物肉类或者其他替代肉类制成的宠物食品，如今正风行一时。已经世世代代养活了猫狗和人类的谷物，如今却已成了公敌。我见过这样一些客户：他们本来已经成功地用我们推荐的饮食方法喂养了宠物多年，后来却因为追随这种所谓的潮流，或是因为其他兽医的推荐，而让宠物转而开始吃生的、以肉类为主的食物。就在昨天，我接到了一位老年客户的来信，她正是这样做的，可如今宠物狗的牙齿却开始松动了。原因就在于，以生肉类为主的饮食没有为狗狗提供充足的钙质。事实上，这是人们用肉类所占比重大的食物去喂养宠物时，普遍会出现的一种现象。

野生食肉动物需要肉类这种说法很流行，也与近年来人们崇尚的“原始人”饮食法和低碳水化合物潮流并驾齐驱。总体来说，目前我们与宠物食用的肉类都要比以往更多。这一切，全都与如今地球和良知对我们的要求背道而驰。

突破：既想要，也必需

因此，在我们决定看一看猫狗少吃肉食后能否保持健康时，我们很清楚，要逆当前的观点而行并不容易；在人们如此“反对谷物”、如此支持肉食的时代，这样做尤为不易。

尽管如此，我们还是想要进行突破，也必须进行突破。实际上，在肉食潮流如火如荼地发展的同时，很多人已默默地、耐心地探究其他喂养宠物的方式了。

⊙**宠物狗。**它们可以吃位于食物链底层的食物，这是一种很不错的饮食方式。我们有数不胜数的例子，证明宠物狗吃了营养均衡和全面的素食之后，完全没有问题。许多宠物狗还长得非常健壮，寿命也非常长，尤其是狗粮中还加入了大量的新鲜有机食品时。因此，我们鼓励大家都来试一试，并在第6章提供了许多宠物食品配方，以及一些简单的指导原则。

⊙**宠物猫。**令人惊讶的是，就算是猫咪这种“专性食肉动物”，用营养全面的素食去喂养，它们也能长得非常健康。“营养全面”指的是饮食经过精心设计，食物原料里含有合成牛磺酸、维生素A、花生四烯酸，以及只有动物性食品中含有的营养补充剂。市场上既有商业性的宠物素食，也有为此而生产的营养补充剂，二者都已经使用了好几十年。据我了解，60%～85%的猫咪食用素食都没有什么问题，有些素食猫咪的寿命，甚至比食肉宠物猫的寿命更长。当然，也有观点认为，给宠物猫喂饲一些肉类较为安全，尤其是公猫和那些容易患上慢性泌尿系统疾病的猫咪。

总的来看，在绝大多数情况下，我们都是可以选择素食的。

这种选择，对许多人而言将会是一种奇妙的新体验；这种选择，将让大家能够尽自己的力，与喂养的宠物猫狗一起，去爱护所有的动物，同时也爱护整个地球。

然而，这毕竟是一种选择，所以决定权还是掌握在你们自己的手里。正是由于这个原因，在本书经过全面修订的宠物食品配方部分（参见下一章），我们既提供了以肉类为主的食谱，也提供了以素食为主的食谱。用肉类来喂养宠物，从目前来看是比较方便、比较轻松的办法；而以素食为主的食物配方营养全面，既可用于喂养宠物，也完全适合人类食用，您可以与宠物轻松配合，一起来进行尝试。

用素食喂养宠物猫狗的创新者

虽然做出选择的决定权在你们自己手里，但是，为了用一种可取的方式帮助大家做出选择，我们很乐意与大家分享分享，看看一些勇敢的创新者用不含肉类的食物喂饲宠物之后获得的成果，并讨论一下大家普遍关注的一些问题，比如宠物对蛋白质、谷物、大豆过敏，等等。不论大家碰到的是什么样的问题，了解了解这些方面都是很有裨益的。

率先用素食喂养宠物狗的人士当中，最了不起的一位榜样是英国的安妮·赫里蒂奇。她喂养的威尔士边境牧羊犬“布兰布尔”，是世界上最长寿的宠物狗之一。这条母牧羊犬只吃简单的食物，包括糙米、扁豆、大豆组织蛋白、营养酵母和新鲜的田园蔬菜，有时也吃点薄荷、姜黄，以及诸如此类的东西，就健康强壮地活到了25岁。[1]“炖扁豆”这个食物配方，就是我们受到了“布兰布尔”饮食方式的启发之后配制出来的。

“炖扁豆”是一个健康、经济而且容易制作的食谱。不过，为了不让大家误以为这样做就打开了长寿王国的大门，安妮在自己所著的书中（《布兰布尔：一条希望长生不老的宠物狗》）还向我们强调，宠物并不是只凭饮食，就能变得如此健康的。“布兰布尔”和安妮家其他长寿的宠物狗，每天都要进行大量的锻炼，而家人对待宠物的态度，也非常尊重与友好，从来都不让它们去耍那些毫无意义的把戏；并且，所有狗狗与其他动物、人类和大自然都有着丰富的交往互动。无独有偶，丹·比

---

1 参见安妮·赫里蒂奇所著的《布兰布尔：一条希望长生不老的宠物狗：萨姆塞特评注》（创造空间独立出版社，2013 年 4 月 24 日）。

 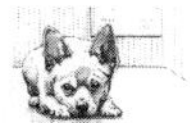

特纳发现，全球“蓝色地带”[2]里的长寿人口的生活方式与此几乎完全相同，吃很简单的食物，其中含有大量的蔬菜，很少食用肉类，每天散步，心中怀有强烈的社会感与使命感，并且每天都要花点时间，去“闻一闻玫瑰的香味”。[3]

还有一个创新者，那就是詹姆斯·佩登。他认真细致地研究了宠物独特的营养需求，并在20世纪80年代对营养需求数据进行了一年多的连续跟踪，设计出了世界上第一份补养性宠物食品，让人们可以用家里制作的素食去喂养宠物猫狗（“猫用素食”营养补充剂和“狗用素食”营养补充剂）。

詹姆斯刚开始这样做的时候，还联系过我们，希望获得我们的支持。不过，当时我们却没有把握，不知道这样做行不行得通，尤其是因为，当时他喂养的猫咪还在捕杀老鼠。不过，至今已有成千上万的人成功使用了这些产品。因此，如今我们很乐意支持他的方案，支持愿意采用素食喂养的人去试一试。“宠物素食”的新东家如今正在更新素食配方，就像我们正在设计自己的新食物配方一样；因此，我们甚至进行过合作，一起商议过要做出哪些改变。双方对合作结果都觉得很满意。

有一位“宠物素食”的长期客户告诉我们说，她从1989年以来就一直用素食喂养自己的猫咪。她先养的两只猫咪很喜欢“宠物素食”的鹰嘴豆配方，也很喜欢吃以小麦面筋为主的素食汉堡（罐装），再配上“猫用素食”、素酵母，以及每天30毫升蔬菜泥，其中包括南瓜、笋瓜、豌豆或者婴儿食品。它们也很喜欢吃煮玉米、芦笋和西葫芦，有时候还会吃莴苣。两只猫咪都活到了17岁，对于猫类来说，这是一种受人尊敬的年纪了；可另一只猫咪虽然与其中的一只属于一母同胞，吃的是以肉类为主的猫粮，却只活到了10岁。

接下来，就是简·阿莱格雷蒂了。她既是宠物咨询师、动物权利倡导者，也是《宠物狗整体护理完全手册：宠物狗家庭护理》一书的作者，曾经养过两只获救的大丹犬。这两只大丹犬，吃的是各种各样的全素食物和新鲜的天然食品，身体都非常健康，并且寿命都异常长久（第一只活到了13岁，第二只到11岁时身体仍然非常强壮）。简也是我们的合作者，她非常慷慨地将喂饲宠物的经验和专业知识与我们分享，并将她制订的那种“新鲜灵活”饮食方案贡献了出来（参见第6章）。数十只采用她的方案喂饲的宠物都变得精力更加充沛、皮毛更加光滑、寿命更加长久了。

纽约市“马里布狗食厨房”的希娜·德古茨，看到狗狗们都非常喜欢新的食物配方，感到很激动；我们曾经与她进行过协作，设计出了“皮特凯恩·马里布特色菜”食谱。希娜告诉我们说，曾经荣获《纽约杂志》“年度最佳兽医奖”的安德鲁·卡普兰博士，也对用于喂养他那两条宠物狗的新

---

2 蓝色地带（Blue Zone），指世界上长寿人口比例最高的地区。意大利的撒丁岛、日本的冲绳、美国加利福尼亚的罗马琳达及哥斯达黎加的尼科亚半岛，都是已经证实的“蓝色地带”。比特纳曾经亲自前往这些地区进行调研，并且根据这一经历撰写了《蓝色地带》（*Blue Zones*）一书。

3 参见丹·比特纳所著的《蓝色地带：寿命最长者的长寿经验》（华盛顿特区：国家地理出版社，2008 年）。

素食配方感到兴奋呢！

你们可以看出，本书得益于大家的共同努力。在这场素食运动中，到处都是善良与慷慨的人。

支持素食的兽医

那些一生都致力于帮助动物的专业人士，通常都会敏锐地看出，无肉饮食很符合他们那种充满同情与仁慈的价值观。因此，就在我们开始吃素的同时，我们这个圈子里还有许多兽医，也开始用素食和素食配方去喂养自己的宠物，或者是让一些感兴趣的客户效仿。例如，兽医学博士塔妮亚·霍伦可发现，她的宠物猫很喜欢吃豆腐配酵母。据我们测算，这种搭配中含有的蛋白质与脂肪达到了完美的平衡，可以与野生猫类的食物相媲美；于是，我们就把它变成了“野生豆腐”这种食物配方。再如，兽医学博士玛丽贝思·明特尔喂养她的宠物狗时，一直都用素食性宠物食品，加上她自己吃的素食，再补以“狗用素食”营养补充剂。她非但身体力行，还一直在向自己的顾客推荐这种饮食搭配。

兽医学博士阿玛提·梅伊既是“动物保护兽医协会”的创始人，也是这场蓬勃发展的运动的一位领军人物，她曾经在YouTube上进行过许多颇具教育意义的讲座，推广用素食喂养宠物。她认为，素食一般会给宠物狗带来好处，尤其是会改善宠物狗的皮肤、毛发、胃肠道及过敏方面的问题。她不但用素食配方喂养自己的猫咪，还提出了一项针对无肉食猫咪的尿液进行pH值监测的方案（请参阅第7章）。

罗瑞莱·韦克菲尔德是一名兽医学博士，她通过电话或者网络电话Skype，为那些希望让自己的宠物吃素的人提供咨询。她还作为合著者，发表了一份专业的研究报告，对比了用素食喂养和用常规食物喂养的宠物猫好几年内的情况。研究报告发现，用素食喂养之后“身体状况非常理想”的猫咪数量更多（占比82%，而常规喂养的宠物猫中则只占65%）。

罗瑞莱告诉我们说：“从道德上来看，我们能够通过用素食喂养猫咪来挽救禽畜的生命，是一件极好的事情。我见到过的绝大多数素食猫，与那些用常规的、以肉类为主的宠物食品喂养的猫咪，似乎都一样健康。”而且，针对那些没有信心去用素食喂养猫咪的人，她还提出了一种建议，说可以用半是素食、半是以常规牛肉为主的宠物食品去喂饲。这样做，既是为了将提供肉类的禽畜数量降到最低，也是因为奶牛的生存条件通常都相对较好。还有一种替代性的宠物食品，那就是在素食中加上来源合乎道德标准的鸡蛋。对于那些想要试一试、却没有时间为宠物烹制食物的人，她最喜欢推荐的一种方便宠物食品，就是“艾米猫粮”和“维狗素食”。

罗瑞莱还建议说，每个月都应当给素食猫咪进行一次血液化验，检测其中的牛磺酸和维生素B_{12}，同时还要进行一次尿液分析。她认为：“虽然用素食喂养的绝大多数猫咪都是没有问题的，但这些检

测会有助于兽医做出决定，看是否应当在宠物饮食方面做出调整。”

尽管一些兽医公开支持用素食来喂养宠物，但更多的兽医可能不会这样做。这时候，我们应该听一听顾客所言。兽医学博士艾伦·M. 舍恩是我们的朋友，他既是一位家喻户晓的兽医、演说家，也是兽医整体护理运动的发起人。下面这个鼓舞人心的例子，就是他分享给我们的。

// 乔伊：一只 20 岁的素食狗

“几年之前，一位新顾客走进了我的诊疗室。她那条全身油光发亮、毛色赭褐、样子很年轻、体型中等的纯种宠物狗，高高兴兴地一路小跑着，跟在她的身后。我马上就注意到，这位顾客与她的宠物狗，看上去都非常健康。新顾客介绍说，这条已有20岁的宠物狗名叫‘乔伊’，以前从来都没有看过兽医。她听说我这里采用的是一种富有同情之心的整体护理方法，因此心想，让已经到了这个年纪的‘乔伊’来进行一下评估，或许是个好主意。我惊讶得目瞪口呆。之所以感到震惊，并非仅仅因为它是我见到过的年纪最大的一条狗，还因为它看上去非常健康，非常快乐!

“开始为宠物做入院检查记录的时候，按照惯例，我问客户说，她平时都是用什么食物来喂养宠物的。她回答道，她和‘乔伊’20年来吃的都是素食。她解释说，她用纯粹的有机食材为自己和宠物做饭菜，并且尽可能做到用本地食材。这是一种相当健康的多样化饮食方式，其中提供蛋白质和碳水化合物的食材搭配非常均衡，并且富含必需的脂肪酸和保持健康所需的一切营养。

“在给这条已经有了20岁‘高龄’，正在快乐地摇着大尾巴的宠物狗进行检查的时候，我发现，它的每一种指标不但完全位于正常限度之内，而且都处于最佳状态。它的心脏和肺部完全没有杂音，而皮毛也闪耀着一种无与伦比的光泽。它的所有器官摸上去都很正常，没有任何刺激反应或者疼痛感。它的身上，完全没有任何难闻的‘狗狗气味’，也没有干涩和成鳞片状的皮肤。实际上，这条狗的肤色可以说是‘容光焕发’。同样，它的牙龈和牙齿也像幼犬一样健康。我又给狗狗做了一次基本的血液化验。结果显示，一切指标都位于正常水平之内。‘乔伊’是我碰到过的一条最快乐、最健康的小狗。

“我还跟顾客讨论了吃素食和有机食物对主人、宠物二者健康最有可能产生的影响。顾客很感激，因为我不但以开放的心态跟她讨论素食习惯，而且全心全意地支持这样一种饮食方式。接下来，她还向我吐露了一个秘密：她曾经犹豫了很长的时间，不知道该不该带着狗狗去看兽医，因为她担心，对于她选择的这些健康护理方法，兽医不会支持、不会持有开明的态度。她、‘乔伊’和我都很合拍，都很庆幸我们的这次相遇。

“对于我来说，她和‘乔伊’都是良师，因为他们让我认识到了吃素食与有机食物的好处。”

请参阅舍恩博士撰写的著作《志同道合》《爱、奇迹与宠物治疗》《慈悲马术》及《补充和替代兽医学》。

// 图书与支持团队

用植物性宠物食品去喂养猫狗的主要动力，来自一场正在日益壮大的草根运动。参与其中的人都热爱自己的宠物，却不希望为了让自己的宠物吃得健康，而让其他动物去遭受痛苦。

他们把自己了解到的知识，都放在"脸书"（Facebook）网站的"素食宠物狗健康茁壮""素食宠物猫""兽医素食网"及"素食兽医"等栏目中，与世人一起进行分享。YouTube网站上，也有许多关于人们在家里做宠物素食的视频，大家在gentleworld.org/good-nutrition-for- healthy-vegan-dogs这样的网址，能够找到许多优秀的宠物家庭喂养指南；而在vegantruth.blogspot.com这个网站的《100条素食狗：素食狗营养百科全书》中，您还能看到一些了不起的成功故事呢。

这些人里面，如今有许多都已撰写了著作，特别是撰写了关于素食宠物狗健康饮食的图书。其中，包括早苗铃木的《健康快乐宠物狗：智慧与家制食谱，给宠物狗健康幸福的一生》（2015年）、米歇尔·A. 里维拉的《素食小狗简明手册：犬类人道食谱》（田纳西州萨默敦：图书出版有限公司，2009年），以及希瑟·科斯特的《宠物狗素食食谱：把宠物狗喂养得健康长寿》（2015年）。大家还可以参阅较早出版的一些图书，比如维罗纳·瑞波与乔纳森·杜恩合著的《素食宠物狗：向一个没有剥削的世界进发》（现场艺术出版社：1998—2007），以及詹姆斯·A. 佩登所著的《素食猫狗》（新时代先驱出版社：1995年）。

// 我们的建议

根据这些成功的案例，以及前几章里探究的问题，我们有如下建议。

⊙**新鲜的食物。**简而言之，我们建议大家用新鲜的有机食物去喂养宠物，其中的动物制品喂饲量应当降到最低，并且要用含有推荐营养补充剂的食物配方去喂养，旨在满足或者超过美国饲料管理协会制订的最新标准。至于能够在家里给宠物烹制食物的人，我们还在下一章里为他们提供了一些很不错的选择。大家既可以利用那些经过精心计量的宠物食物配方，也可以遵循其中一些概略的指导原则。

书中绝大部分食物都是人类可以食用的，因此，您可以与宠物一起享用，从而节省您的做饭时间。我们觉得，大家肯定都会喜欢这些变化的！

若想备用，或者抽不出时间专门制作的话，也可以选择用优质原料制成的商业性宠物食品。

⊙**无转基因。**请避免使用转基因食品，也不要使用没有标签的大豆、玉米、油菜及其衍生产品。这样做，有可能改善或者消除宠物身上出现的诸多肠胃问题和其他一些问题。

宠物营养补充剂

现代的营养计算器，可以让我们对营养成分的分析比过去广泛得多。所以，今天我们推荐的不再是以前所用的“健康粉剂”（包括营养酵母、卵磷脂、海藻和一种提供钙质的食品），而是“宠物素食”公司专门为新鲜素食饮食方式而设计出来的营养补充剂。这些补充剂更加简单，营养更加全面，并且已经由该公司结合我们制订的新食谱进行了更新（我们之间并不存在什么经济上的关联）。我们的新食谱，都根据其中含有的这些补养性成分进行了计量。假如买不到这些营养补充剂，大家也可以看一看它们的替代成分。

健康、人道而可持续的宠物猫狗饮食

由兽医学博士、哲学博士理查德·H. 皮特凯恩

与夫人苏珊·H. 皮特凯恩 共同制订

	最有利于健康： 在家里烹制新鲜食品	可备用，或者旅行时用： 商业性颗粒状宠物干食或宠物湿粮
猫狗兼用	⊙用天然种植的、未经加工的食物。 ⊙尽量用植物性食物去喂养（其中的有毒物质较少，可持续，合乎人道）。 ⊙尽量用有机食物去喂养。 ⊙用不含转基因的大豆、玉米等。如若不然，谷物也可以，除非已经知道宠物对谷物存在某些过敏症状。 ⊙将肉类和蛋类喂饲量减至最低，尽量使用牧养牛肉或野牛肉（由于数量较少，因此野牛的生存状况通常也较好）、可持续的野味，或者虽然喂饲料、却属于放养的禽类。 ⊙不要用海产品（其中既有毒素，资源又已枯竭）或者乳制品，除非是用作失母幼崽的牛奶代用品。 ⊙喂饲消化酶和益生菌以助吸收；用植物性食物喂养宠物的时候，尤其应当如此。	⊙选择贴有“成分均衡，营养齐备”标签的食品。 ⊙比较网上的评论。 ⊙选择不含有转基因的大豆、玉米等的食物。如若不然，谷物也可以，除非已知宠物对谷物存在某些过敏症状。 ⊙选择不含海产品（其中既有毒素，资源又已枯竭）、肉粉或者不明副产品和谷物粉的食品。 ⊙将肉类和蛋类的喂饲量减至最低（参见左栏）。 ⊙补充新鲜水果和蔬菜。使用颗粒状宠物干食，还应添加健康脂肪（亚麻籽粉，或者其他含有脂肪的种子、麻籽、卵磷脂）。 ⊙将宠物干食密封防潮，以免发霉或者变质腐坏。 ⊙喂饲消化酶和益生菌以助吸收；用植物性食物喂养宠物的时候，尤其应当如此。

	最有利于健康： 在家里烹制新鲜食品	可备用，或者旅行时用： 商业性颗粒状宠物干食或宠物湿粮
狗用	⊙喂饲时，约一半要用煮熟并捣碎了的豆类、豆腐、豆豉、鸡蛋或者瘦肉。另一半应当主要是谷物或者含有淀粉的蔬菜，加上蒸熟的十字花科植物或绿叶蔬菜、莴苣、水果、健康脂肪、坚果和种子黄油。利用各种成分均衡、营养齐备的宠物食谱（参见下一章）。 ⊙补充“狗用素食”*。	⊙对于绝大多数宠物狗来说，素食或者100%的植物性干食、罐装食品、新鲜或冷冻产品都很合适（其中的有毒物质和致敏源最少）；要是大家遵循上述建议的话，则尤其如此。 ⊙如若不然，喂饲狗狗时应将以肉类为主的食物降至最低量，以便少摄入有毒物质，并且减少生态与人道方面的问题。若是来自农业化程度较低的社会，宠物狗有可能不那么适应谷物。 ⊙补充左旋肉碱和牛磺酸，可能很有益处。
猫用	⊙只能用经过精心调配、专门为猫类设计的食谱或者方案去喂养。试一试半肉食、半素食，循序渐进，要是宠物猫能够接受，并且身体健康，那就可以主要喂饲素食。在家里给宠物猫烹制肉类含量低的食物时，始终都应按照推荐补充营养，如若不然，猫咪就有出现严重健康问题的危险。或者，您可以购买商业性宠物食品，即新鲜或者冷藏的“天然”猫粮。 ⊙如有需要，可喂饲新鲜的西瓜、黄瓜、玉米、芦笋、豌豆。	⊙只购买贴有“猫用，成分均衡、营养齐备”标签的新鲜、干燥、罐装或者冷冻产品。狗粮当中的蛋白质和其他营养成分的含量，对猫咪来说都太低。 ⊙考虑购买半肉食、半素食的产品。监测尿液的 pH 值（请参阅第 7 章），或是在宠物能够接受、身体健康的情况下，试一试全素饮食。不要在没有添加钙质的情况下喂饲生的宠物混合饲料。 ⊙用调味汁和肉汤将干食拌湿，以防尿道堵塞。 ⊙用营养酵母或者其他调味品来增强口感。 ⊙喂饲新鲜的西瓜、黄瓜、玉米、芦笋、豌豆等。

注：*“狗用素食”和“猫用素食”在“同心圆”公司网站（CompassionCircle.com）有售。

问题与担忧

// “可它们是食肉动物！谷类对宠物有害！”

不可否认，狗和猫天生就是吃肉的，这一点与我们灵长类动物完全不同。它们的牙齿、爪子、强大有力的胃和很短的肠道，都完全适合捕猎和消化猎物。而我们的对生足趾、色觉、很长的肠道，以及用于咀嚼的臼齿，却是一种最理想的搭配，适合采摘和食用蔬菜、水果、嫩枝，以及诸如此类

的东西，再偶尔食用一点儿蛋类、根茎或者小动物，就像我们的祖先在发明工具之前的情形一样。

然而，大自然却拥有惊人的可塑性。尽管具有灵长类动物的本性，但早期的人类也学会了狩猎，并且把肉类当成了自己的食物。在冰川时代，这可是一种很有用处的本领呢！同样，过了很久以后，狗和猫也学会了食用含有淀粉的植物性食物，这是它们为了与农民一起生活而进行的有益适应。

不过，难道古人就不曾给猫狗喂过肉食吗？古人用肉食去喂养宠物，可从来都没有像如今这样慷慨过。自从人类学会种植作物和驯养禽畜以来，在整整一万年间，肉食对于绝大多数人来说，都是一种奢侈品；并且，它更多地被当成是一种调剂品，或者专为节日预留下来，而不是一种每天可以吃上3顿的食品，当然更不是一种可以自由地喂饲宠物的东西。到“维基百科”上去看一看那些引人入胜的、论述“宠物狗粮”和“宠物猫粮”的文章，大家就会看到，直到最近，狗类主要都是以面包、大麦和其他谷物为食的，再加上乳清，或者炖锅里剩下的一点残羹剩渣。有些历史作家甚至更加极端，说肉类和动物脂肪都对宠物有害，尤其是对家犬有害。

尽管有“小狗无法消化谷物”的说法（甚至有些兽医也如此声称），但实际上在很久以前，它们就早已彻底适应了我们的谷物和薯类。它们拥有食肉动物的种种本领，但狗和狼都起源于同一个物种，其中还包括了熊和其他的杂食性动物，这些杂食性动物，能够以范围广泛的食物为生。与狼相比，如今的家犬通过进化还能够产生淀粉酶。这种酶能够消化含有淀粉的碳水化合物，而碳水化合物又是一种丰富的能量来源，存在于谷物、薯类及其他植物性食物当中。

同样，绝大多数人也进化出了更多能够产生淀粉酶的基因。我们人类与那些历史最悠久、关系最亲密的动物朋友一起，全都完美地适应了消化一种新的、丰富的食物来源，即培育出来的谷物及其他的淀粉质食物；正是有了这些食物，所有重要的文明才得以发展起来。[4]

// “难道猫不是专性食肉动物吗？”

的确，猫跟狗不一样。人们普遍认为，猫是一种“专性食肉动物”。猫与人类共同生活的历史，并没有狗那样悠久。综观整个历史，它们在很大程度上都是以被我们的作物和谷仓吸引过来的啮齿类动物和蛇类为食的。因此，它们实际上并不需要改变自身来适应环境。首先，猫类需要的蛋白质和脂肪量，要比狗类需要的蛋白质和脂肪量高。它们那种专性食肉动物的地位，已经被20世纪70年代和80年代发表的一些研究结果强化了，因为这些研究表明，猫类与狗类不同，即便是在蛋白质摄

4 参见埃里克·阿克塞尔松、阿比拉米·拉纳库马尔等人撰写的论文《狗的驯化基因组特征表明，狗已适应了富淀粉质饮食》，发表于《自然》杂志第 495 期（2013 年 3 月 21 日），第 360～364 页。

入量低、但有碳水化合物的情况下，它们也会利用蛋白质来维持自身的血糖水平。[5]

然而，后来的研究却发现，只要满足了蛋白质的最低需要量，猫类也能适应摄入不同的蛋白质和碳水化合物。[6]“把源自全谷类的淀粉质食物与碳水化合物进行恰当的加工，当成均衡饮食中一个主要的组成部分去喂饲猫咪时，猫咪是能够吸收和加以利用的，且其明显可见的平均消化率超过了90%。因此，尽管猫类在代谢碳水化合物方面可能与狗类及其他物种不同，但健康的猫咪能够轻而易举地消化和代谢食物中的碳水化合物。”[7]

此外，猫无法通过摄入植物性食物来获取充足的维生素A、牛磺酸、花生四烯酸和维生素B_{12}。商业性宠物食品当中通常都会添加这些成分，再加上胆汁素、蛋氨酸、钙，以及其他的营养元素，目的就是确保宠物食品营养齐备、成分均衡。同样，在家里制作的、很少或者几乎不含肉类的宠物食品，尤其需要我们小心谨慎地注意到这些营养成分。我们在前面已经讨论过的“猫用素食”，就是按照官方标准来满足所有这些需求而设计出来的。

总之，只要对不同营养成分的需求得到了满足，绝大多数猫咪好像只需一点点或者完全不需要肉类，即不需要以肉类为这些营养成分的来源，也完全能够生存下去。

// “要是宠物对玉米、小麦和大豆过敏，又怎么办？”

让宠物吃食物链上位置较低的食物，通常指让宠物多食用玉米、小麦、大豆或其衍生制品，可有些宠物对这些食物过敏。这种情况下，可以选择喂饲红薯、笋瓜，以及除了黄豆之外的其他豆类，比如黑豆、扁豆或芸豆。

不过，猫咪对谷物过敏的现象，是否真的很普遍呢？

宠物患上的食物过敏症，主要都是对肉类过敏。兽医学博士洛里 · 休斯顿对宠物食品中不含谷物的潮流感到非常困惑，因而指出说，牛肉、乳制品和鱼肉才是常见的过敏源，它们的致敏性远远超过了玉米。他还提出，无谷物食品的时尚实际上是源自消费者的需要，而不是基于科学[8]。芝加哥动物医疗中心的唐娜 · 所罗门博士，在其撰写的博文《无谷物宠物食品潮流是一场骗局？》当中支持了这一观点，并强调说，狗类尤其能够消化谷物中的纤维，甚至还能从谷物所含的纤维中获益。[9]

---

5 参见黛布拉 · L．佐兰撰写的《猫类的食肉性与营养的关系》一文，见于《美国兽医学会志》第 211 期“今日兽医学：营养时尚主题”，第 11 项（2002 年 12 月 1 日）。

6 参见《家离家畜营养需求：猫的营养需求》1986 年修订版，由美国国家科学研究委员会农业理事会动物营养委员会下属的猫类营养小组编撰（华盛顿特区：国家科学院出版社，1986 年）。

7 参见多蒂 · P．拉弗兰梅撰写的《猫与碳水化合物：对健康与疾病的影响》一文，见于弗吉尼亚州弗罗伊德市雀巢普瑞纳宠物用品公司的“兽医知识”网站，《兽医继续教育纲要》，2010 年 1 月。

8 参见洛里 · 休斯顿撰写的《无谷物宠物食品究竟是什么？》一文。

9 参见唐娜 · 所罗门撰写的《无谷物宠物食品潮流是一场骗局？》一文。

大家不妨搜索一下“猫狗的主要食物过敏源”，可以看到，狗类过敏源主要包括牛肉、乳制品、鸡蛋、鸡肉、羊肉、猪肉、兔肉、鱼肉、大豆和小麦；猫类的过敏源，则主要是牛肉、羊肉、海产品、玉米、大豆和小麦面筋。

我可以根据自己的实践，来证明这一点。在20世纪90年代早期，许多顾客都称，他们用当时宠物食品中最常见的肉类（牛肉或者鸡肉）去喂饲宠物时，宠物总会出现呕吐、腹泻或者严重瘙痒等皮肤问题。于是，我们便建议宠物转而食用羊肉或者兔肉；然后，宠物的身体状况就会有所好转，起码也是暂时性地好转了。

不过，随着时间的推移，如今许多宠物对羊肉或兔肉也过敏起来。于是，人们便转而开始用野牛肉、袋鼠肉等肉食去喂养宠物。宠物的确会对一些植物性食物过敏（尤其是那些常见的、被人类进行了基因改造的植物性食物，比如玉米、大豆和小麦），但狗狗吃了植物性食物之后，却得到了真正的解脱。这一点，在亚马逊网站的“维狗素食”“自然平衡素食粗粮”及其他宠物素食的顾客评论中，大家就可以看出来。

我攻读博士学位时研究的方向是兽医免疫学，对免疫系统的运行机制和免疫系统为什么会出问题，我研究思考了很多。食物过敏和过度敏感，就是免疫反应受到了干扰的典型情况，这有可能是由以下几个方面的原因导致的。

⊙**肠壁受损，肠道生物群落受到了破坏。**健康肠道里的微生物种类非但数量庞大得惊人，而且具有异常重要的作用。许多健康专家都认为，现代生活的各个方面，比如使用抗生素、自来水中的氯，以及使用像草甘膦之类的除草剂，正在大量杀死各种各样的肠道有益菌，从而为念珠菌这样的破坏性细菌大开了方便之门。这些破坏性细菌是以饮食中摄入的过多糖分为食的，并会破坏肠道黏膜，结果使一些大的、没有经过消化的外源蛋白分子直接进入肠道周围的组织器官当中。各种化学物质，也有可能导致直接的破坏。不管是哪种情况，对于普通食物中没有经过消化的外源蛋白，免疫系统都会产生过度反应，仿佛是遭到了入侵似的。这种情况，通常称为“肠道渗漏综合征”，人们认为，它会引发许多自体性免疫疾病，包括过敏、关节炎、甲状腺疾病、糖尿病，或者使这些自体性免疫疾病的情况恶化。

⊙**过度接种疫苗的反应。**简单说来，所谓的接种疫苗，就是故意把一种从病原体中提取的外源蛋白直接注入血管当中。这种做法，绕过了身体当中正常的一层层防御机制，从而诱发一种炎症性的过度反应，并且变成慢性疾病。在从事兽医的职业生涯中，我经常都会看到这样的病例：给一只年幼的宠物进行多重疫苗接种后不久，宠物身上就会开始出现一种慢性炎症。当然，情况并非始终如此。所以，在免疫系统受到故意挑战的同时，可能还存在其他的一些应激源造成过敏问题，比如，将小猫小狗与母亲或者同窝的幼崽分开，去适应一个新家、一种新的饮食、一种新的训练方法，等等。假如宠物出现了长期的炎症或者过敏症状，那么回顾一下宠物之前接种疫苗时的情况，可能有所帮助。顺势疗法可以利用我们已知的、能够抵消这些影响的治疗手段，帮助免疫系统让这种失衡状态重新恢复平衡。

⊙**遗传。**有些真正的食物过敏症，往往都会在家族内部遗传。目前一致的观点是，遗传下来的多半是对食物过敏的倾向，而不是某种明确的过敏症状。人类当中的许多食物过敏症状，在儿童身上出现得更加经常，并且会在儿童长大成人之后最终消失。

欲知治疗方法与更多的信息，请参见“附录A　快速参考”中的“过敏症”和“腹泻与痢疾”等主题，以及第16章中对于疫苗的论述。

// 这真的是个问题吗?

我发现，人们经常会在没有明显证据的情况下，把一种食物与一些慢性病症错误地关联起来，而不管这些慢性病症究竟是出现在宠物身上，还是在我们自己身上。假如有人说宠物受不了这个、受不了那个，那么，我往往就会尽力要求这个人说得具体一点，问他为什么会那样认为，问他确切地观察到了哪些方面。比如，有些人认为，肠道气体过多标志着食物耐受不良。其实，这完全是消化某些食物中的可发酵纤维时，出现的一种正常过程（请参阅第7章关于改善豆类及其他食物消化情况的提示）。

人们对于食物的观点，有可能根深蒂固，难以改变。就在昨天，我还听到有人坚称，所有的豆制品都对甲状腺有害呢。即使注册营养师耐心地向他指出，无数项研究都证明了这种观点不正确之后，这个人却依然很不服气。同样，尽管绝大多数宠物都没有大豆过敏症状，可还是有许多人反对在宠物食品中使用大豆。

大豆：不过就是一种豆类罢了。大量的证据证实，大豆是有益于健康的。而用人类已经使用了数百年之久的方式加工之后，大豆对我们尤为有益。不过，有一些组织却张嘴就来，利用一些并没有经过验证的研究结果，发动了一场声势浩大的反大豆运动。它们的目的，就是提倡人们去消费动物制品。例如，这些人声称，大豆会对甲状腺产生影响。可这种情形，其实只有饮食当中缺乏碘时才会出现。

对宠物猫狗来说，大豆就是一种最理想的植物性蛋白质。做成豆腐、豆豉或者豆浆之后，大豆很容易消化。因此我们希望，大家不要因为怀有一种无谓的担忧就远离大豆，就不用大豆去喂饲宠物或者不让自己食用。

谷蛋白：只是一种蛋白质。如今，还有一种把谷蛋白妖魔化的时尚，例如，有些餐馆甚至不提供面包或谷类食品供客人选择。可其实呢，谷蛋白却是全世界长久以来食用得最为普遍的一种蛋白质。实际上，只有一小部分人会对谷蛋白产生过敏反应。正如我们在前文中已经探讨过的那样，宠物食品中的这种“无谷物”潮流，是很难站得住脚的。

我有一位好朋友，曾经被诊断患上了麸质过敏性腹泻症，因此一直遵循一种严格的无谷蛋白饮食及“原始人”饮食法，过了许多年。她曾经一度吃素，后来为了让生活变得轻松一点，她又开始吃面包了。令人高兴的是，她发现自己已经完全康复。所以，她便不再持有那种说自己这也不能吃、那也不能吃的观点了。

对食物过敏症进行精确诊断是一个难题，除非在吃饭的那一两个小时里，患者身上出现了明显而密集的、对某些食物的过敏反应，否则就难以准确地诊断出来。我们常常都是通过验血来进行诊断，但许多人却认为，唯一可靠的办法就是利用一种严格的排除饮食法，在饮食中逐渐增加有过敏嫌疑的食物分量，每次增加一点。

我并不否认，有些人或宠物身上的确患有明显可见的过敏症状，但通常来说，过敏问题却不一定与特定的食物有关，而是属于身体的综合性缺陷或者不均衡，需要用一种整体的方式，利用顺势疗法、针灸，或许还要精心制订出一种排毒方案，才能解决。有时，解决办法也有可能非常简单，比如暂时不吃这种食物一段时间，然后重新开始吃。

对于特定食物毫无必要的担心，可能会导致一种自行应验的焦虑气氛，从而影响我们的身体健康，并对宠物造成影响（请参阅第12章“共同生活：负责任地管好宠物”）。

我提出有毒物质的问题，以及食物当中营养成分很低的问题，目的可不是让大家对食物产生害怕心理。我只是希望轻轻地推大家一把，让大家沿着一条明智的道路走下去，尽可能地考虑到所有的因素。尽管食物中存在这么多的问题，但身体的恢复能力还是相当强大的。因此，遵循一种健康的饮食方式，食用各种天然、健康和有机的食物，并且尽可能地食用位于食物链下层的食物，再结合一定的锻炼、爱心与有意义的活动，绝大多数宠物与人同样都会过得非常健康。

// “可是，它们怎么能够获得充足的蛋白质呢？”

就算世界上一些体型最大、身体最强壮的动物都只是以植物为食，世间也仍然存在一种普遍的传言，说植物中缺乏充足的蛋白质，或者说大家必须在同一餐中小心谨慎地让食物种类达到均衡，才能摄入充足的蛋白质。

不但蛋白质受到了人们的高估，被捧成了“营养之王”，关于蛋白质的种种传言也甚嚣尘上，许多人甚至把“蛋白质”这个词等同于“肉食”了。绝大多数人都太过忙碌，没法真正地去深入了解这些问题，因此很容易受到肉食和乳制品市场营销人员及时尚饮食作家的影响。

不过，我们可不要低估了植物中蛋白质的含量。许多植物都可以提供大量的蛋白质，足够满足宠物猫狗的需求。而且，绝大多数植物能提供的蛋白质，都要远高于人类所需的摄入量。大家不妨看一看表5-1，然后根据总卡路里的百分比，将各种食物当中的蛋白质、脂肪含量，与宠物猫狗的需要量比较一下（由于每单位重量脂肪所含的热量达到了蛋白质或碳水化合物的2倍多，因此如今的许多营养学家都是用总卡路里的百分比来对食物进行比较，而不是用干重来进行比较了）。

表5-1 常见食物中的蛋白质与脂肪含量

食物	蛋白质/%	脂肪/%
豌豆蛋白粉	86	14
活性小麦蛋白粉	81	4
兔肉，切块混合物	63	37
大豆组织蛋白粉	60	0
鹿肉，切碎，新鲜	59	41
营养酵母	53	12
火鸡，切碎，新鲜	50	50
*野生猫科动物饮食，平均	46	33
豆腐	41	49
牛肉，切块混合物，1/8为肥肉	39	61
蘑菇，克里米尼双孢菇	37	3
野牛肉，切碎，新鲜	36	64
鸡蛋，完全新鲜	35	63
菠菜，新鲜	30	14
*幼猫与母猫最低需要量	30	20
扁豆	27	3
芦笋	27	3
奶酪，“切达牌”干酪	26	72
*成年猫最低需要量	26	20

续表

食物	蛋白质/%	脂肪/%
酸奶（牛奶）	24	47
芸豆	24	3
豌豆，冷藏	24	4
牛肉，切碎，75%的碎瘦牛肉	23	77
黑豆	23	3
*幼犬和母犬最低需要量	22.5	19
花豆	22	4
麻籽	22	73
西蓝花	20	9
黄瓜，去皮	20	12
鸡肉，背部，肉+鸡皮，新鲜	19	81
鹰嘴豆	19	13
莴苣，长叶莴苣	18	15
*成年狗最低需要量	18	12.4
羽衣甘蓝	17	12
藜麦	15	15
全麦面食	15	3
花生酱	15	72
燕麦，碎粒	14	14
荞麦	13	8
番茄酱，罐装	13	6
亚麻籽，磨粉	12	66
小米	11	9
腰果	11	66
芝麻籽/芝麻酱	11	10
玉米，新鲜或者冷藏	8	7
红薯	8	1

续表

食物	蛋白质/%	脂肪/%
笋瓜	8	2
杏仁	8	78
甜瓜与哈密瓜	8	5
大米，糙米	7	6
西瓜	7	4
土豆，烘烤	7	1
人类母婴最低需要量	7	
胡萝卜	6	4
木瓜	5	3
成年人类最低需要量	5	
“蓝色地带”里最长寿、最健康者的消耗水平**，人类	5	
香蕉	4	3
蓝莓	4	5
苹果	2	3

注：*引自美国饲料管理协会 2016 年发布的宠物猫狗饮食指南，按照每 1 000 卡路里所占的百分比来计算。
**引自丹 · 比特纳的《蓝色地带》(华盛顿特区：国家地理出版社，2008 年)。

可以看出，豌豆蛋白粉和小麦蛋白粉以86%和81%的蛋白质含量而高居榜首，这也是大豆之所以成为肉类与乳制品强劲竞争对手的原因。可能出乎大家意料的是，蘑菇、菠菜和芦笋这样的食物，每1卡路里当中的蛋白质含量，竟然会比汉堡和绝大多数鸡肉都要高呢！

一只猫咪只食用菠菜（热量太低）或者是花豆（蛋白质含量太低），显然是不可能茁壮成长起来的；可假如让它食用以豆腐、蛋白质产品和扁豆为主的食物（当然，还可以是蛋白质含量更高的肉食），猫咪还是能够享用它最喜欢的那些低蛋白食物，比如玉米，甚至是甜瓜。因此，若是用正确的比例搭配起来，每种动物都可以享用上述列表里的一些食物。但是，猫咪不太可能为了一个苹果而走极端，而狗狗却很喜欢吃苹果。

现在，再将每种食物的蛋白质含量，与官方发布的人宠最低蛋白质需求量比较一下，其中既包括成年人，也包括正在发育的孩子。可以发现，只要从天然的、真正的食品当中摄取了充足的热量，

我们灵长类动物就不会有蛋白质摄入量不足之虞。顺便说一句，很久以前，世界卫生组织（WHO）就已经指出了这一点。实际上，医学博士加斯·戴维斯在《我为蛋白质狂：沉迷肉食的习惯正在消灭我们及其应对之道》（2015年）一书中指出，我们更大的风险，其实却是蛋白质摄入量过多。

当然，我们需要掌握一定的知识，才能让宠物猫狗获得充足的蛋白质乃至脂肪。我们之所以在所列宠物食品配方和指导准则方面替大家代劳，原因就在于此。因此，请大家遵循宠物食谱和营养补充剂用量，尤其是要为幼猫做到这一点。大家不要误以为，如果某种食谱对自己有作用，它对幼猫就一定有作用；大家也不能误以为，对宠物狗起作用的某种方法，一定会对宠物猫起作用。

我们推荐的补养性宠物食品当中，倘若含有少量人工添加的氨基酸，也会带来益处；因为植物性食物里面，这种氨基酸的含量往往都比较低，而添加之后，就可以将宠物体内的氨基酸含量提升到一种理想的水平。

另一方面，大家也不要错误地认为，一种全肉饮食会自然而然地满足猫科动物的所有营养需求。有些肉食（比如碎牛肉和带皮的鸡背肉）脂肪含量很高，可其中的蛋白质含量相比于猫咪的持续需求来说，却太低了。在野外生存时，猫咪还能吃到骨头、内脏、皮毛、韧带，等等，它们相互搭配能达到均衡，可以满足猫的各种需要，可单单大型动物身上的一块骨骼肌，却做不到这一点。

关于这个问题，大家还要注意，从热量来看，绝大多数动物制品中所含的脂肪，都要多于其中含有的蛋白质。可惜的是，脂肪中并没有其他的营养成分，而其中积聚的、源自如今这个世界的有毒物质却有点多。这也解释了绝大多数植物性食物（尤其是那些脂肪含量最低的植物性食物）当中，每1卡路里中的维生素与矿物质含量都要高于绝大多数动物性食品的原因。

植物性食物当中还富含宝贵的植物营养素，这种营养素能够抗癌、抗炎症、抗衰老。之所以说果蔬等农产品的消费量大就是人类健康与长寿的最佳征兆，原因正在于此。我们还注意到，一些寿命很长的宠物狗，几乎都食用了大量的新鲜果蔬。莴苣或西蓝花当中，蛋白质和纤维的含量也很高，脂肪的含量和热量却很低。因此，它们既可以让宠物吃饱肚子，同时又可以让宠物健康地减肥。

绝大多数宠物猫似乎都不想要或者不需要吃许多的蔬菜，有些蔬菜还可能导致它们的尿液变得碱性过高。虽然在我们制订的宠物食谱中，的确用到了某些蘑菇、芦笋、豌豆及绿叶蔬菜。我们建议，假如大家喂养的宠物猫喜欢，那就不妨任由它们去啃一啃玉米、甜瓜或者黄瓜，只要配方中的主要食物满足了它们对蛋白质的需求就行。

几乎所有的猫咪都很喜欢吃营养酵母，这是一种美味的超级食品，其中含有53%的蛋白质，因此我们制订的很多宠物食谱中都有它。许多猫咪都很喜欢吃营养酵母拌豆腐，而豆腐里也含有41%的蛋白质和49%的脂肪；结合猫用营养补充剂，就成了一顿做起来非常容易、令猫咪大快朵颐，并且接近于野生猫科动物饮食方式的猫食了。

// “钙质怎么办呢？维生素 B_{12}、铁、锌和碘又怎么办？”

让宠物摄入充足的维生素与矿物质的关键之处，就是利用宠物营养补充剂。营养补充剂是为宠物补充植物性食物中那些含量稍低的营养成分，或者推荐去喂饲某些宠物，因为它们体内有某些营养成分（比如钙）的含量太高。

假如大家也决定要多吃植物性食物，那么植物维生素就可以确保大家获得充足的维生素B_{12}、锌和碘；如若不然，我们对这几种营养元素的摄入量可能就会不足。专业人士的一致意见是，就算没有别的营养元素，我们也要确保摄入充足的维生素B_{12}。

在过去，我们摄取大量维生素B_{12}的方式，与食草动物摄取这种营养元素的方式是一样的，即与天然土壤和天然地表水亲密接触，因为维生素B_{12}就是某些细菌在这些地方制造出来的。

我猜想，宠物肯定也是用这种方式摄入了大量的维生素B_{12}。也就是说，宠物在户外活动之后，会舔食自己的爪子，从而摄入了维生素B_{12}。当然，如今也有许多宠物不再与自然土壤接触了。

另外，一种健康的植物性饮食，通常都含有绝大多数维生素和矿物质，并且含量要高于一般的杂食性饮食。如欲了解一名注册营养师对这个方面进行的深入分析，大家可以到YouTube网站上去，观看由注册营养师布兰达·戴维斯制作的视频《原始人饮食法：神话与现实》。由于我们已经采用了素食，并且提高了富营养食物的摄入量，因此就算摄入的维生素较少（主要是维生素B_{12}与维生素D），也是完全没有问题的。

// “要是它们不吃，或者消化不了，该怎么办？”

大多宠物，尤其是狗狗，在适应下一章列举的饮食方式和食物配方时，应该都没有什么问题。一些情况下，大家必须做出临时性的调整，或者需要帮助挑食的猫咪逐渐改变饮食习惯，以适应新的食物。假如您正在让一只猫咪转向一种肉食量少或者完全不含肉类的饮食，那么您就应当对宠物猫的尿液pH值进行监测（请参阅第7章）。

宠物猫狗推荐食物

高蛋白浓缩品与超级食品	**小麦蛋白粉**：亚洲的佛教徒用它来制作面筋素肉已经有数个世纪之久，如今则用在许多肉类替代品当中。请参看我们为宠物猫设计的“每日新烧烤”。到网上或者天然食品店里去找，尽可能购买有机小麦蛋白粉。冷藏。 **小麦组织蛋白（TSP）**：这是一种很有嚼劲、低脂肪、高蛋白的仿肉碎屑，那条活到了25岁的宠物狗“布兰布尔”就是用这种东西喂养的。我们那种味道鲜美的“猫用美味汉堡”和小片素食培根中，也含有小麦组织蛋白。应当只购买有机组织蛋白，网购或者在本地购

	买都可以。冷藏。 **营养酵母**：绝大多数宠物都很喜欢吃，其中的谷氨酸含量很高，使之具有浓郁的“鲜美”风味，就像鸡汤或者奶酪一样。这是用糖浆经过高温而安全地使之失去活性之后形成的。蛋白质、B 族维生素和矿物质含量高，通常都会用维生素 B_{12} 及额外的 B 族维生素进行强化。网上和天然食品商店有售，通常都是散装品。可以考虑为宠物猫购买“素酵母”，这是一种味道较苦的啤酒酵母，会使得尿液呈酸性（网上有售）。 **紫菜和红藻片**：其中的蛋白质、维生素和矿物质含量都很高。螺旋藻有助于排毒，但对于猫类的泌尿系统来说，有可能碱性过大。海藻中的碘含量非常高，因此不应当用于甲状腺功能亢进的宠物。 **蔓越莓**（有新鲜的、干的和粉状的，在“蔓越宠物”营养补充剂中可以看到），有助于让吃碱性食物的宠物尿液变得呈酸性，尤其是将雄性猫咪或者那些猫类泌尿系统综合征（FUS）高危猫咪。
豆类	富含蛋白质、镁、钾、铜和维生素 B_6，脂肪含量低。除了豆腐或鹰嘴豆，喂饲其他豆类时，都应当补充脂肪，以满足宠物的需要（宠物的需要量高于人类）。 **豆腐和豆豉**：（只购买有机产品）既容易制作，又容易消化，并且富含蛋白质和脂肪，堪比肉类，还可以添加诸多口味。普通豆豉或者风味豆豉，也是一种味道鲜美的零食或佐料。 **小贴士**：要购买最韧实的豆腐，确保宠物获得充足的蛋白质。即便是韧实的豆腐，其密度也是各不相同的，因此其中的蛋白质含量也会不同。例如，280 克的“怀尔德伍德超韧豆腐”，相当于 400 克其他许多牌子的杯装“加韧”豆腐。 **扁豆和干豌豆**：两者仅次于大豆，也是蛋白质含量很高的豆类，很适合不能食用大豆的宠物，并且容易消化和捣碎。 **菜豆**：黑豆、红豆、白豆、斑纹豆和花豆，连同鹰嘴豆，全都非常适合做宠物狗的主食，同样也适合我们自己食用。 **小贴士**：要想食用各种豆类之后不会腹胀、放屁，您应当将菜豆充分浸泡并冲洗 3 次。应当把豆类煮到非常绵软的程度，并且要和土豆或者一片海带同煮（煮完后，扔掉海带）。手工或者用食物加工器充分捣烂，以促进消化，同时添加消化酶，直到肠道里的菌群适应了为止。可以用数码压力锅煮，既省时，又省钱。用广口瓶将多余部分装起来（瓶顶应当留有空间），冷冻保存，需要的时候解冻就可以了。菜豆煮熟之后，体积会膨胀 2.5 倍~3 倍。
肉和蛋	**来源于本地、家养或者散养禽畜**的鸡蛋、禽肉或牛肉，都是不错的选择。若是用可持续的方式捕猎得来的话，那么野生动物肉类（鹿肉、驼鹿肉、兔肉）最理想；或者，也可用鲜肉制作成宠物混合食品。不要购买用转基因作物喂养出来的那种廉价的、脂肪含量高的肉类，以及猪肉和所有海产品。素食肉（“人造肉”）是不错的宠物零食，但由于经过了加工，因此最好不要每天都喂饲。
全谷类和淀粉质蔬菜	**全谷类**：糙米、藜麦、苋菜、大麦、燕麦（尤其是碎粒）、小米、荞麦、全麦意大利面和面包。切得越细、煮得越熟或者磨得越细，宠物就越容易消化。应先浸泡，以去除植酸；这样还可以让其中的钙、镁和锌结合起来，并且促进消化。这些食物中都富含蛋白质、镁和硒；它们是提供持续能量的重要食源。不要使用精白面粉和大米。

	淀粉质蔬菜：包括胡萝卜、红薯、各种笋瓜和土豆；它们的蛋白质含量和总热量虽然比谷类低，但许多营养成分的含量却高于谷物。橙色蔬菜中，β-胡萝卜素的含量尤其高，因而对宠物狗很有益处。
有色蔬菜	**有色蔬菜**是最佳的超级食物，其中富含维生素、矿物质和数千种对身体有益的化合物。多食用有色蔬菜可以减肥，可以改善健康状况。生喂、烧熟或者蒸熟皆可，可制成菜泥，以便促进消化和改善口感。宠物最喜欢的蔬菜包括：芦笋、西葫芦、西蓝花、黄瓜、胡萝卜、玉米（新鲜玉米或者冷藏玉米均可）。大家还可以试一试甘蓝、莴苣、番茄或番茄酱、甜菜、白菜、豆芽、蘑菇。 **小贴士**：许多宠物狗都乐意啃食胡萝卜、西蓝花茎或者玉米。
水果	**浆果、苹果、西瓜、哈密瓜和香蕉**，宠物尤其是宠物狗都很喜欢。它们都富含抗氧化剂、维生素、镁、钾。 **小贴士**：木瓜（去籽）有助于宠物狗的胃肠蠕动、通气和消化，其作用与菠萝相同。 **蔓越莓**（或者用蔓越莓制成的宠物食品）有助于让尿液呈酸性，从而防止因为喂饲碱性较大的食物而使得宠物患上尿结石。 **不能喂饲葡萄或葡萄干。**它们对宠物具有毒性。
坚果、瓜子和健康脂肪	**亚麻籽粉**中，Ω-3脂肪酸的含量非常高，还含有维生素A、C、E、K和B族维生素。对泌尿系统问题和其他疾病很有益处。自己研磨亚麻籽粉（消化所需），然后储存在冰箱里，或者购买现成的亚麻籽粉。用温水浸泡，在烘烤时代替鸡蛋。 **麻籽、麻仁和麻油**味道都很鲜美，并且富含Ω-3族、Ω-6族脂肪酸和亚麻酸，还含有维生素A、D、E及B族维生素。 由花生、杏仁、芝麻（蛋氨酸含量高）、腰果或者葵花子制成的**黄油**。如果能够消化，喂饲完整的坚果也没问题。**不要喂饲夏威夷果和核桃。** **蛋黄素粉**（由葵花子或有机大豆制成）味道鲜美，在许多菜品当中都用它来代替黄油，其胆汁素含量很高，可转化成提高记忆力的乙酰胆碱。不吃鸡蛋有可能减少1/3的蛋黄素摄入量，可以通过这种植物性食物进行补充。 **椰子油**会增加食物的口感，也可改善宠物的皮毛状况。涂抹一些到宠物的皮毛上，宠物就会显得精神焕发。 **二十二碳六烯酸（DHA）**：补充从藻类中提取的DHA，对老迈的宠物大有好处。由于年老体弱，宠物将Ω-3脂肪酸转化成DHA的能力减弱。由于Ω-6族脂肪酸可以诱发炎症并与Ω-3脂肪酸展开竞争，如果宠物食品中Ω-6族脂肪酸的含量过高（植物油或者加工食品），就会限制宠物体内生成DHA，因此给宠物补充DHA也是很有益处的。应当遵照产品标注的说明，并且根据由人和动物体型制订的用量来使用。
草药、调料和蘑菇	新鲜的薄荷与紫苏，都很适合添加到宠物狗粮中去。对宠物有益处的还有：紫花苜蓿、角豆、姜黄、莳萝、大蒜、意大利香草、芫荽、克里米尼双孢菇和香菇。 **食盐**在宠物食品太过清淡的时候可以添加，但不应过量，最高不能超过每1卡路里1毫克钠（1克盐含393毫克钠；1毫升酱油（老抽）含76毫克钠，同时还含有氨基酸）。 **小贴士**：喜马拉雅黑盐中的硫含量很高，而如今许多食物中硫的含量都很低；硫对宠物

	的皮肤和皮毛都有好处。这种盐还能给豆腐、土豆和其他食物增添浓郁的鸡蛋口味。
重要的宠物营养补充剂与替代品	**狗用：按照宠物食品配方中的推荐，使用“狗用素食”或者“狗用素食生长素”。** **替代品**：如果买不到上述产品，可据“狗用素食”的推荐量，每 1 茶匙提供 1 000 毫克的钙，外加一种狗用维生素，或者根据狗的体重，相应地喂饲人用的全面复方维生素。补充肉碱与牛磺酸（人用等级，根据狗的体重添加相应量）也会很有好处。 “宠物必用钙”从藻类中提取，是一种不错的代用营养补充粉剂（5 毫升含 1 000 毫克钙）；也可以将人用的钙粉胶囊打开，添加到宠物食品中去。我们不推荐骨粉（这是因为，骨粉中不但含有重金属，涉及人道和生态等问题，而且它会改变这些宠物食品配方中制订的钙磷比例）。 **猫用：使用“猫用素食”“猫用素食生长素”或者“猫用素食酸碱度”中肉类比重低或者没有肉类的食物配方**，其中含有猫用素食配方中已知的所有营养成分。 **替代品**：如果买不到上述产品，您可以喂饲一种营养全面的商业性宠物食品，或者用一种含有一定肉类的新鲜食物去喂养猫咪；添加一种全面的猫用维生素，可以满足猫咪每天对牛磺酸、花生四烯酸、维生素 A 和 B_{12}、碘、锌和铜的需要。根据配方中的“猫用素食”，每 5 毫升添加 1 000 毫克的钙。
益生菌和消化酶	对于消化器官有问题，或者正在进行饮食转换的宠物都很有好处。随着饮食习惯的改变，肠道微生物群往往也会随之做出适应性的改变。
包装宠物食品	最适合作为备用、宠物零食或者旅行期间的宠物食品。要将干粒状猫粮弄湿，以避免猫咪出现尿结石和尿道堵塞等症状。

喂饲量该多大?

相比而言，猫咪的体型更加统一，通常每天需要摄入热量为280～300卡路里的食物。但狗狗的体型与活动量都大不相同，使得这个问题变得复杂了。其实，大家只需用一种常识性的、狗狗们都喜欢的方式去喂饲，然后过上20分钟左右的时间，把食物拿走就行了。关注它们的体重，然后做出相应的调整。我们还列出了每种宠物食谱中含有的热量，因此大家可以利用在线计算器或其他的计算器，或者按照兽医在此基础上给出的建议，来进行喂饲。通常来说，宠物狗每1千克体重每天需要摄入大约66卡路里的热量；如果体型较小或者活动量大，每1千克体重所需的热量就会较多，若是体型较大或者活动量较少，需要的热量就会较少。所以，一份含有1 800卡路里热量的宠物食谱，就能够满足一条体重为27千克的宠物狗每日所需的热量，或者满足一条体重为9千克的宠物狗3日所需的热量。

表5-2当中的食物，都是人们通常认为不能喂饲给宠物猫狗的食物。对此，也有不同观点，有位兽医驳斥了关于番茄、牛油果和蘑菇对宠物有害的许多传言。他认为，宠物出现某些罕见过敏症

状的原因，是食用了植物上错误的部位，或者食用了有毒的品种。这些过敏病例，一般显示为瘙痒、皮疹、舔舐脚爪，以及双耳发热、红肿等症状。

表5-2 宠物禁食或者喂饲量应当减至最低的食物

食物	危险与症状
宠物食品添加剂等	癌症、肝肾损伤（由丁基羟基茴香醚（BHA）和丁基羟基甲苯（BHT）导致）。超敏反应、过敏、行为问题（由食品染色剂导致）
酒精	呕吐、腹泻、协调性降低、中枢神经系统抑郁症、呼吸困难、颤抖、血液酸度异常、昏迷、有可能导致死亡
巧克力（尤其是黑巧克力）	呕吐和腹泻、喘气急促、过度口渴和排尿、多动、心跳异常、颤抖、癫痫、有可能导致死亡
柑橘（过量）	柠檬酸和柑橘精油具有刺激性，可能抑制中枢神经系统。用小片柑橘喂饲宠物，是不会出现问题的
椰子肉和椰奶（过量）	肠胃不适、稀便、腹泻。少量食用不太可能出现问题
咖啡和茶（过量）	坐立不安、呼吸急促、心跳加快、颤抖、抽搐、出血、有可能导致死亡。没有解药
乳制品	有些成年宠物体内没有分解牛奶中乳糖的消化酶。腹泻、胃肠不适，可能诱发食物过敏、瘙痒
转基因玉米、大豆、油菜籽制品及其衍生产品	一些非行业研究认为，转基因生物和/或草甘膦，与炎症、肠道受损、肿瘤、不孕等有关联（请参阅第3章）。应当只用有机或者属于“非转基因”的玉米、大豆、油菜，以及其他已知的非基因改造食物来喂养宠物
葡萄和葡萄干	其中一些不明物质可能导致肾脏功能衰竭。不应喂饲
辛辣食物	消化不良、腹泻、肠道刺激
发霉和腐坏变质食品	呕吐、腹泻，以及其他更多症状。将宠物食品袋密封，以防受潮；不购买廉价的宠物食品
坚果（过量），特别是夏威夷果和核桃	可能导致宠物狗出现呕吐、腹泻、颤抖、体温升高、心跳加快、后肢无力等症状，通常都出现在食用12小时之后
洋葱、大蒜（过量）	胃肠不适，可能造成红细胞受损，宠物猫尤其如此。注意：有些宠物食品已经使用大蒜几十年了。假如少量喂饲的话，我们完全不必担心

 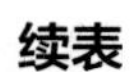

续表

食物	危险与症状
生鸡蛋（过量）	生鸡蛋的蛋白中的卵白素，有可能降低宠物对生物素的吸收率，并且诱发皮肤和皮毛问题
生肉或未煮熟的肉	会有因为细菌而导致食物中毒的危险。有些鱼肉中的寄生虫能够在 2 周之内让宠物死亡。最好是经过高压杀菌（HPP）
味道太咸的食品与零食（过量）	过度口渴与排尿。呕吐、腹泻、情绪低落、颤抖、体温升高、抽搐、甚至有可能导致死亡
生的碎骨	禽肉或鱼肉里的碎骨有可能导致宠物窒息或者胃肠穿孔
菠菜、唐莴苣[10]（过量）	过量摄入草酸，与肾脏问题、膀胱结石有关联。可稍加烹煮，然后把汤倒掉，这样做，还可以降低蔬菜汤里的甲状腺肿素
含糖零食	肥胖症、牙病和糖尿病
木糖醇（甜味剂）	胰岛素分泌和低血糖，导致呕吐、嗜睡及协调性丧失。可能还会导致癫痫发作和肝功能衰竭
发酵面团（生的）	令人痛苦的胃胀；胃扭转，可能危及宠物的生命

10 唐莴苣（Swiss chard），一种甜菜。亦直译为“瑞士甜菜”。

第6章

今日食谱

现在，就让我们来推出新的食物配方和喂饲指南吧！这是我们对原有食谱进行彻底更新之后的结果；当然，原来的那些食谱也依然有效。不过，对于即将呈献到大家面前的这些食物配方与喂饲指南，我们尤其感到满意。这些方法，都是我们与一些同事、专家协作开发出来的，既可以激发大家去为宠物制作美味的食物，也可以激发大家为自己烹制出一些味道鲜美的食物。你们和你们的宠物家人可以团结起来，一起变得更加健康，并且让世界变得更加美好。

本版的创新之处

选择素食还是肉食：我们既为宠物提供了营养均衡、以植物性食物为主的食物配方，同时也提供了可供大家选择的、以肉食为主的食物配方。选择不含肉类的食谱，可以让如今许多深受肉类（通常都是多种肉类）和乳制品过敏之苦，和/或深受动物制品当中有毒物质生物积累之苦的宠物，彻底得到解脱。不过，如果你们可以从野兽、家禽或者当地农场中获得相对人道和可持续的肉源，我们也提供了方便而灵活的食谱。

人宠皆宜：这些都是味道鲜美、同时适合人类食用的食物配方，因此大家可以做给整个家庭来吃。由于添加了规定的营养补充成分，所以它们也能达到美国饲料管理协会规定的猫狗营养标准。它们会让大家的做饭过程变得更加简单，让大家准备饭菜的过程变得很有意思，从而让您和宠物一起，拥有一种更加健康、更加有益的饮食方式。

更加全面的营养分析：在现代营养分析软件的协助下，我们如今能够对食物中的维生素、矿物质和氨基酸进行全面分析；因此，我们很有信心，确认所有食谱都能够满足宠物的需要。

既有食谱，也提供了普遍原则：除了食物配方之外，我们第一次提供了大家可以选择的、宽泛的原则，比如“新鲜灵活”原则，或者“宠物狗日”原则。尤其是，对于喂饲宠物狗，我们拥有很大的回旋余地。很多狗狗，只需吃各种新鲜、天然的食物（跟我们人类食用的差不多），就长得健康得很，根本不用去查看具体的营养数据了。要是能够用一种真正健康的方式，用许多新鲜的田园果蔬去喂饲的话，情况则尤其如此。至于猫咪，我们更希望大家遵循本书中说明的那些食谱和原则，提防应当小心的错误做法，因为猫咪与狗狗相比，在饮食方面的限制要多一些。

协作与整合：是另一个新的特点。从许多专业人士、食谱贡献者和用新鲜食物喂养宠物的人那里，我们吸收到了集体的专业知识和经验。

支持果蔬喂养：我们还强调，要用丰富多样的有色蔬菜、水果和超级食品来当宠物零食，尤其是当狗狗的零食。

新的营养补充剂（宠物素食）：取代了原来那种“健康粉剂”和钙质的营养补充剂，“宠物素食”不仅用起来简单，而且营养更加全面了。所有的食物配方中，都用到了“宠物素食”的升级产品，“宠物素食”原本是由詹姆斯·佩登在20世纪80年代创制出来的。“宠物素食”的新生产商同心圆公司的阿什利·巴斯，曾经与我们共同努力，反复寻找进一步改良这些产品的办法。我们通常都不会推荐具体产品，但“宠物素食”具有自己的独特性，特别适用于新鲜的素食配方，并且对含肉食谱也具有良好的效果。当然，也可遵循上一章结尾时“宠物猫狗推荐食物”表格中的替代原则。

注意：利用“人宠皆宜”的食物配方时，大家也可以掺入营养补充剂，并且同样可以从中受益。

重要提示

替代品：不含淀粉的果蔬，比如绿叶蔬菜、西蓝花、番茄、蘑菇，还有灯笼椒和香辛料；不过，请务必使用前述主要配料，或者类似的等量谷物、豆类、肉类，等等。这样可以保证食物中含有充足的蛋白质和脂肪，从而确保满足宠物的需要。

脂肪：食谱当中如果含有油类或者其他含有脂肪的配料，那么通常是为了满足美国饲料管理协会制订的标准。我们更愿意用天然食品来代替精炼油脂。天然食品更具可持续性，其中还富含有益的辅酶因子。

食盐：可以根据口味自由添减食盐或者酱油，只要不是过量，或者淡而无味就行了。有些食物配方，则需要满足食盐摄入的最低标准。

种类：我们不但提供了多种多样的食谱，可以满足大家在时间和预算方面的要求，而且针对宠物食物过敏、猫咪挑食等情况，为大家提供了可以选择的配方。就算您的宠物最喜欢某一种食谱，大家最好也要用多种的食物去喂养宠物，以便提供均衡的营养成分，并且将宠物出现过敏症状的概率降到最低。

消化酶与辅助剂：要想充分吸收营养成分，消化功能良好这一点至关重要。应当减少宠物进食时的压力，为每只宠物提供单独的食碗和进食空间。绝大多数豆类都必须经过浸泡、煮软，并且捣烂。

假如在宠物粪便当中发现了没有消化的食物，您就可以给它们喂饲宠物专用的消化酶和益生菌产品。喂饲时，请遵照标签上的用法说明。

水：始终都应当给宠物喝大量新鲜、纯净的过滤水或者泉水。至于猫咪，往它们身上喷点水，也是个不错的主意。猫咪天生是从食物中获取自己所需的全部饮水的，因此它们喝水的动力，可没有吃干食的动力那么大。

宠物狗用或者宠物猫用

新鲜灵活

宠物猫狗日常维持量

（人宠皆宜）

由宠物顺势疗法医生简·阿莱格雷蒂提供

我们从“新鲜灵活”开始，引入了新的食物配方与喂饲指南。这是一种容易而又变化多样的方法，既可以用于宠物狗，也可用于宠物猫。它是由《宠物狗整体护理完全手册：宠物狗家庭护理》一书的作者、宠物咨询师简·阿莱格雷蒂提供的。这种宠物食谱，既可以用全植物性食物制作，也可以含有肉类。

简没有制订固定不变的宠物食谱，因为那样做有可能使得人们日复一日地给宠物喂饲相同的食物。她更喜欢利用一种配比灵活的办法，用大量新鲜、天然的有机食品进行组合。“这种饮食的重心全在于‘多样性’，”她如此解释道，“每天或者每隔几天就应当给宠物换换花样，让宠物可以吃到多种多样的食物，从而吸收到它们所需的所有营养成分。”

当人们不再使用包装食品，而是用这种方法喂饲宠物之后，宠物的身体状况通常都会有所改善，或者会从各种病症中康复过来，其中包括皮肤问题、消化问题、行为问题及肢体僵硬问题。简本人喂养了两只获救的大丹犬，它们的身体状况都非常好，寿命也比狗类的平均寿命高出了许多。请参看简在YouTube网站上的视频：《宠物猫狗也能吃素吗？》。

这种方案有一大优势，那就是大家可以同时为狗狗、猫咪和自己做饭。烹煮豆类或者米饭、做沙拉或蒸煮蔬菜的时候，您可以多做一些，留给宠物吃。请遵照下述配比来喂饲。

主要成分

⊙**30%～60%的蛋白质（豆类或者肉类）**（宠物猫和正在长身体的幼宠，要用60%的配比；30%这一比例，只适用于体型较大的成年宠物狗）。充分煮熟、捣烂的豆类，尤其是红扁豆、干豌豆、有机大豆产品（豆腐、豆豉）、鹰嘴豆、花豆；煮熟的瘦肉；麸质产品。

⊙**30%～60%的碳水化合物**（高配比只适用于成年宠物狗）。充分煮熟的全谷类（糙米、藜麦、荞麦、大麦、苋菜、小米）；全麦面包或者全麦面食；笋瓜、红薯、山药、土豆。

⊙**10%～30%的蔬菜和水果。**生的或蒸熟的甘蓝、菠菜、甜菜、羽衣甘蓝、西蓝花、菜花、西葫芦、胡萝卜、四季豆；生的浆果、苹果、香蕉、甜瓜、去皮的核果。不能喂饲葡萄或者葡萄干，洋葱不能用于喂饲宠物猫，给宠物狗也只能少量喂饲。

补充食物

⊙**狗用营养补充剂：**根据宠物狗的体重，喂饲人用复合维生素、矿物质补充剂（含有维生素B_{12}、维生素D、碘和钙）。素食狗还应当根据其体重，添加左旋肉碱和牛磺酸。或者，您也可以按照产品标签规定的用量，只喂饲“狗用素食”。

⊙**猫用营养补充剂：**始终都根据标签规定的每日用量，喂饲“猫用素食”，以确保猫咪摄入充足的牛磺酸、花生四烯酸、维生素A、维生素B_{12}、钙、胆汁素和猫咪必需的其他营养成分；否则，在不喂肉类的情况下，猫咪就有可能出现严重的健康问题。

⊙**脂肪：**（根据体重）每日喂饲2.5～15毫升的亚麻油，或橄榄油、椰子油、大麻油、亚麻籽粉、坚果黄油。

⊙**营养增强剂：**轮换喂饲各种益生菌和“超级食品”，比如螺旋藻、蓝绿藻、营养酵母或者卵磷脂。

⊙**调味品（可选）：**撒上调味酱，比如婴儿食用的笋瓜酱、南瓜酱，或者紫菜玉米蓉，以及营养酵母、红藻片或油，以提高宠物食品（尤其是猫粮）的适口性和营养。

⊙**零食：**要是宠物喜欢的话，可以喂饲苹果、番茄、浆果、柑橘、桃子、哈密瓜、玉米、胡萝卜条、黄瓜。自己制作宠物饼干或者颗粒状宠物零食。不能喂饲巧克力、葡萄或者葡萄干。

⊙**消化辅助剂：**监测宠物的粪便，看看有没有排泄出未经消化的食物。假如出现了这种情况，那么您就应当在喂饲之前，往宠物食品中撒上宠物配方消化酶，以帮助一些宠物消化植物性食物，猫咪尤其如此。此外，随着宠物逐渐适应新的食物，它们的消化功能通常都会好起来。在饮食转换的过程中，益生菌对宠物也有好处。

简为我们提供了每日所用的一份典型食物配方：

大型宠物狗早餐样例

$\frac{3}{4}$杯[1]未煮的燕麦片（40%的碳水化合物）

$\frac{3}{4}$杯（142克）超韧豆腐（35%的蛋白质）

$\frac{1}{2}$杯新鲜的草莓（25%的果蔬）

$\frac{1}{2}$茶匙螺旋藻

1汤匙亚麻籽粉

$\frac{1}{2}$杯强化豆奶

1汤匙椰子油

中午快餐样例（清淡沙拉或者三明治）

$\frac{1}{2}$杯碎菠菜

$\frac{1}{2}$杯糙米（或者$\frac{1}{2}$杯鹰嘴豆泥）

1茶匙亚麻油

可选项：若是出门在外，花生酱三明治是很容易买到的（2片全麦面包，加上2汤匙纯粹的有机花生酱）。

宠物狗晚餐样例

$1\frac{1}{2}$杯煮熟的红扁豆：用$\frac{1}{2}$杯干的红扁豆泡湿烹煮而成（45%的蛋白质）

1杯煮熟的藜麦：用$\frac{1}{3}$杯干藜麦泡湿烹煮而成（30%的碳水化合物）

$\frac{3}{4}$杯生的或稍蒸一下的西蓝花（25%的蔬菜）

1汤匙营养酵母

$\frac{1}{8}$汤匙食盐

$\frac{1}{2}$汤匙橄榄油

$1\frac{3}{4}$汤匙“狗用素食”营养补充剂

1 编者注：本书中多处使用“杯”“汤匙”“茶匙”作为计量单位，其中1杯约为240毫升；1汤匙约为15毫升；1茶匙约为5毫升。读者可以购买专门的量杯和量勺配合使用，量杯和量勺在中国国内的一些超市和购物网站上均有售卖。

热量：1 459卡路里（20%的蛋白质，25%的脂肪），其中富含有益健康的Ω-3脂肪酸，对宠物的皮肤和膀胱问题、过敏症状及一般的健康问题都特别有好处。

宠物狗用食谱

宠物狗日

宠物狗日常维持量或发育所需量

（人宠皆宜）

由兽医学博士迪·布兰科提供，经过改编

这个宠物狗的喂饲方案与食物配方，应用非常普遍而灵活。这个方案是我们与兽医学博士迪·布兰科合作制订的。

迪提醒说："宠物通常并不需要人们喂饲那么多的肉类。"而且，她也意识到了肉类生产过程中涉及的环境与人道问题，建议采取中庸之道，因而制订了一个既容易又简单、包括两部分的方案：早餐喂饲热的燕麦粥和水果，晚餐则喂饲肉类和蔬菜。有些人可以买到优质肉类或者本地生产的生肉混合宠物食品，对于他们来说，这就是一种理想的选择。

这种方案，完美取代了本书前三个版本中那种经典的"肉类加谷物"的宠物食谱。经过营养分析，这一方案完全可以媲美经典的宠物食谱，而且提供了更多的营养种类，与人们通常所吃的食物也具有了更大的兼容性。我们建议，大家应当根据标注的用量，每日喂饲"狗用素食"，以便宠物获得钙和其他营养成分。另一方面，迪则喜欢喂饲"宠物必需营养"中用藻类制成的钙（根据标注的用量去喂饲）。

"宠物狗日"早餐：一顿丰盛的燕麦粥

热的燕麦粥（荞麦、奎奴亚藜、苋菜、苔麸、燕麦或小米，或者混合物）

水果（苹果、香蕉或浆果）

奶品（可以用植物性奶品，也可用动物奶品）

亚麻籽粉、麻籽或橄榄油

根据宠物狗的体重，用"狗用素食"营养补充剂中每日喂饲量的一半。

迪最喜欢的一种粥，一半是荞麦片，另一半或是藜麦或是苋菜，人类和狗狗都很喜欢食用。我们则喜欢用燕麦碎粒。

她建议我们采用爱尔兰的传统做法，先将谷物泡湿，文火慢炖，使谷物活化，以去除谷物表皮那层保护性的肌醇六磷酸酯酶；肌醇六磷酸酯酶有可能阻碍宠物对谷物中矿物质的吸收。做法如下。

把谷物浸泡在水中至少7小时，然后沥干，把水倒掉。熬的时候，每1杯谷物，至少加3杯水。用很小的火，比如用慢炖锅的小火，熬煮一个晚上。如有需要，可以继续添水。到了早上，大家就会得到一锅松软柔滑、很好消化的粥。撒上其他的营养成分，即可喂饲宠物。迪还建议说，这种粥，应占到宠物狗的饮食中1/4的份额（至于宠物猫，则应占到15%）。

“宠物狗日”晚餐：肉类和蔬菜

50%的生肉或熟肉，或者“生的”宠物混合饲料

50%的笋瓜、南瓜或者红薯（根据需要，可以添加莴苣或者绿叶蔬菜）

每0.45千克肉类添加1茶匙“宠物必需海藻钙”或“狗用素食”（约1 000毫克钙）

混合起来，然后撒上营养补充剂。瘦肉中可以添加橄榄油或者亚麻油。由于早餐喂饲的是蛋白质含量低的食物，因此晚餐可以用高蛋白食物进行均衡。

无肉食可选项：也可以用我们提供的、至少含有22%蛋白质的任何一种狗用食物配方，比如“美味炖汤”“豆腐燕麦面包”“素食汉堡”或者“乡村杂烩”，外加低碳水化合物的蔬菜，比如莴苣、芦笋、南瓜、甘蓝和西蓝花，确保宠物摄入的蛋白质总量充足。

发育可选项（母狗与幼犬）：早餐时添加一个鸡蛋、一点豆腐或者一点肉食。根据标注的用法，按照每日“生长指标”的规定量喂饲“生长素食”。

分析：我们分析了这一方案中诸多组合配方中的一些食谱，发现大家使用的只要属于“狗用素食”或者其他同类产品，就全都可以达到美国饲料管理协会规定的标准。下面举两个例子。

鸡肉笋瓜样例

早餐：1杯籽粒苋和1杯藜麦（煮熟），1杯强化豆奶，1根香蕉，1汤匙亚麻籽粉，$1\frac{1}{2}$茶匙“狗用素食”营养补充剂

晚餐：1杯鸡背肉（连皮带肉）或者肥肉，1杯笋瓜

热量：1 209卡路里，22%的蛋白质和32%的脂肪

鹿肉南瓜样例

早餐：1杯籽粒苋和1杯藜麦（煮熟），1杯豆奶，1个苹果，1汤匙橄榄油，$1\frac{1}{2}$茶匙“狗用素

食”营养补充剂

晚餐：170克鹿肉（或者瘦肉、豆腐），1杯罐装南瓜

热量：1 089卡路里，24%的蛋白质和31%的脂肪

炖扁豆

宠物狗日常维持量

受到安妮·赫里蒂奇的做法启发后设计

假如大家养有几条宠物狗或者一条大型宠物狗，那么这道轻松易做、有益健康、经济实惠且有利于保护地球生态的炖菜，就是一种理想的食物配方。扁豆与大豆，是大家身边的豆类当中蛋白质含量最高的两种。这道炖菜，与安妮·赫里蒂奇喂饲“布兰布尔”的那种宠物食品类似。“布兰布尔”是一条边境牧羊犬，活到了25岁。她的家里还养了其他一些长寿、活跃且深受人们喜爱的宠物狗，它们吃的也是这种狗粮。根据营养分析，我们还添加了两三种健康脂肪、食盐，以及充足的“狗用素食”营养补充剂，以满足美国饲料管理协会规定的所有标准。在《布兰布尔：一条希望长生不老的宠物狗》一书中，安妮曾称，她经常也会在宠物食品中添加菜园里种出来的新鲜薄荷，而在“布兰布尔”年老之后，她曾在其食物中添加治疗关节炎的姜黄。

5杯水

2杯干扁豆

2杯干糙米

1杯或者更多的新鲜蔬菜（菠菜、豌豆、绿叶蔬菜、西蓝花、卷心菜、胡萝卜或甜菜，等等）

1块（约280克）怀尔德伍德超韧豆腐或者1杯（约400克）“韦斯特豆”牌或者“纳豆”牌加韧有机豆腐

3汤匙营养酵母

1汤匙亚麻籽粉（或者新鲜亚麻油）

$1\frac{1}{2}$汤匙芝麻糊（或者芝麻酱）

1汤匙有机酱油（或者$\frac{1}{2}$茶匙食盐）

$1\frac{1}{2}$汤匙“狗用素食”营养补充剂（或者根据标注的每日用量，喂饲每一条宠物狗）

在一口大炖锅里，用中高火把水烧开。加入扁豆、糙米及蔬菜，然后盖上锅盖，炖煮大约45分钟。待冷却到可以喂饲的温度之后，加入豆腐、营养酵母、亚麻籽粉、芝麻糊、有机酱油和“狗用素食”营养补充剂等。大家可以发挥出自己的创造性，利用各种各样的蔬菜，比如拌上切碎的莴苣。

可选项：不用豆腐，而用1/4杯有机组织蛋白粉代替。将亚麻籽粉和芝麻糊各增加至3汤匙，以便达到美国饲料管理协会规定的最低脂肪需要量。假如宠物狗对大豆过敏，那么可以不用豆腐，而用4汤匙营养酵母、3汤匙亚麻籽粉和3汤匙芝麻糊。

热量：3 443卡路里（22%的蛋白质，13%的脂肪）。将多余的炖扁豆冷冻起来，喂饲小狗。

煮锅晚餐

宠物狗日常维持量

（人宠皆宜）

这是一道快捷而容易做的食物配方，将吃饭剩下的藜麦、糙米、荞麦或者小米与切碎的莴苣拌起来喂饲宠物，是一种很不错的办法。

1根胡萝卜，切丝

$\frac{1}{2}$杯切碎的菠菜，或者其他绿叶蔬菜（香芹等）

1茶匙多有机酱油

2杯煮熟的藜麦或大米，或者其他天然谷物

2杯煮得很烂的四季豆，或者1罐熟四季豆（约425克）

$\frac{1}{4}$杯冷冻玉米粒或豌豆

1汤匙营养酵母

2汤匙麻籽（亚麻籽粉、橄榄油、卵磷脂、芝麻糊或者花生酱）

$1\frac{1}{2}$茶匙“狗用素食”营养补充剂（或者根据标注的每日用量，喂饲每一条宠物狗）

用中高火加热一口大煮锅。加入几汤匙水或者肉汤，简单地将胡萝卜丝焯一下，搅拌，然后加入菠菜，倒入有机酱油。待蔬菜煮软之后，加入藜麦、四季豆、玉米粒和营养酵母。加热到可以喂饲的温度。用叉子将四季豆弄碎，然后撒上麻籽和“狗用素食”营养补充剂，再去喂饲狗狗。人们食用的时候，撒上萨尔萨辣酱[2]最佳，但您可不要用这种辣酱去喂饲巡逻犬（除非萨尔萨辣酱中的洋葱含量很低）。

可选项： 可以用红薯或笋瓜代替或者部分代替谷物；这既可以填饱肚子，又有营养，其中所含的热量也比较低（因而很适合减肥时用）。假如用蛋白质含量较低的鹰嘴豆取代四季豆，那么您同时也应降低其中淀粉质食物（藜麦、玉米等）的用量。

热量： 1 123卡路里，差不多相当于一条中型犬1日所需的热量（20%的蛋白质，15%的脂肪）。

狗用豆腐燕麦面包

宠物狗日常维持量或发育所需量

（人宠皆宜）

这是我们在一次百乐餐聚会时，对无意中学会的一道美味食谱进行变化设计出来的。它是我朋友养的那条叫作“格蕾斯”的宠物狗最喜欢的食物，配上蔬菜或者沙拉，以及一点土豆泥之后，也可以当成人们一道丰盛的主菜。

约280克怀尔德伍德超韧豆腐或者1杯（约400克）“韦斯特豆”牌或“纳豆”牌加韧有机豆腐

2片全谷类有机小麦面包，掰得很碎

$1\frac{2}{3}$杯快熟燕麦片

$1\frac{1}{2}$杯水，需要的话可以多放一点

3汤匙有机酱油或者$1\frac{1}{2}$茶匙食盐（或者少放一点）

2汤匙营养酵母

2汤匙法式芥末酱

1茶匙意大利香草

$\frac{1}{4}$茶匙大蒜末（可选）

$\frac{1}{4}$茶匙黑胡椒粉（可选）

$1\frac{1}{2}$茶匙“狗用素食”营养补充剂（或者根据宠物狗的每日用量喂饲）

2 萨尔萨辣酱（salsa），一种用洋葱制成的辣调味汁。

$\frac{1}{2}$杯低钠番茄酱（参见肉汁可选项）

将炉子预先加热到180℃。用一个大碗，将豆腐、面包、燕麦片、水、有机酱油、营养酵母、法式芥末酱、香草、大蒜末和黑胡椒粉拌起来。大家既可以在这个时候将“狗用素食”营养补充剂拌入，也可以只在喂饲狗狗的那一部分撒上标注的每日用量。将所有食物都揉捏成团。然后，将它压入一个稍稍涂了一点油、尺寸为13厘米×23厘米的玻璃烤盘里。撒上番茄酱，烤制30～40分钟。根据狗狗的喜欢程度，尽量多喂饲绿叶蔬菜，比如切碎的莴苣、蒸熟的芦笋或者西蓝花。大家还可以在面包当中加入笋瓜（焙熟并且捣烂）、切碎的紫甘蓝、菠菜或者蒸熟的西蓝花。

肉汁可选项：不用番茄酱。在烤制面包之前，加入一杯切碎的克里米尼双孢菇，或者撒上芝麻糊肉汁。

发育可选项（母狗与小狗）：不用“狗用素食”营养补充剂，而是用不到2茶匙“狗用生长素食”营养补充剂。或者，根据标签标注的每日用量，去喂饲母狗与小狗。

热量：1 335卡路里，差不多相当于一条体重为20千克的宠物狗1日所需的热量（24%的蛋白质，24%的脂肪）。

素食汉堡

宠物狗日常维持量或发育所需量

（人宠皆宜）

这是一种味道鲜美、营养超佳的素食汉堡，宠物狗与人都可以食用。它由有益于健康的绿叶蔬菜和籽食制成，并且别出心裁地利用了红薯或山药，因为这些东西都有助于汉堡成型。一次制作2倍或3倍的分量，然后把一部分冷冻起来，需要时取出一些，放进烤箱里，轻松地为自己或者宠物狗做上美味的一餐，而狗狗必定也会摇着尾巴表示欢迎的。大家还可以看一看“美味汉堡”，那是一种味道非常鲜美、蛋白质含量较高的猫用汉堡；要是使用了“狗用素食”营养补充剂的话，用它去喂饲宠物狗也很不错呢。

3杯煮熟的黑豆（用1杯生黑豆制成）或者$2\frac{1}{2}$杯煮熟的扁豆（由1杯生扁豆制成）

2片全麦面包，掰碎

1汤匙营养酵母（如果要摄入更多的蛋白质，可以增加用量）

2汤匙亚麻籽粉

2汤匙葵花子

2汤匙南瓜子或者杏仁酱

2杯菠菜或者羽衣甘蓝

1个烤红薯或者烤山药

$1\frac{2}{3}$茶匙“狗用素食”营养补充剂（或者标注的每日用量）

用一台食品加工机或者食物搅拌器，将上述食材混合起来。搅成菜泥之后，按需加水。稍稍放凉，以便做成小馅饼时容易成型。然后，将炉子预先加热到190℃。将混合菜泥制成七八厘米见方的小馅饼，排放在烤盘纸上，然后每一面烤制10分钟左右。将烤盘纸切开，把多余的小馅饼堆放起来冷藏，或者盛在容器里放凉。食用之前，我们喜欢将汉堡放在平底锅里煎焦一点，然后用英式烤全麦松饼卷起来，加上常用的调味品（蛋黄酱、芥末、泡菜、洋葱、番茄、生菜）。除了泡菜和洋葱之外，它们也很适合宠物狗食用。

热量：1 314卡路里，差不多相当于一条中型犬1日所需的热量（18%的蛋白质，22%的脂肪。要是用扁豆的话，就是22%的蛋白质和22%的脂肪）。

发育可选项（母狗与小狗）：用$1\frac{1}{4}$杯生扁豆，并且不用“狗用素食”营养补充剂，而是用5茶匙“狗用生长素食”营养补充剂。或者，可以按照标注的每日用量，去喂饲母狗与小狗。

美味炖汤

宠物狗日常维持量或发育所需量

（人宠皆宜）

这道食谱很容易准备（只需大约10分钟），是我们在蔬菜面条汤的启发之下，制成的一道既丰盛、又富含蛋白质的素食汤，味道鲜美，非常令人满意！有些狗狗不喜欢吃番茄。假如不用番茄，可以添加一点柠檬汁、味噌酱或者食盐，使之变得可口一点。

5杯水或者蔬菜汤

2杯干褐扁豆

$\frac{1}{2}$杯有机组织蛋白粉

1罐（约425克）焖番茄（可选）

1杯切碎的紫甘蓝或西蓝花、西葫芦、灯笼椒、羽衣甘蓝、卷心菜，或者混合起来

1杯切碎的克里米尼双孢菇

1杯玉米粒（用冷冻的最方便）

1根芹菜，切成丁

1根中等大小的胡萝卜，切成丁

2汤匙橄榄油或椰子油，分开用

1茶匙意大利香草，或者多用一点

$\frac{1}{2}$茶匙食盐，最好是喜马拉雅黑盐

$3\frac{1}{2}$茶匙“狗用素食”营养补充剂（或者标注的每日喂饲量）

2汤匙营养酵母

4片全麦面包

除了最后3项，将所有食材及1汤匙橄榄油或椰子油在一口大锅里拌均匀。将其煮开，盖上锅盖，降低火量，炖上50分钟。把炖汤放凉一点儿，然后拌入营养酵母（或者像制作帕尔玛干酪一样，将补充剂或营养酵母撒在汤上）。把剩下的那1汤匙油抹在面包上，然后就着汤来食用（要是喂饲宠物狗的话，就把面包撕碎）。

可选项：不就着面包吃，而是可以将炖汤像调味汁一样倒在2个大的烤土豆或土豆泥上，或者卷在玉米薄饼当中，然后放到平底锅里加热。就着切得很细的生菜一起喂饲。

热量：面包中含有2 538卡路里的热量，差不多相当于一条中型犬2日所需的热量（23%的蛋白质，15%的脂肪）。

发育可选项（母狗和小狗）：将面包削减至2片。增加1汤匙卵磷脂、1汤匙麻籽粉。将“狗用素食”营养补充剂换成“狗用生长素食”营养补充剂，约需不到3茶匙的量，或者用标注的每日用量去喂饲（23%的蛋白质，19%的脂肪）。

豆腐面条

宠物狗日常维持量或发育所需量

（人宠皆宜）

几年之前，苏珊受祖母做的鸡肉饺子启发，创制出了这道快捷而容易的宠物食谱。狗狗能够很好地消化全麦面食。新鲜制作的面食，就像一种真正切实的豆腐一样，提高了这道菜的吸引力。蘑菇中的蛋白质含量很高，富含有益的营养成分，并且宠物狗食用起来很安全。

1包（约454克）全麦面条或者不含谷蛋白的意大利宽面条

1杯切碎的蘑菇

1块（约280克）怀尔德伍德超韧豆腐或者1杯（约400克）“韦斯特豆”牌或“纳豆”牌加韧有机豆腐

$\frac{1}{4}$茶匙蒜泥（可选）

2汤匙或更多的有机酱油

$\frac{1}{4}$杯营养酵母，分开用

1汤匙有机大豆卵磷脂颗粒或者向日葵卵磷脂颗粒（可选）

1杯豆奶或者其他植物奶

1个西葫芦，切碎

$2\frac{3}{4}$茶匙“狗用素食”营养补充剂（或者标注的每日用量）

按照包装上的说明，烹煮面条。沥干水分，放到一边备用。同时，在一口中号平底锅里加入一点水、有机酱油或肉汤，不时搅拌，将蘑菇煮上3～4分钟。然后将豆腐、蒜泥、有机酱油和绝大部分营养酵母拌到一起，弄碎。将它们搅拌均匀，稍加烹煮，但不要让它们变焦。将用油快速炒过的豆腐拌蘑菇混入面条当中，加入卵磷脂、豆奶和剩下的营养酵母（想加多少，就加多少）。把西葫芦煮熟或者蒸熟，放在旁边（或者将它们直接加入面条锅里）。

喂饲宠物的时候，加入“狗用素食”营养补充剂和西葫芦。撒上“健康粉剂”最好。人们食用的时候，要是加上黑胡椒粉和素食帕尔玛干酪，风味尤佳。

热量： 2 268卡路里，差不多相当于一条中型犬2日所需的热量（23%的蛋白质，13%的脂肪）。

发育可选项（母狗和小狗）： 添加3汤匙芝麻糊（芝麻酱）。不用“狗用素食”营养补充剂，而用2汤匙稍满的“狗用生长素食”营养补充剂，或者用标注的每日用量去喂饲。

大厨菜豆玉米杂拌

宠物狗日常维持量

（人宠皆宜）

这道经济而美味的晚餐配方，是我们在一场供应伙食的艺术活动上吃了一道西南地区风味的可口菜肴之后，受到启发而创制出来的。它与做那道菜的大厨所说的一样，只是我们没有用洋葱，并

且为宠物添加了“狗用素食”营养补充剂。那位大厨，通常都会用营养酵母来增添风味。他还会把刚剥下来的玉米粒用火烤一烤；不过，冷冻的玉米粒效果也相当不错。

2杯煮熟的黑豆或者1罐熟黑豆（约425克）

2杯煮熟的花豆或者1罐熟花豆（约425克）

1杯新鲜或者冷冻的玉米粒

1个烤熟的灯笼椒，切成丁

2～3汤匙酸橙汁

2汤匙营养酵母

1汤匙橄榄油

$\frac{1}{2}$茶匙食盐

$\frac{1}{2}$茶匙莳萝粉（可选）

1瓣大蒜，切碎（可选）

$1\frac{2}{3}$茶匙“狗用素食”营养补充剂（或者标注每日用量的$\frac{1}{2}$）

1杯切碎的长叶莴苣

将豆类、玉米、灯笼椒、酸橙汁、营养酵母、油、食盐、莳萝粉和大蒜（如果用的话）及“狗用素食”营养补充剂一起放入一口大锅，中火烹煮。充分拌匀，直到它们都热透。将其捣烂，或用食物加工器将之打成糊状，以帮助狗狗消化。倒入切碎的长叶莴苣，即可喂饲。假如经常用这种食物喂养宠物狗的话，您就要少用大蒜。

可选项：用1杯煮熟的西葫芦泥一起喂饲。蛋白质摄入量虽然少了一些，但仍然能够满足宠物狗的日常所需量。

热量：1 316卡路里，差不多相当于一条中型犬1日所需的热量（21%的蛋白质，13%的脂肪）。

乡村杂烩

宠物狗日常维持量或发育所需量

（人宠皆宜）

我们经常在星期天的早餐吃这道菜，大家肯定也想要与我们一起分享吧！对于素食烹调来说，喜马拉雅黑盐（网上有售）是一种难能可贵的辅助品，因为它不但提供了许多食物配方当中含量很

1茶匙切碎的莳萝叶

少量酱油

1汤匙橄榄油或者蔬菜汤，可按需加多一点

5个蘑菇（要是买得到的话，克里米尼双孢菇最好），切成薄片

1块（约280克）怀尔德伍德超韧豆腐或者1杯（约400克）“韦斯特豆”牌或“纳豆”牌加韧有机豆腐

3汤匙营养酵母

$\frac{1}{4}$茶匙大蒜粉（可选）

少量姜黄末（可选）

$\frac{1}{2}$茶匙食盐，最好是喜马拉雅黑盐

1杯切碎的菠菜、甘蓝或者西葫芦

$1\frac{1}{2}$茶匙“狗用素食”营养补充剂（或者标注每日用量的$\frac{1}{2}$）

1汤匙或几段芹菜，切片

用中高火加热一只平底锅，然后薄薄地涂上一层油。把土豆和莳萝叶翻炒一两分钟。加一点水或汤，以及少量酱油，盖上锅盖，然后用小火煮至软嫩（大概8分钟）。如有需要，可以再加点水。

在此期间，用中高火烹制另一口煮锅里的杂烩。在锅中加入橄榄油或蔬菜汤，然后把蘑菇简单炒一下。加入豆腐，翻炒的时候撒上营养酵母、大蒜粉、姜黄末（要是用了的话）和食盐，需要的时候可以再加一点油或水。充分加热之后，添入菠菜，充分翻炒，直到菠菜变软。也可以多加一点儿酱油来调味。

如果大家喜欢，起锅时可把土豆和乡村风味的杂烩拌起来。在喂饲宠物狗的那一份上，添撒“狗用素食”营养补充剂。再用芹菜或者其他的新鲜香草，放在上面装点。

可选项：可以用放养的鸡蛋代替豆腐。添加西葫芦、番茄、切成丁的灯笼椒或者红薯。可与烤面包、豆腐酸奶油、素奶酪、熟咸肉丁或者香肠一起食用。

热量：1 238卡路里（23%的蛋白质，27%的脂肪）。

发育可选项（母狗和小狗）：不用“狗用素食”营养补充剂，而用$2\frac{1}{4}$茶匙的“狗用生长素食”营养补充剂。

皮特凯恩的马里布特色菜

宠物狗日常维持量

（人宠皆宜）

由“马里布狗食厨房”提供

这份色彩多样、营养丰富的食谱，是我们与纽约市新成立的“马里布狗食厨房”的老板希娜·德古茨进行愉快合作的结果。希娜·德古茨本人就是一位素食者，她很激动地把这份食物配方加入了“狗食厨房”的一流宠物食谱名单当中，并且在手下员工喂养的7条宠物狗身上进行了试验。她还建议说，大家应当把其中的豆类充分捣烂，以便狗狗能够最大限度地将其消化。您也可以把食材的分量加倍。花豆很有利于消除狗狗对某些食物的过敏症状。

1杯天然干花豆或者2杯罐装或浸泡过的花豆

1块土豆或1片海带

1杯干糙米，冲洗3遍

$\frac{1}{2}$杯切成薄片或者切成细丝的红卷心菜或绿卷心菜（大约半个）

2根大的胡萝卜，切成薄片或者细丝

$1\frac{1}{2}$杯粗略切碎的小羽衣甘蓝

450克韧豆腐，搅碎

1汤匙亚麻籽粉

2茶匙营养酵母

1茶匙喜马拉雅黑盐或者其他食盐

1汤匙椰子油

1汤匙“狗用素食”营养补充剂（或者标注的每日用量）

将豆类浸泡1个晚上（如果用的是干豆）。将浸泡用水倒掉，再把豆子倒入一口大锅内，加水至没过豆子大约2.5厘米。往锅里加入1块土豆或者1片海带，因为它们可以帮助消化。煮开后，用勺子撇去溢到锅顶的浮沫。盖上锅盖，炖上1小时或者更久一点，直到豆子煮得很软。取出土豆或者海带。

在此期间，根据包装上的说明，把糙米煮熟。

用小火将卷心菜蒸上10分钟。再用低火将胡萝卜蒸上12分钟。将羽衣甘蓝用水焯上2分钟，然后沥干，冷却，再切成小片。

把豆类细细冲洗、充分捣烂，然后拌入糙米饭、蔬菜、豆腐、亚麻籽粉、营养酵母、食盐、油和“狗用素食”营养补充剂。一起轻轻地充分搅拌。趁着温热而不烫嘴的时候喂饲。

热量：2 965卡路里，差不多相当于一条中型犬3日所需的热量（21%的蛋白质，16%的脂肪）。

狗食鹰嘴豆

宠物狗日常维持量

由同心圆公司（“狗用素食”营养补充剂生产商）提供

这是“狗用素食”产品中，宠物狗最喜欢的食物配方之一。几十年间，它让众多狗狗从中受益，其中包括“狗用素食”创始人詹姆斯·佩登那条漂亮而活力四射的边境牧羊犬。假如宠物狗喜欢的话，您还可以添加新鲜的蔬菜和调味品。这道食物配方，既简单，又可口。

$4\frac{3}{4}$杯生鹰嘴豆（或者用大约10杯煮熟或罐装的鹰嘴豆，省去浸泡这一步）

$3\frac{1}{2}$汤匙素食酵母或者营养酵母

$2\frac{3}{4}$茶匙椰子油（或者麻籽粉、亚麻籽粉、芝麻糊，等等）

$1\frac{1}{3}$茶匙食盐（用喜马拉雅黑盐拌鹰嘴豆的话，味道非常好）

1汤匙+1茶匙“狗用素食”营养补充剂（或者标注的每日用量）

将生鹰嘴豆泡在水里，直到鹰嘴豆胀大1倍，然后将水换掉，使之不再发酵。沥干。把鹰嘴豆倒入一口大锅里，用中高火烹煮。加水至没过鹰嘴豆大约2.5厘米，煮到鹰嘴豆软烂为止。把汤全部倒掉，然后用搅碎机将其全部搅烂。加入酵母、油、食盐和“狗用素食”营养补充剂。可以自由添加紫苏、一点大蒜，以及各种适量的新鲜蔬菜。将多余的部分用小罐盛好，封口冷藏起来。

热量：2 903卡路里，差不多相当于一条体重为22千克的宠物狗2日所需的热量（19%的蛋白质，16%的脂肪）。

狗用肉菜饭

宠物狗日常维持量

（人宠皆宜）

当然，这不是一道真正的西班牙肉菜饭，而是很久以前我们在一种海鲜饭的启发下创制出来的，或许，称为“肉菜烩饭”更加恰当。不管怎样，这都是一道味道丰富的大米饭，其中拌有大块真正的肉食或者素食肉，并且可以配上各式小菜，让营养成分变得多样化。大家可以用大块的商业性素食香肠、“鸡肉”或者蟹棒，以及诸如此类的东西来试一试。

1杯干糙米

$2\frac{1}{2}$杯水

6个克里米尼双孢菇

$\frac{1}{2}$茶匙食盐或者酱油，用于调味

1汤匙橄榄油

3汤匙营养酵母

1汤匙鸡精

1杯冷冻或者新鲜的豌豆

$\frac{1}{2}$杯切片西葫芦

140克“每日新烧烤”或者任何素食肉、瘦肉（大约1个汉堡的含肉量）

1汤匙麻籽粉

$2\frac{3}{4}$茶匙“狗用素食”营养补充剂（或者用标注的每日用量）

将干糙米放入一口大锅，加水煮开。添入蘑菇、食盐、油、营养酵母，以及鸡精。盖好锅盖，焖上35分钟。然后加入豌豆、西葫芦，以及“每日新烧烤”。继续烹煮10～15分钟。撒上麻籽粉和“狗用素食”营养补充剂。喂饲的时候，不妨配上一个烤红薯或者笋瓜。要是想让宠物减肥或者少摄入碳水化合物，您可以用它和西蓝花、球芽甘蓝或者沙拉一起喂饲。

热量：1 821卡路里，相当于一条体重为14千克的宠物狗2日所需的热量（24%的蛋白质，22%的脂肪）。

狼吞虎咽饼

宠物狗日常维持量

（人宠皆宜）

这是一道容易、迅捷而美味的中型犬食。看吧，您的宠物狗会把卷饼“狼吞虎咽”地吃下去的！您也可以多做一份，留给自己食用。

1罐（425克）烤豆泥（或者2杯煮熟的豆子）

1茶匙椰子油（或者在沙拉中加入麻籽粉）

$\frac{1}{16}$茶匙食盐（可选）

$\frac{3}{4}$茶匙“狗用素食”营养补充剂（或者标注每日用量的$\frac{1}{2}$）

2块有机全麦面饼

少量味道不太辣的萨尔萨辣酱

4～5片长莴苣叶，切成薄片

1片土豆，切丁

2～3汤匙豆腐酸奶油

用一口平底锅，中火加热，烹煮豆子和土豆丁，加入椰子油和食盐。把萨尔萨辣酱涂到那2块面饼上。将面饼放进烤箱加热，烤至稍脆。喂饲时，铺上一层莴苣叶，加入煮熟的豆子和土豆丁，并且加上酸奶油和“狗用素食”营养补充剂。大家可以做一大张饼，用锡箔卷好，然后冷冻起来。需要的时候，再解冻、烤制就行了。

热量：499卡路里（20%的蛋白质，16%的脂肪）。

通过表6-1，可以查看我们每一道狗用食物配方里所含的营养成分和特点；这些特点，都在“代码”一栏里进行了说明。在某些健康条件下，我们还在关键之处进行了微调。素食主义者有可能根据营养成分列表，提出进一步对其加以利用的建议。注意，美国饲料管理协会并未要求摄入维生素C，因为宠物狗可以自行摄入这种营养成分。由于配方灵活，原材料选择自由度高，“新鲜灵活”这一食谱并没有在表中列出。

表 6-1 宠物狗日常食谱

表中每 1 000 卡路里大致所含营养成分，都是利用“营养数据网”（nutritiondata.com）上的在线工具和自定义项计算出来的。

每 1 000 卡路里所含营养成分	美国饲料管理协会规定的成年狗最低需要量	大厨菜豆玉米杂拌	乡村杂烩	“宠物狗日”鸡肉笋瓜	狗食鹰嘴豆	炖扁豆	皮特凯恩的马里布特色菜	狗用肉菜饭	美味炖汤	煮锅晚餐	狗用豆腐燕麦面包	豆腐面条	素食汉堡	狼吞虎咽饼
代码*		A,E,K,P,V,W	G,P,V	C,G,K,M,P,V	A,C,D,E,K,V	A,C,D,E,K,V,W	D,K,P,V,W	A,C,D,E,K,M,P,V,W	C,D,E,G,K,P,V	A,C,D,K,P,V,W	G,P,V	C,E,G,P,V	E,G,P,V	C,D,E,P,W
蛋白质/g	45.0	59.4	60.7	54.6	54.0	59.4	54.2	62.0	60.3	55.7	62.9	62.2	52.7	55.0
脂肪/g	13.8	15.4	29.8	36.5	19.2	15.4	17.8	24.7	18.8	17.3	27.6	14.6	26.5	18.8
卡路里所含蛋白质百分比	18	21	23	22	19	22	21	24	23	20	24	23	18	20
卡路里所含脂肪百分比	12.4	13	27	32	16	13	16	22	15	15	24	13	22	16
蛋氨酸+半胱氨酸/mg (1,2)	1 630	1 645	1 733	2 065	1 559	1 647	1 547	1 858	1 684	1 638	2 164	1 996	1 984	1 792
牛磺酸/mg (1,2)		198	213	376	199	207	235	243	218	211	210	192	308	119
Ω6:Ω3比率（最好是很低）		2.6	1.22	2.9	26.2	5.4	3.2	5.5	7.1	2.1	4.2	8.1	4.0	1.0
维生素														

续表

每1000卡路里所含营养成分	美国饲料管理协会规定的成年狗最低需要量	大厨菜豆玉米杂拌	乡村杂烩	“宠物狗日”鸡肉笋瓜	狗食鹰嘴豆	炖扁豆	皮特凯恩的马里布特色菜	狗用肉菜饭	美味炖汤	煮锅晚餐	狗用豆腐燕麦面包	豆腐面条	素食汉堡	狼吞虎咽饼
A（国际单位，IU）	1 250	5 942	4 015	10 121	1 319	2 131	13 844	16 557	13 793	11 641	2 266	2 301	15 886	7 116
D（国际单位，IU）	125	128	138	253	129	134	152	367	141	542	136	124	215	154
E（国际单位，IU）	12.5	17.2	23.1	25.0	14.2	16.3	19.1	25.9	23.6	17.5	22.2	16.1	21.4	20.0
K/mcg		55	192	7	22	51	441	57	446	110	17	8	238	84.0
硫胺素/mg	0.56	9.84	16.2	0.5	5.3	7.3	3.0	19.9	6.9	7.8	10.6	12.4	6.8	1.2
维生素 B_2/mg	1.3	11.2	17.4	2.8	1.3	7.0	3.1	21.0	6.9	8.3	11.3	13.1	7.1	1.8
烟酸/mg	3.4	61.5	102.6	8.6	11.8	41.0	14.7	120.8	39.8	43.0	63.2	78.9	35.8	5.4
B_6/mg	0.38	10.9	17.0	1.2	3.7	7.0	2.8	20.0	6.6	7.5	10.3	12.0	5.3	0.8
叶酸/mcg	54	1,190	642	192	968	742	849	632	986	832	370	455	969	610
B_{12}/mcg	7.0	17.4	23.0	12.0	9.3	14.4	12.3	20.0	14.4	16.4	17.9	19.7	19.6	11.2
泛酸/mg	3.0	2.8	6.2	1.6	5.1	5.2	3.2	6.1	5.4	1.8	4.0	4.5	4.7	1.6
胆汁素/mg	340	350	368	525	435	318	298	609	381	366	312	250	647	392
矿物质														
钙/mg(1)	1 250	1 628	1 939	3 343	1 584	1 640	1 902	1 902	1 746	1 854	1 840	1 739	3 155	1 974

续表

每1000卡路里所含营养成分	美国饲料管理协会规定的成年狗最低需要量	大厨菜豆玉米杂拌	乡村杂烩	“宠物狗日”鸡肉笋瓜	狗食鹰嘴豆	炖扁豆	皮特凯恩的马里布特色菜	狗用肉菜饭	美味炖汤	煮锅晚餐	狗用豆腐燕麦面包	豆腐面条	素食汉堡	狼吞虎咽饼
钙：磷	1.0~1.8	1.18	1.22	1.69	1.24	1.12	1.39	1.51	1.19	1.14	1.18	1.25	1.16	1.44
铁/mg	10.0	16.7	16.6	24.1	21.6	17.2	16.5	15.4	21.8	18.2	17.1	15.3	29.7	21.0
碘/mg	250	723.5	752	687	702	733	846	1,384	780	753	745	677	703	840
镁/mg	150	369	370	350	278	390	460	295	333	384	406	442	544	316
硫/mg	1 000	1 382	1 583	1 983	1 273	1 464	1 367	1 600	1 473	1 451	1 564	1 391	2 715	1 374
钾/mg	1 500	2 528	3 577	1 637	1 672	1 617	2 642	1 615	2 877	2 189	1 352	1 165	3 133	2 654
钠/mg	200	1 809	1 078	1 177	172	336	923	956	965	987	2 805	982	1 236	2 668
锌/mg	20.0	19.4	22.3	26.8	24.8	21.6	19.0	25.6	21.9	19.7	22.1	20.9	27.4	19.6
铜/mg	1.25	1.6	2.0	2.4	2.6	1.6	2.2	1.9	2.4	1.8	1.7	1.9	4.3	2.0
锰/mg	1.25	2.7	4.1	3.5	5.7	6.8	5.8	5.2	3.8	3.8	7.2	7.8	4.2	3.2
硒/mcg	80	102	164	166	79	99	133	175	108	89	172	261	130	151

注：(1) 通常来说，家里制作的宠物食品中必须进行营养补充，才能达到美国饲料管理协会规定的标准。

(2) 包括与“狗用素食”一起添加的氨基酸：蛋氨酸、牛磺酸。

*特点：C=方便，E=经济，M=肉类（或者可以是肉类），P=人宠皆宜，V=素食（或者可以为素食）。

宠物有下述症状时的最佳选择：A=过敏症、胃肠道问题、皮肤问题（不要用牛肉、乳制品、小麦、鸡蛋、鸡肉、羊肉、大豆、猪肉、兔肉、鱼，而应使用不含有这些东西的食物配方，并且应当选择有机食物），D=糖尿病（增加多种碳水化合物、纤维），G=发育或者受伤恢复期，应当遵循“发育可选项”下列出的用法说明，K=肾脏疾病（减少蛋白质、磷、盐的摄入，增加钾的摄入），W=减肥（增加蔬菜、纤维）。

宠物猫用食谱

我们最新的猫用食物配方当中，既有含肉类、蛋类的选项，也有不含肉类、蛋类的选项。假如拿不准的话，您可以用含有动物制品的猫食去喂养；但我们强烈建议，由于积聚了有毒物质与过度捕捞，大家如今不要再用鱼或者海产品去喂饲了。

尽管人们把猫咪归入了专性食肉动物一类，但假如补充了猫类通常从肉类中摄取的那些特殊营养成分，用经过精心制订的、蛋白质与脂肪含量高的素食去喂养，也有成千上万只宠物猫活得非常健康。这些特殊的营养成分有：牛磺酸、花生四烯酸、维生素A（视黄醇）、维生素B_{12}，以及其他一些营养元素。为此，大家必须利用“猫用素食”（对于容易患上猫类泌尿系统综合征（FUS，即尿结石或尿道堵塞）的高危宠物猫，要用“猫用素食Φ”；而对于母猫和幼猫来说，则要用“幼猫素食”）。假如买不到的话，您可以参考第5章中“宠物猫狗推荐食物”部分提出的建议。在尝试用素食去喂养猫咪之前，请您看一看第7章的内容，了解如何最佳地对宠物进行安全监测，尤其是公猫或者容易感染猫类泌尿系统综合征的猫咪。

无论大家选择的是哪一种喂饲方法，如果猫咪接受的话，最好轮流用不同的食物配方去喂饲，以便给猫咪提供各种各样的选择。应付猫咪挑食的办法，请参见下一章。应当慢慢地改变宠物猫的饮食习惯，喂饲营养酵母和其他“调味品”，并且主要利用蛋白质与脂肪含量相当的那些食物配方。研究表明，猫类都偏爱吃这些东西，豆腐与火鸡肉都能很好地满足这一要求。

应当始终让猫咪喝到大量新鲜、干净、经过了过滤的淡水或者泉水，并且要把所有颗粒状猫粮都用水打湿。

大家也可以试着用一用素食性的消化酶，以便给猫咪喂熟食的时候，提高食物中营养成分的吸收率。

宠物猫日

宠物猫日常维持量或发育所需量

“宠物猫日”是一个包含两个部分的方案，与迪·布兰科博士设计出的“宠物狗日”方案相类似。这个方案，将我们用于喂养宠物猫的传统的“肉类加谷类”食物配方都替换掉了，比如“火鸡宴”。

用猫类天生爱吃的生肉去喂饲宠物猫，当然是一种轻松而省事的做法。不过，我们还在早餐中提供了素食选项或者全素食，因此这是一条中庸之道，能够为人宠均提供最佳的选择。我们鼓励多样化，只要您的宠物猫能够接受就行了。

早餐：选择其中一种，或者轮换着来

⊙任何优质、营养全面而均衡的猫粮，含有肉类或者素食均可[1]

⊙我们提供的猫用食谱当中的任何一种

⊙“幼猫蛋卷”，可以拌上一点儿奶油吐司[2]

⊙也可以与晚餐相同

晚餐：肉类和素食

喂饲时，掺入少量的营养酵母：

⊙80%的生肉或熟肉，或者更多[3]

⊙20%或者更少的烤南瓜或烤番茄、煮熟的全谷物或猫用素食[4]

⊙“猫用素食”每日用量的 $\frac{1}{2}$[5]

---

1 颗粒状干粮或者罐装宠物食品，加上优质的肉类（有机肉类更好），或者商业素食产品。将颗粒状宠物食品打湿；如果您的宠物猫患有尿道疾病、是公猫或者是一只老猫的话，则尤其应当这样做。不要用海产品、转基因玉米、大豆及其衍生制品。

2 如果有产自本地、喂养得很好的鸡，那么鸡蛋就是一种很棒的可选项，可用于喂饲宠物猫。

3 可以是鸡肉、鹌鹑肉、兔肉、鹿肉、牛肉。假如用生的宠物混合食物去喂养，其中又含有骨粉的话，那么大家就可以减少“猫用素食”营养补充剂的用量；不过，我们要提醒大家，假如不知道一种混合猫粮中含有多少钙质，您就不要完全不喂饲“猫用素食”营养补充剂。

4 罐装的南瓜、红薯、笋瓜、奶油玉米、紫菜、芦笋，或者啃食一些玉米、黄瓜或甜瓜（猫咪最喜欢吃）、小麦或大麦苗。

5 或者喂饲任何营养全面的猫用维生素每日用量的一半，再加上每只猫 250 毫克的钙。

发育可选项：根据“幼猫素食”营养补充剂标注的每日用量进行添加。在使用商业性猫粮的时候，必须确保它们都适合猫咪的发育阶段或者各个成长阶段。

混搭可选项：假如往目前的宠物食品中掺入其他任何一种可选项，挑食的宠物可能就会更喜欢吃一点。每一种可选的宠物食谱，本身的营养都是均衡的。例如，大家可以把我们的一种素食食谱与晚餐方案、商业性猫粮或者一个煎蛋卷混搭起来。

野生豆腐

宠物猫日常维持量或发育所需量

我们的朋友、兽医学博士塔妮亚·霍伦可发现，她的宠物猫都很喜欢吃捣碎的豆腐拌营养酵母。我们受其启发，创制出了这道简单易做的食物配方。

除了豆腐和营养酵母，我们还加入了一些“猫用素食”营养补充剂、一点南瓜，然后算了算，结果发现，其中蛋白质与脂肪所占的百分比，竟然与野生猫类的食物令人惊讶地接近（46%的蛋白质，33%的脂肪）；所以，我们便给它起了“野生豆腐”这样一个名字。大豆当中的蛋白质，还给宠物提供了大量的氨基酸成分；它们的作用，与如今“猫用素食”营养补充剂中的氨基酸增强素是一样的。营养酵母中含有53%的蛋白质（高于绝大多数肉类中的含量），并且富含B族维生素，因此宠物猫几乎都喜欢食用。

1块（约280克）怀尔德伍德超韧豆腐或者1杯（约400克）“纳豆”牌或“韦斯特豆”牌加韧有机豆腐

$\frac{1}{4}$杯营养酵母或者素食酵母

$\frac{1}{8}$茶匙食盐，或者1茶匙酱油，用于调味

$2\frac{1}{2}$茶匙“猫用素食”营养补充剂（或者按照当前标注用量，使用足够喂饲2天的营养补充剂）

2汤匙罐装或烤熟的南瓜，或者蔬菜泥，比如芦笋泥

把豆腐放在碗内捣碎。拌入绝大部分酵母、食盐和“猫用素食”营养补充剂。加入南瓜或者另一种蔬菜泥，然后把剩下的酵母粉撒在上面。蔬菜泥既可以拌入豆腐里或盖在豆腐上，也可以不用。

可选项：轮换使用蔬菜，可以用玉米泥、西葫芦泥或笋瓜泥、青豆泥、胡萝卜汁或番茄汁，或者相当于婴儿食品的东西。偶尔也应额外喂饲一些甜瓜、黄瓜、芦笋，或者玉米穗：这些东西，都是猫咪觉得可口的食物。不管怎么混搭，加入紫菜片都是很不错的一种做法。

发育可选项：根据“幼猫素食”营养补充剂标注的每日用量，代替“猫用素食”营养补充剂。

热量：348卡路里，大致相当于宠物猫1日所需的热量（40%的蛋白质，41%的脂肪）。

海味豆腐

宠物猫日常维持量或发育所需量

这是另一道很容易做的豆腐；而且，配方当中含有紫菜与玉米，因此对于那些喜爱吃海产品的宠物猫来说，是很有吸引力的。这道食物配方中的蛋白质与脂肪含量非常均衡（从它们在热量中所占的百分比来看）。口味测试表明，即便是挑食的猫咪也很喜欢吃；其中还富含B族维生素，对年迈体衰的宠物猫也很有好处。

280克超韧有机豆腐（如怀尔德伍德牌）

1汤匙有机大豆或者向日葵卵磷脂颗粒

3汤匙营养酵母

$\frac{1}{4}$杯婴儿用奶油玉米（$\frac{1}{2}$罐）或者宠物猫最喜欢的任何一种蔬菜泥

1片碎紫菜（用于做寿司卷的那种）

$\frac{1}{8}$茶匙食盐（喜马拉雅黑盐可以增添鸡蛋风味）或者1茶匙酱油

$2\frac{1}{2}$茶匙“猫用素食”营养补充剂（宠物猫2天的用量）

用一个碗，将豆腐压碎。拌入卵磷脂颗粒与绝大部分营养酵母。撒上奶油玉米、紫菜、食盐、“猫用素食”营养补充剂，以及剩余的少量营养酵母，再去喂饲。

可选项：可以将卵磷脂换成其他的脂肪类食品，如麻籽粉、坚果黄油、亚麻油或大麻油，或者亚麻籽粉。可以用红皮藻片替换紫菜片，或者不用紫菜片。您还可以用宠物猫最喜欢的一种蔬菜或者调味品一起喂饲（请参阅本章的最后一部分）。

发育可选项：按照推荐用量，用“幼猫素食”的每日用量去喂饲母猫与幼猫。

热量：614卡路里，大约相当于宠物猫2日所需的热量（38%的蛋白质，38%的脂肪）。

无蛋沙拉

宠物猫日常维持量或发育所需量

（人宠皆宜）

这道宠物食谱，与“野生豆腐”和“海味豆腐”相类似，但其中增添了鸡蛋沙拉卷，所以也是我们最喜欢的一道食品。喂完宠物猫之后，大家可以加入一点莳萝、泡菜、绿洋葱（要是喜欢的话，还可以加上芥末），然后用莴苣、番茄和黄瓜，给自己做上一个美味的三明治。

1块（约280克）怀尔德伍德超韧豆腐或者1杯（约400克）“韦斯特豆”牌或“纳豆”牌加韧有机豆腐

3汤匙营养酵母

1茶匙培根丁（可选）

1汤匙蛋黄酱

$\frac{1}{2}$茶匙食盐（喜马拉雅黑盐会增添一种鸡蛋风味）

$\frac{1}{2}$根芹菜，切成末

1茶匙切成末的香芹

$1\frac{1}{4}$茶匙“猫用素食”营养补充剂（或者根据标注的每餐用量添加）

在碗里把豆腐压碎，拌入绝大部分营养酵母与培根丁（如果用了培根丁的话）、蛋黄酱、食盐、芹菜、香芹和“猫用素食”营养补充剂。将剩下的营养酵母粉撒在上面，就成了一道极其诱人的宠物食品。其中含有大量的蛋白质供猫咪吸收，大家还可以添加诸如奶油玉米、南瓜或芦笋之类的调味品。

发育可选项：按照推荐用量，用“幼猫素食”的每日用量去喂饲母猫与幼猫。

热量：587卡路里，大约相当于一只宠物猫2日所需的热量（40%的蛋白质，41%的脂肪）。

美味汉堡

宠物猫日常维持量或发育所需量

（人宠皆宜）

这是一种风味极佳的美味素食汉堡，蛋白质含量很高。这种汉堡，有可能变成大家喂养的宠物猫（还有你们自己）最喜欢吃的一道食物呢！

1杯干扁豆

3杯水或汤，分开用

$\frac{1}{2}$杯有机组织蛋白粉

2汤匙亚麻籽粉

2片全麦面包，弄成碎末

2个褐色的克里米尼双孢菇（蛋白质含量较高）或者白蘑菇

2汤匙营养酵母

2汤匙葵花子

2汤匙南瓜子

$\frac{1}{8}$茶匙食盐，最好是喜马拉雅黑盐

2汤匙“猫用素食”营养补充剂（或者5日的用量）

在一口中号平底锅内，用2杯水或汤，将干扁豆煮上40分钟，或者直到煮熟为止。在此期间，把1杯水或汤烧热，加入组织蛋白粉及亚麻籽粉，并且搅拌均匀，然后放到一边。扁豆煮软之后，放入搅拌机或者食品加工器里，与面包、蘑菇、营养酵母、葵花子、南瓜子、食盐与“猫用素食”营养补充剂一起搅成糊状。必要时可以添一点水。将搅好的菜泥倒入碗内，加入搅拌后的组织蛋白粉与亚麻籽粉，用叉子搅拌均匀。

稍稍放凉，使之变硬一点。将烤箱预热到180℃。制成10个小饼，用烤盘纸衬上，放在烤盘上。每一面烤上20分钟。

放凉之后，一只猫咪每一顿喂饲1个汉堡（要是每天喂2顿的话），或许还可以撒上一种调味品。大家可以按照人们常见的食用方法来食用，用平底锅烤好，加上烤全麦英式松饼，再配以整套配菜食用。如果还有多余的汉堡，就可以沿着每个汉堡周围，把烤盘纸剪开，然后堆起来；汉堡之间用纸隔开，盛在一个密封的容器内，放到冰箱里冷藏起来。

发育可选项：按照推荐用量，用“幼猫素食”的每日用量去喂饲母猫与幼猫。

热量：10个汉堡合1 477卡路里，相当于一只宠物猫每日2顿、总计5日的热量（27%的蛋白质，20%的脂肪）。

每日新烧烤

宠物猫日常维持量或发育所需量

（人宠皆宜）

面筋是一种古老的佛教肉类替代品，用小麦制成，它浓缩了小麦中的蛋白质，而小麦蛋白又是全世界食用得最为广泛的一种蛋白质。多年以前，面筋已经在“宠物素食”牌猫粮中使用了，市场上也有一些味道鲜美、售价却很贵的素食烤肉产品；受其启发，我（苏珊）便做了一点研究，学会了做火鸡口味的素食烤肉，尽管这道食谱的配方很长，但一旦备齐了原料，做起来就很快了。

足够制作3块的散装混合原料：

1包（620克，约4杯）活性小麦面筋（参见第5章）

1杯鹰嘴豆面粉

$1\frac{1}{4}$杯营养酵母

不到$\frac{1}{2}$杯“猫用素食”营养补充剂（或者18日的用量）

$\frac{1}{4}$杯向日葵卵磷脂或者有机大豆卵磷脂

1汤匙鸡精或者通用植物调味料

1茶匙大蒜末

1茶匙小茴香粉

1茶匙辣椒粉（可选）

1茶匙食盐（最好是喜马拉雅黑盐，可以使得风味更足）

在一个大碗内，用叉子将上述原料充分混合起来

足够制作1块的原料：

$1\frac{1}{2}$杯水或汤

2汤匙葵花子酱、杏仁酱或者芝麻酱

1汤匙橄榄油或椰子油

1茶匙有机酱油

制作1块：匀出散装混合原料的$\frac{1}{3}$（$2\frac{1}{3}$杯），放入一只碗内。将剩余原料装入密封容器内，放到冰箱或冰柜里储存起来。抄下这份食谱，以便随时可用。在另一个碗内，将水或汤、酱、油及有机酱油混合，搅出泡沫。

在干混原料的中心挖一个坑。倒入刚才搅拌出的液态混合原料，然后用叉子迅速搅拌起来。如果原料看上去很干的话，可以再加水。取出再揉制大约3分钟。这是其中很有意思的一个步骤，享受这种富有弹性、能够伸缩的蛋白质吧，它们很快就会变成您那条伸缩自如的宠物猫身体的一部分。然后把面团放置10分钟，使之变得筋道起来。

将面团放在一边的时候，将烤炉预热到180℃，清理干净，预备好其他食材；这些食材，都是

您的宠物猫一见到就会大感惊讶的美味。利用猫咪最喜欢的馅料，或者：

2汤匙豌豆泥（或者菠菜泥、玉米泥、南瓜泥或笋瓜泥）

1个蘑菇，细细切碎

还可以加入一些卵磷脂、麻籽粉或者碎肥肉

铺开一张大约46厘米宽的烤盘纸。将面团再揉一遍，然后揪下一大块面团。将面团摊开在烤盘纸上。把食材排成一行，放在面团上面，然后卷起来，制成一条夹心面团，并将边上捏紧，密封起来。抹上橄榄油和鸡精。用烤盘纸裹上，就像做玉米卷饼一样。放到烤盘上，将烤盘纸的边缝压下去收拢。烤制40～50分钟，时间足够使之变硬就行了。不要烤得太硬、太干，否则的话吃起来就像是面包，而不像是烤肉了。

这就行了！切下一片，然后切成丁，浇上奶油玉米酱、肉汤，撒上剩余的酵母粉或者其他的调味料，然后喂给宠物猫吃。狗狗也羡慕？那就可以在宠物狗的“煮锅晚餐”或者“狗用肉菜饭”里加上一些，或者用“狗用素食”营养补充剂专门为狗狗做上一份烤肉吧。留下一些自己食用；您也可以像用鸡肉和火鸡肉一样，将它们添到许多菜肴里去。

3块可选项：一旦熟悉了制作过程，大家可能就会想要将做1块的液体原料分量增至3倍，一次性做上3块，然后把不会很快用完的面团包装、冷冻起来。

发育可选项：按照推荐用量，用“幼猫素食”的每日用量喂饲母猫与幼猫。

热量：3块总共为5 523卡路里（相当于一只宠物猫18日所需的热量，或者每1块含有一只宠物猫6日所需的热量）（47%的蛋白质，30%的脂肪）。可以冷冻储存3个月，或者在冰箱内冷藏1周。

猫咪煎蛋卷

宠物猫日常维持量或发育所需量

（人宠皆宜）

这是一道“简单的”食谱。绝大多数猫咪都喜欢吃鸡蛋，尤其是喜欢吃蛋黄，以蛋黄为原料可以轻松地做成一道蛋白质含量均衡、容易消化的食物。下述配方的量，只够1只宠物猫1顿所食。

少量橄榄油、椰子油或者水

2个小鸡蛋

$\frac{3}{4}$茶匙“猫用素食”营养补充剂

2茶匙营养酵母

用一口平底锅，中火将油加热。将鸡蛋搅拌后倒进锅里。不时翻动，煎上3～4分钟（不要煎老了）。拌入“猫用素食”营养补充剂。至于营养酵母，既可以加入鸡蛋当中，也可以待鸡蛋煎好后再撒在上面。还可以配上一小片甜瓜，或者一小片“烤面包”。

发育可选项：按照推荐用量，用“幼猫素食”的每日用量去喂饲母猫与幼猫。

热量：143卡路里，相当于一只宠物猫半天所需的热量（38%的蛋白质，50%的脂肪）。

牛肉玉米

宠物猫日常维持量或发育所需量

这是另一道蛋白质和脂肪含量均衡混合的食物配方，营养成分含量很高，很适合喂饲处于发育阶段的宠物猫。这是一道很不错的食谱，其中还含有猫咪喜欢吃的玉米。对可以买到放养牛羊肉的人来说，尤其适用。

0.45千克瘦牛肩肉

1杯新鲜的玉米或者奶油玉米

2汤匙营养酵母

5茶匙“猫用素食”营养补充剂

将瘦牛肩肉与玉米放进食品加工器里搅碎，或者将瘦牛肩肉切成一口大小的肉片并拌上玉米。加入营养酵母，以及“猫用素食”营养补充剂。

代用品：不用牛肩肉，而用鹿肉、野牛肉、麋鹿肉、兔肉、羊肉、火鸡肉或者宠物食用的生肉混合品；这种生肉混合品，在宠物商店的冻品部常常有售。不用玉米，可以用烤笋瓜或山药、熟芦笋或西葫芦，或者其他诸如此类的食材。

发育可选项：用“幼猫素食”营养补充剂4日的用量，而不用“猫用素食”营养补充剂。

热量：1 102卡路里，差不多相当于宠物猫4日所需的热量（39%的蛋白质，40%的脂肪）。

猫用豆腐燕麦面包

宠物猫日常维持量

（人宠皆宜）

这是一道与“狗用豆腐燕麦面包”相类似的食谱，但其中的蛋白质含量更高，并且包括了所需的“猫用素食”营养补充剂。大家也可以配上蔬菜或沙拉，以及一些土豆泥与肉汁，自己享用这道丰盛且可口的食物配方。

1块（约280克）怀尔德伍德超韧豆腐或者1杯（约400克）“韦斯特豆”牌或“纳豆”牌加韧有机豆腐

1片有机全麦面包，充分搓碎

1杯快熟燕麦

2～3茶匙有机酱油或者喜马拉雅黑盐，用以调味

$\frac{1}{4}$杯营养酵母

2汤匙亚麻籽粉

1～2汤匙法式芥末酱

1茶匙鸡精

1茶匙干牛至[3]或者意大利香草（可选）

$\frac{1}{2}$杯奶油玉米

1汤匙“猫用素食”营养补充剂（或者按照标注的4日用量添加）

$1\frac{1}{2}$～2杯水

将烤炉预先加热到180℃。用一个大碗，将所有的原料搅拌揉捏成团；假如需要的话，可以加水，使得原料始终保持湿润。将揉搓成团的原料压入一个稍稍涂了一层油、大小为13厘米×23厘米的玻璃烤盘中，烤制30～40分钟。

可选项：把奶油玉米撒在烤好的面包上，而不是拌入揉搓成团的原料中，再加上少量的营养酵母。也可以撒上“芝麻酱汁”。还可以将剁碎的蘑菇、豌豆，或者宠物猫喜欢的任何食物拌到面包当中。

热量：1 171卡路里，差不多相当于4日猫粮所含的热量（28%的蛋白质，28%的脂肪）。

3 牛至（oregano），一种用墨角兰植物制成的调味品。

火鸡宴

宠物猫日常维持量或发育所需量

这道食物配方，与我们那些经典的“肉食加谷物”食谱类似，我们重新配方，使之变成了一道“对半开”的食谱，即其中一半的热量来自脂肪，另一半热量来自蛋白质。据说，这是猫类最喜欢的一种营养配比。这个配方，对于喂养了多只宠物猫的家庭来说很有效果。如果只喂养了一只猫咪，那您可以把用不完的食材冷冻起来。

5～6杯水

2杯燕麦片

0.45千克生火鸡肉泥

2个中等大小的鸡蛋

1汤匙营养酵母

$\frac{1}{4}$茶匙食盐，最好是用喜马拉雅黑盐

2汤匙略满的“猫用素食”营养补充剂（或者根据标注的5日用量添加）

在一口中型平底锅内，用中高火将水烧开。加入燕麦片，煮上差不多10分钟。在煮锅里轻轻地将生火鸡肉泥与鸡蛋拌匀。把燕麦粥放凉一点儿，然后拌上生火鸡肉泥、鸡蛋、营养酵母、食盐和“猫用素食”营养补充剂。喂饲时，还可以加一点调味料；不管是“素食酱”“健康调味料”，还是大家手头已有的调味品，都可以使用。

发育可选项（母猫与小猫）：按照标注的用法说明，使用“幼猫素食”营养补充剂5日的喂饲量。

热量：1 518卡路里，相当于5日猫粮所含的热量（33%的蛋白质，34%的脂肪）。

扁豆特餐

宠物猫日常维持量

由“宠物素食”营养补充剂生产商同心圆公司提供

这个食物配方已经成功地使用了几十年，喂养那些以素食为生的宠物猫，是由“宠物素食”营养补充剂的创始人詹姆斯·佩登配制出来的。这一配方中的蛋白质和脂肪含量水平相当，很多顾客都称，这也是猫咪最喜欢的一道食谱呢！

$\frac{2}{3}$杯干扁豆

$1\sim1\frac{1}{2}$杯水

$\frac{3}{4}$杯豆豉

$\frac{3}{4}$茶匙酱油或者$\frac{1}{8}$茶匙食盐，最好是用喜马拉雅黑盐

$\frac{1}{4}$杯素食酵母或者营养酵母

1汤匙油（参见下面的“注意”）

4茶匙“猫用素食”营养补充剂（或者按照标注，使用3日的喂饲量）

将干扁豆放入一口中型平底锅内，加水，用中高火煮透。把酱油淋在豆豉上，然后加入扁豆当中。接下来，加入酵母、油和“猫用素食”营养补充剂。倘若加入调味料（参见下文中的食谱），则风味更佳。

注意：我们推荐使用橄榄油、红花油、葵花子油、芝麻油、大豆油或者非转基因玉米油。要是不加热的话，大家也可以每周使用一次亚麻籽油。大家可以利用一种素食消化酶配方，这样可以增强宠物对熟食当中某些营养成分的吸收率，使之达到71%。

热量：961卡路里，差不多相当于3日猫粮所含的热量（27%的蛋白质，28%的脂肪）。

调味料、零食与特色食物

素食酱

宠物猫狗通用

（人宠皆宜）

与人一样，宠物也喜欢多种多样、味道鲜美并且令人惊喜的食物。要做到这一点，并且还能添加成百上千种有益于宠物健康、能够预防癌症的植物营养素，办法就是：将蒸熟或者烤熟的蔬菜捣烂成泥，去喂饲宠物。大家通常都可以适度地利用宠物喜欢的蔬菜，只是在选择的时候，还须考虑到下述差别。

芦笋、豌豆、番茄酱、西蓝花、莴苣、绿叶蔬菜、番茄和青豆中的蛋白质含量都惊人的高，同时也还含有纤维，但其中所含的热量很低，这就使得它们很适合减肥。不过，若是大家喂养的宠物非常活泼、正在发育或者体重过低的话，它们就不是很适合了（在上述情形下，应当增加宠物的蛋白质和脂肪摄入量，将所有的蔬菜喂饲量减至最低）。

玉米和胡萝卜中，蛋白质与脂肪的含量相等，这可能也是猫咪喜欢吃这两种食物的部分原因，因为它们通常都很喜欢啃玉米和喝胡萝卜汁。在宠物猫狗所需蛋白质含量最低的那些食谱当中，您也不要过度使用这两种食材（参见表6-2）。

山药、红薯、笋瓜、土豆和西葫芦中的蛋白质、脂肪含量都最低，而淀粉含量却比其他蔬菜都要高。因此，它们很适合与肉类、蛋类、豆腐及面筋搭配起来，去喂饲宠物。在大部分食物配方当中，大家都可以利用这些食材，而不用谷类。

在绝大多数情况下，大家只需把煮熟的蔬菜放入一台搅拌机里，打成糊状，然后像酱一样倒在宠物食品之上就可以了。然后，不妨再撒上一点“健康调味料”。将多余的部分用小罐装起来，顶上留有一定的空间，供蔬菜泥膨胀，然后冷冻起来；您也可以利用自己做饭时多余的蔬菜，每次都只制作一点。

热量：多种多样。

通过表6-2，大家就可以看出每种猫用食谱中的营养成分、特点及用法，它们都用“代码”表示出来了。对一定健康条件下的宠物，我们还在关键之处提出建议，推荐进行微调。素食主义者可根据营养成分列表，提出进一步对其加以利用的建议。注意，美国饲料管理协会并未要求摄入维生素C，因为宠物猫可以自行摄入这种营养成分。

表 6-2　宠物猫日常食谱：每 1 000 卡路里营养成分分析

表中的数据，都是利用“营养数据网”(nutritiondata.com) 上的在线工具和自定义项计算出来的。

每 1 000 卡路里所含营养成分	美国饲料管理协会规定的成年猫最低需要量	牛肉玉米	无蛋沙拉	猫咪煎蛋卷	扁豆特餐	每日新烧烤	海味豆腐	猫用豆腐燕麦面包	火鸡宴	野生豆腐	美味汉堡
代码*		C,D,F,G,M,U	D,F,G,P,U,V	C,D,G,P,U	E,F,K,V,W	D,E,F,G,P,U,V	C,D,F,G,V	F,P,V,W	A,F,G,K,M	C,D,F,G,U,V	E,F,G,K,P,V
蛋白质/g (2)	65.0	94.3	100.0	95.1	75.6	119.1	95.0	73.0	79.7	101.3	67.5
脂肪/g	22.5	44.9	45.8	55.2	33.0	34.2	42.9	31.5	38.0	46.2	24.0
卡路里所含蛋白质百分比	26	39	40	38	27	47	38	28	33	40	27

续表

每1000卡路里所含营养成分	美国饲料管理协会规定的成年猫最低需要量	牛肉玉米	无蛋沙拉	猫咪煎蛋卷	扁豆特餐	每日新烧烤	海味豆腐	猫用豆腐燕麦面包	火鸡宴	野生豆腐	美味汉堡
卡路里所含脂肪百分比	20	40	41	50	28	30	38	28	34	41	20
牛磺酸/mg（1）	500	703	654	811	608	582	631	662	650	565	655
蛋氨酸（1）+半胱氨酸/mg	1 000	4 037	2 932	4 739	1 812	4 713	2 853	2 641	3 870	2 767	2 346
花生四烯酸/mg（1）	50	77	72	89	67	64	69	72	71	62	72
Ω6:Ω3 比率（最好是很低）		21.5	7.2	15.6	13.2	11.5	7.5	2.7	17.5	4.3	8.0
维生素											
A（国际单位，IU）（1）	833	1 517	1 938	4 145	1 192	1 472	1 734	1 583	1 543	1 943	1 457
D（国际单位，IU）（1）	70	179	167	393	155	272	161	168	186	798	167
E（国际单位，IU）	10.0	29.7	30.4	38.4	25.4	27.0	26.4	35.9	28.7	40.2	39.7
K/mcg	25	32	108	63	50	43	62	54	32	255	62
硫胺素/mg	1.4	12.1	32.9	30.0	19.4	28.2	31.7	22.8	4.9	37.3	10.2
维生素 B_2/mg	1.0	13.8	34.0	33.6	2.0	29.0	32.8	23.4	6.1	38.2	10.4
烟酸/mg	15.0	84.1	192.7	167.8	42.6	164.5	185.8	132.0	36.4	215.0	58.2
B_6/mg（1）	1.0	13.3	32.1	27.9	12.3	28.2	30.9	22.4	5.5	37.3	9.5
叶酸/mcg	200	515	1 051	1 111	789	906	1 006	806	287	1 194	1 103
B_{12}/mcg（1）	5.0	42.9	38.9	46.1	11.1	33.7	37.5	30.1	17.0	40.8	19.1
泛酸/mg	1.44	5.5	6.5	10.5	16.5	4.5	6.5	5.2	4.5	6.6	6.3

续表

每1000卡路里所含营养成分	美国饲料管理协会规定的成年猫最低需要量	牛肉玉米	无蛋沙拉	猫咪煎蛋卷	扁豆特餐	每日新烧烤	海味豆腐	猫用豆腐燕麦面包	火鸡宴	野生豆腐	美味汉堡
胆汁素/mg (1)	600	1 048	730	2 160	725	794	1 232	729	723	698	712
矿物质											
钙/mg (1)	1 500	1 801	2 459	2 516	1 732	1 922	2 430	2 176	1 687	2 216	1 844
钙磷比		1.13	1.15	1.13	1.13	1.14	1.01	1.15	1.11	1.08	1.00
铁/mg	20.0	21.8	22.0	23.1	30.3	18.0	20.9	22.3	19.7	20.4	26.9
碘/mg (1)	150	1 922	1 793	2 222	1 664	1 592	1 727	1 841	1 780	1 590	1 794
镁/mg	100	149	450	125	277	194	434	419	220	388	455
硫/mg	1 250	1 589	2 146	2 237	1 536	1 692	2 416	1 899	1 526	2 055	1 850
钾/mg	1 500	2 460	1 940	1 741	2 790	1 150	1 888	1 905	1 987	1 624	3 040
钠/mg	500	377	882	867	355	581	663	1 693	832	646	454
锌/mg (1)	18.8	42.7	27.4	26.6	39.5	19.9	26.4	24.3	20.6	26.7	21.6
铜/mg (1)	1.25	1.4	2.2	1.4	3.6	1.6	2.1	2.0	1.4	2.0	3.3
锰/mg	1.9	0.3	5.6	0.7	3.6	1.0	5.2	6.2	4.0	4.9	4.1
硒/mcg (1)	75	242	250	345	90	191	243	220	202	238	136

注：(1) 绝大多数食谱中，必须用“猫用素食”营养补充剂进行补充，才能达到美国饲料管理协会规定的标准营养成分。

(2) 包括“猫用素食”中的氨基酸：精氨酸、赖氨酸、蛋氨酸、牛磺酸、三氨酸。

*特点：C=方便，E=经济，M=肉类（或者可以是肉类）， P=人宠皆宜，V=素食（或者可以为素食）。

宠物有下述症状时的最佳选择：A=过敏症、胃肠道问题、皮肤问题（不要用牛肉、羊肉、海产品、玉米、大豆、蛋类、乳制品、小麦蛋白，或者可以用不含这些东西的食物去制作。最好是选择有机的）；D=糖尿病（高蛋白质与脂肪，减少纤维摄入），F=挑食宠物可能喜欢，或者是蛋白质与脂肪含量相当的食谱，即宠物猫喜欢的“对半开”食谱；G=发育或者受伤恢复期；K=肾脏疾病（减少蛋白质、磷、盐的摄入，增加钾的摄入）；U=尿道堵塞（增加蛋白质、蛋氨酸+半胱氨酸、维生素 C 和水分的摄入）。利用“蔓越宠物”、亚麻、大麻，让Ω脂肪酸的比率保持很低的水平；W=减肥（增加南瓜、蔬菜，少用肉类和乳制品，因为其中含有激素）。

健康调味料

宠物猫狗通用

（人宠皆宜）

这种味道鲜美的调味料，是针对那些挑食的宠物猫设计的，其中蛋白质与脂肪的含量很高，又很均衡，跟猫咪捕食的猎物中蛋白质与脂肪的含量水平相当。其中还富含Ω-3族脂肪酸、维生素、矿物质及胆汁素，在不含鸡蛋的食谱当中，胆汁素的含量可能很低。喜马拉雅黑盐不但提供了许多食物中都缺乏的硫元素，而且会增添一种可与鸡蛋媲美的浓郁风味。喜欢吃海产品的宠物猫，同样可以在混合食品中享受到紫菜末或者红藻末。将它们与“猫用素食”营养补充剂按照每日用量一起撒在豆腐上，可以轻而易举地做出一顿猫食。狗狗可能也会喜欢吃上一点。大家也可以在意大利面、汤、沙拉和谷物中试一试这种调味料。

$\frac{1}{2}$杯营养酵母

3汤匙有机葵花子卵磷脂或者大豆卵磷脂

2茶匙麻籽粉

2茶匙亚麻籽粉

$\frac{1}{8}$茶匙喜马拉雅黑盐（可选）

1片烤紫菜，碾碎（可选）

用一只罐子，将营养酵母、卵磷脂、麻籽粉、亚麻籽粉、黑盐与烤紫菜（要是用了的话）拌起来，储存在冰箱里；重要的是，一旦亚麻籽磨成了粉，就必须冷藏才行。在喂饲的时候，再撒一点到宠物食品上；这样做，给宠物食品增添的风味，会比拌入宠物食品当中更佳。

可选项：可以用等量的南瓜子粉（其中富含锌，很适合抗寄生虫）或者芝麻粉（其中的蛋氨酸含量很高，宠物对这种营养成分的需求量，高于我们人类），代替部分或者全部的麻籽粉与亚麻籽粉。如果喜欢搞实验，大家还可以添加一点谷氨酰胺胶囊，与这种做法比较一下。谷氨酰胺胶囊是一种市场上有售的人用氨基酸，可以给食物带来很好的风味。猫最喜欢的一些食物（包括兔子）中，谷氨酰胺的含量都很高，因此，谷氨酰胺可能正是猫类需要的一种营养成分。

热量：540卡路里，差不多等于每1茶匙15卡路里（34%的蛋白质，35%的脂肪）。

豆腐酸奶油/酸奶

宠物猫狗通用

（人宠皆宜）

这是一种很容易制作、也很令人满意的植物性替代品，可用于替代酸奶或者酸奶油；而且，其中的蛋白质含量要比乳制品和许多肉类都高得多。大家可以把它像酸奶一样，倒在高蛋白甜点中的浆果上，也可以把它厚厚地涂在宠物狗爱吃的、用豆类做成的食物或者玉米饼和卷饼上（与莴苣及整套配菜一起喂饲的话，也完全没问题，只有洋葱除外）。把它当成一种粗磨酱来喂饲，也会让猫咪大感兴趣。这种豆腐酸奶油还可以长期储存，因此可以存储备用，甚至在野营时也可使用。

就算没有一点甜味剂，这种豆腐酸奶油的味道也好得很。

1包（约340克）加韧嫩豆腐

1茶匙或更少量的柠檬汁，根据口味酌情添加

$\frac{1}{2}$茶匙或更少量的枫树糖浆、黑糖[4]或者龙舌兰糖浆，根据口味酌情添加

$\frac{1}{8}$茶匙食盐，根据口味酌情添加

在搅拌器里，将豆腐、柠檬汁、枫树糖浆和食盐搅拌起来打成糊状，直到它们变得非常均匀。您也可以将这些原料放在碗里，然后用叉子搅打一会，直到其变成奶油状；这样做，所用的时间还不到一盏茶的工夫。将其储存在一只玻璃罐里，1个星期内使用。有的时候，我们会往其中添加益生菌胶囊中的粉末，使之完全达到酸奶的效果。

可选项：大家可以将这种酸奶与2杯应季的新鲜草莓一起使用，从而让宠物狗永远地爱上你们。再则，大家给宠物狗做的也是一顿味道极佳、令其惊喜的食物，能够提供30%的蛋白质，比汉堡中的蛋白质含量还要高。

热量：191卡路里（52%的蛋白质，30%的脂肪）。

4 黑糖（Sucanat），红糖的一种，亦称“黑红糖”。

芝麻酱汁

宠物猫狗通用

（人宠皆宜）

这种调味料简单易做，并且要比用动物脂肪或者精炼油做成的肉汁更加健康。

1杯克里米尼双孢菇（可选）

1杯芝麻酱

$\frac{2}{3}$杯或者更多的水

$\frac{1}{4}$杯或更少量的酱油

2茶匙营养酵母

一撮大蒜末

在平底锅里，用中火加热，将蘑菇（如果用了的话）、芝麻酱、水、酱油、营养酵母和大蒜末一起翻炒。将多余部分冷藏或者冷冻起来。在淀粉含量较高、蛋白质含量较低的食物配方当中，不要过度使用这种酱汁，否则有可能使得食物配方中的蛋白质含量过低。

热量：1 421卡路里（12%的蛋白质，69%的脂肪）。

简单的健康零食

有时，没有什么东西会像一种简单、天然而原生的食物那样，对宠物更加有益的了。

猫用：玉米、黄瓜、香瓜或者其他甜瓜。夜间食用：磨牙用颗粒状猫粮（尤其是在宠物猫长了牙石的时候）。**不能喂饲葡萄、巧克力或者葡萄干**。

狗用：胡萝卜条、西蓝花茎、红薯咀嚼条（网上有售）或者咀嚼棒。草莓、苹果、香蕉、圣女果、甜瓜、木瓜、牛油果（去皮）。**不能喂饲葡萄、巧克力或者葡萄干。**

烤味珍品

宠物猫狗通用

（人宠皆宜）

邻居家养有一只宠物猫，经常前来造访我们，跟我们打个招呼，有的时候也是为了讨一点东西吃。这只猫咪非常挑食，因此看到它很喜欢吃涂有椰子油的小片新鲜全麦吐司面包后，我们都留下了深刻的印象。为了提高其中的蛋白质含量，我们还在这道非常容易制作的零食上撒了一点营养酵母；这种零食，也可以添加在宠物湿粮中，将其当成“配料面包丁”。它很适合与瘦肉、“每日新烧烤”或者豆类搭配起来，因为后者都是一些高蛋白、低脂肪的食物。

$\frac{1}{2}$片有机全麦吐司面包（我们最喜欢的就是这种“生命之粮”）

1茶匙椰子油、亚麻油、大麻油，或者任何一种坚果黄油或种子黄油

1茶匙营养酵母

将面包稍稍烤制一下。趁吐司面包尚热的时候，把油涂上，并且把营养酵母撒在面包上。掰成小块，以便喂饲小猫。

热量：65卡路里（17%的蛋白质，39%的脂肪）。

第 7 章

做出改变

现在，大家应该已经准备行动起来了吧！你们都珍爱自己的宠物，有可能甚至还与它们就素食“谈判”过，要让它们转去吃一种尽可能新鲜、有机、健康、人道和可持续的新饮食。恭喜大家!

愉快而成功地进行转变的第一步，是从大家自身致力于新的行动方针开始的。应当记住您为什么要这样做，并且要满怀信心地坚持下去。应当让您对宠物的爱、对所有动物的爱、对地球的爱、对未来后代的爱，变成自己的动力与后盾。而且，您不应忘记，这样做，也是在用美味而健康的食物滋养自己。这样做，必定会让您觉得有滋有味，并感到开心。

可能您首先想要做的，是改变一些常规的做法，并且学会一些新的厨艺；当然，这取决于您以前的饮食方式如何。假如以前吃的主要是快餐和外卖，那么出于健康与环境两个方面的原因，这样做也会是一种有益的改变。一旦您和宠物都走上了正轨，坚持下去就是小菜一碟了。

如果您是一位比较喜欢待在家里的人，并且已经为自己的宠物设计出了一些特殊的食谱，那么现在您一定会发现，与宠物配合、一起食用许多相同的菜肴，就要容易得多了。这就意味着，你们将会有更多的时间，一起在花园里散步、玩耍和闲逛了！

新鲜饮食小贴士

首先，您应当选择对自己最有效果的方案。假如您吃的已经是一种健康饮食，并且在厨艺方面已经得心应手，那么您有可能更喜欢一种粗线条式的方案，比如"新鲜灵活"方案。假如您想要获得更详细的指导，想要确定自己的做法满足了宠物独特的营养需求，那么您就可以干干脆脆地利用本书中的食物配方。无论如何，您都可以买一些宠物粗粮或者罐装食品，以备不时之需、旅行时用或者当成宠物零食。在利用本书中的食物配方时，您应当从最容易烹制的食谱开始，比如猫用的"野生豆腐"，狗用的"炖扁豆""煮锅晚餐"或者"狗用肉菜饭"。然后，再找出三四种自己喜欢的、标有"人宠皆宜"的食谱或者方案，经常做一做，但应当替换类似的原料，创造性地做到多样化，将营养搭配做到最优。比如，您可以不用大米，而用奎奴亚藜麦试一试；不用羽衣甘蓝，而用西蓝花；不用菜豆，而用花豆；不用麻籽粉，而用卵磷脂；不用鸡肉，而用火鸡肉，等等。

假如您一直都是用流行的"生（肉）饮食"喂养宠物，并且希望能够经常这样做下去，那就可以试一试"宠物猫日"或"宠物狗日"方案，或者我们提供的猫用"火鸡宴"食物配方。

⊙**储备好基本的食物原料**，从而不至于在制作宠物食品的过程中出现食材不足的现象。假如您住在郊区，可以在网上订购一些干货，比如豆类、谷物和坚果。

⊙**找出一种好办法，将基本的食物材料组织得有条有理**。我们是把谷物和豆类装在可以重复使用的罐子里，再根据罐子的种类和大小分好组，存放在食品贮藏间里。经常用到的调味品，比如营养酵母和辛香料，则用小罐装好，放在炉子旁边的食橱里。安排好这个，可算得上是一门艺术呢！

⊙**自己烹制豆类，这样做既省钱，包装方面的浪费也会更少**。将多余的豆类用广口瓶装好，上面留出约2.5厘米的空间，供豆类膨胀。

⊙**每月应当有一两次，制作一大块"素食汉堡""美味汉堡"或者"每日新烧烤"**。将它们用烤盘纸隔开，冷冻起来，贮存在容器或者塑料袋里，以备日后使用。

⊙**在冰箱的一侧设立一个由玻璃罐子或玻璃容器组成的"无穷沙拉间"**，其中储存有冷冻的豌豆或玉米、菜豆或鹰嘴豆、"无蛋沙拉"、碎甘蓝或胡萝卜丁、圣女果、切片蘑菇、炒甜菜、鹰嘴豆泥

或肉味块状食物（如“每日新烧烤”）。不要用塑料容器，而要用玻璃容器。玻璃容器透明、无毒，又可以无限次地重复使用。

⊙**提前做好计划与准备**。在加热一种食物的时候，您可以准备另一种食物。早餐过后、刷洗碗碟的时候，您可以烹煮土豆或奎奴亚藜麦、给沙拉间添换食材，或者将汉堡、豆类、豌豆等解冻，以备过后使用。晚餐之后，您可以浸泡豆类或者谷物，供第二天使用。

⊙**将食物配方抄写下来，贴在食橱的里侧**。在食橱下方安装一个食谱搁架的确非常方便；食橱空间若是狭小的话，则尤其如此。

⊙**购买一些有用的厨具**，尤其是要买一台优质的搅拌器，比如“维他美仕”，还要购买一台数码式压力锅（烹煮豆类、谷物、炖菜的时候很好用），以及一台食品加工机。研磨添加到宠物食品中的亚麻子及其他种子时，一台坚果/种子磨粉器也是很有用处的。

如何烹制豆类和谷物?

一般来说，各种扁豆都是很容易烹制和消化的。宠物们也都喜欢吃，而它们的蛋白质含量也非常高，仅次于大豆制品。

将鹰嘴豆或者黑豆、红豆、花豆、白豆泡上一夜或者几个小时，然后充分清洗，直到水变清亮，以便去掉那些妨碍宠物消化的物质。将它们装入一个罐子，或者是一台数码式压力锅内（只要按下“豆类”按钮，就会在30分钟后煮好）。加水至没过豆类5厘米，并且加入1片土豆或者海带，以减少消化性气体（煮好之后，将土豆或海带扔掉）。豆类煮软后，再次清洗，直到水变清亮。将豆类捣成糊状，以便宠物更加容易消化（或者把豆类用食品加工机磨成糊状）。将多余的部分冷冻起来。表7-1将有助于您对用量做出规划。

每	等于	或者
罐规格约为 425 克的豆子	$\frac{1}{2}$ 杯干豆	$1\frac{1}{2}$ 杯煮熟的豆子
0.45 千克干豆	2 杯干豆	6 杯煮熟的豆子（4 罐约 425 克的豆子）
1 份干豆/扁豆	3 份煮熟的豆子/扁豆	

表 7-1　烹制全谷类

1 杯干的	+杯水	烹煮时间	热量相当于熟后	蛋白质含量/%
苋菜	2	15～20 分钟	$2\frac{1}{2}$ 杯	13
珍珠大麦	3	45～60 分钟	$3\frac{1}{2}$ 杯	7
糙米	$2\frac{1}{2}$	40～45 分钟	3 杯	7
荞麦	2	20 分钟	4 杯	12
干小麦	2	10～12 分钟	2 杯	13
玉米粉（粥）	4	25～30 分钟	$2\frac{1}{2}$ 杯	8
小米	$2\frac{1}{2}$	25～35 分钟	4 杯	11
燕麦，碎粒	$2\frac{1}{2}$	25～30 分钟	$2\frac{1}{2}$ 杯	15
奎奴亚藜麦	2	12～15 分钟	3 杯	15

可能出现的问题

有些情况下，大家可能会碰到一些障碍，包括：

⊙宠物是否接受新饮食，以及新饮食的适口性问题（这个问题在猫咪身上更加常见）。

⊙宠物的肠胃系统适应新食物需要过程，有可能出现暂时性的消化不良。

⊙在宠物排毒，以及宠物肠胃系统对以前的饮食进行“大扫除”时，宠物的健康状况出现短暂的下降。

⊙患有猫类泌尿系统综合征的猫咪，病情有可能出现恶化。

大家可能碰到的最常见的难题，就是猫咪会对新食物嗤之以鼻，甚至心存怨恨，觉得主人竟然会用新的食物把它原来的世界搅个乱七八糟。有一位顾客的情况正是如此，她打电话给我们，说她喂养的猫咪都习惯了吃商业性猫粮，根本就不吃给它们做的新食物。

“您都试过些什么呢？”我问道。

“各种各样的肉食、乳制品、谷物，还有蔬菜、营养酵母，什么都有！可它们愿意去碰一碰的，几乎只有金枪鱼罐头和鸡肉罐头，尤其是那只老猫。不但如此，还得是一种特定牌子的罐头!”

这话听上去熟悉得很吧？许多宠物猫都习惯了某些食物，以至于就像是那些吸毒的瘾君子一样。宠物食品制造商也很擅长将屠宰场废料中的禽畜内脏（俗称的“下水”或者“肚肠”）的种种诱人气味与味道，融入并喷洒到颗粒状宠物粗粮的表面；所以，宠物能够尝到的，全是这种味道。结果，宠物那种原本能够选择多种多样、健康而营养均衡的食物的天性，可能就会大受影响；这种情况，与我们会对爱吃的垃圾食品上瘾是一样的。

还有一个问题，就是在宠物的身体适应新饮食的过程中，健康状况会出现暂时性的下降，有位顾客碰到的情况正是如此。这位顾客在给一条患有慢性疾病的宠物狗喂饲了新食物，并对狗狗进行治疗之后，他如此说道："一开始的时候，亨利没有出现什么问题。可接下来，它却突然不再进食，表现得就像是生了病似的，只是无精打采地躺在那里。"

有的时候，某位顾客还会这样说："我的狗狗很喜欢吃新食物，吃了好几个星期。可就在昨天，它却拉下了一大堆的寄生虫！我该怎么办呢？"

不管大家信不信，听到后面这两种反应，我却觉得非常高兴。这是因为，根据经验，我知道它们可能是自然治愈过程中的一种有利迹象。转到一种更加健康、更加洁净的饮食之后，一只并非处于最佳健康状态的宠物，不久就会把体内积聚的有毒物质排泄出来，或者原本所患的症状会出现短暂的恶化（通常被称为“康复转折点”），这是一种相当普遍的现象。这些表面上的恶化，都是宠物通往健康之路上的正常障碍，常常还是一种必不可少的障碍。排出一大堆寄生虫，则更是一种有利的迹象，说明宠物狗的健康状况正在改善当中。以前适合寄生虫生存的宠物身体条件，如今不再对这些寄生虫有利了。

用烹调技艺巧妙征服挑食的宠物

我们首先来看一看宠物挑食的问题。挑食的宠物，几乎都是猫咪。大家不但要记住，你们为什么想要让宠物猫改变饮食习惯，而且要记住，是谁在烹制猫食。不要任由宠物的挑食习惯控制您的生活，或者是对您的判断造成干扰，就像一位聪明的家长不会屈服于一个要求吃糖的孩子一样。您的判断就是，从大局来看，究竟什么东西对宠物最好。

所以，第一条经验法则就是，要用一种具有吸引力的方式，用新的食物去喂饲宠物猫。大家不必戴上大厨的帽子、做出一道五星级的菜肴来，只需利用一些常识就可以了。

⊙首先，让您的这位重要“顾客”在一个令人舒适和安全的进食地点“就坐”，不要让宠物猫在人来人往的过道边，或者挨着一个垃圾桶进食。

⊙想让食物更加香气扑鼻、更加具有吸引力，您应当将冷藏的食物稍稍加热（就像任何一家好餐馆里的做法一样），而不要从冰箱里拿出食物，直接“装盘”去喂饲。

⊙慢慢地开始。应当小心翼翼，把少量新食物掺入猫咪最喜欢吃的饭菜当中。对您来说，这样做可能让您觉得麻烦；可对宠物猫来说，这种做法却会是一种了不起的灵药。应当在宠物猫的每一餐当中，逐渐增加新食物的掺入量。几个星期之后，您的宠物猫就会将曾经属于每日所吃大餐中主要成分的那些食物，忘得一干二净。

⊙为了促进这一过程，不妨给宠物猫喂饲一些“调味料”和酱，比如“健康粉剂”（参见第6章）或者营养酵母。《自然猫》一书的作者安妮特拉 · 弗雷泽发现，几乎所有猫咪都喜欢吃南瓜、笋瓜或者胡萝卜，尤其是喜欢吃烤熟的而不是蒸熟的，还有西葫芦与胡萝卜汁。安妮特拉对绿叶蔬菜不是特别热心，因为绿叶蔬菜中含有草酸盐，呈碱性，有可能加重猫咪患有的膀胱砂、膀胱结石及膀胱阻塞等症状，因此您可以将它们从新食谱中删除。

⊙假如某种宠物食品配方或者某种牌子的新食物没有吸引力，那就不妨试一试另外一种。有些猫咪拒绝了某种食物好几个月之后，就会毫不犹豫地去猛吃另一种新的食物。

⊙最后，在设计新食谱的时候，不妨试着使用营养含量**差不多有一半蛋白质、一半脂肪**的配方或者食物。

// 宠物猫：一半蛋白质，一半脂肪

什么？为什么会这样呢？就在上个星期，我们偶然看到了一篇很吸引人的专题文章：《猫咪为什么会挑食》。文章说，挑食源自它们的进化历史。食物的气味、滋味和质地，对猫类来说都很重要。不过，人们曾经对猫类的味道偏好进行过研究，结果表明，猫类真正想要的，就是摄入的热量一半来自蛋白质、一半来自脂肪的那些食物。而且，这种比例，与野生猫类食物中蛋白质与脂肪的比例也很接近。

这一宝贵线索很好地解释了以下情形：猫咪会喜欢一些令人意想不到的食物，比如豆腐或甜玉米，甚至喜欢吃完全与食肉动物毫不相干的哈密瓜。不考虑其中的碳水化合物水平，这些食物当中的蛋白质和脂肪含量都几乎完全相等。燕麦、奎奴亚藜麦、玉米粉和大米，都与上述食物类似，其中的蛋白质与脂肪含量也很均衡。因此，我们也牢记着这种神奇的比例，设计出了一些食物配方，其中就包括了上一章里的“野生豆腐”和“健康粉剂”调味料。大家不妨用这些东西来试一试。同样，火鸡肉与鸡肉相比，也更受宠物猫的欢迎。

为什么有些猫咪会很喜欢吃黄瓜、哈密瓜、玉米和芦笋？对此，现在我们尚不能准确解释，或许，是因为宠物猫发觉自己的饮食中某些营养成分含量太低的缘故吧！我认为，其中的营养成分之

一，可能就是胆碱；根据“营养数据网”（nutritiondata.com）列出的数据，胆碱在上述食品的营养概览中显得非常突出。在猫咪最喜欢吃的蛋黄中，胆碱的含量甚至更高；卵磷脂粉也是如此，因此是大家值得一试的一种调味品。野兔肉和鸡肉当中，胆碱的含量也**非常**高；野兔和鸡更像是猫类的天然猎物，而鹿肉与野牛肉中的胆碱含量却没有那么高。

对于猫类的味觉来说，谷氨酸也是一个非常关键的要素。谷氨酸属于基本氨基酸之一，会给食物带来一种强烈的“鲜”味，而在营养酵母、玉米及我们那种味道极佳的“美味汉堡”中，谷氨酸的含量也很高。对了，在野兔肉当中，谷氨酸的含量**极高**。因此，但愿我们能够找到一些办法，既可以保住野兔的性命，同时又能满足猫咪的需求。实际上，大家何不打开1颗人类服用的谷氨酸胶囊，将其中的粉末撒到宠物猫粮上，或者添加到上一章提到的“健康粉剂”配方中去呢？那样的话，您就会得到一种全新的、对宠物猫极具诱惑力的猫食了。这种东西，味道的确相当不错呢！

// 肠道生物群落：是时候更新换代了

其实，就算您的宠物不是特别挑食，缓慢地转变宠物的饮食习惯，也是很有好处的。

缓慢转变的优点：如今我们都知道，改变饮食之后，胃肠道里所有复杂的微生物也会根据各自最喜欢的食物，相应地做出改变。有些微生物会增加，有些微生物会减少，甚至一些新的微生物还会加入进来。

所以，如果大家太过突然地改变宠物的饮食方式，哪怕是从一种品牌的商业性宠物食品换到另一种，宠物也有可能出现短暂性的腹泻，或者出现食欲不振的症状。这是因为，消化道里原有的菌群相继死去，并逐渐被新的菌群所取代。这一过程，可能需要1个星期左右；但一旦完成，宠物就会恢复正常。

益生菌：为了帮助菌群适应新的饮食，大家可以考虑在转换过程中使用益生菌，引入一些有益的细菌。用于宠物和人类的任何益生菌，应该都是有效的。

// 来一场小小的禁食？

要是以上手段全都没有用，又该怎么办呢？那样的话，您喂养的很可能是一只对某种食物上了瘾的猫咪。可能需要更加极端的手段，给它来一场禁食才行；当然，这种手段最终也是为了宠物猫好。

这并不是说要让猫咪挨饿，从而使之屈服。在野外，食肉动物经历一场短暂的禁食，是很自然的一件事情。禁食会让宠物激发出一种滞后的食欲，有助于清理宠物的身体，并且改变原来的进食习惯。

要想进行一场有益于健康的禁食，您的宠物需要一个有益于健康的环境：充足的新鲜空气、安静的居所、能够到户外活动，并且还要有适度的运动。例如，安装人员来家里铺装新地毯的时候不要试着让宠物禁食，天气太冷的时候可能也没法禁食，因为在那种情况下，猫咪可能只想待在室内，坐在火炉边取暖呢！

禁食的过程如下。

⊙从一个为期1～2天的初试阶段开始。用猫咪平常所吃的食物喂饲，但喂饲量减少，或许还可以添加一点新鲜的新食物。

⊙在接下来的一两天里，变成流食禁食，即只喂宠物猫喝纯净水、蔬菜汁、肉汤、稀汤，或许还可以喂一点豆奶。

⊙接下来的一天，中断禁食，并且在流食当中添加一点干食，其中包括您想要开始喂饲的那种新食物。

⊙再接下来的一天，将新食物的掺入量增加到正常的喂饲量。假如猫咪仍然不太乐意吃，那么往猫食中撒上一点营养酵母（不要拌入），或许会让它欣然进食的。

在宠物猫非常顽固的情况下，把禁食期延长一点，或许会有所收获。有位顾客曾经忧心忡忡地说，开始中断禁食之后，她喂饲的任何天然食品，那只猫咪都不愿意吃。我建议说，她可以让那只猫咪继续吃流食，把时间延长一点。她照我说的去做了。几天之后，她便热情洋溢地反馈说，那只原来非常挑食的宠物猫，如今蔬菜、谷物，甚至豆沙，通通都吃了；要是搁在以前，它碰都不会去碰这些东西呢!

// 关于禁食的一些问题

在您放弃努力、让宠物继续吃原来的食物之前，应该让宠物饿上多久的时间呢？对于狗狗而言，2天应该足够了。然而，宠物猫却不同，因为一段时间里不吃东西，对它们来说似乎没有什么大不了的。我的顾客喂养的宠物猫中，一些最挑食的猫咪在禁食了5日之后，仍然没有实实在在的饥饿感，仍然不愿意去尝试一种新的猫食。

有些宠物狗或者（尤其是）宠物猫，即便是不吃不喝好几天，也不会达到一种正常的饥饿水平。这种情况，通常都是宠物患有某些慢性疾病的征兆。我并不是说这种宠物一定患有某种病症，或者是一定患有某种明确的疾病。更准确地说，它们是没有处于最佳的健康状态，或者是健康状况不太好。对此，我会利用个性化的顺势疗法，提高宠物的整体健康水平。过后，宠物便会开始比较正常

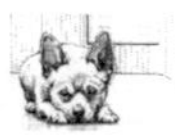

地进食了。假如您的宠物不肯进食，而您又找不到实施顺势疗法的兽医，那么您可以采取下面我所称的“折中办法”。

// 折中办法

假设循序渐进式的改变饮食无效，而您也不想让宠物禁食，您可以将新食物掺入到宠物原来吃的食物里，把这当成是一种持续改变下去的折中办法。

// 一点一点地吃：不好的习惯

宠物接受新食物的最重要因素，就是宠物真正感到饥饿。许多宠物之所以对尝试新食物不感兴趣，就是因为它们从来没有真正地达到饥饿的程度，尤其是那些可以随时随意一点一点地吃东西的宠物。它们完全缺乏尝试新食物的动力。宠物猫尤其如此，它们已经完全适应了饱一顿饥一顿的自然循环，因此可能需要好几天的时间，才能让它们觉得有点饿。

通过定期检查宠物，您可以轻而易举地对宠物的整体健康状况进行监测。宠物狗身上散发出一种“狗味”，或者宠物猫呼出的气味难闻，都不是正常现象。凡是身上有难闻气味的宠物，都会表现出健康状况长期不好的迹象。假如宠物看上去不太健康，那么，您就要请本地的兽医一起，来完成宠物的饮食转变。说清楚您正在试图去做的事情，以及这样做的原因，或许还要给兽医看一看宠物的食谱与所做的分析。请兽医定期给宠物做一做体检，确保宠物没有健康问题，确保宠物对新的食物能够做出预期的反应，并且确保宠物既不会降低体重，身体状况也不会变弱。

// 宠物身体做出的反应

假如宠物的健康状态并非一流，那么改用一种更好的（或者说毒性较小的）饮食方式，可能就会诱发净化身体的过程。

多年以来，您的宠物食用的，一直都是经过了过度加工的食品。毫无疑问，宠物也接触到了环境中的污染物质，或许还被喂饲过一些药效强烈的药物。因此，吃了一种更加健康的饮食之后，宠物身上就会出现种种似乎奇怪的状况。这是宠物的身体做出了反应!

宠物的整体状态往往会变得更好。能量和营养会在宠物的组织器官中循环。宠物血液的质量和携氧能力，将会得到改善；于是，宠物就会变得更加活跃。反过来，增加的锻炼量会有益于那些已经具有惰性的组织器官，让它们重新变得活力十足。

两到三周后，宠物的身体就会着手进行某种体内“大扫除”。此前一直都舒适地生存于宠物体内的一大堆寄生虫，可能会被排泄出来，从而让肠道变干净。这种“大扫除”会让宠物的肾脏、结肠或皮肤排出大量的毒素；因为肾脏、结肠或皮肤，都是体内重要的排泄器官。比如，宠物的尿液颜色有可能变得更深，并且气味更加浓烈；宠物的粪便会呈黑色，并且其中暂时性地含有黏液或者血斑；宠物的皮肤可能出现大面积的疼痛区域，或者形成大量的皮屑。有时，随着皮肤变得更具活性，准备长出一层新的、健康的毛发，宠物身上还会脱下大量的死毛（这种情况，很像是一株植物在长出新叶之前，枯叶会掉落）。

// 康复转折点

表象可能具有欺骗性。不管您看到的情况如何，宠物的身体都正在变得更加清洁。我知道，这一点很难理解。我们中的绝大多数人，都希望一种生理问题得到有效治疗之后，宠物的身体状况会稳步地得到改善。我们当然都不会希望，宠物的身体状况看上去比以前更加糟糕!

对患病宠物使用抗生素或其他常用药物，通常只是将症状压下去，宠物体内潜在的紊乱却留了下来，实际上宠物所患的疾病毫无变化，因此同一个问题或者与之相关的病症，可能会在之后再次突然出现。用药物来控制疾病，还会导致一种长期后果，即让宠物的身体变得懒惰起来，使之不愿努力去保持自身的健康。

在过去，人们比今天更加清晰地认识到了治疗的各个阶段；其中一个阶段是关键时刻，可能表现为发烧、炎症或者症状暂时性地加重的现象。在这个关键时刻，患者要么开始康复，要么开始走向死亡。这个所谓的“康复转折点”，就是让身体的防御机制发挥出最大作用的一个时刻。这是一种竭尽所能的努力。

然而，倘若我们通过注射抗生素或者“可的松”而干扰到这一过程，那么，患者的防御机制就没有利用起来。这就意味着，防御机制没有机会解决导致疾病的体质虚弱问题，就像一块没有得到充分利用的肌肉似的，身体的防御机制也会慢慢衰退下去。很快，身体抵抗任何新疾病的能力就会被削弱，而身体也需要更多的药物，才能应付新的疾病。由于受到了感染，受到了药物中有毒成分的削弱，身体就会要求更多可用的营养；这会导致营养供应负担过重，进而造成营养摄入不足。营养不良还会进一步降低身体抗病能力，而这反过来导致我们需要使用更多的药物。于是，不知不觉间，我们陷入了恶性循环。

如何才能打破这种恶性循环呢？最关键的就是良好的饮食。通过摄入最适宜的营养成分，我们就能提高抗病能力，并且帮助身体消除药物中有毒成分的影响。

因此，在改善宠物饮食的过程中，倘若看到这些排毒的迹象，请不要感到气馁。这说明您已经取得了进展!

// 利用草药，简化过程

假如在转换新鲜饮食时宠物出现一定程度的紧张情绪，您可以利用下述草药，它们能够帮助宠物净化身体，让宠物的组织器官重新恢复健康。注意：选择最适合解决宠物问题的草药，只需用一种，而不要把多种草药结合使用。

紫花苜蓿（学名：Medicago sativa）是一种极佳的补品，可以刺激消化与食欲，帮助身体消瘦的宠物增重，并且改善其体力与精神活力。它很适用于那些体重不足、紧张不安或者十分敏感的宠物，这些宠物可能患有肌肉痛、关节疼或者泌尿问题。它还适用于患有尿结石、膀胱发炎等病症的宠物。对于宠物狗，您可以根据体重，在狗狗每日的喂饲量中添加1茶匙至3汤匙的紫花苜蓿粉或者干混紫花苜蓿。您也可以将3汤匙苜蓿粉放在1杯水中，浸泡20分钟，当成茶来泡。然后，将茶水拌入宠物食品中，或者用一个球形注射器（或火鸡滴油管[1]）让宠物口服。至于猫咪，每天可以喂饲1茶匙（干品）。

牛蒡（学名：Arctium lappa）可以清理血液，并且帮助身体排毒，尤其适合缓解宠物的皮肤不适。用1茶匙牛蒡根，加1杯泉水或者蒸馏水，放入一个玻璃锅或者搪瓷锅里，泡上5个小时。然后煮沸，关火并放凉。查看表7-2，确定宠物狗的喂饲量。至于猫咪，可以每天喂饲 $\frac{1}{2}$ 茶匙。

大蒜（学名：Allium sativum）有助于驱除寄生虫，增强消化，并且对肠道产生有益的刺激。您可以利用大蒜，来促进宠物的肠道健康。对于所吃食品中肉类或鱼类所占比重很高的宠物，以及那些超重或者因为患有关节炎、发育不良而造成髋部疼痛的宠物，大蒜也很适用。您可以根据狗的体型大小，在每一顿里添加 $\frac{1}{2}$ ~3瓣新鲜的大蒜制成的蒜末。至于猫咪，每天可以喂饲 $\frac{1}{4}$ 瓣大蒜。

燕麦（学名：Avena sativa）也是一种补品。对于神经系统虚弱的宠物，比如患有癫痫、颤抖、颤搐和瘫痪的宠物，尤其具有滋补性。燕麦还能抵消用药量过大带来的副作用，有助于净化身体，能为新组织器官的发育提供营养。因此，大家不妨将燕麦粥当成宠物饮食中的主要谷物。

表 7-2　具有净化作用的草药使用剂量一览表

宠物狗的大小	紫花苜蓿，固态	紫花苜蓿，液态	牛蒡，液态	大蒜瓣数
微型犬（4.5~6.9 千克）	1 茶匙	2 汤匙（$\frac{1}{8}$ 杯）	1 茶匙	$\frac{1}{2}$
小型犬（7.0~15.9 千克）	3 茶匙（1 汤匙）	5 汤匙（$\frac{1}{3}$ 杯）	2 茶匙	1
中型犬（16.0~27.9 千克）	5 茶匙	8 汤匙（$\frac{1}{2}$ 杯）	3 茶匙（1 汤匙）	2
大型犬（28.0~40.9 千克）	7 茶匙	12 汤匙（$\frac{3}{4}$ 杯）	5 茶匙	$2\frac{1}{2}$
巨型犬（41 千克以上）	9 茶匙（3 汤匙）	16 汤匙（1 杯）	6 茶匙（2 汤匙）	3

注：1 汤匙相当于 3 茶匙。
1 杯相当于 16 汤匙。

1 火鸡滴油管（turkey baster），烤火鸡或烤肉时用于往肉上滴油或者浇汁的管子。

// 洗澡

您还可以把燕麦秆利用起来，给宠物洗一个具有治疗作用的澡：用0.5～1千克麦秆粉，加3升的水，煮上30分钟。将煮液加入宠物的洗澡水中，或者在宠物洗完澡、冲洗时站在浴盆里，再用海绵蘸着煮液，反复给宠物进行清洗。这种治疗方法，对皮肤问题、肌肉和关节疼痛、瘫痪、肝脏与肾脏问题都很有益处。相比于猫咪，狗狗更喜欢洗这样的澡。

利用这些草药中的一种，加上新饮食所带来的益处，您可以让宠物通往良好健康的道路，变得更加顺畅和简捷。一到两个月后，您可以给宠物进行一次体检。我敢打赌，您肯定会看出前后的差别来。

最重要的是，不要对尝试改变宠物饮食感到灰心。前面提到的那些问题，在宠物转吃天然食物的过程中，一般不会碰到。大多数宠物都很喜欢新的饮食，并且消化情况也很不错。假如您遵循此处关于让新旧饮食过渡期变得轻松的建议去做，那么十有八九，您的宠物会变得比以前更加快乐、更加健康。

// 让宠物猫转吃素食的特别提示

除了患有“猫类挑食综合征”（FFS），您的猫咪可能还有容易患上“猫类泌尿系统综合征”的倾向；这种综合征，近来被称为“猫类下尿道疾病”（FLUTD）。如果您的宠物是只老公猫，或者是只身体并非处于最佳健康状态的猫咪，或者猫咪曾经有过膀胱病史，则尤其容易患上此疾病。以植物性食物为主的饮食呈碱性，有可能造成膀胱中尿结石的形成，从而堵塞膀胱，甚至有可能需要动手术，才能把膀胱疏通。另一方面，如果尿液酸性过大，则有可能导致膀胱内形成草酸钙结石。

猫咪通常都更喜欢吃颗粒状的干食，并且牙齿也较好，但湿粮在预防任何一种尿道问题，以及降低猫咪的紧张水平方面，效果更好。猫咪患有“猫类下尿道疾病”的现象很普遍，而在转换为全素饮食的宠物猫中，可能有25%～35%的猫咪都会出现这样或那样的问题，因此您可以向一位支持素食的兽医寻求帮助，比如阿尔麦提·梅伊大夫（veganvet.com），或者罗瑞莱·韦克菲尔德大夫（vegetariancats.com），这两位大夫，都为我们这一节的内容提出过建议。

这两位兽医称，他们都明确地看到过宠物狗吃素食之后健康状况有所改善的情况，尤其是那些患有皮肤疾病、毛皮问题、胃肠道疾病及过敏症状的狗狗。至于猫咪，虽然韦克菲尔德大夫出于自身的经验，对完全用素食去喂养宠物猫持有保留态度，但她也看到过，许多猫咪仅用素食喂养，完全没有问题。她建议说，要是拿不准的话，您可以采用一种部分为素食、部分为常规食物的饮食方式；不过，她也很乐意向那些希望自己的宠物尝试全素饮食的顾客提供支持。

梅伊大夫自己喂养的那只宠物猫，吃的是商业性的颗粒状干素食。至于顾客喂养的宠物猫，她的方案是：对于所有的公猫，或者看上去似乎有危险的任何猫咪，都应当在饮食改变之前，测量其尿液的pH值（理想范围是6.0～6.5），然后在转变饮食的3周之后，再测量一次。如果宠物尿液的pH值高于7.5（呈碱性），那您就要在猫粮中添加更多的流食，并且按照兽医的叮嘱，添加蛋氨酸（蛋氨酸具有酸化作用），或者添加抗坏血酸；后者做起来比较容易，但不如前者那么有效（根据猫咪的体重，每1千克添加10～30毫克的抗坏血酸，每天3次）。她发现，只要是进了食，猫咪进行这些方面的调整都是没有问题的。她还建议说，要给宠物喂饲消化酶和益生菌。

注意，蛋氨酸是一种基本氨基酸，对宠物猫狗的肝脏修复、皮毛状况及其他功能都非常重要。在素食当中，蛋氨酸的含量要低于肉类，因此最近“猫用素食”营养补充剂中加入了适量的蛋氨酸，使得宠物猫狗可以更加顺畅地开始饮食转变的过程。补充剂中蛋氨酸的含量水平，完全处于美国饲料管理协会规定的限度之内。添加任何额外的剂量，都应当由兽医开具处方才行；因为蛋氨酸过量，会使宠物的尿液过度酸化，从而有可能导致其他的问题。未经阉割的公猫，似乎对食物中蛋氨酸的含量要求较高，因为蛋氨酸涉及猫尿氨酸的生成；猫尿氨酸是一种含硫的氨基酸，可能在公猫标志地盘的过程中具有重要的作用。这种物质，可能也会对公猫的尿液pH值较高，以及常患“猫类下尿道疾病”的现象起到一定的作用。

几年之前，“宠物素食”的创始人詹姆斯·佩登用自己的产品“猫用素食Φ”，为那些吃新鲜素食的宠物猫，设计出了一种饮食转变方案。与“猫用素食”一样，这种方案提供了宠物所需的基本营养成分，可以对家里烹制的宠物饮食进行补充，只是其中不含美国饲料管理协会规定的一种尿液酸化剂，即硫酸氢钠。他提醒说，不要单独使用硫酸氢钠，因为那样做可能很危险。佩登还推荐大家使用“蔓越宠物”，即网上有售的一种蔓越梅粉剂，或者使用维生素C。

最后，在《专性食肉动物：猫、狗及素食的真正意义》一书中，作者杰德·吉伦建议，应当每隔2周对转换素食的猫咪尿液pH值进行检测，必要时还应增加检测频度；要是猫咪尿液的pH值一直太高，或者某只具体的猫咪（通常都是公猫）出了问题，可以在宠物猫粮中重新添加一些肉食。

第 8 章

特殊宠物，特殊饮食

第6章列出的宠物食谱与方案，都达到（或者超过）了喂养正常健康宠物的推荐标准。但对于某些具有特殊需求的宠物，比如正在发育的、正在繁殖幼崽的，或者患有慢性健康问题的宠物，又该怎么办呢？本章我们将向大家说明，如何利用我们在前文提供的营养分析表改善有特殊需求的宠物的健康状况。有些情况下，大家还要做出细微的调整，来满足这种宠物的需要。

本章我们将首先讨论如何喂养正常而健康的幼猫幼犬，以及怀孕或者正处于哺乳期的母猫母狗。然后，再看一看为那些存在健康问题的宠物设计的食物配方，这些食谱中，营养构成是最重要的因素。

母婴饮食

（营养分析表中标有“G”代码的食谱，或者下方显示有“发育可选项”的食谱）

幼猫幼犬（或者任何动物的幼崽）长身体的时候，无论它们是出生前还是出生后，您都需要给幼崽及其母亲提供额外的营养才行，尤其是蛋白质、脂肪、钙和磷。新的组织器官在成长发育时，会以蛋白质为“结构”，而碳水化合物和脂肪，则会提供促使新器官发育的能量。因此，这两种营养成分应当大量摄入，差不多要达到一般水平的2倍才行。脂肪提供的能量达到了蛋白质或碳水化合物的2倍多，因此补充脂肪尤其有用。

在猫狗总计60多天的怀孕期的后3个星期里，对额外营养的需求将达到最高值。在幼崽发育长大的1年到1年半间，这些需求将会逐渐下降，它们的发育速度与食欲也会逐渐下降。满足它们在这段发育期内的需要，您可利用食物配方标题下面注有“日常维持量或发育所需量”的宠物猫狗食谱，并且遵循“宠物素食”中“幼犬素食”和“幼猫素食”两种发育配方里的专用营养补充剂使用说明去做就行了，这两种发育配方都是针对母猫母狗和幼猫幼犬制订出来的。

哺乳期结束，或者幼崽成年之后，您就可以利用第6章里列出的其他任何宠物食品配方去喂饲。

巨型品种：注意，我们的新食谱都遵循了美国饲料管理协会最新推荐的、对“适用于各个年龄段”的宠物食品中钙、磷含量的限制水平，以解决像“大丹犬”这种大型品种幼崽身上可能出现的问题。我们还建议，您最好使用蛋白质含量为20%～23%的宠物狗食谱，这种含量略低于我们为其他母狗与幼犬制订的食谱中的蛋白质含量，可以避免巨型品种的宠物狗在快速发育过程中出现问题。

失母幼猫与幼犬

有的时候，由于某种原因，一只幼小的宠物没有母乳可吃，大家不得不费尽心思去照料它们。虽然照料这种宠物幼崽并不容易，但大家还是可以做到的。

幼猫配方奶

幼猫配方奶成分差不多与猫乳相同（42.2%的蛋白质，25%的脂肪）。每次喂饲的时候，让每只小猫差不多够吃就行了。这样做，既可以让小猫的肚子慢慢扩大，又不会把它们撑着（通常只需喂饲约$1\frac{1}{2}$茶匙）。不要多喂。应当在幼猫吃饱之前，就停止喂饲。

2杯全脂牛奶（羊奶更好）

2个大鸡蛋

5茶匙蛋白粉（用鸡蛋或乳清制成）

“幼猫素食”营养补充剂（按照标注的每日用量添加）

宠物猫很小的时候，喂饲频率应当更高：开始时，应当差不多每2个小时喂饲一次。然后，逐渐把喂饲频率降低到每3小时一次，接着是每4个小时喂饲一次；最后，待小猫长到6周大之后，减至每天差不多喂饲3次。

每次喂饲之后，应当轻轻地按摩幼猫的肚子，刺激其胃肠蠕动。用一张纸巾，稍微蘸点温水，擦拭幼猫的生殖器和肛门区域（母猫会舔舐这两个区域，来刺激幼猫的正常排尿与排便）。

待幼猫长到2周大，大家便可以开始在配方奶中添加蛋白质含量很高的幼崽谷食了。等小猫长到3～4周大，您就可以开始加入固体食物（第6章中提到的、用于发育的宠物猫食谱，或者优质的罐装宠物食品）。将固体食品拌入配方奶当中，形成一种很稀的糊状。应当等幼猫长到4～6周大的时候，才开始让它断奶。到了6周之后，幼猫或许就能够从猫碗里吃所有的猫食了。

在一口中型炖锅内，将牛奶、鸡蛋、蛋白粉及“幼猫素食”营养补充剂拌匀。只需加热至人体温度，然后用宠物奶瓶或者小奶瓶喂饲。让牛奶保持温热这一点很重要，因此在必要的时候，您可以把牛奶放进一个盛有热水的锅里重新加热。确保牛奶的温度跟体温一样，可不能太烫哦！您可以滴一滴到自己的手腕上，或者用温度计进行测量（合适的温度应当为38℃左右）。

幼犬配方奶

这种配方奶，完全可以与天然的犬乳（33.2%的蛋白质，44.1%的脂肪）相媲美，每1杯含有的热量约为250卡路里。

3/4杯混合乳，其中牛奶与乳脂各占一半

1杯全脂牛奶（首选羊奶）

2个大鸡蛋

1/2汤匙蛋白粉

“狗用素食”发育营养补充剂，按照标注的每日用量添加

在一口中型炖锅内，将混合乳、牛奶、鸡蛋、蛋白粉及“狗用素食”营养补充剂拌匀。加热至人体温度。用宠物奶瓶或者小奶瓶喂饲，喂饲量足以让小狗的肚子稍稍扩大，而不至于让它撑着就行。喂饲量应当根据幼犬的年龄、大小、品种而定。要是搞不准的话，您可以参照某种商业性宠物

配方奶的推荐用量去喂饲，或按照前文中的幼猫喂饲时间表去喂饲。喂饲之后，用前文中关于清洗幼猫的方法，清洗每只小狗。待幼犬长到2～3周大后，可以添加固体食物（用第6章中的发育食谱，并将它与配方奶拌起来，形成稀粥状）；在幼犬长到4～6周期间，让它们断奶。

喂养一大窝幼犬，可能需要花费大量的时间。有些人发现，在幼犬还很小、需要每2个小时喂饲一次的时候，用管饲比较轻松。市场上有一些关于照料新生幼犬的书籍，写得都非常不错，可以指导大家掌握这种技巧。

失母宠物的问题

幼猫幼犬在健康方面的最大问题，就是由配方奶或者喂饲过量导致的腹泻。在具有一定的经验之前，您绝对不要过多地给幼猫幼犬喂饲配方奶。假如它们的确出现了腹泻，您就应当停止喂饲配方奶，直到它们腹泻停止。停止喂奶期间可以用奶瓶去喂饲电解液，这种电解液可以从兽医那里购买到。

// 腹泻的治疗

有一种非常有效的草药配方，可以治疗幼猫幼犬的腹泻症状。用2杯开水，冲泡2茶匙干的甘菊，做成一种甘菊茶。冲泡10分钟，然后用滤网或者粗棉布过滤茶汤，并且往每2杯茶汤内加入1/2茶匙海盐。您可以将这种甘菊茶当成一种暂时的止泻药，它能止住多种腹泻。每天给服3剂（喂饲2分钟）。间隔期间，您可以给幼猫幼犬口服电解液（在兽医协助下，也可以给宠物幼崽注射电解液）。如果需要更多的帮助，请参阅“附录A　快速参考”，了解治疗久拖不愈的腹泻方面的更多建议，其中也包括我们推荐的顺势疗法。

// 便秘

便秘可能是配方奶喂饲量不足导致的，或者有可能是在喂饲后对胃肠蠕动的刺激不充分所致（这可是大家的义务）。患有便秘之后，幼犬或幼猫的肚子会圆鼓鼓的（好像吃饱了似的），可它们却会显得无精打采。或者幼犬要是爬到了窝外，且摸上去感觉很凉，就是小狗生病的表现。治疗便秘最轻松的一种办法，就是用温水灌肠（请参阅第18章中的用法说明）。您可以用滴眼器给幼猫灌注；而对于体型较大的幼犬，您可能需要用到一支塑料注射器。

// 便秘的治疗

假如使用灌肠剂还不够的话，那么给服顺势药物“马钱子”（学名：Nux vomica，一种药力为6c[1]或30c的丸剂）1次，通常就足够了。由于幼猫幼犬的嘴巴都很小，因此可将丸剂用纯净水化开，然后往宠物幼崽的口里滴上几滴（请参阅第18章对顺势疗法益处的更多论述）。

剧烈运动

（标有代码“G”的食谱，或者任何一种蛋白质和脂肪含量高的食谱）

倘若进行了剧烈的运动，宠物也需要补充额外的营养。剧烈运动包括参加赛跑、拉雪橇、在农场牧场工作等。增加蛋白质摄入量，可以帮助修复宠物在活动中发挥作用的组织器官（比如肌肉和肌腱）；而补充脂肪之后，它们还能提供额外的能量。因此，大家可以利用第6章里指定为“发育”所需的那些食谱。不过，营养补充剂却要使用常规维持所需的量。

特殊健康状况的营养建议

大多数情况下，把第6章给出的那些食谱当成方案中的组成部分，让您喜爱的宠物朋友恢复健康，都是很不错的做法。不过，针对特殊健康状况的宠物，做出某些改变或者增加某些步骤，也是有必要的。

// 过敏反应，皮肤和胃肠道问题

（在营养成分表中标有代码“A”和“V”的食谱）

食物过敏最常见的表征，就是皮疹和皮肤瘙痒、舔舐脚爪、耳内发炎、猫类突如其来地抓挠皮肤，以及消化问题。过敏，有可能是从对某种具体食品产生过敏反应开始的，可接下来，宠物有可能还会对取代此种食品的新食物也产生过敏反应。营养成分表中的代码“A”，表示这些食谱当中都不含上述致敏食物，或者可以去除致敏食物。

---

1 6c，即药力为 6c。这是顺势疗法中配制药物时按照 1:100 的比例操作所得的某种药物的药力，美国药典称之为“百进位制稀释”。“6c”表示 100^{-6}，即将药物纯剂稀释了 100^{-6} 倍。

在我的从业过程中，倘若遇到严重的宠物过敏问题，我通常都会提出4条根本性的建议，它们都极其重要。

⊙不喂饲动物制品，尤其是肉类和乳制品，因为它们是宠物猫狗最常见的致敏原。请参阅第6章食谱分析表中那些标有代码“V”的宠物食谱。

⊙利用有机食物源。尽管有机食品通常售价较高，也较难买到，但我们值得去努力，尤其是与宠物生病之后的药费和看兽医的诊疗费用比起来。

⊙将宠物受到有毒物质影响的概率降到最低，尤其是不要喂饲转基因食品、用氯消过毒的饮水和使用抗生素，因为它们都会破坏消化系统内的正常微生物。

⊙如果法律没有强制要求，就不要接种一年一度的疫苗。接种疫苗之后，宠物体内本已过度活跃的免疫系统，就会变得更加紊乱。

若想了解过敏及过敏治疗方面的更多信息，请参阅第5章和“附录A　快速参考”。

// 关节炎

（营养成分表中标有代码“A”和“W”的宠物食谱）

关节炎和关节问题，在宠物狗身上要比在宠物猫身上更加常见。对于关节炎，最好提前**预防**；一旦发现宠物有所不适、关节僵硬疼痛，就已到了后期。因此，最佳办法就是让狗狗从食物开始，用我们在本书中推荐的那些食物去喂饲，并且越早越好。这些食物当中含有的营养成分非常丰富，再加上有毒物质聚积量少，多半能够预防宠物出现关节问题。任何会导致发炎和肥胖的东西，都会加剧关节炎的严重程度，因此，我建议您用标有代码“A”和“W”的食谱去喂养宠物，它们不但会减少食物中的致炎因素，增加植物性营养元素，有助于宠物减肥，而且添加了色彩丰富的蔬菜，比如羽衣甘蓝、西蓝花及红卷心菜。

一些人不食用乳制品和肉类之后，患有的风湿性关节炎症状得到了极大的缓解。我们对这种喂养宠物的新方式了解还不多，但也有许多传闻逸事，称一些宠物狗吃了类似的饮食之后，同样可以延年益寿。因此，您可以在自己的狗狗身上试一试；同时，您还可以给狗狗喂饲一些抗炎症的草药和香料，比如姜黄、孜然，等等。

// 糖尿病

（营养成分表中标有代码“D”的宠物食谱）

猫狗都有可能患上糖尿病，并且发病率一直都在增加。糖尿病可能与食品质量有关，尤其是与宠物摄入体内的有毒物质有关。其典型症状在猫狗身上并不一样，因此，我们在饮食方面对两种宠物的建议也是不同的。宠物狗吃含有高度复合性的碳水化合物及纤维含量高的饮食，包括全谷类、淀粉质蔬菜和豆类，情况会变得更好。宠物猫的反应却正好相反，它们应当吃含有低碳水化合物、纤维含量低的饮食，主要是豆腐、肉类和蛋类。

请参见“附录A　快速参考”中的“糖尿病”一节，对应当做出哪些改变、应当利用哪些食谱的具体建议进行了解。

// 胃肠道功能紊乱

（营养成分表中标有代码“A”的宠物食谱）

胃部不适、呕吐或者腹泻，在宠物猫狗身上并不罕见。这些症状通常属于暂时性的突发状况，指向的往往是肠道功能紊乱。狗狗喜欢吃各种不怎么健康的食物，比如垃圾或者腐烂之物，并且吃得津津有味。

导致肠道功能紊乱的原因可能有多种，但我希望强调的，却是转基因食品这个因素。有可能，绝大多数宠物食品里面都含有这种产品（玉米、菜籽油、大豆、甜菜）；可最近的研究表明，它们对动物的胃肠具有强烈的刺激作用。因此，我的建议就是，只要食物是天然的、优质的，您就不要那么在意，不要非得用一种特殊的饮食去喂养宠物。

饮水的质量也很重要，因为含有大量氯的饮水，会影响到那些对肠道发挥正常功能非常重要的细菌。

请参见“附录A　快速参考”中的“腹泻和痢疾”这一主题，了解这些方面的更多知识，其中还包括了喂饲方面的详细说明。

// 肾脏疾病

（营养成分表中标有代码“K”的宠物食谱）

肾脏承担着通过尿液排出有害物质的任务，可以说，有毒物质的终点就是肾脏，所以减少食物中有毒物质的任何做法，都是非常明智的。我们在宠物营养方面的总体规划，应当有助于防止或者缓解如今非常普遍的宠物肾脏疾病才是。

假如宠物猫狗处于肾脏疾病的早期，那么，您就没有必要选择一种特定的食谱。然而，假如宠物的肾脏在履行职责时已然非常困难，那么就应该在营养方面做出一些调整。病情发展到后期，导致血液当中正在积聚有毒物质时，利用标有代码“K”的食谱去喂饲，或者用“新鲜灵活”原则中蛋白质所占百分比较低的那些方法（例如，减少肉类或者豆腐），降低食物中蛋白质的含量，都会有所裨益。必须强调的是，您应当用适合猫狗的最佳氨基酸组合，与含有蛋白质的食物搭配起来进行喂饲，比如鸡蛋、大豆产品和肉类。这样做，能够增加宠物摄入的蛋白质的转化效率，从而降低宠物身体把它们排泄出去的必要性。应当让宠物减少磷的摄入量，增加钾的摄入量；降低宠物对钠的摄入量，也是有好处的。假如某种宠物食品配方中钠的含量很高，尤其是，假如表中显示出每1 000卡路里热量中含有的钠超过了800毫克，您就应当减少食盐、酱油或其他含盐调味品的使用量。

请参阅“肾衰竭”这一主题，了解有助于治疗此种后期肾病的一些附加食物配方。

// 胰腺炎

（营养成分表中标有代码“W”的宠物食谱）

这种疾病，主要见于宠物狗。应当利用标准的宠物食品配方，同时遵循下述指导原则。

⊙把油类与脂肪的喂饲量降至最低，因为胰腺正是参与脂肪消化过程的器官之一（除了胰腺，还有肝脏）。所以，应当使用脂肪含量较低的宠物食谱。

⊙重点喂饲绿叶蔬菜，因为其中的维生素A含量很高。

⊙着重喂饲玉米（新鲜的非转基因玉米），以及新鲜的卷心菜。

⊙不要喂饲水果（因为其中含有果糖）。

⊙减少喂饲量，增加喂饲频率。

⊙在室温环境下喂饲。

欲知详情，请参见“附录A　快速参考”中的“胰腺炎”这一主题。

// 毛皮问题

（营养成分表中标有代码“A”“V”和“W”，尤其是Ω-6 脂肪酸与Ω-3 脂肪酸比例很低的宠物食谱）

拥有一身油光发亮、蓬松厚实的毛皮，说明宠物非常健康。通常来说，哪怕宠物的健康状况只是稍有下降，皮毛也会变得没有光泽、给人一种油乎乎的感觉，或者散发出所谓的“狗臭”味。这就是一种提示，说明我们必须对宠物的饮食做出调整了。

本书中的绝大多数宠物食品配方，都会给毛皮问题带来益处。在任何一种饮食当中，增加彩色蔬菜的用量、使用Ω-3脂肪酸含量高的营养补充剂，也非常重要。这些脂肪酸都不稳定，很容易被氧化，因此应当尽量保持新鲜。一买回家，麻籽粉就应当放到冰箱里冷藏起来；亚麻籽应趁新鲜的时候磨粉，在喂饲时再加入宠物食品当中，或者磨好存放在冰箱里，使用时再取出。

假如宠物的毛皮情况仍未好转，可以试着使用樱草、琉璃苣或者黑加仑油，再额外添加一些基本的脂肪酸。只要在宠物食品中加入少量，滴几滴到茶匙里，每天喂饲1次就行了。

从商业性宠物食品转向天然食品，效果可能需要几周的时间才能看到。随着新的皮肤与毛发生长出来，宠物的毛皮状况会有所改善。大家可能还会看到，随着喂饲的饮食当中源自环境的有毒物质或者其他毒素减少，宠物的身体会进行“大扫除”，因此宠物将会出现一个通过皮肤来排出毒素的时期，请参阅第7章和第18章。

让宠物保持皮肤好看、毛色健康的首要因素，就是用营养全面的新鲜食物去喂养宠物。给宠物喂饲有机食品，尤其是用那种自然生长、成熟，因而维生素与矿物质含量最高的蔬菜和谷物去喂养，大家就会看到种种更好的效果。

下面还有一些建议：

⊙使用不含肉类或动物制品的宠物食谱。这对我治疗过的许多患病宠物都具有显著效果。参见第6章食谱表中标有代码“V”的宠物食谱。

⊙ 蔬菜、谷物、籽类（磨粉）及坚果，这些食物中都含有大量有益于宠物皮肤的营养成分。

⊙黄色或者橙色的蔬菜当中，β-胡萝卜素的含量都非常高。β-胡萝卜素就是维生素A的前身（然而，猫类无法将β-胡萝卜素转化为维生素A，因此大家需要直接为宠物猫补充维生素A）

⊙用硫含量高的食品去喂饲宠物。含硫量最丰富的蔬菜，就是日本青豆（含量最高）、甜玉米、

豌豆、菠菜、西蓝花、菜花、卷心菜、羽衣甘蓝、芦笋、秋葵、莴苣和茄子。水果当中，含硫量最高的则是猕猴桃、香蕉、菠萝、草莓、甜瓜、葡萄、橙子和桃子。还有一些含硫食物，那就是全谷类、芝麻、腰果、花生、开心果，以及其他坚果（喂饲猫狗的时候，坚果必须碾碎或者磨成粉，才能被它们消化）。

// 泌尿问题

（营养成分表中标有代码“U”的宠物食谱）

除了“猫类挑食综合征”（FFS），您的宠物猫可能还容易患上“猫类泌尿系统综合征”（FUS）；这种综合征，近来被称为“猫类下尿道疾病”（FLUTD）。如果猫咪有几岁了（幼猫不会患有这种疾病），或者曾经患过膀胱结石，患病的概率更高。是否会发展形成结石，取决于猫咪尿液的酸碱度（pH值）。

宠物尿液的酸碱度与宠物的饮食有关。通常认为，以肉类为主的饮食会导致尿液呈酸性，而素食则会让尿液呈碱性。然而，出现这种情况的原因，并非是肉类中的蛋白质与蔬菜中的蛋白质有不同之处，而是食物里蛋白质的含量不同造成的。为宠物猫制订的食谱，一直都是用蛋白质含量很高的食物配制的；其中的蛋白质含量，与以肉类为主的饮食相当。

要想更有把握地确保新的食物能够产生出充分的酸性作用，大家可以按照上一章结尾推荐的方法，亲自对猫咪的尿液进行检测。

假如猫咪的尿液一直都呈碱性，超出了推荐的数值范围，大家又该怎么办呢？

⊙提高猫粮的湿度（加水或者加汤）。摄入较多的流食，可以让宠物更加经常地清理自己的膀胱。

⊙每天喂饲的次数不要超过2次。

⊙在宠物食品中添加Ω-3脂肪酸，这种脂肪酸有助于降低宠物尿液呈碱性的倾向。

⊙在饮食中掺入肉类，比如用我们的“宠物猫日”方案或者“火鸡宴”配方。

⊙利用像“猫用素食Φ”“素食酵母”或者“蔓越宠物”这样的营养补充剂，或者用兽医开具的酸化剂并在兽医的监测之下使用，让宠物的饮食呈酸性。

请参见“膀胱疾病”这一主题，了解测试尿液pH值、使用营养补充剂和非常有效的治疗办法等方面的具体做法。

要是您拿不准，或者您的宠物猫已经患上了“猫类下尿道疾病”，但此时病情比较稳定的话，不去改变宠物目前的饮食或许是个好选择。

// 体重问题

（营养成分表中标有代码“W”的宠物食谱）

宠物在体重方面最常见的问题是过于肥胖。如今，有许多宠物都超重，并且这种趋势还在愈演愈烈。宠物生活在室内，一天中的大多数时间都躺着不动，还在不停地吃着人们的残羹剩饭。我还认为，肉类和乳制品当中含量很高的合成激素，在宠物超重方面也发挥了重要的作用。因此，我通常都会鼓励顾客，要他们使用那些确保不含有激素的商业性宠物食品；如果顾客能够在家里用有机食材烹制宠物食品，那就更可取。

假如您喂养的宠物超重，那么，您可以选择标有代码“W”的宠物食品配方，或者“宠物猫日/宠物狗日”食谱，因为其中的脂肪含量都很低，并且含有大量的绿叶蔬菜，以及所含热量低于谷物或肉类的笋瓜、红薯等。

如果宠物狗或宠物猫非常瘦弱，那么我们就要根据相反的原则，选择脂肪含量与热量更高的宠物食谱。您也可以利用椰子油（绝大多数宠物都爱吃）、麻籽粉、坚果黄油或芝麻糊、豆腐，给宠物的饮食当中增添更多的脂肪。您应当多用这些食材，而不要用全豆类，因为全豆类中的脂肪含量不如这些食材那么高。

总　结

我们的宠物食谱，都经过了精心的规划，营养非常全面。对于绝大多数宠物，我们最明智的做法，就是喂饲含有各种营养成分的各种食物。而且，正如我们在本章中说明的那样，新鲜饮食也可以进行调整，把重点放在某些营养成分上，或者不以某些营养成分为重点，以便它们在特殊条件下能够发挥出更加理想的作用。当然，我们提出的那些原则，也可以应用到其他宠物食谱或者宠物食品上去。

要想进一步了解营养方面的知识，以及治疗方面的建议，请参阅“附录A　快速参考”中对宠物特殊情况的说明。

挑选一只健康的宠物

要想让宠物过上健康幸福的生活，挑选一只身体机能良好的宠物是首要条件。与野生远祖相比，狗类的身体机能已经大大变异了（猫类的变异程度没有那么大），这有可能让我们照料起宠物狗来非常困难，还有可能使得它们终生受苦。

您可能倾向于挑选某个特定品种的狗狗，或者挑选一只您觉得漂亮的小狗，甚至，您会在动物收容所里或者在一窝里挑选出一只样子最可怜的小狗，只是因为它激起了您的同情心。不过，挑选一只健康的宠物，并不只是选择那只最活泼、最友好、最有好奇心的宠物那么简单。

每一种狗狗或猫咪（不管是纯种还是杂交种）都有各自的身体特征，比如脸形、体形、身体各部分的相对比例，这些方面，都让我们能够预测出宠物可能出现的健康状况。此外，不同的品种也有不同的行为倾向。

扎了刺的贵宾犬

我从事的兽医职业，经常让我思考这些问题。比如说，有一天，某人带着一只迷了路的迷你贵宾犬，来到了动物保护协会（SPCA）下辖的一家诊所；当时，我正在那家诊所里上班。除了不知所措，那只可怜的小狗还从头到脚都是刺果、狗尾草和乱糟糟地缠在一起的狗毛。它的一只眼睛闭着，流着脓，而它的脚趾之间也是又红又肿。很明显，它是“狗尾草季”的受害者。

狗尾草以及其他植物的芒刺，就是您穿过一片田野之后，扎在袜子上的那种黏糊糊的刺果。它们也会紧紧地粘在小狗的身上。它们的尖刺，非但会扎入小狗的毛里，有时还会径直刺破小狗的皮肤，扎进它们的眼睛、耳朵、鼻子、嘴里、阴道、直肠以及脚趾之间。

这只可怜的小狗出现了严重的感染，以至于我们不得不给它做了全身麻醉，才能开始拔除狗毛里、脚趾间及深深地扎入它一只耳朵里的那些尖刺，这是一个漫长的过程。仔细检查之后，我们发现，还有一根刺扎进了它的眼睛里，导致它的眼睛发炎、流脓。就在大家忙忙碌碌的时候，我和助手多蒂开始谈到了这个话题：狗狗只是在田野里短暂地跑了一会儿，怎么就会弄成这副模样呢？

“这就是原因，”我一边说道，一边举起一团缠结在一起、刚刚剪下来的狗毛，“它这一身的毛，就是一条走动的维可牢[1]啊。一旦被小刺挂到，小刺除了狠狠地扎进里面，几乎就无处可去。”

我又沉思了一下说：“您瞧，实际上是我们造成了这个问题，因为正是我们，培育和挑选了一些身上长有这种卷毛和耳朵松垂的宠物狗。野生动物，是绝不会碰到被小刺扎伤这种问题的。”

例如，小狼身上那种较软或者较卷曲的狼毛，长大之后通常就会变得更加粗糙、顺直和具有保护作用；这种狼毛，有时也叫作“防护毛”。我们都喜欢那种柔软的感觉（或许，这就是我们把自己喂养的动物称为“宠物”的原因吧）；因此，我们便挑选出了那种偶然出现的、身体不会长大的狼，跟我们挑选那些比较温驯的动物，把它们驯化成了绝大部分家畜是一样的。

经过千百年的选择性育种，我们“创造”出了大量身体结构异常的动物，其中的许多动物都会出现健康问题。比如，那些四肢短粗、脸部下凹，或者两只耳朵超长，并且毛茸茸的动物，通常都面临着终生不便的问题，或者终生面临着各种健康问题。因此，留意我们正在做的事情，并且真正考虑到全局，这一点非常重要。

---

1 维可牢（Velcro），一种尼龙刺黏搭链的商标。该搭链由一条表面有细小钩子的尼龙，与一条表面有毛圈的对应尼龙黏合面构成，一般用于布制品上。

育种是为了我们，而不是为了它们

人类开始驯养其他动物之后，就改变了此前的自然进程；这种自然进程，始终都是有利于那些在寻找食物、繁殖和自行生存方面能力最强的物种。于是，这种自然进程变成了一种新的共生关系，而我们又把杂交引入了这种关系当中。毋庸置疑，我们也做出过很多不错的选择，选出的往往都是其中最强壮和最健康的品种。不过，我们经常只是喜欢某种并不常见的外表，或者是某些能够为我们所用的特点，而不一定是动物本身：比如，4条腿都粗壮、结实的马匹，可以用于拉拽沉重的货物；体型有如玩具的小狗，可以抱在膝上当玩伴；没有尾巴的小猫，让人觉得很新奇；等等。

自从约两万至三万年前狼类首次与人类有了联系以来，与其他任何动物相比，狗狗很可能是受到最大改造的一种动物。经过成千上万代的时间，我们已经培育出了各种大小、各种用途的小狗。狗类拥有与我们相类似的社会结构和本能，因此为人类提供了很好的服务，变成了我们的猎犬、牧羊犬、雪橇犬、看门犬、导盲犬、个人伙伴，甚至是成了人类的一种食物来源。

我们在狗类身上挑选出来的绝大多数特点，目的多是为我们服务，而不是为它们自身服务的。尽管如此，在某些方面，这也是一种共同进化的过程。在我们占领了许多自然栖息地的过程中，牲畜的祖先逐渐适应了一种新的栖息地，适应了食用人类的庄稼，适应了人类的居所。这也是一种“适者生存”的形式：最适合与我们共同生活的动物，就是那些最有效地存活下来的动物。如果人类没有提供这种生态环境，我想，动物的基因链就会极其迅速地恢复原来的那些特质。

不管怎么说，猫类获得人类培育的程度，要比狗类低得多。作为独立的种类，它们属于最后才与人类共享家园的一种动物。它们被古埃及粮仓中大量的老鼠吸引，曾经变成了古埃及文化当中的一种宗教符号；猫类那种有如帝王般庄严的举止，无疑也会令人想到它们具有充当宗教符号的作用。天生就会捕捉老鼠的本领，使得猫咪获得了世界各地家庭的喜爱。由于训练起来并不容易，因此除了与人做伴，宠物猫几乎没有什么别的义务。

只要翻翻关于宠物品种的画册，大家就会看出，在大小、形状、毛色等方面，狗狗的种类要比猫咪多得多。某些现代品种与其野生远祖外貌方面的差异，在宠物狗身上也要显著得多。这是对“物竞天择”法则的一种较大干预，正好解释了出现下面这种情况的原因：一项针对猫类、奶牛、狗类以及马匹天生缺陷的研究表明，狗类一出生就最容易出现先天畸形，而猫类先天畸形的现象则最少。尽管对于化学物质以及其他已知可能导致先天畸形的药物，猫咪其实通常都比狗狗更加敏感，可情况仍是如此。

// 幼态延续：挑选不成熟

选择性的育种，为什么会导致缺陷与疾病呢？我们利用狼的基因库，创造出了如今诸多的狗狗品种；可其中一种最重要的改造初衷，却仅仅是因为我们通常都更喜欢那些小巧可爱、永远不会完全长大的狗狗。通过一种所谓的“幼态延续”或者“保幼化”过程，挑选出一些原始的或者没有充分发育的特点，我们就可以做到这一点。这些特点，要么是在猫狗降生不久出现的，要么属于稚嫩的幼犬幼猫身上一些常见的特点，比如腿和鼻口很短、毛色柔滑、双耳耷拉，以及喜欢吠叫（成年野狼很少嗥叫）。

我们认为纯种宠物身上最具吸引力的那些特点中，很多是发育受阻的产物，是由宠物生理发育受阻或者心理发育受阻导致的；认识到这一点，让人觉得无比羞愧。在选育过程中，我们常常会在有意无意中导致宠物出现一些缺陷或者丧失某些功能。这些缺陷或者功能丧失，又与“可爱” 这一特点相伴相随，或者与我们精心挑选出来的其他特点相伴相随。

例如，培育出鼻口（上颌）短小的宠物狗，就给斗牛犬、斗拳犬和小猎犬这样的品种造成了问题。因为独立的基因决定了相关的特点，比如牙齿和软腭（把口腔和喉咙分开来的器官），因此这些部位仍然属于正常大小。这样一来，小狗的牙齿就太过拥挤，不得不歪着长、斜着长了。由于软腭长在小狗的喉咙深处，因此一直有让小狗有窒息的危险，也会导致呼吸问题。

腿短的犬类（腊肠犬和巴吉度猎犬），脊柱往往都是畸形。没有尾巴的猫咪（马恩岛猫），尿道和生殖器可能存在严重的畸形。斗牛犬、吉娃娃以及其他骨盆很小的培育品种，常常都需要实施剖宫产手术，才能产下幼崽。像圣伯纳犬和大丹犬之类的大型品种，存在骨骼有问题、寿命很短的情况，也是众所周知的。通常来说，体型最大和最小的品种，往往都有最严重的遗传缺陷。

同系繁殖，还让这个问题变得更加复杂了。为了让某种特征在一个品种中固定下来（目的是培育出纯种宠物；也就是说，让宠物身上始终呈现这一特征），人们必须让选定的一母同胞进行交配，或者让父母与其后代进行杂交。这种密集的同系繁殖，虽然可以确保培育出来的宠物后代具有人们想要的那种特点，但也有可能让一些根本性的缺陷，比如抗病能力弱、耐力不足、智力低下、先天缺陷，以及像血友病或耳聋之类的遗传疾病，在宠物的基因系谱里永远存在下去。

为了满足市场需求而进行的育种，也有可能导致祸患。例如，在20世纪20年代，刚刚被引进美国的暹罗猫大受欢迎；于是，育种人员便纷纷让这种猫咪的一母同胞、让它们的父母与后代进行交配，以满足人们对这种猫咪的需求。用这种交配方式繁殖出来的小猫，严重地危及了这一品种，以至于后来暹罗猫几乎灭绝了。育种人员被这个教训浇了一盆冷水，清醒过来之后，才开始做出较为

明智的选择。许多品种的宠物狗，比如说牧羊犬、可卡犬、比格犬和德国牧羊犬，也曾经因为广受欢迎而深受育种之害。

// 育种的道德标准

遗传性疾病，是尤其令人感到难过的一个问题。宠物们遭受了许多毫无必要的痛苦，因为它们通常都是人们出于经济利益培育出来的，或者是为了某些被人们认为“可爱”、却不常见的特点而培育出来的（比如说，扁平脸、长脸、卷曲或者柔顺的毛色，全身无毛，皮肤皱皱巴巴，或者可用于斗架或看家护院的硕大体型）。宠物将来会不会过得舒适、是不是具有良好的适应性、身体会不会健康的问题，人们却很少虑及。

具有各种缺陷的宠物，所占比例很高，可这一点似乎并未让我们觉得有什么不对。人类的先天缺陷率若是达到了1∶1 000，我们马上就会警惕起来；可许多宠物育种人员，对每1窝里有10%～25%的宠物一生出来就有缺陷的统计数据，却完全无动于衷。还有一个相关的道德问题，那就是育种会培育出数量过多的小狗或小猫；这些小狗或小猫，要么是没有人们想要的那种特点，要么就是具有明显的生理缺陷。它们必须以某种方式被处理掉。其实，我们只需举手之劳，就可以帮助改善这种局面，做法就是不要着迷于拥有一只纯种的宠物。相反，我们可以认养一只混种宠物、一只需要一个家的宠物；这样做，会给数百万只混种宠物带来生存的机会，因为它们同样可以成为优秀的宠物，只是销路不好罢了。每年出生的宠物当中，有高达75%的猫狗都找不到永久的家园，因而面临着死亡，比如遭遇意外事故、饥饿，或者被人们实施安乐死。

然而，从本地的动物庇护所里挑选一只混种宠物，并不一定会让大家认养的宠物存在先天缺陷的风险降低。通常来说，认养者挑选的，都是特别能够激起自己怜悯之心的宠物；这种宠物，或许是眼睛的颜色很奇怪，或许是双耳耷拉着，眼睛看上去很悲伤，或者有着一张短而下凹的、像孩子般天真无邪的脸。

有的时候，一些宠物完全是自行跑到我们家里来，赢得了我们的欢心（比如，迷了路而跑到我们家来的那只白色聋猫就是如此），而我们也接纳了它们。不过，起码我们能够选择，不要培育出一只不健康的宠物，不要培育出一只具有某些特点、对其正常机能却会造成干扰的宠物。

// 有必要进行更多育种吗?

对于如今的情况，我们的确心存疑虑。我曾经在一家动物庇护所里工作过，看到了宠物数量过多的现实情况。既然已经有那么多的宠物无人想要，那么让更多宠物来到我们这个世界的做法，就

很难站得住脚。正如兽医学博士罗瑞莱・韦克菲尔德在回答一个关于育种的问题时所言：[2]

> ……我们如今的宠物数量太多，已经形成了一种危机，因此我不支持培育出更多的宠物猫狗。我们的宠物收容所里没有充足的空间，因此每年都有成千上万只宠物被实施安乐死。这种情况太令人难过了。我知道，人们都想喂养某些品种的宠物，因为它们很可爱，而某些宠物品种也的确非常奇妙，可我还是没法替这种做法找理由：宠物的数量本已太多，我们竟然还在培育出更多的宠物。值得庆幸的是，人们已经开始育种营救，这是一种很好的选择。

育种误入歧途之后

除了选择性育种会导致经常与我们喜欢的那些特点相伴而来的官能缺陷，环境中的有毒物质和压力，也对宠物的先天缺陷起到了推波助澜的作用。这些危险（诱变因素）当中，有一些会导致基因突变，并且会遗传给宠物的后代。在第3章里，我们已经对这些有毒物质进行过论述；它们都是非常紧要的问题。我们这个世界中，化学物质的积累甚至正在对野生动物产生冲击，使得幼崽一出生，眼睛、胸腺（这是宠物免疫系统中一个重要的组成部分）、心脏和肺部都有可能出现畸形，乃至患有肝脏肿瘤。[3]

就算您**确实**想要培育出一种独特的宠物狗或宠物猫，您也必须认识到我们提出的这些担忧，并且要特别留神，将有可能导致基因受损和/或胎儿受损的危险因素降到最低。

// 狗类常见的先天性缺陷

狗类身上，受到先天缺陷影响频率最高的部位如下。

⊙**中枢神经系统（CNS）**。例如，德国牧羊犬、柯利牧羊犬、迷你贵宾犬与荷兰卷尾狮毛犬，都有可能遗传癫痫病。还有一些中枢神经系统（CNS）问题，包括前肢和后肢瘫痪（爱尔兰长毛猎犬）、肌肉协调障碍（刚毛猎狐㹴）、智力极差（德国短毛指示犬和英国长毛猎犬），以及大脑异常隆起（吉娃娃、可卡犬和英国斗牛犬）。

⊙**眼睛。**先天性的眼部畸形，包括白内障、青光眼和失明，在绝大多数常见的宠物狗品种中都

---

2 参见罗瑞莱・韦克菲尔德的“宠物素食食谱”，2015 年 4 月 7 日。

3 参见朱迪・霍伊、南茜・斯旺森和史蒂芬妮・塞内夫的论文《杀虫剂的高昂代价：人类和动物疾病》，发表于《家禽、渔业和野生动物科学》杂志第 3 期(1)，2015 年。

有出现。

⊙**肌肉。**疝气是一种典型的肌肉问题。巴吉度猎犬、巴辛吉犬、凯恩㹴、京巴犬和拉萨阿普索犬，都是有可能患上腹股沟疝（肠道突出到腹股沟）的高危犬种。脐疝（肠道从肚脐眼部位突起）在可卡犬、斗牛㹴、柯利牧羊犬、巴辛吉犬、万能㹴犬、京巴犬、指示犬及威玛猎犬身上最为多发。

假如大家对某个特定品种感兴趣，那么首先就要去查证一下，自己对宠物这些倾向方面的知识对不对。这样一来，您就知道自己应当留意哪些方面了。

// 猫类常见的先天性缺陷

尽管人们对猫类先天性缺陷进行的研究相对较少，但猫类身上最常见的先天性缺陷，影响的多是神经系统，包括大脑和脊髓，有时也会影响骨骼组织（我们人类和所有的家禽家畜都是如此）。下面列出了猫类常见的先天性疾病，是按照字母顺序排列的。

⊙**短颅（京巴脸）：**以脑袋异常短宽为标志，是长毛波斯猫和缅甸猫较新品种宠物猫而言多发的一种先天性畸形。这些品种的宠物猫，会带有致命的先天性缺陷，涉及眼睛、鼻部组织和颌部，并且腭裂发生率一直都在增长，达到了差不多每4只小猫就有1只患有腭裂的程度。

⊙**大脑和颅骨问题：**例如，小脑较一般情况下都太小，可能导致宠物猫协调性差、颤抖、四肢过度紧绷，以及反应缓慢。暹罗猫可能遗传水脑病（大脑肿胀）。有些猫咪的头盖骨没有闭合，会导致大脑异常膨胀。还有些猫咪甚至还没有出生，大脑就开始退化了（通常都是致命的）。如果猫咪幼崽行动困难，或者是动作不协调，那么大脑和颅骨问题可能就是根源。

⊙**耳癌：**在白猫身上最为常见；原因在于，它们的耳朵会反复受到太阳晒伤，所以到年龄大了之后，它们就会患上耳癌。如果宠物猫经常在户外活动，您就应当考虑挑选一只颜色不同的猫。斑猫是一种不错的选择，这种猫咪与猫类的远祖也最为相近。

⊙**心血管疾病：**尤其是心脏主动脉变窄，或者是主动脉管闭合不严。这两种情况，都有可能导致心脏出现杂音。

⊙**腭裂：**在一些暹罗猫身上具有遗传性；但人们也认为，这是由母猫怀孕期间注射的各种药物导致的。这种疾病的症状，就是用盘子给宠物猫喂奶或者喂水时，牛奶或水会从猫咪的鼻子里流出来。

⊙**隐睾症：**这种病症，是指只有一颗睾丸下垂进入了阴囊当中。虽说它不一定带来问题，但会导致我们难以给这种猫实施绝育手术。

⊙**耳聋：**许多眼睛为蓝色的白猫一出生就患有耳聋症，并且抗病能力很弱、生育能力很差，夜间视力也有障碍。

⊙**眼部和眼睑缺陷：**有一些波斯猫、安哥拉猫和家养的短毛猫，1只或2只眼睛的上眼睑天生就没有外睑。还有一些猫咪，则患有眼球虹膜白化或者呈彩色（有时与一侧耳聋、对光线很敏感、双眼不协调有关系）、视网膜退化（暹罗猫和波斯猫尤其如此）、斜视（一只眼睛向内转，而另一只眼睛则盯着某个东西；在暹罗猫身上很常见），或者眼球震颤（眼球不由自主地抖动）等症状。

⊙**毛发异常：**有些猫咪一出生，身上就没有毛，或者身上的毛卷曲、短小或又长又软（甚至是人为培育成这样的）；比如“霸王”变种猫身上就没有保护性的外层粗毛，或者只有畸形的外层粗毛。

⊙**毛粪石：**呕吐毛粪石，是长毛猫咪一种常见的和长期性的问题；原因在于，我们给它们进行梳理时，猫咪会把梳理下来的毛发吃下去。不过，其他猫类出现这种问题的，也不在少数。只是对于长毛猫类来说，它们吃下去的毛发会更加厉害地缠结在一起，以至于会卡在它们的胃里。

⊙**肾脏缺失：**这种病症多见于公猫，并且常常都是右肾缺失。这种缺陷可能不会带来问题或并不显著，因为猫咪的另一个肾脏会进行补偿，并且通常会长得较大。

⊙**肢体畸形：**小猫刚一出生，有时就会出现脚趾、四肢缺失或者多余的情况。

⊙**乳腺畸形：**这种疾病会影响到输乳管，并且除非母猫产了幼崽之后难以哺乳，否则的话，我们很可能什么都注意不到。

⊙**脊柱裂：**椎骨没有在脊髓周围正常闭合，会导致受到神经影响的那些反馈信息部位出现运动和感觉障碍；这种疾病，在马恩岛猫身上最为常见，与它们身上的无尾基因有关。至于症状，包括跳跃式走路和大小便失禁等。

⊙**尾部缺陷：**没有尾巴是马恩岛猫的典型特征，可在其他种类的猫咪身上，这种现象却很罕见。与此相关的缺陷，包括脊柱裂、尾巴扭结、后部畸形，以及肛门异常狭小。

⊙**脐疝：**这是一种常见的疾病，会导致猫咪肥胖，或者部分肠道从肚脐部位突出来。这种疾病可以通过手术矫正，也可以用顺势疗法进行治疗。膈膜疝也很常见，但比较难以治愈。

// 预防先天性疾病

为了减少宠物遭受的痛苦，为了抑制这些问题的蔓延，我们应当不去挑选下述宠物，尤其是应当避免培育出下述宠物来：

⊙具有明显的先天性缺陷或者行为障碍的宠物。

⊙近亲具有先天性缺陷或者遗传性行为障碍和生理障碍的宠物。尽量核实宠物父母的病历，并且研究它们的后代具有生理缺陷的比例。这种比例，应当不超过5%。

⊙具有任何慢性健康问题的宠物。因为这种宠物的整个身体状况，都达不到繁殖出健康后代的要求。

⊙同系繁殖的宠物，尤其是目前大家所在地区广受人们欢迎的那些品种，因为它们很可能因为密集的同系繁殖而受到损害。

就算大家有一些健康的宠物，想要进行育种，那么，让宠物进行近亲交配的做法也是不可取的；因为这样做，往往会使一些潜在的缺陷在它们的后代身上“固定”下来。

寻找最自然的宠物

避免宠物出现诸多健康问题的最佳办法，其实相当简单。我们可以选择那些与犬类或猫类祖先最相似的纯种或混种宠物。您应当寻找在大小、脸形、耳形、颜色、毛发长度和质地、尾形以及四肢比例方面，与狼、郊狼、野猫最相匹配的宠物（您应当尽量做到，这些特征当中起码也有四五个方面相匹配）。

狗类：在体型中等的宠物狗中，混种狗通常都是最健康的。至于杂种狗，很可能是父母双方相互选择的，因此也还不错！除非数量太多，或者属于同系繁殖，否则的话，工作犬也可以成为一种不错的选择。您可以考虑喂养猎犬、雪橇犬、巴辛吉犬、牧羊犬、指示犬和波美拉尼亚丝毛犬。假如您更想喂养一只体型较小的狗狗，那么可供选择的余地就较为有限了；因为其中的绝大多数小狗，都是人们通过幼态延续手段，为了让狗狗具有幼犬的特点而有意培育出来的。您可以在家里上上网、看看书，或者询问周围的人，做好这些方面的准备工作。

猫类：通常来说，毛发最短的猫咪最佳，尤其是那些毛色比较自然的猫咪，比如斑猫、银色猫，以及像科拉特猫和阿比西尼亚猫之类的古老品种。不要选择毛发卷曲的猫咪，因为这种毛发会缠上芒刺；您也不要选择脸部下凹的猫咪，因为这种脸型会导致猫咪出现呼吸问题。长而软垂的耳朵，有可能成为螨虫的乐园。

偶尔，我也曾治疗过一些受伤的郊狼或者狐狸；但我从来没有看到过，有哪只狐狸或郊狼让狗尾草扎进了自己的耳朵，或者粘在其他身体部位上！它们身上的每一寸地方，都体现出了数百万年自然进化与适应的智慧结晶。它们的牙齿都完美地啮合在一起；它们的皮毛都非常健康，干净得令人挑不出毛病；它们都带着一种天生的优雅之态，并且非常聪明。这些方面，全都给我留下了相当深刻的印象（大家可不要想着喂养一只真正的野生动物：它们的当处之所是野外，因此无法驯化成为完美的宠物）。

// 保护母猫母狗

应当保护好那些具有生育能力、能够产下多胎的母猫母狗。假如您计划喂养一只母性宠物，您就应当避免使用有可能损及宠物健康的手段，比如除虱粉、可的松、疫苗接种、镇静剂、麻醉剂以及拍X光片；除非是自然的辅助办法没有用处，宠物的情况需要使用这些治疗手段。您应当用一种理想的食物去喂养，最好是有机食物，并且确保母猫母狗没有摄入食品添加剂，确保它们不吃发了霉的食物，确保它们不会摄入家里具有毒性的化学物质，确保它们没有吃草坪里的草，以及打过具有毒性的除草剂、杀虫剂或杀菌剂的其他植物。您应当保护母猫母狗不吸入香烟烟雾，以及小货车后面腾起的尾气。您应当根据常识，在母猫母狗怀孕之前、怀孕期间以及哺乳期间，保持家里的清洁。

而且，您还要确保母猫母狗所处的环境不会太过暖和。太过暖和的环境会阻碍胎儿大脑的发育。不要把母猫母狗锁在关了窗户、空气闷热的汽车里（对于任何宠物来说，这都是一条很有好处的建议），也不要让母猫母狗在炎热的天气里过度运动。您不应当带着母猫母狗艰难跋涉，跑到交通不便的山区去，也不应当将母猫母狗放在飞机的行李舱里进行托运，因为高海拔地区氧气稀薄，有可能导致宠物胎儿出现各种各样的畸形。

// 挑选一只健康的宠物：进行体检

大家又怎么能够分辨出，某只特定的宠物是不是身体健康呢？您可以利用下面的“体检”办法，准确地查出宠物身上存在的任何一种先天性缺陷。这种体检，还有助于评估宠物将来出现健康问题的可能性。当然，要等到宠物对您已经有所信任，或者是在宠物主人的协助之下，您才能对宠物身上多个部位进行这种检查。

⊙**宠物皮毛呈什么颜色？**白色的宠物，尽管样子非常漂亮，可它们通常都深受着一些特殊问题之苦；比如，毛皮呈白色、眼睛却呈蓝色的宠物猫，往往都会患有皮肤癌或者耳聋症（可以在宠物脑袋后方拍手，测试宠物是不是耳聋）；灰色的柯利牧羊犬，有时会患有血液免疫疾病，从而增加了感染疾病的可能性。

⊙**检查宠物的鼻子与颌部。**它们是不是与常见的情况不一样，显得又长又尖或者又短又凹呢？上颌与下颌大小是不是一样呢？宠物的牙齿，是不是啮合得很好呢？（这一点，尤其适用于宠物狗）宠物的牙龈是呈浅色呢，还是发炎红肿了？牙龈边上紧挨着牙齿的地方，是不是有一条红线？

⊙**宠物的眼睛看上去正常吗？**两只眼睛的颜色相同吗？宠物的眼睛是不是异常小或者异常大？如果有眼屎，那就说明宠物的泪腺堵塞了。

⊙**宠物走动起来正常吗？**宠物走路的时候，屁股有没有从一边扭到另一边？这种现象就是一种

警告，表明宠物可能患有犬髋关节发育异常症。宠物的4条腿是不是长度正常，前后肢之间的比例是不是协调呢？

⊙**宠物鼻子上方的色斑是不是正常呢？**仔细观察，留意那些看上去似乎异常好斗、黏人、妒忌、害怕、疑虑、过度活跃、吵闹或者异常不小心的宠物。无论是源自遗传还是因为既往病史，这些问题都是我们很难忍受的，甚至也是难以去矫正的。假如您想要的是一只喜爱嬉闹或者与您非常亲热的宠物，那么，就要挑选那种对您的友好姿态有所反应的猫狗。把一条小狗翻过来，让它仰面躺着。如果它挣扎着想要站起来，那么这条小狗可能很难训练，可能很好斗。一条总是耷拉着尾巴、动作也很顺从的小狗，会对您最为忠心，也最容易训练。

⊙**宠物的皮毛是不是引人注目呢？**宠物的皮毛看上去和闻起来是健康、干净，还是说稍微有点呈油性或者稀疏呢？宠物的皮毛上有没有红色的斑块？宠物的皮肤是呈淡红色呢，还是呈灰白色；是有弹性，并且很结实呢，还是说有些部位异常瘦、厚、干、黑、红或者有粗皮呢？宠物皮肤上有没有寄生跳蚤呢？

⊙**宠物的呼吸是不是很平稳、很轻松？**倘若呼吸时发出刺耳的、沉重的声音，尤其是在宠物使了一点劲之后，那么这就是一种不好的迹象。

⊙**观察宠物的耳内。**检查有没有发炎的迹象，或者有没有黑色的蜡状耳屎。如果有，那就标志着宠物可能有患上慢性耳疾的倾向。

⊙**摸一摸宠物的肚脐部位。**寻找有没有肿块，因为肿块是宠物可能患有疝气的标志。

⊙**检查成年公狗的阴囊部位，**看看是不是有2颗睾丸。

尽管不当育种的做法已经导致了许多问题，但大家还是能够找到一只基因健康的宠物，或者找到一只仅有细微健康问题的宠物。假如您不打算让宠物繁殖幼崽，并且对照料一只具有遗传疾病的宠物会让自己付出更多的辛劳这一点并不在意，那么您可以选择的品种就更多了。您无法始终预见或者控制宠物可能存在的先天性疾病，但只要具有一点常识，您实际上还是可以采取许多的措施，将这些风险降到最低限度。这样做，您既是在帮助喂养的宠物和您自己，也是在帮助那些还没有变成宠物的猫狗，帮助那些还没有饲养宠物的人。

// 挑选一只最适合自己的宠物

在挑选宠物猫狗的时候，您应当选择一个适合自己生活方式和性格偏好的品种。猫狗的性情和需求大相径庭，并且通常品种不同，性情和需求也不同。每一天，各个动物保护协会都不得不为一些健康的宠物实施安乐死；原因就在于，它们的主人预先没有料到某些问题，因为不中意便把它们弃之门外了。

例如，一个温文尔雅的人，或许很不明智地挑选了一条大型犬当宠物；这种宠物犬，往往会控制自己的主人。同样，一个家庭若是有刚学走路的孩子，就应当挑选一只不太可能去抓咬儿童的宠物。那些住在公寓楼里、没有庭院的人，应当挑选一只适合在狭小空间里喂养的宠物，比如科拉特猫。

在挑选宠物狗的时候，考虑到狗狗的体型大小也很重要。例如，体型很小的宠物狗可能特别活泼，并且需要获得主人的高度宠爱。大型宠物狗通常都比较安静，并且对小孩子也更有耐心。体型异常硕大或者异常小巧的宠物狗，往往患有最严重的遗传疾病，特别是患有身体构造方面的遗传疾病。

体型较大、比较活泼的宠物狗，需要的空间与食物最多，因而会涉及经济与生态两个方面的问题：一条体重为32～36千克的宠物狗，每天所需的热量与一名成年女性相当。因此，假如您打算按照我们的推荐，用一种自然的饮食去喂养，那么喂养一条体型较小的宠物狗，相对就要轻松一些。许多人都发现，为大型（或者多只）宠物狗准备食物，要么是花费太高，要么是太费时间；因此，他们最终都是用商业性宠物食品去喂养，从而让宠物狗的健康状况变得非常糟糕。

我们还认识到，大家并不是始终都拥有选择的余地。有的时候，人生就是如此：一只猫咪，会突然出现在您的面前；或者，是因为您的一位姑姑、姨妈去世了，而她喂养的那条宠物狗需要一个新家。不过，如果的确能够选择，您就应当花上一点时间，去做一点调查研究。这样做，可以为您节省大量的兽医费用；最重要的是，这样做还会让您拥有一只更加幸福、更加健康的宠物，会给您的人生带来无穷的欢乐。

你的眼睛

—— 苏珊 · H. 皮特凯恩

用干净清洁的白练，

我擦亮了你的眼睛。

看到了远古时代跟在人群后面

追逐猎物的狼群，

失母幼犬，在逡巡探险，

寻觅面包残屑，努力生存。

如今与我们共享

温暖的壁炉与心田，

谷仓深处，猫儿在徘徊，

拂晓时分醒来，

甜美而温柔，静静蜷伏在

洒满阳光的窗台。

第 10 章

开辟健康家园

无论住在哪里，我们都一定要拥有一座漂亮的花园，其中鲜花盛开，四季常青，菜蔬不断。照料这片小小的天堂，是我们一天当中最惬意的时光。然而，有时候，我们发现，花园中有一个又一个必须去加以解决的问题。比如，在一些杂草结籽之前，应不应当把它们拔除呢？那些东西，是不是大木蚁[1]呢？我们该不该把它们都消灭掉，使得它们不要破坏我们的家园呢？我们忙忙碌碌，剪枝除草，而生命以较为缓慢的步伐，不断在我们面前展开和呈现出来的种种奥秘，却被我们疏远了。

1 大木蚁(Carpenter Ant)，一种蛀木而居的蚂蚁，亦称“大黑蚁”。它对房屋及森林有害，并且危害的程度仅次于白蚁。

如果您觉得自己太过专注于生活中琐碎的事情，那么，我们借鉴猫咪的经验就会很有益处，因为猫类都很擅长静静地坐在那里，静静地观察。是的，即便是杂草，也有自己的美，它们也会像森林中的植被一样，丰盈繁茂、多姿多彩，开出一朵朵小花，引来各种各样的益虫。蚂蚁非常令人钦佩，它们精力充沛、任劳任怨。在人类出现之前，蚂蚁早已在这片土地之上到处爬行了，尽管我们对蚂蚁发动了一场又一场“战争”，它们却依然生机勃勃，很可能会生存得比我们人类更加长久。我们习惯于安常习故，却没有想过：园中成千上万种动植物的生存，都因为我们的行为而受到了影响。对此，我们真应当感到羞愧。

假如我们忙于生活，没有时间看待和欣赏自然，就会与大自然脱节，不经意地接受这样的观念：我们可以随意干预生命这张大网。在前面各章中，如何对待食物、对待动物、对待地球，甚至是关于改造DNA这种生命基本代码的内容，其实都与这种干预相关。我们都以为自己知识渊博，非常聪明，足以干预这张异常美丽、异常复杂的生命之网，并且按照自己的想法去对它加以改造。我们人类，如今已陷入了一场文化危机；而这场危机，要求我们后退一步，重新来思考我们在这个星球上的真正使命。

研究了我们获取食物的途径，以及创造非天然品种而导致的一些问题之后，本章我们将把注意力转向自己的家园，因为我们的绝大部分时间都是在家里度过的，而许多的宠物猫狗，也是在我们的家里度过了它们的一生。

如果停下脚步，思考一下，您就会看出，我们的家居常常都是远离了大自然，远离了自然之物，我们使用各种各样的材料，比如塑料制品和涂料。久而久之，这些东西却会给家里带来灰尘，或者释放出有毒气体。这对宠物猫狗来说非常严重，因为它们平时与地面的接触很紧密。它们坐在地上，在地上玩耍，并且在地上睡觉。就算关在家里，宠物也会接触到大量尘埃。城市里的一栋6居室，每年聚积起来的灰尘，可能会高达18千克。宠物舔舐自身皮毛上的灰尘，实际上是把灰尘都吃到了自己的肚子里。

这种情况，在以前是相当安全的，正如老人们们常说的那样：“人总是要尝遍尘土，才会归天。”[2]不过，如今的尘土却变得肮脏多了，我们必须采取特殊的预防措施，保护儿童与宠物不致遭受可能的损害。一个针对“吸尘器”的研究小组发现，他们在西雅图研究过的29个典型家庭里，有25个家庭的地毯中有毒物质和诱变剂水平都超标。他们还发现，刚学走路的儿童吸入的尘埃量，达到了成年人的2倍多；而且，宠物受到尘埃污染的风险，比儿童更高。宠物没有穿戴具有保护作用的衣物、鞋子，它们的皮毛也像长绒地毯一样，会吸收尘埃。宠物在清理皮毛的时候，就会把这些尘埃舔舐掉。

---

2 人总是要尝遍尘土，才会归天（You'll eat a peck of dirt before you die），这是英语中的一句常用谚语，引申为“人活着就要经历磨难”。此处为了对应上文中的“尘埃”这一本义，采取了直译。

如果您住在旧房子里面，那么有个方面尤其应当注意，就是老房子里可能会存在铅和石棉。

铅

铅是分布范围最广泛的一种重金属，主要是通过掉落的铅基涂料层以及燃煤电厂排污进入环境中。由于铅被用作“醇酸树脂”油基涂料中的一种色素和干燥剂，因此美国1960年以前建造的住宅当中，约有2/3的房子里都存在大量的含铅涂料（1960年以后建造的住宅，有些房屋的情况也是如此，只是数量较少）。含铅涂料可以用于装饰住宅内墙或外墙，木制品和门窗用得更多。宠物猫如果有消化疾病，它们就会舔舐墙壁，因此吃下脱落的涂料层。

1978年，美国消费品安全委员会将绝大多数牌子的涂料中铅的法定最高含量降低到了0.06%（人们认为，这种含量属于微量）。您可以请人检测一下家里这种常见的污染物，在涂料商店和家居建材中心，也可以购买可自行检测的工具套装（注意，它们的灵敏度不太高，无法检测出含量很低的铅污染；可这种低浓度的铅污染，仍然能够给怀孕的女性带来危害，也有可能影响到宠物猫狗）。家中的水管，可能是另一种铅污染源，也需要进行检测。

铅污染导致的症状，并不太明确，一般包括精神萎靡、食欲不振、烦躁易怒、精神恍惚、动作不协调、呕吐、便秘和腹痛等。城市里的一些小型犬有时会因铅中毒患上癫痫病。

因此，如果您的住宅到了有可能产生铅污染的年份，就有必要检查一下墙漆、地板涂料、水质等；假如您的宠物身上出现了与我们列举的相似的一些症状，就更有检查的必要了。我怀疑，患有癫痫症的宠物狗都接触过铅，尽管这一点很难加以确证。我们能够做到的，就是确保宠物不要持续接触到家里的某种铅污染源（不要忘了，生骨头当中也含有铅）。

假如您的家里正在装修，或者正在重新刷涂料，下面有一些简单的建议。

⊙对建造于1978年以前的房屋所用的涂料层进行打磨或者切割的时候，应当特别小心，因为这种涂料层里，绝大多数都有含铅涂料。

⊙在刷有涂料的地方干活时，应当戴上防尘口罩，并且让宠物与儿童远离此处。

⊙每天干完活之后，都要进行彻底清扫。

⊙假如没有受损，就可以在原有的含铅涂料层之上重新刷漆，或者用石膏墙板将原有的含铅涂料层盖上。应当考虑将旧的木质门窗换掉，因为就算只有木质门窗，也可能产生含铅尘埃。

⊙经常用磷酸三钠溶液（五金商店有售）擦拭工作区域。擦拭时，请务必戴上手套。

石棉

石棉也是城市尘埃中的常见成分。美国几乎每一具进行过尸检的城市居民尸体肺部里面，都发现有石棉产生的微细颗粒。美国是全球发达国家中为数不多、还没有彻底禁止使用石棉的国家之一[3]，人们仍然合法地将石棉广泛应用在像衣服、管道包装、乙烯地砖、厚纸板、水泥管道、盘式刹车片、密封垫和屋顶防水涂料等常见产品当中。最常见的石棉产品是天花板上所用的涂料，用于隔热的蛭石中也可能含有少量的石棉。

吸入细微的石棉纤维会沉积在肺部里面，并且永远都不能再呼出来。人类和宠物的身体无法清除掉这些纤维，由此引起的炎症会导致严重的肺部疾病。有些人的肺部受到了石棉污染之后，还会发展为肺癌。

假如您认为家中可能存在石棉，可以找专业机构进行清除和处理。在没有证据表明家中存在石棉的情况下，可以安装一台能够过滤尘埃的空气过滤器，以防万一。

室内空气污染

除了有毒的尘埃，空气中还有可能存在一些对健康不利的气体或者蒸汽，比如甲醛、臭氧、氯仿和氡气。它们多是从家居用品、家具中散发到大气里的。新泽西州曾经检测了20种常见的空气污染物，结果表明，室内污染的程度，实际上要比室外污染的程度更加严重；在有些情况下，室内污染甚至达到了室外污染的100倍。

这主要是因为，室内的空气具有密闭性，不太流通，一些挥发性气体从家具、地毯、涂料、清洁剂以及各种家居用品中释放出之后，就会在室内聚积起来。

甲醛是最常见的污染物。许多产品中都用到了甲醛，而且甲醛也是燃烧后的一种副产品。甲醛可能源于各种类型的汽油取暖器和煤油取暖器、地毯、家具，以及木质建筑材料（尤其是压制板材和刨花板、软木胶合板，或者定向刨花板）。

还有一种常见的污染物是**氡气**。它是一种无色无味、具有放射性的气体，存在于自然界中。在各地的土壤和井水中，也发现了含量很低的氡气。它是土壤中的铀元素分解之后自然形成的，然后逐渐向上逸入了大气当中。它可以停留在建筑物的密闭空间里，并且逐渐聚积到较高的水平。氡气也是导致美国人患上肺癌的第二大原因。

---

3 参见本·李尔的博文《美国为什么不禁止使用石棉？》，2013 年 9 月。

氡气是通过地板上的微小裂隙，或者从墙壁管线所在的洞口周围，逐渐渗入家中的，而这些裂隙与孔洞，我们都可以堵死。取暖或者做饭时所用的天然气当中，也含有氡气。许多人确实很爱使用燃气炉，记得在使用燃气炉时，应当保持良好的通风（使用燃气取暖器或者燃气壁炉时，也应当这样）。

至于水电管线通过的那种狭小空隙，美国环境保护署有这样的建议："减少狭小空隙里氡气含量的一种有效办法，就是用一种非常致密的塑料膜盖住地板。用一根通风管和一台风扇，抽走塑料膜下方的氡气，并将其排到室外。此种形式的地下抽吸法，称为'膜下抽吸法'；倘若正确加以应用，这就是一种最有效的办法，能够减少狭小住宅当中的氡气浓度。"[4]

想获得关于氡气的相关知识和处理办法，您可以访问美国环境保护署的官网：https://www3.epa.gov。打开网址之后，只要输入关键词"氡（Radon）"进行搜索，您就会看到大量的资源。

您该怎么办?

有一个简单直接的解决办法，就是让您的房子保持通风。当然，天气好的时候，这是容易做到的，只需打开几扇窗户就可以了。不过，在很多时候，开窗并不是我们的最佳选择，比如，如果您是住在一个经常出现雾霾的城市里，或者当室外太热或太冷的时候。此时，使用一台含有高效微粒空气（HEPA）过滤设备的空气净化器，是最有效的办法。

假如您正在建房子，或者想要对房子进行重新装修，那么有一个很不错的解决办法，就是在家里安装一台中央空调，或者是一台热空气交换器（这种设备，会把室外的空气吸入室内，但又不会让室内的热量流失），它们都是十分有效的。我们住在俄勒冈州的时候，就给自己新建的一座房子安装了一台，用起来效果很不错。

室外污染

您可能会以为，如果室外空气清新，污染就不是一个问题。但不要忘了，室外的一些设备设施，比如经过了加压处理的木材，很可能是一种持续的污染源。室外那些打入地下或者泡在水中的木头，由于可能很快就会腐朽或者被虫子蛀蚀掉，因此都用有毒物质处理过，以便它们不会腐朽或者受到虫蛀。木头会在高压之下，浸入一种液体防腐剂当中，以便防腐药物能够深入渗透到木头里面。这

4 这是一份 PDF 文档，说明了建造或重新装修房屋时如何把这个问题的严重性降至最低。

种加工办法，可以让木头的使用寿命比未经处理的木头长10～20倍，因此肯定是很有好处的。而其弊端则是，化学物质会留在木材的表面和内部，可能会被流水冲刷掉，从而对周围的土壤造成污染。通常用来处理的有毒物质，是铜和砷的合成物。

我有一位顾客，就是用这种木材为自己的宠物猫修建了一个新的户外围场。后来她说，凡是进入这个围场的宠物猫，都出现了行为和健康方面的问题。直到她将木材用一种无毒的密封涂层封住，不让宠物闻到木材中散发出来的气味之后，那些宠物猫才恢复到了正常状态。假如您用经过加压处理的木料来建造猫舍或狗舍，那么将这些木料密封起来，是大有好处的。您还要认识到，如果宠物去啃咬这种木料，那么仍然有可能中毒。您应当警惕这种情况。

// 家用杀虫剂与园林农药

除了用于灭蚤和灭虱产品中的杀虫剂，宠物可能还会接触到高浓度的其他家用农药。美国国家科学院曾经报告说，自住房业主在自家宅地上使用的化学农药，达到了农民在农田中使用量的4～8倍。还有一些风险，则来自除草剂、杀菌剂和灭鼠药。由于宠物经常与地面接触，因此它们更有可能接触到这些农药的残留。1991年，美国国家癌症研究所曾经发现，如果自住房主使用了2，4-二氯苯氧乙酸这种常见的阔叶除草剂，那么所养宠物患有淋巴癌（一种淋巴腺癌症）的比例，就要比不用这种除草剂的家庭中的宠物高出1倍。

就算您不使用农药，农药也有可能从邻居家的院子飘到您的住宅这边来，或者是从喷洒过大量农药的街区飘过来，比如从旁边的公园、校园、电力线路周边以及果园飘过来。可以让人们在计划喷洒农药时提醒您；这样，您就可以关上窗户，因为农药在室内残留的时间会比室外更长。

// 白蚁防治

喷洒了防治白蚁的氯丹杀虫剂之后，哪怕过了14年之久，但在有些家庭的室内空气当中，仍然能够检测出来。而且，喷洒了这种杀虫剂之后，就算过了30年，土壤中也仍然检测出了这种物质。因此，这种有毒的残留物，可能是您居住的房子的前主人喷洒农药时的残留。我不是很肯定，如果您用过这种杀虫剂，或者甚至是在您购买这栋房子之前，原户主就已经使用过，在这种情况下您该怎么办；不过，意识到这一点，可能也算是其中的一个方面。要是您正打算进行白蚁防治的话，那么就要选择一种毒性较弱的农药。

// 车用产品

尽管我们一定会考虑到，储存在车库里的东西可能给宠物带来危险，但我们却很容易忽视汽车上可能滴漏出来的东西，比如防冻液，有时如果汽车的发动机过热，部分防冻液就会漏到地上。显然，防冻液的味道很不错（我可从来都没有尝过），因此，宠物们会把漏在地上的防冻液舔食一光，从而造成严重中毒，甚至导致死亡。传动液、废油，甚至是遗忘在地上的车用电池的毒性虽然较小，却仍然是有害无益的。车用电池的接线端都是用铅制成，而电池内部则含有酸性溶液。

这些东西，您都应当装入密封的容器或者装进上了锁的柜子，然后储存在车库里离地面起码有1.2米高的地方。在柜门上安装防止儿童打开的保险锁，也是一个不错的主意。

假如把这些有害物质中的任何一种弄洒了，请不要用水冲洗。您可以撒上锯末或者猫砂，将洒掉的液体吸收掉，然后扫拢，装入塑料袋中，（在本地回收中心的有害垃圾日里）把它们当成“有害垃圾”处理掉。

您该怎么办?

您可以对房子进行一番勘查，列出一个清单，将藏在厨房、浴室、洗衣间和车库里，且含有有毒化学物质和不稳定化学物质的所有家居用品一一标出来。凡是使用了好几年，或者如今不再使用（它们当中，可能含有以后禁止使用的一些化学物质），以及用生了锈的容器盛放或者用渗漏容器盛放的东西，都应当通通清理掉。

关于废弃物品的处理，您可以打电话给当地的垃圾收集部门，请他们对特殊的家居有害垃圾进行收集；您也可以带着这些东西前往垃圾填埋厂。假如当地没有这种服务，那么您可以将容器松了的盖子拧紧，用几层报纸包裹好，将它们密封在一个大塑料袋里，然后扔到垃圾箱里。不要把有毒废弃物冲到下水道里，或者是倒在土里。

需要保留下来的含有害化学物质的日用品，则应当拧紧容器的盖子，并且换掉褪了色的标签。要是做得到的话，您还应当把它们储存在通风良好的地方，并且远离您的生活区域。哪怕是充分密封的容器，也有可能逸出有毒气体，因此不要将宠物与它们关在一起，比如说，不要把宠物关在车库里。

确保所有的燃气炉、燃油炉、柴火炉以及家用电器，在运行和通风方面都处于正常状态。这会降低一氧化碳以及其他燃烧副产品的浓度。您可以购买一台一氧化碳检测装置，接上插座之后，如果出现泄漏，检测装置就会发出警报。

应当将锅炉房与其他房间隔离开来。在更换设备的时候，您应当购买电力锅炉，或者选择带有密封燃烧室的燃气锅炉，以及无人操作的燃气设备。

清洗方法

我们大力支持您开始使用不具毒性的产品。有一些非常简单的东西，您可以用于清洗、防控昆虫、洗衣和沐浴。它们用起来，非但会令人觉得很舒适，而且不会给您和宠物带来危险。

我曾经看到过一些非常精巧的小册子，上面列举出了各种可以用来清洗东西的替代办法，比如清洗窗户，甚至是衣物上的污渍，并且用的都是十分常见、很容易得到的东西，比如醋、小苏打或食盐。为了让您对可以采用什么样的替代办法有个概念，下文列举出了美国危险材料研究中心的一些建议。这些替代办法，可以避免留下有毒的残留物，从而免除宠物踩上并从自己的脚爪舔食到有毒的残留物的危险。

// 通用的清洗剂和消毒剂

⊙去污粉：用醋、食盐和水混合制成的溶液，或者是用小苏打与水兑成的溶液。用海绵蘸着溶液进行清洗，然后擦拭干净。

⊙瓷砖清洁剂：将 1/4 杯白醋混入 3.8 升的温水当中。用海绵蘸着溶液进行清洗。

⊙消毒水：将 1/2 杯硼砂用热水溶解，然后用海绵蘸着擦拭，进行消毒（应当将硼砂储存在安全的地方；有毒勿食。在洗衣机里，可以用碳酸钠（俗称的“洗涤碱”）代替商业性洗涤剂。

// 地毯除渍剂

⊙已经凝固的污渍：用白醋轻拭。

⊙尚未凝固的污渍：尽可能迅速地用海绵蘸干或者拭去。用苏打水擦拭，然后再用冷水擦拭。

⊙黄油、肉汁、巧克力或者尿液污渍：用 1 茶匙白醋加 1 升水兑成溶液，然后用布蘸湿，轻轻擦拭。

⊙油渍：用一块布，蘸着硼砂溶液擦拭，或者在油渍处敷上一块用淀粉加水形成的面团。待面团干了之后，将其掸去。

⊙墨渍：将地毯用冷水浸湿，然后涂上一层用酒石酸氢钾与柠檬汁混合而成的乳膏。静置 1 小时，再按照通常的方式清洗。

⊙红酒渍：马上用苏打水清洗，或者是先用吸水布吸走多余的红酒，然后在污渍上撒些食盐。静置 7 小时，然后掸扫干净，或者用吸尘器清理干净。

// 地板、小块地毯及衬垫的清洗

⊙地板打蜡剂和抛光剂：将洗涤用的淀粉加水，使之变成浓稠状，然后煮沸。将其与肥皂水按照 1:1 的比例混合起来；然后，将这种混合溶液抹在地板上，用一块干布打磨。要想清除的话，可以往打磨区倒上一点苏打水，充分擦拭，待其吸收 5 分钟后，即可进行擦除。

⊙小地毯与衬垫清洗剂：将 1/2 杯温和配方的洗洁精与 0.5 升沸水兑起来。放凉。用搅拌器将其打成糊状。用一块湿海绵蘸着擦拭。除去所产生的泡沫。用 1 杯醋兑 3.8 升温水浸泡，然后晾干。还有一种小地毯清洗剂，是用 6 汤匙肥皂粉、2 汤匙硼砂及 0.5 升沸水勾兑而成的一种清洗液。使用前，请先放凉。

// 杀虫剂代用品

⊙蚂蚁：拿走蚂蚁可以觅到的食物与水。在蚂蚁进入路线上倒上一点酒石酸氢钾乳液或者胡椒粉，使之呈线状。这样，蚂蚁就越不过这条线了。大家在进行“蚂蚁防治”的时候要记住，蚂蚁其实是户外跳蚤防治的一种主力军。它们没有向您收取任何费用，便会替您在院子里进行搜捕，然后将跳蚤的幼虫带回家去，当成夜宵吃掉。

⊙蟑螂：将食物清理干净。在缝隙附近放置月桂树叶，或者将您看得见的所有缝隙都用月桂叶子塞起来。用硼酸粉加一点点水，做成黏板来粘住蟑螂。用分量相等的燕麦粥与熟石膏粉混合起来，放到盘子上，摆放着诱捕蟑螂。

⊙跳蚤与虱子：给宠物喂食啤酒酵母和大蒜。用真空吸尘器定期清理宠物的褥垫。在宠物褥垫附近放置一些桉树籽、榕树叶及雪松片（这些东西，宠物猫可是哪一种都不喜欢呢）。

根据这份并不完全的清单，您是否发现，有许多常见的东西可以利用，来取代那些药效强烈的化学品呢？

电磁场对健康的影响

近来人们关注的一个问题，就是我们居住空间里电磁辐射的急剧增长。在过去的20年里，手机信号发射塔站、无线路由器、家用电器、收音机、电视、电脑、智能仪表以及无绳电话，连同一些军用和民用雷达，都已经成倍增长了。

几年之前，我们便开始看到一些资料，说这些设备都有可能对健康产生有害的影响，连普通的室内布线也是如此。于是，我们便购买了好几种电磁场（EMF）检测仪表，来测量电磁辐射水平。对此，苏珊特别感兴趣，并且给许多朋友和熟人的家里都做过检测。她的研究结果如下。

⊙无绳（DECT）电话是家中辐射水平最高的设备，尤其是电话主机，每周7天、每天24小时都在发送信号。

⊙接下来，辐射强度最大的就是无线路由器。如果无线路由器距工作或者睡眠区域只有3～4.5米，则辐射更强。

⊙手机的辐射强度也相当高，但主要只是在使用手机，尤其是在下载视频的时候。打电话时的辐射频率，要高于发短信或者接听时的辐射频率。

⊙无线鼠标和键盘的辐射可能也相当高，它们之间非常接近，并且尤其会对那些在电脑边工作上好几个小时的人产生影响。

⊙微波炉的辐射可能也很高，以至于一位邻居在附近一座房子里打开微波炉之后，苏珊站在马路中间也能够检测到辐射信号。它们的泄漏情况，早已臭名昭著。

⊙智能仪表的辐射强度似乎变化无常，有些智能仪表的辐射强度相当高。

尽管在日常生活当中，微波的扩散都“不会被我们觉察到”，但有些健康专家却警告说，它们可能对健康产生严重的影响。无线电频率可能会导致心跳加速、心律不齐、烦躁、记忆和注意力障碍、不孕不育和其他的诸多问题，其中还包括细胞加速老化、对神经传导物质和激素产生干扰，以及癌症发病率增加，尤其是导致脑癌发病率增加。要想看一看关于这门科学概要的杰出论述，请大家访问emfwise.com和electromagnetichealth.org这两个网站。您还可以参阅安·露易丝·吉托曼所著的《辐射：为什么手机不应成为闹钟，以及智胜电子污染危害的1 268种方法》一书。

虽然我们喂养的宠物（迄今为止）还没有自己的电子设备，可它们完全有可能像我们一样受到影响。例如，宠物猫经常会在办公桌或架子上紧挨着一台暖和的路由器或者无绳电话主机睡觉，这种情况是很危险的。

有一项很有意思的研究，关注的正是这个问题对宠物狗的影响。[5]为了弄懂研究人员的工作，我们不妨先来说明一下他们进行研究的那种特殊机能。我们的身体（人类和动物都包括在内），对从血液中进入大脑的东西控制得非常严格；要知道，大脑可是我们的最高指挥部啊！这种机制，被称为“血脑屏障”。在研究中，人们把一种具有放射性的蛋白质（白蛋白）注入小狗的血管当中，然后，在接下来的5个小时里，研究人员又向它们那一颗颗可怜的小脑袋发送一种微波信号。研究人员发现，

5 参见芭芭拉·K．常、安德鲁·T．黄、威廉·T．琼斯与理查德·S．克雷默的论文《微波辐射（1.0 千兆赫）对狗类血脑屏障的影响》，发表于《无线电科学》第 17 期（5S），2012 年 12 月。

在一个由11只小狗组成的对象组中，有4只小狗的“血脑屏障”发生了可被测量到的变化，使得这道屏障受到了破坏，从而允许那种具有放射性的蛋白质进入小狗的大脑。在接受了2小时无绳电话频率辐射的试验小鼠身上，也观测到了类似的作用。假如狗狗的情况如此，那么电磁辐射可能也会影响到猫类和我们自己。通常来说，年纪较小和体型较小的动物，最容易受到电磁辐射的伤害。

根据我们对这个问题所做的广泛研究以及自身的观察，我们提出，接触到电磁辐射，可能是导致某种健康问题的一个因素。如果您家附近新建了一座发射塔，或者您在家里安装了一台无线路由器，或者能源企业在您家安装了一台智能仪表之后，您的宠物或者家里有人生了病，出现了行为异常、免疫问题或贫血症，可能性就更大了。

如何保护宠物不受环境污染之害：注意事项

必须做到：

⊙经常刷洗宠物和给宠物洗澡，去除宠物皮毛上的有毒颗粒。

⊙使用天然的、有毒成分较少的跳蚤防治方法。

⊙只要是做得到，就用有机食物制成的新鲜饮食去喂养宠物。

⊙宠物健康方面出现问题之后，应用肉类含量低的食谱或者素食去喂养，以便让宠物身上的排毒系统得到休息。

⊙假如饮水中含氯或者含氟，就要使用过滤器。每天都应当更换水钵中的宠物饮水，并且使之远离尘土。

⊙用天然纤维织物给宠物做窝（有机棉、羊毛、木棉等）。

⊙经常给家里吸尘和进行打扫。

⊙把鞋子脱在门口，那些从事工业、交通或农业工作的家庭尤其应当这样。

⊙不要购买会起毛球或者用长绒毛制成的小地毯，也可以经常给小地毯吸尘并进行蒸汽清洁。

⊙让家里保持良好的通风，以减少室内的空气污染，或者安装整屋中央通风系统。

⊙让宠物待在户外，或者安装阳光能够透过、带有纱窗的敞开式窗户；在宠物白天休息的地方安装全光谱灯。

⊙在有雾霾或附近喷洒过农药的日子里，应当关上窗户，让宠物待在室内。假如您住在一个污染严重的地区，就要使用空气净化器。

⊙处理掉过期的或不想再留下的有毒化学品，或者将它们储存在通风良好、远离宠物和生活区域的地方。使用不具毒性的替代品。

⊙家里应当种上一些盆栽植物来净化空气，比如喜林芋、吊兰、芦荟、菊花，以及非洲菊。

⊙不要让宠物啃咬有毒的植物及其果实。

⊙提防宠物接触到化学溶剂、涂料、毒品和其他化学物品，以及房屋改造时产生的灰尘。

⊙对家里进行检测，如果氡气含量比较高，就要采取我们推荐的那些措施。

⊙假如您住在一栋带有中央供热管道的大楼里，住在一座大量用混凝土铺设路面的城市里，或者是住在一个经常刮着炎热干燥的风或烟雾的地区，就应考虑在家里安装一台负离子发生器。

禁忌事项

⊙用脏手去抚弄自己的宠物。

⊙将宠物关在储存家用化学品或者没有自然光线的车库、地下室或棚子里。

⊙住在交通繁忙的马路边上，却让宠物待在室外。

⊙在雾霾天气里或者沿着交通繁忙的街道遛宠物。

⊙将宠物放在皮卡车的后车厢里外出。

⊙任由宠物在有毒的垃圾场、老旧的垃圾填埋场、工业区或者喷洒过农药的田野上乱跑。

⊙允许宠物饮用水坑里的水或者其他受到了污染的水，允许宠物在水坑里和其他受到了污染的水中玩耍。

⊙您不想有些东西进入您喝的饮水、吃的食物或者呼吸的空气当中，却把这些东西用在院子里或者倒在院子里，比如机油或涂料。

⊙允许有人在您的家里抽烟。

⊙让宠物在可能已经用杀蚁毒药处理过的房屋地基附近睡觉，或者让宠物睡在这种地基的下方。

⊙在没有绝对必要的情况下，使用杀虫剂（选择无毒的杀虫办法更可取）。

⊙让宠物在一台开着的电视机、微波炉、电脑显示器、电热毯或电取暖器、时钟收音机或者接上了电源的电子时钟上面或附近睡觉。

⊙除非有必要，否则不应让宠物接受医用 X 射线照射。

跟人们的预料一样，由行业进行的一些研究对这个问题往往都是轻描淡写，而独立研究机构和大学进行的相关研究，结论却要让人忧心得多。从全社会的角度来看，这些“电子烟雾”全都已经变得非常广泛，并且不太可能很快减少。不过，您还是可以采取很多的措施来保护您的家人和宠物，并且从今天开始，减少家人和宠物接触到这种东西的总量。

您该如何去做？

我们把家里的无线设备，通通都替换成了有线设备；而全部换掉之后，只不过是带来了一点点的不便罢了。利用那套微波检测设备，我们发现，这样做极大地降低了家里的电磁辐射水平，同时还能看到自己的健康状况有所改善。从这些方面，再根据这一领域里许多专家发出的严重警告，我们建议大家采取类似的措施；假如您的宠物或者有哪位家人经常待在这些设备的附近，则尤其应当如此。

⊙将所有的无绳电话，全都换成网上有售的有线电话。假如您要干大量的案头工作，那就不妨购买一台免提电话，以及一台头戴式受话器。

⊙将使用手机的频率降到最低，尤其应当少在宠物和儿童周围使用手机，因为宠物和儿童受到手机辐射的影响比成年人更大。不用的时候，应当把手机关掉，只在需要的时候查看一下就行。不要在车内或者信号接收较差的地区使用手机，因为这些情况确实会增加手机辐射的强度。

⊙晚上（可以利用一台定时器）或者不用的时候，应当关掉无线路由器；如果无线路由器距家人睡觉的地方很近，则尤其应当如此。要是可行的话，最好是用原来的那种以太网电缆，而不要用无线路由器、无线电脑以及网络电视。

⊙如果做得到，不妨使用有线鼠标、有线键盘和有线打印机。无线鼠标、键盘和打印机发出的信号很强，而它们带来的便利却微乎其微。

⊙假如您家里已经安装了无线智能仪表，那么，要是能够买到老式模拟仪表，就应当把无线智能仪表都找出来，通通换掉。

尽可能与无线设备保持一定距离，距离是您的朋友，也是您所养宠物的朋友。只需站在60～90厘米之外，这些设备的信号强度就会大大下降。因此，应当试着将路由器或者诸如此类的设备放在房间的另一侧，绝对不要靠近任何家人的休息或者工作区域。

家中的其他危险

还有一个可能出现的意外问题：宠物狗或宠物猫会把某种无法消化的东西吃进了肚子。这种情况在宠物狗身上出现的频率要比宠物猫高；但对两种宠物来说，这都是一个令人担忧的问题。

// 宠物狗的危险

对于看上去有可能是食物的东西，宠物狗几乎都会去吃。我曾经看到过宠物狗把洗碗布、金属擦洗垫、塑料玩具、衣服吃下去的情况；这些东西，很可能是具有很对狗狗胃口的气味。最近，我女儿喂养的宠物狗不吃东西，开始呕吐。结果发现，它是从垃圾桶里翻出了两团棉球，吞了下去，把胃给堵住了。大家不妨试着从宠物狗的角度来看一看这种情况。任何带有食物气味或者带有身体分泌物的东西，都会被狗狗看成猎物；因此，大家应当费点心思，将这种东西放在安全的容器里。如果宠物狗似乎出现了这种欲望，那么您可以给它一棵硬实的蔬菜，或者一根树枝，让它去咬嚼。

// 宠物猫的危险

宠物猫在食物方面比较挑剔。有时候它们也会被食物噎住，但不会经常这样。我还记得，有一只小猫曾经把一根玉米棒子的一端吞了下去，然后堵在胃里。对于猫类来说，更加常见的现象是，它们会吃进一根线、一块棉纱或者一根橡皮筋。由于它们的舌头上面有倒钩，很难把吃到嘴里的东西吐出来，因此一旦它们开始吞咽，可能就无法停止下来。我们很难理解这种情况，可梳理并且吞下自己身上的毛发，在猫类看来却平常得很。您可以看出，这与吃下一块棉纱或者一根棉线并没有太大的差别。除非棉纱或者棉线太长，卡在小猫的嘴里，否则的话，这似乎根本就不会是一个问题。被棉线卡住后，尽管迹象不是特别明确，但宠物猫会不再进食，可能还有呕吐现象。假如您发现丢了一些线，或者发现一个纱球打开了，那么兽医可能必须将小猫麻醉，然后检查它的口腔和喉咙才行，因为一根卡在舌头附近的线，是很难看到的。一根穿着针的线，可能会卡在猫的喉咙或者食道里的某个部位，要通过X光检查才可以看出来。而位置更深的梗阻，则是发生在肠道里（有时是由一片塑料引起的）；用X光检查时，这种梗阻会显示为肠道隆起。

// 其他问题

小心提防，不要让宠物去撕咬电线。不要把幼犬或幼猫关在有裸露电线的房间里。假如发现宠物正在咬电线或者用电线玩耍，那么您就要坚决地进行训诫。

假如家里有刚学走路的孩子，那么您应当确保孩子不会太过粗暴地对待小宠物，因为这样做对孩子和宠物双方都很危险。而且，孩子可能会在宠物灵敏的耳朵边上发出很响的噪声，从而在无意当中让宠物感受到极大的压力。

如果由孩子来负责照料宠物，那么就要确保孩子每天都会像您一样，用相同的方式完成这项任务。不要让宠物变成受害者，应当教导孩子，必须坚持承担起照料宠物的所有责任。

假如您住在一栋楼层较高的公寓里（第二层及以上楼层），那么您就应当给窗户装上纱窗。尽管宠物猫非常敏捷，但它们有可能、也的确会从窗户中掉出去，或者从阳台上摔出去。我在纽约市里的许多顾客，都是这样失去了自己的宠物猫。

通过采取这些预防措施，通过采取一种全面警惕而细心的态度，现代化的生活就不会给您和宠物带来一些不必要的危险或紧张状况了；相反，现代化的生活还能给您和宠物提供各种冒险与享受的机会呢！

改变生活方式

我们在此处倡议的这些方面，都是我们已经亲身经历过，并且感觉很好的事情。您可以看出，开始关注清洁材料或建筑材料带来的长远影响，将会开启一场运动。我们将开始用不同的眼光，来看待自己的家园和自家的院子，以及野生生物生存和成长的旷野。为了把任何一种有害影响的程度降到最低，我们又可以做些什么呢？大家可以做到的，就是保护我们的动物同伴，保护我们家园四周的野生动物，甚至保护可爱的树木、灌丛和鲜花，因为它们装点了我们的生活，为我们的生活增添了色彩。

我们曾经回收过洗碗水，用它来浇灌植物；我们曾经利用滴灌技术，来保护水资源；并且，我们还安装了雨水槽，收集屋顶流下来的雨水。我们安装了太阳能电池板和太阳能热水器。我们甚至还把一台较旧的洗衣机搬到了屋外的露台上，好让洗完衣服的“脏水”排出之后，能够浇灌树木。

归根结底，这是生活方式的一种改变，是一种新的视角。我们的出发点，就是爱护宠物同伴，希望保护它们。随时间的推移，我们还开始感受到了一种同等爱护所有生物，尤其是爱护地球母亲的感情。这可是一趟很有意思的旅程呢！

礼物

——苏珊·H. 皮特凯恩

为了比环保更加环保，

我打扫地板，

不再将毒雾

向你喷洒。

梳走你身上的跳蚤，

掸去你身上的尘埃，

我收获了你给予的信任。

你的舔舐，你的摇尾，你那灿烂的微笑，

你的欢乐，你的跳跃，

都让我值得为你辛劳。

第 11 章 锻炼、休息、梳理与玩耍

健康的生活方式

对于您喂养的宠物狗或者宠物猫来说，健康无毒的饮食与家居环境是它们长久幸福地生活下去的坚实基础。不过，在本章和接下来的几章中，我们还有其他需要加以解决的重要问题；这些问题，都与我们的日常习惯和选择，与我们的态度、我们与大自然的关系，以及彼此之间的关系有关。其

中包括定时玩耍、锻炼、晒太阳、接触大自然，以及花上一些时间来享受生活。我们将会探究，究竟有哪些办法，可以与宠物分享一种有益于健康的、幸福的生活方式，以及这样做很重要的原因是什么。

首先，我们想和大家分享一下丹·比特纳所著的《蓝色地带》，这是近年来保健领域里出版的最有启发性的著作之一。[1]该书讲述了《国家地理》杂志的一个小组，发现世界上所有异常长寿的人都具有许多关键习惯与做法。到网上搜索一下“蓝色地带项目”，您就可以看到许多鼓舞人心的方案。它们全都旨在改变世界各个城市，帮助这些城市也变成“蓝色地带”。

对于热爱宠物的人来说，这些研究结果尤其令人激动。原因在于，我们所知的一些最健康、寿命最长的宠物猫狗，它们在日常生活当中，在生活方式方面也存在诸多极其类似的因素。因此，请您牢记健康与长寿方面的这些关键因素（您也可以将它们抄下来，贴在冰箱上）。

人宠皆宜：

“蓝色地带”关于健康长寿的小贴士

以下就是“蓝色地带”项目关于健康与长寿的调查结果。下述各项中，您在多大程度上把每一项定为了自己和宠物的优先事项呢？您可以做出哪些积极的改变呢？

⊙**经常运动**。“蓝色地带”的人既不是终日懒散者，也不是体操运动员，可他们确实都会通过工作、玩耍等正常活动而获得经常性的锻炼。与“布兰布尔”属于一母同胞的那群宠物狗，每天都会去散步 5 次；不然的话，就会一起在院子里玩耍。研究发现，每天哪怕只散步 20 分钟到 30 分钟，给身体带来的益处几乎就与进行较多锻炼差不多；而且，散步也是一件对您和宠物狗都有益处的事情。因此，您不要开车去哪个地方，而应当步行去，并且在做得到的情况下，您还可以带上自己的宠物狗。每隔一两个小时就短暂休息一下，做做运动，其间还可以停下来，短暂地与宠物猫玩一玩；这样做，确实是很有好处的。

⊙**树立目标**。我们都需要一个生活下去的理由，需要一种每天都让我们起床的目标；宠物也是这样的。对于我们而言，这种目标可能包括做有意义的工作、拥有一种业余爱好、为公益事业做志愿工作、照料一位家人或者一只宠物。那么，刺激宠物猫

1 参见丹·比特纳所著的《蓝色地带：寿命最长者的长寿经验》（华盛顿特区：国家地理出版社，2008 年），第 233 页。

狗、使之兴奋的动机又是什么呢？是探索世界？是玩游戏？是为了社会交往？是为了取悦于您？是为了爱与亲密关系？就算您要去上班，不得不让宠物独自待着，那也要想出办法，为宠物和自己提供绚丽多姿的生活：能够去往户外，能够与其他宠物交往，或者与一名遛狗者约会。或许，还可以在充满阳光的窗台边，给一只居住在公寓里的宠物猫安装一台喂鸟器。

⊙ **花点时间，享受生活、进行观察**。每天您都应当留出一些闲暇时光，而不要总是忙了这个忙那个，不要干太多的工作，不要从早忙到晚。对于我们来说，闲暇时光可能就是听听音乐、冥想、欣赏落日美景，或者闻一闻玫瑰的芬芳。宠物们都很擅长这种技巧，我们可以从它们身上受到启发，因此您不妨每天都享受一下有宠物陪伴的时光，相互坦诚对视，只是静静地待在一起。或许，您还可以带着关切和欣赏之情，轻轻地抱一抱、抚摸抚摸宠物，并且给宠物按按摩。你们可以一起迎接日出。您可以与一只咕噜咕噜的宠物猫一起冥想。您和宠物都会有所获益的。

⊙ **清淡少食**。在为数不多的长寿者当中，清淡少食是一种习惯；他们只需吃到自己不再觉得饿的程度就足够，而不会吃得过饱。许多“蓝色地带人”早餐吃得都很丰盛，而晚餐却很少吃东西，或者根本不吃。科学也已明确证实，限制饮食是获得长寿的一种最大指标。因此，应当监测宠物的体重；喂食量应当适度，让宠物稍稍显瘦，但不是骨瘦如柴。宠物吃饱之后，就把食物拿走。不要让宠物因为无聊吃得过多。而且，您自己吃饭的时候，也要更加小心、缓慢，更加自觉地控制食量才是。

⊙ **主要吃素食**。“蓝色地带”的人，主要都是吃传统的植物性主食，比如红薯、玉米、豆类和谷物，还有自家种植的水果与蔬菜。在他们摄入的热量当中，动物制品只占大约 5%的比例。肉类只是一种调味品，或者在节庆场合待客时使用。加利福尼亚州有一位“蓝色地带人”埃尔斯沃思·法纳姆，他是一位医学博士，已经吃了 50 多年的素，并且每天只吃两顿；而当美国有线电视新闻网（CNN）在他 100 岁那年采访他的时候，他依然精神矍铄、精明得很哩。[2]您有可能以为，这种特殊规则对宠物猫狗并不适用。然而，像“乔伊”和“布兰布尔”这两条宠物狗的情况（参见第 5 章），以及许多其他宠物的情况却表明，这种规则对宠物猫狗也是适用的，至少对宠物狗是适用的。摄入的有毒物质较少，或许可以解释素食狗的长寿秘诀。许多宠物猫都可以吃素食，但让宠物猫吃素食究竟是不是最好，这一点尚没有定论。

2 参见美国有线电视新闻网的节目“百岁老人分享长寿秘诀”。

⊙**隶属于某个社团。**长寿的人，都有一群联系紧密、志趣相投的朋友和家人，其中也包括一个信仰团体。同样，宠物也喜欢成为一个由人类和它们的同类组成的和谐家庭中的一员。假如家中只有您和宠物狗的话，那么这就是一个开始，你们可以成为彼此最好的朋友。不过，您还要去跟其他志同道合的人联系，扩展自己的社交圈子，与其他的养狗人士、朋友、室友、邻居举办聚会或百乐餐，或者与他们一起旅行，去狗狗公园。

// 从宠物的视角来看待生活

想象一下，对于您的宠物狗或宠物猫来说，生活是个什么样子。假设您是一只刚刚生下来不久的小猫小狗；有一天，来了一群高高大大的陌生人，把您抱起来，放进车里，然后把您永远带走，让您离开了自己的母亲与兄弟姊妹，或许还会让您永远都不再与自己的同类一起生活了。他们会给您的脖子套上颈圈，把您关进笼子里、关在家里，或者关在围栏里。不过，他们会给您喂食，并且会经常拥抱和轻轻地抚摸您。有的时候，他们会用您听不懂的语言责骂您。最常见的情况是，他们会在一个小时又一个小时地盯着手里的小东西（手机），或者盯着发出亮光的盒子（电脑和电视）时，让您长时间独自待着，或者完全忽视您。

不妨将这种情况，与宠物祖先那种较不安全的生活，以及如今宠物的野生近亲那种较不安全的生活比较一下。一只典型的狗或猫，虽然不必担心自己能否觅取充足的食物，但要是能够在一个空气清新、阳光明媚的日子里，去探究探究一条小溪，能够飞快地跑过一片散发着甜蜜芬芳的森林，或者检验一下它的狩猎本领，它就非常幸运了。可现实情况恰好相反：宠物猫狗一生中的绝大部分时间，都是躺着睡觉，不然就是在室内的地板革或者合成地毯上走来走去，或许身上还长满了跳蚤。它在户外的活动，被限制在一个小小的、或许还很荒芜的院子里；不然的话，就是人们在干这干那的时候，让它待在一辆不透气的汽车里等着。

每隔上一两个星期，人们可能会让它享受一回最令它感到高兴的事情，那就是到田野上去散散步。可是，带刺的狗尾草却有可能毁掉它的乐趣，因为狗尾草会轻而易举地粘到宠物那身异常卷曲蓬松的皮毛上。回到家里后，它只能用散发着漂白粉味道的自来水解渴。有的时候，主要是由于这些原因，它会变得有点暴躁易怒，或者情绪低沉、觉得无聊。可从整体上来看，它还是性情温驯，逆来顺受地过着每一天。

尽管如此，绝大多数宠物猫狗都很宽容，不但对人类不存偏见，而且充满感情、信任人类。这一点，正是我们最喜爱和最钦佩它们之处。因此，我们不妨想一想，自己可以做些什么，来为宠物提供一种更加绚丽多彩、更加富有意义的生活，尽管作为不同物种，与它们共同生活在一起，有时双方的需求与愿望是相同的，有的时候却又不同。

在本章里，我们将会论述宠物猫狗在锻炼、休息及梳理等方面的特殊生理需求，其中也包括跳蚤防治。而在下一章里，我们将会思考一个问题，那就是如何才能与我们照料的其他物种完美共存，以及为了大家的利益而对宠物进行必要的训练或者控制。第13章探究了我们自身的情绪与心理对家中宠物的影响，以及宠物的情绪与心理对我们的影响。第14章为旅行与休假问题提供了一些非常实用的小贴士。第15章论述了虽说艰难、却属于敞开心扉的告别过程，因为宠物通常都会先于我们很早就去世。此后，关于宠物对各种健康状况的具体医疗反应，我们还会进行详细的说明。

我们在下述各章中思考这些问题的同时，心中务必牢记下述两个方面。

⊙我们怎样去做，才能对符合自然的生活过程产生最小的干预？

⊙假如我是一只宠物，那么我希望获得什么样的对待呢？

// 锻炼的重要性

有规律地进行锻炼，是保持理想健康状态的必要条件。持续而精力充沛地运用肌肉，会对所有器官产生刺激作用，促进血液循环。运动的时候，血管会扩张，血压会升高。组织器官里面会充满氧气，从而有助于清理掉身体细胞内的毒素。消化腺会更加有效地分泌出消化液，而肠道蠕动起来也会更加轻松。

// 尽可能多地去遛狗

狗类是一种体魄强健、擅长跑步的动物，它们必须不停地跑动，不停地觅食。狼和郊狼一天就能跑上160千米；即便是城市里的流浪狗，每天平均也会跑上26千米的路呢！

几乎所有的狗，每天如果进行至少半个小时或者更久的剧烈运动，都会带来特别的益处。我们现在很难找到可以让宠物狗自由奔跑的场地，对于许多宠物狗而言，走到盛放食物的碗前，是它们进行的唯一锻炼。

因此，大家应当想出一切办法，让自己和宠物每天都可以一起进行更多的锻炼；不管是慢跑、散步、玩球，还是让宠物去捡棍子或者飞盘，都可以。您可能无法给宠物制订严格的锻炼计划，比如每天至少散步四五次，或者跑上四五次，但您应当开拓思维，想出可以让宠物狗进行更多锻炼的办法。比如，可以与您的爱人轮流带着宠物狗去锻炼；可以雇用一名遛狗师；可以到狗狗公园去玩；可以一起去商店，让一个人去购物，而另一个人则留在商店外面陪着小狗；可以在附近找一个能够

让宠物玩叼球游戏的地方。

假如宠物狗年纪大了、体质虚弱、患有关节炎或者心脏不好，那么您可以带着它绕着街区慢慢地散散步。假如宠物狗因为脚疼或者因为部分瘫痪而暂时无法走路，那么您可以鼓励它在浴盆、大水槽、游泳池或者自然水域里适当地游游泳。“布兰布尔”年老之后，曾经有一次受了重伤，走不了路；可即便是到了那么大的年纪，在水池里进行过治疗之后，它也能够恢复健康。

游泳与跑步一样，都可以强身健体。假如宠物经常沉到水下，那么您可以在宠物身下放一块毛巾或者一块布，当成吊带，让宠物浮起来。这种锻炼，对于那些患有背部疾病的宠物狗尤其有益。

对于宠物狗来说，锻炼它们的牙齿与颌部也很重要。有些宠物狗会欢欢喜喜地去啃咬棍子，还有一些宠物狗则会很喜欢撕咬生牛皮、有韧劲的红薯干、胡萝卜、西蓝花茎，以及诸如此类的东西。要提防骨头，因为骨头有可能碎裂，尤其应当小心一些小的骨头，比如鸡骨头。假如骨头非常新鲜，没有经过加工，那么用它们来喂食宠物猫狗，就是相当安全的；不过，假如骨头存放较久，或者是煮过、冷冻过的，那就有危险性了。您还有一种选择，那就是利用“艾米”牌“骨爱”；这是一种宠物狗嘴部锻炼产品，用不含转基因生物的蔬菜制成，形如骨头。用这种产品，您就不用担心它会碎裂了。

// 让宠物猫玩耍和探险

宠物猫需要的锻炼有所不同。它们不喜欢追球，也不喜欢慢跑。若是给它们部分时间待在户外，并且有个合适的地方供它们去抓挠的话，宠物猫通常都能切切实实地获得充足的锻炼。

除了在追逐猎物和对猎物发动突然袭击时，偶尔会出现快如闪电的速度，猫类还很喜欢伸懒腰。将猫爪剪掉（相当于把您自己各个手指的最后一节切掉），这种做法非但残忍、令人痛苦，而且还剥夺了猫咪一种重要的锻炼方式，即利用爪子来进行按摩与伸展；这种锻炼，对猫的前肢肌肉、脊柱以及肩部都有好处。无法进行此种惯常锻炼的宠物猫，体质很可能会变得虚弱，较易感染疾病。因此，不管是用一根位置牢固的木头，还是用一根精心设计的猫抓柱，您都应当给宠物猫提供一种令它满意的抓挠方式，好过让它毁掉您的家具。

绝大多数猫还很喜欢玩“线吊”游戏；就是用一根线，一端吊着一个环或者玩具老鼠，让猫咪追着并拍打着玩。宠物商店里有许多这样的玩具出售，可供宠物猫狗去玩耍；不过，用较天然的材料制成的玩具和非塑料制品更好。我家的宠物猫“明”最喜欢玩的一种游戏，就是追着激光笔里发出的那道光跑。它会追着光快速地跑上5～10分钟，猛扑、跳跃，或者转着圈子（假如想让宠物猫去玩这种很有意思的游戏，您只需确保绝不要把激光对着眼睛照射就行了）。

此外，在跟宠物玩游戏的时候，绝对不要把自己的手当成“诱饵”，或者当成让宠物逗弄的东西。那样做，等于在告诉宠物说，它可以抓挠或者撕咬您的手；可这种教训，您肯定希望它在将来不要出现。

// 思维锻炼

宠物也很喜欢智力游戏这种形式的思维锻炼与刺激。您可以到YouTube网站上搜索“猫玩猜杯游戏”，看一看这种情况：一只猫，能够从许多物体当中追踪一个移动速度很快的物体，非常聪明。动物的聪明程度，可能是非常惊人的。即便我们往往都把猪看成一种食物，而不是人类的朋友，可它们实际上要比绝大多数狗、猫更加聪明，并且在玩电子游戏的时候，反应速度可能还会非常敏捷呢？大家可以到YouTube网站上，搜索“猪玩电子游戏”。鸡竟然也能玩这种游戏!

宠物狗最喜欢玩的游戏，通常都是捡东西，尤其是在户外的时候。它们都喜欢预测并且猛地冲向玩具球或者飞盘落下的每一个新地点（因此，大家应当不断变换扔玩具球或飞盘时的目的地）。宠物狗甚至还能掌握像滑滑板这样的高级技能呢（请大家再到YouTube网站上去查看相关视频吧）!

要想了解各种可以让宠物（尤其是宠物猫）得到娱乐的有趣游戏，您不妨到网上去搜索，或者到本地一家宠物用品商店里去问一问。正如我们在第10章里曾经讨论过的那样，请不要给宠物购买颜色亮丽的塑料玩具，因为其中可能含有有毒物质。可以到网上去搜索不含有毒物质的、有机的或者天然的宠物猫狗玩具，并且查看这些产品的说明与用户评论。

与宠物一起玩游戏的时候，您应当把宠物看成是一个人，并且像一个平等的人那样去对待。因此，假如宠物累了，或者宠物对别的什么东西感兴趣，那么您就不要强迫宠物继续玩游戏。同样，假如宠物的表现不如您所愿，您也不要去斥责它们。因为这种游戏与宠物的表现无关，而是与乐趣有关。要让游戏保持有趣和轻松，并且对于宠物的成功要进行鼓励。宠物玩够了之后，您就要停下来。您应当尽力学会倾听宠物向您发出的信号，并且学会用简单的句子和关键词（比如“接住”）来与宠物进行交流。

// 按摩：被动锻炼

按摩是另一种令人愉快的方法，可以让您和宠物都从适度的锻炼当中获益。按摩具有刺激血液循环、促进淋巴引流、排毒、减压，以及诸如此类的好处，这是一种令人放松的、需要人宠联合起来进行的锻炼，晚上坐在壁炉旁边或者坐着看电视的时候，你们就可以进行；而且，这种方法对身体僵硬和受伤恢复尤其有益。

利用直觉，就是最佳的按摩法门。进行一次熟练的按摩，在很大程度上来看，就是一个让宠物安静下来、并且让您熟悉宠物的过程。按摩也可以变成您让自己身体放松下来的一个好办法。关键就在于，您始终都要留意自己的动作，而不要心不在焉地进行；您不能随意而行，或者用一种刻板的方式去按摩。

开始之前，您应当“获得宠物允许”(不论是用什么样的可行办法)。双掌互搓，直到您感觉掌中发热为止。然后轻轻地将双掌放在宠物头上，或者是放在宠物的后颈上。闭上眼睛，脑海中想象出眼前这只宠物的身体。用想象中的“眼睛”去观察，看宠物身上哪个地方较亮或者较暗，看哪个部位能够吸引您的注意力，然后就从那个部位开始。

或者，您也可以只用自己的双手，缓慢、轻柔而又自信地在宠物身上进行摸索。寻找那些细小的节点或者条纹，然后对这些部位进行按摩，就像您正在轻轻地揉制面包似的。接下来，您就可以开始轻柔地抚摸，沿着宠物的脊椎平稳向下，在宠物的脊椎周围和腿部的各种肌肉中，用自己的手指一小圈一小圈地进行探索。

利用安抚性的抚摸。假如宠物处于高度紧张的状态，那么您可以着重利用那种从上到下、速度缓慢、具有重复性和安抚性的抚摸手法，做法就跟爱抚宠物时差不多。

还有产生刺激作用的转圈手法。假如宠物较为懒散或者比较疲倦，那么，还有一种更具刺激性的按摩方法，那就是用手指轻轻地转着圈子按摩，这种方法可能有助于促进宠物的血液循环。

好好地给宠物挠一挠背。许多的宠物，尤其是猫咪，的确很喜欢人们在它们的臀部、脖颈或者头顶好好地按一按摩；原因可能是它们自己很难够得着这些地方，或者是这些地方布有大量的神经。它们会弓起身子，把这些部位拱到您的手掌之下，从而让您知道，它们喜欢这种按摩。

始终都应当关注宠物的反应。观察宠物有没有出现放松与高兴的迹象(如满意的叹息声、闭上眼睛、倚向您的手掌)，在这些部位按摩得久一点。

同样，您始终还应当做好准备，要是宠物在您的抚摸之下退缩或者走开的话，您要能够随时停下手来，转向宠物身上的另一个部位，或者结束按摩。这种表现，可能是宠物感到疼痛；或许，也有可能只是因为宠物打算去小睡片刻，或者准备去探险罢了。

活动宠物的四肢。待宠物在您的按摩之下，带着信任与喜爱之情完全放松下来之后，还有一种类型的活动会尤其令它感到愉快，那就是替宠物活动它那完全放松下来的四肢。把宠物的一条腿拉一拉、弯一弯，并且轻轻地抻一抻；在进行这种活动的时候，您或许还可以将宠物关节的周围轻轻地按一按。

用完全相对的动作，拉伸宠物的筋膜和肌肉，对缓解宠物的酸痛症与肌肉痛也很有效果。例如，用一只手掌向前推、另一只手向后拉，可以放松宠物的后腰或者臀部；这种方法，与一只正在吃奶的小猫用自己的爪子轻轻地揉捏母猫几乎是一样的。可以来回拉伸，并且交替进行。您可以在一个能够用语言进行反馈的人身上进行尝试，从而娴熟地掌握这种动作。与所有的动作一样，您应当根据宠物的大小和敏感程度，调整动作的力度。这一点，您务必加以注意。

假如宠物已经筋疲力尽，那么您可以**给宠物进行一次淋巴按摩**。您甚至可以在刚刚出现感冒症状的时候，在自己身上试一试。利用轻柔、平稳而缓慢的拂拭手法，刺激皮下淋巴液的流动（不要进行较深入的肌肉或者关节按摩）。应当从上到下进行。往下轻抚宠物的每一侧面颊，再往下到颈部，朝着宠物的心脏部位按摩数次。然后，从腋窝开始，朝着腹部轻推，并且将所有的这种能量“聚集”起来，变成一个呈顺时针方向环绕腹部的圆圈。接下来，如此再沿着大腿内侧向上按摩至腹部，并且再次以一个呈顺时针方向的圆圈而闭合。结束的时候，应当感觉像是您正从宠物腹部向上吸取和吸走能量似的。

如果不熟悉这种按摩手法（无论您是按摩师，还是接受按摩的人），那么，在家人身上练习这种手法，可能会对您有所帮助，因为这是一种美妙的办法，可以表达爱意，缓解疼痛与不适感，促进血液循环，改善健康。您可以看出，什么样的力道让人觉得舒服，怎样才能让肌肉得到放松。假如本身从来都没有接受过优秀的按摩，那么您可以问问周围人的建议，并且去验证一下。接受一次令人舒适的按摩，就是在您去给别人进行按摩之前一种最好的训练！给别人做按摩的时候，您要鼓励他们说出自己的反应；如果您正在学习按摩技术，则尤其应当这样去做。谁又说得清，您没准最终会变成一名专业的宠物按摩师呢!

安静与休息

现在，我们不妨来看一看睡眠的问题。每一种生物，都需要一个整洁、宁静、私密而又安全的地方来睡觉与休息；并且，这个地方还应冬暖夏凉才是。身体具有在夜间恢复体力与进行康复的能力；这种能力极其重要，可在如今这个忙碌的世界上，许多人都受到了新闻媒体和电气照明的过度刺激，丧失了有规律地就寝和得到充分休息的时间与条件。

就算宠物有时会与您同睡一床，那也应当为宠物单独提供一两个适合的休息之所。许多宠物，尤其是大型的宠物狗，都没有这种安歇之所。许多的大型宠物犬，都被人们关在门外风吹雨打；可是，与它们那些拥有一个舒适洞穴来藏身的野生近亲不同，它们只能在嘈杂街道附近的一片尘土之中勉强容身，或者是在门廊下面一片四处透风的混凝土板材下面将就过活。如果宠物待在户外，那么，就算它们只在户外待上部分时间，您也应当在门廊屋檐之下搭建一间犬舍，或者摆放一只垫了东西的篮子，或者放上一把带有垫子的摇椅。

不管是待在室内还是留在户外，只要有一只垫了东西的篮子，甚至是角落里或者椅子上一条干净的、折叠好的毯子或毛巾，宠物猫与体型较小的宠物狗就非常满意了。虽说大型宠物犬不一定非得需要篮子这样的床铺，可它们也的确需要一个安全、干净的地方，比如房间中铺有地毯的一个角落、一把旧椅子，或者在某个安静之处有一条属于它自己的专用毛毯。

应当用水洗棉或者羊毛制成的枕头、毛毯或毛巾，并且最好是选用有机的无色产品。这样可显著减少宠物与有毒的阻燃化学品、农药残留以及现代合成纤维制品中使用的大量化学品的接触。我们自己也应遵循这一建议（您可以到网上搜索一下有机睡衣和内衣），但宠物可能更容易受到化学品的伤害，因为它们会舔舐织物上面的线头与灰尘，同时它们睡得比我们多。

您应当研究一下宠物的喜好，为它提供几个安静的睡觉场所。它可能会喜欢某一个安静而不挡道的地方，可能还会喜欢另一个离活动中心比较近，从而使得它能够容易进行观察的地方。有些宠物喜欢挤在一起睡，还有些宠物则喜欢分开睡。宠物猫本能地喜欢那种狭小的、有界限并且有点高度的地方，也就是让它们觉得更加安全的“高处”。那种商业化生产的窗台式猫舍，或者安装在窗户之上且铺有毛毯的架子，都会使得它们好像是坐在前排一样，可以观看到“宠猫电视”上所有最喜欢的节目。您还可以考虑那种装在柱子上、铺有地毯的猫舍，它们在许多宠物商店都有售卖；不过我们还是希望，您在宠物猫的休息地点能够使用水洗棉制成的毛巾。

// 担心宠物睡得太多?

一只独自待着的宠物，一天中的绝大部分时间里都是睡觉，这种现象原本是很正常的。不过，要是您回到家里的时候，宠物竟然不出来迎接您，或者要是在您到家不久，宠物又跑回去睡觉的话，那就说明您的宠物可能精力不足。这尤其适用于宠物狗。猫咪自然比狗睡得多，不管白天黑夜，它们经常还会时不时地打个盹。

我判断一只宠物猫是不是睡得太多的办法，就是查明这只猫咪白天是不是有几个活跃期，以及它每天是不是都会给自己梳理几次。身体健康的猫咪，睡觉和活动会交替着进行，比如看看窗外、走出家门、到处嗅探以及梳理毛皮。假如这种活动进行得很少，那就说明猫咪可能出现了问题，您就该带着它去看兽医了。

// 干净与健康紧密相关

宠物只有身上干净，才说得上漂亮；而更加重要的是，宠物只有身上干净，才能保持健康。每一种生物，都在不停地分解，以便清除自然代谢的产物和老旧细胞。一般来说，身体中大约有1/3的细胞，此时此刻都正在寿终正寝，并且准备被新的细胞取代。在人体内，每1秒钟有100万个细胞正在被新的细胞取代呢！

此外，环境污染如今已经是一种无法改变的事实；这一点，我们在前文中已经讨论过了。因此，我们必须帮助宠物朋友，尽力去应对这个问题。下面是4种自然的方法，可以协助宠物身上那些不辞辛劳地承担着清除任务的器官，即皮肤、肝脏、肾脏、消化道以及肺部，将代谢废物与合成废物运送出宠物的体内。

⊙**日常锻炼**可以改善新陈代谢和血液循环，从而刺激体内垃圾的排出。

⊙偶尔**禁食1天**，可以减轻消化道通常承担的职责，使得体内的器官有空将储存在肝脏、脂肪以及其他组织中的有毒物质分解掉。在禁食期间，体内器官也能消耗掉一些多余的累赘之物，比如囊肿、疤痕以及赘生物。禁食的过程，以及禁食的治疗用途，在本书第18章，即“如何护理生病的宠物”一章里有更加详尽的论述。

⊙**少量喂食，使得宠物保持不胖**（但不能瘦得皮包骨头），可以让宠物身体更加容易排出毒素，而不是把毒素储存在体内的脂肪当中。这样做，也有可能刺激宠物的身体，将一些老化了、不那么健康的组织器官吸收和转化掉。

⊙**定期梳理**，既可以直接除去宠物身上的污垢与分泌物，还会激发宠物皮肤那种天然的排毒过程。我们不妨更加仔细地来看一看宠物护理中这个重要的方面。

// 自然清洁与皮肤保养

没有人会给一头狼或者一只山猫洗澡，那我们为什么又必须给宠物进行清洁呢？原因如下。

⊙野生动物会到处跑动，使得它们可以避开某一群寄生虫，比如跳蚤。另外，宠物却会因为这些寄生虫在猫舍狗舍里产下的卵，而一次又一次地受到感染。

⊙人们喂养的许多家禽家畜，尤其是宠物狗，身上的毛都异常长而卷曲，或者非常蓬松，因此光靠宠物用舌头舔、用脚爪挠和用牙齿咬，是很难进行清洁的。

⊙污垢里面，通常都含有来自环境的有毒物质：您将宠物毛皮上的污物清理干净，要比让宠物自己去舔舐并将污物吃下去更好。

简而言之，既然我们改变了宠物的身体结构与它们所处的环境，那么帮助它们护理皮肤与皮毛，就是我们责无旁贷的义务。

对于长毛宠物而言，**日常梳理**是很重要的。购买一把专门用于梳理宠物毛发的“钉耙”梳。短毛宠物需要进行梳理的次数，可能会少一点。在定期进行清洁的时候，还有一种非常不错的工具，那就是除虱梳。

定期梳理，可以将脂腺的正常分泌物带到皮肤之上，抑制蚤虱的生长，从而促进宠物毛皮的健康。这样做，也可以防止宠物毛发扭结成团，并且有助于清除那些黏在宠物毛发上的小刺与其他植物碎屑。

梳理的时候，尤其是在宠物进行了户外活动之后进行梳理的时候，应当检查宠物的脚掌、耳朵、眼睛、阴道或者阴茎端鞘，查看有没有狗尾草、有没有黏到其他植物残屑，并且要将这些东西清除，以防它们扎进宠物的皮肤。

假如住在气候炎热的地区，那么您应当雇请专业的宠物美容师，把宠物的毛发修剪得比较稀疏才行。

洗澡是一种最安全、最有效的方式，可以迅速地去除宠物身上的跳蚤，因为跳蚤会被肥皂水杀死；当然，您也必须注意猫舍狗舍的卫生。然而，不要太过频繁地给宠物洗澡，因为这样会使宠物的皮肤变得很干燥。除非您喂养的成年宠物狗身上太脏，否则的话，一两个月给它洗一次澡就足够了。假如宠物身上长了跳蚤，并且情况很严重，出现了皮肤问题，或者出现了流脓的现象，那么您可能会希望每个星期都给宠物洗一个澡。在这种情况下，您应当使用性质温和的洗发水，才不会把宠物毛发上的天然油脂全部洗掉。

宠物猫不需要经常洗澡，因为它们通常都擅长给自己进行清洁，而且绝大多数猫也受不了洗澡的过程。不过，假如您的宠物猫出现了严重的皮肤问题，或者长了跳蚤，那么您就应该每个月都给它洗一次澡；不然的话，一年给它洗上个一两次就足够了。

应当用天然的洗发皂给宠物**清洗毛发**，这种洗发皂能够迅速起泡，效果很好。这样也可以让我们的地球和您的宠物免遭塑料以及防腐剂的毒性之害，因为洗发水里必须添加各种防腐剂，目的则是抑制细菌和真菌的生长（您可以到网上搜索“无毒洗发皂”或者“有机洗发皂”）。您也可以利用人用洗发水去给宠物洗澡，但不要使用护发素、硫黄焦油洗发水、含有抑制头屑成分的洗发水，以及其他任何一种具有化学药效的洗发水。只要想一想，宠物会舔舐毛皮，并且鼻子还很灵敏，您就会明白其中的道理。

假如宠物长有跳蚤的情况很严重，您可以用一种含有驱蚤驱虫草药的天然宠物洗发水来试一试。

有些宠物洗发水中含有右旋柠檬烯，这是源自柑橘的一种天然提取物，它可以杀死跳蚤，同时副作用很小，很适合于给宠物狗使用。您也可以自行制作一种驱虫洗发水：在一瓶天然洗发水或橄榄香皂液中，加入几滴薄荷精油或者桉树精油就行了。不要在宠物皮肤上直接使用这些精油，因为它们的刺激性太大。

宠物通常都不愿洗澡，因此，**给宠物洗澡**时，您的态度应当温和，应当用轻柔而带有安慰性的语气说话。解开颈圈之后，把宠物放进一个洗衣盆、浴缸或者盥洗盆内，慢慢地放满微热而令人舒适的温水。首先打湿宠物的脖子，并且涂上肥皂泡，以便切断跳蚤可能逃往宠物头部的道路。

清洗宠物的整个身体，并且利用喷头或者容器，用温水轻轻进行冲洗。然后再洗第二遍，让肥皂泡充分接触到宠物的皮肤。让肥皂泡留在宠物身上5分钟，或者根据宠物乐不乐意而定。这样做，可以确保最彻底地除掉跳蚤。与此同时，用梳子梳出那些想要逃往高处的跳蚤，将它们通通淹死。

彻底冲洗宠物。接下来，最好是对宠物进行一次醋水漂洗（用1汤匙白醋，兑上0.5升温水）。这样做，既可以去除宠物身上残留的肥皂，又有助于防止宠物身上产生皮屑。将兑好的醋水浇在宠物身上，并且将所有毛皮都揉搓一遍。然后，再用清水给宠物漂洗一次。

此时，您或许想要试一试《新自然猫》一书的作者安妮特拉・弗雷泽在家里制作的一种迷迭香洗液[3]。这是一种非常了不起的护发素，既可以让宠物的皮毛长得油亮光滑，又有助于驱除跳蚤。

将1茶匙干迷迭香（或者1汤匙新鲜的迷迭香）加入0.5升沸水中。盖上盖子，搅匀并浸泡10分钟。过滤，放凉至体温。对宠物进行了最后一次冲洗之后，将迷迭香溶液倒在宠物身上。反复揉搓宠物毛皮，然后用毛巾擦干，无须再进行冲洗。

洗完之后，用数块毛巾将宠物身上多余的水分吸干。接下来，任由宠物甩抖身体，舔干身上的水。应当确保宠物待在一个暖和的地方，等待全身干透。

对于那些完全忍受不了水洗的宠物，您可以试一试简单的“干洗”办法。

将1/2～1杯麸皮、燕麦片或者玉米粉，放在一张烤盘上均匀摊开。打开烤炉，用小火将谷物加热5分钟。每次取出一小部分，使得剩下的部分保持温热，但又不至于太烫。然后，把取出的谷物用毛巾反复揉搓进宠物的毛皮当中。主要揉搓宠物身上那些油乎乎、脏兮兮的地方。接下来，梳理这些地方，将其中的谷物清除出来。

最后，还有一种除斑剂，可以帮助去除宠物没洗澡时身上出现的那些油斑，尤其是宠物猫在汽车下面走动时头上蹭出的那种油斑。将几滴“墨菲油皂”和少量温水混合起来，涂抹到宠物身上的油斑处。然后，用温水彻底进行冲洗。

---

3 参见安妮特拉・弗雷泽与诺玛・埃克罗特合著的《新自然猫》，修订更新版（纽约：普卢姆出版社，2008 年）。

虱蚤防控：胜过有毒的化学制品

现在，我们再来看一看虱蚤这种让许多动物都深受其害的东西。幸好，除了人们在防控这些恼人的小东西时经常使用的有毒化学制品外，我们还有一些安全的替代办法。这一点非常重要，因为一些威胁到宠物的、最严重的环境污染物，都源自人们使用的种种有毒物质：那些本意很好的宠物主人，会定期使用这些有毒物质，让长了虱蚤的宠物直接浸泡，喷洒或者抹到它们的身上，给它们戴上含有这些毒药的颈圈，或者用这些东西给它们洗澡。

绝大多数虱蚤防控产品的标签上，都带有像“不要接触皮肤”这种古怪的警告（我始终都没能搞清楚，假如人类短暂接触这种产品，不立即清洗就觉得不舒服，可将宠物全身都浸到这种产品里，为什么又被允许呢？宠物的皮肤也是皮肤啊）。宠物和兽医技术人员同样受到各种杀虫剂的影响，甚至受到虱蚤防控产品中“惰性”成分的影响，因为它们都会通过皮肤接触和呼吸，被宠物和人吸收进去。

除此之外，在自我清洁时，宠物有可能会通过舔舐而将这些化合物质吃下去，而在抚摸宠物的时候，我们也有可能接触到这些东西。有些灭蚤颈圈和灭蚤药粉的药效非常强劲，会对宠物皮肤造成极其严重的刺激，并且可能造成永久性的脱毛。

而且，长期使用虱蚤防控产品可能使让跳蚤更加强大，而让我们自己变得更加弱小。由于跳蚤繁殖得非常迅速，因此，那些在虱蚤防控产品的药力之下幸存下来的跳蚤，就对杀虫剂产生了抗药性。

兽医们都知道，健康状况最糟糕的宠物身上，跳蚤也最多。换句话说，其实是我们的养育方式让宠物虚弱了，给了跳蚤可乘之机。此外，我们过度使用疫苗、抗生素，以及“可的松”之类药物的做法，让跳蚤问题变得更加复杂了。这些药物会使宠物的免疫系统不堪重负，甚至造成对药物过敏。更加糟糕的是，有些宠物竟然还会对跳蚤叮咬过敏。

那么，这些虱蚤防控产品当中，究竟都含有些什么东西呢？大致说来，其中所含的都是毒药，目的原本在于杀死跳蚤，而不是为了伤害宠物。虽然绝大多数宠物能够忍受这些产品，可它们确实也加重了宠物的排毒负担。还有一些宠物对这些产品比较敏感，可能标志着它们身上存在某种健康问题。因此，尽管别人都在使用这些产品，但我还是支持您先去尝试一种更加安全、更加自然的办法。

// 安全而有效的虱蚤防控

您应尽可能采用健康的饮食和生活方式，将其作为虱蚤防控方案的一部分，以提高宠物的抗病能力。让家里保持彻底卫生与干净，也是必须采取的措施；了解了解跳蚤的生命周期，大家就明白为什么要这样做了。

// 了解跳蚤的生命周期

⊙跳蚤成虫的寿命约为3～4个月。在此期间，母蚤会不断地在宠物身上产下一颗颗白色的小卵，样子就像是皮屑或者盐晶。这些蚤卵，也会产在宠物猫狗经常休息或者睡觉的地方，并且越来越多。生物学家称之为“巢内寄生物”。

⊙接下来，蚤卵会孵化成小小的幼虫；这些幼虫，寄生在地毯、衬垫、毛毯、地板、沙粒及土壤的缝隙与裂缝当中。由于它们爬动的距离不超过2.5厘米，所以这些幼虫是以血液干了之后形成的黑色斑块（“蚤垢”）为食的；这种蚤垢，是宠物在梳理毛发和抓挠身上时，随着蚤卵一起掉落的。

⊙1～2周过后，幼虫会经历一个成茧阶段（成蛹期）。

⊙再过1周或2周，蚤蛹便会孵化成很小的跳蚤；它们会迅速跳到距离最近、散发着体温的身体之上（通常都是跳到宠物身上，有时甚至还会跳到您的身上），开始叮咬，饱餐一顿血液。

⊙接下来，这个周期便再一次开始了，总计需要2～20周的时间，长短则取决于温度。在夏季（这是跳蚤的活跃季节），整个周期只需2周左右。跳蚤在夏季之所以繁殖得那么迅速，原因就在于此。

因此，无论通过梳理和洗澡杀死了宠物身上多少只跳蚤成虫，您都可以料想到，始终还有10只左右的跳蚤，正处于发育过程当中。

好消息是，蚤卵、幼虫、蚤蛹和跳蚤以之为食的那种“蚤垢”，是可以用真空吸尘器吸尽，或者在洗衣房里冲洗掉的。由于那些正在发育的跳蚤直到孵化为成虫之前都无法移动，因此您显然明白自己采取的措施应当集中在哪个方面：应当着重清理宠物最喜欢待的那些地方。

之所以说整洁是您与跳蚤做斗争的过程中最好的盟友，原因就在于此。定期打扫家里，尤其是定期打扫宠物的“巢穴”，可以打断跳蚤的生存周期，从而极大地减少跳蚤的数量；假如您在跳蚤活跃季节之前便开始行动，那么效果就更好了。

// 室内跳蚤的防治

⊙**清扫地毯**。假如跳蚤再一次越长越多，那么您进行防治的第一步，就是将所有地毯都用蒸汽进行清洗。尽管这样做费用有点高，但蒸汽清洗非但对杀死蚤卵非常有效，而且从减少污垢与有毒物质的聚积这个方面来看，也很有好处。不管什么时候，只要采取了这一措施，您就得确保在同一天内采取下述措施。过后，您就只需每周进行一次地毯清扫就行了。

⊙**用拖把擦洗瓷砖和胶质、木质地板**。用拖把和滚水擦洗硬质地板，即便是没法全部杀死跳蚤，也有助于杀死它们的幼虫。

⊙**利用“真空武装”，追击跳蚤**。每周至少用真空吸尘器彻底清扫所有家具和地板一次，目的是吸走蚤卵、幼虫和蚤蛹。主要清扫宠物睡觉的地方，并且应当利用一种附加装置，深入到缝隙、角落与大型家具之下。扔掉吸尘器的袋子，或者将它封好之后，再用垃圾袋装起来；不然的话，里面可能就会给蚤卵孵化和幼虫发育提供一个温暖、潮湿而食物丰富的环境。假如跳蚤非常多，可以在真空吸尘器的袋子里放一个杀虫灭蚤颈圈，杀死所有可能爬走的跳蚤成虫，还可以用吸尘器吸入一些硅藻土，让跳蚤脱水而死。

⊙每个星期至少用热肥皂水**清洗宠物所用的褥垫**一次。然后，再用高温将褥垫烘干。高温可以杀死处于任何一个发育阶段的跳蚤，包括蚤卵。要记住，蚤卵非常滑溜，很容易从褥垫或者毛毯上掉落。因此，应当小心地把宠物所用的毛巾或者毛毯卷起来，使得蚤卵不至于在您前往洗衣机的途中掉落下去。

⊙**利用一把篦齿细密的宠物除蚤梳**，捕捉和杀死宠物身上的跳蚤。根据宠物感染跳蚤的严重程度，以及此时处于哪个季节，您可以每天梳理一次、每周梳理一次或者每月梳理一次。梳理时在膝盖上铺一条旧毛巾；它既可以接住多余的毛发丛和蚤垢，而且在您干活的时候，还可以用它把梳子擦干净。梳理的时候，动作要轻柔，但只要宠物不反抗，就应当彻底梳理宠物身上尽可能多的部位，尤其是头、脖子、后背及后肢周围。一旦梳子上出现了跳蚤这种小东西，就要把附有跳蚤的毛发扯下来，扔进一个盛有热肥皂水的容器里（或者将整个梳子浸入肥皂水中，再在水下将附有跳蚤的毛发扯下来）。过后，应当把肥皂水倒入马桶冲走，并且浸泡或清洗膝上的毛巾。

⊙用前文描述过的一种具有跳蚤防控作用的天然洗发水，**给宠物洗澡**。至于宠物狗，可以试着用一种含右旋柠檬烯的天然洗发水（但这种洗发水不能给宠物猫用，因为右旋柠檬烯对猫类具有毒性）。

⊙在房间内宠物睡觉的地方，**安放一个跳蚤诱捕装置**。这种装置用起来很方便，对您的防控结果成功或失败或许能起到关键作用。它们接上电源之后，就会散发出一种模仿跳蚤所贪求的动物体温。刚刚孵化出来的跳蚤，会越过整个房间，跳到这台装置上去；结果呢，却是困在一张具有黏性的薄膜上，或者跳入了一个盛有液体的容器内淹死。您可以到网上去搜一搜这种装置。

// 户外跳蚤的防治

宠物有时会到户外去，或者绝大部分时间都在户外活动，那么您不妨采取下述措施来进行跳蚤防治。

⊙**定期修剪草坪和给草坪浇水**。低矮的草坪会让阳光透入，使得土壤升温，从而杀死跳蚤的幼虫。浇水则会淹死那些正在发育的跳蚤。

⊙**帮助蚂蚁**。或许，我应当这样说才是：“不要打击蚂蚁的积极性。”蚂蚁很喜欢捕食蚤卵和跳蚤幼虫。因此，不要在户外使用杀虫剂。

⊙**让宠物在户外空地上睡觉的地方“成为不毛之地”**。假如宠物总是在户外某块没有草木的空地或沙地上活动，那么您可以时不时地在炎热而晴朗的天气里，将那个地方用一块厚重的黑色塑料或者一个黑色垃圾袋盖上。由此积聚起来的高温，会杀死地上或沙土中的跳蚤、蚤卵和跳蚤幼虫。

⊙在草木茂盛或者潮湿的地方**撒上农用石灰**，让跳蚤脱水而死。当然，首先应当将地上的枯叶和碎草耙拢并且处理掉。

// 驱蚤剂

除了上述措施（现在，您是不是有点儿厌烦了呢），还有一些办法，可以驱走那些可能想要跳回到宠物身上的跳蚤，尤其是可以驱除那些仍然深藏于您家的后院里面、比较难以杀灭的跳蚤。

⊙**草药制成的驱蚤粉**，在宠物商店、天然食品商店或者网上都有售，您也可以自己制备（下述草药粉剂，凡是找得到的，您都可以取上一份，然后将它们混合起来：桉树、迷迭香、茴香、皱叶酸模、苦艾草和芸香。用可以拧紧盖子的罐子，或者盛放帕尔玛干酪的那种塑料容器储存）。将驱蚤粉薄薄地撒在宠物毛发的根部，尤其是宠物的脖子、后背和腹部周围，同时用手或梳子将宠物的毛发向后梳理。假如虱蚤的情况很严重，那么每周都可以用这种驱蚤粉给宠物喷洒几次。过后，在洗澡间或者其他容易打扫的地方，将宠物关上1小时左右的时间，或许还可以在里面放上一条毛巾。那样一来，您就可以轻松地将跳到地面上的跳蚤用真空吸尘器吸走、用滚烫的拖把擦拭或者冲洗干净了。有些草药驱蚤粉并非只是驱虫剂，其中还含有有助于杀死跳蚤的天然除虫菊酯。尽管除虫菊酯对跳蚤不具有强大的致命性，但它似乎会对跳蚤构成极大的打击。

⊙**含有草药的防蚤颈圈**，是用具有驱虫作用的草药精油浸泡过的。有些颈圈可以重新注入草药精油，并且再次使用。这种颈圈，您可以在天然食品商店、宠物商店或者网上买到。

⊙提倡用草药治疗宠物的医师朱丽叶·德·贝拉克利-莱维，建议人们使用**一种天然柠檬护肤剂**。我的许多顾客都把它当成宠物的通用爽肤水使用，效果很好，因为它具有驱除寄生虫、治疗宠物疥癣的作用。用一整个柠檬，连皮带肉切成薄片。将柠檬片放入0.5升接近沸腾的热水中，浸泡一个晚上。第二天，用海绵蘸着柠檬水，对宠物的皮肤进行涂抹，并使之自然晾干。假如宠物的皮肤问题很严重（其中也包括虱蚤问题），那么您可以每天都给它进行涂抹。这种柠檬水当中，含有像右旋柠

檬烯这样的天然灭蚤物质，以及其他一些具有治疗功效的成分。

// 驱蚤补充剂

还有两种补充剂，人们认为它们有助于驱除虱蚤，其功效取决于虱蚤的饥饿程度。就我的经验来看，它们的效果并不是非常显著，但也的确有所作用。我的建议是您可以试一试，尤其在宠物感染跳蚤的情况很严重、让您大费周章的时候。

营养酵母或啤酒酵母中含有B族维生素，它们既对宠物的身体大有裨益，还可以让宠物皮肤带有跳蚤不喜欢的一种气味。猫类特别喜欢吃酵母。在猫食中，您可以添入大约1茶匙的酵母；而在大型宠物狗的狗粮中，则可以添加2茶匙的量。假如想要看到一种更加明显的局部效果，您也可以直接将酵母揉搓进宠物的毛发里。

大蒜是另一种经典的抗蚤补充剂，而像“宠物保镖”公司生产的宠物用药片剂当中，有时也会含有大蒜和酵母这两种成分。在从业生涯中，我们已经推荐客户使用大蒜20多年了，而且在本书的每一个版本当中，我们也是这样做的。我还从来没有看到过，有人给宠物喂食大蒜出现了什么问题。可还是有许多兽医坚持说，大蒜对宠物狗有害。这种观点已经变成了一种信条，以至于一名毒理学家还声称，只要1小瓣大蒜，就有可能毒死一条狗，尽管他并没有给出什么证据。

据我的调查研究来看，关于大蒜对狗类的影响，人们只在2000年做过一项意义重大的研究。研究人员给8条狗用胃管喂食大剂量的大蒜（按照狗的体重，每14千克喂食23瓣大蒜），每天1次，持续了1周的时间。虽说研究人员的确看到狗的血液出现了某些变化，但这些狗的身上却没有出现什么症状；考虑到喂食剂量之巨大，这实际上可以让我们对大蒜感到安心。

我也向“宠物保镖”公司进行过求证，问他们看没看到过宠物用了这些产品之后出现了什么问题。他们的回答是：

> 我很高兴地指出，关于“宠物保镖牌酵母加大蒜粉剂”或者“酵母加大蒜片剂”，我们从来都没有接到过顾客打来的投诉电话，或者听到顾客报告说宠物有什么禁忌症状。这两种“宠物保镖”牌的食品补充剂，自1979年就开始生产销售了。我们有许多的客户，一代一代都是使用这两种补充剂来喂食宠物的。

所以，我认为，往宠物食品中添加少量新鲜的大蒜，将其当成防治跳蚤大方案的组成部分，哪怕只是因为宠物喜欢大蒜的味道，都是一种很不错的做法。

// 其他防治办法

假如以上所有办法都无法抑制跳蚤繁殖，或者您喂养的宠物对跳蚤异常过敏，那么您还可以采取下述这些毒性更低的措施。

“跳蚤克星”处方产品：在安全防控跳蚤方面，如今社会上已经出现了一些进步。我的顾客都称，他们购买了一种叫作“跳蚤克星”的产品（可能也有其他的牌子），效果都很好。这种产品使用的是相对无毒的地毯处理粉剂，据说可以在数周的时间内安全地杀死跳蚤成虫，以及处于不同发育阶段的跳蚤，并且有效期高达1年。“跳蚤克星”还有专门用于防治庭院中线虫的产品。

硅藻土：采取上述预防措施的同时，可以考虑每年都在墙根、家具下面，以及用真空吸尘器无法吸到的缝隙当中，撒上一次天然的、未经加工的硅藻土。这种东西类似于白垩岩，是单细胞藻类石化之后残留下来的，其中含有硅。地壳当中，约有1/4的部分是由这种土壤构成的。尽管皮肤直接接触硅藻土对宠物和人类都是无害的，可硅藻土却是许多昆虫及其幼虫（其中也包括跳蚤）的克星。硅藻土当中的微粒，会通过破坏包裹在昆虫外骨骼上的那层柔软表层，从而杀灭昆虫。表层被破坏之后，昆虫就会脱水而死。硅藻土常常用于储存谷物，目的就是让谷物免遭虫害。

不要频繁使用硅藻土，也不要将其直接应用于宠物身上。主要原因是您和宠物都有可能吸入硅藻土形成的刺激性尘埃，而且这样做也会弄得很脏。请务必小心谨慎，避免吸入。在使用硅藻土的时候，应当戴上防尘面罩。虽说硅藻土没有毒性，但即便是这种天然的、没有经过加工的硅藻土尘埃，吸入之后也有可能对鼻腔产生刺激作用。

重要提示：不要购买用于游泳池过滤器上的那种硅藻土。那种硅藻土研磨得非常细，其中的微小颗粒可能会随着呼吸进入肺部，从而引发慢性炎症。

要想了解体外与体内的寄生虫，以及常见皮肤问题方面的更多知识，请您进一步参阅“附录A　快速参考”中的相关内容。可以看一看“皮肤寄生虫”“皮肤问题”及“寄生虫”诸节。

第12章 共同生活：负责任地管好宠物

与宠物共同生活，可能是一种非常奇妙的体验，尤其是当我们感受并学习宠物身上天生的热情、优雅、机智、友爱与宽容精神的时候。秉承同样的精神，一个宽容的人对宠物而言非常可贵。不过，不同人或不同动物的生活习惯，常常是天差地别的。在有些人看来，拥有宠物陪伴所带来的快乐，完全可以抵消掉喂养宠物可能带来的那一点点额外的脏乱或者吵闹。然而，我们的邻居却可能不会这么看，他们不太能忍受他们的汽车上出现宠物的泥爪印迹，不太能容忍宠物狗在清晨大声吠叫、在花圃里翻来翻去，或者在灌木丛中随地小便。所以，我们喂养宠物时最重要的一点，就是应当为宠物猫狗对社区内其他人造成的影响负起责任。

我们都非常了解，一只没有经过充分管教或约束的宠物给人带来的那种不愉快，不管这只宠物是别人的还是我们自己的。事实上，一项全美调查表明，市民向市政府投诉的第一位问题，就是关于“管控宠物狗和其他宠物”。

我记得邻居家曾经养了一只杜宾犬。它经常跳到我家前院拉屎拉尿，然后又跑到我的窗前，对着坐在自家客厅里的我狂吠。您在穿过一处停车场时，一头大型宠物犬突然从汽车窗户里伸出头来，对着您狂吠不已，而它那张血盆大口，离您的脸只有几厘米远！这样的经历，您有过多少次呢？我就有过几次这样的经历，谢天谢地，当时没有把我吓出心脏病来！

我记得有一位兽医朋友，他的一只手曾经被一只攻击他的狗咬得伤痕累累。我也记得曾经住过的一个小镇，那里有过一大群流浪狗，经常追击那些慢跑的人和骑自行车的人，仿佛这些人都是它们的猎物似的。我在慢跑的时候，往往都得提防这些狗可以进行“伏击”的所有地方，并且必须带着一根棍子呢！

几年前，我们搬入了新家。隔壁邻居家的平台，紧挨着我家的侧院，因此，我们在花圃里干活或者修剪草坪的时候，邻居家关着的那几只宠物狗，常常都会在我们的几米开外，兴奋不已地吠叫着，或者恶狠狠地朝着我们咆哮。在这种情况下，邻居竟然不会更多地来关注关注，这一点令我感到很惊讶。邻居们不可能以为，我们都喜欢那种情况吧？

有的人可能会说：可宠物猫却没有危险啊！假如您在院子里面安放了一台喂鸟器，结果却看到邻居家的猫抓住那些小小的鸣禽吃掉，这可真是一件令人心烦的事情。而吃完小鸟之后，那只猫竟然还会在您家的花圃里撒尿，实在是欺人太甚呀!

这种情况，经常会让邻居之间反目成仇。然而，假如宠物能说话，它们可能还会埋怨我们人类呢；例如，埋怨我们把它们拴得太久，或者关得太久。数百万只被主人抛弃到宠物收容所里的宠物，则会倾诉被人遗弃是一种什么样的滋味（其中有一半以上的宠物，都是因为行为问题得不到解决而被主人抛弃掉的）。

如果我们想要做到关爱他人和负起责任，那么，该如何解决宠物与人类之间种种必然出现的冲突呢？要我说，我们首先必须考虑到相关双方（人类与宠物）的观点与需求才行。对宠物应当如何表现，不同人、人与宠物之间的观点经常相互冲突，这是造成宠物问题的根源。例如，宠物狗的主人可能会认为，让它自由自在地到处乱跑是最自然的事，也是最佳的一种做法；然而，其邻居却可能认为，应当把这条狗关起来，因为如果让它到处乱跑，就会带来麻烦。同样，对宠物应当如何表现，主人有自己的看法；但宠物对此的看法却可能不同，因为主人期待它表现出来的行为，是极其

不符合它的天性的。

首先我们看一看，不同的人关于宠物如何才能最好地适应人类社会的不同观点。弄清了人类的基本标准，就能搞清楚人与宠物间的差异了。

宠物的恰当行为是什么?

关于宠物的行为，有些规矩是相当清楚的。那是因为，我们也要求自己遵循同样的标准。我们不允许宠物:

⊙跳到人们身上、进行撕咬、抓挠、追逐、攻击，或者做出其他的攻击性行为（除非是在面临真正的威胁，不得不进行自卫的时候）。

⊙过于吵闹。

⊙脏乱或者实施具有破坏性的行为（尤其是在家里搞破坏，或者损毁别人的财物）。

⊙擅自闯入别人的地盘。

我之所以列举出这些方面，是因为我经常看到，有些人在自己的宠物威胁性地对着毫无恶意的路人狂吠，或者在邻居家的草坪上拉屎拉尿的时候，都是无动于衷，袖手旁观，或者说上一句“哦，狗就是狗”，来为宠物的行为找借口。这是让人无法接受的。当然，我们不指望宠物狗的举止与我们完全相同，但负责照料宠物的人应该管控好它们，而且在它们拉完屎、撒完尿之后，主人起码也应当打扫干净吧！要知道，它们是生活在人类社会里，而不是生活在一个宠物社会里。

很多国家都制定了法规，规定不在自家范围内的时候，主人应当将宠物狗拴起来，可许多人却反对这种干预宠物自由的做法。尽管这种尊重宠物权利的态度可能是出于好意，但却忽视了诸多的现实问题。在与自然栖息地的完全不同的社会环境里，众多宠物猫狗自由自在、无拘无束地生活造成了这些问题。宠物完全依赖于人类，同时在人类社会里生存的宠物，也远远超过了自然生态系统能够维持的数量。结果，宠物就会在多个方面影响到社会秩序，也危及它们自身。

⊙在美国，每年都有超过100万只宠物狗和宠物猫被汽车轧死。没有拴起或者关起来的宠物，每年也会因为司机紧急转弯或者刹车、以免撞上它们，从而导致成千上万起交通事故。

⊙在美国，每年至少有100万人会被狗咬，从而使得被狗咬伤变成了第二大公共卫生问题。一项调查发现，匹兹堡一些地区的人，对受到大量到处乱跑的狗咬伤的担忧，与他们担忧自己被人抢劫的程度一样严重。狗会不断袭扰携带着食品杂货的老年人，以及带着午餐袋的小朋友。

⊙到处乱跑的狗会咬死或咬伤野生动物、牲畜，以及其他宠物。我曾经治疗过许多被群狗咬伤的小狗小猫。这些把其他动物咬伤的宠物狗的主人，通常都不知道自家的狗在一下午的玩耍中究竟干了些什么。在附近地区四处觅食的猫太多，可能会对鸟类、小型野生动物及其他猫构成威胁。

⊙宠物会向环境中排泄大量的粪便，其中许多都排泄在公共场所或者邻家的草坪上。这些粪便，可能会在儿童玩沙坑游戏和成年人在从事园艺工作时，将一些有害的生物传播到人身上。宠物粪便也有可能毁掉一块美丽的草坪。

⊙到处乱跑的宠物，可能会误食毒药而丧生；这些毒药，有时还是人们有意投放的。宠物的觅食本能，必然会与这个有毒的世界产生冲突，使得它们误食防冻液、农药、路毙的动物腐尸，以及人们为了防控野生动物而放置的有毒诱饵。

⊙还有一些宠物有可能被人抓走。在美国，每年都有数十万只猫狗被人抓住，然后卖给实验室；在这些实验室里，它们可能会被用于进行种种痛苦的试验，或者被当成诱饵，去训练那些用于非法斗犬的狗。还有数百万只丢失的宠物，则会由动物管理机构收留。通常情况下，动物管理机构都会让这些宠物留下数日，以待失主前来认领。不过，假如经常允许宠物长时间地到处乱跑，那么到主人察觉到宠物（尤其是猫）不见时，可能为时已晚，宠物早已被实施了安乐死。

⊙不受约束、未经阉割的宠物，会随意随性地遵循它们的交配本能。相互竞争的雄性宠物之间，可能会出现非常残酷甚至具有致命性的打斗。由于宠物繁殖的速度远远超过了自然生态和人类社会的承载能力，因此美国每年新生的数百万只幼犬幼猫中，只有差不多1/6能够找到人类家庭来喂养它们。

政府在应对动物管理问题上做出了种种努力，耗费了巨大的公共开支，每年都要花掉纳税人数百万美元。除此之外，私人还要为受伤、财产损毁及采取防护措施而支出大量费用。

在此，我们不妨花上一点时间，试着对这种情况进行了解，来探究一下动物与人类行为的心理学基础。我会从宠物狗开始，因为与宠物猫相比，宠物狗更容易给我们的邻居带来麻烦。

// 为什么我们需要用一种广角观点来看待养犬文化?

在绝大多数方面，宠物都与我们很相似。它们有自己的兴趣、感情生活、记忆和欲望，这些都与我们相似，但宠物的世界观却与我们不同。比如，我们中的绝大部分人，主要都依赖于自己的视觉感受世界，我们很难想象出自己的主要感官是嗅觉时的状况。通过嗅觉来体验世界，是一种什么样的情形?

// 嗅觉像狗一样灵敏的人

嗅觉像狗一样灵敏究竟是什么感觉？神经学家奥利佛·沙克斯讲述过一个真实故事：他有一位

叫史蒂芬的年轻医科学生，这位学生沉溺于数种消遣性的毒品而不能自拔，没想到却发现自己的视力与嗅觉同时发生了改变。[1]

有天晚上，史蒂芬做了一个非常逼真的梦，梦见自己是一条狗，而他所处的那个世界里，气味丰富而显著，令人难以想象。“水的气味令人愉快……石头也散发出勇敢的味道。”醒来之后，史蒂芬发现自己正是处在这样一个世界里。“好像以前我完全是个色盲，如今却猛地发现自己身处的世界五彩缤纷似的。”事实上，他的色觉的确有所提高了，“在以前只看得见棕色的地方，如今我却能分辨出数十种层次的棕色来。我那些用皮面装订的书籍，以前看上去都是一个颜色，可如今全都带有种种相当明显、可以分辨出来的色彩了”。

变化最大的，还是他的嗅觉。此时，他的嗅觉变得异常灵敏，像狗一样了。

我们都知道，嗅觉是狗类最重要的一种感官。嗅觉也变成了史蒂芬的主要感官，“其他的所有感官虽然也有所增强，但在嗅觉面前，却都相形见绌。”比如，史蒂芬只需嗅一嗅空气，就能识别出一栋房子里的每一个人。“我走进诊所，像狗那样嗅了嗅，只是这么一嗅，还没有看到诊所里的那20位病人，我便把他们一一辨认出来了。”

史蒂芬发现，通过嗅觉来进行的这种辨认，与用视觉器官看到对方的面容相比，显得更加生动与真实。只需一嗅，他非但辨认出了对方的身份，而且还能辨识出每一个人的情绪。沙克斯医生描述说：“史蒂芬能够像狗一样，嗅出他们的情绪来，比如害怕感、满足感或者性兴趣。”

我觉得最有意思的，是沙克斯医生描述的另一件事情：“史蒂芬感受到了某种冲动，想去嗅一嗅和触摸所有的东西，‘除非触摸或者嗅到，否则东西就显得很不真实。’但史蒂芬与别人相处时，会抑制这种冲动，以免让自己显得不正常。气味带来的快乐非常强烈，当然，气味带来的不快也很强烈。可在他看来，周围世界似乎并不是一个只有快乐与不快乐的世界，而是一个有着完整的美感、有着整体判断、具有整体新意义的世界。‘这是一个极其具体的世界，是一个有着种种细节的世界，’史蒂芬称，‘是一个直观压倒一切、现实意义压倒一切的世界。’”

看完了这一部分，您不妨试着理解一下，看自己能否稍稍从狗的角度来看待事物。我想要强调的是，史蒂芬叙述的一些内容，正好指出了狗类具有的优势。

⊙视觉更加清晰，也更加敏锐——史蒂芬注意到了以前看不到的那些色彩层次。

⊙视觉和记忆非常清晰、生动，其中的细节信息要比我们人类的视觉与记忆更多。

⊙嗅觉是占主导地位的感官，其他感官和嗅觉比较都“相形见绌”。

⊙史蒂芬能够通过嗅觉，辨别出自己认识的人（朋友和病人）。刚刚打开门嗅了一下，他就能够

---

1 参见奥利佛·沙克斯所著的《把妻子误认为一顶帽子的男人》（纽约：哈珀与罗出版公司，1985年），第156~158页。

马上辨识出房子里的每一个人来。

⊙这种通过嗅觉进行的辨识，“比任何一张看到的脸要生动得多，更能让人产生出共鸣，也更能让人产生出联想（让他把某种东西强烈地联系起来）”。

⊙仅凭嗅觉，史蒂芬就能够穿过一个像纽约这样的城市，能够通过嗅觉，辨识出每一条街道和每一家商店。

⊙碰到某种东西或者遇到某个人之后，史蒂芬都会产生一强烈的冲动，想要嗅一嗅或者摸一摸那种东西或者那个人。

⊙史蒂芬的体验，涉及一个具有直观性的世界——当下是真实的，是有意义的。

狗类正是一种活在当下、准备好应对即将出现的那一刻的动物。这一点，与我们人类日常经历的半当下形成了对照。或许，尽管过去、现在和未来会产生相互影响，但我们结束一次回忆、想到未来的事情或者对我们的说话对象进行评判/批评，却是同时进行的。狗类则是真真切切地活在当下，随时准备应对即将出现的那一刻。

在我们这个时代里，有一些教师，比如艾克哈特·托勒，在其著作《当下的力量》一书中，认为我们达到与狗类相同的状态，即活在当下非常重要。[2]这一点是很有意思的。

我们在成长过程和使用心理符号方面，都与动物不同。我们使用话语，它们代表了我们感受到的某种事物，或者记得的某种事物；而且，我们也创立了“时间”这一概念。时间是心理学上的概念，这样说，是说人类在很多时候是按照过去与未来去思考问题的。我们记得过去的事情，而记忆会对当下产生影响；并且，我们还会把自己的抱负、欲望、担忧和期待，投射到未来。狗和猫可不会这样做。它们虽然具有记忆力，但不会像我们一样思考未来，而是只活在当下，完全是为了体验当下而活着。这是一种重大的差别，我们必须理解。

您喂养的宠物狗，也能感受到色彩中人类完全分辨不出的细微之处（它们感受到的，或许并不是我们通常所认为的“色彩”，而更多的是灰度色调）。只需通过嗅觉，狗狗就知道谁在家里、谁在院子里，谁又正在走过来；而且，要是这些人感到害怕的话，狗狗还能够判断这些人的情绪状态，以及他们的身体情况。与这种占据首要地位的嗅觉结合的，是强烈的、情不自禁的嗅闻欲望。

现在，您是否理解了宠物狗如何体验世界了？您对狗狗是如何彻底地深入世界、关注当下有所了解了吗？您是否能想象出，假如自己也具有狗狗的本领，通过嗅觉就能“看出”身边的每一个人、“看出”他们的情绪状态、“看出”他们吃的是什么等，那该是一种什么样的情形呢？

假如您完全能够理解这一切，那就不妨把自己想象成一条狗。现在，请您回答一下这个问题：

2 参见艾克哈特·托勒所著的《当下的力量》（加利福尼亚州诺瓦托：新世界图书馆出版社，1999 年）。

您能够获得的最重要、最有趣、最令人满足的经历，又是什么呢？显而易见，那就是接触陌生的人和新鲜事物；如果是在散步过程中，那就是接触树木、灌丛、动物、昆虫、其他小狗、小猫和人了。

正是这些经历，以及这些经历的强烈程度和即时性，给狗狗们的生活带来了活力。

您还可以想象一下那些足不出户的宠物狗的感受："今天有什么新奇之事呢？哦，什么都没有。我还是躺下睡觉吧。"

狗狗的人生，属于一种探险人生。这也是我们面临的一大挑战。现代人养宠物狗的原因一般是出于情感方面，也就是说，希望宠物狗陪伴我们，希望拥有一种情感联系，并且希望体验到照管宠物带来的快乐。这可能是我们在喂养宠物的过程中获得的主要快感；可我们的宠物狗呢，却是躺在那里，急切地等待着出去漫游的机会!

理解了这种差异，我们就能明白：宠物狗出现一些令人不快的行为，都是因为它们感到无聊。为什么不该对路过的行人狂吠一通呢？假如有人要求您去做您不感兴趣的事情，您又为什么不该变得急躁冲动呢？

// 管束宠物狗

那么，仅仅管束自己的宠物狗，是否就足够了呢？

我父母的邻居家曾养了一条可怜的狗狗。那条小狗，一年到头都被主人拴在他家后院里的一根柱子上，绝大多数时间都在撕心裂肺地吠叫和咆哮，日复一日。我父亲跟邻居家交涉也没有作用，出于同情，他经常给那条小狗喂食。对此，我们其实是束手无策的。邻居并没有违反任何一条法律。人们都认为，宠物狗是他们的财产，完全可以如此对待狗狗，而不会受到任何惩处。这种态度，我们必须加以改变才行。

我们已经对狗狗看待世界的方式有所了解，您应当能认识到，对于宠物狗来说，这样被关起来，是一种什么样的磨难。如果打算为宠物狗提供值得它去过的生活，我们就必须让宠物狗的生活变得有意思。哪怕只是带着狗狗出去遛一遛，您至少应有耐心，遛的时间长久一点，尽量让宠物狗感到满意。

在我居住的街区里，我经常看到，人们会把宠物狗拽离明显它感兴趣（我应该说让狗狗神往）的东西，有时还会不停地对宠物狗说："走吧，我们走吧。"然后匆匆忙忙地结束散步。他们可能以为，"遛狗"就是让宠物狗活动活动腿脚；可狗狗呢，却是想用自己的腿脚，去进行下一次探险！因此，您应当给予宠物狗体验新鲜事物的机会，尤其是应当给予它体验新鲜气味的机会。

如果您的宠物狗能够不拴狗链地跑上一跑，无疑会是一件很好的事情；有时，我们的确可以做到这一点，比如说在狗狗公园里时，或者是在乡间时。只要是做得到，我确实是支持人们这样去做的；然而，大多人的居住地都制定了狗类约束法。大家都不希望宠物狗突然在车前跑出来，或者朝着某个人冲过去，吓那人一大跳（毕竟，并不是所有人都喜欢狗狗靠近自己的）。

几年之前，我曾经骑自行车，沿着一条令人愉快的自行车道，穿过一个公立公园去上班。就在我一路疾驰时，一条大型犬突然从我的自行车车轮前面跑过，我必须猛地刹车，才不至于撞到它，所以一下子连车带人，翻倒在地。狗主人走上前来之后，我便（小心翼翼地）说道："您清楚本地有狗类约束法吧？"他的回答，或许应当说是一种怒骂，竟然还带着脏字眼呢！

您明白其中的难处了吧？看到那条宠物狗能够自由奔跑，我本来应当感到高兴；可是，公园里到处都是人，到处都是儿童和骑自行车的人，这样做也太危险了啊！

可怜的小狗。它们真不容易。

// 把宠物狗关在家里

假如家里有座院子，那么您的宠物狗在院子里或许能够自由活动。虽然这与自由自在地跑过森林不一样；但是，狗狗至少能够四下走动走动，至少能够进行一定的锻炼。很多时候，狗狗都是被人们关在围栏内，透过围栏看外面世界，显然是狗狗最期望的事情。不过，对于经过围栏的人而言，被狗狗对着自己狂吠一通，却是令人不快的经历。我们再次碰到人类的心愿与狗狗的欲望之间的矛盾。就个人而言，我还是希望，狗主人都能够敏感地意识到这个问题，不要让宠物狗整天冲着人吠叫。

有些人则安装了一种所谓的"无线栅栏"，训练宠物狗待在这种栅栏内。然而，据说具有攻击性的宠物狗，会在强烈的诱惑之下越过这道边界。无形的电子栅栏与有形栅栏相比，还有一种局限性，那就是它们不会将别的狗或人挡在外面，因此您的宠物狗仍然面临着被人偷走，或者受到另一条狗攻击的危险。

这种电子栅栏系统，是靠埋在院子四周的一根电线发挥作用的；假如宠物狗试图越过这根电线，狗狗佩戴的一种特制颈圈就会被触发，从而发出一种轻度的电击。这种电击虽然不会对狗狗造成严重的伤害（我必须承认，自己从来都没有试过这种系统），但会让宠物狗觉得很不舒服，从而使得它们很快便明白，不能那样去做。

我的顾客有这样一条狗：由于很想出去，所以它愿意忍受电击所带来的不适感。因为它知道这样做会受到电击，所以就在准备承受电击时，即还没有感受到任何不适之前，就发出呜咽之声。随着它越来越靠近电子栅栏，呜咽之声也越来越响亮。随着最后一声尖叫，它就会跃出围栏，逃往自由。我的那位顾客还尝试过给这条狗戴上两个电子颈圈，却仍没有作用。

就本人而言，我实在不喜欢这种方法。不知何故，我总觉得将一个电击颈圈戴到宠物脖子上的做法不对，因此我一直都不支持这种做法。然而，我又不得不说，与我父母家隔壁那条总是被主人拴在柱子上的可怜小狗相比，这样做还是要好一点。

不管情况如何，不管宠物是被关在院子里、关在围栏里、关在家里还是关在公寓里，我们都需要带着宠物出去遛一遛。要记住，狗狗需要的是探险，是遇到新鲜事物和气味，是与其他宠物和人进行互动。做到这一点，将会极大地改善宠物狗的行为，会让它感到快乐，会让它变成您的好伙伴。

培养与宠物狗交流的习惯

关于如何最有效地训练宠物狗，人们众说纷纭。我对训练这方面所知不多，因此曾经向我的朋友兼同事、宠物行为专家丽莎·梅林博士请教，请她介绍让一条宠物狗集中注意力的最佳办法。

皮特凯恩博士： 要是一条宠物狗正在干您不喜欢的事情，比如说吠叫或者刨坑，以及诸如此类的事情，那么，让它转而注意到您的最佳办法是什么呢？

梅林博士： 可以转移它的注意力，如果它不再出现不良行为，那就应当给予奖励。这样做，首先这条狗必须进行过训练，熟悉了一些基本的指令。如果没有得到过这方面的训练，那么第一步就是带它去参加一种服从命令的培训课。这种课会教您如何对宠物进行积极的行为强化训练，并教您一些技巧。通过这种训练，您就可以发出指令，让宠物狗停下来，然后给予奖励，并且命令它去做其他一些更加令人满意的事情了。

例如： 宠物狗正在院子里面刨坑。主人可以用吹口哨、拍巴掌或者叫狗狗名字等办法，吸引它的注意力；当狗狗抬头看过来时，主人就要说“离开那里”（或者用宠物狗因为进行过培训而听得懂的其他指令）。狗狗离开那个坑，走到主人身边之后，就会受到主人的口头奖励、零食奖励或者其他某种重要的奖励；接下来，主人便会要求它去干一件不同的事情，比如玩抛球游戏，或者是出去散步（刨坑或者朝着另一条狗吠叫的这种行为，虽然在我们看来很讨厌，却是完全符合狗狗天性的；提醒人们记住这一点，也很重要）。

我看得出，梅林博士的这一回答，反映出了我们在前文中已经讨论过的内容。主人拍巴掌也好，叫宠物狗的名字也罢，目的都是将宠物狗的注意力转移到某个更加有意思的方面来。由此，您就可以引导宠物狗实现您期待看到的结果。显然，我们必须先确定一些基本的指令。正如前文所述，这样做，对狗狗和人们的安全来说都是必需的。

皮特凯恩博士： 您认为，宠物狗应当知道，并且能够做出响应的基本指令，都有哪些呢？

梅林博士： 我特别喜欢那种经过了良好训练的狗狗。即便是懂得如何将许多的指令教给宠物狗，可如今每收养一条新的宠物狗，我仍然会带它去参加一种基本的服从命令课。在课堂上，驯犬人与宠物狗可以学会相互交流，学会在周围有其他宠物狗和人时如何举止得当。宠物狗在课堂上学会的基本指令，包括坐下、过来、躺下、停下以及系上狗链。一些较为高级的课程，还可以教会宠物狗“放下”；这种指令的意思是，除非主人告诉它们可以那样做，否则的话，宠物狗就不能叼起某种东西（通常都是食物）。它们还可以学会一些必要的迎候行为，比如某个初次见到的人过来时，它们如何坐下并任由此人抚摸。除此之外，它们还可通过与其他狗狗互动，学会良好的社交技能。最优秀的课程中，采用的都是积极的训练技巧，从来都不会使用权威训练法或者惩罚训练法。

皮特凯恩博士： 对于总是在院子里对着外面（的人）吠叫的宠物狗，您在管束方面有什么建议呢？

梅林博士： 这个方面，更多的是人本管控的问题，因为看家护院是狗的天性。有些狗可能更喜欢吠叫，这取决于狗的品种和性格，以及在主人带它出去遛时的锻炼量。虽说我们可以教一条狗按照指令停止吠叫，但这需要人们特别留意，并且出现在当场，才能纠正。据我的经验看，要想管控好一条在院子里不停地吠叫的宠物狗，所谓的最佳办法是为那些不允许宠物狗这样做的人想出来的。人们有一些惩罚性的设备，比如可以被宠物狗的吠叫触发的电击颈圈，可我却觉得，这些东西很不人道，我们都不应该使用。

皮特凯恩博士： 您会如何来训练一条宠物狗，让它不要跳到客人身上去呢？

梅林博士： 可以用三种方法。第一种方法，就是在宠物狗跳到您的身上时不理它，而等它安静下来之后，却给予奖励。第二种方法，就是在客人来访时，给狗狗套上狗链，使得主人能够更好地控制、纠正和防止宠物狗跳起来。我最喜欢第三种方法，那就是教会宠物在迎候别人时采取另一种行为。宠物狗在积极训练课上能够最有效地学到这种方法，其基本思想是，如果宠物狗坐在那里，它就不可能跳到客人身上去。我们可以通过教会宠物狗坐在那儿，并且利用食物奖励做到这一点。经过持久训练之后，宠物狗就会明白，如果安静地坐在那儿迎候客人，它就会得到主人的食物奖励。

皮特凯恩博士： 您如何看拴着狗链和不拴狗链的宠物狗在行为上的差异呢？

梅林博士： 许多宠物狗在拴着狗链时，往往都较为活跃，尤其是在遇到陌生的狗狗或

陌生人时。有时仅仅是因为它们见到另一条狗时非常兴奋。如果它们紧张不安地吠叫，那么可能是因为：有一条狗正在靠近，使得拴着的宠物狗感到不安，由于拴着狗链的宠物狗无法逃走，所以它往往就会吠叫。绝大多数情况下，一条狗如果径直逼近另一条狗，那么就会被对方理解为采取进攻行为。所以，那些被人们拴着狗链、并且径直走向彼此的宠物狗，通常就会因为这种不自然的迎候行为而变得紧张不安。

如果没有学会在人类社会中生存，宠物狗就有可能陷入困境；因此，我们希望找到一种生活方式既可以给它们带来快乐，同时又不至于让别人觉得它们很危险、很讨厌。我们迄今为止进行的讨论有一个前提，就是假定我们面对的都是一些正常而健康的宠物狗。我们还需要考虑一些更加复杂的特殊情况和狗狗的心理/情绪问题。

// 狗狗咬人

狗狗咬人是非常严重的问题。每一年都有人被家中或者邻家的宠物狗咬死，其中主要是小孩子。美国的医务人员每年都要治疗至少100万例狗咬病例，咬伤部位从脚踝到需要缝针或进行再造手术的肢体，不一而足。确实，严重的咬伤案例主要是由护卫犬和流浪狗群造成的；然而，其中的绝大多数狗咬伤，却都是由受害者熟悉的宠物狗，即那种“温驯”的狗造成的。您的孩子，也有可能成为这样一条狗的受害者，甚至成为您自己那条宠物狗的受害者。

在我开始从业的头一年里，有两条狗来我这里看过病，它们后来成了导致一个孩子丧命的罪魁祸首。根据它们在诊所里的表现，我们都知道这两条狗日后会惹麻烦，因为不管是谁抱着，它们都会咬那个人。可那位顾客却没有采取任何约束这两条狗的措施。有天上午，她正在当临时保姆，带着别人家的一个孩子；她的两条狗在后院里刨坑，她便出去喝止，不幸的是，她出去时怀里还抱着那个孩子。我不再为大家赘述具体细节了。这件事情让我们所有的人都大感震惊，也让我深刻地认识到，不加约束、具有攻击性的宠物，会给我们带来真正的危险。

我曾经向梅林博士提出过这一问题。

皮特凯恩博士：最近有新闻报道称，一个才出生3天的婴儿，竟然被家里喂养的宠物狗咬死了。当时，婴儿与宠物狗正在一起睡觉。对于有新生儿的家庭，您有什么建议吗？

梅林博士：绝不能放心地让一条宠物狗待在婴儿或者儿童的身边。即便是最温驯的宠物狗，如果待在小孩子们的身边，大人也应当进行密切的监管。我们可以采取许多脱敏锻炼方法，让一条宠物狗提前习惯家里有婴儿的状况，其中就包括让宠物狗熟悉婴儿的哭声。在宠物狗无人监管时，应当利用狗洞和狗笼，使其无法与婴儿接触。

狗类产生攻击性行为的原因有多种。其根源常可以追溯到主人对宠物狗的管控方法不一致，或者是家人在管控宠物狗时的过度情绪化。还有一些可能导致宠物狗咬人的因素，这就是：宠物狗的运动量太少；主人以暴力对待宠物狗、逗弄宠物狗；没有纠正宠物狗在玩耍时咬您的习惯；把宠物狗关得太久；宠物狗因为年老或受伤而导致身体不适；喂得太差；以及宠物狗在幼年时期与人类接触得太少（这种情况，在出生于“幼犬繁育场”里的宠物狗身上更有可能出现）。

// 预防宠物狗的攻击

您应当把宠物狗关在家里或者关在围栏内，不然就给它拴上狗链，使它处于您的掌控之下，防止它危及陌生人。假如把宠物狗独自关在院子里，而院子里的栅栏却不够高，邻家的孩子可以翻过，那么就应当跟邻居家长谈一谈，确保他们的孩子明白翻越栅栏可能带来的危险。必要时，您也可以竖上一块“小心恶犬”的标牌。

对于宠物狗会惹麻烦的那些细微的警示性迹象，应当加以留意，并且严肃对待。许多人都会错误地否认，说自己的宠物狗没有构成潜在的危险。他们的宠物狗可能确确实实地对着某人咆哮过，或者想要去咬某人而未得逞，可他们却会找出种种借口来，比如说狗狗吓了一跳啦、狗狗的尾巴被人踩了啦。于是，宠物狗这种带有攻击性的反应，往往就会恶化下去，而不是得到改善，年纪较大的宠物狗尤其如此。听我一句劝，在宠物狗还没有造成真正的危害之前，现在就纠正它的这种反应吧！想一想，假如因为您的无视而导致一个孩子被您的宠物狗咬伤的话，您又会有什么样的感想呢？

稳妥为上。按照下面这些指导准则去做，既会降低您家狗狗的咬人风险，也会降低被别人家的狗狗咬的风险。确保您的孩子全都理解这些指导准则，并且遵守这些指导准则。

首先，大家不妨了解一下如何避免激怒一条狗。

⊙狗在进食或者睡觉时，不要去打扰它。假如您知道自家的宠物狗非常温驯，允许您这样去做，那就没有问题；但是，千万不要想当然。

⊙假如一条狗是拴着的或者关着的，那就不要贸然闯入它的私有活动空间。在公园这种界限不明确的活动空间里与狗狗进行互动，要安全得多。

⊙绝对不要拿着食物或者玩具，在宠物狗的头顶上下晃悠来逗弄它。一种带有玩耍性质的撕咬，很容易就会变得无法收拾。

⊙不要搂着或者抓着一只想要摆脱您的宠物狗不放。它可能会觉得，自己必须进行抗争（咬人）才能脱身。

⊙教导孩子们彻底避开流浪狗。而且，除非问过安不安全，否则的话，去抚摸一条拴着狗链的

陌生宠物狗，也是非常危险的。别人的狗可能是一条护卫犬，接受过攻击训练，或者刚巧心情不好。

⊙不要在狗狗附近尖叫和挥手。孩子受到惊吓之后或者兴奋不已时这样做，可能会在无意中激怒那些具有攻击性的狗狗。

了解避免激怒一条狗的方法，也有助于您了解如何安抚一条带有威胁性的、向您逼近的狗。从一条狗的肢体语言，您就能够判断出，它究竟是真的具有威胁性呢，还是只想进行某种厮打游戏。

一条态度友好的狗，不会与人进行直接的目光交流，而是会瞧向一侧，或许还会暴露出它的喉咙，甚至是龇着牙齿。它会将双耳放平，尾巴向下，并且伏低身体。假如狗狗的脑袋位置低于尾巴（可以看成是鞠躬），同时它却蹲伏着、扑腾着或者左推右挤，那么它很可能只是在嬉戏，并不构成威胁。

一只宠物狗身上出现下述迹象时，您就应当提高警惕了：双耳向前竖起，咆哮时露出牙齿，肩部和尾部的毛发上立。更加具有威胁性的迹象有：四腿紧绷，抬起一条前腿，撒尿，嗥叫，与您对视，尾巴高高竖起呈弓形，并且缓慢地摇摆着。一条狗若是因为害怕而咬人的话，那么它会表现出种种含混不清的迹象，因此您应当仔细判断整条狗的情况，避免威胁到任何一条对您表现得非常警惕的狗。遗憾的是，还有一些狗会在毫无警告迹象的情况下发动攻击。

假如一条狗向您跑过来，您应当保持冷静，部分地侧转身子，用带有安抚性的语气说话。将脑袋稍稍前倾，垂下双手。这种姿势，传递出的是和平意图。不要昂着头面对那条狗，也不要死死地盯着狗的眼睛。除非确定自己可以到达安全的地方，否则的话，不要转头就跑。狗狗往往会把正在跑动的生物看成是逃走的猎物。

在您骑自行车时，如果有一条狗追着您跑，那么您可以放慢骑行的速度，并且用一种具有安抚性的语气对它说话。如果做得到，您还可以下车，站在远离那条狗的路边。用不慌不忙的步伐走路，不要背对着那条狗。

假如一条狗想要咬您，您应当保持冷静，尖叫可能会进一步激怒袭击您的那条狗。试着把一件物品（比如钱包、报纸、书本或者夹克衫）伸到或扔到狗的嘴边，使得它有东西可咬，而不再来咬您。用肥皂水冲洗伤口。给医生打电话，寻求医生的建议。将事故立即上报给公共卫生部门，在做得到的情况下，确定那条狗的身份。

两条狗打架时，您应当避而远之。我已经看到过，许多顾客曾经都因为想要干预狗狗打架而受了重伤。假如您觉得站在远处很安全，或者是安全地躲在某种屏障后面，那么打断狗狗斗架的最佳办法，就是用水管向两条狗身上喷水。

// 疫苗因素

导致犬类出现许多行为问题（包括出现攻击性行为）的另一个原因是慢性脑炎。这种疾病，是大脑和中枢神经系统对疫苗发生反应而导致的一种炎症，或者是由一种自体性免疫疾病所导致的炎症（参见第16章）。多年以前，我便发现狗的攻击性行为与接种狂犬疫苗有关联性，并且这种关联性还非常明确。接种疫苗之后，以前讨人喜欢的一些宠物狗，可能会变得多疑、具有攻击性、冲动和具有破坏性，并且常常会强行闯到院子外面去流浪；一言以蔽之，就是会变成一种危险的动物。这些全都属于狂犬病的症状，尽管这些狗狗并未患有狂犬病，但疫苗接种似乎导致宠物狗身上出现了相同的行为。要是人们养有这种宠物狗的话，我常常都会警告他们说，不要再给宠物狗注射疫苗了；不过，由于法律规定，宠物狗必须注射狂犬疫苗，因此很难做到这一点。今天，许多兽医都会提出给宠物狗进行血液检测，看狗狗对狂犬病有没有免疫性（狂犬病效价），但并不是美国所有的县都承认这种检测是合法的。

我之所以提到这一点，是因为据我的经验来看，这是一种极端危险的状况。这些狗都会变得冲动暴躁、恐惧多疑、具有攻击性，因此我们不可能预计到，它们可能干出什么样的事情来。假如您看到自家的宠物狗身上出现了这种现象，即在注射了狂犬疫苗的数周之后，宠物狗性情大变，表现得具有攻击性、恐惧多疑并且逃避社交互动，那么我强烈支持您去找人帮忙。通过顺势疗法，宠物狗的行为可以得以纠正，当然，也可能也还有其他有效的办法。我不支持通过喂食药物来让宠物大脑变得麻木的做法，因为那样做，不过是在拖延时间罢了。这种问题，需要从根本上来加以纠正。

猫咪的情况

猫与狗完全不同。我最喜欢开的一句玩笑，就是说最近的研究表明，猫的叫声其实并不是“喵”。它们的叫声，实际上是“现在的我”（猫咪可永远都领会不了这个笑点呢）![3]

实际上，我觉得自己对猫的智力了解得并不充分，因此曾向我的朋友兼同事、猫类专科医生安德里亚·塔西博士提出了一些问题。

皮特凯恩博士：我一向都认为猫是独来独往的动物，因此我认为，如果人们家里养了好几只猫，那么它们一起生活就是一种异常状况。如此理解这种情况，正不正确呢？

塔西博士：如果食物充足的话，这种理解实际上是不对的。谷仓里的猫会成群结队，这已经被许多猫类行为专家广泛观察到了；它表明，许多猫都有自己“喜欢的同伴”，它

3 “喵”的英文是 meow，“现在的我”的英文是“me now”，二者仅有一个字母之差。

们会一起玩耍、休息、相互进行梳理。关系很近的母猫，常常会一起喂养小猫；有时，甚至还会出现这样的现象：过去某一窝里的一只小公猫，还会帮助母猫照料新生的小猫呢！

因此，猫类很可能比我们以为的更喜欢群居。然而，它们往往都是独来独往的狩猎者，只有母猫给幼猫传授捕食本领时除外。而且，猫类相当具有排外性：它们不会迅速接纳陌生的猫，并且通常都会把后者赶走。研究已经表明，群居性具有遗传性，尤其是会遗传自雄猫。因此，父亲属于野生公猫的小猫，与父亲属于"驯服"了的家养公猫的小猫相比，更不喜欢群居。假如一个人想要在家里养好几只猫，那么最有可能让家里保持和睦安宁的方法，就是连母猫带它生下的小猫一起喂养。

皮特凯恩博士：我们家那儿有许多的郊狼，偶尔还有美洲狮，所以这对猫来说肯定也是一种危险。绝大多数人晚上都会把宠物猫关在家里。

塔西博士：有一些公司，生产专门用于宠物猫的篱笆。"喵完美篱笆"是我最熟悉的一种，用起来的确很有效果。假如您想让猫咪在外面游荡，那么可以遵循下述指导原则。

⊙切除母猫的卵巢，阉割公猫。这样做，既会减少猫咪斗架和标识地盘的现象，还会解决宠物数量过多的问题。

⊙只要出现生病的迹象，就应当把猫关起来。假如一只猫患了传染性疾病，那么将猫关在家里，并且与其他宠物猫隔离开来，就尤为重要了。

⊙培养猫咪形成一听到呼唤就跑到您身边来的习惯。在与宠物猫一起玩耍或者喂食宠物猫时，要经常一遍遍地叫它的名字。在给宠物猫喂食晚餐之前，不妨摇摇铃铛，或者吹吹口哨。要经常叫它，并且给一点点它最喜欢吃的东西。如果猫咪做出了回应，那么就要进行表扬，并且表现得非常喜欢它。很快，猫咪就会把您叫它时跑到您的身边与令它高兴的事情关联起来，也有可能会把喂食时间与铃铛声或者口哨声关联起来。

⊙确保宠物猫戴有颈圈和身份牌，牌子上面应当写着您的名字与电话号码。软质皮革颈圈或者尼龙颈圈让猫觉得最舒适。为避免出现猫咪的颈圈被挂住的危险情况，可以使用特制的快速拆解颈圈；这种颈圈，只要受到的压力足够大，就会自动解开。应当在颈圈上挂个铃铛，以便提醒鸟类：这样做，小鸟会对您感激不尽的！

⊙晚上喂食之后，让猫咪待在家里。猫类在夜间更容易打架，或者被汽车撞到。

⊙问问邻居们，您的宠物猫有没有给他们造成麻烦。如果有，那您就要对猫咪的行为负责，尽力去纠正。

⊙随时做好准备，打断猫咪之间偶尔可能出现的打斗。假如您看到两只猫正在彼此相对怒视，那么很响亮地拍几下巴掌，常常都会让一只猫后退或者两只猫都退开去。

不管您的宠物猫有没有到户外去活动，您都一定要花一点时间，陪它玩上一会。您可以用一根线吊一个东西，比如魔杖玩具或者玩具老鼠，然后拽来拽去；人们在这方面想出来的聪明主意，可多着呢！您每天都应当抽出一定的时间，与宠物猫进行互动。

许多猫也喜欢抓挠柱子，并且很喜欢那种可以让它们爬到阁楼上去的柱子。对于猫类来说，攀爬这种活动，可是它们的天性呢！

// 猫砂盆的大问题

假如从猫的视角来看，猫咪造成的一些最麻烦的问题，其实都是可以解决的。比如，要是猫咪在猫砂盆外面便溺，那就可能意味着猫咪对环境中的某种情况感到不高兴。这是猫咪表达烦躁的一种方式，而不是专门向您传达个人信息。随地便溺，可能意味着猫砂盆不是很干净，或者它们不喜欢所用的猫砂。有些长毛猫咪，会因为不干净的猫砂钻进了它们的毛里而感到烦躁。有时，猫咪不过是在对猫砂盆的位置变化做出反应罢了，因此您最好是循序渐进，慢慢地改变猫砂盆的位置。有些猫咪似乎只是想要猫砂表面更加垂直一点儿罢了；通过在猫砂盆边放上第二个猫砂盆，其中的猫砂表面主要呈水平状态，就可以解决这个问题。

我的一位顾客，就是通过在猫砂盆一侧支起一片塑料，便解决了这个问题（任何坚硬且能够水洗的东西，都是可以的）。然后，她又将一小块绒布毛巾垂在猫砂盆上，而她的宠物猫似乎也更喜欢在这块毛巾上撒尿。当然，她会经常清洗这块毛巾。

塔西博士：有些企业生产高边的猫砂盆，供那些撒尿时往往都是站着的猫咪使用。我们用一个高边的塑料储存盒，将盒子的一边切低，也是非常容易制作出一个猫砂盆的。

塔西博士：站着撒尿、但并非经常这样做的猫咪，常常都患有与关节炎相关的疼痛症状，或者是后腿出现了某种疾病。

猫咪在猫砂盆之外便溺的另一个主要原因，就是猫咪的身体可能出现了什么问题。

猫咪能够感觉出自己身上的某个地方不对劲，因而不想把屎尿拉在别的猫能够嗅到的地方。这是说：在自然界里，猫类会把自己的排泄物当成确定地盘的标志物；可要是它们生了病，那么同一种标志物就有可能让竞争对手得知它们生病了，因此它们就会把这种排泄物掩藏起来。

一旦问题得到了解决，猫咪的行为就会恢复到正常状态。

仔细观察猫咪的尿液，看里面有没有血丝，有没有某种像沙砾或者碎石的东西，始终都是一个

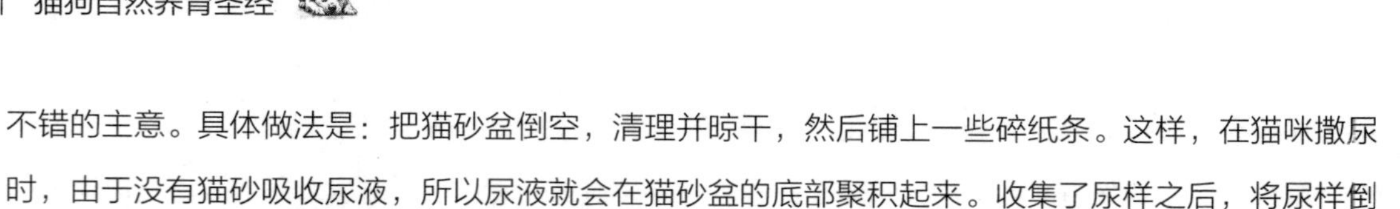

不错的主意。具体做法是：把猫砂盆倒空，清理并晾干，然后铺上一些碎纸条。这样，在猫咪撒尿时，由于没有猫砂吸收尿液，所以尿液就会在猫砂盆的底部聚积起来。收集了尿样之后，将尿样倒入一个罐子里，静置一会，然后观察罐子底部有没有颗粒物或者沉淀物（如果拿不准的话，可以用手指触摸来判定）。

要想看到尿液中有没有血丝，您可以在猫砂盆底部铺上一张白纸，然后再盖上少量猫砂。猫咪撒完尿之后，将猫砂撇到一边，或许就能看到一种与白纸形成鲜明对照的粉红色了。

猫咪的不当排便，可能表示猫咪出现了慢性的健康问题，比如过敏症。假如猫咪在猫砂盆之外排便，那么您就要仔细观察，看猫咪的大便形状是否正常，周围有没有黏液或者血液。有些猫咪的大便开始很硬，后面才变软，这种情况不是很正常。这些现象中的任何一种，都可能说明猫咪患有肠道炎症，炎症可能是寄生虫、便秘、过敏、感染或者免疫问题导致的。

假如您的宠物猫正在到处撒尿（这是猫类标志地盘的方式），那么这有可能说明，生活和环境中最近做出的调整打扰到了它，比如家里新添了一个人、您对它的态度有所变化，或者是搬到了一个新家里。让宠物猫变得烦躁不安的原因，最常见的是出现了一只新猫咪，哪怕这只新猫咪不过是在附近街区里出没。

一旦一只猫在某个特定地点撒了尿、标志出了地盘，它往往就会继续那样干下去。虽说彻底清扫那个地方会有作用，但不管您怎么擦洗，猫咪通常都嗅得出尿液的气味。用薄荷茶或者含有薄荷气味的东西去擦洗，可能有助于彻底消除猫尿的味道，因为猫类一般都不喜欢薄荷味。您也可以用铝箔将那个地方贴上一阵子。这样做，会让猫咪闻不到原来的尿液气味；而若是猫咪还在那里标志地盘的话，尿液就会溅回到它的身上。

// 管束宠物猫

宠物猫的有些行为，我们是不希望去加以鼓励的。从某种意义上来看，我们需要对宠物猫进行“训练”，让它们不去干这些事情才行。训练实际上是交流的过程，不过，猫却跟狗不同，它们不会那么在意您的热情与表扬，所以它们对训练游戏不那么感兴趣。

猫和狗都属于投机分子，记住这一点是很有好处的。研究表明，即便是因为某种行为而受到积极奖励的概率很低，哪怕每尝试20次才有1次受到奖励，它们也有可能会继续这种行为。尽管机会渺茫，但它们都很愿意为了奖励而赌上一赌。在努力让一只宠物猫改变行为的过程中，您面对的就是这种情况。如果您不想让猫咪跑到柜子上去，可它跑到柜子上之后却常常能够找到食物，那么这种奖励就会给它带来动力，使得它起码会再试个15次或20次。而另一方面，与狗相比，消极的后果（比如被您赶走、您对它说“不行”，或者它在那里没有找到任何食物）经常却必须出现得更加持久，猫咪才会适应。

因此，训练的重点，最好是确保宠物从来不会因为不良行为而得到奖励。不要为了把猫咪赶下柜子而抱起它，并且不要语气温柔地对它提出警告，不要带着喜爱感去抚摸它。在您应当明确拒绝时，不要因为经不住诱惑而偶尔答应宠物的要求。

还有一种有效的办法，是对宠物的行为进行引导，使之朝着奖励的方向发展。不管什么时候，只要值得奖励，就给猫咪喂一点零食。或者，当猫咪在恰当的时间和地点跳到您的膝盖上，比如当您晚上躺到安乐椅上后，您可以带着喜爱之情欢迎它。给猫咪提供一根具有吸引力的抓挠柱，并且给它一些玩具去抓扑。如果给它们创造出一些合适的精力发泄途径，绝大多数猫咪都会表现得更好。

塔西博士：在野外生存的猫咪，每天需要捕猎差不多9只老鼠，才能满足它们的热量需求。每次成功地捕捉到一只老鼠之前，它们多半都要进行2次或3次一无所获的追逐过程。因此，食肉性捕猎动物（猫类也位列其中）的头脑中，都形成了一种固定需要，即每天都要连续进行差不多27次捕猎。猫咪进行的所有游戏，其实都是经过了改良的捕猎行为；因此，作为细心的喂养人，我们目标就应是帮助猫咪获得数量上差不多与此相当的这种心理/生理活动。我常常对人们说，每天进行2次时长为10分钟的玩耍，差不多就可以让绝大多数宠物猫获得这种数量的追逐锻炼。玩耍，正是宠物猫生活中最经常缺失的一个方面。

// 抓挠和撕咬：您该怎么办？

教会宠物猫不要去抓挠您家的地毯、窗帘和家具，是对宠物猫最常见的训练之一。假如我们认识到，抓挠属于猫咪正常行为的一部分，那么我们要做的，显然就是给猫咪提供一种不会伤及家居用品的抓挠途径了。

塔西博士：在家里的每一个房间中，猫咪都需要有一种它非常喜欢的基本抓挠物。在客厅里面摆放一个很不错的抓挠柱，并不会让一只正在楼上卧室里想要抓挠什么东西的猫咪这样去想：“嘿，我还是跑下楼梯，到客厅里去抓挠那个东西吧。”猫咪会在您那套崭新而昂贵的床垫和床单一头玩个够。

猫类普遍最喜欢的基本抓挠物，就是各种形状、各种大小的猫抓板，横的竖的都行。这些产品的价格不贵，您到网上搜索一下“猫抓板”，就可以找到许多可供选择的产品。

假如想自己动手制作一根抓挠柱，那您就可以在一块1厘米厚、面积约为100平方厘米的胶合板

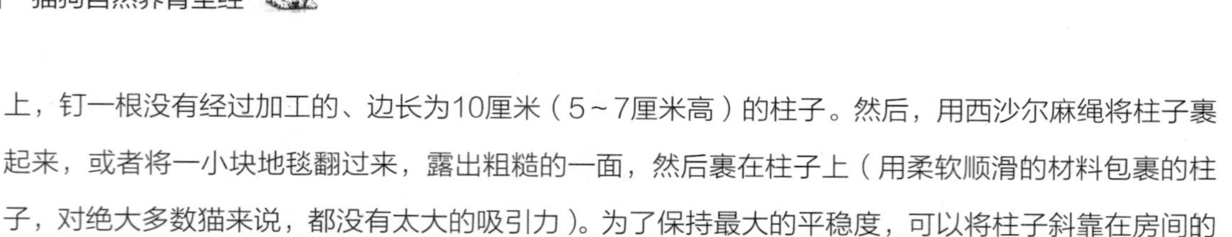

上，钉一根没有经过加工的、边长为10厘米（5～7厘米高）的柱子。然后，用西沙尔麻绳将柱子裹起来，或者将一小块地毯翻过来，露出粗糙的一面，然后裹在柱子上（用柔软顺滑的材料包裹的柱子，对绝大多数猫来说，都没有太大的吸引力）。为了保持最大的平稳度，可以将柱子斜靠在房间的一个角落里，或者翘起一侧、确保抓挠柱放得非常稳当。假如柱子倒下来，吓着了宠物猫，哪怕只有一次，可能也足以让猫咪永远都不去碰这根抓挠柱了。

如果宠物猫需要进行引导，才会玩耍一根抓挠柱的话，您只需把抓挠柱侧着放倒，然后把猫抱到柱子顶端就可以了。您可以用一只手抓挠柱子，而另一只手则平稳地抓挠猫咪的脖子和后背（那样做会刺激猫咪，使它产生出抓挠的冲动）。不要试图拿着猫爪去蹭挠柱子，因为猫咪对外力会进行抗拒。之后，假如您的宠物猫仍然会时不时地去抓挠家具或者窗帘，那么您可以把窗帘或者椅子稍微挪开一点，然后把抓挠柱放在那里。逐渐将抓挠柱移远，并将家具后撤，直到猫咪确确实实拿着抓挠柱玩耍为止。在宠物猫进行过渡的这段时间里，您可能必须将沙发的一个角用东西盖起来，或者是暂时性地将窗帘卷起来。把抓挠柱放在猫咪睡觉地点的附近，通常都是个好办法，因为许多猫咪在打完盹醒来之后，都喜欢伸个懒腰，找点什么东西抓挠一番。

// 拔除猫爪？哎哟！

拔除宠物猫的爪子，并不是解决抓挠问题的恰当办法。这是一种令人痛苦、非常费劲的手术，许多兽医都不愿意做。事实上，这相当于把人类手指的第一节拔掉。那样做，可能会损害猫咪的平衡感，使它的身体变弱（因为它这一部分的肌肉不再活动），并且使得猫咪感到紧张，感到自己没有防御能力。由此导致的压力，可能会降低宠物猫对疾病的免疫力，还有可能让它变成一只咬人的猫咪。显然，我是不支持您这样去做的。

有一种变通办法，可能会具有好处，那就是修剪宠物猫的爪子。由于猫爪状如镰刀，因此爪子的尖端就是最具破坏性的部位。猫咪会把脚爪上这种弧形的尖端，悄悄地伸到呈环状的家居织物后面，然后径直把脚收回来，猛地把环状拉断。假如猫咪这样做，您的沙发很快就会变得千疮百孔，像是需要进行修剪的草坪一样。

猫的指甲尖，也是非常容易扎破皮肤的一个部位。我们可以用普通的指甲剪，将这种指甲尖剪掉（确保只剪掉指甲的尖端，长度大约为3毫米，不然就会伤到猫咪）。应当等猫咪完全放松下来，或许要等到它在您的膝盖上打盹时，才能去修剪。将一只猫爪拉出来，用您的食指压住猫的脚掌底部，而拇指则正好压在猫咪脚掌顶端指甲盖根部的后方。轻轻地压一压，猫咪的爪子会从护鞘中滑出来，您就可以用右手持着的指甲刀进行修剪了。您一次可能只能修剪2只或3只脚爪，但过后可以再试。

关于猫爪，还有一条建议。绝对不要让宠物猫或幼猫抓挠您的空手，哪怕玩耍时也不行。如果允许它这样做，猫咪就会以为它可以撕咬和抓挠您，却不明白这样做可能会伤到您。因此，在玩“扑向猎物”这种游戏时，就要用玩具或者用一根绳子来进行。空出您的手，用来抚摸和约束猫咪。

假如宠物猫已经形成了抓挠您或者咬您的习惯，可以按照安妮特拉・弗雷泽在《新自然猫》一书中给出的方法试一试。[4]如果猫爪扎着您了，不要紧张，要冷静地将其松开，先把猫的脚掌向前推一下。若想摆脱猫咪的抓咬，您不能紧张，而应当从容地把胳膊或者手朝着猫的牙齿用力（这样做，会迷惑猫咪）。然后，传达出温柔却又坚决、表示不喜欢或者失望的信息，让猫离开自己。为了强调这种信息，您可以好几分钟不去理它，甚至看都不要去看它。通常只需重复数次，一只猫咪就会明白，如果想要跟您一起玩耍的话，它就不能抓挠和撕咬您。此后，它就会尊重您的意愿了。

// 初次去看兽医

无论是任由宠物猫到户外活动，还是把猫咪关在家里，您都需要让它们熟悉便携式猫笼。应当在首次带着宠物猫去看兽医的几天之前，就在家里放上一只敞开的便携式猫笼。鼓励猫咪把它当成是一个可以进行探究的、有趣的东西。要想进一步让猫咪对猫笼产生兴趣，您还可以在猫笼里放上一点零食。如果没有这种熟悉过程，您在前往兽医诊所的一路上，或许就得大费周章，才能将一只不愿待在里面的猫咪塞进猫笼里去。

为避免碰到猫咪非常尖利的牙齿与脚爪，以防受到更加严重的伤害，您永远都不要试图抓住一只想要摆脱的宠物猫（除非您受过培训，懂得如何正确地应对猫咪）。还要把这一点教给孩子们。假如需要喂药，必须把猫咪控制住的话，那么，您可以用一条毛巾或者毯子，将猫咪牢牢地裹住。如果想带猫咪出远门，那您就要把它关进宠物笼子里（因为猫咪受到了惊吓，在开着的汽车里到处乱蹦乱窜而导致的严重交通事故，我听说过的可不止一起呢）。

// 猫的攻击性

少数宠物猫具有根深蒂固的攻击性。这种猫完全无法容忍其他猫咪，甚至是无法忍受自己的成年后代。我偶尔还会治疗一些对主人也非常凶狠的宠物猫。据我多年的经验：这些猫咪的此种问题主要是源于其本性如此，而不是后天养育造成的。

慢性疾病，可能是这种行为问题的部分原因。在许多病例中，对猫咪进行细心的个性化顺势疗

---

4 参见安妮特拉・弗雷泽与诺玛・埃克罗特合著的《新自然猫》（纽约：企鹅出版社，2008 年）。

法，都收到了效果。那些没有明显的原因，却显得异常胆小或者孤僻离群的猫咪，采用顺势疗法后也有转变。

良好的卫生：基本需求

对宠物狗和宠物猫来说，卫生都是一个重要的问题。其实，宠物也好、人类也罢，卫生都是一个基本的需求。

对于幼犬，最省事的排便训练，就是利用下述两个方面：一是幼犬天生就干净整洁，二是幼犬排便具有规律性。群居性很强的幼犬，会跑到自己的窝外去排便。可是，您不能指望一条幼犬能够自己知道，您的整个家里都是它的窝。

幼犬在家里排便犯的错，往往都是跑进另一个房间去排便（在它看来，这就是到了它的窝外）。对此，您非常有必要对小狗进行排便训练。

应当定时喂食，并且在喂食结束，小狗打完盹之后，把它带到外面去。让小狗到外面去排便时，您应当跟着它，确保小狗排了便便。如果小狗排便了，就要表扬表扬它。过后，可以让它在室内到处跑上一会。在最初的那几周里，您可能需要限定小狗可以去哪些地方，比如没有铺地毯因而容易打扫的房间；这样做是以防万一。

假如整天都要上班，那么您可能需要请人到家里来，领着小狗出去便溺。如若不然，您可以训练它，让它拉在纸上；接下来，在它能够把屎尿憋得更久一点后，才转而训练它到外面去便溺。不要指望一条幼犬能够憋上4～6小时，而不需要中途便溺。不在家里时，您可以要将小狗关在相对狭小的地方。对于一条幼犬而言，这个地方的活动空间，起码应当与一条大型犬的狗舍相当才行，但也不能大过一间很小的厨房。

出于本能，宠物都会到远离它们生活区域的地方去便溺；也正是因为如此，邻居家的院子常常才成了它们最喜欢的厕所。通过训练小狗只在自家院子里的某个地方便溺，比如说车库后面，或者某处灌木丛的附近，您既可以让宠物狗摆脱坏习惯，又能让家里的大部分草坪免于遭殃。在那个地方放上一点小狗的便便，等到小狗需要排便时，再把它带到那里。小狗在那里排便后，要好好地表扬表扬它。应当将那个地方用某种低矮的东西围住，这样做，既有助于向小狗清晰地表明它的排便范围，同时也有助于提醒朋友和家人不要踩到。

在天气不好或者寒冷的日子里遛狗时，您自然希望小狗便溺得越快越好。有些人喜欢用“快点”这样的指令，与宠物狗的便溺行为关联起来。这种做法，听上去可能令人觉得好笑，但有时非常有效呢！在冷天或者雨天里，这种指令确实能够促使宠物狗快点排便。

要想让狗狗不在院子里或花园里的某些区域排便，您可以这样做：狗狗在您不想让它排便的地方排便之后，立即将它的便便铲走。必要时，您还可以在那些地方喷洒一种驱狗除臭剂；这种除臭剂是用天然成分制成的，比如枸橼、柠檬汁、桉油、天竺葵油、辣椒或者薰衣草油。

许多的宠物狗，都会在被主人领着到街区散步时排便；而一些比较有心的人，也会用手头带着的塑料袋，把狗粪收拾起来。遗憾的是，他们接下来就会把装着狗粪的袋子扔到垃圾桶里。大家可以想见，200年之后，等考古学家来研究我们这个时代时，垃圾填埋场里仍然会保留着这种装有狗粪的塑料袋呢！

较好的办法是把宠物狗的粪便当成肥料。您可以购买一些设备，比如“小狗嘟嘟”这样的宠物粪便处理系统。从工作原理来看，这种设备就像是一个小型的堆肥箱，可以将粪便分解成液态；您可以把分解后的液体当成一种很好的肥料，安全地浇到地里。这种办法的生态效益也很大。诚然，您必须将狗狗的粪便从塑料袋里转移到这种设备中去，而且您必须将塑料袋冲洗干净、晾干，以便下次再用。不过，付出这点劳累，难道不是完全值得的吗？我认为值得。

宠物猫的排便通常都比较简单。您只要给猫咪提供满满一盆干净的猫砂就行了。猫咪都比较喜欢一种呈浅黄色的颗粒状猫砂。应当让猫砂保持干净，并且将猫砂放在同一个地点。猫砂太臭的话，可能会让猫咪敬而远之。可以在院子里和家里各放一只干净的猫砂盆；这样做可以让猫咪有另一个地方排便，而不必去隔壁琼斯太太家的花圃里便溺了。将猫砂盆放在小孩子够不着的地方，并且要定期进行清理。清理完后，要仔细把手洗干净，因为猫粪中可能含有有害的微生物（这是一种良好的习惯，清理完宠物狗的粪便之后，也该如此）。

// 疾病问题

既然宠物与人类生活在一起，我们就必须考虑到疾病传播这个令人不快的问题。幸好，宠物身上出现的绝大多数传染病，人类都不会感染。虽然有个别例外情况，但极少见到，因此，我可不想让大家以为，这是一个常见的问题。

绝大多数源自宠物猫狗身上的传染性疾病，根据它们的传播方式，都可以归入3类：经由粪便或者尿液传播，通过皮肤和毛发接触传播，或者经由撕咬和抓挠传播。

下面，我们不妨分别来看一看每个类别。

// 经由粪便传播的疾病

蛔虫病（犬弓首蛔虫和猫弓首蛔虫）：这两种寄生虫，是经由它们的虫卵感染的；蛔虫卵被宠物

排泄到地上后，只需几周就能孵化出来。假如儿童在宠物排便之处玩耍，并且把脏手伸进自己的嘴里，那么就可能把蛔虫卵吃进去，从而受到感染。因此，宠物蛔虫病感染，在刚学走路的儿童身上很常见。这种疾病，只有在罕见的情况下才具有致命性。症状一般很轻微，人们很难注意到，成年人的症状更加不显著。儿童误食了猫狗携带的常见寄生虫后，寄生虫可能会通过体内的组织器官进行迁移，从而造成危害，比如肝脏肿大和发烧。这些症状可能会持续1年的时间。在有些儿童身上，蛔虫幼体可能还会进入眼睛，从而引发炎症。这是非常严重的问题，因为据说外科医生常常都会把这种眼部病变误诊为早期癌症，以至于毫无必要地摘除患者的眼球。还有一些研究则表明，有些儿童可能会对寄生虫过敏，从而让病情变得更加复杂。

钩虫（皮肤幼虫移行症）：这种寄生虫与蛔虫类似，只是它们进入人体的方式不同。钩虫幼虫不是从口中进入人体的，而是在人体接触到（通常都是光着脚时）被粪便污染过的土壤或者沙子时，直接刺破皮肤进入人体的。尽管这种寄生虫竭尽全力，可它们实际上并不适合于寄生在人体中，因此在人体皮肤里移动数厘米远的距离后，它们最终都会死去。这种炎症，被称为“匐行疹”，通常都会在感染数周或者数月后结束。在美国，这种疾病在南方地区最为常见。

钩端螺旋体：在受到了动物尿液污染的水中游泳，或者以别的方式接触了被动物尿液污染的水体，是人类感染这种严重的细菌性疾病的常见方式。许多动物身上都携带有这种病菌，老鼠身上尤其多。宠物可能会因为喝了受到污染的地表水（或是因为舔舐了皮毛沾上的受污地表水），或者吃了老鼠撒过尿的食物而受到感染。人类感染这种疾病后，出现的症状与流感类似，也会出现发烧、头疼、畏冷、疲劳、呕吐以及肌肉疼痛的情况。此外，眼睛与覆盖大脑的那层膜、脊髓都会发炎。在有些病例中，肝脏与肾脏也会受损。虽说很少有人死于这种疾病，但它会让人痛苦不堪地病上2～3周的时间。

绦虫（犬复孔绦虫）：绦虫是一种大不相同的寄生虫，因为它们的虫卵无法直接感染到人类。准确地说，绦虫幼虫先是进入别的某种生物体内，然后再进入其他生物的肌肉组织里，最终在人类食用了这些生物（通常都是跳蚤或者地鼠）后，寄生到人类的肠道中。

儿童用鼻子触蹭宠物的毛皮，或者被舌头上带有跳蚤的宠物舔到了嘴巴时，都有可能感染绦虫。然而，与我们吃了没有煮熟的、受到了感染的牛肉或猪肉后，能够感染到的其他类型的寄生虫相比，人类感染绦虫的情况是相当罕见的。在过去的20年里，全球只报告了16例人类从宠物猫狗身上感染绦虫的病例，包括欧洲、中国、日本、印度、苏丹、拉丁美洲和美国。这些病例，几乎全都出现在儿童身上；幸运的是，绝大多数感染者身上都没有出现相关的症状。[5]

弓形虫病：许多人在日常活动中，都容易受到这种传染性疾病的感染，并且自然地产生抵抗力。

5 参见莉迪亚·加西亚-阿古多、佩德罗·加西亚-马尔托斯和曼纽尔·罗德里格斯-伊格莱西亚斯撰写的论文《婴儿感染犬复孔绦虫：一例罕见病例及其研究述评》，发表于《亚太热带生物医学杂志》第4期（2014年7月）。

然而，在极其罕见的情况下，这种疾病也能让成年人丧生。一般情况下，它会导致一些在怀孕期间受到了感染，而以前又没有产生出免疫力的女性，生出带有先天畸形的婴儿。接触了受感染宠物猫的粪便，或者接触了受到污染的土壤，都有可能让人感染这种疾病。而且，我们也可能因为食用了生肉或者未煮熟的肉食，感染上这种疾病。由于怀孕女性腹中的胎儿非常脆弱，很容易受到伤害，因此我们将在本书“附录A　快速参考”中更加详细地介绍弓形虫病的情况。

// 预防经由粪便传播的疾病

除了及时清理宠物的粪便，下面还有一些简单的预防措施，您应当采取并且传授给孩子们。

洗手：要是在宠物可能排过便的地方接触到了土壤，就要洗手。

不要打赤脚：在宠物可能排过便的地方不要光着脚，而在气候暖和、钩虫滋生的地区，尤其应当注意。

提醒孩子们：吃饭前要洗手；在与宠物一起玩耍，或者站在有可能受到了污染的地方时，不要把手指放进嘴里。

给宠物洗澡：假如宠物游过泳，蹚过有可能滋生了钩端螺旋体的水坑或者小溪，就应当给宠物洗个澡。

// 经由皮肤和毛发接触传播的疾病

跳蚤：尽管跳蚤更喜欢寄生于宠物身上，但若是有机会的话，它们也会寄生到人类身上。在一栋原本有宠物生活，后来又被空置的房子里，跳蚤传染得最为厉害。许多刚刚孵化出来的小跳蚤，会急不可耐地寻找食物；因此，尽管它们更喜欢通常所吃的食物，但如果您是它们“菜单”上唯一的“一道菜”，那么它们也会把您当成大餐的。

金钱癣（犬小芽孢菌）：金钱癣是一种以皮肤和毛发为食的真菌导致的疾病，在人类身上经常表现为红色的鳞斑症状。随着机体生长，这种鳞斑会呈环形向外扩张，形状很像是把一块石头扔进池塘后，水上泛起的那种涟漪。若是出现在狗类身上，那么受到感染的部位往往不会长毛，会变得很厚，长满疥斑，并且发炎红肿。它们的典型形状就是圆盘形，直径差不多超过2.5厘米。绝大部分经由宠物传播的金钱癣，都源于宠物猫，可猫身上却很少出现可以看到的症状（当然，狗类携带这种孢菌时，也有可能不出现可见症状）。一只受到感染的宠物猫，虽说身上有可能出现不长毛、呈灰白色的部位，可这些部位既不会发炎，也不会出现斑疤。通常来说，宠物也不会感到瘙痒。与成年人相比，儿童更容易感染金钱癣。不过，人类在任何年龄阶段，都是有可能感染这种疾病的。

落基山斑疹热（立氏立克次体）：尽管对人类而言，这种疾病通常不具有致命性（人们一般都是用抗生素进行治疗的），但它仍然能够让人病得非常严重。这种疾病初始症状主要是突然发烧、头疼、畏冷、双眼发红，并且可以持续好几个星期。在美国的东部和中部地区，携带这种致病生物的是犬蜱（学名为“变异革蜱”）。而在美国的西部地区，它们却是由硬蜱（学名为“安氏革蜱”）携带的。在当代，这种疾病在北美洲的发生率已经急剧增加了。

感染斑疹热最常见的途径，就是被受到感染的蜱虫直接叮咬。宠物能够轻而易举地将这些受到了感染的蜱虫带到家里或者院子里来，之后这些蜱虫就有可能叮咬家人。蜱虫繁殖出来的所有幼虫，也会携带这种传染病。将一只蜱虫从宠物身上拽下来时，假如蜱虫的身体被挤破，或者蜱虫拉了屎出来，那么您也有可能受到感染。因此，在给宠物除蜱时，您最好是戴上手套。

疥疮（疥螨病）：狗类身上出现这种疥疮的情况，并没有蠕形疥癣（“红兽疥癣”）那么常见。然而，猫狗身上的确都会出现这种疾病，并且会导致宠物的皮肤出现瘙痒、发炎和增厚等症状。人们有可能通过接触而受到感染，感染途径通常是因为把感染疥疮的宠物抱得太紧。结果，就会让人身上出现强烈的瘙痒，尤其是在夜间，而与宠物接触得最多的那些部位，也是瘙痒得最厉害的地方（比如胳膊内侧、腰部、胸膛、双手及手腕）。尽管兽疥螨能够寄生在人类皮肤中，可它们无法在人类的皮肤中繁殖。因此，这种症状最终会自行消失，顶多只会持续几个星期。然而，如果再次受到感染，这些症状也会不断复发。注意，我们人类身上也有自己的疥螨种类，它们可能会使得我们所患的疥癣病情旷日持久地恶化下去，并且不像狗疥螨那样具有自限性。

// 预防经由皮肤和毛发接触传播的疾病

一只健康的宠物，身上是不太可能滋生出像跳蚤、金钱癣菌和疥螨这些寄生虫的。在自然条件下，生存于大自然中的动物身上也可能会长有寄生虫；但是，不管您信不信，在绝大多数时候，这些寄生虫不会引发什么问题。只有在动物健康状况下降时，寄生虫才会成为问题。您可以这样认为：寄生虫在大自然中的作用，就是以生病和垂死的动物为食。因此，恰当的营养与全面的护理，就是最重要的预防措施。除此之外，经常梳理和检查宠物的毛皮，涂抹草药制成的驱虫剂，可以尽早地防止绝大多数问题中出现。如果您的宠物接触了其他宠物，或者因为患有疾病而导致它感受到了压力，情绪上变得紧张不安，或者待在狗舍猫舍里不愿出来，那么您就应当特别注意这个问题。

假如宠物猫狗看上去健康得很，那么您就不需要太过担心这个方面；但是，如果您希望在亲密接触过宠物后做点预防措施，那就应当洗手。而且，由于宠物掉落的毛发也有可能携带具有活性的疥癣孢子，因此，假如您的宠物受到了感染，那就要让家里保持干净，不要留有掉落的宠物毛发（或者把宠物关在户外的笼子里、有篱笆的院子里，直到这种疾病治好了为止）。

如果宠物长了疥癣，那么您就不应该与它进行身体接触，或者应当将这种接触量降到最低；您也不能让宠物在您的床垫、衣服或者毛巾上睡觉。

// 因撕咬与抓挠导致的疾病

猫抓热：被猫咪抓挠过后，有些人会出现发烧、身体不适的症状，并且被猫抓挠或者咬过的部位附近，淋巴结会出现肿大。这些症状，通常都会在受伤后的1～2周内出现。这种情况，既不严重，也不具有致命性，却会让人觉得很不舒服，并且随后还有可能出现并发症。究竟是什么导致了这种疾病，还没有人清楚。被猫咪抓咬并且感染了多杀性巴氏杆菌后，出现的症状看上去与此类似；不过，医生应当是能够将它与猫抓热区分开来的。

狂犬病：大家都听说过这种疾病，都听说过这种疾病的高致死率（一旦出现临床症状，致死率差不多就会达到100%）。幸好，这种情况在美国并不常见。每年报告的狂犬病致死病例，只有1～3起。自2003年以来，美国总共确诊了34例人感染狂犬病病例，而且发现其中有10例都是在美国及其自治领以外的地区感染的。[6]

狂犬病毒是通过咬人动物的唾液传播的；在数天或数周之内，病毒就会从咬伤部位侵入大脑。在大脑里，狂犬病毒会造成组织器官严重发炎，从而出现抽搐、歇斯底里及口吐白沫等症状。人类感染此病最常见的源头，是黄鼠狼、狐狸、浣熊、蝙蝠和狗；不过从理论上来看，几乎所有的温血动物都有可能感染和传播这种疾病。

出现了狂犬病临床症状的动物，会表现出一些罕见的或者说古怪的行为。例如，一头野兽可能会一反常态地去接近人类，或者行动迟缓，躲不开一辆疾速行驶的车子。感染了狂犬病的狗，可能会表现出性情大变的迹象来，比如变得异乎寻常地友好，或者喜欢躲藏在暗处。最终，病情就会恶化成一种步履蹒跚、目光呆滞而又具有攻击性的状况，变成了疯狗在我们心中的固定形象。

// 预防因撕咬与抓挠导致的疾病

预防猫抓热的最佳办法，是在接触宠物猫时多加小心。然而，猫的行为往往都具有不可预见性；如果受到惊吓或者生了病，它们可能会突如其来地向您发动攻击。受到抓挠或咬伤后，您应当任由伤口流上一两分钟的血，以利于将病毒冲洗掉。然后，应当用肥皂水充分清洗伤口，并且用热的泻盐溶液浸泡伤处。

---

6 参见美国疾控中心的“人感染狂犬病”条目。

接下来，不要再用热泻盐溶液，而是换用冷的自来水（但不要用冰冷的水）浸泡伤口，并且反复换上几次，以刺激血液流动，激发身体的免疫反应。最后一次应当用凉水浸泡。

除非经过了特殊训练，或者拥有确保安全的设备，否则绝对不要去抚弄流浪狗或者野生动物。假如看到一条狗或者一只野兽身上出现了与狂犬病相似的症状，您应当离得远远的，并且尽快给动物管理部门或警方打电话进行报告。比较复杂的是，一条感染狂犬病的狗在出现任何临床症状的3天前，只需咬人一口（或者用受到了其唾液污染的爪子抓人一下），就可以传播狂犬病毒。因此，假如您被一条流浪狗或者野兽咬了，那就要找人帮忙，并且尽量跟着那条狗或者野兽，看它的巢穴在哪里，以便人们可以将其抓住并进行检测。对狗类进行的检测，是从将一条活狗隔离10天开始的；在此期间，由一名兽医对它进行观察。假如狗狗身上出现了狂犬病的症状，那么这条狗就会被宰杀掉，其大脑则会送往一个实验室里进行确诊。必要时，您还可以利用一只水桶、一个盆子或者一只狗笼，努力抓住那只咬伤您的小动物，比如蝙蝠或者黄鼠狼。如果必须杀掉它，不要伤及它的脑袋。

假如您被一头不认识的动物咬了，或者被一只狗狗咬伤，而您怀疑那条狗是一只狂犬，那么，请您按照被猫抓挠或咬过后的相同步骤去做。此外，您还要尽快把情况告知医生。在美国，您感染狂犬病的可能性，实际上是很低的。北美地区报告的狂犬病例中，由狗狗咬伤导致的感染比例还不到5%。

宠物数量的问题

最后，要想做一个负责任的宠物主人，最重要的一种做法就是：确保您的宠物不会加剧正在变得日益严重的宠物数量过多这一问题。

切除雌性宠物的卵巢，可以防止雄性动物在您的宠物处于发情期时侵入您家里，而阉割雄性宠物，则会降低宠物到处乱跑、与其他动物打架的欲望。这样做，邻居们将会对您深表感谢。此外，在公猫身上采取这种简单的措施，就会免去您多年来试图去除家里那股讨厌的公猫尿骚味之苦。

既然如今已经生出了太多的宠物，那么，人们为什么还要允许自己的宠物繁殖后代呢？这是由于他们以为：

⊙他们的孩子应当见证这一过程。

⊙他们能够为一窝幼崽找到收养的家庭，或者他们想当然地认为，当地的动物保护协会将处理好这个问题。

⊙给宠物做摘除卵巢或者阉割手术，既需要花钱，可能会令宠物感到痛苦，而且要是手术不顺利的话，可能还会给宠物的健康带来不利的影响。

⊙阉割宠物是反常做法，会让宠物失去真正的自我。

⊙把生下的纯种宠物卖掉，可以轻松而有意思地赚上一点外快。

然而，考虑到那些无人想要、无家可归的猫狗遭遇到的巨大苦难，这些理由几乎全都不成为理由了。例如，教导孩子在各个方面都对宠物负责，与让多余的宠物降生于世来作为孩子的“一种经历”相比，无疑是更加重要的一个方面。动物保护协会无法为接收到的绝大多数宠物找到收养的家庭。而且，就算您能够为繁殖出来的宠物找到喂养它们的家庭，又会有多少宠物能够留下性命呢？它们又会繁殖出多少后代来呢？假如任由雌性宠物及其后代繁殖的话，在五六年的时间里，一条母狗就能繁殖出数千后代来。猫类甚至更加多产。就算能够找到善良而负责任的人来照料每一只小狗小猫，您也应当想一想，这些人原本可以去收养那些因为找不到喂养家庭而被宰杀的宠物啊！

任何一个能够体面地照料一只宠物的人，也是承担得起给宠物进行卵巢摘除或者阉割手术的费用的。在许多城镇里，都设有收费低廉的诊所。您可以问问本地的动物保护协会，了解这些诊所的情况。这种手术都是无痛手术，是由经验丰富的兽医把宠物麻醉了后进行的，几乎没有什么风险。这样做，不但会防止宠物意外生下幼崽，减少宠物到处乱跑和打架的情况，而且还会预防一些健康问题，比如生殖器官癌症、因产崽导致的紧张与并发症，以及因为交配而导致的脓肿与受伤。与人们普遍持有的看法不同，阉割过后的宠物并不会自然而然地变胖。之所以会变胖，是由于它们可能不那么活跃了，因此消耗的能量也较少了。所以，解决宠物变胖问题，就是减少喂食量而已。

假如您是一个极其有责任心的人，那么，利用老式的宠物节育办法，即关门拴狗，对一条雌性宠物狗可能会有效果。在宠物狗发情的2～3周时间里，把它牢牢地关在家里。要做好心理准备，因为方圆数千米之内的公狗，很可能都会挤到您家门口的台阶上，并且一条条都会欢快得很！

对于猫咪来说，关住它们可没有什么作用。它们发情的频率，要比狗类高得多；它们可能会非常吵闹；而且，它们也非常固执，会千方百计地跑出去。到了一定程度，它们几乎是必然会成功地逃走的。您还应当清楚，一只没有阉割却被阻止进行交配的母猫，可能会患上种种荷尔蒙失调症，出现由于未完成生殖周期而导致的并发症、卵巢囊肿或者尿道疾病。

有一种观点，认为我们最好不要干预宠物的生殖，因为这样做“更加自然”。其实，这是一种目光非常短浅的观点。我们并不是生活在一个自然的世界里。这些宠物也不是生活在丛林里，不是在猎取食物并且被其他动物猎食，不是深受疾病之害和艰难生存之苦，不是以平衡的生态系统中一个有机组成部分的角色生存着；野生动物会受到激素、群居体系和地盘之间一种复杂的相互作用的支配，而这些因素也调控着它们的繁殖活动。我们喂养的宠物，都是一些野生动物的后代；这些野生动物，却是与我们和成千上万种其他动物一起，关系密切地生存在一个完全不属于自然、并且人口

过多的环境中。一头野生的公狼，一年中只有几个星期能够闻到发情母狼身上的气味。一条没有阉割的宠物狗，闻到同样一种气味的频率，却要高得多。这种情况，可远远称不上自然或者公平呢！

至于说繁殖宠物背后的利益动机，也属于无稽之谈：这种投机行为，非但经常不会给人带来多少经济回报，而且，如果雌性宠物的健康状况衰弱下去的话，反复繁殖可能还会让您花上很多的钱。绝大多数幼犬繁育场，虽说每年都会为美国业已供过于求的新生宠物狗市场增加250万条幼犬，可实际上都是一些小型的家庭式企业，由一些门外汉经营着；这些人在宠物繁殖方面的无知与草率，正是导致许多宠物狗品种先天疾病频发、健康问题日增的主要原因和直接原因。毫无疑问，他们一定会有更好的赚钱手段。

我可以理解人们希望看到自己的宠物生下幼崽的心理。不过，与绝大多数人不同的是，我能够直接看到宠物数量过多这一问题的严重程度。我曾经在一家动物保护协会下辖的诊所里工作过几年，那家诊所与一家动物收容所有联系。在那家动物收容所里，我亲眼看到了宠物繁殖没有节制所导致的种种可悲后果。到其中的冰库里走上一遭，看到盛放着一桶桶被实施了安乐死的宠物尸体，就足以让任何人信服，宠物要是没有节制地繁殖的话，就会让它们遭遇种种毫不必要的痛苦。

从绝对数量来看，情况是令人震惊的。据估计，在美国的动物收容所里，每年都有500万只到1 200万只宠物被实施安乐死。这种现实有血有肉，是一种灾难性的现实，而不只是抽象的统计数据。其中每一只宠物都在看着您，并且每一只都能够付出许多的爱、表现出许多的潜能。可其中的绝大多数宠物，却永远都没有活着离开收容所的机会。假如大家都对宠物数量过多的问题负起责任来，那么我们就会看到，由此导致的痛苦将会终结。这样做，对整个社会最好，对宠物最好。

第 13 章

交流：情绪与宠物的健康

图中快乐、健康的母狗叫“茉莉·罗斯·佩登”，此时，在河边玩耍过后，它正对着自己热爱的主人詹姆斯微笑着。主人一直对它很温和，尊重它，也让它能够经常在大自然中尽情嬉戏。由于它一向都规规矩矩的，因此不论走到哪里，哪怕是到商店里去，人们都很欢迎它。并非所有的宠物都拥有这样的生活，因此兽医的工作，常常都是解决宠物情绪问题造成的复杂的相互作用，因为这种作用有可能发展成一些长期性的健康问题。我想起了自己职业生涯早期碰到的一个病例，那是一条体形硕大的宠物狗。就在我仔细地检查它身上那一处处散发着臭味、没有毛发并且淌着脓血的斑疤

时，它始终疑心重重地盯着我。它的背上、腹部、腿上、鼻口部位，全都是这样的斑块。接下来，仿佛要说明自己的病情有多严重似的，它猛地转过身去，使劲啃咬着自己的尾巴根部。

“不要那样，班迪！”我的顾客厉声喝止道。待平静下来后，他向我解释说：“啃咬只会使得情况更加糟糕，因此我总是特别注意在这个时候责骂它。”

“它的尾巴下面，有一些部位特别糟糕。”他的妻子强调道。我慢慢抬起那条狗的尾巴，想要检查一下。

它猛地转过身子，恶狠狠地向我咬来，差一点就咬着我的手了。宣布检查结束了后，我便与那对心烦意乱的夫妇一起坐下来，了解更多的情况，并且询问这个问题是如何开始的。

“一切都出现得相当快，”那位妻子述说道，“3年前我收养它时，它还是条小狗，当时只是脸上轻微地长了一点儿兽疥癣；不过，真正的问题却是，它会啃咬和舔舐全身，这种情况已经持续了6个月了。兽医说这是一种跳蚤过敏症，却没有给它开什么药。我们曾经带它去看过好几个兽医。有位兽医还说这是‘热疱疹’呢。”

兽医把“班迪”身上受到感染的那些部位的毛剃光，给它使用了抗生素和“可的松”，但是“这些办法都没有起到真正的效果”。最后，兽医建议说，要么将“班迪”宰掉，要么就给它进行一大堆费用昂贵、却仍然有可能没有效果的治疗。

“您有没有想过，为什么6个月前它的情况会突然变得更加糟糕了呢？”我问道，“当时有没有发生过什么特别的事情？”

“哦，我只记得狗狗病情恶化的2个月前，我们添了一个宝宝。我不想让‘班迪’待在宝宝身边，您知道，狗狗身上会有虫子之类的东西。由于不再是家里的老大，所以它很嫉妒。于是，我们开始把它关在外面。可能那样做影响到它了吧。我自己身上的皮肤也瘙痒了多年，可一直都不知道是什么原因导致的。”

就在我们继续讨论“班迪”的过敏症状时，她还提到，自己更喜欢养一条带有攻击性的宠物狗，因为那样的话，她住在乡下就会觉得安全一些。她的丈夫偶尔会插插嘴，说上几句。他说话时，我感觉到，这对夫妇之间的关系很紧张，并不像表面上那么和睦。

这个病例，使我开始更加密切地关注宠物疾病中涉及的一些情绪性因素。多年来，我已经不止一次地观察到，有几种状况与“班迪”的情况相类似。

⊙家里出现了某种令人心烦的变化后不久，宠物可能就会出现健康问题。这种变化，通常都与不再有人关注、失去了某种关系或者失去了自己的地盘相关。

⊙宠物的健康状况，可能会受到反复出现的紧张、焦虑、沮丧、愤怒等情绪，以及家中其他烦心事情的影响。

⊙人们对宠物生病或不适所持的态度与期望，可能会对宠物生病的结果产生显著的影响。

⊙宠物患有的疾病，常常都会反映出家中与宠物关系最亲密的那位主人的病情。

在那些存有情绪和行为问题但往往还患有慢性生理疾病的宠物身上，我尤其注意到了这些状况。通过特别关注家庭内部的情绪问题，您可以培养出一种更加积极的氛围，从而促进宠物恢复健康或者保持健康。

失去某些东西导致的问题

家里新添了婴儿、新的宠物后，或者是搬了家（尤其是搬到了一栋小型公寓里，或者是搬家后邻里对宠物的态度不友好）后，许多宠物都会因为失去了家人的关注，和/或失去了自己的地盘而受到很大的影响。在某位家人去世、离开家里、从事的是一种需要耗费大量时间的工作、去度长假或者完全对宠物没有了兴趣后，宠物有可能出现健康问题。有时，则是因为家里重新进行装修，人们不再让宠物待在室内导致的。

无论导致“失去”的原因是什么，宠物的健康状况通常都会随之不如从前。在“班迪”的病例中，主人添了婴儿后，“班迪”就被放逐到了户外，由此带来的烦恼与失望，可能会让宠物身上早已存在的、患上皮肤炎症的倾向恶化下去，使得宠物不停地舔舐、抓挠和啃咬身上的皮毛。这样反过来又加剧了程度原本非常轻微的一些小病，使得宠物出现更多的炎症。不久后，就会形成一种恶性循环。

宠物若是性情较为温和，那么它们的反应，可能就是嗜睡和对什么都不感兴趣。反过来，这种消极与缺乏兴趣的情绪又会削弱宠物的免疫系统，使得它们更加容易感染疾病。

有些宠物，可能会因为与新宠物产生地盘冲突而感到紧张。假如这种冲突没有得到解决，那么持续的紧张就会给宠物带来严重的问题，从而为宠物患上疾病开辟出一片肥沃的土壤。

有时，人们还会在无意中强化这些问题。比如，您重新开始工作后，没有了那么多的时间去陪伴，因此您的宠物狗就会开始感到孤独。不久，它就会出现一种轻微的症状，即咳嗽，让您感到担心。于是，每当宠物狗咳嗽起来，您就会跑过去抚慰它，说一些安慰的话语（这种情况，听上去有点儿像是在训练狗狗，对不对？）。很快，狗狗就会形成一种概念，这就是：它一咳嗽，就会得到您充满爱意的关注。所以，它又有什么动力去好起来，不再咳嗽呢？与完全地不管不问相比，哪怕是咳嗽时您会责骂（就像“班迪”的主人在它抓挠身上时那样），狗狗可能也更喜欢这种负面的关注呢！

人们还有一种无意的强化行为，每当想到这一点，我都会不由自主地笑起来。有时，我们出去散步时，会碰到这样一种情况：一条小狗开始大声吠叫起来，接着它的主人出现了，对着小狗大喊大叫。那种场景，就像是：

狗："汪！"

主人："别叫！"

狗："汪！"

主人："别叫！"

宠物狗可能会认为，主人是跟它一起，通过喊叫来捍卫自己的地盘呢！其实，不管是在什么情况下，主人的这种做法都是很少奏效的。

宠物寻求主人关注的情形，最有可能表现为咳嗽、瘸着腿走路，或者抓挠；这些行为，实际上都是宠物在某种程度上能够控制的行为。兽医赫伯特·坦泽尔著有《宠物没病（它只是想让您以为它生了病）》一书，他发现，告诫人们不要在宠物出现症状时进行抚慰，而应当在其他时间更多地去抚慰宠物，将会解决宠物身上许多令人苦恼、但似乎不是生理原因导致的问题。

怎么做？

⊙**留意宠物精神上的任何变化**，因为这些变化，可能是由家中有了新的日程安排或者一场家庭危机导致的。宠物都是个体，都具有个性，就像人类一样；有些宠物需要更多的关注、更多的社会关系、更多的地盘，以及更多的日常性抚慰。

⊙**努力从宠物的视角来看待家庭情况的变化**，并且利用常识，缓解这种情况。或许，您只需特别抽出一点时间，面对面地逐个陪一陪每只宠物就可以了。一条德国牧羊犬，可能每天都需要您带着出去遛一遛；而一只暹罗猫，可能只需要您去抱一抱、抚摸抚摸，它就心满意足了。

⊙**可以考虑把一只新宠物关在有限的空间里**，直到"资格老"的宠物接纳了这只新宠物为止。如果原有的那只宠物对新宠物的态度特别不友好，或者特别具有地盘意识（通常都是猫咪），那么，您的家里或许就只能喂养一只宠物了。但是，那些具有高度群居性的宠物，特别是那种刚刚失去了一个挚爱伴侣的宠物狗，对新朋友可能会做出良好的反应；如果新朋友还是一只很好相处的异性宠物，则尤其如此。

⊙有时，最佳的解决之道，可能就是**给您的宠物找到一个更加适合它的窝**。这是一个需要细心的办法。或者，您只需用一条毛毯保护好新买的衬垫，允许您的宠物躺在它最喜欢的那张椅子里就行了。

⊙不管什么时候，在宠物瘸着腿走路、咳嗽或者抓挠身上时，您都要**抵住诱惑，不要纵容和过**

分关心它。相反，您应当在宠物表现正常时多去抚弄它，并且跟它一起玩耍。

⊙当然，您还**应当带着宠物去看兽医**，请兽医对它的身体情况进行一次专业的评估，并且给予宠物可能需要的治疗。

情绪性“天气”

除了上述这些偶然出现的情形，宠物还会受到我们持续的感觉和心境的影响，尤其会受到与它们关系最紧密之人的影响。绝大多数宠物猫狗，与喂给它们食物、为它们提供庇护、给它们带来安全、向它们表达出喜爱之情的人，都会形成一种强烈的情感联系。我们在情绪上表露出来的蛛丝马迹，它们之所以能够如此轻易地接收到，原因就在于此。

或许，除了少量简单的口头指令和名字，宠物完全依赖于我们通过姿势、说话音量、面部表情而传达出来的情绪信息，以及空中弥漫着的种种简单情感。这些短暂性的情绪，更像是当日的天气状况，可能是晴空万里或者阴沉多云，可能是和煦一片或者极端暴烈。

嗅觉是狗类和猫类的一种主要感官。就像大雨将至时，我们可能察觉到空气中会有一种细微的气味那样，在您烦躁不安时，您的身体因为紧张而释放出来的化学物质，宠物猫狗也能轻而易举地察觉到。这些化学物质的气味，会让它们得知您有什么地方不对劲；不过，它们可能并不明白您为什么会不对劲。比如说，您觉得焦虑不安，因此表露出了某种程度的忧虑。它们能够感觉到，您正在担心着什么事情，可您为什么要担心呢？

您不妨设身处地地想象一下，我们小时候情况也是一样的。比如说，您的父母忧心忡忡，不管他们有没有什么正当的理由这样。这就好像是，他们正在说：“当心，某件不好的事情要发生了！”此后，难道您不会一直都期待着这件不好的事情么？难道您不会因此而变得有点神经质么？

宠物身上的情况，正是如此。它们可不知道，您只是因为在“脸书”（Facebook）上被人从好友名单中删掉罢了。它们可能以为，外面有一头危险的食肉动物，或者有什么危险的入侵者。因此，如果偶尔有一名行人经过，它们就会跑出来，使劲地朝着行人吠叫。它们感觉到危险正在迫近，而它们的职责，就是保护您的家园不受侵犯啊！

同样，在家人因为其他一些与宠物无关的问题而感到烦躁不安时，猫狗常常也会感受到他们身上表露出来的愤怒、悲伤或者恐惧感。频繁的争吵尤其会让宠物感到紧张，使得它们可能做出兴奋或害怕的反应。情绪紧张，可能会导致宠物出现一些行为问题，比如攻击性和破坏性增强，或者极端烦躁不安。情绪紧张可能还会对神经系统产生影响，导致宠物的皮肤、耳朵、膀胱等器官出现炎症。

这种情况，与那些因为丧失了什么东西、所处环境发生了变化的宠物的遭遇一样；例如，一只长期情绪紧张、体质上又容易出现皮肤或膀胱问题的宠物，不停抓挠、到处撒尿的情况可能会表现得更加严重。反过来，这种行为又会进一步对器官产生刺激作用，从而形成一种恶性循环。不论原来已经患有的那种疾病是什么，一旦情绪上的"基调"得到增强，这些疾病都会在宠物身上变得更加明显。

// 为宠物感到焦虑

有时，一个人表露出来的焦虑不安，实际上是针对宠物本身的。例如，看到狗狗或猫咪身上出现了某种不对劲的问题，主人就会感到不安。不论宠物是在行为上出现了什么变化，还是在生理上出现了某种症状，您都会在心里开始想象出整个场景来：先是可怕的诊断结论，接着进行无效的治疗，然后实施安乐死，最终失去了您的这位朋友。

宠物会感受到主人的这种焦虑，尤其在这种焦虑是针对它自己的时候。一定是出了什么问题!您的担忧，只会令宠物自身更感焦虑；而后，宠物的焦虑感可能因某种正在发展的疾病导致的不适而日益增强。因此，宠物甚至有可能开始躲藏起来。

由这种危险信号导致的担忧与紧张，不但会削弱宠物的痊愈能力，还会对原本有效的治疗措施产生影响。顾客们以前经常对我说，他们都曾出于担忧或者出于一种急迫感而采取行动，做出了一些后来让他们感到愧悔的决定。例如，宠物长了肿瘤或患了癌症后，主人常常都会感受到巨大的压力，希望马上将宠物身上的肿瘤切除，仿佛度过的每一个小时都生死攸关似的。可是，我们目前还没有什么证据能够支持这种急迫性。事实上，手术带来的压力，可能会让我们更加难于利用一些不那么激进和较为自然的方法，去对宠物进行治疗。

同样，在宠物因为皮肤过敏而进行了一场猛烈的抓挠后，主人的担忧之情也会促使他们去给宠物使用皮质激素，从而让数个星期来对宠物进行营养治疗与顺势治疗取得的进展化为乌有。

要想真正治愈一种慢性疾病，首先需要的就是我们的耐心。那种希望马上获得解脱的心态，是很有诱惑力的。这种心态，就是要求利用强效药物，来控制宠物的症状。不过，由于药物事实上并不会治愈深层的疾病，因此宠物所患的病症还会复发，并且会随着时间的推移而不断恶化，或者呈现为一种不同的、更加难以治疗的疾病形式。

过度焦虑，也有可能会让人们急不可耐地从一名兽医换到另一名兽医，从一种治疗方法换到另一种治疗方法，而不管它们属于常规疗法还是整体疗法。这样做，将会让宠物的身体不知所措、迷惑不解，永远都不会给任何一种疗法有产生效果的机会。另外，由此导致的担忧与失望感，又可能让人们在连试都没有尝试过的情况下，就放弃对宠物进行治疗。

我很清楚，这是一种挑战。您不想再将一种没有效果的治疗方法坚持下去，这是可以理解的；不过，您也不会希望自己还没有经过尝试，就弃船而逃吧！我给出的最佳建议，就是理解身体真正治愈需要时间这一点。我们既需要时间来找出病因，也需要时间来修复疾病所造成的损害。

// 疾病也会共享？

连我们自身所患的疾病，也有可能以我们不甚了解的方式，对宠物的健康产生影响。兽医经常会看到一些病例，看到宠物患上的一些疾病，与跟它们共同生活的人患有的疾病相同，并且从频率来看，似乎并非巧合。

为什么会出现这种情况呢？自然，这有可能说明，家里存在一种常见的有毒物质或者其他化学品。不过，有些宠物与主人之间关系紧密，可以产生出一种心灵感应，也是有可能的；这种情况，与呵欠会“传染”或者想要挠蹭身边某个人的现象颇为相似。

许多的实验和文献，都证明宠物和人之间具有一种神秘的、似乎超越了感官的联系。所以，主人与宠物之间经常会一起出现相同的健康问题，就不足为怪了。假如您看到自己和宠物身上出现了这种现象，那么，对于可能与自身健康状况伴随而来的某些深层的心理观念和情绪，您就值得好好反思一下，或许甚至值得去探究一下。这样做，通常都对人类的健康很有益处，同时还可以拓展开去，协助治好您的宠物。

我们需要了解的知识还有很多。尽管如此，许多人如今都已明白，让自身保持健康的意愿，连同对自然、生活、宇宙、上帝（不管您怎么去想）所拥有的治愈能力的信念，就是一切治疗的核心。

// 积极的一面

相反，如果对宠物最初出现的症状做出冷静、积极的回应，您就会让宠物放松下来，并且给宠物以安慰，从而帮助宠物增强自身的免疫反应。我已经一次又一次地看到，在其他条件全部相同的情况下，最有可能从慢性疾病和严重疾病中康复过来的宠物，它们的主人都是设法做到了冷静，并且保持着一种乐观的态度。虽说在看到宠物受苦时，您可能很难保持冷静，但这正是您能够为宠物做到的最佳办法。

如何才能做到这一点呢？答案并不是唯一的。我认为，您首先必须承认，自己的确感到焦虑。我有时会对顾客提出这样的建议：您应当与宠物一起坐下来，尽量放松心情，并且以坦率的心态，面对即将出现的情况。假如确实存在忧虑之情，那您就应当理性地去看待。情况真的如此吗？必然会出现此种结局吗？您还有没有选择？只需多想一想，只需把它当成某种需要理解或处理的问题解

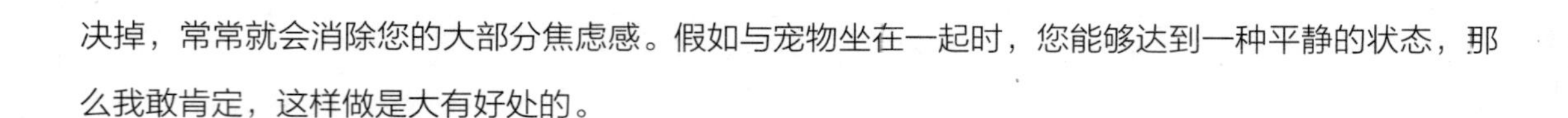

决掉，常常就会消除您的大部分焦虑感。假如与宠物坐在一起时，您能够达到一种平静的状态，那么我敢肯定，这样做是大有好处的。

// 内心的平静

要想达到内心的平静，定期进行冥想是很有好处的。我说的“冥想”，实际上是指：我们只需抽出一点时间，安静、警觉而镇定地坐在那儿就行了。有各种不同的技巧，可以帮助您让游走的万千思绪平静下来；不过，据我的经验来看，冥想的本质，就是与我们每个人真实的本我待在一起；纯粹的意识，就在于我们如此错综复杂的所有想法背后的本质。我和苏珊每天都会抽出时间，安静地坐上一会，这样做真的很有好处。宠物将会感受到这种沉着与宁静，并且拥有它们自己的冥想方式。猫咪尤其喜欢坐在某个人的膝上进行冥想呢！

// 鼓励

有时，与某位顾客进行交谈中，我都会忍不住建议说，她应当用平静的状态跟宠物说说话，跟宠物分享分享自己的感受和想法。实际上，我认为宠物狗猫并不会像我们一样理解人类的话语，但我的确相信，它们会因此而获得交流。我要求顾客告诉宠物说，它正在好转起来，甚至还许下诺言，假如宠物真的痊愈了，就给它某种特殊的待遇。她可以提出说，把每天的遛狗次数从2次改为3次，多带它去狗狗公园，多给它玩耍的时间；反正，只要是她认为宠物喜欢的事情就行。

您把一只宠物带到家里后，它通常就不再“只是动物”了，它会变成一只具有鲜明个性的宠物。比如说，“查理”这条狗很喜欢孩子，却不喜欢邮差；它很喜欢角落里面的一把旧椅子，并且总是能够正确地“慧眼识人”。于是，您对待这只宠物的态度，便会在突然之间改变过来。它不再是一只“不会说话的动物”，而是变成了一个聪明的、独一无二的个体。待您开始把自己的宠物当成重要的朋友，并且有时还会从它的角度来看待生活后，你们之间就会产生一种奇怪而又奇妙的相互交流了。

// 精神上的沟通

宠物和人之间，似乎常常都会形成一种精神上的敏感性，或者说一种心灵感应式的敏感性；我在从业经历中，就看到过这种现象。我曾经碰到过一些人，他们都非常肯定地说，自己的宠物拥有这种本领，而且还有一些作家，也详尽地描述过这种相互交流呢！

他们描述的这种敏感性，不但包括能够对5种感官可以感知到的暗示做出反应，而且还能对那些难以捉摸的提示做出反应。

生物学家鲁珀特·谢尔德雷克曾经仔细验证过这种现象，还在其著作《知道主人即将回家的宠物狗》一书中进行了说明。例如，通过在家里和主人的工作场所安装录像设备，他就能够向我们表明，在主人决定动身回家的那一刻，家中喂养的那条宠物狗就会突然兴奋起来，走到窗户边上，期待无比地向外张望。这是一种相当令人惊讶的探索。并且，不只是宠物狗会这样，猫咪、兔子、豚鼠、鹦鹉和其他家养动物也是如此，它们显然都与主人心意相通。请大家参看他在YouTube网站上的采访视频:《鲁珀特·谢尔德雷克：知道主人即将回家的宠物狗》。

我们是在看完了J. 艾伦·布恩的著作后，才开始对这种深层的心理联系产生兴趣的。J. 艾伦·布恩把人和动物之间的交流，当成了自己毕生的事业。他曾在《万物有缘》一书中描述说，他是在照料一只聪明的电影明星狗“强心”时，首次意识到动物身上具有种种情感敏锐性的。“强心”非常擅长察觉人们的不诚实行为，擅长预测布恩的想法和计划。比如，即便是他位于另一个房间里，强心也能预测到他打算去散步。而且，它还具有其他许多表达和接收复杂交流信息的方法。

通过细致的研究和观察，布恩发现，自己可以开创出一种与多类动物进行交流的双向渠道。随着研究工作深入地进行下去，他又得出结论说，动物常常都会按照我们的期待去行事。

在布恩的启发下，有一天，就在我们与儿子一起吃冰激凌时，苏珊把一小滴冰激凌滴在当时正在桌面上爬动的一只小蜘蛛的前面。“过来，”她说道，把蜘蛛想象成是一位受到欢迎的客人，“您想吃点儿吗？”令人惊讶的是，蜘蛛竟然把那滴冰激凌一吮而光了。由于更感兴趣，她又把一滴水滴在蜘蛛的面前:“您想洗洗吗？”我们大家全都惊讶地看到，蜘蛛真的那样做了，把自己的小腿洗得干干净净。最后，她又给了蜘蛛一张餐巾纸，让它把自己身上擦干。那只蜘蛛也照做了。我们全都惊讶得目瞪口呆。从那以后，我便形成了一种终生保持的习惯，那就是把家蛛带到室外去，通常还是光着手；并且，我还喜欢经常跟“皮蒂”打个招呼。“皮蒂”是一只狼蛛，已经在我家那个灌溉箱里生活了好几年，我要开关灌溉箱里的阀门时，它还会躲到一边去呢！

有一次，一只地鼠正在毁掉我家刚刚长出来的西蓝花，因此苏珊在努力清理菜园子时，决定用水淹的办法，将那只地鼠赶走。水淹一会后，她便听到园子边上的灌木丛里传来了一种窸窸窣窣的声音。

“我就知道，你肯定是在这里，”她说道，声音里带着一丝歉意，“你出来，我们谈一谈如何？”一只浑身湿透、又是泥又是水的地鼠从阴影里现出身来，坐直了身子，看着她。它似乎是在说：“真的吗？”接下来，苏珊向它解释了自己这样做的原因，就像布恩与厨房里的蚂蚁进行交谈时那样。“你多到隔壁家的地里去住住，怎么样？”她恭恭敬敬地提出要求说，“那样的话，我再也不会这样干了。”从那以后，我家的菜园里再也没有地鼠为害了。

近年来，我们住在一个城市的郊区地带；距街区不远的地方，还生活着郊狼、野猪，以及其他体型较大的野生动物。我们偶尔也会看到它们，但不是每天都能看到。然而，有过好几次，就在我们对别人说起这些野生动物时，它们就出现了；有时，甚至是在我们描述它们会几乎不可思议地现身之时，它们就真的现身了。还有一次，一位邻居正在跟我们交谈，解释她的保险计划为什么属于“天堂保险”（也就是说，她信任的是宇宙，并没有参加任何正式的保险）；就在中午时分的炎炎烈日之下，却有一头郊狼不知道突然从哪里冒了出来，好像完全是为了证实她的选择似的。

同样，互联网上也充斥着一些令人惊讶的视频，其中的动物都用种种最不可思议的方式，彼此友爱相待，并且相互帮助，比如猫和鸟成为朋友，以及诸如此类的情形。我很喜欢观看这些视频。近来我最喜欢看的是，一只加拿大鹅大胆地走向辛辛那提市一位正在执勤的警察，啄了啄他的警车，然后敦促警察跟着它来到附近的一个公园，因为它的一只小鹅被公园里的一根气球线缠住了；于是，那位警察的同事便小心翼翼地替它解开了线。

这一切教导我们的是，无论属于哪个物种，我们全都紧密相连，在内心深处共享着同一种意识。

我的建议

学会信任治疗的力量。生命往往都会努力纠正自身的问题，比如愈合伤口、振奋我们的精神。从兽医学校接受的教育，到如今我持有的观点，一路之上我不得不了解到的一个主要方面，就是对身体在治疗过程中的巨大力量抱有信心。以前，我可没有认识到这一点；而如今，我也仍然对下述情况感到惊讶：只要对这种与生俱来的力量稍加扶持，一些宠物就会康复过来。

第 14 章

特殊情况的提示

大家时常都会看到某只非凡宠物的真实故事。或许，故事说的是一只宠物猫不小心困在一辆州际货运卡车里面后，1个月没吃没喝，却仍然顽强地存活下来了。或许，故事说的是一条宠物狗在一次跨国搬家的过程中走丢了，可后来它却想方设法，跋涉了数百千米，找到了自己的家。这些关于宠物足智多谋、忠心耿耿的故事，读来既令人感悟颇深，又令人惊叹不已。

对于生存在人类世界中的宠物来说，日常生活也给它们带来了一些特殊的挑战。我们不妨来探究一下这些挑战中的一部分，看一看我们能够做些什么，来让宠物朋友们生活得更加轻松一点吧！

度假与旅行

对于我们中的许多人而言，旅行就是日常生活的一个组成部分。有时，旅行只是一次隔夜的出差，或者是一场愉快的周末之旅；有时，旅行却会是长达1个月之久的度假。不管宠物朋友是与您一起旅行，还是留在家里，您都需要顾及宠物在这个时候的一些特殊需求。

在这个方面，您有两种选择：一是带着宠物旅行，通常都是乘坐汽车或者飞机；二是把宠物留在家里，交给某人去照料。

假如您与宠物之间关系亲密，那么，在您离家数天或者更久的这段时间里，宠物可能会感到悲伤，因为它并不知道您打算很快就回来。主人长久离家，有时可能会导致宠物在情绪上极度不安；而这一点，对宠物来说当然是一种压力。

有一位深感忧虑的女士，曾经给我写了这样一封信。

> 我家的宠物狗“莱西”很快就18岁了。在过去的2年里，我家出了许多的状况，包括有好几位家人去世了。现在，我跟丈夫打算进行一场为期10天的旅行，因为我们觉得，这场旅行对自身的健康很有必要。可是，那样一来，我们就不得不把“莱西”留在一家犬舍里了。我曾经看过一本书，说要是把一只年纪很老的宠物狗留在犬舍里的话，它可能等不到主人回家就会去世。这一点给我们带来了极大的烦恼，因为“莱西”已经习惯了由我们来照料。关于如何照料这只神奇的、对我们忠心耿耿的狗狗，您能提供些什么建议吗？

对于他们夫妇面临的这种困境，我深表同情。“莱西”不但会在一座犬舍里想念自己的人类同伴，而且会被关在一个陌生的、或许还很不舒适的场地或者笼子里，周围全都是吠叫不已、呜咽悲鸣的宠物狗，可能会让它无法休息。它可能不会吃犬舍里那种不熟悉的食物，而在那种紧张不安、身体虚弱的情况下，它可能还很容易感染上像“犬舍咳”这样的疾病；这是一种具有传染性的呼吸道疾病，在许多狗被关在一起的场合下很是常见。留在犬舍里时，连一些年纪较小的宠物，情况也会糟糕得很。可另一方面，人们有时也的确需要离家去放松放松，不可能总是带着宠物一起旅行。

// 交给犬舍照料

尽管这样做不会是我的第一选择，但是，如果管理犬舍的人很负责任，并且宠物留在那里的时间不是太久的话，许多宠物还是可以交给犬舍去照料的。您自然应当是在亲自对犬舍进行了一番调查后，才能把宠物送到那里去。您要调查的，是这些方面：犬舍的私密程度（每只宠物都应当有一个可以安静地休息的地方）、环境卫生、噪声水平，宠物能不能获得充足的阳光、锻炼空间、新鲜空气、饮水、像样的食物，以及在必要时，宠物能否获得治疗。

将宠物留给犬舍去照料的最大弊端之一，就是犬舍都有一种标准的要求，规定宠物猫狗都应当预先接种疫苗。人们常常都会过度使用疫苗，这种做法可能导致宠物出现反复性的健康问题，而年纪较大的宠物尤其如此。假如您家的狗狗在很小时就接种过疫苗，那么此后一生中，它都无须再进行接种了（狂犬疫苗接种除外；虽说我们很可能没有必要那么频繁地反复接种狂犬疫苗，但这种接种受到了免疫法的约束，因为免疫法的目的是保护人类，而不是保护动物）。尽管把宠物送往犬舍前必须接种疫苗这种做法没有什么科学依据，甚至有一些研究已经表明，接种了疫苗的宠物狗感染"犬舍咳"的可能性还有所增加，但许多犬舍的经营者却依然保留着这种规定。在我看来，这个问题应当交给兽医来决定，而不应当把这变成一条适用于所有宠物的政策。可即便如此，您还是会经常碰到这种情况的。

我的建议是，不要因为犬舍一方的人这么说了，您就给宠物接种疫苗，因为过量接种疫苗，本身就有可能导致宠物在健康方面出现许多令人不适的后果（请参见第16章），尤其在您的宠物狗体质虚弱、年纪很老或者业已生病的情况下。假如运气好的话，您只需申明自己不希望宠物过量接种疫苗，犬舍经营者就会同意接收宠物的。还有一种可能性，那就是让兽医写一封信，申明您的狗狗或者猫咪因为已经存在某些健康问题，因此不应再接种疫苗。有意思的是，疫苗到达兽医手中时，通常还附有一份宣传材料，称疫苗**只能**用于健康的宠物。我很清楚，人们常常都会无视这一规定；可奇怪的是，虽然有些宠物患有慢性疾病，比如过敏症、甲状腺疾病或者关节炎，兽医却会说它们的身体都很健康。我猜想，这取决于您对"健康"的定义是什么。然而，假如您请的是一位富有同情心的兽医，那么，您就可以让兽医写上一封信，让宠物免受接种疫苗之苦。这样做，有作用吗？有时有，值得一试。

// 在家里照料

还有一种办法，那就是试着在家里照料宠物。假如您计划出一趟远门，或者您只是想找到一种比交给犬舍去照料更好的办法，那么，这也是一种不错的选择。我们曾经请过看房人（要么是朋友，要么是自己的家人），结果非常满意。我们的运气一直很好，可以找到一些需要有个地方寄住的人；于是，我们便做了一笔交易，他们可以住在我家，而条件就是他们替我们照料宠物和花草。您在生活中没有碰到过这样的人？您可以去问问兽医、饲养员或者本地宠物商店的店员，请他们为您推荐一位专业的宠物保姆。宠物保姆每天都会去您家里1～2次，给宠物喂食、梳理毛发、抚摸和锻炼宠物，并且还会替您接收信件、给花草浇水。让宠物保姆每天去家里2次，对宠物来说更好（我们自己就是那样安排的）；不过，我认识到，费用也是应当考虑到的一个因素。假如请保姆到家里去照料宠物，那么您应当确定，宠物保姆上了保险，同时还要有人担保。绝大多数宠物保姆，都是上了保险并且有人担保的。在获得这种形式的服务过程中，我的运气一直都非常好呢！

假如无法从专业人士那里获得任何线索，那么您也可以寻找想要打打暑期工的青少年、参加了某个动物卫生技术人员项目的学生，或者动物保护协会里的志愿者。熟悉并喜欢您家宠物的一位密友、邻居或亲戚，可能也会乐意在您离家的这段时间里，提供您希望宠物获得的那种照料。在这些情况下，假如您的宠物狗性情温和、行为规矩，那么让宠物待在照料者的家里，也是可以的。与宠物狗不同，猫咪只要是在自己的地盘上，就算独自待着，它们通常也不会像狗狗那么紧张不安。

关于如何才能让整个过程顺利进行，下面有一些提示。

在离家前，把宠物保姆介绍给宠物。专业的宠物保姆都喜欢在您走之前看一看您的宠物，以确保她们了解了宠物的日常活动规律。尽量鼓励宠物，让它对这个陌生人表现出友好的态度。您甚至可以做出安排，让保姆花点时间与宠物相处：您可以让保姆带着宠物出去散步、跟宠物玩耍，或者安静地抱它一会儿。这样的预备工作，会极大地减轻您的压力与担忧，并且尤其有益于那种年纪很老或者容易兴奋不安的宠物。

确定您雇用的宠物保姆能够并且愿意给宠物提供充足的食物、饮水、锻炼和关注。假如您是用家制食物去喂饲宠物，那就应当提前预备好一些食材；假如进行的是一次长途旅行，您还应当将预先做好的食物用方便袋分装冷冻起来，以便宠物保姆解冻使用。要是用家制食物喂饲宠物的话，那么向宠物保姆强调这一点是非常重要的。我最常听到的一种牢骚，就是说宠物保姆虽然在绝大多数方面都很称职，却没有遵照喂饲要求去做，以至于人们回到家里后，发现他们精心准备的宠物食品，仍然留在冰箱里原封未动。我不知道为什么会出现这种现象，但您应当在吩咐宠物保姆时，强调这个方面。

您应当留下一些钱和一些必要的说明，以防宠物万一生病或者出现意外，宠物保姆能够带着宠物去看兽医。应当提供一个电话号码，使得宠物保姆在您外出旅行的过程中，能够联系到您，或者找到您一位关系紧密的亲戚。

假如您料想宠物在情绪上可能会感到紧张不安，那么，给宠物服用巴赫医生的“急救灵配方”（参见第17章），就是一种不错的选择。让宠物保姆把这种急救配方添加到宠物的水碗里，每1满碗水里，只需加入4滴即可。

跟宠物道别时，您应当神态冷静、心态平和。由于宠物能够轻而易举地感受到人们的情绪，因此，如果在离家时感到焦虑或者紧张不安，您可能就会让形势变得出师不利。您可以看着宠物的眼睛，想象出一幅幸福的重逢场景，这样做也会很有益处。一旦离家而去，您就不要再让自己抱有无谓的担心和焦虑之情，因为您已经尽到了自己的责任。

// 与宠物一起旅行时的小贴士

度假时带上宠物，会怎么样呢?

人们发现，只要是行为基本上规矩，而且心理和生理上都很健康，那么许多宠物狗和一些宠物猫（主要是暹罗猫，以及与暹罗猫相关的品种），都可以成为我们很不错的旅伴。然而，仍有一些根本性的预防措施和问题，我们需要考虑到。

确保宠物佩戴着最新的身份标牌。假如您和宠物走失了，那么需要提供某种方式，才能让发现宠物的人联系上您。最好的身份标牌，是一种能够防水的“桶形”身份标签；您可以在其中附上一张小纸条，写上：“如果走失，请致电 [写上您的联系电话]。”应当标上您的手机号码、某位乐意传信的朋友或亲戚的电话号码，或者您当时驻留之处的电话号码。这种标签很难找到，但非常实用。

利用微型芯片。微型芯片是一种小型的电子设备（大小差不多与2粒大米相当），利用针管注射器植入宠物脖子背后的皮肤下面，如今应用得非常普遍。一旦植入，芯片就会静静地停留在皮下，只有用扫描器才能读取其中以编码形式存储的信息。芯片本身不会产生辐射，也不会发送信号。许多人曾经问过我，这样做对宠物的健康有什么影响；对此我实在还没有形成什么看法。但在经我治疗过的宠物身上，我还没有看到哪一只出现了明显可见的问题；因此，除了出于某种原因，芯片材料本身会导致组织器官发炎之外（但我还没有听说过这种情况），我还看不出这种芯片为什么会导致宠物出现健康问题。这种事情，不妨由您自己来决定。我看到过一些材料，说与芯片相比，平常用于颈圈上的标签通常能让人更加成功地找到宠物猫狗；不过，这种情况可能会随着时间的推移而发生改变。

// 自驾游

在长途自驾游的过程中，每天都应当让宠物进行锻炼。假如带着宠物狗旅行，那么每天至少让它跟您一起玩上半个小时，玩运动量大的“叼东西”游戏或者进行慢跑，这一点非常重要。如果您喜欢松开链子让狗狗自由奔跑，也只能在安全、适当的地方这样做；并且，即便是在这种地方，您

的狗狗也必须经过了良好的训练，能够听从您的指令回到您的身边才行。

应当将猫咪装入笼子里。对宠物猫而言，乘坐汽车和到了陌生的地点，会让它们比狗狗更感不安，因此猫咪可能会突然跳到汽车外面去。把猫咪装入一种大小合适、同时还能容纳一只小型猫砂盆的笼子里，就没有问题了。您可以在猫砂盆下放置一块一次性尿布，以防驾车途中猫咪的尿液溢出来。

绝对不能在炎热的日子里将宠物留于封闭的汽车里。在封闭的车子里，热量会非常迅速地聚积起来，作用就像是一台太阳能灶一样，会导致宠物中暑虚脱。这种情况，可能导致宠物的大脑严重受损，甚至是导致宠物死亡。假如的确出现了这个问题，请参阅“应急处理与急救”一节，了解这种情况下应当采取哪些急救措施。

携带宠物熟悉的一些东西。从家里带来一只篮子或者一块垫子，会让任何一只宠物都觉得更加安全、更加自在。您还可以带上宠物最喜欢的一些玩具，让宠物在旅行途中有事可做。

为方便起见，必要时**可以用商业性的健康猫粮狗粮来喂饲宠物。**应当循序渐进，在旅行开始的2天前，就用这种食物去喂饲，以确保一切顺利。

预估宠物的便溺时间。就宠物猫而言，猫砂盒是驾车旅行途中必备的基本用品。如今，您在宠物用品商店里可以买到旅行用的一次性预装猫砂盒了。至于宠物狗，您每天都至少应当拴着狗链带它小遛2次。您应当携带一些一次性袋子和一把小铲子，在公园、城市、汽车旅馆里和海滩上遛狗时使用。

为常见的一些健康问题做好准备。旅行中，宠物可能会患上便秘。这种病症，可能是缺少运动或者缺水、停车次数太少，或者因为宠物对陌生的新地盘感到焦虑而导致的。暂发性的便秘并不是一个严重的问题，通常不久后就会消除。至于狗狗，您可以预备好一种用无花果和梅干制成的制剂，同时还可以带上一些新鲜的草莓，或者其他的应季水果。麸皮或车前子壳粉也有作用。假如宠物便秘比较严重，可以给服顺势药物“马钱子6c”，效果显著。只服1剂就足够了。

有些宠物在乘坐汽车或者飞机时，会患上晕车症，呕吐不止或是不停地流口水。这在宠物狗身上要比宠物猫身上更为常见。假如它们在汽车里没有拴链子，那就应当鼓励狗狗躺在车内地板上，以防狗狗晕车。假如宠物的确患上了晕动症，[1]那就可以给它喂饲一点薄荷茶或者薄荷胶囊，以便缓解狗狗胃部的不适（但这种办法对宠物猫的效果不太好）。

还有一种效果不错的草药，**生姜**，您很容易在市场上买到。动身去旅行前（要是自驾游的话），您可以切出差不多1汤匙的新鲜生姜，然后用水泡一个晚上，制成一种生姜茶。在旅行期间，您可以

1 晕动症（Motion Sickness），指晕船、晕车、晕飞机等症状。

给宠物猫狗喂上一点，以防它们患上晕车症，效果是很不错的。喂多少合适呢？宠物猫可能喂饲1/2茶匙（要是用注射器的话，差不多就是2～3毫升）就行了，而宠物狗则要喂上1茶匙到1汤匙的量，并且应当根据体形大小来确定。

还有第三种办法，您也应当预先做好准备；这是一种配方药，是由爱德华·巴赫博士综合38种花草制剂配伍制成的（参见第17章）。将大齿杨、榆叶、线球草和马鞭草混合起来，然后每隔2个小时给宠物服用2滴这种配方制剂，就可以缓解宠物情绪上的紧张不安，以及由此而引发的晕车症。

对于有可能在途中生病的宠物，在出发的前一天或者旅行的第一天，**让宠物禁食可能是一种明智之举**。对于一只装入笼子里乘坐公共交通工具出行的宠物而言，在旅行前的12小时或者24小时内禁食，通常都会使得它在旅行途中不会排便。

假如您以前带着宠物旅行过，并且知道它的确会变得紧张不安、非常害怕，那么您可以利用一种奇妙的治疗方法，给宠物服用顺势药物“舟形乌头30c”。这种药物能够缓解宠物的恐惧感。给服这种药物后，您会在宠物身上看到一种显著的差异。在离家出发的1个小时前，就给宠物服用1丸；而到了真的要离家出发的那几分钟，再给宠物服用1丸。对于绝大多数宠物、绝大多数旅行来说，这种剂量通常就足够了。假如宠物在旅行途中再次变得紧张不安起来，那么您可以再给宠物服上1丸。旅行过程中，需要给宠物服用超过3次或4次药物的情形，是非常罕见的；事实上，绝大多数宠物只需服用离家前的那2丸，整个旅程就会进行得顺顺当当。这种药物用起来非常安全，效果常常也要比镇静剂更佳。

假如狗狗坐车旅行时，喜欢把头伸出窗外，尽情体会沿途所有奇妙的气味，那么**宠物有可能出现眼部炎症**。有时，灰尘和杂物会因汽车高速行驶而飞入狗狗的眼睛里，擦伤狗狗的角膜，使得非常敏感的虹膜发炎。对于轻微的眼部炎症，我建议大家利用下述这种药性温和、与泪水很相似的盐水来清洗宠物的眼部：将1/4平茶匙的海盐，加入1杯纯净水中，然后搅拌均匀。让盐水保持室温；将少量盐水倒入一个杯子或者盘子里，用一个棉球蘸着，或者用一种玻璃滴管或塑料滴管，滴入宠物的眼睛里。应当一直滴入盐水，直到盐水溢出眼睛，把导致宠物眼部发炎的杂物冲刷出来为止。

对于情况较为严重的炎症，可以用1杯同样的盐水，加入5滴“小米草酊”（或者小米草的酒精萃取物，小米草亦称“明目草”），按照相同的办法去治疗。您可以每天用这种盐水滴眼4次。

假如宠物的角膜伤得很厉害，那么狗狗绝大部分时间都会闭着眼睛。在这种情况下，您应当去找兽医，由兽医来进行处理。

途中停下来过夜时，要爱护汽车旅馆和露营场所的财物。假如能够向这些地方的管理方保证，您会做到下述各个方面，那么您和宠物以及那些后来的游人，就会更容易受到这些地方的欢迎。

⊙在长时间外出时，绝对不能将宠物狗独自留在汽车旅馆的房间里（因为那样做，可能会让狗狗不停地吠叫，并且啃咬房间内的物品）。

⊙无论是在室内还是在室外，都要随身携带一只袋子和一把铲子，将宠物粪便清理干净。

⊙只带阉割过的宠物出去旅行。这样的宠物不会到处乱跑，也不会到处标志地盘。

⊙始终都应当将宠物用皮带拴上，从而让宠物不会在娇嫩的花圃里乱冲乱窜，也不会去打扰其他客人。

遵循这些指导原则，还有助于你们一起去别人家里造访时，您和宠物更受主人的欢迎。

// 航空旅行

不要携带生病的宠物乘坐飞机。假如您不得不带着宠物上航班，要确保宠物留在行李舱的过程中，不会受到极端高温和极端低温的伤害，应当防止宠物可能出现窒息的情况。航程较短的话，通常都不会造成如此严重的问题。

有些航空公司允许乘客将一条小型宠物狗或者宠物猫带入旅客舱里。在飞机起飞和降落时，您必须将宠物装入一只小型笼子里，放到座位下面；但在飞行途中，您可以将笼子放到膝上抱着。您不能将宠物放出笼子；这种情况有点棘手，但也有一些软的笼子，可以让您透过去，多少能够抚摸抚摸宠物。一架航班上允许有多少只狗狗，这个方面也是有限制的。在预订航班机票时，您应当问一问，机上是不是已经有了别的宠物。这样做，可以防止出现您在最后一分钟被拒绝登机的情况。关于这一点，有些网站能够为您提供详尽的信息。[2]

类似的规定，也适用于体型较大的宠物狗。您必须将宠物狗关在用硬质塑料或者金属制成的笼子里，放进货舱里进行托运，并且笼子至少要有3面通风。绝大多数航空公司都规定，一架航班的货舱里只允许托运2只大型狗，因此在预订机票时，您应当向航空公司确认，自己的宠物狗将会与您同乘一架飞机。笼子上必须贴上身份标签和联系信息，这是强制性的规定。您还应当增填一个电话号码，以防由于某种原因而联系不上您。贴上这种身份标签后，旅行中您的宠物狗就不可能丢失了。您还可以贴上喂饲说明，以及宠物狗的医疗需求，以防出现耽误您和宠物重逢的情况。

无论是哪种情况，您在登机前，可能都需要出示兽医签发的宠物健康证明。乘坐公共交通工具、进行州际托运和出国旅行时，都有这样的规定。假如您前往的国家对动物进行入境检疫的时间很久，或者该国具有某种特定的健康风险，那么我建议您还是不要带着宠物前往。在制订旅行计划前，您就应当对到达国在这方面的规定进行核实。

---

2 参见“航空公司的宠物政策”，网址：http://www.pettravel.com/airline_rules.com。

通常来说，您应当乘坐直达航班，尽量避免中转，因为中转需要将行李从飞机上卸下来，然后再装到另一架飞机上去。乘坐航班本来就让宠物觉得提心吊胆了，何况它还要经历货舱里那种拥挤不堪的状况呢。您还要认识到，货舱里的温度控制与客舱里是不一样的，因此会给您的宠物带来更大的压力。由于货舱内有可能出现极端温度，因此有些航空公司在某些月份里，是禁止在货舱里托运宠物的。您应当提前确认好这些方面。一到达目的地，宠物就有水可喝，这样做也是非常有好处的。

我有一些顾客，他们都利用过同一种疗法，即给宠物服用“舟形乌头30c”这种顺势药物，然后带着宠物乘坐飞机旅行。这种药物，我在前文中关于驾车旅行的那一部分曾经提到过，它的效果非常好。您应当在离家前给宠物服下第1剂，登机前给宠物服下第2剂，（必要时）在中转机场再给宠物服用第3剂（参见第17章）。

搬　家

除了我们在度假时进行的那种往返旅程，每一年里，许多美国人还会进行一种重要的单程旅行，那就是搬往一个新的住处。这就意味着，大量宠物都不得不离开原籍，再一次面对必须习惯新地盘、标志新地盘等方面所带来的压力，以及必须适应新的邻里而带来的种种挑战。

这种迁徙，可能很容易让宠物不知所措，因此它们会逃走、走失，并且无法找到回家的路。所以，您应当确保在搬家的过程中，宠物始终都处于您的管控之下。在装卸家具用品时的忙碌喧嚣中，应当把宠物关在一个安静的房间里，比如浴室、洗衣间或者篱笆牢固的院子里（最后这种场所，只适用于宠物狗）。

在这种时候，您应当给宠物一些熟悉的东西，好让宠物感到安心，比如宠物所用的褥垫、玩具，或者宠物最喜欢的一块小毯子。为什么要采取这种多余的预防措施呢？原因就在于，宠物经常会在这种场合下走失：人们来来去去，房门大开，喧嚣吵闹，会把宠物吓坏。猫咪会努力躲起来，最终会困在卡车上的一只笼子里或家具里被运走。我曾经听说，有只猫咪被困在一张沙发床里，过了2个月才被人们找到呢。救出来时，它已经饿得皮包骨头，却依然活着。

有些倒霉的宠物，纯粹是人们在搬家时故意丢下的。这通常都意味着，宠物将要忍受旷日持久、令人痛苦的饥饿、疾病、困惑，或者在一个动物收容所里，通过接受安乐死而比较迅速地结束生命（要是它们幸运的话）。还有一些宠物，则会硬生生地被交到一个不情不愿的新主人手里。例如，我的朋友曾经买下一位女士的房子，而那位女士则搬家回法国去了。朋友们搬入新家后，发现里面有两只弃猫正在等着他们，并且还有一张留言条，上面写着：要是不照料这两只弃猫的话，他们就会受到诅咒。我想，这就是那位女士转嫁自身责任的方法！

那些被迫多次转移的宠物，可能会形成种种不稳定的性格，出现种种行为问题，以至于没有人会喜欢它们。出于同样的一些心理原因，家庭成员的频繁流动（比如，由于离婚、结婚、生子、死亡，以及孩子们离开家里），可能也会给宠物的安全感带来压力。因此，在家庭环境发生变化，或者家中出现重大变故时，您应当尽量多去关注关注宠物。

// 重新装修

您对家里重新进行装修时，宠物经常会出现一些问题。对于您喂养的宠物猫狗来说，装修有可能让它们感到困惑。它们可能会因为装修工人把门敞开着而逃出家门，或者被困在房子里面的某个地方。华盛顿特区有一位兼职宠物保姆，叫作帕蒂·霍华德，她曾经告诉过我一件事，说有一家人去夏威夷度了3个星期的假，期间家里则在请人进行装修（这本来是一个很诱人的主意）。可惜，他们并没有给宠物也安排一个相对的假期。宠物保姆到他们家里去喂饲时，发现有只猫咪不见了，因为承包浴室装修的人把它困在了刚刚铺好瓷砖的浴室墙壁里。那只猫咪的性命，被这位勤快的宠物保姆救了下来，因为她不停地寻找，最后终于听到墙壁后面传来了低沉的“喵喵”声。她用一把锤子和一把螺丝刀才把瓷砖破开，将猫咪救了出来。还有一只猫则被困在屋顶上，它是从装修时开的一个临时洞口爬上去的。

// 请人领养

遗憾的是，即便是那些最有爱心的人，有时也会发现自己无法喂养一只宠物，因为住房问题、过敏问题、宠物完全抗拒及其他情况，使得他们不可能去喂养宠物。假如情况果真如此，那么您可以遵循动物保护协会的指导原则（参见下文），帮助宠物找到一户合适的领养人家。这些指导原则，也适用于安置一窝幼犬或者幼猫。

在当地报纸上刊登广告或者张贴告示，开始为宠物寻找合适的领养家庭。在报纸上多刊登几次广告，确保做到广而告之。列出宠物的特点（比如“喜欢小朋友，健康，安静，卫生习惯良好，并且有情有义”），简单地说明宠物需要一个家。将告示复印好（如果在告示上还贴上宠物一张动人的照片，则更可取），张贴到那些有责任心的人可能看到的地方，比如社区活动中心、健康食品商店、医生和兽医的办公室、教堂、老年活动中心及公司的员工餐厅等。

如今，许多动物救援团体都有网站，上面会发布一些需要家庭来收养的宠物照片。它们可能会帮上您的忙。还有一些特殊的动物救援团体，可以在全国为宠物寻找合适的新家。电子邮件也是一种很不错的工具。

应当小心，一旦刊登“免费”赠送宠物的广告，您就有可能招来一些疏于照顾宠物、虐待宠物或者将宠物卖给实验室的人。遗憾的是，一些被主人不加选择地赠送出去的宠物身上，的确会发生这样的事情。

假如有人打电话来，说他有兴趣领养，那么您就要带上宠物到他的家里去一趟，亲自核实情况。这样做，也可以让宠物更加轻松地度过这一过渡期。要问一问自己下述几个问题：

⊙此人家里有没有一个安全的、用栅栏围住的、大小合适的院子？

⊙这家附近有没有一条危险的公路？

⊙这一家人会不会经常让宠物独自待着？

⊙有兴趣领养宠物的那一方，重不重视负责任地照料宠物的那些基本原则？

⊙这个家庭里，有没有人反对领养宠物？

⊙这个家庭里，有没有人对动物过敏？

⊙即将领养宠物的人，会不会经常搬家？

⊙他家以前的宠物，结果都怎样了（应该当心这样的人：他们养过许多的宠物，可最终不是丢了、被汽车撞死了，就是送给别人了；那样的话，您的宠物最终也有可能遭遇这样的命运）？

假如您发现自己难以向对方提出这种问题，那么请您记住，一个有责任心的、即将来照料宠物的人，看到您对宠物如此关心，是会心存感激的。

尽管把自己的老朋友送给一个新的家庭可能很难，甚至可能让人觉得伤感，但是，假如您付出了时间和精力，顺顺利利地办完这件事情的话，从长远来看，最终您将会感到极其满意的。过一段时间，待再去看它时，您可能就会发现，那一家人个个都对这种新的关系感到高兴呢！

// 丢失的宠物

宠物丢失这种危险，可不只是限于搬家和度假时。这种可能性永远都存在。给宠物佩戴恰当的身份标牌和许可证，并且让宠物处于您的监管之下，可以极大地降低宠物走失或者被人偷走的概率。然而，尽管您极其细心地采取了各种预防措施，但宠物有时仍会丢失。假如宠物丢失了，那么您可以按照下述办法来处理。

到当地的动物收容所去找一找。宠物丢失后，您应当每天都亲自去一趟，连续1个星期，或者更久。假如宠物到了这种机构里面，绝大多数机构都是会努力联系上您的；不过，若是您的宠物没有许可证，或者没有佩戴身份标牌，那么，这些机构几乎是不可能再让宠物跟您重逢的。不管是哪种情况，找到宠物的责任都需要由您自己来承担。到所有合适的犬舍里去找一找，要求看一看其中所有的检疫室、隔离室、控制室和接收室。到了那里后，要大声呼唤宠物的名字。仅仅打电话向犬舍或者动物收容所里的人进行简单描述是不够的，因为只有您才能确定，那究竟是不是您的宠物。在

许多动物收容所里，工作人员都忙碌得很，因此员工工作量过大、记不住送到那里的所有动物，这种情况并不罕见。

在动物收容所里，务必填写一份丢失宠物的情况报告单，并且在做得到的情况下，您还应当提供宠物的照片，并且说明宠物身上具有的独特标记。此外，还要核查“发现宠物报告单”。为了避免动物收容所给宠物实施安乐死，有些人在发现一只宠物后，常常会把宠物留在家里，只是向当地的动物收容所或者动物保护协会提交一份报告。有一次，我就通过这种方式，让一条宠物狗与主人重聚了，令狗的主人感激不已。那条狗，在7月4日“美国独立纪念日”被鞭炮声吓坏了，就跳进了别人的一辆皮卡车里。在我回家的路上，皮卡车与我的汽车追了尾，那名司机才惊讶地发现，自己的后厢里竟然有一条狗。我提交了一份“发现宠物”报告，幸运的是，后来也联系上了这条狗的主人；他在寻找的过程中，原本永远都不会循着这条途径去追寻呢！

向当地警方查一查。假如您有理由怀疑，自己的宠物是被人盗走了，那么这样做就尤为重要。

在本地一份日报上刊登启事。应当将启事刊登在“失物招领”版块里。描述一下宠物的情况，说明自己最后一次看到宠物的地点，在做得到的情况下，提供酬金。

在宠物丢失的地区张贴告示。可以将告示贴在电线杆上、自助洗衣店及食品杂货店的公告栏里。应当问一问周围的人。

询问本地区的邮差及在家里工作的邻居，问他们有没有看到过您的宠物。请各家的父母问一问他们的孩子。孩子常常都是最提防流浪动物的人。猫咪常常都会误入车库和车棚里。我家的宠物猫偶尔也会那样干，有一次，在我们的多次要求下，邻居才去查看自家的车库，打开一看，我家的那只猫咪就在里面!

// 结论

对于每一个人来说，搬家可能都是一个令人紧张的时候；而在我们那些不明白究竟出了什么问题的宠物朋友看来，就尤其如此了。我认为，绝大多数参与搬家的人可能都没有想过，这一过程对宠物来说意味着什么。但愿，本章的内容能为您提供一些指导，从而让您可以预先坐下来，仔细想一想这个问题。

未雨绸缪，总是有好处的。

第 15 章

道别：应对宠物死亡

“莱西”是一条非常特别的宠物狗，不但性格温和、忠心耿耿、喜爱玩耍，而且充满活力。喂养了多年后，到我们的朋友、兽医玛丽贝思必须跟它说“再见”时，她陪着“莱西”坐着、躺着过了好几天，用心默想、用嘴念叨、用手抚摸，重复着我们对这个世界上最珍爱的宠物朋友所做的那些特别的事情。

同样，当我们宠爱的那只猫咪“明”大限到来时，我们也只能时时刻刻抱着它、安慰它；直到最后一刻，我们含着泪水，给它实施了安乐死，以减轻它的痛苦。然后，我们用纱布将它裹起来，悲痛万分地把它葬在我家后边，葬在离它最喜欢的那座瞭望台不太远的地方。

对于年龄日大的宠物，这种生离死别往往令人悲伤。但我们也知道，有时，假如宠物显然即将死去，那么一种善意的安乐死，对大家来说都是最好的解脱办法。不过，假如宠物的年龄不大，我们就并非总是很清楚，它们究竟只是生了病，还是难逃死神的魔爪。这种时候，我们就会给它们各种机会，希望出现奇迹。

我和苏珊喂养的那只宠物猫“奇迹”，正是这种情况。刚刚过了几天，我们便看到，这只弱小的黑色小猫正日益走向死亡。1个星期前，我才从自己工作的那家动物收容所下辖的诊所里把它领回家，在诊所里，我曾经救活了它2次。第一次是使它免遭寄生虫的毁灭，第二次则是领养了它，因为按照惯常的规定，流浪动物若是无人领养的话，过段时间就得杀掉。我用尽了十八般本领，可因为勇敢顽强而被我们称为“奇迹”的这只小猫，虽然出现了短暂的回光返照，却定然要离我们而去。

病情恶化的迹象非常明显。它那小小的身体，一日不如一日，越来越虚弱无力，而它的四条腿，也越来越僵硬。它的眼睛直直地瞪着，睁得大大的，一动不动，凝视着某种令人敬畏的永恒。偶尔，它也会轻轻地摇一摇头，舌头无力地在嘴里动一动。

这个时候，我们原本可以不顾它的尊严，再次用针筒、管子和药物，努力去挽救它的性命。或者，我们原本也可以给它注射药物，实施安乐死，因为这是一种毫无痛苦的快速死亡方式。然而，不知何故，在那种情况下，对于这只小猫，似乎让它自然死亡才是一种正确的做法。它似乎没有任何不适，也没有任何痛苦。

我们只应当跟它在一起，安慰它，陪着它走完最后的路。看着它，我们意识到，自己对生死这个迷局的了解，实在是少得可怜。一只猫究竟是谁，究竟是什么？但我们也明白，在表面的差异之下，有一种纽带，将所有的生物连成了一体。

而且我们也知道，这具优雅的、高度进化了的躯体，连同它那双细小而完美的眼睛，很快就会回到尘世之间。我们想到，自己日后将会不断怀念它的天真无邪，怀念它嬉戏时的优雅之态，怀念它的勇敢无畏，心中便不由得涌起一阵悲伤之情。然而，这种情况，正是生命的一个组成部分。

我们把它放进身边的猫床上（里面放了一个盖着布的暖瓶），然后躺下来休息。在逐渐沉寂下来的静默中，传来了数阵低低的声音，半是呻吟，半是“喵喵”。我们伸出手去，探了探“奇迹”的体温。它的体温，正在下降。

那天夜里，我们还被另一种奇怪的声音惊醒过一次；那种声音更加深切、更加长久，带着一种结束的意味。

第二天早上，我们醒来时，阳光正从窗户透进来，充满着一种清新的、对生命馈赠的感激之情。

我们看了看，心中明白看到的将会是什么。“奇迹”的身体已经僵硬，浑身冷冰冰的。它的眼睛和嘴巴都张着，一动不动，仿佛是向某种穿过其躯体的强大力量缴械投降似的。

我们找了个合适的地方来安葬它，就是我家附近那片森林边上一棵高耸的红杉树下。我们在那棵树下挖了一个小坑，然后就静静地坐在那里。

那棵红杉长得高大雄壮，在晨光中散发着光芒，拔地而起，高耸入云。我们这位身材娇小的宠物朋友，身上有一部分将会进入这棵了不起的大树中。生命将会从这种形式转化为那种形式，一直延续下去。我们把它的尸体放进坑里，用树根和森林里散发着芬芳的泥土盖上。就在压紧最后一抔泥土时，我们听到灌木丛里传来了一阵细微的窸窣之声。我们转头看去。

那是一只猫咪，正在悄悄地观察我们。

死神的挑战

我们常常把死亡看成是一件让人害怕的事情，看成是一件不要去想、应当避免的事情。尽管如此，最终我们所爱的人全都难逃一死，并且终有一日，死神也会降临到您和我的身上。

不过，正如“奇迹”的去世及许多熟人的去世教导我们的那样，我们其实不必害怕死亡。面对死亡时，要想做到彻底的泰然自若，让死亡向我们表达出它的意义，您可以将这样一种经历当成是一件美好的事情；因为死亡完全能够提醒我们，真实的生命是多么的神秘与奇妙。

许多人在预料到宠物即将死去，或者回想起宠物死亡的情形时，都会背上沉重的思想负担，感到紧张不安；而看到和听到这种情况之所以让我感到难过，原因就在于此。这些人的悲伤都是实实在在的，通常都与一位人类朋友或者亲戚去世时感受到的那种悲痛之情相同，甚至还更加深重。

然而，对于另一些人来说，死亡的诱惑只是“充实”了他们的感受，而不是让他们真正去体验这些感受，做出这种反应也是可以理解的。不过，如果我们不愿面对或者无法面对自己的感受，无法从中得到教益，那么，我们就是让自己远离了死亡的痛苦，同时也远离了死亡的美好与意义。直面自己的情感，将会给我们提供学习和成熟的真正机会。任何一种意义深远的失去，比如失业、身体不再健康、失去家园、失去目标，或者是失去一种长久保持的信仰体系，也是如此。

对于宠物的死亡，人们的反应可能会非常复杂。人们的心中，可能会涌起各种各样的情感，包括悲伤、生气、沮丧、失望和害怕。对于有些人来说，他们与宠物之间的关系尤为重要；比如单身者、无子女的夫妻或者独生子，由于宠物是他们最好的朋友，因此他们的悲伤之情可能会比其他人大得多。而且，如果宠物是意外地突然死亡，如果宠物的死亡原本似乎可以预防（比如宠物是在事故中丧生的），那么，人们的失落感与失望感可能就会尤其强烈。

除了上述心理上的创伤，与一个人逝去后通常出现的情况一样，宠物的死亡还会带来一些独特的问题。一方面，选择实施安乐死，会让宠物主人因为要做出一个艰难的决定而背上思想负担。尽管主人的悲痛之情，可能与丧子丧偶一样真切，但公开哀悼一只宠物的做法，不太会获得整个社会的认可。我们可能很难找到一个心有同感的聆听者，来帮助您度过这段经历。而且，就算是老板再富有同情之心，他们也是不太可能允许一位员工为了悼念一只忠心耿耿的宠物猫狗而旷工的。

社会认可的做法，是在失去一只宠物后，马上再用一只新的宠物来取代（然而，假如一位女性在丈夫死后的第二天就再婚，人们却是很不赞同的）。简单地用一只新的宠物来取代原有的那只宠物，并不会冲淡您的悲伤之情。只有时间和见识，才能做到这一点。孩子喜爱的宠物去世后，如果在孩子还没有真正地与刚刚失去的宠物告别时，父母就匆匆忙忙地出去给他买来一只新的宠物，我们都应当认识到，这种做法隐含的信息可能就会是："生命没有价值；各种关系都可以抛弃，都可以交换。"

// 应对悲伤

首要的一点是需要了解，对于宠物死亡前、期间或者过后可能出现的那种悲伤之情和其他情感，您该如何来应对。假如做得到这一点，那么在需要做出任何选择或者采取任何措施时，您就会轻松得多。

琳妮·德·斯贝尔德是我们的朋友，她的职业是围绕着生死这个问题，举办讲座、提供咨询和进行写作。她曾经强调说，应对宠物死亡的方法，在很大程度上与应对失去一个人类朋友时所用的办法一样："真正重要的，就是处理好自己的悲伤之情。研究已经表明，如果处理不当，悲伤可能会让人们付出巨大的代价，（比如）幸存下来的人会生病。隐瞒自己的悲伤，只会让情况变得更加糟糕。"

那么，如何能够应对悲伤之情呢？您可以从允许自己感到悲伤做起，这是最重要的事情。琳妮曾说："女性之所以常常会比男性更好地应对悲伤，原因完全在于她们可以自由自在地哭泣。而且，找个人来倾听自己的诉说，也是很有好处的。假如配偶不想倾听，那就去找一个愿意倾听的人。如果有人鄙视您的悲伤之情，那么很可能是因为这个人本身就害怕表达出自己的情感。"

假如哭泣和悲伤的时间似乎太久，您又该怎么办呢？这种情况是一种迹象，表明您太过沉溺于自己的想法和回忆了。悲伤心理咨询师常常会鼓励那些深受失去之苦的人，要他们去发现和从事丰富的活动，比如瑜伽、远足、音乐或者体育运动。这样做，有助于我们满怀爱意地告别过去，拥抱当下的美好。

我认为，就算如此，我们也仍有可能心存抗拒，不愿放下这些想法；尽管我们可能会承认，放下过去其实最有益于自身的健康。这是因为，假如某种关系结束了，那么不再去想着这种关系，给人的感觉可能差不多相当于一种背叛。我们坚守着种种情感和回忆，会变成有点像是对忠诚的一种表达。要想超越这种局限性，我们就必须认识到，如果永远都迈不过人生必定会带给每个人的种种“失去”，我们的人生就会完全停止。只要仍然明白，我能够热爱自己人生中的某个人或者某只宠物，这一点永远都不会改变就行了。继续去做好我们必须去做的事情，继续去过自己的生活，并不是对这个人或者这只宠物的一种背叛。

// 帮助年幼的孩子应对

如果必须帮助一个孩子应对您自己也体验到了的那种失落感，那么最重要的是，首先必须理解自己的情感。您必须诚实、坦率地接受现实。但是，您既不能马上更换一只宠物，以此来安慰孩子，也不能轻描淡写，用“它走了”或者“它被带往了小狗天堂”这样的话，来向孩子做出解释。假如在安葬宠物前，孩子想要看一看宠物的遗体，您应当明白，这是一种天生的好奇心使然；如果您自己的情绪非常稳定的话，那就应当允许孩子去看一看。

与孩子谈一谈，确保孩子心里没有产生不正确的想法。不要让孩子自责，或者甚至因为宠物的死亡而去责怪您。如果您是因宠物已无可救治，必然会痛苦地死去，因而结束了宠物的生命，那就应当直白地说出来，给孩子理解这一切的机会。向孩子说明自己左右为难的情况，说明您“不知道还有什么别的选择”，是很有益处的。必须在结果难以预料的情况下采取行动，这是人类经常面临的一种局面；因此，您这样做并没有什么值得羞愧的。

人类心理学领域里的研究告诉我们，年纪幼小的孩子有着非凡的本领，是能够理解这些方面的。假如把这种时刻看成人生教育的组成部分，它们就会变成孩子学习的机会，而并非只是让孩子感到痛苦了。

// 内疚的问题

在许多许多失去宠物的人面前，我一直都是聆听他们倾诉的那一方。但有时，在聆听了我很熟悉的一些人的倾诉后，我更多地会询问他们的感受：“在失去宠物这个方面，您感受最深的是什么呢？”或者在他们决定使用其他形式的药物，而不采取常规方式给宠物进行治疗后，我会问他们：“您对情况的进展有何感受呢？”

对于他们的回答，我真的感到很惊讶。我最常听到的回答，就是“我本来应该再努一把力的”。当然，有可能某些人可以做得更多一点；不过，即便是从那些最挚爱宠物的人身上，我也会听到这种说法。这些人，可能照料着一条不能走路或者大小便失禁的宠物狗，可能数月内一直带着狗狗进

出，一直跟在狗狗的后面清理粪便。这些人，在护理宠物方面其实都是不遗余力的。因此，我很奇怪："他们怎么可能还觉得自己做得不够呢？"

我认为，这种现象暴露出了人宠关系中某种至今还没有被人们理解的东西；起码来说，我就不理解这种东西。对于某些人而言，照料好宠物无比重要，因为这样做，代表了他们本质中某种极其根本性的东西；而这种东西，通常就是他们自身的纯洁。假如有人认为他们把宠物照料得不好，那么由此带来的个人失败感，对他们来说就会极其巨大，并且主宰了其他的一切。

我并不知道如何去解决这种痛苦，但我关于此种情况的观点，粗略说就是：对彼此负责，这是一种高尚的人类情操；这种情操是完全恰当的，而我们这个世界，也需要更多的这种情操。尽管如此，作为人类，我们必须认识到自身的局限性。虽说我们付出了最大的努力，但所有的生物终有一死，许多运气不好的生物还会因疾病而死，这完全是一种自然规律。因此，我们要认识到的一个问题就是，假如尽了自己的力量，那么您能够做到的，就只能如此了。诚然，从理论上来说，您可能忽略了某些东西，或者没有采取某种办法，但事情一向如此。"后见之明"是一种非常奇妙的东西，在需要时，我们却完全想不到。因此，想一想这一点或许会很有好处：当时，您已经尽力了。

让我来问一问您：假如您不在当场，结局会怎样呢？假如您不知道这一切，又会发生什么？我认为，这种问题可以帮助您正确地来看待事物。您当时在场这一点，具有深远的意义。诚然，您可能始终都会想起那些本来可以不那样做的事情，可现实情况却是，您正是当时在场的那个人。您能够替自己的宠物朋友做到的，任何人可能都做不到。这就是一种馈赠。

做出选择

假如您的宠物痛苦不堪，您被迫考虑给它实施安乐死，那么，了解安乐死的过程和可以替代安乐死的办法，或许会有助于您了解自己应该期待什么。

// 安乐死

"帮宠物摆脱痛苦"的这种观念，早已被人们公认为一种人道的选择，尽管我们自己很少那样去选择。

兽医都是在自己的诊所里给宠物实施安乐死的，有时也会上门服务，向宠物的血管或者心脏里注射过量的巴比妥类药物。几秒钟后，宠物就会失去意识，全身萎靡；过后不久，宠物的各项生命机能就会终止。人们认为，这一过程是没有痛苦的。然而，如果宠物表现得焦虑不安（或者是被紧张不安的宠物主人感染成那样），那么，这就有可能使得兽医很难为宠物正确地实施安乐死了。在进行最终注射前，先给宠物打一针镇静剂，可能非常有效；在宠物焦虑不安或者痛苦不堪时，尤其如此。那样的话，宠物就会先出现一段放松的时间。

就个人而言，我一向都认为，整个这一过程都相当令人觉得不舒服；而且我还认为，绝大多数兽医也会有同样的感受。要知道，我们开始从事这一职业时，都抱着让宠物恢复到健康状态的期待；因此，这种情况实际上是对我们所抱期待的一种质疑。然而，在宠物遭遇了极为漫长的巨大痛苦，而宠物的死亡过程虽说缓慢却不可避免的情况下，实施安乐死还是具有意义的。

在这么一个令人苦恼的时刻，如果没有清楚、理性地了解宠物幸存下来的概率和其他的可能性，就匆匆忙忙地做出决定，是一种很不明智的做法。否则，正如我们在前文中论述过的那样，日后您就有可能背上沉重的思想负担，不断地怀疑和后悔，并且始终都想知道，假如不做那种决定的话，自己的宠物有没有可能幸存下来。我发现，这在很大程度上取决于对病情的诊断。一只患有皮肤瘙痒症的宠物，可能会经历巨大的不适，可一个人永远都不会因此而想到，要去给这只宠物实施安乐死。然而，假如宠物被诊断为患上了癌症，那么宠物身上一些最轻微的症状，也有可能被我们看成是做出那种决定的理由，或许还会被人当成过早地做出宠物无可挽救这种结论的理由。我已经指导治疗过许多患有癌症的宠物病例，它们恢复得都非常好，几乎没有什么不适，甚至还有所改善；如果因为宠物某一天感觉不适就将它们“杀掉”，这种做法无疑就太过鲁莽了。

实际上，您最好是不去看宠物的诊断结果，而是直接着眼于宠物目前的身体状况。它是不是相对来说没有什么痛苦呢？它能够活动吗？假如是这样的话，您就不要匆匆忙忙地做出决定。您可以考虑考虑，采用我们将在第17章里论述的那些替代性疗法中的一种。这能够帮助许多“垂死的”宠物恢复过来，并且足以让它们继续正常地活上一段时间，对此，我始终觉得这是一种天赐之福。

// 住院治疗

假如宠物的病情太严重，您正在考虑让它住院治疗的话，那么您应当问一问兽医，让兽医实事求是地说说自己的看法，看宠物恢复健康的可能性有多大。特殊的护理常常会让宠物度过这个严重的关键阶段，使宠物能够多活上几年。然而，在有些情况下，宠物康复的希望却是微乎其微的。勇敢地做出努力，延长宠物的生命，既有可能会涉及长期护理和费用的问题，也有可能让宠物的痛苦久拖不决，而最终结果却是徒劳无功。我知道，这是一种艰难的决定；但在做出这一决定前，还有一些方面，您必须加以考虑。

对一只处于危险期内的宠物进行急诊治疗，所需的费用可能会大不相同。通常来说，短短几天的重症监护，费用就有可能达到数百美元。与病人的重症监护费用相比，这实际上很便宜。可尽管

这样，费用仍然是您需要考虑的一个方面；在非常规治疗不会产生重大效果时，尤其如此。

当然，在某些情况下，这种护理的确值得试一试。就算宠物无法幸存下来，采取孤注一掷的做法其实并不恰当，这一点可能也是显而易见的。这种时侯，您自己可能很难做出判断，因此，不要害怕，应当请兽医对宠物的情况做出评估。您应当请兽医直言相告。假如明显无法挽救宠物的性命，那么你们仍然可以让宠物安适一点，不必一一去经历你们为了努力“抢救”它而采取的所有措施。例如，兽医可以给宠物输液、用药，使得宠物安静地进行休息。一旦宠物的大限明显即将来临，绝大多数兽医都会让宠物无声无息地“睡去”（当然是在预先获得您许可的情况下）。

// 居家护理

如果您料想宠物即将死去，并且做出了不再继续努力去治好宠物的决定，那么，居家护理就是允许宠物在家里离去，与人类“临终关怀”时的情形一样。

为什么主人会想到采取这种办法呢？主要原因在于，家里让宠物觉得熟悉、舒适，而用汽车带着宠物前往陌生的地方、听到陌生的声音、嗅到陌生的气味，则会让宠物变得焦虑不安。让濒临死亡的宠物在生命中的最后时刻不再经历这种焦虑，似乎是一种更好的做法。有些兽医会上门应诊，为宠物实施安乐死；从减少宠物的焦虑不安来看，这也是一种很好的做法。

人们允许宠物死在家里，还有一个原因，那就是：他们可以陪伴宠物度过生命的最后时刻，可以在这个时候照料它，确保宠物遭受的痛苦最少。许多病症到了晚期时，相对而言是没有痛苦的。虽然不能说宠物完全没有不适感，但它们也不会极感痛苦。这种过程，通常都是身体变得日益衰弱、体温逐渐降低，并且最终使得宠物像是睡着了一样。

这些年来，我已经与大量顾客进行过协作；这些顾客，都是选择让宠物在家里死去。过后，他们常常都会产生出一种感激之情，感激自己做出了这样的决定。在临床实践中，我还运用过一些顺势药物，它们都发挥出了极其有益的作用，让宠物在尽量没有痛苦、尽量平静安宁的情况下度过了这段时间。再过片刻，我就会说明它们的用法（如果早一点懂得顺势疗法，我原本是可以帮助“奇迹”度过临终那段时间的）。

然而，还有几种死亡方式却并不轻松；我的建议是，不要让宠物去经历这种痛苦。例如，猫咪的胸腔里出现积液（胸膜积液或者水胸症），导致猫咪窒息，或者是宠物狗患上了持续性的癫痫。在这种情况下，您可以遵循一条指导原则：假如宠物浑身颤抖、痛苦地吠叫、烦躁不安或者呼吸困难，那么您就应当考虑给它实施安乐死，而不要任由这种情况继续下去。

就算在这种情况下最好是带着宠物去看兽医，您也仍然可以抚慰宠物到最后一刻。问问兽医，您能不能留在那里，能不能在实施注射时抱着着您的宠物。许多兽医都会同意的，甚至还会支持您的这种做法，因此，不妨跟您的兽医商量商量。在我曾经工作过的一些地方，医生会给宠物实施安乐死手术，然后离开房间，让宠物主人留下，单独跟自己的宠物朋友做最后的道别。

最后时刻应当怎样护理宠物?

就生理方面的护理来看，您不要给临死的宠物喂食，只需给宠物喂水或者喂蔬菜汁就可以了。让宠物待在一个暖和、舒适而安静的地方休息。偶尔，宠物可能需要您的帮助，才能到外面或到猫砂盆边去排便。临死的宠物，可能会希望自己热爱的人温和而安静地陪着它；不过，您一定要保护好宠物，不让它听到太多的噪声、进行太多的活动，或者受到太多的打扰。

最后时刻逐渐逼近时，宠物的身体会变得相当虚弱。宠物的体温会降到正常值以下（就宠物猫狗来说，它们的体温会降到37.8℃以下），而呼吸频率可能也会比往常更快。在死去的那一刻，宠物常常都会出现痉挛，或者变得呼吸急促。宠物的瞳孔可能会放大，可能会蹬直四肢，或许还会排尿。最终的死亡过程，通常只会持续1分钟甚至更短的时间。

// 顺势疗法对临死宠物的好处

正如我将在第17章里论述的那样，顺势疗法本是我们期待宠物能够康复时使用的一种治疗方法。不过，这种疗法也可以用来帮助一只垂死的宠物。在这种情况下，我们都明白，自己已经尽了力，并且不再指望宠物能够恢复健康。所以，这种治疗的目的，就是缓解宠物的痛苦、焦虑和不安，并且使宠物死亡的过程变得尽量顺利。

为了不让您过后感到困惑，在此我要解释一下：这些相同的药物，也被用于治疗其他的疾病，因此它们都不是导致宠物死亡的药物。事实上，顺势药物并非是一般意义上的安乐死手段（那种能够导致宠物迅速死亡的药品）。它属于“安乐死”这个词在希腊语里的本义，即“一种舒适或快乐的死亡”。然而，二者之间的区别在于，假如一只宠物本身并未走向死亡，那么顺势药物就不会导致这只宠物死亡。虽说这种药物可以减轻宠物在走向死亡那段时间里的痛苦，但它们的确不会**导致**宠物死亡。在某种程度上来看，我们是对垂死宠物的“病情”进行治疗，目的是减轻宠物的疼痛与痛苦。假如宠物原本已经濒临死亡，那么死神终会降临；可能不是马上，但总归不会太久。如果宠物还没有做好迎接死神的准备，这种治疗实际上就可以暂时性地改善宠物的身体状况。

下面是一些最有效的药物，以及它们的适应症（要想更多地了解顺势疗法的作用，请参阅第17章）。其中，每种药物都伴有一段简短的描述，说明宠物用了这些药物后的样子或者行为。您可以把

这种说明当成一种指导原则，据此来判断您应当使用哪种药物。您应当期待的是宠物的痛苦有所缓解；因此，经过治疗后，如果宠物的病情有所缓解，那么您就不应当再给宠物用药。通常来说，只要使用一种药物、进行一次治疗就足够了。

您期待看到宠物的痛苦缓解下来的过程，可能会持续多久呢？很快，只需几分钟的时间。假如过了半个小时后，您仍然没有看到什么明显的效果，那么您就可以选择另一种药物了。然而，我们在此指的是宠物身上具有可以察觉的不安与不适，而不是指宠物临死的那个时候。假如您给宠物用药，不是因为宠物似乎感到疼痛，而是为了促进宠物临死的过程，那么我要再次强调，这种治疗并不会像安乐死药物那样直接导致宠物死亡。如果您的宠物虽然觉得相当舒适，却仍然表现出了一些大限将至的迹象（正如前文所述），那么，您就不妨让这种治疗在突然之间发挥出作用来。

1．“砷酸30c”是用途最广、指征最常见的一种药物（在95%的患病宠物身上都有指征）。宠物会变得烦躁不安，身体会变得极其虚弱（比如无法站立），感到口渴，身体变得冰凉。如果测量一下宠物的体温，您会发现宠物的体温低于正常水平（低于37.8℃）。当然，并不是所有这些指征必须全都同时出现，才说明适合使用该药。然而经常出现的情况是，烦躁不安或者身体虚弱的症状，会与体温过低的现象同时出现。给宠物服用1剂，即1丸或2丸；您可以将药丸溶于少量开水中，用滴管或者注射器给服。

2．“西班牙狼蛛30c”是缓解类似症状的一种药物，因为这类宠物身上也会出现同样的不适与不安症状。不同的是，患病宠物将会来来回回地翻滚，从一边滚到另一边。宠物的右前肢与后肢，可能会出现抽搐的症状。典型的指征就是，宠物会不停地动来动去；一些奇妙的、具有抚慰作用的音乐，有时可以缓解这种不适症状。在“砷酸”没有作用时，我往往都会使用该药。给服1剂，用法则与前文所述的“砷酸”相同。

3．“古巴狼蛛30c”是一种不需要经常用到的药物；然而，对于一只因为重度感染而濒临死亡的宠物，该药却非常适用。这种宠物的身体将会非常虚弱，或许神智还不是完全清醒，同时也会出现像致死性病毒感染（比如犬类息上的细小病毒病）或者像败血症这样的细菌性感染。还有一种情况，可能就是坏疽，即身体的某个部位正在死亡；这种症状，在某些癌症中有可能出现。受到感染的部位，会变得略微发紫。该药在宠物走向死亡的最后阶段，效果尤其显著。医学文献里称，它可以“缓解临终时的挣扎”，说得非常中肯。给服1剂，用法与前文所述的“砷酸”相同。

4．“白头翁30c”适用于那种不断哼哼、呻吟或者想要主人抱着、带着的宠物。它对宠物死亡前的那个阶段也很有效果，此时宠物的呼吸会变得粗重、费力（到了这个时候，宠物通常都已经神志不清了）。给服1剂，用法与前文所述的“砷酸”相同。

用了这些药物后，您将看到，宠物会极大地放松下来。宠物的疼痛，会获得缓解；同时，这些药物还具有镇定作用。死亡通常都会在不知不觉的情况下降临，使得宠物能够极其安然地离开。至于用药后的死亡时间，通常都是在晚上，尤其是午夜过后。您可能在白天就给宠物服下了药物，看到了效果，或许甚至还会觉得宠物有望康复过来，然而到了第二天早上，却发现宠物已经离您而去了。

正如本章前文中提及的那样，在从业过程中，我曾经应顾客的请求而使用过这种方法，并且一直都做得非常成功。这种方法，往往都会让宠物的死亡过程，变得比使用其他任何方法都要更加轻松。不过，可能也有例外情况；因此，假如您给宠物用了一种药物或两种药物后，却没有看到任何变化，那么，您最好是请兽医参与进来。

// 宠物死亡后的情况

许多人都提出过这样一个问题："我的宠物死了后，会有什么遭遇呢？"这个问题的言下之意，就是想知道宠物究竟有没有一个超脱于物质形态而存在的灵魂。我自己并不知道答案，但可以与您分享一本论述这一主题的、颇具吸引力的图书，叫《宠物与来生：人类最好的朋友死后之旅中的真实故事》。该书的作者是金姆·谢里丹，她记述了自己与宠物相处的经历，以及与它们具有超越现实的联系等情况。她还描述了其他一些人的类似经历。我的一些顾客，也说他们经历过类似的事情。

我特别喜欢兽医吉米·哈利引述她的那一句话："假如拥有灵魂意味着能够感受到友爱、忠诚和感激，那么宠物会比许多的人类更加幸福。"

// 一些想法，与大家共享

在过去的数十年里，我已经一次又一次地见证过这种失去一只挚爱宠物的过程是如何结束的。让我感受最深的人，都是那些似乎被失去宠物击垮了的人。是的，他们也会感到悲伤，因为所有的人都感受得到；不过，对于他们而言，"悲伤"这个词太轻了。我经常问自己："为什么这种情况对有些人来说，会那么艰难呢？"我并不是说，自己知道这个问题的答案；不过，我会跟大家分享一些想法。

假如看一看人与宠物关系中的一些不同之处，您就会发现，有些方面非常显著。的确，这是一种情感上的联系；不过，这也是一种可以触摸、拥抱和抚摸的情感联系。触摸、拥抱和抚摸这些行为，却并非总是存在于其他关系中。

还有一种线索，可能就是人们经常说出来的一些话，比如"它就是我的生命"，或者"无条件的

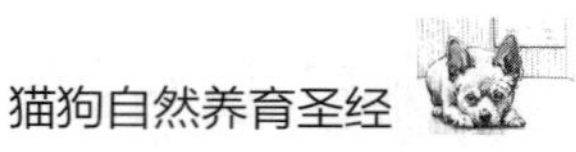

爱”。宠物在某些方面比人类更加简单，更加贴近当下；而最重要的是，宠物还不会进行主观判断。它不会说出批评之语，不会怀恨在心。假如一个人把他与宠物之间的关系看成是唯一的关系，觉得只有在这种关系中，他才不会受到别人的评判，或者才有人在看到他后真正感到高兴，那么您就可以看出，失去宠物对他是多么重大的事了。

我想要对这种人说的是，宠物朋友可以给予他的一件最奇妙的礼物，是一种体会：他有可能再次遇到这样一种关系。他与许多生命形式之间，都有可能形成这样一种关系。一个人可以采取的、最令人满意的办法，就是了解到我们可以与诸多的其他生命一起分享爱。与宠物朋友相处的经历，可以成为一块跳板，可以让人们认识到，他们如此欣赏的、相互关系中的那些共同特点，也可以在他们与其他诸多动物之间形成，甚至是在他们与大自然中各种美好形式之间形成。地球母亲可能会利用这种方式，紧紧地拥抱我们。

痛失所爱

—— 理查德·H. 皮特凯恩

它悄然离去，

茔穴已填。

爱会逝去否？

并不尽然。

如美人，如鲜花，

来来又去去，

芬芳却永恒。

昔日以为，

爱亦有限，并不自由，

如今看来，处处有爱。

把皮带藏于抽斗，

将食碗束之高阁，

眼角的泪水，轻轻滑落。

第 16 章 疫苗：是友是敌?

关于疫苗接种，人们似乎还有着各种各样的争议。自然，各方都拥有一些强大有力的观点。在本章中，我试图跟大家交流一下本人对疫苗注射开始心存疑虑的原因，还会用简化的形式对免疫系统进行解释，其中包括免疫系统的运作机制，从而让您可以对这个问题自行做出判断。虽然这是一个复杂的问题，但若是跟着我继续前进，您也并非不能理解它。

我对疫苗的第一印象

1965年从兽医学校毕业后，我先是在加利福尼亚州从业了2年，然后便在华盛顿州立大学的兽医学院里谋到了一个职位，在微生物学系任教。正是在这1年的任教期间，我得到了一个机会，加入了一个攻读博士学位的研究生项目。在攻读学位时，我的精力主要就是研究免疫系统。我发现，免疫系统是一个令人神往的课题，因为这一系统既巧妙又复杂。因此，在接下来的5年里，我的注意力始终都放在这个方面，直到获得学位毕业。

在这一学习期间，我们细致地对疫苗进行了研究。我也了解到，情况并非仅仅是接种一种疫苗后，疫苗让身体产生出免疫力这样简单，而是要复杂得多。例如，许多人都想当然地认为，疫苗都是百分之百有效的。这种看法可能根深蒂固，连一名兽医都有可能如此对您说："您的狗狗是不可能患上犬瘟热（或者细小病毒病、肝炎等）的，因为它已经接种过这种疾病的疫苗了。一定是得了别的什么病。"不过，攻读博士学位时对免疫系统的研究，让我了解到了另一个方面，那就是疫苗根本不能说是百分之百有效的。并不是仅凭接种疫苗，宠物体内就一定会产生出免疫力；宠物个体对疫苗的反应，也是其中一个关键而必不可少的因素。

有几个因素，可能会干扰到宠物对疫苗产生出理想的反应（即产生出抗体和免疫力）。其中包括：在宠物太小时接种疫苗；在宠物生病、身体虚弱或者营养不良时接种疫苗；多次接种疫苗的时间安排不对；而最重要的，就给一只以前生过病或进行过药物治疗、免疫系统已经受到了削弱的宠物接种疫苗。

还有，给一只正在接受外科手术（比如说，接受阉割手术）的宠物同时接种疫苗这种常规做法，可能会在宠物的免疫系统因为麻醉和手术而受到削弱之时，将疫苗这种微生物注入宠物体内；而免疫系统受到削弱的这段时间，可能会长达几个星期。在接种疫苗的同时，给宠物使用皮质类固醇（例如，为了控制皮肤瘙痒症），同样是一种很不可取的做法。类固醇产生的作用，就是抑制宠物的免疫反应和抗病力；与此同时，疫苗却会刺激身体，使之对一种外来的微生物做出强有力的反应。

就算您的宠物确实具有良好的疫苗反应，并且体内产生出了抗体，那也不能保证宠物再也不会患上某种疾病了。所谓的免疫力，可能更多的是针对疫苗中的微生物，而不是针对自然的疾病。或者，宠物可能会感染一种变异了的细菌，因为变异细菌对宠物体内已经产生出来的抗体并不敏感。或者，假如日后某种情况削弱了宠物的免疫系统，那么宠物可能丧失做出充分反应的机能，从而使得自然疾病能够在宠物身上站稳脚跟。削弱免疫系统的这些因素，涵括了本书中我们一直都在进行讨论的各个方面：压力、营养不良、维生素缺乏、毒性、药物作用，等等。我们看得出，疫苗接种的有效性是一种复杂的现象，取决于诸多的因素；其中最重要的是由整体生活方式所决定的整体健康水平。

我在研究生院了解到的这些知识，基本上都是关于疫苗并非始终有效的。疫苗无效的原因，主要就是宠物无法对疫苗做出恰当的反应。至于疫苗本身导致健康问题，我还没有听人说起过。因此，结果就是：尽管听说过疫苗接种可能具有某些限制条件，但我接受的教育，却仍然是对疫苗的有效性充满信心，甚至让我对医疗体系中取得了这种成就而感到自豪。之所以这样说，是为了让您能够明白，接种疫苗可能对宠物有害，或者导致宠物生病！以前，虽然偶尔也听人说起过疫苗接种有问题，我却是置之不理，把这种说法当成了无知。

可随着时间的推移，我的这种态度发生了改变。

// 在临床实践中，我获得了有关疫苗的更多知识

在研究生院学习的那段时间里，我开始对营养产生了兴趣。尽管学到了关于免疫系统的许多知识，可对于如何才能让免疫系统更加有效地运作这一点，我实际上却没有学到任何东西。我们了解到的，主要是免疫系统为什么会出现问题，以及免疫系统的作用为什么可能会大打折扣。然而，有一次，我正在图书馆里做调查研究时，却发现了一些医生所写的文章。这些医生一直都在非洲从事与儿童相关的工作；在文章中，他们描述了利用某些营养成分，使得儿童免疫系统的反应出现了重大改观的情况。直到此前，我从来都没有想过营养与免疫两个方面有什么关联；因此，看了那些文章后，我惊讶得发出了一声“啊哈!”于是，我开始多看一些关于营养的文献，然后非但在自己身上进行实验，还尽可能地在我喂养的宠物身上进行实验。不过，直到重新从业后，我才能够真正地在临床环境下开始研究这个方面。正是在临床环境下，由于看到了积极的结果（正如我在第1章里描述的那样），我才受到了激励，才继续深入研究下去。在研究营养学的过程中，我的兴趣得到了拓展；我开始考虑别的治疗方法，并且最终采用了顺势疗法。这些经历不断积累起来，使我最终成立了一家兽医诊所，并且只用营养疗法和顺势药物来进行治疗；迄今为止，我已经这样从业20多年了。

我之所以给您述说这段经历，是将其作为背景，好让您明白，我在疫苗接种方面学到了哪些知识，明白我并不是那种坚定地认为疫苗不好的人。

在利用这些“替代”办法从业的过程中，我曾经碰到过大量棘手的问题；因此，看到原本病得很厉害的一只宠物逐渐恢复健康后，我就会热情高涨，这一点就是可以理解的。更明显一点来说，这些疾病，常常都是人们认为用常规的兽医疗法无法治愈的疾病。因此，这就好比是进入了一个新领域，令人感到无比激动。

随着时间的推移，我开始注意到，身体状况原本正在好转的一些宠物，在接种了疫苗后，病情却会恶化下去。甚至会出现这样的情况：有时，我根本没有办法再让这只宠物恢复到原来的好转状态，因此完全不得不承认自己失败了。我的心里其实有许多的理由，可以让自己不去理会这种事情，可以把责任归咎于其他的原因（比如巧合等）。可到了最后，我还是不得不承认，疫苗在其中的一些宠物身上造成了问题。但是，我不知道为什么会这样。

一旦承认疫苗确实有可能在某些宠物身上导致疾病，我看到的这种现象就越来越多了。我开始注意到，接种疫苗后宠物身上会出现哪些症状，比如接种了犬瘟热疫苗、狂犬疫苗后，宠物身上会发生什么情况。慢慢地，我总结出了其中的一些模式。

// 一个关于疫苗不良反应的故事

“疫苗不良反应”用作术语时，原本是指接种疫苗后出现的疾病。出现不良反应的状况多种多样，有一些常见的状况是比较容易辨认出来的。然而，“疫苗不良反应”作为普通用词时，通常却是指接种疫苗后出现的任何一种健康问题。

下面有一个典型的故事。一家人领养了一条8周大的小狗，当时，这条小狗看上去各个方面都很正常。[1]正如故事的作者露丝·唐宁在《狗狗月刊》杂志上描述的那样，他们发现这条小狗“学习能力很强，非常聪明”，在3天之内就学会了到室外去便溺。

在那条小狗8周大和10周大时，他们都曾把小狗带到兽医诊所，给它进行了体检、接种了疫苗。就在小狗10周大，即接种完第二组疫苗后，情况却变了。几天后，小狗开始变得烦躁不安起来；当露丝伸出手去想要抚摸它时，它竟然猛地一口，向她的手咬去。这是一种显著的变化；可惜的是，这还仅仅是一种开始，因为随后更多的变化接踵而来了。据露丝称，长到6个月大时，“它突然变得喜欢吠叫、过度活跃，并且似乎一刻都不想集中注意力。它还患上了耳部感染，并且后来一直都不断复发，终生如此”。（注意：此处所称的“耳部感染”，其实并不是真正的感染，而是接种疫苗后产生的一种自体性免疫状态。请参见“耳部疾病”一节。）

宠物的这种行为，本来是起源于第二次接种幼犬疫苗的那一刻，却被狗主人认为是“一种行为问题”；这种解释，自然是说明不了任何东西的。为了约束它的行为，他们把小狗阉割了，可这样做对小狗的行为却没有产生任何有益的作用。到后来小狗首次接受每年一次的强化疫苗接种后，“它甚至变得更加好动了。有客人到家里来时，它会抓住客人的衣袖不放，用嘴去舔客人的胳膊，从不肯安安静静地蹲着。”

---

1 参见露丝·唐宁撰写的《我们以为是在保护它》一文，发表于《狗狗月刊》，2013 年 11 月，第 18～20 页。

它的主人转而向一些宠物行为专家和宠物训练人士进行咨询，“绝大多数专业人士都认为，我们是喂养了一条带有控制欲的狗狗，只是需要让它摆正自己的位置罢了”，根据宠物行为专家的建议，他们努力控制这条小狗，可结果却完全是让情况变得越来越糟糕：“它并不明白，为什么家人似乎都在利用专家建议的那种‘高压手段’去对付它……”所以，它的情况变得更加糟糕了，“信不过任何人，凡是觉得属于自己的东西，从玩具到褥垫，甚至是汽车里的那个位置，它都想占着不放。假如有人靠得太近，它就会咆哮起来，紧张不安地四下张望。它发出的这种警告，完全遭到了我们的无视；每次它这样表现时，我们都会喝止它。这样做的最终结果就是，它很快就明白了，狂吠会让自己陷入麻烦中，因此不再那样干了；可接下来，如果觉得受到了威胁，它就会使用自己唯一的自卫手段，那就是咬人了”。

到了此时，家人全都对小狗的行为感到害怕，因而推迟了带它去看兽医的时间。等他们终于鼓足勇气，带着它去看兽医时，兽医却称，它的疫苗接种已经逾期，必须“重新开始整个接种过程。这一过程包括7支疫苗病毒，应当在2周的时间里分2次接种完，并且必须及时接种才行”。

此后，小狗的表现越来越糟糕，并且在接下来的2年多里，一直如此；“有2名家人因为太过靠近‘它的地盘’而被它咬过”，因此，他们觉得自己真的不知道如何是好。幸亏，他们后来向另一位宠物行为专家求助，而专家则用了一种不同的方法；用这种新的、更加温和的方法治疗了几个月后，他们便看到小狗的情况有了重大的改善：狗狗不但变得放松下来，变得更加安静了，甚至在学习手势和戏法方面，也很有效果。由于小狗的情况大有改观，因此他们决定带着它再到兽医那里去接种强化疫苗。兽医又一次坚持说：“由于（它的）强化接种已经逾期，因此应当重新进行一次完整的疫苗接种过程，尽管我对这样做的必要性表示怀疑。”

接种了疫苗的几天后，这只可怜的小狗便开始“患上了皮肤瘙痒症，抓挠得非常厉害，由于在地板上使劲地蹭，它的两只后肘都流血了。它的两只耳朵鲜红鲜红的，全身上下都非常敏感。我去抚摸它身上时，它竟然猛地向我咬过来，神情非常狂躁”。

直到此时，他们才把这一切联系起来进行推断，认识到疫苗就是小狗出现这些问题的所有根源。他们做了一番调查研究，找到了一些关于疫苗不良反应的资料，开始明白一切是怎么回事了。他们转向了一位采取整体疗法的兽医，这种疗法虽说具有一定的效果，但还不够；因此，他们最终在很不情愿的情况下，请兽医给这条狗狗实施了安乐死。

这个故事里描述的情形，并不罕见。我们读到和想到他们在此期间付出的情感、时间、金钱，以及最终获得的失望感，就会感到很难过。我们甚至很难做到，不对期间发生的情况感到愤怒。接种疫苗后出现的问题，往往都是与文中的描述相似的、表面上像是具有攻击性的行为问题；但在有

些宠物身上，疫苗不良反应可能会更多地表现为极端的恐惧。出现皮肤问题的现象也很常见，尤其是瘙痒症。您可能已经注意到，接种完疫苗后，宠物狗身上经常会出现那种常见的耳部疾病，同时狗狗还会不停地舔舐自己的脚爪。

// 为什么会这样?

简而言之，与疫苗相关的问题，必然都与制备疫苗、接种疫苗时的不自然的方法有关。利用一种性质比较温和的疾病，来保护身体不再受到一种严重疾病的侵扰，这种观点确实非常诱人；因此，可以理解人们为何纷纷接受这种观点。然而，这并非意味着我们就不应当对疫苗接种进行重新评估。

了不起的免疫系统

要想理解疫苗带来的问题究竟源自哪里，您必须对免疫系统具有基础性的了解才行。宠物猫狗的免疫系统和人类的免疫系统，在很大程度上是一样的。既然进化过程已经形成了一种它真正喜欢的模式，我们为什么还要去加以改变呢？免疫系统非常了不起，我希望您也能够明白这一点。让我简单地为您介绍一番吧！

为了便于讨论，我们可以说，免疫系统包括如下4个大的组成部分。

⊙**补体系统：**血液中始终循环着的大约30种蛋白质，它们都属于天生存在的物质，每只动物或者每个人身上都有。

⊙**保护体：**守护在身体可能存在的入口，并且完全位于组织器官之内的一些细胞，它们会积极参与辨识、消灭任何入侵者的工作。这些细胞，包括巨噬细胞、柱状细胞、树状细胞及嗜酸粒细胞。

⊙**游走体：**一些在血液中循环、随时准备前往需要之地的细胞。游走体有数种类型，分别称为中性粒细胞、单核粒细胞、嗜酸性粒细胞和嗜碱性粒细胞。

⊙**学习体：**那些能够产生出特定的抗体分子，附着在入侵者身上并给入侵者打上消灭标记的细胞。这些学习体，称为B细胞和T细胞（它们又各分为数个小类）。

补体系统、保护体和游走体这三大组成部分，合称为“**先天免疫系统**”。保护体、游走体和学习体这三类，则合称“**白血细胞**”。它们产生于骨髓中，然后进入血液，发挥出各自不同的功能，到达各自的目的地。每一天，骨髓中都会产生出超过10亿个白血细胞。

为了加深大家的理解，我们不妨更加仔细地来看一看每个类别。

// 补体系统

大家应当认识到的第一点，就是我们和宠物朋友体内的免疫系统，是在一个非常漫长的时期内逐渐进化而成的。免疫力中这个最早的系统，由大约30种始终都在血液里循环着的蛋白质组成。为了让您对这种系统的悠久历史有个概念，可以这么说：即便是生活在7亿年以前的海胆（恐龙出现在大约四亿五千万年前），它们的身上也具有这种防御系统。免疫学家将其称为“**补体系统**”。

形成这些蛋白质，是应对入侵者的一种早期手段。这些蛋白质的作用，就是附着在任何外来异物身上，并将异物消灭掉。它们经过进化，就变成了可以识别并且与通常构成细菌、寄生虫的那种物质进行相互作用的蛋白质。

这种系统有一大好处，那就是它的反应非常迅速。这些蛋白质早已存在，因此一旦细菌或者其他微生物进入血液、组织器官中，补体系统马上就会把它们处理掉。有时，仅凭补体系统本身就足以解决问题。补体系统还有一个了不起的方面，那就是它会发出化学信号，提醒免疫系统里的细胞：此处有种东西，可能需要加以注意。

// 保护体

后来，免疫系统又进化出了一些专门的细胞，它们的职责就是保护病原体有可能进入身体的那些地方。我们常常都会认为，身体表面就是我们与外界的主要接触面；不过，我们与外界的接触面其实要大得多（面积差不多相当于2个网球场那么大），而组成这个接触面的则是：眼、嘴、喉及消化道其他部位（胃、肠、结肠）的内黏膜；呼吸道（鼻、气管、支气管和肺）；泌尿管（尿道、膀胱）；还有生殖道（阴道）。免疫系统的组成部分中，大约有3/4都位于这些地方。正如前文所述，这些组织器官中并非只有一种类型的细胞。它们都位于组织屏障的下方，基本任务就是护卫这些入口，并且消灭掉进入身体内的所有坏蛋。下面简单地列举出了它们的日常任务。

⊙**它们会吞噬掉任何异物**，并将异物分解成更小的部分。

⊙**它们会摄入已经被它们分解的部分异物**，并且将异物带往其他类型的细胞正在等待发挥作用的地方（淋巴结），**然后将这些部分异物交给那些细胞**，说：“注意，注意，看我找到了什么。”

⊙**它们会发出信号**，让免疫系统的其他部分都得知身体有了问题；这样做，就会通过血液召集起额外的力量，来帮助它们与异物做斗争。

负责呈现免疫指征、向所有免疫组织发出信号、召集后援、提交身份识别碎片并且提醒学习体（见下文）产生抗体的，都是保护体。先天免疫系统的这个组成部分会非常迅速地发挥作用，只需

数秒钟或者几分钟的时间。

// 游走体

免疫系统里还有一些细胞，它们的职责是在血液中循环游走，到处查看，对周围的物质进行抽样检查。它们密切提防着，会被补体系统的活动所诱发，或者被保护体发出的信号所激发，进而采取行动。一旦注意力受到吸引，它们就会朝着战场进发，从血管中挤过去，给免疫斗争加入额外的有用武器（在对您的宠物进行血液分析时，游走体对一个问题做出反应并进行迁移的这种活动，会表现为白细胞数量上升）。到达目的地（细菌、病毒或微生物的所在之处）后，它们就会开始吞噬、杀死入侵者，或者吞噬掉那些进入体内的有毒物质。在这一过程中，它们可能会一次又一次地耗尽力气死去（它们都发挥出了自己最大的力量）。正是这些细胞，成功地让细菌或者毒素失去了活力，后却因为耗尽力气而死去；聚积起来的这些死细胞，我们称为“**脓**”（这是一件好事，说明免疫系统正在发挥作用）。

// 学习体

免疫系统最后进化出来的，就是所谓的“**自适应系统**”。这种系统，是在大约2亿年前出现的，首先出现在鱼类身上；它也是我们在听到“免疫系统”一词时，绝大多数人心中想到的那个系统。自适应系统的不同之处在于，它能够进行学习，学会如何对入侵者做出反应。虽说我们迄今讨论的免疫系统在组织构成方面都相当稳定，但学习体能够看到入侵者的具体情况，能够调整自身，从而对入侵者做出明确的反应，尤其是在入侵者为某种新鲜之物时。抗体正是这样产生出来的：学习体对异物做出评估，并且产生出一种能够对此做出反应的特殊蛋白质。这是一种非常奇妙的本领，多半能够对任何新的物质做出反应，因为学习体的确非常灵活。

免疫系统的学习体会与其他组成部分携手合作。实际上，前者正是后者的拓展，就像是系统中的新人一样。您还记得吧，我曾经提到过，入侵者分解后的一部分会被“交给”其他细胞，从而使得其他细胞能够辨识出入侵者的组成成分。对于自适应系统来说，这种提交过程非常重要：正是通过这种方式，它才能了解到入侵者的情况。

// 抗体

抗体是自适应免疫系统（学习体）生成的一种蛋白质，并且会大量释放，进入血液中。遇到让它们进行辨识的物质（细菌或者病毒）后，它们会与细菌或病毒结合起来，打上标志，说明入侵者将由其他细胞，即保护体或者游走体去处理。这种方法，可以识别并且消灭掉免疫系统另一部分无法处理的各种微生物。免疫系统原有的那一部分，以前可能从来都没有碰到过这种微生物或者毒素，并且可能不太有把握，不知道如何对其进行辨识。学习体则可以解决这个问题，并且发出信号，将入侵者标记为异物。

有一个很有意思的现象，我不妨附带着说一说，那就是：有一类抗体，实际上还会进入体内食物所在的肠道中，目的就是抑制其中可能存在的病原体。这种抗体具有抗酸性和抗酶性，从而能够在这样一个险恶的环境中发挥出功能；比如说，它们能够把随着食物进入体内的细菌消灭掉。

还有一个重要的方面，我们也应当了解：假如原有的（先天）免疫系统（包括补体系统、保护体和游走体）能够应付任何问题的话，那么自适应系统就不会受到激发去采取行动。这是因为，它没有必要那样做。自适应免疫系统，就像是一道最后的屏障。您应当记住这一点，因为在我们讨论疫苗问题时，记住这个方面非常重要。

即便是从这种非常简单的描述中，您也可以看出，免疫系统是一种复杂而具有协调性的系统。

// 谁在掌控全局？

在这里，我想再次强调，有一个重要的方面需要您了解，那就是：引导整个防御机制活动的，是组织器官中的保护体（人们所称的“**巨噬细胞**”）。它们不但会攻击和吞食掉侵入身体的细菌，会将入侵的细菌分解掉，将细菌的一部分交给其他细胞，以便其他细胞采取进一步行动；会发出信号，召集支援力量；会告诉躯体应当提高血液循环的速度，将体液注入组织器官中（从而导致肿胀和发红）；而且它们还会提醒自适应免疫系统，使之制造出抗体来。正是组织器官内业已存在的这些细胞，才会对某种威胁做出迅速反应；学习体尽管也很重要，但反应速度却较慢，要用1个星期或者10天的时间，才能发挥出它们的作用。

// 感染顺序

在探究疫苗为什么可能导致一些问题前，关于免疫系统，我们还须了解一个方面。我们将会通过研究自然感染是如何出现的，来理解这个问题。我们会以犬瘟热、犬细小病毒病或者泛白细胞减少症这样的病毒性感染为例，来进行说明。

传染性病毒是通过眼睛、鼻子或者嘴巴进入身体的（一旦吞咽下去，病毒便会下行到喉咙、胃部或者肠道里）。也有少量例外情况，比如蚊子携带的病毒（比如黄热病毒），或者通过抓咬感染的病毒（比如狂犬病毒）；但绝大多数病毒性感染，都是通过呼吸或者吞咽而进入体内的。接下来，病毒就会遇到一系列屏障。

⊙首先是眼睛、鼻子、嘴巴、喉咙或者肠道的内壁，上面覆盖着一层黏液，会把任何想要进入体内的微小生物困住。

⊙假如微生物的确突破了这种内壁，那么内壁里面还有一些细胞（保护体）正等在那里，准备着把它们一网打尽。

⊙运气很好、更加深入体内的病毒，还必须通过淋巴结（淋巴结会将身体任何部位的脓液逐渐化解）；而免疫细胞则聚集在淋巴结里，正打算一展身手。

⊙假如病毒深入到了血液中（通过了淋巴间隙），那么病毒有可能在血液中、通过肝脏或脾脏时被细胞吞噬掉，或者被补体系统灭掉活性；肝脏或脾脏会将血液进行过滤，清除掉血液中的有害物质。

绝大多数病毒都喜欢聚积在它们最喜欢的身体部位，因为在这些部位，它们可以不断地繁殖。它们的目的就是到达这些部位。显而易见，正如我们刚刚说明的那样，健康而精力充沛的个体会让病毒很难实现这一目标。假如病毒通过某种方式，设法进入了它们的目标细胞中，那么最终我们就会看到感染的情况（比如一条病狗，或者一只病猫）。

虽然我是非常简单地向大家说明这一过程，但此处的重点却是，一道道各司其职的屏障，在预防感染这个方面实际上发挥出了巨大的作用。正是病原体克服这些障碍和身体进行全面抵抗的这一自然过程，才把学习体（即自体适应性免疫系统）拉了进来，使之做好准备，产生抵御感染的抗体，以及向已经受到病毒感染的细胞发动攻击的“杀伤细胞”。这一点，就足以令我们开始思考：这个过程与接种疫苗后的情形比较起来，又会如何呢？

疫苗为什么不同于常规感染？

接种疫苗时，有几个方面会使接种过程违背了自然规律。我们已经明白了免疫系统的运行机制，明白了免疫系统经过实打实的数百万年进化后，能够非常有效地应对入侵的微生物，接下来就能看出，疫苗是如何违背了这种自然的安排。

// 多重病毒

如今的疫苗，实际上都是一些复合病原体，是由数种病毒混合而成的。一种疫苗中，可能会含有犬瘟热病毒、肝炎病毒、钩端螺旋体病毒、细小病毒、副流感病毒、博德特氏菌、狂犬病毒、莱姆病[2]毒、布鲁氏菌以及更多的病毒（这些病毒，可能会通过疫苗同时接种到狗狗身上），或者泛白细胞减少症病毒、鼻气管炎病毒、杯状病毒、猫白血病毒、狂犬病毒、衣原体病毒、猫传染性腹膜炎病毒等（它们通常也是同时给猫咪进行接种的）。

在自然界里，一次有超过1种病毒侵入动物体内的情况，是一种极其反常的现象。的确，自然界里可能会爆发瘟疫，但一次也只会出现1种瘟疫。凭借自己的聪明，我们人类心想："为什么不把几种病毒结合起来，好节省时间呢？"不过，这样做又是违反自然规律的，而身体对这种疫苗的反应也并不理想。假如您想一想，免疫系统主要把精力放在辨识什么是正常而安全的、什么才是潜在的威胁这个方面，那么您就会看出，让免疫系统一次性地面对太多的信息，会造成一种什么样的混乱局面了。

// 疫苗进入身体的途径

疫苗也是沿着一条不同于自然感染的路线进入身体的。它们通常都被注射到腿部或者后背的肌肉中，或者注射到皮下。与自然感染相比，这样做会让大量微生物直接通过"后门"进入身体，可自然感染却只会让少量病毒微粒进入身体。因此，疫苗病毒不会遇到上述那一系列屏障，而是一起越过了这些屏障，直接进入了身体。

免疫系统业已经历了不可思议的漫长进化过程，已经锤炼出了随时准备应对自然既有感染方式的本领；正是这种机制的运作，才让动物获得了长期的免疫能力。要记住，是组织器官中的保护细胞在负责、在掌控全局。一旦警惕起来，它们就会做出精心安排，甚至将免疫系统内产生抗体的部分组织起来。疫苗自然也会让这些细胞忙碌起来，但疫苗进入身体时那种不符合自然规律的方式（即注射），可以让病毒在数分钟之内就进入血管中，并且迅速移动，从而无法充分调动起这种常规的进化过程。这样做行得通吗？这种情况对免疫系统而言是一种巨大的冲击。为让您对体内随之而来的混乱状态有所感受，我不妨打个比方，希望您看了后对这种情况有所了解。

设想一下，有一位年轻的女士，过着独身生活，希望有一个能让自己感到彻底安全的家。她为这个家设定了最高的安全等级。家的周围，是一道牢固而高耸的栅栏，别人很难翻越。大门上了锁，而在栅栏内部的院子里，还养有好几条看家犬，悄悄地在家里到处巡逻。它们都非常可怕，没有多少人过得了它们这一关。而且，房子的前门也上了锁，门上和窗户上安装了报警器，还有体型较小（但同样很有效率）的哨兵犬在屋里到处走动。为了确保万无一失，这位女士晚上就寝时，还会把卧室里的门锁上，然后才上床歇息。可刚睡片刻，她翻了个身，却发现自己的面前赫然站着一个人，

2 莱姆病（Lyme Disease），由扁虱叮咬而出现麻疹、发烧等症状的一种传染性疾病。

对她说了一声“您好”。

您可以想象出，那位女士此时的惊愕和怒气了吧：这个人，怎么可能不经过所有的障碍，不触发任何一个报警器，就悄无声息地进来了呢？这种情况，完全是不可能出现的呀！

接种疫苗后，免疫系统面对的情形，正是如此。由于绕过了道道屏障，因此突然之间，病毒就进入了整个身体。病毒是从哪里来的呢？为何此前身体没有做出任何反应呢？免疫系统吓了一大跳，震惊不已，试图应对这一切；于是，在这种混乱状态下，免疫系统就会出错。

// 辅助剂

在疫苗的发展过程中，人们得知，仅仅把病毒注射到体内，可能不会导致身体产生出充分的免疫力。有人通过实验发现，在疫苗中添加像汞或铝这样的物质，似乎会对身体构成一种更大的威胁，从而增加体内产生的抗体数量。这些添加的物质，称为“辅助剂”，“辅助”一词源自拉丁语，意思是指“促进”。免疫学家实际上并不清楚，用了辅助剂后，效果为什么会如此不同；不过，添加辅助剂后，的确起到了作用。有人提出，金属是通过改变体内的正常蛋白质，使得免疫系统对这些蛋白质也产生出对抗反应（从而导致出现过敏症状），来发挥辅助作用的。许多研究也已表明，这些辅助剂正是造成疫苗接种后致病的一个主要因素。例如，您可能听说过，人们曾经发动了一场要求从疫苗中剔除掉汞这种辅助剂的运动。这样做可能会有益处；不过，正如我在此处说明的那样，这个问题还要复杂得多。

// 污染物

刚才描述的情况，即把病原体注射进体内的说法，还太过简单，因为这么说意味着，接种疫苗时注射进体内的只有疫苗病毒。这种情况，与自然感染时的情形是相符的：病毒进入体内，在可能的情况下突破一道道屏障，而且此时只有病毒进入体内，而没有其他的垃圾。

然而，疫苗病毒是在实验室里，利用由肾脏或者其他部位的组织细胞制成的培养液培养出来的。在这种组织培养液中，病毒感染细胞，然后繁殖出成百上千个病毒，再释放到培养液中。疫苗中的众多病毒，都是这样培养出来的。液态疫苗制备好后，人们就不可能只是从中提取出病毒了。这种液体中，含有细胞残骸、DNA，以及培养基中满足细胞培养所需的各种成分（其中还含有动物蛋白）。将这种混合液体注射进宠物体内后，所有成分都会被宠物的免疫系统视作危险。棘手的是，免疫系统对组织碎片产生出对抗反应时，可能也会产生出反而攻击自身正常细胞的抗体。这种现象被称为“自体免疫”，即一种针对正常身体组织的免疫力。

美国普渡大学兽医学院曾经针对这种现象进行过数项研究，对接种了疫苗和没有接种疫苗的小狗进行比较，发现接种了疫苗的小狗体内的确产生出了自体免疫抗体；这些抗体抵御的是小狗体内一些重要的组织器官，而这些组织器官在发挥正常的身体机能方面又非常重要，其中包括DNA，甚至是将各种组织器官与关节维系起来的胶原蛋白。[3]

猫类身上，也出现了同样的现象。一项针对接种由猫类肾脏细胞培养出来的疫苗所进行的研究表明，猫类体内产生出了对抗自身肾脏细胞的抗体。[4]

// 后果

我们可以继续探究和详细讨论，让许多不同的病毒和垃圾通过注射这种异常途径进入体内后，免疫系统是如何出现问题的。不过，从我们在此研究的主题来看，我们实际上无须去了解这些详细的情况。

我们不妨列举出其中的主要问题。

⊙由于一次接种时，注射的不止是一种病毒或者一种微生物，因此会让免疫系统的辨识功能发生紊乱并且承受不了，从而导致免疫系统出错。

⊙疫苗中像汞和铝这样的有毒物质，会导致体内生成各种异常的蛋白质，而且金属本身也会对体内其余部位产生影响（比如在大脑中聚积起来）。

⊙疫苗中，含有培养出病毒的许多细胞成分，而免疫系统则会将它们与自身正常的组织器官混淆起来。这种情况，会导致出现慢性免疫疾病与过敏症。

⊙研究已经表明，疫苗中常常含有许多不该存在的病毒，它们存在于培养疫苗病毒的细胞中，连生产疫苗的人也不知道（脊髓灰质炎疫苗的情况正是如此，人们发现，这种疫苗中含有一种猿猴病毒SV40；研究表明，这种病毒具有致癌作用[5]）。这些病毒本身就会导致更多的疾病，这种情况是有可能出现的。

⊙人们在临床实践中已经观察到，接种疫苗后的一段时间内，免疫系统的功能会受到削弱，宠物更有可能感染其他的疾病。我认为，对于出现这种问题的原因，人们还没有充分理解。这种情况，可能与接种疫苗这种违反自然规律的过程本身有关。

---

3 参见普渡大学的《疫苗对狗类内分泌与免疫系统的影响，第二阶段》，发表于 1999 年 11 月 1 日。

4 参见迈克尔·R. 拉宾、兰德尔·J. 巴萨拉巴和韦恩·A. 延森合撰的论文《接种了“克兰德尔·瑞斯”猫类肾脏细胞溶解液的猫身上出现间质性肾炎》，发表于《猫病专科杂志》第 8 期(2006 年)，第 353～356 页。

5 参见迈克尔·E. 霍尔文的论文《猿猴病毒 40(SV40)：美国食品药品监督管理局批准生产的疫苗中存在的一种致癌猿猴病毒》，发表于《阿尔巴尼科技法律杂志》第 13 期(3)(2003 年)，第 721 页。

我们该怎么办？

哎呀，这可是一个值得思考的问题。行不行得通，在很大程度上取决于您有多少可以选择的余地。在从业过程中，我已经有20多年没有给宠物接种过疫苗了。之所以这样做，是因为我很确信，假如宠物生病了，我完全可以利用顺势疗法成功地将它们治好。我还利用了一些可以预防疾病的顺势药物，它们都是用自然疾病的产物制成的，叫作“病理制剂”。

// 顺势病理制剂

例如，犬瘟热制剂就是用患有犬瘟热的狗身上的分泌物制成的。这种制剂，是通过消毒、稀释后，在有资质的药房里精心制备出来的。倘若正确使用，这种药物就可以防止狗狗患上犬瘟热，其效果甚至优于犬瘟热疫苗。这种疾病预防方法是在20世纪20年代，由一名兽医率先开发出来的；甚至在人们开发出疫苗前，这种方法就表现出了令人印象深刻的效果[6]，只是没有被普遍采纳罢了。

我们还有许多的病理制剂，可以预防犬舍咳、细小病毒病、泛白细胞减少症，以及猫狗身上的其他常见疾病。长期以来，我们这些采用顺势疗法的兽医，一直都是采取这种预防办法，而结果也令人满意，而且宠物身上并没有出现与疫苗接种相关的副作用和疾病。

顺势病理制剂，只是疫苗的一种替代品吗？不是的。它们与疫苗不一样。它们只能暂时性地使用，只在宠物有可能感染疾病时使用。例如，在幼犬们有可能爆发细小病毒病的那个星期，我只需利用预防细小病毒病的制剂，就能够防止养狗场里出现一场流行性细小病毒病。一旦度过了那个“窗口期”，幼犬没有任何问题，能够继续保持健康了。您需要在一位采用顺势疗法的兽医引导下，才能恰当地给宠物使用这些病理制剂。

// 经过改进的疫苗接种时间

假如您没法给宠物使用顺势病理制剂，或者您担心宠物没有接种疫苗会出现问题，又该怎么办呢？我建议，您可以采取一种经过改进了的疫苗接种方案。这种方案起码能将疫苗导致问题的概率降到最低。

⊙接种单一的疫苗或者简单的疫苗，而不要接种联合疫苗。原则上，这是指每次都只接种针对1种疾病的疫苗。在撰写本书时，只给狗狗接种犬瘟热疫苗、只给猫咪接种泛白细胞减少症疫苗，我

---

6 参见贺拉斯·B. F. 杰维斯撰写的论文《用强化病毒治疗犬瘟热》，发表于《美国兽医学会杂志》第75期（1929年），第778页。

们仍然是做得到的。然而，绝大多数兽医都会拒绝顾客提出的这种要求；因为那样的话，他们必须大量购入每一种单一疫苗（1整盒），可服务的却只是一位顾客，从而导致他们遭受经济损失，而那些用不了的疫苗也会浪费掉。您可以提出补齐差价，或者与一些想要采用相同做法的朋友带着他们的宠物一同前去；这样兽医或许会同意的。除此以外，如果只能选择联合疫苗的话，那么您就应当选择病毒种类最少的联合疫苗。例如，宠物狗可以用“犬瘟热加肝炎”疫苗（DH），宠物猫则可以用“3合1”疫苗（其中包含泛白细胞减少症疫苗、鼻气管炎疫苗和杯状病毒疫苗）。

⊙不要过早给宠物接种疫苗。不要经不住诱惑，在宠物还不到16周大前就给它们进行接种。要记住，宠物接种疫苗的时间越早，宠物免疫系统受到的损害可能就会越大；接种的疫苗种类越多，宠物出现疫苗诱发性疾病的可能性也就越大。宠物的免疫系统，正是在小时候的这几个月里发育成熟的，并且判断出什么东西对身体才是正常的。

⊙对于年纪幼小的宠物，要减少疫苗接种的次数。您不必为了尽可能地保护宠物，而给它们接种众多的疫苗。在绝大多数情况下，幼猫幼犬身上的免疫能力，足以给它们提供好几年、甚至是一生的保护。

// 幼犬

如果您希望确保稳妥，可以把新生幼犬隔离开来，不让它接触到其他狗狗，并且直到它长到22周，或者年纪更大一点时，给它接种疫苗。在我看来，宠物必须接种的，只有犬瘟热疫苗和细小病毒疫苗两种。您可以在宠物22周大时给它接种犬瘟热疫苗，1个月后再给它接种细小病毒症疫苗（然而，正如我在前文提及的那样，您可能必须给宠物接种含犬瘟热和肝炎的联合疫苗）。假如在这段时间之内，幼犬不会接触到其他生病的宠物，那么这种做法应该是相当安全的。

如果在您看来，这种等到幼犬大一些才接种疫苗的方案，以及接种单一疫苗的做法似乎都风险太大，并且您承受着巨大的压力，想要遵循通常的做法，那么我们还有一种折中方案，兽医可能会同意。对于每一种疾病，您都可以给宠物接种2次疫苗，从宠物16周大开始，并且按照下述时间安排来进行。

首次接种犬瘟热疫苗（加肝炎疫苗）：16周

首次接种细小病毒症疫苗：20周

第二次接种犬瘟热疫苗（加肝炎疫苗）：24周

第二次接种细小病毒症疫苗：28周

显而易见，我更喜欢第一种方案，因为那样是等到宠物的免疫系统发育得较为成熟后才进行接

种；不过，上述第二种方案的效果多半也很好，不会出现什么问题。在本书的前几版中，我们都列出了这一方案；但我们从来没有听到读者反馈说，使用这种方案后出现过什么问题。

// 幼猫

利用上述同一方案，您可以让幼猫在22周大时一次性接种犬瘟热疫苗（和猫泛白细胞减少症疫苗）；对于宠物猫来说，一生中接种这一次疫苗，就足够了。我并不支持大家给幼猫接种鼻气管炎疫苗与杯状病毒疫苗，因为在我的印象中，这两种疫苗都不怎么有效。

再则，像幼犬的情况一样，假如受到了来自家人或者兽医的巨大压力，那么您可以待幼猫长到16周大时给它接种疫苗；这样做，多半也不会有任何问题。到了这个年龄，半数以上的宠物，甚至很可能是3/4的宠物，它们的免疫系统都已经发育成熟了。

至于其他疫苗，要提醒大家注意的，就是猫类白血病疫苗。这种疫苗，是猫类所用疫苗中最具危害性的一种。我已经看到过，许多猫咪在接种了这种疫苗后生了病、感染了猫类传染性腹膜炎，原因是白血病疫苗抑制了宠物的免疫系统。您一定要注意这个方面的问题。

此外，还要避免一年一度的强化接种。兽医推荐的那种一年一度的强化接种，尽管已经变成了普遍做法，但从来都没有什么科学依据。我的建议是，进行了最初的那几次接种后，大家就不要再给宠物接种任何疫苗了，因为它们都是毫无必要的。而且，兽医界最新的官方观点也称，一年一次的重复接种既非强制规定，也没有效果。您那儿的兽医可能没有听说过这种观点，或者甚至并不认同这一观点。然而，您大可放心，因为兽医免疫学领域里的专家已经接纳了这种观点，会支持您做出不让宠物每年接种疫苗的决定。这可不是什么最新消息，而是被人们忽视了的消息。有一种例外情况：如果您是在猫狗年龄较大时才领养宠物，那么，由于没有猫狗病历，因此您并不知道它们有没有接种过疫苗。在这种情况下，您有两种选择。

⊙进行一次效价测定。这是一种血液检测，可以判断出宠物的血液中是否已经存有抗体。假如已经有了抗体，就没有必要再去接种疫苗。

⊙只接种一次，不要多次接种。一次接种（用单一的病毒疫苗更可取），就足以为宠物提供终生的保护。

// 狂犬疫苗的问题

接种狂犬疫苗，结果会怎么样呢？这是许多人面临的一个难题。从自身的经验来看，我确信有些宠物会因为接种了这种疫苗而生病。不过，狂犬疫苗是法律规定狗狗必须接种的唯一一种疫苗（在美国的某些州里，宠物猫也必须接种）。这种规定，实际上是为了保护人类而设立的，至于疫苗对宠物来说是好是坏却无人关注，因此，很少有宠物可以不去接种。

我并不赞同您用顺势病理制剂取代狂犬疫苗来预防狂犬病。关于这种病理制剂的效果究竟有多大，我们的临床证据还不充分；而且，这样做也会让您面临法律上的风险。

// 宠物狗

接种狂犬病疫苗后，宠物最常见的一些不适症状，就是产生攻击性、多疑、不友好的行为、不正常地兴奋、具有破坏性（毁坏毯子、毛巾等）、害怕独处，并且朝着并不存在的幻象咆哮或吠叫。虽然这些症状可以用顺势药物来进行治疗，但有时很难治愈。我们在临床实践中，最令人难过的事情之一，就是我们正在想方设法让一条宠物狗恢复健康（有时，我们还付出了漫长而细致的努力），可默许顾客遵守法律规定、为宠物接种了狂犬病疫苗后，结果却使得宠物旧病复发，并且健康状况还一路下滑。如果不再让这些宠物接种疫苗，情况可能要好得多；不过，从目前的法律环境来看，我们却是必须这样做。

采用顺势疗法的兽医都发现，我们充其量能够做到的，就是治疗宠物狗接种了疫苗后出现的种种症状。我会让顾客在宠物接种疫苗后的第一个月里，对宠物进行密切的监控；假如宠物性情大变，或者出现了生理上的症状，那么我们就会利用前述药物来对宠物进行治疗。这种办法非常实用。我们有35种效果不错的药物，因此最好的办法，就是让宠物狗的情况朝着恰当的方向发展（当然，您必须与一位采用顺势疗法的兽医协作，才能判断出这一点），这也是最安全的一种办法。

假如您没有这种选择，那就不妨参阅“狂犬病”一节，了解另一则建议。

// 其他的选择

⊙假如之前宠物狗对接种疫苗反应非常不好，那么让兽医开具一封信函，说您的宠物狗身体不好，因而不能接种狂犬疫苗，这种做法有时是会获得当局允许的；尤其在您的宠物狗年纪很大，以前又接种过疫苗的情况下。

⊙还有一种可能性，那就是从宠物身上抽取血样，检测其中是否具有让宠物不会患上狂犬病的成分（抗体）。我们在前文中已经论述过这一点；这种检测，称为判定“狂犬效价”在美国国内一些郡里，官方允许用这种方法取代一次强化接种（但不能用这种检测取代首次狂犬疫苗接种）。您可以向兽医确认一下，能否采取这种办法。您也有可能需要亲自去联系当地的卫生部门，并且坚持不懈地向卫生部门提出这种方法，才能搞清楚具体的情况。

在这一点上，您并没有其他什么合法的选择，来让宠物狗不接种狂犬疫苗。美国许多州都规定，您必须在幼犬长到4个月大时，给它接种疫苗（您可以看一看自己所在州的具体规定）。

那么，怎样才能让这种规定与我们推荐的那种时间安排保持契合呢？最理想的局面，就是最后给宠物狗接种狂犬疫苗，至少也要等到其他疫苗全都接种完毕的1个月后，才去接种。然而，这可能意味着，人们会认为您拖延太久才去给宠物接种狂犬疫苗。假如做不到这一点（也就是说，合法地拖延接种的时间），那么，您可以在宠物长到4个月（16周）大时，首次给它接种狂犬疫苗；然后，等宠物长到22周大后，再按照我在上文中提出的计划，去给宠物接种其他的疫苗。

// 宠物猫

尽管在接种狂犬病疫苗后，猫咪身上出现的行为变化，并不像在狗狗身上那么多，但上述方法也适用于宠物猫。然而，猫类也有可能受到疫苗接种的影响。您或许可以按照我们针对宠物狗提出的建议，给宠物猫也进行一次“效价测定”，尤其是在主管部门要求您对猫咪进行强化接种时。正如前文所述，这种做法究竟会不会被主管部门接受，各地的规定实际上大相径庭；因此，您首先应当确认一下。

假如您觉得必须给宠物猫接种狂犬病疫苗，那么最佳的接种时间，就是在猫咪接种了犬瘟热疫苗的1个月后（宠物猫长到5个月大或者更大一点时）。

// 一种实验性的替代办法

我们中一些处于最前沿的人，既要应付社会对于接种疫苗、保护宠物免生疾病的需求，同时又发现自己面对的是一些因疫苗而致病的宠物猫狗；因此，他们一直都在寻找其他的途径，想要用一些更加自然的办法来保护这些宠物。我们知道，自然界里那些刚刚出生的动物，都有自己的母亲保护着。在幼兽发育的过程中，母兽体内产生的抗体，会转移到胎儿身上；而且，在幼兽出生后的头两天里，这些抗体还会通过母兽的乳汁，进入幼兽体内。这些抗体会附着在幼兽的肠壁上，防止它们遭受常见疾病的侵袭；同时，它们还会在幼兽的血液中循环，以防万一。这种现象，称为“被动免疫”。当然，这种免疫力的持续时间，取决于新生幼兽获得的抗体数量；不过，对于许多幼兽而言，这种免疫力都能够持续长达18周的时间。

在有母兽提供保护的这段时间里，幼兽通常也会在一定程度上接触周围的病毒，可幼兽还是获得了保护，不会生病。随着这种免疫力逐渐消失，幼兽既会得到部分保护，同时也能主动做出反应，形成自身的免疫力了。这就是生存于野外的动物，虽然从未接种过疫苗，却仍然能保持健康的原因。

在采用顺势疗法的兽医举办的年会上，我们曾经详细地讨论过这个问题。有位兽医刚刚提交了一篇论文；由于他一直精心保留着记录，因此他能够向我们证明，接种过细小病毒疫苗的幼犬在患上细小病毒病后，存活概率比那些没有接种过疫苗的幼犬竟然还要低。这篇论文，还促使新泽西州的顺势疗法兽医罗丝玛丽·曼齐阿诺，与我们分享了她在“自然免疫”方面的经验。在她的家乡有一个地方，那里的浣熊经常患上犬瘟热。对于那些愿意尝试一下的顾客，罗丝玛丽会让他们把年幼的宠物狗带到这个地方，放出去跑上5分钟，然后再带回家去，总共去2次。1个星期后，在对这些幼犬进行体检时发现，这些宠物身上都产生出了犬瘟热抗体，都对这种疾病产生了免疫力：而这种情况，完全是在没有给宠物接种疫苗的情况下发生的。她已经坚持这种做法11年之久，总共测试过100多条幼犬。[7]

这是一种非常有趣的想法，我发现，这种方法很有吸引力；但显而易见的是，我们还需要积累更多的经验，才能知道作为一种替代办法，它究竟可不可靠。

// 未来的担忧

假如不给绝大多数宠物接种疫苗的话，我们会不会面临着疾病卷土重来的风险呢？这是一种合理的担忧；我们如果什么都不做，仅仅是不再给宠物接种疫苗的话，这种做法也的确会带来风险。我在此处提出的做法，目的可不是带来风险。

总结一下本章的内容：尽管疫苗有助于降低宠物感染疾病的频率，但它们本身也有问题。给人和动物不加分别地使用疫苗，已经导致了各种各样的病症。没有什么东西会是百分之百安全的，疫苗也一样。假如严肃认真地考虑一下这个问题的话，难道我们不该把疫苗接种列入许多动物致病的因素中去吗？我在此处倡导的做法，强调通过利用宠物对疾病的自然抵抗力，让宠物达到一种高度健康的状态。假如宠物全都达到了高度健康的状态，那么就算出现一种传染病，也不会有几只宠物会轻易受到感染了。假如我们再结合使用一些应对疾病的替代疗法，比如利用顺势病理制剂让幼小的宠物形成自然免疫力（如前所述），甚至是只在出现疫情时才接种疫苗，那么，我们就能更好地解决这个问题了。

我发现，兽医行业里还有一种观点，认为疫苗的效果很好，是“一种终极的解决办法”。这种观点是不对的。承认我们需要一种更好的办法，首先就要明白，我们目前的疫苗接种项目并**不是**一种终极的解决之道。

---

7 参见威尔·法尔科内尔发表的《无须接种疫苗，预防细小病毒病与犬瘟热》一文，2014 年 3 月 17 日。

结　论

在发明之初，疫苗接种似乎是一个好主意；可实际上，它却是身体在形成免疫力时，一种不符合自然规律的做法。它绕过了身体在进化过程中磨炼出来的那种功效一流的免疫系统，主动引入有毒物质，从而导致体内出现了对抗自身的种种反应（过敏症）。有时，它会让接种了疫苗的动物更加容易感染疾病；而接种疫苗，原本却是为了预防这种疾病呢！

我强烈建议，大家将疫苗的用量降到最低，只在疾病威胁到了宠物生命的情况下才去使用，并且不要经常让宠物重复接种。我们拥有几种替代办法、拥有顺势疗法，如果您想要实验实验的话，您甚至还可以利用那种自然接触方案。当然，如果您下定决心，要对当今世界上过度接种疫苗的做法保持警惕的话，您最好与一位兽医合作，因为兽医能够提出建议，能够监测整个过程，并且给您提供不同的选择。

第 17 章

整体疗法与替代疗法

“我的狗狗患上了关节炎。您能告诉我，哪种维生素或者矿物质，会有助于狗狗的康复呢？”

这是人们经常提出的一个问题。对此，我们不难理解。这个人问的是有没有哪种营养成分，其作用能像灵丹妙药一样；他并没有认识到，这个问题的答案可没那么简单。要是真有那样的营养成分，像关节炎这样的疾病，就不会再让我们深感烦恼了。

实际上，健康问题很少是由单一因素导致的。即便是对于表面上看来似乎是由单一因素导致的情况，比如由细菌或者病毒导致的感染，我们也必须认识到，宠物整体的健康水平这个隐含的因素，

 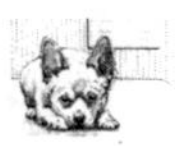

与细菌或病毒的传染性这个因素同样重要。宠物生病，绝不可能只是一个因素导致的，比如可恨的寄生虫、险恶的病毒、有毒的化学物质，往往都是含有两个因素；除了寄生虫、病毒或化学物质，其中的另一个因素，便是受到了疾病威胁的宠物的健康状况。在一群感染某种传染性疾病的动物中，往往还有一些动物不会生病；这一点，正是理解如何保护宠物的关键。换句话说，宠物的抗病能力要下降到一定程度，它才会生病。假如宠物的健康状况为细菌的滋生提供了一个良好的环境，那么细菌就会充分利用这一点。假如这种“土壤”不适合细菌生存，那么无论多么渴望，细菌都是不可能在其中滋生的。同样，如果宠物应对有毒物质的本领没有受到削弱，那么接触有毒物质的后果有可能是微不足道的。

在前述各章里，我们已经花了大量的精力来关注食品质量对健康的影响。优质食品的作用，就是维持一种高度健康的状态，以便身体对病毒感染和有毒物质保持最大的抵抗力。在本章中，我们将主要关注抵抗力这个方面。动物个体是如何应对挑战的呢？动物摄入的食物可能具有问题，比如，或是营养价值不高，或是受到了污染。然而相同食物对不同动物的影响却大不相同。有些动物非常健康，会相当轻松地应付好问题食物。还有一些动物则不那么健康，因此看似非常微小的应激源，也会对它们产生巨大的影响。

例如，有人可能会说，用本书中的某种食物配方喂饲后，狗狗的情况非常不错；而另一个人则会反馈说，她的宠物狗完全受不了这种食物，吃了就会腹泻，或者出现别的什么问题。两种情况之间的差异，就在于宠物的健康状况不同。那只看起来易受影响、具有过敏性、容易产生不适的宠物，说明它的健康状况不佳，而另一只狗狗的反应则是相当令人满意的。

假如一个人试着用一种新食物比如玉米、大豆或者蔬菜，去喂饲宠物，却看到宠物不适应这种食物，他就有可能不愿再接着尝试了。他还会总结经验，认为这种食物并不适合所有的狗狗或猫咪。但这并非正确的推论，不适应新食物其实说明了宠物的健康状况不佳，而对此我们是可以进行纠正的。认识到这一点并解决问题，是非常重要的。

在临床实践中，我的做法是：如果用某种食物配方喂饲宠物后，宠物出现了什么问题（但这种情况并不常见），那么我就利用替代药物（尤其是顺势疗法），对宠物进行治疗。这样做可以把那些问题纠正过来，让宠物的健康状况达到最佳；接下来，宠物就会表现得非常出色了。

在本章中，我将把这种替代疗法呈献给您。

潜在的疾病

宠物抵抗力很弱的原因很多，除了上文论述过的食物原因，还包括：

⊙接触家人或者环境而导致的疾病；灭蚤喷剂、跳蚤清洗液或者灭蚤颈圈；经常给服的药物，比如用于驱除肠道寄生虫或者心丝虫的药品。

⊙情绪上的压力。

⊙传染性疾病，或许经过了治疗，却没有断根。

⊙由疫苗反应导致的健康状况不佳（疫苗接种不良反应）。

⊙免疫功能紊乱，比如过敏症、甲状腺疾病、关节炎、慢性耳疾。

在从业过程中，许多被主人带到我这里来诊疗的宠物，都患有上述疾病之一。来时，它们早已病倒；通常情况是，人们已经用常规办法进行了大量治疗，这些宠物却没有恢复健康，并且已经到了疾病的晚期。虽说我们已尽自己所能改善宠物所处的环境条件，为宠物提供最佳的营养，可宠物的情况却仍然不容乐观。

今天，抗生素和疫苗使得传染病的发生率大大降低了，但同时慢性疾病却增加了。今天的许多常见疾病，比如猫的甲状腺功能亢进、炎症性肠道疾病和慢性膀胱炎，狗的髋关节发育不良、糖尿病，在我刚刚进入这一行业时，都非常罕见。原因并不是当时无法识别出这些疾病，而是当时还没有这些疾病。

如今的常见疾病和慢性疾病中，绝大多数都是在过去大约30年的时间里出现的，并且许多是因为免疫系统出了毛病造成的。我是说，这些疾病都属于“自体免疫性疾病”，即身体的某些部位受到了自身防御体系的攻击。这种防御体系，原本是为了保护身体不致遭受外部伤害的。还有一些常见疾病，则是有毒化学物质在组织器官中积累导致的，而此后进行的不当治疗，又加剧了原有问题。

单单靠改善宠物食物质量和生活条件并不能解决这些问题。宠物的身体需要得到帮助，才能恢复到健康状态。因此，我们可以选择的，就是给宠物进行额外的治疗；而我要向您推荐的，也正是我们称为“整体疗法”或“替代疗法”的治疗体系。

很多读者可能听说过整体疗法，但并不理解其真正含义。我经常听到有人这么说：“我的兽医采取的是整体疗法。她给我的猫咪开了维生素。”换言之，许多人都以为，整体疗法就是指利用某种不同于药物治疗的方法。因此，接下来我先给您澄清一下整体疗法的真正含义，并且跟您分享我的经验。

// 片面疗法的局限性

跟所有的兽医一样，我在学校里学到的，都是常规的诊疗方法，并且实践了多年。当然，利用常规的诊疗方法，人们取得了一些令人瞩目的成就，尤其是在治疗急性感染和外伤方面。然而，从以症状为中心的角度看待健康问题时，我们的思维往往会变得高度分化和功利化，从而看不到范围

更广的生物模式和过程。我们往往都过分依赖于使用药物和进行手术，而把更广泛的体质增强和预防方案排除在外。

当代医学通常都以控制、消解症状和不适为导向，实质上忽视了身体天生具有的自愈本领。从某种程度上说，常规治疗方法的主要作用，不是增强患者的体质，而是抑制身体为了自愈而进行的种种努力。原本，我们只要给予身体自愈本领以恰当的支持就行了。

我们都急于获得迅速而轻松的解决之道，因此会不分青红皂白，彻底转向某种药物或者维生素，就像本章开头提出问题的那个人一样。结果，我们便陷入到了抑制症状的治疗方法中，一些现代药物尤其擅长发挥这种抑制作用。例如，各种形式的合成“可的松”都药效强劲，可以将许多不同的症状堵在半路上；不过，体内的那种病症却依然存在，只是如今从外表看不出来罢了。

我和同事们在翻看病历时，曾经一次又一次地看到，一些利用这些药物进行了大力治疗（并且表面上治疗得很成功）的宠物，在数个星期或者几个月后，便转而患上另一种疾病，且通常会更加严重。例如，一条患有皮肤疾病的宠物狗，在持续使用“可的松”类药物抑制病情后，可能会患上脊柱钙化、胰腺炎或者关节老化等疾病。一只患有慢性膀胱炎的宠物猫，用药物进行治疗后，经常都会表现出像肾衰竭、糖尿病或者甲状腺功能亢进症这样更加严重的问题。

我们常常都以为，新的症状与原来的症状没有关系；但我要指出的是，它们之间并非没有关系。疾病受到抑制后，只是深入到了体内，并且涉及宠物的内脏和其他一些更加关键的器官，从而导致疾病更加严重。我们必须牢记，身体出现症状总是有原因的，因为症状就是身体防御机制的一个组成部分；所以，一再抑制症状，只会让宠物的身体变得更加虚弱。

// 药物导致的问题

药物带来的副作用甚至是医源性（“由医生导致的”）疾病，都是严重依赖高效药物带来的问题。尽管人们认为，人类医学中的医源性疾病是个严重的问题，可兽医研究人员却几乎从没研究过这些方面。就我的观点和经验来看，医源性疾病问题在兽医领域里也是极其常见的。我已经看到过，将旷日持久的药物治疗停下来后，许多宠物的健康状况都得到了极大改善。

与药物相关的一些常见并发症病例包括：食欲不振或腹泻（由使用口服抗生素导致）、皮疹、扭搐、听力丧失（由使用镇静剂和抗生素导致）、严重危及生命的贫血症（血液中的红细胞数量减少，最常由抗生素导致），以及行为变化。行为变化通常指宠物变得暴躁易怒和具有攻击性，但有时也会出现焦虑性的表征，比如害怕噪声、打雷和陌生人，甚至是害怕不常见的东西（由使用精神类药物导致）。假如开始治疗后不久，宠物身上就出现了这样的症状，那么多半与所用药物有关。长期用药带来的常见影响，是导致宠物变得行动迟缓、怠惰懒散。

在许多情形下，尽管宠物不需用药，但兽医却会使用药物，目的不过是安抚顾客，并且让门诊收费显得有理有据罢了。例如，兽医经常会开出抗生素，来治疗病毒性疾病。其实，抗生素只对灭杀细菌有效，对病毒却没有作用。这种情况，责任并非仅仅在于兽医（或者医学博士）。遗憾的是，我们都认同使用这些药物的必要性。许多人都会坚持，要医生给他们的宠物打一针，或者给宠物带点药回家；要是医生不答应的话，他们就会去找能够答应这种要求的其他医生。

除了使用药物之外，还有别的办法有可能治愈疾病。难道想到这一点，真的有那么难吗？我们为什么会如此严重地依赖药物和手术呢？

医学领域里的观点分歧

西医的历史沿革是个复杂的课题；但我认为，其中很大部分都可以归结为几种思维方式：不管我们是医生还是顾客，绝大多数人都拥有这些思维方式，并且在文化上共享着这些思维方式。其中之一，就是我们都想要“迅速康复”。我们都不希望太多地改变自己的生活或者习惯。毕竟，继续按照既有的文化方式生活下去更容易一些，哪怕这种文化方式被认为存在某些缺陷。当有些问题我们认为是无法改变时，我们倾向于调整自身，接受并忍受它们。

例如，我们学会了不吃某些会导致过敏反应的食物。但是，如果花点时间和精力，深入一点研究，理解并治好这种病症的话，我们没准能够彻底地消除过敏症状呢！事实上，我真希望经我治疗的患病宠物，在接受营养和顺势治疗的过程中，全都真正从食物过敏中获得康复。

// 生命力

上述那种功利性的观点，还会造成更具根本性的障碍；这种障碍长期左右着西方科学，对现代思维和现代文化都产生了深远的影响。由于科学家无法看到或者度量出像意识、思维、感觉、生命力这些不明确的现象或整个生命系统，因此其中的绝大多数人，都只是研究过生命中有形的和物质的方面。所以，我们目前的科学、医学和文化在看待身体时，都只是把身体当成了一个实体，认为身体跟一台机器、一组化学物质和一种机械过程没什么两样。实际上，这种做法就是把患者简化成了一个“肉球”。

结果，尽管世界历史上几乎所有的文化与治疗方法中（其中也包括我们的），都间接提到过世间存在一种统一的生命力，可绝大多数科学家却不再那么认为了。

这种生命力，中国人称为“气”，波利尼西亚人称为“神力”，苏族人[1]称为“瓦坎达魔力”，埃及人称为“灵魂”，而如今的印度教徒则仍然称为“普拉那生命能”。在中东地区，人们称为“幸运力”。在非洲，布希曼人称为“恩乌姆”。属于地球上最古老文化群落的澳洲土著，则称为“阿隆奎尔瑟”。在我们的西方医学史和西方哲学史上，这种东西被称为“生命力”。

如何称呼“生命力”本身并不重要。我们既可以说“气”，也可以说“让我们活着的能量”；哪种说法都没有关系，只要我们理解了下述概念就行：我们的有形躯体和心理表征背后，存在着一个具有控制力和引导作用的能量场（也就是一种信息场）。正是这种能量场，才让身体保持着最完美的秩序，才使得身体能够不断更新；而对我们实现从医目标尤其重要的是，它能够让身体修复任何受损部位。阐述清楚这个问题，可能需要整部整部的著作才行（如今也已经有了这样的著作）。在此，我仅通过一个例子来说明生命力那种惊人的组织本领吧！

海绵是一种相对简单的生物，因为在赋予海绵形体的支撑性骨骼（与我们赋予身体形状的骨骼类似）上的细胞数量有限。海绵虽说种类繁多，但它们的形状和特点却很稳定，因此我们能轻松辨识出来不同种类的海绵。您可以取一个海绵，将它切成碎块，并且用丝巾挤干碎块的水分，使得其中所有的微小细胞全都彼此分离开来，形成“粥”状。这样，它们不再有可以辨识的外形，与最初的海绵已完全不同。有意思的是：假如让这种“稀粥”在水中静置一会，它就会慢慢聚集，重新组织起来，最终变回一个完整的正常海绵，与切开前的那个海绵一模一样。它能够继续生存下去，就像什么事情都没有发生过一样。

仿佛这种现象还不够惊人似的，在一个实验中，人们曾经让两种类型不同的海绵——红海绵、黄海绵也经历了上述过程，并将它们混合到了一起。尽管如此，在接下来的24小时里，红海绵的细胞与黄海绵的细胞却成功地分离开来，并且重新组织，复原成了实验开始前最初的那两只海绵。正如在他那部杰出的作品《超自然》里，莱尔·华特森描述这些实验时所说的那样：“这种逐渐恢复秩序的本领，正是生物最具生命力、最具独特性的特点。”

在现代科学形成的过程中，曾出现了一种哲学上的分歧。活力论者认为，有一种力量推动并且控制着有形机体；唯物论者否认这一点，并认为一切生命都可根据化学和物理过程来进行解释。最终，唯物论者占了上风，他们的观点变成了当代科学、医学和文化的基础。由于唯物论者的观点几乎完全忽视了生物的引导性智慧，因此主流医学通常把病症当成必须加以掌控和抑制的敌人来对待。

今天，我们绝大多数人追求对疾病进行物理解释，与科学发展史上的这个转折点有直接的关联。我们首先看到的，就是细菌、寄生虫、基因缺陷，或者是因为年老而导致的机械磨损。而且，我们

1 苏族人（Sioux），北美印第安人中的一族，他们自称“达科他族”（Dakota）。

还有一种偏见，就是应把研究经费集中在物理解决办法的研究上，比如开发新药。而对于那些需要我们改变饮食和生活方式，或者需要清理所处环境的解决办法，我们觉得不值得投入经费研究。只要想一想，如今已经有82 000种化学物质进入了地球环境中，而且其中许多化学物质都具有毒性或致癌作用，再想一想人们都不太关注阻止这种做法，不太关心将这些化学物质清理干净，您就明白了。

// 情绪压力

我们的常识性观点与现代医学的观点不一致，还有一个例子，即导致疾病的情绪。尽管医生可能会在口头上说要患者避免情绪压力，或者医生可能会注意到，经常有患者在遭遇了精神上的紧张不安后会生病的现象，但他们用于对健康问题进行治疗的，通常仍然是药物或者手术。我们个人可能会承认思维和感受的重要性，或者甚至是承认掌控我们生命形式的那种统一智慧很重要；但从整个社会来看，我们在预防和治疗绝大多数疾病时，却是不会严肃认真地去考虑这种观点的。

// 整体疗法重出江湖

近年来，许多医生和普通民众都已认识到，他们受到了现代医学方法局限性的约束，因而开始探索和复兴多种整体疗法，其中既有用于人类的，也有用于宠物的。我们所说的“**整体**”，又是什么意思呢？对于曾经碰到的一些定义，我实在只能是一笑置之。在前文中，我已经给您举过一个例子，那就是把整体疗法和使用维生素混为一谈的现象。考虑到我们在本章中迄今已经论述过的那些内容，因此我要是说，“**整体**”一词指的就是采用一种不同的视角来看待健康问题，就应该不会让您感到惊讶了。我们不妨从自己熟悉的一个方面即普遍的观点开始，然后再将它与我们所称的“整体观”来进行比较。

// 对抗医学

我们这里把大家普遍体验过的医学称为当代医学。当代医学也被称为对抗医学；其中的“**对抗**”一词是指，所用的治疗手段旨在控制、阻止或者抑制疾病的种种表现形式。我们绝大多数人都已习惯了这种治疗方法：医生或者兽医会给患者开抗生素、打过敏针、接种疫苗、实施手术，等等。使用药物或者实施手术的基本原则，就是控制或者阻断疾病的症状。例如，对抗疗法中会使用消炎药（阿司匹林、类固醇），来阻止炎症呈现出临床症状。

至于炎症，您会经常听到这样的说法，那就是炎症很“不好”，应当彻底消除才是。人们没有认识到的是，炎症正是身体治愈和修复自身的一种手段。炎症持续久了，变成了慢性炎症，这说明身体正在努力修复某种深层的病症。所以，抑制住炎症就会让这种深层病症保持原状，从而使得患者的整体健康状况下降。

再举一个例子，对抗医学中经常使用一种通过抑制大脑的某些功能，从而阻断癫痫发作的药物。确实，您可以使用阻断癫痫病发作的种种手段，假如一种药物能够让大脑“安静下来”，我们又何乐而不为呢？诚然，药物的确能够暂时阻断症状，但是，药物似乎无法真正把患者治好。患者仍然会觉得自己没有完全好起来，或者症状虽然少了，如今却变成了慢性的和不断复发的症状。有时，患者过后甚至会患上其他疾病，它们与原有疾病同样严重，或者更加糟糕。

我之所以开始走上寻找其他治疗方式的道路，并且一直沿着这条道路往下走，正是因为我开始看到了对抗疗法的种种局限性。

// “头痛医头、脚痛医脚”的疗法

对抗医学的另一个特点，就是它在治疗方法上会将患者看成由“一个个零件”组成的。我们可以举“本尼”为例。“本尼”是一条非常机灵的小型猎狐㹴，性格上兴奋易怒。第一次癫痫发作时，主人还以为它可能是中了毒。待它的癫痫再次发作后，平时给它看病的那位兽医，便给它开了一剂镇痫药。这的确让它的癫痫症状消失了；可与此同时，“本尼”睡觉的时间也多了。几个月后，它身上的毛开始一片片地掉落，皮毛上也开始给人一种油乎乎的感觉。兽医又做了一次诊断，发现它患上了甲状腺机能低下症，这意味着它的甲状腺机能减退了。于是兽医又给它服用一种药物，取代体内没能产生的甲状腺激素。此后，“本尼”的确变得精神了一点，而它的皮毛状况也有所好转。不过，如今它必须服用两种药物，即镇痫药与甲状腺激素药，并且据说在余下的一生里，它都必须继续服用这两种药物。

然后，“本尼”顺顺利利地过了两年，直到后来，它在爬楼梯时，问题开始出现了。它并不是像一个小孩子那样蹦蹦跳跳地上下楼梯，而是上下得很慢、很谨慎。显然，它的行动很不灵活。用X光进行了进一步检查后，医生诊断它患上了脊柱炎。于是，兽医给它开了一种消炎药和一种镇痛药。现在，它要服用4种药物了。虽然宠物主人南茜没有明确地问过兽医，“本尼”的最终结果会如何，但她完全可以料想到，“本尼”的余生都得服用这4种药物。

这个小故事说明了两点。一是人们对疾病都是逐个进行治疗的，就像它们之间毫无关联似的。毕竟，“本尼”大脑里的一种问题（癫痫症），怎么可能与甲状腺有关呢？患有甲状腺机能低下症，又怎么可能让它患上脊柱炎呢？我想，绝大多数兽医都会告诉顾客，这些症状之间是毫不相干的。

这种观点，正是对抗医学中的组成部分。这是因为，如果能够一次只处理一个部分，那么在解决整个问题时，就会比较轻松。

二是由于医学领域里存有这种观点，因此随着时间的推移，使用药物的数量也会不断增加。新的症状模式出现后，医生就会做出新的诊断，而结果就是，在治疗方案中增添“合适的”新药。这样，情况可能就会变得更加复杂。

// 整体观点

像“本尼”这样的病例，若是用整体疗法的话，又应当如何来进行治疗呢？我可以从一个方面，即用顺势疗法进行检查诊断的方式这个方面，来说一说（所用的方法可能会多种多样，这取决于整体疗法所用的形式；比如说，中药会强调脉象或者舌象）。我希望了解的是宠物发病之初的详细情况，其中最重要的是它的癫痫是如何开始的，以及首次发病到进行治疗前，“本尼”身上都有些什么症状。比如，我会询问宠物主人下面这些问题：

⊙首次癫痫发作是什么时候？是在白天呢，还是在晚上？是在睡觉时吗？

⊙癫痫病发作时，宠物是个什么样的姿势？是倒在地上吗？是滚来滚去吗？抑或只是直直地站着不动？

⊙整个过程中，宠物意识清醒吗？

⊙癫痫发作持续了多长的时间？

⊙在癫痫病发作期间，它有没有便溺？

⊙发作过后，宠物有什么表现？是饿、渴、不辨方向还是具有攻击性？

⊙随着时间的推移，这种癫痫症多久发作一次？症状模式是不是有所改变，还是说一直与首次发作时一模一样？

⊙您有没有看出，是什么东西引发了这种病症？是压力、情绪上的紧张不安、吓了一跳，还是因为进食的问题？

您可以看出，我们希望对癫痫发病状况形成一个清晰的判断，尤其想要了解在兽医对它进行治疗前，“本尼”发病时是个什么样子。为什么说这样做很重要呢？因为治疗前，我们看到的是这种疾病自然发作的情况，而经过治疗后，疾病发作的状况就会不同了。不管进行了什么样的治疗，如果没有治愈，那么继续出现的癫痫发作状况，就会变成被治疗修正过了的状况，从而形成了一种由自然疾病与医疗作用共同组成的混合状况。这种混合状况可能误导我们，使得我们更加难以了解病情，更加不知道如何去进行治疗。使用顺势疗法时，我们不会对狗狗患上的每一种癫痫状况都使用同一种药物。有的药物是针对在宠物睡觉时发作的癫痫症，有的药物针对的则是发作时小便失禁的癫痫症，等等。

但是，整体疗法还不止如此。我们还需要了解宠物在患上癫痫前的健康状况。这条可怜的小狗，以前可能进行过其他的病情诊断，它们也是宠物健康问题的表现。我们会查阅宠物的全部病历，从幼犬时期开始，一直查阅到目前，以便尽可能地了解宠物的病史，并且在制订治疗方案时，把这些情况全都考虑进去。

现在再回到"本尼"的病例上来。我们掌握了关于其癫痫症的所有情况后，还会关注其健康状况是如何随着时间而变化的。我们已经看到，"本尼"的皮毛发生了改变，甲状腺出了毛病，最后则是脊柱出现了关节炎。要是由我来负责治疗的话，那我就会去了解它的癫痫症以及其他病况的详细情况。最后，待这些情况全都了解清楚后，我想出来的治疗方案，就会解决它的整个发病模式：癫痫、毛发脱落、皮毛油腻、甲状腺功能异常以及脊柱炎。我开出的顺势药物，将会**全部**解决这些问题。我们的理念就是，不要把这些问题看成是各自孤立的方面，而应当整体考虑"本尼"长久以来的**健康状况**。这种健康状况，是用几种不同的方式，将宠物患有疾病与机能失调的情况表现出来的。

现在，您就能够明白，我们为什么会用"**整体**"一词，来表示全面看待宠物的意义了吧？整体观点的前提是：连续出现的健康问题，彼此之间是有关联的。为什么呢？因为受到这些症状影响的是整个宠物。宠物是各个层面都具有紧密联系的**整个个体**；因此，在任何一种复杂的过程中，假如一个方面失去了平衡，就会使得另一个似乎并不相关的方面也失去平衡。

所以，在"本尼"这个病例中，一开始出现的癫痫，就是一种深层疾病的表达形式；而这种深层疾病，仅凭一种使得宠物大脑运行缓慢下来的安眠药，是治不好的。随着时间的推移，这种深层疾病又开始用另一种形式表达出来了，即甲状腺的问题；而甲状腺问题，仅凭一种替代性的药物，也是治不好的。药物并没有修复宠物的甲状腺，只是提供了一种合成激素来取代宠物自身生产出来的天然激素罢了。"本尼"患上了某种形式的关节炎，则是同一种疾病的进一步发展。癫痫症发作、甲状腺机能低下症、毛发成片脱落和皮毛油腻，还有脊柱炎：从头到尾，它们都属于同一种疾病表达出来的症状。整体观点不会将这些方面分成不同的、相互孤立的类别来进行诊断。

"真的吗？"或许您会问，"我请的兽医采用的确实是整体疗法，可对宠物的每种健康问题，他都会做出一种诊断，就像您刚才描述的那样。"诚然，这种情况非常普遍。许多持有整体疗法观点的兽医之所以仍然会这样做，是因为他们以为，您这个顾客希望听到这种诊断。尽管如此，真正践行整体疗法的兽医，是能够利用我们在此论述的关联方式，理解各种症状之间的联系的。

// 症状的意义

绝大多数具有整体视角的医生，都持有这样的一种观点：症状代表着个体生命力的作用，即代表了那种维持整个身体能量或者影响力的作用。产生症状时，生命力就是通过像腹泻、呕吐、咳嗽、打喷嚏、流脓，以及诸如此类的症状，在竭力摆脱疾病的困扰。这也就是说，出现症状是有原因的，它是身体恢复平衡的一种机制。腹泻的作用，是将有毒物质从肠道里面排泄出去；呕吐，则是为了把胃里的有毒物质排除出来。咳嗽和打喷嚏都是排毒手段，而脓疮中流脓，也是如此。因此，作为医生，我们会尽力配合症状产生的作用，会用温和的方式，协助身体努力恢复协调。我们不会试图去抑制症状，而是会协助身体完成它正在努力做到的事情。我们还会考虑到健康状况中的情绪与精神两个因素，细心观察宠物在情绪与精神层面的起伏状况，并且经常建议顾客做出改变，以便让宠物的内心达到更加平静和谐的境地。

我们并不是在否定生理因素的重要性。那些致命的微生物和环境中各种各样的侵扰，我们自然也必须考虑。不过，重要的是认识到，同样接触到这些因素的个体，在抵抗力这个方面常常却会具有重大的差异。

请让我这样来扼要地重述一下：单个宠物是一个完整的个体，而不是由各个部分拼凑拢来的。若是整体上健康、均衡，那么宠物就不会出现什么症状。如果宠物受了伤，或者接触到了某种具有传染性的生物，那么宠物就会做出全面的反应；而这种反应，其中就包含了产生出相应的症状。这些症状（甚至是发炎或者疼痛），都是身体正在经历治愈过程的表达形式。

这样说，您理解了吗？数年前，我开始理解了这一点，它既改变了我对健康与疾病的看法，也使我在让宠物恢复健康时，效率要比以前高多了。

// 一个对比鲜明的例子

让我们举一个例子，以便更加清楚地说明两种医疗观点在理解症状方面的差异。想象一下，您在胳膊上割了一刀，让伤口流上一阵子血。您会不会完全指望伤口会自行愈合呢？您是不是还知道，愈合需要时间呢？

这一过程，通常都会经历几个阶段：①流血；②凝血；③伤口收缩；④结痂；⑤痂下长出新的皮肤；⑥痂疤脱落，露出下方愈合后那种较脆弱的新皮；⑦新皮日益粗糙起来，最终变得像其他部位的皮肤一样。通常来说，这一过程需要耗费数日，可能还需要2个星期。

现在，再来想一想下述这种替代办法。您同样从割伤自己的胳膊开始，但这次要使用一种药物，使得伤口在短短的几个小时后，就彻底愈合，变得像新的一样。可能这样吗？不，当然不可能。诚然，有些药物能够止血、止疼和预防感染；但是，伤口要真正愈合，身体组织仍然必须经历所有的愈合阶段。假如伤口受到的干扰太过厉害，比如使用抗生素软膏、揭掉痂疤、服用止疼药，那么实际上它会需要更久的时间才能愈合，因为这些干预措施与自然愈合过程是背道而驰的。

您必须认识到，我们此处谈论的是一个（假定）身体健康的人身上一处新鲜伤口的愈合过程。现在，再将这种情况与一种较为长期的状况对比。假设您的宠物狗后腿患上了关节炎，医生给它开了一剂减少炎症与降低疼痛的处方药。令人惊讶的是，只有短短的几个小时后，宠物狗的情况便大有改观，又像一条幼犬那样到处跑动了。看到这种情景后，绝大多数人难道不会把这种奇妙的治疗办法告诉自己的朋友吗？不过，您再好好想一想吧。与伤口的愈合相比，关节炎的治愈是更加缓慢、更加循序渐进的过程。它会历经数月，可能还要数年之久，而宠物的身体也会发生巨大的变化，比如关节周围的组织增厚、关节液发生改变，甚至是软骨和骨骼出现变形。像这样的疾病，有可能在几个小时后治愈吗？或者，有可能在伤口愈合所需的那2周后治愈吗？当然是不可能的。像这种关节炎，需要的时间久得多，差不多需要好几个月，甚至是1年的时间，才能自然地愈合到尽可能接近于正常关节的程度。

那么，服用那种似乎神奇无比的药物后，宠物狗出现了如此迅速的反应，又是怎么一回事呢？那是因为，身体在试图治愈疾病的过程中表现出来的**症状，被这种药物压制住了**。这是一种人为的影响。通过阻断这一过程，表面上看起来一切都有所改善，可其实却是什么也没有恢复。我们原本以为，这种迅速反应是现代对抗医学的一大奇迹；可现在看来，它似乎并非什么奇迹。问题就在于，它在阻断症状出现的过程中，没有提供让病症治愈的途径，只是表面效果，却让深层的疾病获得了时间，逐渐恶化了。您之所以可能看到，自己的宠物在治疗了一段时间后，病情非但没有改善，反而更加严重了，原因就在于此。

这种观点，您觉得新颖吗？您可能想问："这些都是您编造出来的说辞吧？"但事实上，科学领域如今已经出现了许多的新观点，都支持我的这种方法。

// 来自现代物理学的支持

有意思的是，现代物理学的发展，竟然为整体医学观和活力论（认为世间存在一种生命力的观点）提供了支持。在唯物主义变成了世界上的主流观点后，物理学家曾经接受了如今业已过时了的牛顿学说，认为从根本来看，世界是由粒子和像电子、光子和中子这样的离散物质等"基本构件"组成的。然而，现代物理学家一直都在寻找更小的粒子，希望找到构成其余各个部分的那种"唯一基本构件"，在这一过程中，他们却什么都没找到。相反，他们得出了一个完全不同的观点。物质实际上并非如此一致。事实上，根据菲杰弗·卡普拉[2]在《物理之道》一书中的论述称："粒子不过是'场'的局部凝集罢了；来来去去的能量凝集起来，失去了自身的特点，消解在基础场中。"换言之，试图把事物当成离散的实体或者孤立的部分来进行分析，是一种不切实际的想法；因为所有现象都是一个整体能量场的表征，而这个整体能量场，就存在于这些表征之下。

物理学出现的这种根本性突破，其最重要的意义在于，它说明了绝大多数科学（其中也包括医学）用于处理知识的那种分散的、专业化的粒子方法，从根源上就是错误的。我们必须学会从问题与整体之间的关系角度去看待问题，而不能在人为地用标签和定义进行区分的过程中迷失方向。

逐渐培养出这样一种新的认知方法并不容易。我就耗费了多年，用顺势疗法行医也已40多年，才获得了如今的这种认识。我已经从实践的角度，证实了这种理解和方法的正确性。

如何付诸实践?

要想彻底论述清楚有益于宠物的、所有合理的治疗方法，可能需要多部著作才行。我们不妨先来看一看，兽医与其他人士用于治疗宠物的整体疗法中的一些通用理念与方法。接下来，我会更加详细地描述一下自己喜欢的那种方法，即顺势疗法，因为这是我最了解的一种系统性方法，也是我经验最为丰富的一种方法。

要记住，这些疗法并不像表面上那样互不相关。其中绝大多数疗法的基本理念，都是相同的；并且，许多疗法中都含有一种以上的替代疗法。例如，草药和饮食改变通常都会与针灸一起运用。在论述这些疗法的同时，我还会指出，哪几种方法结合起来效果最佳。

// 物理疗法

有部医学词典对"物理疗法"的定义是："一种不用药物，而是使用物理力量，比如空气、光线、水、热、按摩等的系统性治疗方法。"物理疗法中蕴含的，是一种全面的治疗方法，强调为整个身体在生理上努力消除疾病的过程提供支持；也就是说，物理疗法会协助身体排出疾病的产物。

理疗医师把导致疾病的主要生理原因，看成是一种过度聚积有毒物质的过程；而这种聚积，通常都是由饮食不当和缺乏锻炼导致的。他们认为，这些对废物排出体内的正常通道构成了阻碍。

理疗医师会采用许多技巧来清理身体，包括了有史以来不同文化中都使用过的一些方法。其中

---

2 菲杰弗·卡普拉（Fritjof Capra，1939 年—），美国著名的物理学家、系统思想家兼生态学家，加利福尼亚大学教授。在《物理之道》一书中，他曾将现代物理学与我国老子的哲学思想进行过比较，认为"'道'暗示着'场'的概念，'气'的概念与量子'场'的概念也惊人地相似"。

之一是禁食，这是一种让消化系统得到休息，允许身体内部进行一定程度的大清理的方法。对于正在禁食的患者，医师通常都会建议他们多喝纯净水或者果汁，以便对肾脏进行冲洗；并且使用灌肠剂或者对结肠进行灌洗，以便清理小肠。

医师可能还会采用冷热疗法来刺激血液循环，或者刺激身体出汗（这当然是用于人类患者），其中可能包括沐浴、桑拿、包裹疗法、压敷疗法、热敷、蒸汽疗法，以及诸如此类的方法。还有一些理疗方法，包括锻炼、晒日光浴、保持良好的卫生，还有各种各样的按摩技法，以及揉搓皮肤和皮毛的手法。除了排毒过程，医师还会为患者制订辅助性的方案，为患者提供良好的营养（通常都是强调食用新鲜的有机食品和果蔬汁），并且审慎地使用专门的食物营养添加剂、维生素、矿物质和草药。

其中有些方法，是很难或者不适合用于宠物身上的；但其他一些方法，尤其是禁食、锻炼、保持充足的营养、晒日光浴和梳理毛发（这也是一种按摩），却非常适合用在宠物身上。我支持您在许多情况下使用这些方法。

多年以来，兽医学博士唐纳德·奥格登在兽医领域里广泛并且成功地运用了各种理疗方法；他曾报告说，接受理疗后，只需2个星期，那些患有皮肤炎症的宠物中，十有八九病情都会有所改善。他认为，理疗之所以获得成功，原因就在于，他会给宠物彻底地洗澡，然后让宠物禁食7天，只喝蔬菜汤，接下来再喂饲7天的非流质蔬菜和蔬菜汤。他曾建议说，结束禁食后，应当用新鲜的肉类以及新鲜或蒸熟的绿叶蔬菜去喂饲宠物，然后再喂饲一种由营养均衡的天然食品组成的饮食（就像我们在本书中列举出的那些食物配方一样）。

奥格登博士还发现，进行3～10天的安静休息和禁食（直到宠物的体温恢复正常，症状消失），对许多炎症性疾病都大有裨益，其中包括肥胖、风湿和关节炎、便秘、慢性心脏机能不全、支气管炎、心丝虫病、肾结石与膀胱结石、胃炎、肾病、脓漏、糖尿病、肝功能紊乱（直至肝硬化）、开放性溃疡，以及犬瘟热的发烧阶段。

然而，他还建议说，不要让患有消耗性疾病的宠物禁食，比如患有癌症、尿毒症晚期、肺结核、慢性营养不良症、钩虫病或犬瘟热的宠物。

理疗药物与其他整体疗法结合起来运用效果很好，这些疗法包括草药、脊椎按摩和其他徒手疗法、针灸、中药，以及顺势药物。在从业过程中，我偶尔也会运用禁食疗法和灌肠剂，但更多的是依赖营养（正如本书中一直强调的那样），并将理疗中让身体排毒和进行梳理按摩等当作补充治疗的手段。

// 草药

一些研究野生动物的人早已观察到，野生动物在身体出现不适时，就会去觅食某些特有的植物。它们显然都知道，这些植物对它们的身体有益。在牧场上，您也能看到牛马中有这种相同的现象：身上出现寄生虫或者消化出了问题时，它们就会去食用一些平时一般不吃的植物。一些养了宠物猫狗的人，同样也看到过它们吃草或者吃某些特殊植物的情况。

草药医师则是更进了一步，形成了一种系统的治疗方法，利用植物各种不同的部位，比如叶、根、实、籽、花来促进疾病的痊愈。使用草药，是自古以来每种文明中民间医学的基础，很可能也是利用植物来治疗疾病的最根本的系统性方法。

事实上，我们现代的许多药物也都是由草药中提取的成分复合而成的；人们认为，这些成分就是草药中的活性成分。例如，用于治疗心脏病的洋地黄是从毛地黄中提取出来的；阿托品（一种用于治疗中毒以及其他病症的重要药品）是从颠茄（也就是所谓的“死亡夜影树”）中提取出来的；咖啡因源于咖啡；茶碱（用于缓解患有肺病时出现的呼吸困难症状）源于茶叶；蛇根碱（用于治疗高血压）源于蛇根木。

然而，草药医师认为，药用提取物与提取这些药用提取物的整棵植物并不是一回事；而从自身的经验来看，我也同意这一点。草药的疗效源自原始天然植物身上种种独一无二的复杂特性；而植物中，实际上含有成百上千种物质。正如我们在前文论述整体观时所述，整体并非仅仅是各个组成部分的简单相加。

与药用提取物相比，草药的功效通常都会显得较为缓慢，疗效也更加深入。它们是通过协助身体排出毒素，从而消除用病症表达出来的健康问题来促进痊愈过程的。例如，它们可以刺激像肠胃清理和利尿这样的生理过程。此外，它们可能还具有补药和保健品的功效，会与身体某些特殊部位的组织器官产生共鸣作用，并且增强这些组织器官（或者增强整个体质，这取决于所用的草药）。它们的营养有可能极其丰富，各种维生素、矿物质和其他成分的含量很高。还有一些草药医师认为，植物性药品，尤其是在当地找到的草药，还会将环境中的治愈力量带给服药的患者。

数个世纪以来，人们已经利用各种草药，成功地治愈了宠物身上出现的许多疾病。利用草药来治疗宠物的医师朱丽叶·德·贝拉克利-莱维在她那些内容详尽的著作中，向世人推广了草药的治疗作用（这些著作，也强调了自然饮食和禁食的重要性）。她在书中称，用草药治疗狗类身上的寄生虫、跳蚤、皮肤问题、兽疥癣、犬瘟热、肾脏和膀胱疾病、关节炎、贫血症、糖尿病、钩端螺旋体病、肥胖、伤口和骨折、便秘、腹泻、黄疸、心律失常、疣子以及白内障等，都收到了良好的效果。她

还建议，只要做得到，就应当用新鲜采集的草药，并且每年都要将干品草药换掉。我非常赞同这种建议。在第18章中，我会说明用草药制备浸提剂、汤剂和酊剂的标准方法。而在“附录A 快速参考”里，我还会针对各种疾病，建议使用特定的草药。

除了很难找到新鲜草药之外，给宠物内服草药还有一个难题，即我们通常需要在很长一段时间内（几个星期到几个月），隔上一阵就定期给宠物服用大剂量的草药。因为很少有草药的味道很好，所以您需要用胶囊把药品装住，才能让宠物服下去；不然的话，就得把药品拌在宠物所吃的食物中（这样做可能也很困难，因为宠物的味觉实在是太灵敏了）。每个喜爱宠物的人都知道，我们是很难强迫宠物去服药的，而长期这样做，就更不用说了。

出于这些原因，我更愿意强调使用顺势药物。顺势药物非但味道很好，而且服食次数也不会那么多。其中的许多药物，同样源于植物。尽管我用口服草药的办法治疗宠物的经验有限，但我认为，即便是用同一种植物制成，顺势药物的效果也更加明显。

我发现，外用草药制剂来对宠物进行治疗（比如用在灭蚤粉剂、灭蚤洗剂中，用于防治蜱螨、皮肤问题和外伤），或者治疗一些不需要长期用药的轻微不适（比如腹泻、消化不良，以及诸如此类的症状），也极其有效。

总之，草药是通过提供一些能够促进身体机能恢复正常的营养成分与物质，从而在生理上发挥出疗效。它们能够促进自然的痊愈过程。它们的作用就像是一道桥梁，将用药与顺势药物、巴赫花朵精华剂种种更加微妙的效果关联起来了。

草药与理疗、脊椎按摩疗法及其他徒手疗法、针灸和中医相得益彰；并且，单就那些性质较为温和的外用草药而言，草药与顺势药物也很相配。

// 脊椎按摩及其他徒手疗法

自希波克拉底时代以来，全世界的人一直都在使用各种各样的推拿疗法。其中有些疗法，比如兴起于19世纪的脊椎按摩疗法和整骨疗法，认为病情是由于身体的组织器官（尤其是脊柱中的脊椎）没有对齐或者出现了异常，干扰到了生命力、神经脉冲和血液的正常循环导致的。尽管脊椎按摩疗法和整骨疗法是各自独立兴起的，但它们在治疗手段中都强调结构推拿。二者中，脊椎按摩疗法已经变成了美国最大的一种无药治疗行业。我是与本地一名脊椎按摩治疗师交谈时，开始对这种疗法用在宠物身上可能出现的结果感兴趣的；他告诉我说，脊椎按摩对宠物身上的许多不同症状都有好处，其中还包括癫痫。随着时间的推移，我的3个孩子长大成人后，都不约而同地当上了脊椎按摩医师，并且在俄勒冈州开设了各自的诊所。

脊椎按摩疗法原有的理念认为，脊椎的细微错位，可能会阻碍到通过脊柱的神经能量的基本流向。这种错位，称为“不全脱位”，会对脊柱神经产生过大的压力，从而对各种身体机能产生干扰。我曾经看到，人们认为这种“能量”属于一种非物质力量，很像顺势医学中的“生命力”这种概念。

脊椎按摩疗法，就是小心地推拿脊椎，以便让脊柱恢复到正常的对齐状态，并且全面恢复正常发挥功能的状态。要想掌握这种专业技能，理疗师通常至少都要接受4年的医学培训。

把身心看成一个整体，有助于理解推拿疗法的运作机制。身体的每个部位，既反映了整体的情况，也会受到整个身体系统的影响。局部出现的不适，会被整个身体系统感觉到，因而有可能引发其他种种问题，有如产生了“共鸣”一般。假如某个部位始终都存在某种病症，那么整个身体不会不知道，因而会调整自身来纠正这种状况。

许多支持用推拿疗法来进行诊断和治疗的人，主要关注的是身体的某些部位，认为它们反映或者代表了整个机体的状况。例如，一位强调虹膜的医师，通过仔细检查眼睛的虹膜，就会“看出”身体各个部位的疾病来。一些利用反射疗法的医师，则会通过用手按压足部和手部的某些点位，准确地找出身体其他部位的疾病并对其进行治疗。有些针灸医师仅凭耳朵上的一些穴位，就可以诊断和治疗疾病，因为据说耳朵反映出了整个身体的情况。我曾经碰到过一位动物针灸医师，他称自己如今只需观察耳朵，就可以治好马匹患上的疾病，连跛腿的马儿也能够治好！体能极性疗法是将双手放在不同的身体部位上来对能量的流向进行引导；这种疗法如今也已用到宠物身上，它凭借的就是一种类似的整体疗法，来辨识和治疗疾病。

同样，身心方面的疾病可能也会通过脊柱，随着肌肉的不规则收缩和椎体错位反映出来。果真如此的话，进行具有矫正性的脊椎推拿，这些疾病应该也会产生反应。

不管这种推拿疗法的运作机制如何，也不管它为何会产生作用，脊柱推拿疗法会给许多患病宠物带来真正的益处，已经得到证明。比如说，我们在《预防》杂志上开辟了一个专栏，其中有一位读者曾经写信给我，说她那条18岁大的宠物猫对脊柱推拿疗法做出了令人惊讶的反应。12年前，她的宠物猫开始出现严重的呕吐、食欲不振，以及脸部和肩部强烈瘙痒等症状。那只可怜的猫咪不停地舔舐和抓挠，直到皮肤上鲜血直流。这位读者咨询过好几位使用不同疗法的兽医，可兽医们实施的药物治疗，充其量只是让这些症状得到了暂时的缓解。

后来，偶然有一次，她跟自己的脊椎推拿师提到了这种情况；推拿师便提出，他可以来试一试。他只给猫咪进行了一次脊柱校正就取得了显著的效果：那只猫咪不再呕吐，开始正常进食了。做完了4次脊柱矫正，猫咪身上的呕吐症状，在那以后的2年之内就没有复发过了。

还有一个病例，发表在一份兽医出版物上，说的是一只丝毛㹴犬被兽医诊断为患上了“腰椎间

盘突出”症，疼痛不已。X光片显示，这只狗的腰椎间盘处出现了钙质沉着和脊椎关节错位。由于手术费用高昂，因此宠物主人不愿给这只狗狗动手术。经过了2周毫无效果的封闭性药物治疗后，有人提出，可以给它进行脊椎推拿。尽管那只狗去接受推拿时必须由主人抱着，但进行了几分钟的矫正治疗后，它便毫无痛苦地自己走了出去。这种改善一直持续了下去。

在过去的10年间，兽医运用脊椎推拿疗法的情况发展迅速，因此，如今找到一位能够提供这种疗法的兽医，也属更加平常的事情。美国兽医脊椎推拿协会既为兽医提供脊椎推拿培训，也能引导您去找到从事脊椎推拿疗法的兽医。

将草药、理疗药物、针灸和中药结合起来使用后，脊椎推拿具有良好的效果。

// 针灸和中医

有一种传统的整体疗法，已经深入渗透到了现代兽医行业里，并且意义相当深远，那就是针灸和其他一些中医分支。如今，既有论述这一课题的许多文章，也有在这些方面对兽医进行培训的机构，比如“国际兽医针灸协会”“美国兽医针灸学会”和“传统兽医气协会”。由于学生们对这些方面的兴趣越来越浓厚，因此有些兽医学校也正在开设关于针灸和中医的选修课程。

这种历史悠久而又包罗万象的医学体系，其背后的基本理论，就是组成身体（以及整个宇宙中各个方面）的基本能量场（“气”）表现为“阴”和“阳”两极。这不禁令人想到了物理学中关于电荷的“正”“负”两极。人们认为，它们属于同一种能量，只是有两种相反的表达罢了。就肉体来说，要想保持良好的健康，就得让阴阳两极保持恰当的平衡。您的健康状况，正是取决于这种阴阳两极之间的平衡，而阴阳两极，就像是同一枚硬币的正反两面。一位技艺精湛的理疗师，能够沿着身体的经络，对某些关键穴位进行推拿，损有余而补不足；所谓的经络，就是体内能量流动的通道。如果看到能量在某个部位过度聚积，推拿就可以让能量流改向。通过用针（针灸）、指压（点穴或者指压疗法）、在穴位附近燃点艾蒿草（艾灸），或者现代的电流刺激（电针）、注射各种各样的汤剂（皮下注水法）、运用超声波（声灸）、激光及植入小金珠等方法，就可以做到这一点。

“美国兽医协会”对针灸也产生了兴趣，并且支持医疗人员对针灸的效果进行科学的记录。兽医学博士艾伦·舍恩既是整体医学领域内的先驱之一，也是把针灸引入著名的“纽约市兽医中心”的人。据他称，针灸最有疗效的病症种类包括：

⊙肌骨骼疾病，比如关节炎、腰椎间盘突出以及髋关节发育不良（髋关节畸形或者移位）。

⊙皮肤病和过敏性皮炎。

⊙慢性胃肠疾病，比如慢性腹泻或呕吐、马腹痛和直肠脱垂。

⊙其余各种问题，比如慢性疼痛综合征、生殖疾病、呼吸骤停和昏迷。

舍恩博士称，针灸与其他替代疗法一样，可能需要时间和不断重复，才能产生效果。他要求自己的新顾客在治疗患有慢性疾病的宠物时，承诺至少要进行8次治疗。“假如有人经历了6次治疗，却没有看到任何效果，然后停止治疗，这并不意味着针灸没有疗效。可能需要一段时间，这种疗法才能刺激身体发挥出自愈的功能。”他强调说。在利用顺势疗法从业的过程中，我也发现了同样的现象：与人们根据使用抑制性药物进行治疗的经验而期待看到的情况相比，顺势疗法需要更长的时间，才能让我们看到身体出现了治愈过程，尤其在治疗慢性疾病患者时。

与所有的医学体系一样，针灸也有自己的“奇迹”。加利福尼亚州伯班克的兽医学博士谢尔顿·奥尔特曼，是一位非常活跃的老师、作家和兽医针灸理疗师，他曾经讲述了一条患有全骨炎（一种非常疼痛的骨病）的杜宾犬的情况。只进行了一次治疗，它便毫无痛苦地摆脱了6个月来的跛行状况。后来，这条杜宾犬再也没有疼痛过。我们不是全都希望，自己的宠物也会出现此种结果吗？

这种整体医疗体系中最令人称奇的是，一种明显没有了希望的病情经过治疗后，能够得到极大的改善。舍恩博士曾经回忆起一条患有食道麻痹症的金毛猎犬；在进行治疗的1年半前，那条金毛猎犬每天都要呕吐大约16次。所有的常规疗法都没有作用，因此宠物主人只能使用特殊的喂食技巧，才能让狗狗把食物吞下去并且不吐出来。接受了4次针灸治疗后，它终于不再呕吐了。逐渐停止治疗后，这条金毛猎犬便一直保持着良好的状况。

您可能会猜想，这样的一种方法也可以用于预防疾病，很像是让身体进行了“准备”似的。事实上，经过了数千年实践与观察而研发出针灸技术的中国古人，就强调预防胜过一切。只有在首选的办法（冥想、锻炼和按摩）不行的情况下，他们才会利用针灸或草药。绝大多数当代针灸医师也都强调一种全面的保健方法，会推荐使用食物疗法、草药疗法，还会针对患者的生活方式提出建议。

与顺势疗法一样，针灸和中医，都是一种自行存在的完整体系。正是由于这个原因，我们最好是不把它与顺势疗法结合起来使用；从我的经验来看，二者之间会相互干扰。有些执业医师把它与理疗和推拿疗法一起运用，而一位经验丰富的医师就能够判断出这种做法究竟合不合适。

// 花朵精华剂

这种疗法起初叫作“巴赫花朵精华剂”或者“巴赫花朵治疗剂”，是由英国的爱德华·巴赫博士开发出来，用于治疗各种情绪性疾病的。疗法本身既有点像是草药，又有点像是顺势疗法，因为治疗时用的是小剂量的植物“作用素”。其与草药疗法的不同之处在于二者所用药物的制备方式不同。花朵和树木芽苞的稀释浸提物，是把植物放入一碗水中浸泡，同时放在阳光之下曝晒1小时制成的。

将白兰地酒加入这种溶液中进行贮存后，还会将其进一步稀释，制成治疗时所用的瓶装提取物。医生会让患者每天口服这种提取物数次，并且通常都会让患者持续服用数个星期。

据说，花朵精华剂主要是对精神/情绪状态起作用；不过心理上的改善常常也会导致生理上出现改善，这一点并不令人惊讶。然而，它们与顺势疗法可不是一回事，并且是用不同的方式产生功效的。我在从业早期曾经用过这些精华剂几年，但后来用得越来越少，因为我更喜欢运用顺势疗法。

我曾经运用花朵精华剂治疗过一只叫“杰米”的狗狗；当时，它的身上出现了诸多的抑郁症状，包括食欲不振、精力不足、孤僻离群，并且表现出惊悸、呕吐、体力不支、发烧、皮毛潮湿、腹皮绷紧，以及脾脏肿大。此外，化验表明，它还患有贫血症、血红细胞形状异常、白细胞数量超出了正常范围、肝酶升高（说明肝脏受损了）、胆固醇与胆色素升高、血糖水平很高，等等。不过，X光片却是正常的。

由于我清楚，“杰米”的主人一家都面临着很大的压力，因此我推断，情绪紊乱是引发这条宠物狗的病症的重要因素。于是，我开了一剂巴赫花朵精华剂“落叶松”，让狗狗每天服用4剂，持续1个星期。开始治疗后，在最初的那几个小时里，“杰米”的症状变得严重了；但到了第二天，它的情况就有了明显的好转。1个星期后，“杰米”身上的症状就完全消失了，并且在此后的1年多里也没有复发过。除此之外，它的性格也发生了变化。平生第一次，“杰米”变得比较活泼好动起来，并且与家里的其他宠物待在一起时，也变得更加外向友好了。即便是最初的那次治疗只进行了1个星期，“杰米”身上的这种变化，也一直保持下来了。

我还发现，对于遭受了一场心理创伤或者经历了一次混乱不安后出现的一些病症，巴赫花朵精华剂非常有效。例如，有位女士带了一只宠物猫来进行治疗；那只猫咪2周前刚刚被一条大型犬吓了一跳。它非常不安，急躁易怒，并且患有便秘、发烧、消瘦、肺部积液及腹痛等症状。它身上最严重的损伤，就是后腰上的脊椎移位了，我用手就摸得出。每次触摸时，那只猫都疼得厉害。

我从巴赫花朵精华剂中，给它开了一剂“石蚕花”（适用于受到心理创伤后的惊悸症状），每隔2个小时给服2滴。3天后，宠物猫的主人便打电话过来，说她的猫咪大大好转了。服用的滴剂，让宠物猫的情绪得到了极大的放松。进行了几天的治疗后，它就开始伸出爪子去勾一块木柴，左拉右拽地玩耍起来了。显然，这种拉伸矫正了背部的问题。不久，主人就很难给那只猫咪喂药了，因为它正忙着从高高的篱笆上一跃而过呢！

巴赫博士创制的那38种花朵制剂，与其他任何一种系统性的治疗都不会产生冲突。它们都很有效，可以治疗宠物受伤后出现的情绪不安、极其害怕等症状。它们的性质都很温和，因此哪怕是“过量使用”也不可能导致疾病。我一般不会将它们与顺势疗法一起使用，每次都是首选其中的一种；

这样，我在说明这些疗法正在发挥的作用时，就不会把它们混淆起来。假如您不打算使用顺势疗法，那么还有一种便利而轻松地治疗常见紧张症状的方法，即“急救灵”配方。名称起得很棒，不是吗？谁不希望得救呢？这是一种由花朵精华剂组合而成的配方药，能够治疗一些常见的情绪性症状，比如不安、恐惧和紧张。尽管是按配方制备出来的，但这种复方花朵精华剂很容易获得，在一些出售花朵精华剂的地方就可以买到。

在巴赫博士首创这一基础上，人们已经用同样的方法采集了其他的植物，并将它们制成了药品。由于除了巴赫原创的那些配方，我对其他配方都没有什么经验，因此在如何使用其他配方这一点上，我没什么建议可提。

// 顺势疗法

现在，我们就来看一看本人尤其喜欢的顺势疗法。在寻找有效整体疗法的过程中，我最开始使用的是营养疗法与草药。同时，我还会在一定程度上利用一些物理疗法。不过，仅凭这些并不能治愈每一种疾病。营养疗法虽然很好，但也有一些病例，宠物完全不愿意进食营养配方，或者除了最特殊的食物，宠物不愿去吃其他任何东西，这样进食就变成了制约因素。而且，有些严重的疾病，比如细菌性感染或者病毒性感染，病情发展非常迅速，营养食物完全来不及发挥出作用。我们需要能够在这些情况下明确发挥出疗效的治疗方法，让宠物重振食欲、增强抗感染的能力，同时又对宠物身体的痊愈过程发挥出积极的作用。

因此，我便放亮眼睛、竖起耳朵，寻找一种更加有效的方法。我经常听到人们对顺势疗法称颂有加。最后，我决定亲自检验一下这种疗法。这一决定是一个转折点，扩大了我的眼界，让我接受了这种独一无二、特别讲究、有条有理和效果显著的医疗方法。

在全球绝大部分国家和地区，顺势疗法都被广泛地应用于人们和宠物身上，时间已逾200年。由于这种疗法的疗效极其强大，因此就目前它在美国受到关注的情况而言，我们应当更加大力关注这种疗法才行。对于我们全面理解健康和疾病，顺势疗法已经做出了巨大的贡献。由于它具有种种优点，因此我希望，顺势疗法将会变成未来一种卓越的医疗手段。

为了推动这一目标，我在1992年开设了一门兽医研究生课程，并且此后每年都继续开设。1995年，我们中一些采取顺势疗法的兽医成立了一个专业机构，即“兽医顺势疗法学会”；这个机构既授权开设了培训项目、每年都举行年会、出版了一份杂志，还会给兽医颁发从业资格证书。到了2015年，差不多已有500位兽医参加了培训，并且在从业时运用了顺势疗法。

顺势疗法的真正美妙之处，就在于其基本原则简单明了，并且具有经过充分研究而积累起来的

细节信息，可以指导从业医师选择最恰当的治疗方法。乔治·维洛卡斯所著的《顺势疗法》一书，是现代论述顺势疗法原则的一部重要著作；对有兴趣了解任何一种整体疗法的人来说，这部著作也是一件无价之宝。

顺势疗法建立在一条基本原则上，即“以毒攻毒”(拉丁语为Similia similibus curentur)；这一原则，世称“类似法则”，获得了希波克拉底和其他许多人的认可。自从德国医生塞缪尔·哈内曼在19世纪早期创立顺势疗法以来，这一原则始终都是此种疗法的基础。

“以毒攻毒”这个词，究竟是什么意思呢？您还记得吧，我们在这一章的前面，曾经提到过抑制症状的对抗疗法。从治疗方法来看，顺势疗法正好与对抗疗法相反。顺势疗法中使用的药物，可以刺激身体出现与疾病类似的症状。“哇，”您可能会想，“这种情况根本说不通啊。我的宠物猫已经生病了，它可不需要再生这种病。”

请让我来解释一下。

草药在患者体内究竟是如何起作用的呢？塞缪尔·哈内曼大夫在健康的人身上用草药进行实验，看健康者身上会出现什么样的变化。他注意到，对治疗某些疾病的确非常有效的一些草药，假如让一个健康的人服用，就会导致健康者身上出现与疾病类似、但程度较轻的症状。他还发现，一种可以导致健康者出现症状(与正在治疗的疾病相类似，但程度很轻)的草药(或者其他物质，我们将会谈到这一点的)，产生的作用就是激发身体的痊愈机制。顺势疗法实际上是找到了一种办法，利用体内本身的自然过程，促进身体从疾病状态下康复过来。

这是如何做到的呢？我不妨给您举个例子。但在举例前，我还想澄清一下，那就是顺势疗法中所用的药物剂量都很小。哈内曼大夫偶然中做出的发现之一，就是这种相似剂只需极小的剂量，就能达到效果。在研究我所举的例子时，您得牢记这一点才是。

不妨假设您患上了一种过敏症，比方说某些食物会让您的皮肤长出疼痛难忍的皮疹，皮肤上隆起一道道红痕和肿块，又痒又痛。您的全身都长满了这样的红肿皮疹，同时还伴有头疼和浑身无力的症状。唯一能够缓解的办法(在没有强效止疼片的情况下)，就是用布蘸冷水，敷在最严重的部位上。用双手按压头部，会让头疼的情况得到轻微好转。这是一种多么糟糕的状况啊!

要想利用顺势疗法治疗这种病症，我们可以使用一种不同的、可以导致类似症状的东西(重要的一点是，这种东西必须不同于导致病症的食物)。有这样一种顺势药物吗？有，它是用蜜蜂的毒液制成的。通过仔细研究这种毒液，人们发现，它可以导致(比如说，像被蜜蜂叮了的人)身上出现皮疹，症状与上文所述的情况完全一样：就像得了风疹后出现的红肿，只有依靠冷敷才能得到缓解。非但如此，有些人也会头疼，只有按摩头部才能缓解，并且还会感到嗜睡和心情不好。正好匹配，您说是不是?

为了治好这种症状，医师会给患者口服小剂量的蜂毒。小到什么程度呢? 比1滴的量还要少得多。接下来，奇迹就会发生了。一旦服下这种顺势治疗剂，患者身上的症状就会开始消退，通常只需要短短的几分钟。这就像是一种奇迹；事实上，如果您是患者的话，这种药的确算是一种奇迹呢!

还有一个您可能更加熟悉的例子，那就是给患有多动症的儿童服用的“利他林”[3]这种药物。正常的健康儿童服用利他林后，会出现紧张不安、容易兴奋的行为；可要是给已经患上此种症状的孩子服用，利他林就会产生相反的作用，就像蜂毒对食物过敏症具有的作用一样。只要患有多动症的儿童一直服用这种药物，他们的行为就会变得较为平静、较为正常。正是这种药物能够导致“多动”行为的本领，才让它发挥出了有益的作用，可以治疗那些天生患有多动症的儿童身上那种类似的症状。

因此，顺势疗法的基本原则就是：人们对所用药物不同剂量的效果进行了研究，并且已经发现，这种药物会导致患者身上出现某些症状，与自然疾病（没有经过治疗的疾病）导致的症状相类似。倘若小剂量给药，并且剂量小到不会出现常用物理/化学剂量导致的那种效果，那么，药物就会激发身体做出反应，使得身体自行痊愈。我还想要强调一点：顺势疗法永远都不会对抗或者阻断症状，而是只会配合身体业已开始的自然治愈过程。

一位经验丰富的执业医师，是能够看出一种疾病表达出来的一系列症状的。采用顺势疗法的医生，不会给头疼症开一种药，给肚子痛开另一种药，给情绪抑郁症开第三种药，而会针对患者身上存在的所有症状，开出一种单一的药物。医生选择的药物，就是那种若是反复给健康者使用，就会导致这三种症状全都出现的药物。

顺势疗法中使用的、各种特殊制备的药物中，都含有微小剂量的植物制品、矿物质或者动物制品，比如蜂毒和乌贼墨汁。这些原料会经过稀释，并且进行多次搅拌，因此实际上只会留下极其微小的药量。有时，由于稀释得太过极端，因此浓度还会远远低于这种物质能够在分子层面发挥作用的程度。对于经过了此种稀释后的物质怎么可能有效这一点，人们还存有诸多争议，但许多顺势治疗医师（也包括我本人）却对哈内曼医生起初表达的观点深信不疑：这种经过特殊制备的药物中，含有一种来自原料且具有治疗作用的能量，他称为“效价”。利用这些药品的一大美妙之处就在于，因为药物的物理剂量太小，甚至察觉不到，所以不必担心副作用的问题。

下面，我再给您列举几个宠物病例，它们都说明了顺势疗法的功效。

---

3 利他林（Ritalin），即盐酸哌甲酯：一种中枢神经兴奋药。

// 急性病例

我刚开始学习顺势疗法时，就遇到了一只患有败血症的宠物猫“米斯蒂”。这是一种极其罕见的术后反应症，是宠物接受阉割手术后出现的，症状包括细菌在血管中扩散，以及凝血机制全面衰竭。“米斯蒂”的情况非常可怜，发着高烧，呕吐不止。它的背上、肚子、四肢、脚掌、嘴里和阴道里都淌着深色的血液。经过检查，我发现它的皮下也在出血（它的眼睑和双耳下方，都有深蓝色的瘀肿）。尽管使用抗生素可能有所作用，但我拿捏不准在这种危重情况下，抗生素会不会迅速起效，因为在病情发展到了如此严重的程度时，抗生素通常都是没有效果的。即便是我在给它进行检查时，它的情况似乎也在不断恶化!

于是，我决定采取一种临时措施，给它进行皮下注射，以便对抗中度脱水的症状。在进行皮下注射时，我马上注意到，这只猫咪对疼痛非常敏感，其敏感程度出乎了我的意料。它根本就无法再忍受让人触摸了!此时我想到，“米斯蒂”的病情与“蒙大拿山金车”（由草药“山金车”制成）的已知效果很相似。在健康者身上进行测试时，“山金车”的症状特点，正是发烧、出血、因为皮下出血而形成青紫斑痕、败血症、对疼痛高度敏感，以及讨厌被人触摸。

于是，我马上给“米斯蒂”服用了1片“山金车”，并且在几个小时后又给服了1片。那天过了一段时间后，“米斯蒂”的病情便有了很大好转。到了第二天上午，它的体温下降，也不再出血了。它的情绪明显平静了下来，并且自生病以来第一次进了食。48小时后，不久前还让“米斯蒂”命悬一线的疾病，在它身上留下的唯一痕迹，就只有原先那些出血处形成的少数几个痂疤了；因此，我便让它出了院。后来，它的身体状况一直都很好。完全不使用抗生素或其他药物，就收到了如此显著的效果，这一点给我留下了相当深刻的印象。

我常常惊讶地看到，顺势药物都能非常迅速地发挥作用。我发现，在治疗急性疾病时，与其他药物相比，它们能够让患者更加迅速地康复，因此我已经运用这些药物，治疗过形形色色的急性病症，从细小病毒病或犬瘟热这样的严重感染，到咬伤、穿孔、脓肿，甚至是枪伤！我还记得，有一条狗的肩部曾经被子弹射穿，疼得厉害。它只服用了一剂顺势药物“金丝桃”，第二天上午它就自己走了出去，并且走动时腿脚正常得很，没有一丝不适的迹象。正是这些病例，才让人变成了顺势疗法的追随者啊！

在治疗慢性疾病方面，顺势疗法也效果显著。这些慢性疾病也是我在行医生涯中的主要业务，比如过敏症、自体免疫疾病、甲状腺功能亢进症、泌尿功能障碍、食欲问题、行为异常、癫痪、皮肤问题、牙周病等；简而言之，就是宠物可能患上的所有疾病。

// 重度脊椎炎病例

最近有一个比较严重的慢性疾病病例，主人公是我治疗过的一条患有重度脊椎炎的宠物狗。“威尔基”是一条年纪很老的拉布拉多犬，身上患有脊椎炎、后肢无力和肌肉日益萎缩无力等症状。正如这种病症经常出现的情况那样，它是因为每天到处跑动得太厉害，因此第二天早上站都站不起来。它那已经衰弱下去的脊柱，很容易受伤；要不然，就是脊骨周围沉着的钙质会出现小的折断。无论是哪种情况，由于瘫痪和极度的疼痛，它都无法再站起来走动了。经过顺势治疗后，它的病情好转到了可以遛上很久的程度，偶尔甚至还会一路跑着。利用顺势疗法来治疗这些慢性重症的区别在于，患病宠物的康复过程较为缓慢；在这个病例中，“威尔基”就经过了好几周的时间，才恢复到这种水平。

// 慢性传染病病例

顺势疗法与营养疗法结合起来，效果非常不错。我想到的一个病例，就是“托比”。这是一只年纪较大的宠物猫，化验已经确诊，它患上了猫类传染性腹膜炎；这种疾病通常都具有致命性，没有什么药物可以治愈。它身上的症状，包括反复呕吐、腹泻、食欲不振，以及腹部因为积液而肿胀。在几天的时间里，我和顾客一起逐渐改用一种家制食物去喂饲“托比”（正如本书中列举的那些食物配方一样），并且通过使用维生素和其他营养补充剂，逐渐增强了它的活力。接下来，我想到了一种合适的顺势药物，可以用于这只特定的宠物猫，那就是“砷酸”（即白色的氧化砷）（为了不让您感到害怕，我可以再次向您保证，顺势药物中所含的砷，要比您摄入食物中的砷含量低得很多，而砷其实是食品中一种普遍存在的微量矿物质）。

于是，我给它服用了一剂“砷酸”；随后的2天里，“托比”的症状出现了短暂的恶化，然后就出现了一个长期的持续好转期。2个月后，它的呕吐症状开始复发，于是我又给它服用了一剂。“托比”很快便恢复到了正常的健康状态，并且此后也一直保持着健康。最重要的是，它的性格也出现了改善，如今它变得安静得多、沉稳得多，而体重也从3千克增加到5千克了!

// 情绪问题的治疗

宠物性格上令人欣喜的改变，常常是伴随着生理治疗的成功而来的。事实上，顺势药物也可以用于治疗宠物的行为问题。例如，有位顾客喂养的宠物猫，在不知不觉的情况下，性格朝着糟糕的方向发生了巨大的变化。以前它的性格曾经非常温和，可如今却变得暴躁易怒，不愿被人抱着，并

且常常对什么都很冷漠。利用“马钱子”这种药物（亦称“番木鳖”，是一种生长于印度和中国的天然植物）进行顺势治疗后，它便恢复到正常状态，又变得随和亲切了。

情绪失调或性格障碍方面的这种改善，正是采用顺势疗法时，最令我们感到激动的方面之一。在我对顺势疗法所知还不多时，宠物身上的行为问题经常让我感到沮丧，似乎毫无希望去解决。当时，我们可以获得的最佳建议，通常都是使用镇静剂这样的药物，或者是对宠物进行煞费苦心的训练；可这种训练耗时甚久，却又不是很有效果。有了顺势疗法后，整个局面便焕然一新了。

再举一个例子，有一条宠物狗在接种了狂犬疫苗后不久，就经历了一场双重性格的转换。以前它很快乐、很友好，如今却变得多疑、具有攻击性和“喜欢吠叫”。更糟糕的是，它还开始咬人，并且咬得很厉害!幸好，我使用了一剂叫作“曼陀罗”（一种植物，即白花曼陀罗）的顺势药物，便让这条狗狗恢复到了原来那种正常、快乐的状态。该药是用于治疗大脑功能失调症的，而大脑功能失调症会导致疑虑心态、攻击性行为与咬人症状，与上面描述的正好相同（信不信由您，这种药物也可以用于治疗具有精神障碍的人，或者表现出了与这条狗相同行为的人）。可惜的是，我们经常看到的这些行为障碍问题，都是宠物接种了狂犬疫苗后出现的。很显然，疫苗在某些宠物的大脑内部引发了轻度的炎症。

// 猫和蛇的故事

请让我再跟您分享一个故事；这个故事珍藏在我的心里，因为它涉及我自己喂养的那只宠物猫“明”。它经历了下述命悬一线的情况后，我便迫不及待地将经过记了下来，把这当成是一个具有戏剧性的故事；因此，我在这里将会按照当时所记的情况，原封不动地照搬过来（但我改掉了另一只猫的名字，以防出错）。

两只猫是在一丛连翘之下开始打斗起来的；很可能，也正是这丛连翘，救了我的猫咪一命。连翘丛里那些低垂的枝条，使得它可以逃跑，并且迅速一跛一拐地跑回屋里。

这件事情距今已经有段时间了。“明”非常清楚，隔壁家来了一只新的猫咪，并且那只新来的猫咪还入侵了过去两年里原本一直属于“明”的地盘。它很快便搞清楚，新来的那只猫咪并没有打算离开。于是，就到“明”表达自己立场的时候了。

那天一大早，天刚放亮，“明”便在那丛连翘前面，抢占了院子边界上的一个有利位置。它笔直地蹲在那里，死死盯着邻居家的院子，然后发出了挑战。那只叫作“布莱基”的猫没过多久就做出了回应；于是，两只猫便开始了一场对峙，凝神瞪着彼此。随着冲突逐渐升级，从摆出姿势、缓慢运动到相对怒吼，整个过程大约持续了20分钟。打斗一旦开始，很快便会结束。一阵令人目眩的翻滚、扭转后，两只猫便短兵相接了；接下来，相互快速进行的互殴，不时被一声声惊叫所打断。整个过程太快，所以我除了目瞪口呆地看着，根本就来不及采取任何措施。

这种时候，我们人类是不可能看清的。假如能够用慢镜头的方式，来看一看猫咪打架时的情况，就像电影中运用慢镜头表现马儿飞奔或者水珠下滴时的情形一样，一定是很有意思的一件事情。但在人类的肉眼看来，却只是模糊的一片。至于猫咪，因为它们的神经系统反应迅速，因此打过来打过去都会看得一清二楚。

“明”实际上是率先发起进击的一方。它敏捷地一扭一闪，然后猛地朝对方冲过去，张开嘴巴，咬向“布莱基”的脖子；这可是非常完美而突然的一击，要是咬中了的话，可以给对方造成重伤。可惜的是，“明”生来没有听觉（它是一只白猫，眼睛呈蓝色），因此听不到声音提示；如果听得见，这种声音提示原本可以提醒它，“布莱基”在同时也采取了行动。“明”咬向对方的一击，是一种非常不错的战略性行动，对敌人却差不多没有构成什么威胁。实际上，这还让“布莱基”瞅准了一个机会，死死地咬住了“明”的前肢肘部；这一咬，入肉三分，咬进了“明”腿关节周围的肌腱里。

强烈的灼痛感，在“明”的前肢部位迅速增加；由于太过强烈，几乎完全让它失去了战斗力。它使尽浑身力气，才让自己打起精神，打了个滚，挣脱了打斗，逃进了连翘丛里。在剧烈打斗的那一刻，尽管身受重伤，它还是能够挤开一条路，穿过密密麻麻的枝条，拖着自己那条受了伤的腿，一瘸一拐地逃走了。

许多猫咪咬出的伤口，通常不会变成严重的问题。假如一只猫身体健康、强壮，那么伤口会在几天后愈合，不会由此而导致感染。虽然伤口中常常会混入细菌和其他异物，但健康的身体拥有消灭和清除它们的本领，或者能够将它们留在局部位置，形成脓肿，最终脓肿穿透，将它们排出体外。

遗憾的是，“明”的伤口太过严重，仅凭它自己是无法愈合的。逃跑后，它躲了两天，我们根本就找不到它。待它最终露面时，身上的咬伤正在流出一股气味非常难闻的脓液，而被咬部位四周的肌肉组织也全已坏死，变成了黑色；这种情况，就是所谓的坏疽。这是一种最严重的外伤，猫咪根本就没法承受。

一只猫咪在激烈的打斗中因为怒火勃发、一心只想伤到对方而造成的咬伤，与“偶然”造成的或者只是猫咪稍感恼火时造成的咬伤是有差别的。研究已经表明，猫咪生气时，唾液会变得更具毒性，其中含有一种氰化物。或许，是“故意”心态背后的情绪，使得这种情况之下造成的咬伤变得更加严重。猫咪发怒时的一咬，很像是一只能够分泌出毒液的动物一咬，会造成极其严重的伤害。这种伤害并非只限于被咬部位，而是会给动物全身带来损伤。兽医都很清楚这一点，因此，尽管犬类咬伤可能会造成更直接的伤害，但他们特别担心的，却还是猫类咬伤。有许多宠物，都因为一个

看似并不严重的伤口，最终弄得要住院进行治疗呢！

“明”很不幸，因为咬伤它的正是另一只怒火勃发的猫咪，因此它大受其苦。待它终于露面，而我也看出了问题后，我就不得不考虑用哪种办法才能对它进行最好的治疗。从事兽医的经验告诉我，使用抗生素来治疗这种伤口，就算有效，也只有局部的效果；因此我认为，利用顺势疗法才是最佳选择。“明”受的是比绝大多数情况都要严重的外伤。首先，它身上并没有出现严重炎症反应的迹象，可炎症反应（肿胀和发烧）通常都是身体的一种防御机制。其次，伤口处流出的脓液气味非常难闻，发出一种正在朽坏之物的腐烂气息。最后，伤口四周的组织和皮肤都已坏死，变得又黑又硬，上面的毛已经脱落，使得伤口的情况一览无余。总计来看，它的下肢很可能已经有25%的部位受到了感染。

在传统兽医学领域里，这种情况会被看成是危及生命的伤情；假如用强效抗生素进行大力治疗后没有改观的话，兽医就会提出给宠物实施截肢手术。可我没有这样做，而是给“明”开了一剂单一的顺势药物“南美巨腹蛇”。这种药剂是用南美洲素有“丛林之王”的巨腹蛇分泌的毒液制备而成的。

“什么？”您可能会说，“这是一种什么巫术药呀？给一只生了病的猫服用蛇毒，我可不认为这是一种恰当的治疗方法。”请容我解释一番，然后您就会明白，这种做法为什么行得通了。

您还记得我们在本节的开头曾经谈到，可以利用一种能够产生类似症状的物质吗？从某种意义来说，“明”是中了“布莱基”的毒；因此，我们需要的是一种可以产生类似作用的药物。除了知道自己不想被蛇咬到之外，您对毒蛇咬伤的情况，可能所知不多。南美巨腹蛇造成的咬伤，是极具毒性的。蛇类嘶嘶作声，出击迅猛，会把毒牙一下子扎进受害者的身体，再注入一种有毒物质（听上去觉得熟悉吗？您想到了那只怒气冲冲的猫咪嘶嘶作声，然后用自己的尖牙发动攻击的情形了吗？）。许多毒蛇注入受害者体内的毒液，会使受害者伤口周围的组织坏死，变成坏疽；血液和腐烂坏死的肌肉组织，最终则会从伤口中排出来。非但如此，受害者全身都会出问题，比如不愿进食或者不能进食，缩成一团蹲在那里，深受毒素的影响而苦不堪言。有一些曾经被毒蛇咬过的人，都说那是一种“重度中毒”的感觉。

你们中的一些人，曾经可能出现过宠物猫因为被其他猫咪咬了而生病的情况，因此马上就会把这种情形跟自己的经历联系起来，并且认识到，猫咪咬伤的后果与毒蛇咬伤的后果非常相似。正是这种相似性，使得“南美巨腹蛇”这种蛇毒，变成了用于治疗这些病例的一种顺势药物，非常奇妙。

当然，我们的治疗方法，可不是要用一条毒蛇，去咬“明”一口！那样做，只会雪上加霜，让情况变得更加糟糕。实际做法是，一家顺势疗法药房会把蛇毒进行加工处理，使得毒液不再具有化学有害性；换言之就是，药物不会留下直接的毒性影响。蛇毒经过处理、杀菌和稀释后，只需让宠物口服上一丁点，就足以刺激宠物的身体对伤口做出反应，进而使伤口愈合。

“明”的治疗过程，正是如此。给药后，伤口流出的脓液就减少了，既没有了难闻的气味，周围的组织也开始痊愈。到了第二天，它就能够用腿走动了。并且，才过了很短的一段时间，伤口处的新皮之上就重新长满了毛发，甚至看不出那里曾经受过伤。这的确是一种非常显著的反应！

// 顺势疗法的优点

从上述例子中，我认为您对顺势疗法的作用应该有个概念了。您有没有看出，只用口服1剂药物，是多么容易？您有没有看出，没了使用抗生素带来的副作用，没有给宠物实施安乐死和手术时带来的压力，又会带来多大的好处？您有没有看出，利用身体自身的痊愈本领来解决问题，又是多么简单？平常情况下非常有害的一些物质（比如各种毒液），一旦变成了顺势药物，它们就是彻底安全和有效的了。

哈内曼医生的发现，导致医学领域里出现了一场持续至今的革命。尽管如今有许多人从来都没有听说过哈内曼医生的大名，但他开创的治疗方法却大获成功，因此感激他的公众回馈了他一种罕见的荣誉。1900年6月21日，在威廉 · 麦金利总统的出席和见证下，哈内曼医生的青铜塑像耸立于一个有4根柱子环绕的巨型花岗岩底座上，在美国华盛顿特区的“司各脱圆形广场”上举行了揭幕仪式。这座纪念碑，如今依然矗立在那里。

兽医可以参加“皮特凯恩兽医顺势疗法协会”提供的专业课程，接受传统的宠物顺势疗法培训。至于课程信息和当前的课程安排等方面，在“皮特凯恩协会网站”上也可以查到，网址：pivh.org。

整体替代疗法

您可以看出，采取一种新的视角，把身心看成一个整体，并且由此来进行治疗后，就有可能出现相当不同寻常的结果。我们在本章中，描述了整体疗法取得的成就；而这种成就，取决于从业医师的本领、患者的强壮程度与意志力、周围环境提供的支持力度、所选疗法的恰当与否，以及您与宠物朋友的相互配合。

这种简单的论述，旨在让您开始了解到，还有许多可能有助于缓解宠物痛苦的、令人激动的疗法。假如我们都乐于拓展自己的精神视野，那么，世间可能会出现多少奇迹啊！

用爱治疗，奇迹发生

—— 理查德·H. 皮特凯恩和苏珊·H.皮特凯恩

“我在这里”，它边说边转过那只受损的耳朵，看着我。

“真疼”，它叫着却仍摇尾俯首。

它心跳微弱，舌头发白。

透过表象，我洞察到底，

我们的爱，会让它幸福安泰。

第 18 章

如何护理生病的宠物？

在家里护理生病的宠物有几个好处。第一，家里是宠物感到熟悉和安全的地方，使得它不必到宠物医院去，因为那里全都是它不熟悉的宠物和人，熙熙攘攘，而在宠物医院里努力康复时，它很可能也会感受到巨大的压力。第二，在家里，您可以给宠物提供一些真正有益的护理手段，禁食、特别的营养和一丝不苟的清洁卫生，这些方面宠物医院可能做不到。第三，在家里，您可以掌控一切，可以使用替代疗法或者自然疗法，而不会与别人产生冲突。

另外，兽医则是经验丰富的专业人员。多年的培训与从业经验，使得兽医能够对宠物病情的严

重程度做出判断，从而使用恰当的诊疗方法。对于那些非常棘手、必须小心的症状（比如严重呕吐和腹泻），或者命悬一线的病情（比如遭遇交通事故，或者受到了严重感染），宠物医院会提供您在家里不可能具有的支持手段，包括抗休克疗法、静脉输液和实施手术等。

不管是在家里护理还是在宠物医院里进行治疗，如果您利用本书中的那些通用医疗保健原则，以及本章中概括出来的护理方法，宠物康复起来都会更加迅速，也会更加彻底。然而，假如您正在给宠物使用兽医推荐的某种处方药，那就不要使用本书“附录A　快速参考”里推荐的顺势药物，因为二者的疗效往往会产生冲突，让您的宠物狗或宠物猫感到不适。但是，您可以使用我们推荐的一些草药，尤其是那些建议外用的草药，或者主要目的是促进组织器官康复的草药。

病情严重的宠物有一些基本需求。野生动物生病或者受伤后，它们会独自离开，到一个安全而宁静的地方去休养，让大自然来治愈它们身上的伤病。因此，我们也必须给宠物提供这样的机会。绝大多数生病的宠物，都希望待在一个宁静、安全而暖和，并且能够呼吸到新鲜空气、见到阳光的地方。而且，它们常常都会出于本能地禁食。许多疾病（尤其是急性传染病）中表现出来的食欲不振，正是痊愈反应的一部分，而不是一种必须强行加以抑制的症状。

因此，您应当在一个暖和的地方，为宠物铺上令它觉得舒适的褥垫；这个地方应当没有穿堂风，没有干扰和很大的噪声，宠物猫狗可以安静地休息，并且觉得很安全。这个地方应当保持干净；在必要时，还应更换宠物睡觉所用的毯子或者毛巾。如果宠物需要，那就应当允许它在一定程度上接触到新鲜空气和阳光（但不要把宠物带到室外去）。

排毒解毒

一看到这个标题，许多人马上就会想到，这是指身体的排毒过程。假如某种东西进入了身体，而身体又需要把这种东西排除出去，那么身体就会利用种种适当的机制来做到这一点。

// 肝脏是主角

在人体里，每分钟都有约2升的血液流经肝脏（只是举个例子，因为我不知道宠物猫狗这方面的情况）。从肠胃中进入血液里的东西，包括细菌、细菌内的毒素，甚至是抗原和抗体的复合物，以及吃进去却没有转化为营养的任何东西，全都会直接进入肝脏，由肝脏来进行处理。肝脏是对多余或有害之物进行中和并且清除的主要器官。

肝脏是用两种方式来排毒的。第一种是利用肝酶产生的一种化学过程；这种酶，或是会让毒素失去活力（改变毒素的结构），或是将毒素加以分解，然后再将分解的部分中和掉。这种非常高效的功能，是历经了千百万年的进化，在接触过大量细菌、植物和动物毒素的基础之上形成的。如今，肝脏已经进化得百毒不侵，随时准备着辨识和消除有害之物了。

肝脏排毒解毒的第二种方式，是让毒素进入肝脏分泌出来、用于消化的胆汁中。胆汁由肝脏产生出来后，就会储存起来，到必要时才会释放出来；进食后，胃肠中若是存有脂肪，就会刺激肝脏分泌出胆汁。接下来，胆汁会进入肠道，将脂肪分解成较小的单元，使得身体可以吸收和利用。肝脏则会利用这个机会，将有些毒素排入这种胆汁中，最终排泄出体外。真是聪明啊！如果饮食中含有充足的纤维，那么利用胆汁的第二种方式效果最佳，因为吸收这些毒素的，正是食物纤维。

不过，问题也正好出在这里。即便肝脏在辨识和处理有毒物质方面已经具有了如此丰富的经验，但在如今这个现代，我们制造出了肝脏无法辨识的许多新物质，比如诸多的合成化学品。这些化学品，以前在地球上从来都没有出现过。那么，肝脏又该怎么办呢？如果碰到这种情况，您会怎么办呢？好吧，要是我的话，我会将自己无法处理的东西放到一个壁橱架上，眼不见、心不烦。肝脏的应对办法，与这种做法有点相似。假如肝脏里面没有处理某种物质的肝酶，或者无法（用其他分子）捕捉住这种物质并且送入胆汁中，那么肝脏就会让这种东西储存在其他的组织器官里面；通常来说，都是储存在脂肪组织里。

有毒化学品对人体及宠物身体的毒害之所以成为一个重要问题，原因就在于此。您不妨想一想。如今，人们使用的有毒物质实在太多了。我们投放诱饵或者喷洒农药时，有没有想过，诱饵和农药会跑到哪里去呢？用完后，这种东西会不会只是消失不见了呢？

// 我们的作用

我们不妨这样假定：对于流经肝脏的大多物质，肝脏都能处理，但并不是所有东西都能处理。虽然有些物质必须储存起来，但我们还是能够通过确保肝脏健康来维护肝脏的正常功能。怎样去做呢？答案并不简单，也没有哪种单一的营养成分或者草药能够做到这一点。每个肝细胞中，都含有成百上千万种蛋白质；因此，仅仅利用区区的几种食物或者草药，我们是无法全面满足肝脏的需要的。

维护肝脏排毒解毒功能的最佳办法，就是提供健康、营养丰富的饮食。这种饮食会提供肝脏所需的一切。如果做得到，您还可以更进一步，在自家花园或院子里种植麦草、芽菜和新鲜的绿叶蔬菜。然后，您可以在食物中添加这些东西。用刚刚采摘下来的蔬菜将它们切开或者切碎，再添加到食物中去。它们的营养之丰富，可以说令人难以置信。

还有一种很不错的做法，那就是在自家花园里种上各种各样的草药，让您的宠物猫狗可以在需

要时去啃食。野生动物就会这样干。它们觉得身体不适时，就会找出某种植物，（至于为什么会选择这种植物，谁知道呢！）然后吃下去。让宠物可以啃食各种各样的植物，我们就能促进宠物身上的这种自然反应。

简·阿莱格雷蒂是《整体疗法养狗全书》一书的作者，曾经使用过大量的草药。她提出的一条建议，有助于我们理解肝脏的排毒解毒功能："蒲公英的根是一种神奇良方，可以维护肝脏的排毒功能。这种东西非但药性温和，非但含有许多有助于消化的重要矿物质和其他营养成分，而且还有一种好处，那就是能够维护肾脏的功能。您可以用干的蒲公英根，或者将其煎成浓浓的汤剂，添加到食物中。绝大多数宠物猫狗都很喜欢蒲公英的那种泥土味道。牛蒡根与奶蓟草也被人们广泛地用来护肝养肝，您同样可以将它们制成干草药，或者煎成汤剂来使用。"

禁　食

禁食是一种最古老、最符合自然法则的治疗方式，会极大地减少身体在吸收和排泄方面的负担，使得身体能够将可能已经聚积在肝脏和脂肪组织中的原有废物进行分解，并且排出体外。禁食时，身体也会获得一个机会，可以摆脱炎症、肿瘤和脓肿等带来的负担。一旦身体对自身进行了清理，那些过度劳累的腺体、器官和细胞，就有了修复自身或者康复起来的可能性。

至于通常都有哪些病症会从禁食中获益，以及患有哪些症状时您不应当使用禁食这种方法，请参见"物理疗法"一节。

// 对于禁食的一些担忧

有些人一想到要给宠物禁食，就感到害怕。不知何故，我们都信以为真地认为，一两天不喂食，就会让宠物猫狗濒临死亡。其实，这种看法是不对的。

兽医可能已经跟您说过，猫咪每天都必须进食，否则就有可能出现肝脏疾病和黄疸。从表面上来看的确如此，但这种情况，只会发生在已经生了病的宠物猫身上。我还从来没有亲眼见到过这种现象。有可能患上肝脏疾病的宠物，一般都会超重、挑食，并且有过其他的病史。

猫类是真正的食肉动物，它们其实更喜欢间隔28小时的进食周期。事实上，人们都听说过，有些健康的猫咪困在行驶中的卡车或诸如此类的交通工具里面，不吃不喝，熬过了长达6周的时间，却仍然存活下来了。因为与人类生活在一起，所以它们实际上是被迫调整自身，才形成了每天进食2次或3次的习惯。可是，这种进食周期实际上并不符合它们的天性，甚至是不能满足它们的需要。

所以，假如您喂养的是一只年纪幼小、精力充沛的猫咪，那么让它禁食一段时间是完全没有问题的。众所周知，身体很胖的宠物狗，只喝水和服用维生素，就可以度过长达6～8周的禁食时间，并且不会产生什么不良作用。野生食肉动物自然是会禁食的，因为它们有可能在好多天里都捕不到猎物。

因此，让宠物禁食几天，您完全用不着担心。不过，如果这个问题的确让您感到担忧的话，或者说您的宠物猫年纪太老，而且有过既往病史，那么您就应当先请兽医来负责这种事情。许多持有整体医疗观的兽医，在宠物禁食方面都很有经验，可以对您进行指导。

// 利用禁食，协助排毒解毒

在宠物生病后的头一两天里，让宠物禁食可能会带来好处，如果宠物还有发烧的症状，则尤其如此。我们有一条不错的经验法则，那就是让宠物禁食，直到宠物的体温恢复正常；这一过程，通常都是持续1～2天，必要时也可以延长到4～5天，只要宠物开始禁食时身体相当健康就行了。要记住，猫狗的正常体温，都不会高于38.6℃。

下面这种方案，是您给宠物禁食时可以遵循的一条基本原则。这种方案虽然适用于宠物生病期间，但它也能帮助宠物，从原来的饮食习惯转换到采用一种新的、由天然食物组成的饮食。

由专业人员指导让宠物禁食，是一种很明智的做法；若是您对这种办法并不熟悉，则更应当请专业人员进行指导。兽医能够监测宠物的基本生理功能，确保任何一个方面都不会给宠物带来太大的压力。

// 初试阶段

慢慢开始，让宠物进入禁食期，为期1～2天。用比较清淡、比较简单的食物去喂饲宠物，其中含有适量或者少量的瘦肉或豆腐（捣碎，用营养酵母调味）[1]，再加上一些蔬菜和煮熟的燕麦（当然，假如宠物是突发疾病，并且食欲不振，那么可以说，您是不用经历这一步的，因为宠物早已开始自行禁食了）。

喂饲对肾脏与肝脏有益的蔬菜，因为肾脏和肝脏会在禁食期间发挥出重要的作用。这些蔬菜，包括西蓝花、羽衣甘蓝、菜花、卷心菜、甜菜和大头菜、蒲公英嫩叶、南瓜、菠菜、玉米、土豆、黄瓜、芹菜、胡萝卜和番茄。将这些生蔬菜细细切碎，去喂饲宠物（这样做更可取），或者稍微蒸一下再去喂饲。撒上营养酵母调味后，猫咪会尤其喜欢。

---

1 我已经听到一些读者反馈说，他们很难买到营养酵母，因此，假如您也难以买到的话，就可以用啤酒酵母来代替。

// 流质禁食期

接下来，就可以开始禁食的主体部分，即给宠物喂饲流食了。如果宠物患上的是急性疾病，那么可以将禁食进行到宠物体温恢复正常，并且朝着康复的方向发展为止。而对于一些发展速度更加缓慢或者更具退行性的病症，禁食期则可以达到3～7天，直到宠物的病情有了重大改善，并且真正恢复了良好的食欲为止。假如您重新用固体食物去喂饲宠物，但宠物似乎不饿，就可以将流质禁食期再延长一点。

在这一期间，可以利用下述食物大量喂饲宠物。

⊙**水：**应当用来源纯净的水，比如泉水、过滤水或者蒸馏水。不要用自来水，因为其中可能含有对身体有害的化学物质。

⊙**蔬菜汁：**只能用新鲜的蔬菜汁。不要喂饲保存超过了48小时的蔬菜汁（就算是放在冰箱里冷藏，也是如此）。假如您无法给宠物喂饲新鲜的蔬菜汁，那么可以把生的蔬菜剁碎或切细（尤其是绿叶蔬菜和多汁蔬菜），兑上纯净水，然后用滤网进行过滤。要是这两个方面都做不到，您就可以用水和下面这道蔬菜汤去喂饲宠物。

⊙**蔬菜汤：**利用初试阶段列举出来的那些蔬菜，将它们切碎，然后文火煮上20～30分钟，制作成一份清汤。将汤倒出来喂饲宠物，而把里面的固态蔬菜留下来，给自己做一道汤或者砂锅。在宠物年纪幼小或者体质虚弱、似乎多需要一些能量的情况下，这种蔬菜汤在补充矿物质和维生素方面是很有效果的。

如果在流质禁食的早期阶段，宠物出现了肠道绞痛或者便秘的现象，那么，您可以慢慢地（要用1～2分钟的时间）给宠物使用灌肠剂（参见“特殊护理”一节中的使用说明），帮助宠物坚持下去。不过，假如宠物相当健康，那么在时间很短的一段禁食期内，我们是很少需要给它使用灌肠剂的；而患有慢性疾病或者急性感染的宠物，在一段时间较长的禁食期内使用一两次灌肠剂，可能是有好处的。如果使用了一两次灌肠剂后，宠物什么也没有排泄出来，那就足够了。

// 结束禁食

到了结束禁食时，您应当先用一种简单的饮食喂饲宠物几天。这种过渡性的饮食，应当在宠物每进行7天的流质禁食后，就喂饲2～3天。可以给宠物喂水、果蔬汁、蔬菜汤、适量的生蔬菜，或者蒸熟的蔬菜（所用蔬菜的种类，与前面所用的一样）。过了这段时间，就可以开始添加其他的天然食品，不妨从燕麦粥或燕麦片（煮熟）、豆奶、无花果或者李子干开始。接下来，过一两天后，您就可以用本书中列举的、您一直都在使用的常见食物配方，去喂饲宠物了。许多宠物猫狗正从病中康复之时，一开始都不会大吃特吃；因此您会发现，宠物第一天的进食量，可能只有平时进食量的一半。

应当慢慢地让宠物逐步结束禁食，而不要在这个时候经不住诱惑，用商业性宠物食品或者经过了深度加工的零食去喂饲宠物，这一点非常重要；否则的话，您可能会让禁食的有益效果前功尽弃，并且让宠物的消化系统负担过重，从而造成严重的消化问题，因为此时宠物的消化系统还没有出现稳定的蠕动。

动物制品（肉、乳制品、奶酪、鸡蛋）非但比较难消化，还会产生较多的有毒物质，因此在宠物的食欲与正常排泄（排便）两个方面稳定下来前，我不赞同大家用这些东西去喂饲宠物。

假如运用得当，禁食可以给宠物的身体健康带来巨大的益处。我希望您领会了禁食传达出来的精神，而不要误解了它们的意思。我可不是说，您可以把一条生了病的宠物狗扔在屋后门廊上，不给食物，只是给它一点水喝！我也绝对不是要您完全不管宠物，而是说，您应当抱有一种支持的态度，在正确的时间做正确的事情。尽管从表面上来看，这两种方法似乎很相似，但您内心的意图和关注，会让一切都大不相同。假如您拿不准该怎么做，或者拿不准要让宠物禁食多久，那么在进行禁食前，您不妨去咨询咨询一个以整体疗法为主导思想的兽医。

// 宠物不进食的应对办法

有时，一只宠物（通常都是猫咪）会自行开始禁食，但结束禁食后，宠物的胃口却没有恢复过来。这种情况，既有可能是肠胃不适、消化器官发炎导致的，也有可能是宠物对体内、环境中的有毒化学物质产生反应（比如污染或者肾衰竭）导致的。在猫类身上，这是患有慢性疾病的常见症状。

假如宠物的体重迅速下降，并且日益虚弱，使得身体丧失了自愈能力，那么禁食就会变成一个问题。因此，您可能必须强制喂食（将食物强行塞进宠物口中），才能让宠物存活下去，才能让它重新开始进食。这不是一件令人愉快的事情，因此我不太支持这种做法；但是，我也见到过这样的情况：一只宠物猫在强制喂食中活了下来，接受了顺势治疗或者其他治疗，直到恢复健康。

特殊护理

根据宠物的身体情况与症状，您可能还需要给宠物提供其他的一些护理。

// 灌肠剂

在某些条件下，尤其是宠物正在禁食，患有便秘、由碎骨或者有毒物质（比如吃了垃圾或腐坏变质的食物）引起的肠道炎症、脱水或者呕吐等病症时，使用灌肠剂可能会对宠物有好处。

要用温而不烫的纯净水（可以滴在您的手腕上来测试其温度）；猫咪只需大约2汤匙，而大型宠物狗则可以高达0.5升。（即便是少量的液体，也会刺激肠道清空其中的东西。）向水中加入几滴刚刚挤出的柠檬汁，然后用塑料或橡胶注射器（或者灌肠袋，对于体形较大的宠物，还可以用输液管）吸取这种溶液，在2～3分钟的时间内给宠物使用。

做法如下：首先，用植物油对注射器的一端进行润滑；接下来，由另一个人冷静而轻柔地捉着宠物，让宠物站在地上或者浴盆里，您则小心而缓慢地将注射管插入宠物的直肠里。轻柔而持续地按压宠物的肛门（不让灌肠剂漏出来），缓慢地将灌肠剂注满结肠。假如灌肠剂注入不畅，那么很可能是因为注射器被宠物的粪便堵上了；在这种情况下，您必须将管子或者注射器往回抽，并且稍稍调整一下进入的角度。灌肠后，通常只需几分钟的时间，宠物就会排便。

每天都用这种方式给宠物灌肠1～2次，持续2天。通常来说，持续2天就足够了。

患有脱水症状的宠物，可能会把灌肠剂完全吸收掉。这种情况，我见过多次了。也就是说，宠物的结肠会把灌肠剂吸收掉，因为宠物的身体极其需要水分。因此，使用灌肠剂，就是一种在家里进行补液疗法的绝妙方式!如果这样的话，您可以每4个小时就灌一次，或者直到宠物不再把灌肠剂吸收掉为止。

假如宠物一直都在呕吐，胃里容不下水分，那么，使用灌肠剂非但可以给宠物补充液体，您还可以在灌肠剂中添加宠物所需的盐分，以取代宠物因为呕吐而失去的盐分。您可以在灌肠剂中添加少许海盐，以及少许氯化钾（KCl，这是人们采用低钠饮食时的一种食盐代用品，超市里有售）。这种置换盐补液疗法，可以帮助宠物猫狗缓解长期腹泻的症状。同样，您可以每4个小时给宠物使用一次，或者直到宠物不再把灌肠剂吸收掉为止。

// 洗澡和清洁

有些情况下，宠物身上会因为呕吐、腹泻或者皮肤流脓而弄得肮脏不堪，因此给宠物洗个澡，当然就是恰当的做法了。然而，只有在宠物的病情发展到了最后，正在朝着康复的方向好转，体温也恢复了正常时，您才能给它洗澡。在其他情况下，您可以按照下述方法来进行清洁。不过，就算到了可以洗澡时，您也要确保宠物不会着凉。应当用毛巾好好擦拭，迅速将宠物身上擦干，然后让宠物在暖和的太阳底下晒一晒，或者用吹风机将它身上吹干；使用吹风机时，您应当开低温，并且吹风机离宠物的毛发也不能太近。要牢记等到疾病快好时才能洗澡这条准则，只有一种例外情况，那就是宠物猫狗（尤其是幼猫幼犬）身上寄生的虱蚤太过严重，导致宠物元气大伤时。这样的话，用肥皂给它洗个澡，去除和消灭这些寄生虫，就是一种恰当的做法。其中有一种用薰衣草配制而成的肥皂，它的除蚤驱虱效果特别好，因为人们早已知道，薰衣草对付起这些寄生虫来，是很有效果的。

// 体窍的护理

在很多情况下，疾病会导致宠物身上的体窍流脓，尤其是导致宠物的鼻、眼、耳和肛门流脓。患病的宠物，特别是患病的猫咪，会被身上积存的污垢弄得苦不堪言，因为它们无法清理掉这些污垢，可能会使得污垢下面的组织发炎。下面有几种简单的清理方法，可以极大地缓解宠物的这种情况。

鼻子：假如宠物的鼻子已经被分泌物堵塞，那么您可以用一块软布或者纱布，蘸上温水，小心地清理宠物的鼻部。有时，您还需要耐心地等待堵塞物软化，然后才能逐渐将它们清除掉。每次的清理时间较短，但反复清理2～3次，效果要好于时间很长、只清理1次的效果。

宠物的鼻部清理干净、变干后，应当给这个部位抹上杏仁油，或许还可以从胶囊里弄点维生素E与杏仁油，混合起来给宠物抹在鼻子上；您也可以使用金盏花油（顺势疗法药店有售）。每天应当涂抹两三次。

眼睛：要想清除宠物眼睛和眼睑上的痂皮和眼屎，您应当将1/4茶匙的海盐溶入1杯蒸馏水或者过滤水中，制成一种有镇定作用、不具刺激性的生理盐水。充分搅拌后，按照前文清理宠物鼻子的方法，去清理宠物的眼部。然后，再往宠物的两只眼睛中各滴入1滴下述舒缓剂中的一种：杏仁油（用于轻微的炎症）或者蓖麻油（用于较严重的炎症和眼睛红肿）。

或者，您可以不用上述疗法，而用下述两种草药浸提剂，经常擦拭宠物的眼睛。

明目草（小米草，学名Euphrasia officinalis）浸提物，对宠物眼睛受伤或者发炎的情况非常有效。制备这种浸提物时，可以先将1杯纯净水烧开，然后倒入1茶匙的明目草。将明目草浸入水中，盖上盖子，煮上15分钟。然后，用滤网或者粗棉布将药汤过滤，把草药残渣扔掉。再往每1杯浸提液里，加入1/4茶匙海盐。这样做，会使这种浸提液变得性质温和，并且具有舒缓作用（就像天然的眼泪一样）。

假如宠物的眼睛受到了感染，或者分泌的眼屎浓稠而呈黄色，那么黄连根浸提液很有效果。要想制备1杯治疗液，您可以将1杯开水倒在1/4茶匙黄连根粉上。任其浸泡15分钟，然后过滤，分离固体和液体。再往液体中加入1/4茶匙海盐。

待制备的溶液冷却下来后，用它轻柔地清理和治疗宠物的眼部，每天3次，或者根据需要而定。

将药液盖上盖子，放到工作台上，可以在室温之下保存2天。为了避免受到污染，您始终都应当是倒出少许到碟子或杯子里用于治疗，然后再重新盖好。将使用过的浸提液倒掉，而不要再倒回储存药液的瓶子里。

耳朵：假如宠物的耳朵中有很多油乎乎或呈蜡状的分泌物，那么您可以用一支滴管或者一个挤压瓶，将1/2茶匙杏仁油滴入宠物的耳孔。首先，应当将杏仁油倒入杯中，再将杯子的一部分浸到盛有热水的洗碗槽或碗中，让杏仁油变为温热。稳稳地提起宠物的耳郭或者耳尖。您可能需要有人帮助，将宠物的脑袋固定住才行；因为您松开手，或者您还没有滴完，宠物就挣脱了的话，它一甩头，会把杏仁油甩您一身。任由杏仁油顺着宠物的耳道往里流上几秒钟。

接下来，在仍然提着宠物耳郭的同时，另一只手往下，在宠物耳孔下端的外部，按摩宠物的耳道。宠物的耳道摸上去就像是一根结实的塑料管，因此您在按摩时可以压一压。假如手法正确的话，您还可以听到一种咯吱咯吱的声音。这种疗法，会让宠物耳道中聚积的蜡状耳屎松动并且溶解掉。用一张纸巾，擦掉从宠物耳朵里流出来的多余杏仁油与分泌物。不要使用棉签，除非是在宠物的耳孔周围使用。松开宠物的耳郭后，宠物会使劲甩头，因此您要做好心理准备。

对于溶解宠物的蜡状耳屎，我的经验主要都是使用杏仁油和橄榄油。还有一种办法，则是简·阿莱格雷蒂提出来的。

> 往宠物耳朵里滴椰子油来进行清理或者治疗感染，我的做法非常成功。由于椰子油具有天然的抗细菌和抗真菌作用，因此只用椰子油本身就很有效果。椰子油还有一种好处，那就是固态椰子油用起来非常轻松。椰子油在体温下呈液态，但低于24℃时就会凝固。我会将椰子油放在一个凉爽的橱柜里，因此到需要使用时，它就是固态了。用一小块固态的椰子油，很容易放进宠物的耳朵里；接下来，您按摩宠物耳朵时，椰子油就会迅速熔化，填满宠物的耳道。

假如宠物的耳朵发炎红肿了，您可以用金盏花油或者芦荟汁给它滴耳。前者在健康食品商店里可以买到，后者则是一种新鲜的植物汁液。通常来说，每天或者每2天用这种方法滴耳1次，就足够了。

绿茶浸提物也可以治疗耳朵发炎。将一个茶包（或者1茶匙的茶叶）放入一个杯子中，然后加入开水。浸泡10分钟后，将茶包取出（或者用滤网将茶汤过滤出来）。冷却后，就可以用茶汤去冲洗宠物的耳朵了。

另外，假如您摸到按摩点时，宠物的耳朵很疼，却没有脓液流出，那就有可能是宠物的耳道里有了某种异物，比如植物或者扁虱。在这种情况下，最好是请兽医检查一下宠物的耳道。如果耳朵疼痛却没有明显的原因，那也有一种不错的药物可用，就是山金车油（在顺势疗法药店或者健康食品商店有售）。可以按照前文描述的方法，每天都轻柔地治疗宠物的耳朵一次，直到宠物的不适感消失。

肛门：宠物的肛门，常常会因为腹泻太过厉害而出现严重的炎症，使得周围的组织发炎疼痛，有时还会感染细菌。在宠物患病腹泻时，要想保持宠物肛门部位的清洁，您可以用一块湿布轻轻地吸拭这个部位（如果擦拭，可能会让这个部位更感刺痛）。轻轻地将这个部位拍干（不能擦干），然后抹上一些金盏花软膏，每天抹上两三次，或者根据需要而定。

// 草药

草药疗法对许多疾病都很有效果。草药会通过多种途径，比如帮助排泄、促进消化、清理血液等，缓慢地辅助身体康复。

下面列举的草药，都是我经验中最有功效的草药。每次只用一种草药，不要结合起来使用。应当挑选出与宠物身上的疾病最相匹配的那种草药，然后按照相应的剂量来使用。

⊙紫花苜蓿（学名：Medicago sativa）是一种了不起的滋补药物，能够促进消化、刺激食欲、帮助瘦弱的宠物增重，并且提升宠物的体力与精神活力。它适用于那些体重过低、紧张不安或焦躁易怒，或许还患有肌肉疼痛、关节疼痛或者泌尿系统疾病的宠物，尤其是患有泌尿结石和膀胱炎的宠物。用于狗类时，可以根据宠物狗的体重，将1～3汤匙的紫花苜蓿粉或干混紫花苜蓿，添加到宠物每日的食物中。或者，可以将3汤匙紫花苜蓿放入1杯水中，泡上20分钟，制成一种紫花苜蓿茶。将茶汤拌入宠物所吃的食物中，或者用球形注射器给宠物口服。至于猫类，每天给服1茶匙（干苜蓿）即可。

⊙牛蒡（学名：Arctium lappa）可以清理血液，并且有助于身体排毒。它对缓解皮肤疾病尤其有效。将1茶匙牛蒡根加上1杯泉水或蒸馏水，放入一个玻璃锅或搪瓷锅内浸泡5个小时。然后煮开，关火，放凉。参照第140页的表格，按照其中的方法喂饲宠物狗。至于宠物猫，可以每天给服1/2茶匙。

⊙燕麦（学名：Avena sativa）也是一种滋补品，尤其适合那些主要患有神经系统疾病，比如癫痫、震颤、抽搐和瘫痪等症状的宠物。燕麦还能消除因为大量用药以及疾病本身造成的身体虚弱、精力不足等的影响。燕麦有助于清理身体，并为新组织的成长提供营养。在宠物食品中，应当用燕麦粥作为主要的谷类食物。

// 洗澡

用燕麦秆煮水给宠物洗澡，可能有助于宠物的皮肤排毒。将0.5～1千克燕麦秆放入3升水中，煮上30分钟。将这种溶液添加到宠物的洗澡水中，或者是在宠物洗完澡后，让宠物站在浴盆内，用海

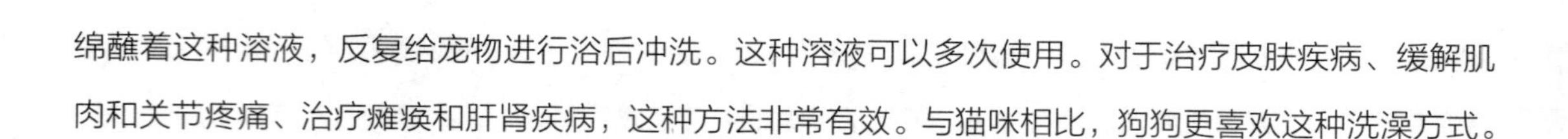

绵蘸着这种溶液，反复给宠物进行浴后冲洗。这种溶液可以多次使用。对于治疗皮肤疾病、缓解肌肉和关节疼痛、治疗瘫痪和肝肾疾病，这种方法非常有效。与猫咪相比，狗狗更喜欢这种洗澡方式。

如何制备药物并给宠物用药？

许多人都不太熟悉如何使用草药和制备顺势药物。下文是关于获得、制备和给宠物使用这些药物的详细说明。

// 使用草药制剂

在准备对宠物进行治疗的过程中，我们可以使用的草药基本类型有3种：新鲜草药、干草药和草药酊剂。

// 新鲜草药

如果做得到，您就应当尽量选取使用前刚刚采集到的新鲜草药。假如您已经对草药的应用有所了解，并且知道如何辨别草药，那么亲自到空地、路边（不要到交通繁忙的路边去采集，因为这些地方可能存在汽车尾气污染）、乡间田野和森林中去采集，或者在您自家的草药园里采集草药，倒是很有意思的一件事情呢！

要想达到最佳药效，您应当在一种草药的精油含量最高时进行采集（精油就是草药中最具活性的成分）。通常来说，这意味着您应当在早晨采集草药的地上部分，并且时间应当把握好，要在露水已干、但烈日尚未让草药中的部分精油挥发掉前采集。理想状态下，草药的叶子应当在草药即将进入开花期时采集，而花则应当在它们到达盛开期前采集（因为过了那个时间后，花的药用价值便会大打折扣）。

如果您打算采集草药的整个地上部分（叶、茎和其他部位），那就应当在草药进入开花期前采集。根和块茎在秋天采集最佳，因为此时植物的汁液回到了地上，叶子即将变色，果实或者种子也已成熟。

由于许多人对新鲜草药的应用方法都不熟悉，因此本书使用说明中涉及的通常都是干草药。不过，如果有新鲜的草药，那么您可以按照差不多3倍于列表中的干草药用量，去给宠物使用。

// 干草药

在绝大多数情况下，您多半都是购买干草药；它们要么是切碎了的散装品，要么就是粉剂，或许还是装在胶囊里的。给宠物服用干草药，既可以用这些胶囊丸剂，也可以将它们与某种浸提液、汤剂或者悬浮液混合起来给服。您可以从药房里购买空胶囊，然后自己填装药粉，制成草药胶囊，这样更省钱。有一种“00”型的胶囊，能够装入大约1/2茶匙的草药粉剂。我很喜欢那种用植物纤维素制成的胶囊（称为“素胶囊”或者“植物胶囊”），而不喜欢用牛蹄筋制成的胶囊。我认为前者更容易消化，也更有益于健康。如果需要把草药磨成粉剂，您可以使用一台咖啡研磨器或者一套研钵研杵，将草药磨成细细的粉末。

假如您是自己采集或者种植草药，那么采集后，您可以将它们晾干，以备日后使用。应当等草药叶片上的晨露干了后，再进行采集。然后，将草药打成捆，挂在通风良好、干燥阴凉的地方。封闭的阁楼就是一个理想的地方。如果您采集的是根茎和树皮，那就应当洗干净，然后切碎，用筛子盛着，直接放到太阳下晒干。一旦干透，您就应当将它们装入不透明的或者有盖的棕色罐子里面，储存在阴凉幽暗之处。如果加工和贮存得当，草药的绝大部分药效都能保持一段时间。然而，由于药效会因为炎热、阳光、接触空气而遭到破坏，因此贮存时间最好不要超过1年。

// 草药酊剂

还有一种获取和应用草药的办法，就是利用酊剂（用酒精和水进行萃取）。最轻松地获得酊剂的一种途径，就是从草药商店或者顺势疗法药房里购买。不过，假如您能够采集到新鲜的草药，那么最理想的办法，就是用刚刚采集的、有机种植的草药制备成酊剂。

要想亲自制作酊剂，您可以把新鲜草药切碎，然后磨碎（或者用一台搅拌机搅碎）。将1满汤匙草药末，加入1/2杯伏特加酒或者白兰地酒里（酒精度至少应当达到80°）。将这种混合物装入一个干净的、盖紧的罐子里，贮存在阴凉处。每天将罐子摇晃一两次，持续2周。然后，用一块细布或者一张滤纸将其中的药渣滤掉，再把药液收集起来，就成了您制备好的酊剂。将酊剂装进盖紧的玻璃瓶里，贮存在阴凉、幽暗之处（如果用的是干草药而不是新鲜草药，那么每1/2杯酒可以加入1满茶匙切碎的干草药或者药粉）。

草药酊剂是一种非常有效的药物。您应当按照“附录A　快速参考”里的用法说明，谨慎地小剂量使用。如果盖子的密封性很好的话，这种酊剂可以保存3年之久。

// 制备草药

无论是新鲜草药还是干草药，都可以用于制取浸提剂。具体做法是，将它们加入水中煮开，然后放凉（就像泡茶一样）。要想制取一种味道不那么浓烈、更加可口的浸提液，您可以使用2倍的草药，然后只用冷水浸泡1个晚上就行了。这种浸提方法，叫作冷提法。假如使用的草药是根茎或者树

皮，那么您应当将草药放在开水中，浸泡15～20分钟（称为汤剂）。

制备浸提液或者冷萃液，都应当用有盖子的非金属容器，比如（无铅的）陶罐或者玻璃罐（用于贮存药剂中的挥发性物质）。汤剂应当用一只敞口的非金属锅熬制（用于浓缩药液）。制备这些药液时，您始终都应当使用纯净水（经过蒸馏的或者过滤的）。

在使用前，酊剂始终都应当进行稀释，每1茶匙水中滴入3滴即可。

给 药

有时，给宠物使用一种推荐的草药或者植物可能很简单，就像把食物盛到盘子里、放到地板上，然后看着宠物狗大口大口地吃下去那样。不过，有时给药却不是那么容易，因此下面给出了一些建议。

// 如何给宠物服用药液？

关于如何让宠物服下一种药液（常规药物或者一种经过了稀释的酊剂、汤剂、浸提剂或者冷浸液），我可以向大家推荐下述两种方法。

把宠物的嘴巴掰开。用一只手轻轻地抓住宠物的上颌，将拇指和其余4指插在宠物齿根的后方（至于猫咪或者小型宠物犬，只需1根手指，再加上拇指就行了）这样一来，绝大多数宠物都会轻轻地松开嘴巴，您就可以用一只勺子或者一支滴管，将药液从宠物的门牙之间灌进去。在喂药时，要让宠物的头部稍稍向后仰起，以便药液顺着宠物的喉咙流下去。

或者，您也可以把宠物的嘴唇撮成袋状。用一只手将宠物的下唇往外拉，形成一个小袋，同时让宠物的头部保持后仰，再用另一只手将药液给宠物服下去。

在这两种方法中，如果药液没有进入宠物口中，一般都是因为宠物的牙齿咬合太紧。要是这样的话，您可以用手指轻轻地将宠物的牙齿掰开一点。如果宠物向后退，那就可以把它的屁股那一端挤在一个角落里，使得宠物在喂药的过程中没法跑开，或者请人帮您捉住宠物。还有一种方法，就是您可以坐在地板上或者床上，用双腿将宠物夹住。此时，应当让宠物背对着您，头朝前方，以便您可以更加轻松地将它固定住并给它喂药。

至于猫咪，您可能需要有人帮忙，帮着轻柔而牢牢地抓住猫咪的两只前脚才行；或者，您也可以用一条毛巾迅速将猫咪裹住裹紧，一个人给它喂药。您应当态度温和、动作准确，使得宠物没有理由感到害怕，不会因为害怕而使劲挣扎。您无须使劲去掰开宠物的嘴巴，只要坚定而持续地将自己的手指插在宠物的牙齿之间，直到宠物的牙齿松开一点，把嘴巴张开即可。

把药液灌到宠物嘴里后，您可以轻轻地抓住宠物的嘴巴，使之差不多闭合，然后再轻轻地按摩宠物的喉咙，诱导宠物把药液咽下去。如果宠物的舌头从门牙之间短暂地伸出来一下，那就表明它已经把药液咽下去了。或者，您也可以把拇指放到宠物的两个鼻孔上停上片刻，同样可以促使宠物把药液咽下去。

// 如何给宠物喂食丸剂或胶囊？

给宠物服用绝大部分固态药物，比如草药胶囊或者维生素丸时，您可以抓住宠物的上颌，就像给宠物服用汤剂那样，将它的嘴巴掰开。用拇指和食指捏住胶囊或药丸，不然的话，也可以用食指和中指夹住。用其余的手指将宠物的下门牙往下压，这样就可以把它的下颌掰开了。

用最快的速度，将药丸或胶囊塞入宠物的喉咙。然后，按照前文所述的方法，促使宠物把药物咽下去。一开始时，这一点似乎难以做到，并且很不方便。然而，试过几次后，您就会变得较有经验，就会发现给服起来容易多了。

还有一种方法，那就是将胶囊或者药丸混在某种味道很好的食物中。例如，可以拌到狗狗都很喜欢吃的花生酱里。假如药物的味道不是很差，那么您通常都可以打开胶囊，或者将药丸碾碎，然后拌到宠物喜欢吃的某种流质食物中。例如，要是把药拌在牛奶中，或者拌在牛奶和奶油的混合食品中，许多猫咪都会吃的（不过，要是猫咪尝出了药物的味道，它们可能就不会去吃）。

// 如何制备和使用花朵精华剂？

巴赫医生的花朵精华剂，是分别装在38个“贮存”瓶里出售的。这种特殊的制剂，是将不同的花精结合起来，然后稀释成一种配方。具体做法如下：比方说，如果想要制备一种由菊苣、石南花和铁线莲组成的配方制剂（这3种花精，是从那38种精华剂里选出来的），那么您首先应当从贮存这3种花精的瓶子里各取2滴，滴入一个干净的、规格为30毫升的滴瓶里。接下来，您应当用泉水将滴瓶灌满（不要用蒸馏水），对花精进行稀释。这就成了您的“治疗”瓶；标准剂量是每次2滴，每天4次。可以把精华剂滴在宠物舌头上、嘴唇内，或者添加到宠物的食物和饮水中。通常来说，可以根据情况需要，给宠物治疗几天或者几周的时间。

// 使用顺势药物

给宠物使用顺势药物时，可以选取下述四种方法中的一种。

1. 给宠物服用整片或整丸。把药品倒在药瓶盖子里，或者倒在一只干净的勺子里，直接给宠物口服（最好是不要用手去触碰药品）。给狗狗服食时，把药品放在一只干净的碗或盘子里通常效果很好，因为狗狗都喜欢去吃这些药品。

2. 将丸剂压成粉末（要用3丸）。压碎药丸时，您可以用一张厚纸，对半折起（小的索引卡片很适合干这个）。把药丸从瓶子里倒到打开的折纸上。把纸对半平折，让药丸夹在里面靠近折缝的地方，然后将折好的纸放到一张硬质工作台上。用有点重量的东西，比如玻璃杯或者其他东西，轻轻地锤击（折纸里的）药丸。您无须使劲锤击，只要轻击，您就会听得药丸碎裂的声音。有些药店和其他供应商出售的药丸可能很硬，因此您不要在自家那张古色古香的木桌上干。

用话语鼓励宠物把折纸上黏着的药粉舔舐干净（药粉的味道很好）。假如宠物不感兴趣，那么您可以利用前文中给服其他丸剂时捉住宠物和掰开宠物嘴巴的方法，让宠物将药品服下去。应当预先做好准备，用指甲将药粉拨到折纸的边缘，然而掰开宠物的嘴巴，轻轻地把药粉从纸上弹到宠物的舌头上。

3. 或者把（按照上述方法碾成的）药粉溶于少量的水中，然后用一只勺子或者一支注射器，给宠物口服。宠物需要的，不过是尝尝药物的味道罢了，因此并非是所有的药液都需要您去喂食。有时，若是给宠物猫服用，您还可以将药液抹在它们的鼻子或者前爪上，然后猫咪就会把药液舔舐干净。

4. 至于那些较难给服的宠物，如果无法将丸剂或者粉剂倒入它的口中，那么您可以把药粉拌入少量牛奶中，然后诱使宠物喝下去。

使用顺势药物，有一种非常不错的好处，那就是宠物无须长期服用，有时甚至只需服用1次就够了，从而使得我们可以更加轻松地对它们进行治疗。

“附录A　快速参考”中提到的那些顺势药物，您既可以在网上订购，也可以在天然食品商店里买到。

// 备好家用药物

不要等到宠物需要进行治疗后，才去寻找所需的基本材料。应当像美国的童子军一样，预先做好准备。在“应急处理与急救”一节中，我们列出了一些最有效的外伤药物；无疑，预先准备好这些药品是很有好处的。

附录 A

快速参考

“快速参考”使用指南

在本书中，我们始终在强调的是应当尽量预防，比如吃优质食品、保持健康的生活方式和开心地生活。但我们也很清楚，对于某些健康问题，人们还是非常需要一些额外建议的。在本部分，我们将会讨论这些方面。据我的经验来看，书中推荐的这些方法，都是完全有可能发挥作用的治疗方法。当然，我们最好是能够与一名可以提供整体疗法（请参见前述各章）、接受过替代疗法方面（特别是顺势疗法）的培训，并且在营养学方面学识渊博的兽医进行协作。我的建议是，只要做得到，

您就应当与兽医协作。

本部分的目的，在于为您提供一些指导，使您可以亲自去试一试这些疗法。虽然我尽力想要把这些方面阐述清楚，并且使得其中提供的方法安全可用，但是，如果您还是觉得拿不准主意，那您不妨找到一位兽医，与兽医一起实践这些指导原则。有时，一位传统的兽医即使不一定接受过其他疗法的培训，也仍然会对宠物进行体检、确认宠物身体健康，从而协助您对自己的做法进行评估。

您应当尽量从可供选择的疗法中，选取最适合宠物具体情况的疗法，以及对您认为的健康问题做出了最准确响应的疗法。这一点，需要您进行仔细的观察。您将发现，我会强调运用顺势药物，因为我在这个方面最有经验。

其中有一些疗法，在必要时也可以与传统兽医疗法结合起来使用。至于其他疗法，尤其是顺势疗法，您既不应当把顺势药物与别的药物一起混用，也不应当把顺势疗法与其他疗法（比如针灸）结合运用。因此，您应当仔细阅读相应的用法指南。

// 营养和生活方式

您可能还记得吧，在本书的第一部分我们曾经指出，要想让宠物达到理想的健康状态，您需要使用一种整体的方式。其中最重要的是考虑并解决掉生活方式、环境或饮食方面存在的任何诱发性、促进性不良因素，使之不会对宠物的康复构成外部障碍。由于我们在后面的用法指南中一直强调营养的重要性，因此我们预先假定，您在开始实施任何保健方案时，都会遵循本书在营养方面给出的那些指导原则。

在本书的前几个版本中，我们提到了几种具有特殊效果的维生素，把它们当成治疗方案的一个组成部分，不过后来，这种做法已经日益变成了一个问题。有些报告宣称，这样做可能打破了营养成分的整体平衡，而且其中有些产品的质量也说不好。尽量使用营养全面而均衡、有机生产出来的食品，而不使用单一的营养元素，一直都是我们孜孜以求的做法；因此，我们在本版中也尽量如此。

下面的用法指南，强调的都是使用草药、理疗和顺势药物等治疗方法。我们认为，您制订的治疗方案中，基础部分应当是我们在营养方面提出的建议，您对宠物的治疗，应当**建立在这一基础之上**。在第6章“今日食谱”部分列举的宠物猫狗食物配方表中，每个表格的顶端都标有一系列代码，它们能够为您提供引导，让您找到最适合某些具体情况的食物配方。例如，代码A说明这种食谱对患有过敏症和肠胃疾病的宠物尤其有效；代码D则说明，这是我们针对患有糖尿病的宠物而推荐的食物配方。

// 如何查询某种具体疾病?

要想查找一个让您觉得困惑不解的疾病主题，您可以到一个更大的类别之下去查询。例如:“犬瘟热”，以及犬瘟热的常见后遗症“舞蹈病”，都是列在“犬瘟热与舞蹈病”这一条目之下的。许多症状，都是按照受到了疾病影响的身体部位或器官来分组的，比如“皮肤疾病”“胃部问题”“耳部疾病”等。

// 您的收获

除了一些可能会迅速消退的急性疾病，患病后，宠物的身体通常都需要一定的时间才能痊愈。身体状况失去平衡需要时间，因此，恢复这种平衡也需要时间。当然，如果给宠物服用止疼片或者像“可的松”这样的抑制性药物，我们可能会看到，宠物的症状会得到迅速缓解；可这种情况，并不是一种真正意义上的痊愈。不再服用这些药物后，宠物身上的症状很可能重新出现，并且程度常常还会比以前更加严重。

既然我们的目标是解决身体深层的问题，并且让宠物长久地恢复健康，那么，识别疾病的各个发展阶段、了解症状逐渐变化的情况，就非常重要了。这样，大家就可以看出，我们的治疗是不是真正有效，我们是不是应当尝试另一种疗法。

假如从恢复健康这个意义来看，某种疗法是有效的，那么急性疾病（即突发性和自限性的疾病）通常都会对这种疗法迅速做出反应（常常都是几分钟后，有时可能也要到几个小时后）。而另一方面，慢性疾病的反应速度却要缓慢得多。通常都需要好几天的时间，我们才能看到宠物身上出现了好转的迹象；过了一两个星期后，这些迹象才会变得更加明显。从完全康复的标准来说，如果宠物到了疾病晚期，那么可能需要好几个月甚至1年的时间才能康复。

能不能彻底康复，取决于几个重要的因素，其中包括宠物的年龄、活力水平，以及宠物的病情。一种程度已经非常严重、对身体已经造成了全面损害的疾病，我们可能无法彻底逆转；不过，这种疾病还是有可能得到缓解的，有时甚至是得到极大的缓解。当然，指望器官和组织始终都能恢复到以前没有受损的状态，是一种不合情理的想法；不过，我们还是可以阻止慢性疾病无休无止地发展下去，并且促使宠物在自身极限之内痊愈。

例如，经过治疗，一只患有肾脏功能衰竭的老猫，可能会从一种身体衰弱的患病状态，转入身体相对正常的状态。然而，在这只老猫的余生中，我们可能必须持续对它进行这种治疗，可能偶尔需要给服顺势药物，可能需要喂饲一种蛋白质含量有所限制的饮食，以及实施补液疗法。从宠物身体内部来看，我们的治疗可能只会让宠物的肾脏机能从25%的有效利用率，提高到35%的有效利用率。然而，这10%的有效利用率，却有可能产生重大的作用。

另外，假如宠物年纪很小，生病时间相对较短（没有病上多年），器官或组织遭受的物理损伤也不严重，那么，我们就真的有可能让宠物恢复到原来那种生龙活虎的健康状态。事实上，我们经常都会看到，使用了这些自然疗法后，宠物的健康水平比以前更好了。

还有一个需要考虑的方面，那就是以前的治疗或者手术进行到了什么程度。像“可的松”这类药物的长期作用，可能会对宠物的腺体和器官造成损害，从而导致治疗无法激发出宠物体内的治疗反应；就算可以激发，疗效可能也不会马上表现出来（也就是说，可能会出现延迟，有时甚至延迟数个星期）。

在所有的治疗方法中，手术是最不可逆转的一种。显而易见，假如摘除了某个器官 （一个常见的例子是，我们会给患有甲状腺功能亢进症的宠物猫摘除甲状腺），那么这种情况是永远都无法痊愈的。如果哪位顾客带着这样一只猫咪到我这里来，那么我一开始就很清楚，我是不可能彻底治好那只猫咪的。原因在于，我们必须让甲状腺恢复正常的机能，才能让猫咪恢复到真正的健康状态。可是，如果它身上根本就没有甲状腺呢……

可以说，一般而言，增强营养，利用如顺势疗法、草药疗法和营养疗法这样的治疗方法，肯定会提高宠物的生存质量，并且常常还会显著提高它们的生活质量。

// 好转迹象

许多自然疗法中，都含有“恶化”这一概念，也就是说，患者开始真正康复前，会出现症状短暂地加重的现象。您需要理解这种有利迹象的重要性。不然的话，您可能会仓促地得出结论，说宠物的病情正在恶化下去，然后给宠物服用大量的强效药物，使得宠物不堪重负；因为这些药物，实际上可能对宠物身体的痊愈过程产生干扰。

那么，如何区分宠物是在经历痊愈过程，还是病情确实正在恶化呢？有一条屡试不爽的通用法则，那就是：通常来说，假如宠物的某种症状程度变重（比如腹泻），但与此同时，宠物的整体状态似乎较好了，那么这种病情变化就说明宠物正在好转。同样重要的是，一种症状在好转过程中暂时性地加重的现象，从开始到结束往往都很迅速。在我运用顺势疗法的过程中，这种对有效治疗做出的反应，一向都会迅速消退，通常都是在一两个小时后，有时或许会长达12个小时。在临床实践中，如果判断出所用的药物正在顺利发挥作用，我就会要求顾客第二天再带着宠物过来复查；到了那个时候，宠物的病情就会有所好转了。

所以，此处的要点就是：在运用一种具有治疗作用的方法时，某些症状可能会暂时性地加重，但这种恶化为时甚短，随后就会出现明确的好转迹象。如果宠物经历了一个长达数日的症状恶化阶段，看上去却仍然病恹恹的，那么这个阶段很可能不是痊愈转折点，您应当重新评估宠物的病情才行。痊愈过程的不同之处就在于，虽说此时有一两种症状可能会在短期内出现稍微恶化的现象，但宠物的身体在这一阶段内却会觉得更加舒服，并且行为举止也会显得更加正常（请参阅第18章中对这个问题的更多论述）。

许多医生都注意到身体在试图解决健康失衡问题时表现出来的模式。顺势治疗医生把这些模式正式称为“郝林治愈法则”，是用美国一位著名的顺势治疗医生康斯坦丁·郝林的名字命名的。理解治愈过程的方式如下。

身体内部，存有一种深层的智慧（在顺势疗法中，这种智慧称为生命力），掌控着维持健康与修复的功能。为了保持健康与进行修复，身体会运用一些策略，对身体问题加以约束，以便保护体内那些至关重要的机能。具体说来，身体会努力：

⊙防止疾病扩散（例如，形成一处局部脓肿，不让感染蔓延到全身）。

⊙让疾病停留在身体表面，不让疾病进入体内的重要脏器。

⊙让疾病集中于四肢，而不是集中于躯干（身体的主要部位）。

⊙将疾病限制在身体下部，远离头部，从而使得疾病远离大脑和感觉器官。

⊙让疾病保持在生理层面上，而不会深入到情绪或心理层面上去，因为情绪或心理疾病会对身体的整体机能产生更加严重的干扰。

因此，假如疾病开始蔓延，或者开始涉及一些深层器官，那么患者的健康就是在朝着恶化方向发展。常识告诉我们，那些对生存最具关键性的身体部位受到病情的干扰越多，病情就会越严重。

“郝林法则”也有助于您辨识出，宠物的身体是否正在朝着正确的方向，是否朝着更健康的方向好转。不过，一开始时，您可能需要仔细看出一些更加微妙的迹象来。例如，要是一只患有慢性退行性疾病且重要脏器受到感染的宠物，开始出现皮疹或者流脓的症状，即症状从脏器转移到了体表的话，那就是好转的迹象。在此过程中，宠物身体将会出现整体的好转；并且，随着内部疾病得到治愈，宠物体表的症状也会逐渐减轻。身体内部的生命力会集中于这种体表病变，从而让自身摆脱病症的困扰。

有些情况，理解起来可能较为困难。比如，如果宠物身上重新开始出现原来的症状，这些症状在以前得到过治疗，但治疗过程却没有真正使之痊愈，只是暂时性地把症状抑制住了。在这种情况下，您最好是与一位技术精湛、采用整体疗法的兽医协作。

我们不妨来看一看几个例子。假设您家宠物狗的脚爪和下肢部位经常会被真菌感染，经过好几个月的艰难的药物治疗后，狗狗脚爪上的症状消失了。然而，近来狗狗腹部、胸前和脑袋附近的皮肤上，却开始出现小片的秃斑和炎症。尽管兽医对这个新问题的诊断可能会有所不同，但实际上，新症状不过是原来病症的另一种表现形式罢了，原来的病症只是被药物抑制住了，并没有真正痊愈。虽然属于同一种疾病，但这种疾病改变了表现形式和出现的部位。而且，它已经从一种较不重要的末端部位（脚爪），发展到了靠近一个更加重要的区域（头部）。

还有一个病情恶化的例子，更加令人难以捉摸。经过反复的治疗，甚至是动过手术后，您家宠物狗耳朵长期发炎的症状终于消失了。可才过了几个星期，您却注意到，狗狗的态度不像以前那么友好了。它更喜欢自己独自出门，甚至有可能大声吠叫或咬人。疾病的重心，已经向宠物的体内转移，已经从生理层面转移到心理层面了。您可以尝试使用多种药物，努力控制宠物性格上的变化，但狗狗整体上的问题，却只会日益恶化下去。给狗狗服用镇静剂，可能会让它更加容易相处、更加听话和驯服。但随着时间的推移，它的精神状态可能会日益削弱下去，或许会变得行动迟缓，丧失辨别能力，变得糊里糊涂。到了此时，疾病会对狗狗的基本心理过程产生干扰；这些基本的心理过程，作用就是协助它处理信息和辨别方向（我曾经看到过，许多宠物狗接受了这种治疗后，患上了癫痫）。

虽然这个例子听起来不太靠谱，但实际上，这样的病例出现得太多了。假如这同一条宠物狗，在疾病转向情绪方面时得到了有效的治疗，那么您就会看到，它的情绪状态好转后，以前那些生理上的症状又会出现。极有可能，再次出现的会是耳朵发炎症状。那样一来，我们就可以利用本书中论述的那些方法，去治疗耳朵发炎或其他的体表疾病了。一旦激发身体朝着痊愈的方向发展，耳部疾病可能就会自行消失，不用继续进行治疗了。

还有一个例子，不妨假定您的宠物猫患有脓肿。它还表现出了有情绪问题的迹象，比如情绪低落和嗜睡。然而，经过治疗后，它又开始到处跑动、活蹦乱跳了。即便是脓肿之处可能仍然有脓液渗出，但心理方面的好转却是一种非常有利的迹象，因为随之而来的就会是生理上的痊愈。实际上，心理方面的好转，就是身体正在痊愈的最初标志。

一般来说，治疗过程中出现的下述迹象，也说明身体状况正在好转。

⊙精力增加，整体上变得活泼了。

⊙恢复到一种平静、温驯的态度。

⊙自己梳理毛皮（宠物猫尤其如此）。

⊙食欲恢复正常。

⊙恢复正常的排便排尿。

⊙睡觉能够睡得香甜安静。

// 具有治疗作用的排毒

我们不妨再仔细地来看一看，身体治疗自己的一些方法。通常来说，一种疾病即将治愈时，您会看到一些排毒的迹象。这种现象，说明体内聚积的有毒物质正在排出体外。我们并非总是能够看到这些迹象，它取决于病情及疾病的发展程度。然而，假如的确出现了这种现象，那么最常见的排毒途径，往往就是：

⊙形成脓囊，毒素以脓液的形式排出体外。

⊙出现皮疹（这是一种极其常见的途径）。

⊙散发出浓烈的体味（比如“狗臭”），但时间不会很久。

⊙尿液颜色较深，并且气味浓烈。

⊙便便颜色很深，气味浓烈，或者出现腹泻。

⊙呕吐（尤其是在患有急性疾病期间）。

⊙指甲脱落，或者脚掌脱皮。

在运用本书论述的那些整体疗法时，您可能会看到，宠物出现了上述排毒方式中的一种或几种，并且症状都较为轻微。如果宠物属于久病未愈的情况，那就尤其会出现这种排毒的现象。

有时，排毒过程可能会相当显著。例如，我还记得有一条小狗，主人使用了草药和禁食两种办法，旨在帮助宠物从严重的犬瘟热发作中康复过来。然而，不久后，小狗的皮肤上却长满了红色的疥疮，并且流出黏糊糊的液体；很显然，这就是一种排毒现象。又进行了几天的支持性治疗后，这条小狗就完全康复了。一旦这种康复彻底完成，宠物的身体就会变得更加强壮，将来也更能抵御疾病的侵袭了。

我们不妨总结一下判断宠物身体好转的方法。不管治疗方法属于支持性的还是非支持性的，期间都会出现两种过程：①症状朝着有利的方向发展（从头部转向脚部、从重要脏器转向体表组织、从心理和精神层面转向生理层面）；②某种形式的排毒。假如您看到了这些迹象，那么不管您用的是哪种治疗方法，宠物的病情很可能都正在好转。

然而，我还应当添加一条警示性的说明，那就是：用某些药物（尤其是“可的松”）进行治疗时，可能会造成宠物非常健康的一种假象；可一旦停止用药，这种健康的假象就会消失。因此，大家应当牢记，您寻找的是宠物在治疗的协助之下，出现一种源于自然过程的反应。这样一种反应，会让宠物的身体得到康复，并且永久性地痊愈，而不是形成药物依赖性。

// 划分宠物犬体型的通用标准

在“附录A　快速参考”里，有些条目是分别用于小型、中型和大型宠物犬的，并且与饮食和各种治疗方式相关。下面是关于宠物犬体型大小的通用标准。

⊙超小型犬：体重低于6.9千克。

⊙小型犬：体重为7.0～15.9千克。

⊙中型犬：体重为16.0～27.9千克。

⊙大型犬：体重为28.0～40.9千克。

⊙巨型犬：体重超过41千克。

脓　肿

脓肿，是宠物在打斗过程中遭受穿刺伤后，出现的常见并发症。猫类出现此种并发症的情况要比狗类多，因为猫咪的牙齿呈针状，爪子也很锋利、很尖锐，会给对方造成狭窄而深入的伤口。猫类的皮肤会非常迅速地愈合，从而让伤口内部残留下细菌、毛发或者其他受到了污染的物质。有时，甚至还会有断裂的爪子或牙齿留在猫咪的皮肤里面呢！

猫咪身上的脓肿，通常都出现在脑袋、前肢的附近，或者尾巴根部。头部附近受伤，说明您的宠物猫要么是率先发动进攻的一方，要么就是曾经勇敢地面对过敌人。尾部受伤或者伤口位于后肢上，则说明您的宠物猫曾经努力逃跑。

狗类脓肿通常是由狗尾草或者植物芒刺造成的，它们会扎在狗狗的毛里，并且最终扎入狗狗的皮肤（尤其是脚趾之间、耳朵周围或耳内，以及后腿之间）。脓肿如果不停地流脓，没有愈合（称为“脓瘘”），那就说明某个部位的组织器官里可能有异物；有时，异物所处的位置可能跟流脓之处相距十几厘米远。

// 猫类的治疗

我曾经喂养过好几只身体非常健康、营养充足的宠物猫，它们受伤后，很少会出现脓肿；就算有过这种情况，也只有寥寥几次。我的经验是，良好的营养就是最佳的预防措施；因为那样一来，就算是被别的猫咪咬伤，它们也能尽早处理好伤口，使得受伤处根本就没有必要形成脓肿。

阉割也会极大地降低这种问题的发生率。如果有几只没有阉割的公猫住得很近，它们就经常会打斗，因为每只公猫都会努力去巩固自己的地盘，为争夺雌猫而展开竞争。在这种情况下，猫咪身上出现脓肿，可能就是家常便饭了。

// 温敷

假如猫咪刚刚受伤，那么对伤处进行温敷，以便促进伤处的血液供应，是一种很有益处的办法。如果宠物猫允许您去温敷，您就可以找一块抹布或者小毛巾，放进温水中泡一泡；水不能太烫，要令人感到舒适才行。拧干后把抹布或者毛巾敷到宠物的受伤部位。每敷几分钟，您就可以把抹布或毛巾重新热一热。在可能的情况下，一次给猫咪温敷15分钟，每天2次。

// 药物治疗

通常情况下，在猫咪打架后的几个小时内，给它服用顺势药物“杜香30c”，就可以预防猫咪的伤口受到感染或者出现脓肿。按照“顺势疗法时间进度2”（后文中会进行详细介绍）给药。这种方法，常常会让抓咬伤迅速愈合，而不会形成脓肿。

然而，如果您无法迅速给猫咪疗伤，或者猫咪伤口已经受到感染（或者已经形成了脓肿），那么猫咪身上通常都会出现更多的症状，比如红肿、疼痛和发烧（局部或者全身）。在这种情况下，您应当让猫咪禁食24小时，只喂饲流质食物；至于具体做法，请参见第18章。

此时，不要再用前文推荐的“杜香30c”，而应从下面列出的药物中选取一种，只要最适合猫咪的伤情就可以。

顺势药物“硫肝红根南星30c”：适用于脓肿已经形成，但还没有裂口、没有流脓的情况。此时，触摸脓肿会让猫咪觉得极其疼痛。您去触摸时，猫咪经常会大发脾气，并且会拼命地又咬又抓（猫咪不喜欢您去触摸它身上感到疼痛的部位，原本是很正常的现象，只是上述这种反应却太过严重了）。使用该药，会让脓肿破裂，使之排出脓液，开始愈合。按照“顺势疗法时间进度2”给药。

顺势药物“硅石30c”：最适用于那种发展到了后期、已经破裂并且正在流出脓液的脓肿。这种脓肿，不会像需要上一种药物的脓肿那样疼得厉害。按照“顺势疗法时间进度2”给药。

顺势药物“南美巨腹蛇30c”：假如脓肿周围的组织器官正在变成浅蓝或浅黑色，或者皮肤正在坏死（此时，皮肤会变硬并开始脱落），而脓液味道也非常难闻，那就应当使用该药。这种情况，是脓肿发展到了后期，通常都到了猫咪被咬伤的几天后才会出现。按照“顺势疗法时间进度2”给药。

草药“紫松果菊”（学名为Echinacea angustifolia）：该药适用于健康状况非常差、身体消瘦、极其虚弱并且反复出现脓肿的宠物。它的作用主要是净化整个身体，尤其是净化血液，并且还会让宠物的皮肤恢复健康。按照“草药疗法时间进度1”给药。

如果脓肿的确已经开裂、正在流脓，那么每天都应当使用过氧化氢或者草药“紫松果菊”，按照“草药疗法时间进度4”或者“草药疗法时间进度6”，清理脓肿处的脓液或者痂疤一两次，防止脓肿裂口过早闭合。

之后，等脓肿正在愈合、不再流脓时，您应当按照前文中关于“紫松果菊”这种草药的用法，给宠物外用“金盏花”（万寿菊）这种草药（按照“草药疗法时间进度4”或者“草药疗法时间进度6”给药）。在脓疮愈合的最后阶段，不要使用这种外用草药；否则，药物可能会刺激脓疮在脓液尚未排尽前过早地闭合。

假如宠物身上的脓肿存在已久，并且已经流了好几个星期的脓液，那么您应当按照“顺势疗法时间进度3”，给宠物服用顺势药物“硅石30c”。用药1周后，若没有好转，就可以按照相同的时间进度，给宠物服用“硫30c”。

// 狗类的治疗

假如狗狗身上的脓肿是由动物咬伤造成的，那么您可以按照给猫咪进行治疗的方法，去治疗宠物狗。按照宠物猫的治疗方法，给狗狗的脓肿处进行温敷，也是一种行之有效的方法，可能会让狗狗更感舒适。

然而，假如脓肿是由植物、豪猪身上的尖刺、碎片或者其他异物扎进了狗狗体内导致的，那么，除非是把这种异物清除掉，否则流脓的症状就不会停止。由于宠物的组织器官无法“消化”这种异物，所以，我们要么是让异物随着脓液排出来，要么就是通过手术，将异物清除出去。

按照“顺势疗法时间进度5”，给宠物服用顺势药物“硅石30c”，可以对宠物自然排除异物的过程产生促进作用。还有一种很有益处的辅助治疗手段，就是用“燕麦秆”（学名：Avena sativa）制成的药液，给狗狗进行热敷。应当按照“草药疗法时间进度4”，来进行热敷。假如受感染的部位是脚爪，那就可以把狗狗的整只脚爪都泡在一只盛有温热药液的罐子中。这种情况下，应当按照“草药疗法时间进度6”来进行。

在自然愈合的过程中，脓液往往会因重力的作用，从一个低于异物所在之处的部位排出来。因此，您非但要对脓肿开口处进行热敷，而且应当对裂口上方几厘米的部位，即异物很可能所在之处进行热敷。热的药液会促使血液流向受到感染的部位，从而让身体的自然愈合过程进行下去。待周围形成充足的脓液，足以让异物松动后，异物可能就会随着脓液排出来，因此您应当留意。异物排出来后，流脓的现象很快就会消失。

注意：由于结构不同，狗尾草和植物芒刺往往都会深深地扎入狗狗的组织器官中。假如在短时间的治疗过后，没有取得良好的效果，那您可能就得给狗狗动手术了。然而，首先试一试这些办法还是值得的，因为在找出这些细小的异物方面，手术的效果并非始终都很好（请参见“狗尾草”一节）。

意外事故

请参见后面的“应急处理与急救”一节。

艾迪生病

艾迪生病是一种肾上腺疾病。肾上腺是一种非常细小的腺体，每颗肾脏的上方都有一个，会分泌出天然的“可的松”（皮质醇），以及调节体内各种激素。艾迪生病并不是很普遍，在狗狗身上比猫咪身上更加常见。其根源在于肾上腺不再分泌出类固醇激素，而这种激素对宠物适应变化的能力却具有至关重要的作用。没有这种能力的话，宠物就不可能存活。

人们认为，这种疾病是一种自体性免疫疾病，患上这种自体性免疫疾病后，身体就会攻击自己的肾上腺，并且破坏腺体。不过，更加常见的情况是，这种疾病是由长期使用“可的松”类药物（其中常见的一种就是“强的松”）来控制其他病症（比如皮肤炎）造成的。由于这种人工合成的药物达到了天然激素的数倍药效，所以肾上腺便会接收到它们不必再去运行的信号，从而完全关闭自己的分泌功能。

怎样辨识这种疾病呢？患有这种疾病的迹象都很不明确，可能连兽医也难以察觉出来。假如您的宠物已经使用了很久的类固醇，然后生病了，这当然是一种线索；但确诊这种疾病，还是需要进行某种检测的。最常见的情况是，染病宠物（通常都是狗狗）会反复出现下述各个阶段，即食欲不振、呕吐、腹泻和体质虚弱；不过，它们并非全都是明确的症状。严重情况下，宠物在呕吐和腹泻的同时，可能还伴有危及生命的体质虚弱和体温过低现象。

我曾经治疗过的艾迪生病例，都是已经接受过药物治疗的宠物；并且，治疗方法通常都是用药物取代肾上腺激素，包括“可的松”类及其他能够帮助宠物调节体内钠、钾水平的药物。这些宠物是可以治愈的，只是除了制订一个逐步减少所用药物的计划之外，还需要我们的耐心。您可以看出，做出减少用药的决定，判断宠物的健康到什么时候有了充足的好转、从而可以减少用药，这一点是很困难的。因此，与兽医配合，定期对宠物的健康状况进行评估，确实很有必要。

您可以从我们推荐的营养疗法开始，用一种自然饮食喂饲宠物几个星期（同时还应添加少量盐分，以抵消宠物体内钾盐水平的升高）后，再给宠物验一次血，看需不需要对饮食做出调整。人们已经发现，泛酸（维生素B_5）对肾上腺发挥出正常功能尤为重要。肉类、全谷类、豆类、红薯、西蓝花、菜花、橙子和草莓中，泛酸的含量都很高。

顺势疗法可以让肾上腺的功能恢复正常。虽说可以做到这一点，但由于这是比较严重、可能危及生命的疾病，因此我并不支持您自行对宠物进行治疗。然而，我会跟您分享我的经验和治疗方案，您可以向兽医提出来，因为这种方案通常都是有效的。

顺势疗法：首先，给宠物使用顺势药物“北美香柏30c”。按照“顺势疗法时间进度4”用药，只用1次。

顺势疗法：1个月后，按照“顺势疗法时间进度4”，给宠物服用顺势药物“磷30c”。

最后，在用了第二种药剂的1个月后，请兽医对宠物的身体情况再进行一次评估。此时，如果宠物出现了好转的迹象（应当结合自己的观察及血液检测的结果来判断），那么您就可以逐渐开始减少用药。

这样做，可能还不足以结束治疗；但是，如果看到宠物出现了好转的迹象，那您就可以与一位采用顺势疗法的兽医配合，继续给宠物进行治疗了。

攻击性行为

请参见“行为问题”一节，亦请参见第12章“共同生活：负责任地管好宠物”。

过敏症

过敏，就是对某种物质产生的一种异常免疫反应，但这种物质其实对身体是无害的，比如植物花粉。如今变得更加普遍的一种情况，则是身体对自己的某个部位，比如皮肤、胰腺或者甲状腺产生异常反应。我们把这些现象统称为“自体性免疫疾病”；其中的“自体性”一词，指这种反应针对的都是自身体内那些良性的正常组织器官。

免疫系统的作用，就是保护身体不受到感染，或者是不让异物进入身体。健康宠物的免疫系统，发挥的正是这种作用。然而，当代生活和医疗中的很多方式，尤其是过度使用疫苗，却对免疫系统的功能造成了干扰。受到干扰后，免疫系统可能误以为体内的某个正常部位（比如肾上腺、甲状腺、耳朵）是种威胁，因而做出不利于这些部位的反应。

导致过敏疾病还有一个原因，那就是食品中存在的某些化学物质，尤其是除草剂和杀虫剂，它们可能会引发异常的肠道疾病，即“肠漏症”。肠道中出现渗漏的部位，必须对付那些原本不该从这个地方进入血液中的物质；于是，免疫系统便会再一次犯下错误，把这些物质都当成必须加以清除的异物。从我50年前开始从业至今，这个问题的严重程度已经大幅增加了。如今，这些免疫疾病都变成了需要我们去治疗的、最常见的疾病，其中包括关节炎、膀胱炎、狗耳“酵母菌感染”、甲状腺功能紊乱症、癫痫、皮肤瘙痒症，等等。

过敏症在狗狗与猫咪身上呈现出来的症状并不相同。宠物狗通常都是先出现皮肤瘙痒和皮疹，尤其是后背靠近尾巴根的臀部会出现瘙痒和皮疹。不过，这种皮疹也有可能在全身任何一个部位出现。其他与过敏症相关的症状，还有耳朵发炎、不断舔舐前爪、消化不良（腹鸣、多屁，以及容易腹泻）、趾尖红肿、身体下部（肛门、生殖器）发炎、舔舐屁股，以及屁股坐在地板上拖来拖去。宠物身上也有可能出现其他的症状，但上述各项都属于典型症状。

与狗狗一样，猫咪身上也有可能出现皮疹，通常被称为“粟粒状皮肤炎”。猫类也会患上膀胱炎（膀胱发炎）和消化系统疾病。有时，它们还有可能会突如其来地向某处皮肤发起攻击，使劲舔舐、啃咬，直到那个部位脱了皮或出现了溃疡才会罢手。虽然皮肤表面看不到皮疹，但猫咪会因为皮肤有刺痛或叮咬感而非常烦恼，所以总是跳来跳去，疯狂地舔舐身上，并且把自己的毛发一丛一丛地扯下来。它们的表现，仿佛是因为身上的跳蚤太多（当然，若是跳蚤太多，有时猫咪可能也会这样表现）。这种症状，兽医称为“猫类感觉过敏综合征”。

有两种类似的免疫疾病，即甲状腺功能亢进症和炎症性肠道疾病，都属于慢性疾病和重疾，需要进行细心的治疗才行。也有些宠物生来就容易患上这种类型的免疫疾病，原因就在于我们一直都在讨论的那些问题，比如过度接种疫苗和不健康的食物在几代宠物身上聚积后的效应。您可以看出，解决这些问题需要耐心，但我们也可以做出努力，来改善这种局面。

在从业过程中，我做过的最重要的一件事情，就是让宠物狗不再食用动物制品（只要做得到，我也不会让宠物猫去食用）。这样做了后，宠物疾病的好转程度令人惊讶。肉类是导致狗狗过敏的主要食物。许多兽医之所以建议将宠物所吃的食品从牛肉或鸡肉改成羊肉、鸭肉，或者某种“新的”肉类，原因就在于此。这样做，是因为宠物的免疫系统对这种新的食物不会产生那么大的反应。可

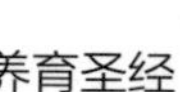

惜的是，过了一段时间后，免疫系统便会习得这种过敏性，因此将宠物食品换成另一种肉类，并不是长久之计。您可以参看第5章和第8章，了解过敏问题的更多知识，以及您可以采取的措施。

// 治疗方法

营养疗法

许多宠物猫狗服用槲皮素这种补充剂都很有益处。这是一种自然存在的生物类黄酮素，属于一种植物色素，在把昆虫吸引过来为植物传授花粉方面发挥着不可或缺的作用。它具有抗过敏的作用，效果非常好。至于要给宠物补充多少槲皮素，您应当去找兽医，由兽医确定一个给药方案。注意，您不应当给患有肾脏疾病的宠物猫狗服用这种补充剂。

配上谷氨酰胺后，槲皮素在修复肠道受损，即所谓的“肠漏症”方面尤其有效。在人类身上进行的研究已经表明，使用槲皮素和谷氨酰胺这两种营养补充剂，再加上抗生素，对这种疾病具有良好的治疗作用。

请参见第6章食物配方表中的“今日食谱”，看一看第二行里的代码A。这种代码，给我们指出了针对这种疾病而推荐的食物配方。

顺势疗法

在致力于改变宠物饮食方式的同时，我还会利用顺势药物来缓解宠物身上的症状。我们建议使用的顺势药物如下。

盐肤木30c：尤其适用于治疗绝大多数时间都觉得瘙痒，并且身上暖和起来后瘙痒症状更加严重的狗狗。对于这种宠物狗来说，瘙痒似乎完全无法抗拒，皮肤会红肿，而狗狗则会因为不舒服而焦躁不安。按照“顺势疗法时间进度5”给药。

碳酸钙30c：如果上一种顺势药物明显具有某种程度的效果，却没有根除病症的话（应当留出至少2个星期的时间，看一看宠物究竟能够出现多大程度的好转），那么接下来您通常可以用“碳酸钙30c”，最终让宠物病症出现更大的好转。按照“顺势疗法时间进度4”给药。

磷30c：适用于常常出现食欲问题或者呕吐食物和水的猫咪，尤其是在喝水后的几分钟内出现这种症状的猫咪。按照“顺势疗法时间进度4”给药。

硫30c：适用于毛色看上去不佳、又臭又脏的宠物猫狗，尤其是在它们不再梳理自身毛发时。按照“顺势疗法时间进度4”给药。

北美香柏30c：适用于对上述建议的药物都没有反应的宠物猫狗。按照“顺势疗法时间进度4”给药，应当找一位采用顺势疗法的兽医来与您协作。

肛门腺疾病

肛门腺方面出现问题主要见于犬类。犬类的肛门两侧各有一对小的气味腺，位于尾巴下方。它们的结构与臭鼬的气味腺类似，其中含有一种气味浓烈的物质，是狗狗用于标志自己地盘的。在狗狗排便的过程中，气味腺会清空，从而留下一种“标志”，说明这堆便便是哪只狗狗留下的。在极度恐惧时，这对气味腺也有可能清空。

肛门腺问题，要么是表现为腺体里面形成了囊肿，要么表现为一种所谓的“嵌塞”现象，腺体会因此而静止下来（即不会清空），其间填满分泌物。在后一种情况下，狗狗常常会在地板或者地面上迅速走动，想要清空这些腺体，因为其中的分泌物已经超过了腺体的正常容量。在导致出现这些疾病的过程中，可能发挥了作用的一些因素有：

⊙**在试图巩固地盘的过程中受挫**，或者是因为家里还有其他宠物，太过拥挤，或者是因为宠物获得锻炼与探险的空间不足。

⊙**便秘或者排便稀少**，尤其是因为不允许宠物经常外出所致。许多整天关在家里的宠物，都会尽力控制撒尿和排便，并且忍耐到极限而不愿弄脏家里，以免主人感到不高兴。

⊙**由于食物粗劣和锻炼不足而导致的毒副作用**。在这种情况下，宠物身上常常还会出现皮肤或者耳部问题（请参见“过敏症”一节）。

// 预防措施

确保宠物进行充分的锻炼，能够走出家门和经常排便（此时宠物的肛门腺会清空），并且具有心理上的自由“空间”。

假如这种疾病长期而反复地发作，那么您就要严肃地关注宠物食品的质量，因为食物质量很可能是导致这个问题持续的原因。倘若宠物的便便足够大，排泄时就会让肛门扩张开来，而肛门腺就会受到挤压并清空。按照我们推荐的食物配方，提高宠物食品中的纤维含量，可能会有益处，因为提高纤维含量会使宠物的粪便变得更大，从而使得宠物更加有效地清空肛门腺。

// 治疗方法

肛门腺囊肿

顺势疗法：首先使用药物“颠茄6c”，按照“顺势疗法时间进度2”给药。到了第二天，看一看囊肿有没有好转。假如没有出现明显的好转，那么可以按照“顺势疗法时间进度3”，再给宠物服用“硅石30c”。颠茄有助于消除初期的炎症，而硅石则有助于脓液的排出，从而促进囊肿痊愈。您还应当用“金盏花”萃取液对宠物的肛门腺进行温敷或热敷，每天2次，每次至少敷5分钟。持续敷上3天左右，但在必要时敷用时间更久也没有问题。可以利用下文中描述的方法来敷用。

肛门腺嵌塞

由于这种病症与组织器官失去活力有关，因此定期进行高强度的锻炼，是治疗过程中的重要组成部分。重视给宠物喂饲纤维含量高的食物（蔬菜），以便增加宠物排泄的粪便分量，也是很有益处的。大量排泄粪便，会刺激腺体自然清空。

此外，用“金盏花”溶液或者“红三叶草”（学名：Trifolium pratense）花制成的药液进行热敷，可以对腺体产生刺激作用，并且软化其中的分泌物。用开水冲泡草药，制成一种草药茶。恰当的比例是：1满汤匙草药，用1升开水冲泡。静置15分钟左右，放凉到可以使用为止。然后将茶汤倒入一个碗内，用一块抹布或小毛巾浸入温茶汤中，拧干，给宠物进行热敷。必要时，可以每隔几分钟便把敷布放到碗里浸一浸，再拧干，使之保持温热。

敷用时的要点，就是让受感染的部位变热，促进血液循环并且软化组织。您也可以用草药酊剂来制备这种敷液：将1茶匙酊剂，加入1升温水中即可。

敷完后，马上用“挤奶”的手法，轻轻地进行按压（手指放在宠物肛门两侧，向中间按压），以便人工协助宠物将肛门腺清空。您应当把人工清空当成是一种临时措施，而不要经常那样做。肛门腺能够自然清空，对宠物来说要有益得多（我敢说，您也会同意这一点的）。

顺势疗法：除了上述措施，还有一种非常有效的辅助性疗法，那就是给宠物服用1剂“硫30c”。按照“顺势疗法时间进度3”给药。

贫血症

贫血症通常都是因为受伤后失血导致的，或者是由跳蚤、肠道寄生虫（尤其是钩虫）造成的。这种病症的特点是牙龈发白（或呈浅色）、身体虚弱及脉搏很快。偶尔，贫血也说明宠物患有更加严重的疾病，比如猫类白血病，或者是因为用药而导致宠物中了毒。在此，我们只考虑那种由失血导致的、更加常见、更加简单的贫血症，并且重点放在促进血液中新血红细胞的增长方面。

// 治疗方法

假如宠物的身体正在失血（指实实在在的流血，或者是寄生虫吸血），那么让宠物吃铁含量较丰富的食物，就很有好处。其中，豆类、颜色深的绿叶蔬菜、麦芽、全谷类，以及豆腐的铁含量尤其丰富。肉类（尤其是有机肉类）虽然含有丰富的铁，但正如我们已经讨论过的那样，其中也含有我们实际上并不想要的许多其他成分。一些非肉类食物中的铁含量，与动物组织中的铁含量不相上下，甚至更加丰富。例如，半杯豆腐中的铁含量（3.5毫克），超过了85克瘦牛肉的铁含量（3.2毫克）。啤酒酵母、麦麸、南瓜子（需要磨碎才能喂饲）、麦芽和糖蜜中，铁含量特别高。维生素B_{12}在新血红细胞生成过程中发挥的作用，也极其重要。许多动物制品中都含有维生素B_{12}，您也可以购买到装在喷药瓶里的液态维生素B_{12}，将其添加到宠物食品中去。

请参看第6章食物配方表里的“今日食谱”，看一看第二行里的代码G。这种代码，为您指出了我们针对此种疾病的推荐食物配方。

除了营养方面的支持措施，您还应当给宠物服用下述药物中的一种（不管是哪一种，只要看起来最适合宠物的病情就行），并且给服10天。

顺势药物“中国山茱萸6c”：极其适用于失血症导致了明显的身体虚弱、浑身无力状态的宠物。按照“顺势疗法时间进度6（a）”给药。

顺势药物“马钱子6c”：适用于失血后变得孤僻离群和烦躁易怒的宠物。按照“顺势疗法时间进度6（a）”给药。

假如贫血症是由寄生虫引起的，那么您必须先给宠物防治这些寄生虫这才（参见本部分中的“皮肤寄生虫或肠道寄生虫”一节）。经常用不具毒性的肥皂给宠物洗澡（您可以买到好几种这样的肥皂，它们有的含有草药成分，有的含有右旋柠檬烯；后者可以用于宠物狗，但不能用于宠物猫），并且防控环境中的虱蚤，使用第11章中所给的柠檬护肤剂；将这些方法结合起来运用，可以最安全地抑制

虱蚤感染的情况。宠物身体强壮起来后，在必要时，您还可以使用效果更加强大的一些控蚤措施；但我并不支持您使用具有毒性的化学药品，因为这些东西从长远来看效果实际上并不好，而且对人宠双方都有害。

有时，年幼的小猫小狗会全身长满虱蚤，身上的血液几乎都被寄生虫吸干。在这种情况下，您绝对不能使用驱蚤粉或者驱蚤喷剂；即便是实在忍不住，您也不能这样干。幼猫幼犬都太小，身体太弱，无法应对这样的冲击。相反，您应当经常给它们洗澡，并且用柠檬护肤剂给它们清洗。要防止它们着凉，洗完澡后应当彻底把它们的身体吹干。先用毛巾将它们身上的水擦干，然后用吹风机吹干，或者是把它们放在一个暖和的、可以晒到阳光的地方。通常情况下，都要让它们待在暖和与安静的地方；如果天气好，也可以让它们呼吸呼吸新鲜空气、晒晒太阳。您还应当利用除蚤梳，把洗澡时没有杀死的跳蚤清除掉。应当只给幼猫幼犬喂饲天然食物，而不要用商业性的猫粮狗粮；并且，应当按照本书中提出的贫血症治疗方案，对它们进行治疗。这些小家伙身体状况改善的迅速程度，会让您感到惊讶的。

食欲问题

// 宠物猫的食欲问题

正常的食欲如果发生改变，常常就是患有疾病的征兆。这种问题，在宠物猫身上要比宠物狗身上更加常见，原因可能是猫咪有着非常严格的营养需求。我们需要理解的是，一只宠物猫是如何慢慢地出现食欲不振这种症状的。通常来说，最初的迹象就是绝大多数人所称的猫咪挑食，即猫咪不愿吃多种不同的食物，只喜欢一两种特定牌子的食物。绝大多数养猫的人，都会在猫咪的这种要求面前让步，且不会去想太多。然而，它有可能是患上了某种更加严重的疾病，尤其是在猫咪喝水很有规律的情况下。

第二个阶段，就是猫咪的食物偏好会不断变化。或许，您的宠物猫不再喜欢原来偏爱的那种食物。或许，您会发现，每次喂食您都得开不同品牌的猫粮。就算变来变去，猫咪也并非始终都会痛痛快快地去吃；因此，猫咪可能会经常纠缠您，要求您多喂食，可到了您喂饲时，它又拒绝去吃。难怪，许多人到了最后，都只好给猫咪喂饲金枪鱼或者动物肝脏了!

假如这种情况继续恶化下去，那么接下来，猫咪就会越吃越少，体重也会逐渐下降。您可能会看到猫咪变得骨瘦如柴，只吃一点点刚好维持生命的食物（并且还得主人使劲哄、使劲迁就）。这种猫咪，进食时的兴致都不是很高。它们只会舔一舔食物，或者只把食物的边上吃掉，而将不那么想吃的食物留在碗里。久而久之，这些猫就会日益消瘦下去，最终被诊断为患上了某种疾病；可这种疾病呢，又是长久以来身体状况衰弱的最终结果。

那么，您如何知道自己的宠物猫是否开始了这种状况呢？您可以问一问自己下面这些问题：猫咪是不是只吃某种特定牌子的猫粮？它是不是只吃干食？每次喂食时，您是不是都必须开一罐新的猫粮（就是说，它不吃任何剩食）？您有没有发现，必须添加猫咪无法拒绝的东西，比如金枪鱼或者肝脏，才能让猫咪进食？猫咪进食时，是不是需要您坐在那儿陪着（或者，整个喂食过程中您都得不停地抚摸它），才能让猫咪不把食物留在盘中？

如果上述问题的回答是肯定的，那么您的宠物猫可能就有麻烦了。还有一种检验的办法，那就是开始改变宠物的饮食。开始利用本书中提出的营养建议，在常用食品中添加少量的新食物。猫咪可能需要好几天才能接受这种食物，但一旦猫咪接受，那么您就可以在一段时间内，开始逐步增大新添加的食物量（参见第7章“做出改变”）。然而，假如您这样做了却没有获得成功，或者猫咪会在好几天里根本就不进食，那么猫咪身体肯定就是出了问题。

这是一个很难解决的棘手问题。这个问题，似乎与食物的味道或者食物表面不好的气味有关。如果食物不知出于什么原因而对猫咪没有足够的吸引力，那么猫咪根本就不会去吃。我认为，食物之所以缺乏吸引力，主要原因就在于，猫咪认为这些食物都很不天然。在野外，猫类只吃刚刚猎杀的动物。它们不会像犬类那样去吃腐食，连昨天刚刚捕猎到的动物也不会去吃。尽管它们已经在很大程度上适应了人类家庭的生活方式，但对于某些猫咪而言，它们仍然会出现这种问题。您或许会想：“可我喂饲的确实是鲜肉啊。”不过，您指的是从本地市场上购买的肉类，其实一点也不新鲜。市场上购买的肉类，都是好几个星期前宰杀的，甚至更久，然后挂在柜子里“熟化”（这就意味着，其中的一部分会腐烂），因为我们人类喜欢这样。猫咪可不喜欢。

在这个方面，我使用得最为成功的，就是顺势疗法。假如深层的疾病能够得到矫正，那么猫咪就会恢复食欲；这样，我们就有可能做到给猫咪选择一种更好的食物配方，尤其是采用本书推荐的那些食物配方。您可以选择下述药物中的一种来试一试。

顺势药物“磷30c”： 适用于那些看一看食物，或许还会嗅一嗅，然后转头走开，不去进食的猫咪。按照“顺势疗法时间进度4”给药。

顺势药物“石松30c”： 适用于一开始时对食物似乎感兴趣的猫咪。这种猫咪，甚至有可能吃上几口，然后就转身离去，似乎是吃饱了。不管您喂的是什么食物，这种猫咪绝大部分时间的表现都是如此。按照“顺势疗法时间进度4”给药。

顺势药物“硫30c”： 适用于食欲减退但口渴程度提高的宠物猫。通常来说，猫咪都

不大要喝水；不过，假如猫咪开始多喝水，并且情况很明显的话，那就变成一种病症了。

按照“顺势疗法时间进度4”给药。

// 宠物狗的食欲问题

我忘记宠物狗了吗？不完全是，但它们的情况确实不同。最常见的情况是，如果狗狗出现了食欲问题，那么多半与胃部相关。如果进食导致胃疼的话，狗狗就会不想吃东西；相反，它们会试着去吃草（要是吃不到草，它们就会去吃家里的织物，或者其他的东西）。它们希望，通过吃进更难消化的东西，能将导致胃部不适的物质清除出去。假如问题刚刚出现，而不是反复并且长期发作，那么利用下面这种药物，通常就会解决这个问题。

顺势药物“马钱子30c”：按照“顺势疗法时间进度2”给药。

您还可以参看“胃部问题”这一主题，了解您可以采取的更多措施。

关节炎

关节炎和骨病，在狗狗身上要比猫咪身上常见得多，并且通常都表现为下述几种症状中的一种。

髋关节发育不良：这是一种因宠物的关节活动过度，从而导致慢性炎症、钙质沉着以及进一步衰弱下去的髋臼变形疾病。各种体型的狗狗身上都有可能出现此种症状，但在体形较大的狗狗身上更加显著，因为它们的髋关节要支撑更大的体重。这种疾病，主要是因为反复接种疫苗所致；您可以参见“髋关节发育不良”这一主题，了解更多的知识。

膝盖骨错位：这是因腿骨畸形，导致膝盖骨反复错位、前后滑动，从而使得膝盖骨持续出现轻度炎症（膝盖骨脱臼）。这种症状，多发于体型较小的品种，是由不良的育种行为与食物质量低劣导致的。

膝关节结构退化：指膝关节韧带逐渐退化，最终断裂，从而使得膝盖行动异常的疾病。这种症状，被称为“前十字韧带（ACL）撕裂或破裂”。

肩关节退化：肩部软骨老化衰退，它会导致炎症与运动时产生疼痛。多发于中型和大型品种，它往往是狗狗患上了整体性的慢性疾病，并影响到了身体其余部位的表现。

肘关节炎：指宠物狗前肢上的关节发炎、疼痛。宠物的前肢关节，与人类的肘关节有点类似。与肩关节疾病一样，它也是范围更广的慢性疾病的组成部分。

// 预防措施

这些疾病中，有许多都可以通过在母狗怀孕期间恰当地进行喂饲而得到预防。胚胎在子宫里发育的这个阶段，对其基本组织结构的形成具有至关重要的作用。这一时期若是营养不足，就会带来极其不利的影响（参见本部分中的“怀孕、产仔及新生幼崽的护理”一节）。因此，不用商业性宠物食品，而是用一种天然的、营养全面的饮食配方去喂养宠物，是预防方案中的重要组成部分。

顺势疗法中的“孕期疗法”是一种了不起的手段，可以将宠物下一代出现此种疾病的可能性降到最低。

母狗在怀孕时不应当接种疫苗；但遗憾的是，幼犬过度接种疫苗，也对这些骨病与关节疾病产生了尤其重要的作用（请参见第16章“疫苗：是友是敌？”）。预防对关节炎非常重要，因为一旦关节出现变形，损伤就已经造成了。

// 治疗方法

即便宠物已经患上了这些疾病中的某一种，您还是能够采取下述措施，来缓解宠物因为患有关节炎而感受到的不适感。

营养疗法：葡萄糖胺是身体用糖分（葡萄糖）制造出来的，在关节软骨里面的含量很高。它既能促使身体分泌出让关节能够运动的润滑液，又能消除其中的自由基，从而降低组织受到的损伤程度。关节受损后，额外补充葡萄糖胺的摄入量可能很有好处。它源于甲壳动物的壳，比如螃蟹、龙虾、小龙虾、对虾、磷虾、藤壶以及鲨鱼的软骨。如今，由于甲壳动物与鲨鱼都已受到了严重的污染，因此我并不建议大家用它们去喂饲宠物，或者把它们当成一种营养品去喂饲。我建议您寻找源于植物的素食性配方，像大豆或蔬菜制成的配方。一开始时，根据宠物的体重，给服22毫克/千克的剂量，看是否有效。必要时，您可以增加剂量，因为过量使用葡萄糖胺实际上也没事。假如几个星期后，您看到了正面效果，那么您就可以减少剂量，看这种效果会不会维持下去（不然的话，或许是这里列出的其他治疗方法产生了稳定的改善效应呢）。

您还可以参阅第6章食物配方表里的“今日食谱”，看一看第二行中的代码W。这些食物配方都具有抗炎作用；如果是肥胖加重了宠物关节的负担，那么用这些食物配方去喂饲，也是很有益处的。

草药“紫花苜蓿”（学名：Medicago sativa）适用于体形消瘦、神经紧张、容易出现消化系统疾病与关节炎的宠物。根据宠物体型，在宠物的每日喂饲量中添加1～3茶匙的苜蓿粉或干混苜蓿。或者，您也可以给宠物服用苜蓿浸提物，按照“草药疗法时间进度3”

给药。第三种选择则是，每天给宠物服用2~6片苜蓿片剂。“姜黄”也是一种经过了验证的抗炎药，也可以添加到宠物食品中去。

顺势药物“盐肤木6c”：适用于患有慢性关节炎、感到疼痛的宠物，或者长时间休息（比如睡了一个晚上）后，站起来时四肢明显僵硬的宠物猫狗。刚开始运动时，宠物会表现得很不舒服或者动作僵硬；可过了几分钟后，宠物似乎就会放松下来，感觉好一些了。假如宠物还有易于出现皮肤红肿、瘙痒的特点，那么“盐肤木”对这两种疾病都有作用（参见“皮肤疾病”一节）。按照“顺势疗法时间进度6（a）”给药。

顺势药物“泻根6c”：倘若**任何**运动都会导致宠物所患的关节炎症状恶化，那么这就是一种很有效果的药物。这种宠物完全不会想要运动，因为只有安安静静地躺着，它才觉得舒服。按照“顺势疗法时间进度6（a）”给药。

顺势药物“颠茄6c”：宠物身上的炎症范围相当广泛时，该药尤其有效。宠物可能会发烧（体温高于38.6℃），或者受了感染的关节会明显发热（用手可以感觉出来）。按照“顺势疗法时间进度6（a）”给药。

顺势药物“马钱子6c”：适用于关节疼痛的症状突然发作时，会让宠物变得烦躁易怒、孤僻离群，要找一个地方独自待着，直到疼痛感消失的宠物。按照“顺势疗法时间进度6（a）”给药。

顺势药物“白头翁6c”：假如狗狗或者猫咪需要您比平常更加关注它，要求您离它很近或者抱着它的话，您就可以选择该药。宠物会显得很需要您。有时，它会寻找凉爽的地方躺着。按照“顺势疗法时间进度6（a）”给药。

行为问题

宠物的行为异常是个复杂的问题，很难加以改变；但通常来说，您还是可以发挥出极大的作用。不良的育种实践，尤其是培育纯种狗，已经使得宠物狗身上出现了许多的问题，包括凶残、癫痫、习惯屡教不改，以及神经系统失衡等其他症状。在我看来，许多行为问题的根源，都在于下述一个或者几个方面：营养不良和相关的毒性，接种疫苗后出现的慢性脑炎（脑部炎症），锻炼不足，心理刺激和关注不足，以及宠物主人的性格模式、期望或者训练。例如，家庭矛盾、过度迷恋一只宠物并以此来逃避孤独，或者以为喂养了一只具有攻击性的宠物才能在别人面前觉得安全。这些方面，都有可能对宠物的性格产生强大的不利影响（参见第13章“交流：情绪与宠物的健康”）。

// 治疗方法

在这里，我们将集中讨论一些非常有效的通用措施；在某些情况下，只要我们理解和消除了环境中那些产生影响的因素，这些通用措施可能就足以解决宠物身上的行为问题。如果让宠物产生行为问题的深层原因继续存在，那么我们试图去纠正宠物的行为问题，实际上就是本末倒置，根本行不通。

您应当从营养开始着手。正如我们始终都在强调的那样，现代环境里有那么多的化学物质在我们的体内聚积起来，这无疑是导致宠物出现行为问题的一个因素。例如，人们已经知道，汞和铝会进入大脑，因此必定会对大脑产生影响。比方说，研究已经表明，大脑受到汞的影响后，人们可能会突然产生杀人的冲动。

许多的宠物狗，如果用不含任何动物制品的食物去喂养，就会出现特别巨大的改善。

此外，还应当将宠物接触到有毒物质的可能性降到最低。您应当确保，宠物不会因为家里存放的各种化学品而意外中毒。同样重要的是，您也应当将宠物接触到香烟烟雾、汽车尾气和驱蚤除虱化学品等污染物的可能性降到最低（因为它们都会对宠物的神经系统产生影响）。

除了这些措施，使用下述治疗方法中的一种或几种，可能会有好处。

顺势药物“颠茄30c”：适用于活跃过度、容易兴奋的宠物，尤其适用于喜欢咬人的宠物。这种宠物，可能很容易出现抽搐、惊厥等症状，或者看到并不存在的东西，比如空中的苍蝇、地毯上爬动的臭虫（产生幻觉）。按照“顺势疗法时间进度5”给药。如果该药有效，那么您可以与一位兽医协作，用其他的药物继续进行治疗；因为还有其他的一些药物您可以接着使用，它们都具有更加深入的巩固作用。

草药“普通燕麦”（学名：Avena sativa）：燕麦完全适合做全面的神经提振品，对那些因压力而出现神经衰弱或者烦躁易怒症状的宠物尤其有效。燕麦对于那些已经服用过大量药物、年老体衰或者容易患上癫痫的宠物，也很有好处。它也有益于那些腿软无力、肌肉抽搐或者因为体弱而浑身颤抖的宠物。当然，这些症状都是宠物身上表现出了一些特殊的行为问题之后出现的（这一点，也适用于后文中即将提到的所有草药）。

虽然把燕麦片当成煮熟的主食去喂饲宠物很有好处，但使用由燕麦制成的酊剂，药效更强。按照“草药疗法时间进度1”给药。

草药“蓝色马鞭草”（学名：Verbena）：马鞭草适用于情绪抑郁、神经衰弱的宠物。它也适用于患有神经兴奋、肌肉痉挛的宠物，并且对行为异常问题与癫痫相关的宠物尤其

适用。马鞭草有助于强化大脑的机能。按照“草药疗法时间进度1”给药。

草药“黄芩”（学名：Scutellaria lateriflora）：对主要表现是紧张害怕的行为问题很有疗效。患病宠物可能还会表现出下述一种或几种症状：肠气、急腹痛、腹泻、肌肉痉挛和睡觉不安稳。按照“草药疗法时间进度1”给药。

草药“缬草”（学名：Valeriana officinalis）：缬草适用于那些容易变得异常兴奋，并且与超敏反应相关的宠物。这种宠物会表现得心理性格多变、性情急躁易怒。与黄芩一样，对于患有像肠气、腹泻之类的消化系统疾病，以及那些可能还有过腿疼或者关节炎病史的宠物，缬草可能最有疗效；肠气、腹泻之类的症状，都是因为负责腹部器官的神经过度活跃导致的。

由于缬草是一种长期大剂量给药可能会导致中毒反应的草药，因此我建议，大家应当按照“草药疗法时间进度1”给药，并且给药时间不要超过1周。如果一周后您仍然没有看到有益的效果，那就不要再用这种草药了，而应当试一试我们推荐的其他药物，比如燕麦酊剂。

草药“德国甘菊”（学名：Matricaria）：适用于这种草药的，是那种总是吵闹得很、不停地哼哼、低声吠叫、毫不消停的宠物。它们这样做，是想让您知道它们感到疼痛或者不舒服。它们都敏感得很，急躁易怒，消渴，可能会猛抓猛挠，或者想要咬人。这种宠物不喜欢太热，并且往往只有在主人抱着或者不停地抚摸的情况下，它们的表现才有所改观，才能安静下来。按照“草药疗法时间进度1”给药。

// 草药疗法方面的通用建议

应当按照我们建议的时间进度，给药2～3周的时间（缬草除外，其用药不能超过1周）。假如到了那时，您看到宠物身上出现了好转，哪怕只是轻微好转的迹象，只要这种好转是持续的，您都应当继续治疗下去；不过，治疗时间最长不应超过6周。接下来，不要继续定期给药，而应当在症状出现复发或者恶化时，稍微多给宠物服用几剂。

此外，草药也可以用于预防。假如知道某件事情会导致宠物出现问题行为，那么您就可以在事情发生前给宠物服用草药；例如，在宠物必须独自待上很长一段时间前，就给它服用草药。

如果在试药期内没有看到宠物身上出现良好的反应，您应当停止使用选取的那种草药；然后，或者在改善宠物饮食的基础上，过几个星期后再试一试，或者改用我们建议的那些替代性草药中的一种。

// 巴赫花朵精华剂

对于那些愿意继续深入一点探究的人，我想提供另一种替代疗法。有一种简单易用的草药疗法，可以治疗宠物由心理原因引发的行为问题，这就是使用爱德华·巴赫医生发明的38种花朵制剂，世称“花朵精华剂”。这些花朵制剂，起初是由英国的巴赫医生在20世纪20年代开发出来，用于治疗人体疾病的。请参阅第17章“整体疗法与替代疗法”中的“花朵精华剂”这一主题。

我发现，这些精华剂对宠物都很有效果。它们都是用精心挑选出来的花朵制成，并且经过了稀释的提取物，既可以长期给宠物口服（从数周到数个月都没问题），通常还会让宠物的情况出现显著好转。

这38种制剂，都是装在小瓶里出售的；您可以将它们制成稀释剂，用于治疗。

⊙**菊苣**　适用于过度依恋主人、希望占有主人全部注意力的宠物。

⊙**冬青**　适用于凶残、具有攻击性、疑心重或者嫉妒心重的宠物。

⊙**凤仙花**　适用于性情急躁、没有耐心或者暴躁易怒的宠物。

⊙**龙头花**　适用于害怕某些特定事物的宠物，比如一条怕人或者害怕打雷的宠物狗。

⊙**岩蔷薇**　适用于行为问题中的一部分是恐惧发作或者惊慌失措的宠物。

⊙**石蚕花**　适用于生理或心理上的打击似乎导致健康状况失去了平衡的宠物。

⊙**胡桃木**　适用于受到了（主人或者其他宠物）强大性格的过度影响，或者明显受到了不良遗传因素的宠物。

您可以选取最多4种（但不能超过4种）最适合宠物症状的精华剂。从装有每种精华剂的瓶子里各取2滴，放入一个规格为30毫升的干净滴瓶里。然后，将滴瓶加满泉水（不要用蒸馏水），贮存在室温条件下。假如数天后滴瓶中的药液变混浊，那就应当重新制备。

不论体形大小，每天都可以给宠物口服2滴这种经过了稀释的药剂，直到宠物身上出现了您希望看到的效果。如果做得到，您可以直接把药剂滴入宠物的口中。要是做不到的话，您就不妨将药剂混入少量食物或者牛奶中让宠物服下。这种方法不会出现对宠物身体有害的副作用或者毒性。

// 疫苗接种因素

据我的经验看，接种疫苗后宠物（尤其是狗狗）身上出现这些行为问题的情况可不罕见。这不奇怪，因为自然感染的狂犬病与犬瘟热都会对宠物的大脑产生影响。当然，根据这些疾病制造出来的疫苗，并不会导致宠物完全患上狂犬病与犬瘟热；但是，疫苗能够影响到宠物的大脑，进而让宠物的行为发生改变。有些狗狗在接种疫苗后还会患上癫痫，不过，我们在此考虑的主要是行为改变。

出现这种情况后人们就会注意到，一只以前非常快乐的小狗接种了疫苗后，不久就会变得孤僻离群、烦躁易怒、具有攻击性，或者变得焦虑不安起来，孤僻离群、不愿与其他人或动物互动。最可怕的是有些宠物变得具有攻击性，并且开始咬人（要想了解此种情况的详细病例，请参阅第16章关于疫苗的论述）。当然，这种情况也有好几种可能出现的模式。在此，我会向您介绍其中最常见的几种问题，以及用顺势疗法来解决这些问题的办法。

顺势药物“颠茄30c”：适用于变得具有攻击性、在生气时就会咬人，甚至有时摸一摸都会咬人的宠物猫狗。假如宠物的瞳孔经常过度扩张，那么该药就尤其适用。按照“顺势疗法时间进度4”给药。

顺势药物“南美巨腹蛇30c”：适用此药的宠物，身上出现的可见行为模式与“颠茄”（上一条）适用的症状类似；只是宠物对“颠茄”没有反应，或者其行为问题是在接种了狂犬疫苗后出现的。按照“顺势疗法时间进度4”给药。

顺势药物“曼陀罗30c”：如果此时宠物的行为变得不可预测，包括突如其来地出现暴力行为、咬人，以及变得喜欢发出声音（低声吠叫、嚎叫），尤其是宠物总是想要逃跑的话，就可以使用该药。按照“顺势疗法时间进度4”给药。

注意：这些行为问题可能会非常严重。如果宠物具有攻击性，那么它就会很危险。我曾经看到过，一些人在这种情况下遭受了严重的损伤。我总是告诫顾客说，在宠物的攻击性问题明显得到解决前不要让它们靠近孩子。我非常支持您去寻求专业人士的帮助来解决这个问题。虽说行为训练可能有用，但仅凭行为训练本身往往是不够的。这些指导原则只是为了让您没有其他选择时试一试，一定要小心行事。

生育问题

参见“怀孕、产仔及新生幼崽的护理”一节。

膀胱疾病

宠物尤其是猫咪的膀胱黏膜发炎和尿道发炎，或者出现泌尿系统结石的现象并不罕见。宠物表现出来的症状，就是排尿频率增加、尿血；而在严重的情况下，还会出现极端的不适，即由于黏液聚积和膀胱内部器官肿大而导致膀胱紧张，以及膀胱部分或者全部堵塞。

// 可能的原因

尽管这是猫类的常见疾病，可人们还没有彻底搞清楚导致这种疾病的原因。我们不妨来讨论一下其中的几个方面。

对于这种疾病，常规的兽医疗法几乎毫无例外都是使用抗生素；可研究表明，猫类身上出现的膀胱疾病，却不是由细菌引起的（但是，有时狗类身上的膀胱疾病确实是由细菌导致的）。在超过35年的从业经历中，我可没有看到过必须使用抗生素来治疗这种疾病的情况。

还有一种普遍的观点，认为既然膀胱里聚积的是沙子一样的东西，那么食物中的灰分（矿物质），就是导致泌尿系统疾病的原因。然而，研究表明，食物中的灰分并不会导致这种问题；相反，是因为尿液的碱性太强，膀胱内才会形成结石。假如食物中的蛋白质含量不够高，猫咪身上就会出现这种情况；因为若是食物中的蛋白质含量不够高，那么进食几个小时后，宠物的尿液就会呈碱性（pH值高于7）。您可以在家里自己动手，测试宠物尿液的酸碱度，这种试纸在药店里很容易买到。只需把试纸蘸到猫咪刚刚撒完尿而形成的那个小猫砂“球”上即可。猫类尿液的pH值，目标范围是6.2～6.6。虽说有可能出现波动，但pH值不应当太高。

另一个很有可能导致泌尿系统疾病的因素是汞的毒性作用。这在猫咪身上尤其常见，因为我们经常是用鱼来喂饲它们的。据估计，按照每千克体重来算，猫咪所吃的鱼肉达到了人类的30倍。海洋生物体内的汞已经聚积到了很高的水平，人们之所以会听到不要经常吃鱼的警告（比如每月只吃1次），原因就在于此。经常吃鱼的猫咪身上，会积存下大量的汞；对于这种情况，人们已知的一种后果就是膀胱发炎，以及增大出现膀胱结石的可能性。

最后，我们还得考虑到，疫苗是不是在这方面起到了推波助澜的作用。我们都知道，接种疫苗后出现的疾病，往往都属于尿道和生殖道方面的局部病症；因此，我们必须开拓自己的思维，考虑到这种可能性（请参阅“肾衰竭”一节，了解关于疫苗与肾脏疾病的更多情况）。

幸好，我发现，一旦度过了关键期，改变饮食和实施的自然疗法就会对这种病症产生良好的反应，使宠物稳步痊愈起来，而不只是让症状得到暂时性的缓解。

// 治疗方法

对于这个方面，禁食尤其有效，人们已经发现，继续进食会让膀胱疾病恶化和拖延下去。所以，在这种病症的急性发作期内（参见下文），您应当对宠物实行流质禁食，只用汤类去喂饲宠物。

病情好转或者康复后，您应当按照我们在本书前文中提出的建议，改善宠物的饮食，将其看成是治疗方案的一种延续。请参阅第6章猫用食物配方表里的“今日食谱”，看一看第二行中的代码U。这种代码，指出了我们认为您使用起来最有益于此种病症的食物配方。

每天只喂饲宠物猫2次，即早晚各1次，也是有好处的。给了猫食后，不要让猫食摆放超过30分钟。假如猫咪在早晚不想进食，那么您可以让猫咪饿着，直到下一次喂食。这样做非常重要。经常喂饲，会让宠物的尿液碱化，从而导致体内形成结石（我们在前文中已经讨论过这一点）。山猫、美洲狮这样的野生猫科动物，并不会经常进食，有时甚至好几天都不会进食。家猫的祖先很可能捕食的是老鼠和其他啮齿类动物，虽然它们的进食频率有可能高一点，但也绝对不会总是有食物在那儿等着它们。正是两次进食之间有这段禁食期，才使得猫科动物的尿液能够恢复到正常的酸性状态。

一项为期1年的研究表明，还有一种额外的营养补充剂，有助于改善这种病症，那就是Ω-3脂肪酸。[1]将这种营养补充剂添加到宠物食品中，可以极大地降低这种病症的复发率。这种补充剂，您最容易买到的就是亚麻籽粉和麻籽粉。如果家里有一台磨粉器，您就可以购买完整的亚麻籽，它们可以在室温之下贮存。一次磨出够用1个星期的量就行，因为一旦磨成了粉，它们就不好贮存了。您也可以使用亚麻油，可亚麻油更加容易氧化分解；因此，我再叮嘱您一句：只能购买少量的亚麻油，并且应当盖紧盖子，贮存在冰箱里。

至于用量，您可以在宠物所吃的食物中添加1/2茶匙亚麻籽粉或麻籽粉，并且充分拌匀。如果想更简单一点，或者说，如果猫咪不肯吃固态食物，那您可以每顿都在猫食中添加几滴亚麻油；当然，同样也要拌匀。

“宠物素食”的开创者詹姆斯·佩登，也开发出了一种治疗方案，他利用的是“猫用素食ф”；这是一种营养补充剂，与“猫用素食”一样，只是其中添加了一种经过美国饲料管理协会核准的尿液酸化剂“硫酸氢钠”。这种酸化剂，必须小心地与“猫用素食”配合使用，而不能单独使用。单独给宠物喂食的话，可能会带来危险。他还推荐了“蔓越宠物”；这是一种蔓越梅粉剂，或者说维生素C粉剂。

蛋氨酸是一种基本氨基酸，对宠物猫狗的肝脏修复、皮肤和皮毛状况，以及其他功能都具有重要的作用。素食中的蛋氨酸含量要比肉类低，因此“猫用素食”中，近来已经添加了适量的蛋氨酸。其中的含量很安全，处于美国饲料管理协会的标准范围之内；而额外添加，则应由兽医开具处方才行，因为尿液过度酸化，可能会引发其他的问题。没有阉割的公猫对蛋氨酸的需求量似乎较高，原因在于，蛋氨酸与猫尿氨酸的生成有关，而猫尿氨酸是一种含硫的氨基酸，可能在猫咪标志地盘的过程中发挥着重要的作用。

---

1 参见J．M．克鲁格、J．P．鲁利奇和J．梅里尔斯等人的论文《对于长期处置猫类急性非阻塞性原发膀胱炎不同营养概况与食物进行的比较》，发表于《美国兽医协会杂志》第247期(5)(2015年)，第508~517页。

// 急性病例

如果尿道彻底堵塞，猫咪就会排不出尿液，而膀胱就会因为尿液聚积而膨胀、变硬。这种情况，会让猫咪觉得就像是腹部后面有一块大石头似的。这是公猫的一种特殊疾病，因为公猫的尿道通常都是又长又窄。（母猫虽然也有可能患上膀胱疾病，但它们不太可能患上尿道阻塞症。）这种病症非常严重，因为尿液和有毒的废物会被逼回宠物的血管中。您应当带着宠物到兽医那里去看急诊，给宠物用导管导尿，即用一种塑料管子导出尿液，从而缓解宠物尿道阻塞的症状。然而，假如您家离兽医诊所太远，或者您当时找不到兽医，那么您可以在等待兽医的同时，试一试下述这些疗法。

顺势药物“马钱子30c”：该药最适合在猫咪的膀胱疾病还没有出现，却已经变得烦躁易怒、不想被人触摸并且孤僻离群、宁愿独处时使用。按照“顺势疗法时间进度2”给药。

顺势药物“白头翁30c”：适用于猫咪随着疾病发作，突然变得很安静、与主人异常亲爱、想要主人抱着时。按照“顺势疗法时间进度2”给药。

顺势药物“斑蝥30c”：需要使用该药的猫咪，会非常烦躁、恼怒，不停地叫，并且几乎总是在不停地试着排尿。通常来说，猫咪的怒气和叫声，都是针对自己发炎的阴茎，因为它会不停地舔舐那个地方。按照“顺势疗法时间进度2”给药。

顺势药物“胭脂虫30c”：假如前面列举的药物中，一种或者多种都没有效果，并且猫咪的尿道似乎已经彻底堵塞，完全排不出尿来（因为结石或者黏液堵住了尿道），那么您就可以选择该药。按照“顺势疗法时间进度2”给药。

顺势药物“北美香柏30c”：该药适用于宠物已经度过了疾病的关键期后。该药常常会纠正宠物身上因为过度使用疫苗后出现的患病倾向。按照“顺势疗法时间进度4”给药。

使用上述顺势疗法后，猫咪的症状如果出现了好转，它就会突然排出大量尿液，从而极大地缓解其痛苦。此时，猫咪通常都会喝入大量的水，开始显得更加舒服，甚至首次开始梳理自己的皮毛了。假如出现了这种情况，那么它就有可能度过了关键期，此时您就没有必要再给猫咪导尿了。在接下来的几天内，应当密切观察，确保宠物排尿通畅。猫咪度过了关键期后，您就可以按照我们在前文中已经论述过的方式，在猫咪的营养方面做出改变了。

假如猫咪需要导尿，那么还有一种药物可以帮助猫咪从导尿过程中康复过来：

顺势药物“虱草30c”：该药有助于缓解将塑料导管插入尿道（通往膀胱的那条狭窄

通道）时导致的疼痛感。您应当认识到，导尿时，宠物的尿道可能已经发了炎，因此导管可能会摩擦到敏感而发炎的组织。按照“顺势疗法时间进度2”给药。

// 亚急性病例

这种情况下，猫咪出现的症状不是堵塞，而是发炎。猫咪不停地想要排尿，但排出的尿液却很少，或者带有血色。这种不适可能会持续数天，期间或许还会出现暂时性的好转（尤其是在给猫咪使用了抗生素后）。然而，这种症状可能持续下去，或者每隔几个星期就复发一次。下面列举的药物，在病情的这个阶段通常都有疗效。您可以从下述4种药物中，选择最适合宠物病情的一种，但不要混合使用。

顺势药物“颠茄30c”：适用的症状是剧痛、烦躁、经常想要撒尿，尿液中甚至带有血丝，即便是在光线良好时瞳孔也会张得很大，容易兴奋和紧张不安的猫咪。按照“顺势疗法时间进度2”给药。

顺势药物“白头翁30c”：对不喜欢任何一种温热的猫咪非常有效。辨识方法如下。假如猫咪不喜欢别的宠物挤在自己身边，并且更喜欢躺在凉爽之处，比如水泥地上、瓷砖上、油毡上，甚至是浴盆或者洗碗池里，那么您就看得出，它喜欢凉爽而不喜欢温热。这种猫咪，排出的尿液量通常都很少，并且其中还带有血丝。按照“顺势疗法时间进度2”给药。

顺势药物“斑蝥30c”：该药适用的症状与前一种相同，但尤其适用于因病情而显得恼怒、且不停地叫唤的宠物猫。这种猫的症状，通常都非常严重。按照“顺势疗法时间进度2”给药。

顺势药物“活性汞（或汞稀释液）30c”：需要使用该药的猫咪，会对自己的臀部感到厌烦，撒完尿后总是舔舐自己的屁股，尾巴使劲地甩来甩去，并且要费好大的劲才能挤出一点点尿液。有时，猫咪一使劲还会拉出大便；并且，就算是已经排出了部分尿液，但猫咪还会继续使劲。这种猫咪，以前通常都患过口部疾病，比如牙龈红肿发炎、牙齿松动，或者是同时患有口腔疾病与膀胱疾病。假如疾病发作前，猫咪变得异常口渴，那么您多半可以使用该药。按照“顺势疗法时间进度2”给药。

注意：如果使用了这些顺势药物中的一种，但过了24小时后，您仍然没有看到宠物有任何好转的迹象，那就不要再用该药，而应重新评估一下宠物的病情。假如在此期间，您还给猫咪用过抗生素和其他药物，那么它们可能已经让病症发生了变化。此时您应当回想一下，开始治疗前宠物身上究竟有哪些症状。应当把这些症状当成指导原则，来选择恰当的药物。

// 慢性病例

如果上述疗法中的一种产生了效果，或者说，如果您的猫咪以前需要用尿管导尿，如今却已康复，那么到了此时，您就该考虑考虑，可以使用一种顺势疗法来阻止宠物体内形成结石、膀胱内出现沉淀物的倾向了。您会遗憾地发现，这种疾病经常复发；只有在复发过几次后，您才会警惕起来，看出这是一种慢性疾病（也就是说，一种持久而不断复发的疾病）。

膀胱疾病可能与饮食也有关系，正如我们在这一节的第一部分里论述过的那样；因此，在尝试使用不同的食物或食物配方后，定期检测猫咪尿液的pH值，可能是很有好处的。

下面这几种常见的药物，对于消除宠物患上这种慢性疾病的倾向，是很有疗效的。

顺势药物“磷30c”：适用于已经患上了所谓“鸟粪石结石”的猫咪。如果看得到这种结石，您就可以看出，它们往往都是一种白色的沙状物质。这些结石都是在膀胱内形成的，并且伴有炎症，常常会把尿道堵住，以至于需要给猫咪用导管导尿。按照“顺势疗法时间进度4”给药。

顺势药物“石松30c”：适用于出现了食欲问题、不吃任何食物并且体重不断下降的猫咪。如果患有泌尿系统疾病，那么在排尿前这种猫咪就会大声叫唤。假如看得到，您就会发现，尿液中沉积下来的结石，往往都是由较大的碎片组成的。按照“顺势疗法时间进度4”给药。

顺势药物“北美香柏30c”：该药尤其适用于您已经尝试过其他药物、却没有彻底让其康复的宠物。按照“顺势疗法时间进度4”给药。

// 继续治疗

宠物可能需要进一步的治疗；或许不是马上需要接受继续治疗，而是到几个月后才需要。您怎样才能得知宠物的尿液中有没有结石沉积呢？最简单的一个办法，就是用自己的手指去触摸。呸!我知道，这种想法会令人感到不快；可用这种方式去进行检测，不仅极其简单，而且效果简直是令人惊讶呢！按照下述步骤，准备好猫砂盆：清洗干净，等猫砂盆干了后，不要装入猫砂，而是撕下一些宽约1厘米，长10厘米的纸条。将这些纸条铺在盆中，代替猫砂。在猫咪看来，盆里似乎有东西，所以它会去抓挠这些纸条，并且在纸上撒尿，就像在猫砂上撒尿一样。待尿液流到盆底后，用手指

触一触，看有没有沙砾般的感觉。如果有的话，给人的感觉就会像细小的砂粒。还有一种检测方法，那就是把猫咪的尿液倒入一个玻璃罐子里，静置半个小时。所有含砂的物质都会沉到罐底，这样您就看得到了。

如果您不想这样干（可以理解），那么您可以把尿液用一个干净的容器收集起来，马上送到兽医那里去（或者放到冰箱里冷藏起来，直到您能够将它送到兽医那里去），请兽医在显微镜下进行分析。兽医会明确地告诉您，猫咪究竟有没有结石问题。

注意：如果您用罐子带些尿液到兽医诊所去，兽医可能会对您说，分析尿液没有什么用处，因为尿液中是不含细菌的。之所以会如此，是因为兽医考虑的是找出细菌。不管用什么办法，您都要请兽医检测一下。因为我们需要的，不是对细菌进行鉴定（因为引发问题的，反正不是细菌），而是进行一次“显微镜检查”，看猫咪的尿液中有没有结石。

假如宠物的适应证太过模糊，不适用于上述列举的任何一种药物，又该怎么办呢？您可以试一试下面这种草药疗法，对于一只以前从来都没有患上过严重的膀胱疾病，只是那个部位有点虚弱，比如尿频或者尿到猫砂盆外的猫咪，这种草药很有效果。

草药疗法：您可以使用“马尾草”，它亦称“木贼草”（学名：Equisetum）。按照“草药疗法时间进度2”使用这种草药，持续给药2～3周。

// 宠物狗

尽管膀胱疾病在猫咪身上更为普遍，但狗狗的确也会患上这种疾病。狗狗身上最常见的症状，要么是膀胱炎（与猫咪的情况一样），要么就是形成结石。

假如狗狗患上了急性膀胱炎，症状与前文中猫咪患上急性膀胱炎时的症状相似（排尿频率增加、感到不舒服、尿血），您同样可以利用治疗猫咪的那些方案。我一开始时，通常都是用“马钱子30c”或者“白头翁30c”，按照“顺势疗法时间进度2”给药。这对许多患病宠物狗都很适用。

宠物狗身上的结石通常有两种形式：一种是细细的、药丸大小的结石，它们在膀胱内形成，但会向下移动，从而堵塞狗狗的尿道；另一种就是大的结石，它们会堵塞宠物狗的膀胱。

对于公狗而言，小结石最为麻烦。它们会下行到尿道中，卡在尿道经过阴茎里面那根骨头的地方（那是一个很硬的开口，无法扩张）。出现此种状况后，这只不幸的狗狗就会频繁地想要撒尿，却撒不出来；或者，尿液会一小股一小股地撒出来，而不是撒出一股完整的尿液。在这种情况下，您应当马上使用下述药物。

顺势药物"白头翁30c"：该药可以缓解尿道被结石卡住那个部位的肌肉痉挛，使得结石能够排出宠物体外。此时，狗狗可能需要靠着您，需要您去安抚它。这是您应当尝试的第一种药物。按照"顺势疗法时间进度2"给药。

顺势药物"马钱子30c"：对烦躁易怒、孤僻离群、独自待着且不想被人触摸的宠物狗很有效。按照"顺势疗法时间进度2"给药。

顺势药物"胭脂虫30c"：尤其适用于治疗结石堵塞了尿道的宠物狗。此时，狗狗虽然想要撒尿，却不是每次都能成功地撒出来，或者是撒得很慢。狗狗会不断地使劲，或许还会出现异常疼痛的痉挛。有些宠物狗还会不停地舔舐尿道口。按照"顺势疗法时间进度2"给药。

顺势药物"欧荨麻6c"：对宠物膀胱内形成了**大的结石**，并且因为膀胱壁发炎而导致出血的宠物非常有效。您可以一直使用，直到宠物可以做手术、把结石除去为止。按照"顺势疗法时间进度6（a）"给药。

草药"荠菜"（学名：Thlaspi bursa pastoris或Capsella）：跟"胭脂虫"一样，这种草药可以用于治疗业已形成的结石。按照"草药疗法时间进度1"给药。

草药"伏牛花"（学名：Berberis vulgaris）：适用于除了患有膀胱结石或者肾脏结石，还容易患上关节炎或风湿病（肌肉和关节酸疼）的宠物。按照"草药疗法时间进度1"，给药1个月，以便有充足的时间检验这种方法的疗效。

草药"洋菝契"（学名：Smilax officinalis）：对于尿液中存有"细碎"的小结石，同时伴有膀胱发炎和疼痛症状的宠物，这种草药很有效。患有此种病症的宠物，排尿时可能会感到痛楚，可能还会尿血，皮肤通常也会干燥、瘙痒，并且一到春天就发作。按照"草药疗法时间进度1"，给药1个月，以便有充足的时间检验这种方法的疗效。

// 可能性

有时，在使用这些治疗方法的过程中，结石会从宠物体内排出来。当然，并不是药物让结石消解了，而是因为药物能够缓解结石导致的肌肉痉挛和炎症。结石如果很小的话，随后就有可能自行排出来。

至于大的结石，可就是另外一回事了。数量众多的大结石可能会越积越多，塞满膀胱，最终使得膀胱黏膜发炎，导致膀胱内壁出血和反复感染细菌。形成大的结石，在狗狗身上要比猫咪身上更加常见。这种结石一般都需要进行手术才能去除，不过我偶尔也见到过，一些病情太重、不能动手

术的宠物狗身上的结石，随着时间的推移反而变小了。

经我治疗过的一些宠物，在我们用了一种天然的饮食方案去喂饲，再辅以恰当的顺势治疗后，都康复得非常好。

不要限定宠物从饮食中摄入的钙质量。有时，人们会听到别人建议说，要吃一种低钙饮食，认为控制钙质的摄入量，就能降低体内形成结石的可能性。然而，我们并没有证据说这种做法有效；实际上，钙质摄入不足还会使病情恶化下去，因为这种情况增加了尿液中草酸盐的含量（草酸盐是膀胱结石和肾脏结石中一种常见的成分）。

由于体内形成的结石可能多种多样，与结石相关的临床问题可能也多种多样，因此我只能给您上述的通用建议；如果不考虑病症涉及的结石属于什么类型，遵循这些建议可能是有所益处的。一些持久存在、反复发作的疾病，则需要更加明确、更加具有个性化的治疗方法，才能防止它们复发。

// 治疗患上膀胱疾病的倾向

顺势疗法：据我的经验来看，最可能有效的治疗方法就是下面这种循序渐进的连续疗法：首先给宠物服用“北美香柏30c”（金钟柏），按照“顺势疗法时间进度4”给药。等到1个月后，再用“硅石30c”进行同样的治疗（按照“顺势疗法时间进度4”给药）。这种疗法虽说并非对每种症状全都有效，但对许多症状都有疗效，因此值得一试。重要的是，这些药物的给药次数都不能超过1次。

// 术后治疗

假如您的宠物狗的确需要动手术才能清除体内的膀胱结石，那么有一种疗法可以缓解手术带来的疼痛，并且促进宠物的术后康复。如果做得到，您就可以从宠物接受手术后的那一天（不是手术前一天）开始。

顺势药物“虱草30c”：按照“顺势疗法时间进度2”给药。

乳腺肿瘤

我在20世纪60年代刚开始从事兽医行业时，狗类患上肿瘤的情况要比猫类更加常见。对付涉及赘生物或肿瘤的任何疾病，最佳办法就是避免不必要的疫苗接种，并且强调食用最素洁的食物。饮食素洁之所以尤其重要，是因为刺激肿瘤生长的种种激素，通常都存在于肉制品中。饲养牲畜的人，通常都会给牲畜喂饲激素，以便让牲畜长得更快或者更肥；由这种牲畜生产的肉制品中，就残留有这些激素。在从业过程中，对于这种情况，我都是强烈建议宠物主人采用一种不含任何动物制品的饮食去喂饲宠物。

// 治疗方法

有时，乳腺肿瘤是恶性的，因此兽医通常会提出给宠物实施根治手术，切除相关的淋巴结。然而，我的经验却说明，这样做并非始终都是最好的办法。手术会削弱宠物的免疫系统，可能会导致健康状况下降；而对那些一开始身体就不是特别健康的宠物来说，尤其如此。我更愿意采取一种天然的、不那么具有侵入性的方法。采用营养疗法和我们在此讨论的方法，能够让宠物病情获得改善的程度，常常都会令人大吃一惊。一开始就采用这种方法的好处在于，宠物身上的免疫系统仍然能够发挥正常的机能。假如先给宠物动手术，或许还要进行化疗和放疗，过后再采取我们在此讨论的方法，就不会有多大的效果。因为手术之类的治疗过程，会对宠物的免疫系统造成巨大的破坏，使免疫系统对通常有效的治疗措施无法做出反应。

我明白，对于究竟要采取什么措施，是很难做出决定的。因此，在这种情况下，与兽医协作，整个过程中都由兽医来给予指导，才会让您最感安心。

下面就是我曾经用过的一些治疗方法。

顺势疗法：首先，给宠物服用“北美香柏30c”。按照“顺势疗法时间进度4”给药。假如宠物病情没有恶化，肿瘤不再生长，那么您可以等到过了这个月，再去使用其他疗法。（当然，如果肿瘤消失了，那就完全不必再去管它。）

顺势药物“砷酸30c”：适用于体重迅速下降、变得消渴和烦躁不安的宠物。按照“顺势疗法时间进度4”给药。

顺势药物“毒参30c”：适用于肿瘤很硬，触摸起来很疼，或者疼得晚上无法睡觉的宠物。按照“顺势疗法时间进度4”给药。

顺势药物“磷30c”：适用于所长肿瘤很容易出血的宠物。按照“顺势疗法时间进度4”给药。

顺势药物“南美巨腹蛇30c”：适用于肿瘤长在左乳上、肿瘤外部皮肤呈深色、浅蓝色或者略带黑色的宠物。按照“顺势疗法时间进度4”给药。

顺势药物“硅石30c”：适用于肿瘤有溃烂或流脓倾向的宠物。按照“顺势疗法时间进度4”给药。

草药“商陆根”（学名：Phytolacca）：这是一种治疗乳腺发炎、感染和流脓等症状的重要草药。这种草药适用于患有肿瘤，或者患有乳腺组织硬化，并且流脓或流出的液体气味难闻的宠物。按照“草药疗法时间进度3”（内服）和“草药疗法时间进度4”（外用）给药，用药时间根据需要而定。

草药“白毛莨”（学名：Hydrastis canadensis）：治疗各种肿瘤时通常都有效，尤其在宠物同时还出现体重下降的时候。另一种适应证，就是长在体表、像是一块大的肿疮或者溃疡的肿瘤。按照“草药疗法时间进度1”给药；至于给药时长，只要有效，给药多久都可以。在长期使用此种草药时，您还应当在宠物食品中添加额外的复合B族维生素，因为白毛莨通常都会消耗宠物体内的这些维生素。

营养疗法“姜黄素”（姜黄末）：这种草药属于姜科植物，是一种众所周知的高效抗氧化剂，因此对许多具有发炎症状的疾病都相当有效。也有一些报道称，美黄素在治疗癌症的过程中也很有效，因此可以成为您制订的治疗方案中一个有用的组成部分。参见后文中“癌症”一节中说明的剂量和用法。

支气管炎

参见“上呼吸道感染（感冒）”一节。

癌　症

癌症是最令人害怕的一种疾病。一听到“癌症”这个词，我们就会不由自主地感到害怕与无助。我希望，本节的论述能够让您鼓起信心，让您相信，通过采取自然的治疗方法，我们也可以在这方面取得巨大的成功。在从业生涯中，采用了营养和顺势疗法后，获得的疗效曾经多次让我感到惊讶，因此我想跟您分享一下这个方面的经验。

对于癌症治疗，令人感到泄气的很大一部分原因就在于，我们心里都很清楚，当前使用的常规疗法实际上并不是在治愈这种疾病。如今，许多医生早已得出了一个结论：目前的癌症治疗方法，实际上都是没有效果的。

医学博士、哲学博士约翰·C.柏拉三世的研究结果就是一个例子。他是麦吉尔大学流行病学与生物统计学系的教授，也是《新英格兰医学杂志》的一位统计学顾问。他曾经在国家癌症研究所里任过职（工作时间超过了20年）。当时，他除了别的工作任务，还担任了“癌症防控计划”部的主任，以及《国家癌症研究所杂志》的编辑。他曾经对乳腺癌的治疗和死亡率进行过统计分析，并且在1986年把研究结果发表了出来；在那篇论文中，他称：过去的35年来，癌症治疗效果方面并没有出现什么重大的进步。虽然这种说法令医学界大为不满，但他列举的数据、病历，却支持了这一结论。后来他又称，自他首次发表那篇论文以后的多年中，这个方面仍然没有获得什么重大的进步。

我们不妨来看一看，情况为什么可能的确如此。传统的对抗观点认为，癌症是一种疾病，与受到癌症大力攻击的患者身体是两码事。给患者实施手术，是为了用物理手段摘除肿瘤，然后再用药物去杀死残余的癌细胞。这种做法存在两个方面的问题。医生都很清楚，摘除肿瘤后，同一部位或者其他部位就会受到刺激，就会重新长出肿瘤。而且，之所以进行化疗，是因为人们认为癌细胞生长迅速（可实际情况并非始终如此），而正在生长的癌细胞会被药物杀死。然而，化疗也会损及身体中其他许多正在生长的正常细胞，比如造血细胞、肠壁细胞、皮肤和毛发细胞，尤其是使得作用至关重要的免疫细胞受损。跟您这么说吧，普通人体中，每天都会生长出大约500亿～700亿个新细胞。使用了抗癌药后，这些新的细胞就会被杀死，从而无法再发挥它们的正常机能。因此，我们采取的策略就是短期用药，寄望癌细胞会被杀死，而身体的其余部位则能够康复。这也正是目前的问题所在：这种疗法，会给身体带来持久的、具有破坏性的影响。有时，身体根本就无法再康复过来。

放疗是一种与之类似的疗法，就是将放射物集中到肿瘤所在的组织部位，对癌细胞进行灭杀。另外，肿瘤周围的正常组织，同时也会被放射物杀死。而且，放疗自然也很有可能使得体内日后再产生出癌细胞。

我们想要采取的自然疗法，持有的观点却不一样。我们认为，宠物的身体非常聪明，对付癌症的本领也很高超，只要我们进行恰当的支持就可以了。

首先，就是应当消除所有造成宠物患上癌症的影响因素。这些因素包括：长期吸入香烟烟雾；跟在卡车后面跑动而吸入汽车尾气；睡在电视机上或者距电视机不远的地方；喝街上水坑里的脏水（其中可能会含有碳氢化合物，以及汽车刹车片上掉落的石棉粉尘）；经常接受X光照射（所有的辐射效应，都会在宠物体内聚积起来）；长期使用毒性强烈的化学品（比如用于虱蚤防控的化学品）；食用内脏和肉粉所占比重很高的宠物食品（这些肉类中聚积了农药，以及为了催肥牲畜而使用的生长激素，它们都会促进癌细胞的生长）；还有防腐剂和人工色素，因为我们都知道，防腐剂和人工色素会让实验室里的动物患上癌症。在临床实践中，只要是碰到患了癌症的宠物狗，我都会让狗狗去吃一种完全不含任何动物制品的饮食；要是猫咪的话，我的处方就是：应当将猫食中的动物制品含量减至最低，并且只用有机肉食。给宠物喂饲营养丰富的食物，也很有效果，因为它们会增强细胞自身的各种修复机能。[2]接下来，我的办法就是利用顺势疗法，并且量身定制，以适合宠物具体的症状模式。

---

2 参见乔尔·富尔曼所著的《饮食生存》（纽约：利特尔和布朗出版社，2011年），第121～122页。

我采用的这种方法，能够与宠物身体内业已存在的种种机制相互协同，并且协助它们发挥出功能，即自然痊愈的机能、免疫系统的功能以及各种排毒途径。这些功能都是宠物生而具有的，而宠物要想恢复健康，也必须发挥出这些功能。

那么，对于这种方法，我们又能抱有什么样的期望值呢？治疗后，会出现三种可能性：让宠物在余生中保持高质量的生活；延长宠物的惯常预期寿命；通过缩小或让肿瘤消失而治愈宠物所患的疾病。

我治疗过的许多患病宠物，结果都属于前两种，因为绝大多数患上了癌症而送到我这里来的宠物，年纪都比较老，或者身体一开始就不是特别健康。不过，即便如此，在接受营养与顺势治疗的过程中，这些宠物日后的生存质量也保持得很不错，大大好于我们的预期。然而，这种宠物的寿命可能不会比做出诊断时估计的寿命长很久。经我治疗过的、患有癌症的宠物中，约有1/3的宠物最终都属于这种情况。不过，其间也有很积极的一个方面，那就是在这段时间之内，它们都觉得自己相当健康，活动如常，并且不会遭受痛苦。

我治疗过的宠物中，还有1/3的宠物存活的时间要长过预期，有时还要长久得多。如果宠物年纪很小，以前没有接受过手术、化疗或者放疗，则尤其如此。但最终它们的确也是死于这种疾病，尤其在宠物患上某些类型的癌症时。

剩下那1/3的宠物，情况则要好得多，因为它们身上的肿瘤不再生长了，甚至还有可能受到抑制并且消失。您料想得到，这种好转更有可能出现在年纪较小、生命力较强的宠物身上。如果一定要从中得出什么结论来的话，那就是：宠物以前没有使用过皮质类固醇、没有接受过手术这一点，似乎非常重要。

我们不妨来看一看其中的一些治疗方法。有许多自然的方法可以协助身体抵御疾病，这里我根据自己的经验列出一些通常较为有效的方式。我强烈建议，您应当与一位采取整体疗法的兽医保持良好的关系，让兽医在这一过程中为您提供指导。

// 治疗方法

顺势药物“北美香柏30c”：在宠物患上任何一种癌症的初期，就应当进行这种治疗；它会清除以前接种疫苗对宠物造成的影响，因为疫苗可能会刺激癌细胞生长。按照“顺势疗法时间进度4”给药。让该药发挥1个月的作用，然后，转而利用下述药物中的一种，继续进行治疗。

顺势药物“砷酸6c”：适用于体重迅速下降的宠物。体重下降的原因可能是因为宠物进食情况不好；不过，即便是宠物的进食量似乎足够，也有可能出现体重下降的现象。它们会变得焦虑不安、消渴、坐立不安，而随着时间的推移，宠物的身体就会日益消瘦下去。宠物还会出现寻找暖和之处待着的现象。宠物的体表往往会出现溃疡，非但气味难闻，而且容易流血。宠物在夜间和过了午夜后会尤感疼痛。按照“顺势疗法时间进度6（a）”给药。

顺势药物“骨碳6c”：适用于身体多个部位的腺体受到了感染而变硬、肿大的宠物，比如脖子、腋窝、腹股沟和胸部的腺体。这些地方都让宠物感到疼痛。随着病情的发展，受感染部位可能会流出气味非常难闻的脓液。除此之外，宠物还会出现身体日益衰弱、希望独自待着的并发症状。按照“顺势疗法时间进度6（a）”给药。

顺势药物“毒参6c”：适用于肿瘤就像石头一样很硬、触摸起来很疼，或者疼得晚上无法睡觉的宠物。这种宠物患上的往往都是胸部肿瘤或者腹内肿瘤；假如癌症转移到了体内的腺体，那么该药就很有效果。这种类型的癌症，更有可能是身体某个部位受伤后出现的。按照“顺势疗法时间进度6（a）”给药。

顺势药物“石松6c”：适用于肿瘤感染的是身体右侧、身体消瘦、往往还患有胀气症且早上情况比较严重的宠物。这种宠物可能会有泌尿系统病史，宠物所长的肿瘤里含有许多的血管。按照“顺势疗法时间进度6（a）”给药。

顺势药物“硝酸6c”：适用于身体受到感染的部位是口腔、肛门或骨头的宠物。这种宠物常常还会患有尖锐湿疣。宠物排完便后会感到疼痛，并且疼痛感会持续很久。按照“顺势疗法时间进度6（a）”给药。

顺势药物“磷6c”：适用于动不动就呕吐或者腹泻的宠物猫狗。通常来说，这种宠物容易兴奋，可能会害怕噪声（比如雷声），并且反应迅速。发展到了晚期的肿瘤容易出血，或者是癌细胞所在的位置（比如长在骨髓或者脾脏里）可能会出现血液感染的症状。按照“顺势疗法时间进度6（a）”给药。

顺势药物“商陆6c”：对乳腺癌和睾丸癌尤其有效，对脂肪瘤（脂肪组织里的肿瘤）也很有效。按照“顺势疗法时间进度6（a）”给药。

顺势药物“硅石6c”：适用于感染部位是脸、嘴唇或者骨头的硬质肿瘤。这种类型的肿瘤里往往会形成脓液。按照“顺势疗法时间进度6（a）”给药。

草药“白毛茛”（学名：Hydrastis canadensis）：通常都可以用于治疗各种癌症，尤其是在宠物还伴有体重下降时。另一种适应证则是肿瘤长在体表，像是一处大的肿疮或者溃疡。按照“草药疗法时间进度1”给药；只要看起来有效，给药时间可以尽可能延长。在长期使用此种草药时，您还应当在宠物食品中额外添加复合B族维生素，因为白毛茛常常会消耗宠物体内的这些维生素。

上面列举的这些药物都非常有效，不过，您也应当认识到，还有30多种顺势药物可能也适用于某些病症。假如用了这些药物中的一种后，您看到宠物的病情有所好转，那么只要看起来对症，您自然可以继续使用该药；不过，您最好是与一位兽医协作，由兽医来说明宠物对治疗的反应情况。

营养药物 “姜黄素”（姜黄末）：这种草药属于姜科植物，也是一种高效抗氧化剂，对许多具有过度发炎症状的病症都很有效。推荐剂量是：根据宠物狗的体重，每1千克体重使用大约33～44毫克的姜黄素；对于猫咪，则可以总共使用150～200毫克的姜黄素。更简单一点来说，就是按照宠物狗每4.5千克体重，每天使用1/8～1/4茶匙的姜黄素。[3]

犬瘟热与舞蹈病

我们会一并来考虑这两种病症，因为它们之间是相互关联的。舞蹈病（不由自主地抽搐或者肌肉痉挛），有可能是由犬瘟热导致的。我们不妨依次来讨论一下。

// 犬瘟热

犬瘟热在以前很常见，但如今，由于受到了疫苗接种的影响，犬瘟热的自然形式已经不太多见。在从业初期，我还会时不时地看到一个病例，并且经常会被人请去治疗一窝或者一群舞蹈病发作的宠物。

犬瘟热有几个发展阶段。在6～9天的潜伏期（人们通常都注意不到）后，狗狗就会患上短暂的初期发热和不适。过后，狗狗表面上会正常几天或者1周的时间，之后便会突然表现出犬瘟热的典型症状来：发烧、食欲不振和精力不足，或许还会流清鼻涕。过了一段很短的时间后，宠物的症状就会恶化；此时，宠物便会表现出一种或多种额外症状来：结膜炎（眼部炎症），眼屎浓稠，把眼睑都粘到一起了；鼻涕浓稠或者呈黄色；腹泻，并且排泄物的气味非常难闻；腹部或者后肢之间的部位出现皮疹。

在从业初期，我曾经采取正统的治疗方法，利用抗生素、流食和其他药物，治疗过许多患有犬瘟热的宠物；可是，我并没有看出，这些药物给患病宠物带来了多少好处。事实上，这种疗法有时

3 参见罗德尼・哈比布撰写的文章《狗用姜黄》，发表在《自然养狗》杂志上。

似乎还会增加宠物患上脑炎（或者脊椎一些较小的部位发炎）的可能性，这类病症通常是在宠物病情表面上有所改善或者表面上康复了之后出现的。患了脑炎的狗狗通常会接受安乐死，因为再治疗也几乎毫无用处了。我确信，使用常规药物增加了宠物患上脑炎的可能性，而自然的治疗方法却不会让宠物那么容易患上这种疾病。我已经亲眼目睹，用顺势疗法和营养疗法进行治疗后，许多患有犬瘟热的宠物都成功地恢复了健康。下文列出的种种建议，都是我从经验中总结出来的。

// 治疗方法

为了防止宠物出现像脑炎这样的并发症，狗狗处于犬瘟热急性发作期和正在发烧时，不要给它喂饲固态食物，这一点十分关键。狗狗正常的直肠体温是38～38.6℃。到了宠物诊所后，狗狗可能会因为兴奋，而使得直肠体温稍高一点。其间应当让狗狗禁食，只喂饲蔬菜汤和纯净水，并且至少要持续到狗狗体温恢复正常1天后。过后，如果再发烧，那就再让它禁食。由于发烧症状往往都是在夜间出现，因此您应当记录下宠物狗早晨和晚上的体温，以便更好地对狗狗的病情进行了解。

假如您想知道，狗狗在多长时间内不吃固态食物就会饿死，那么我可以告诉您，正常的健康宠物狗在好几个星期内不吃固态食物，也不会有任何问题。一只患上了犬瘟热的狗狗，禁食7天可能很有好处，只要它是一只体重正常、身体健康的成年宠物狗就行。然而，很少有狗狗需要禁食这么久的时间。您应当确保，宠物在任何时候都能够喝到新鲜的纯净水。

维生素C是一种重要的辅助剂。许多患有犬瘟热的宠物狗，在服用维生素C和禁食后都能康复，而且不会产生任何副作用（不过，在临床实践中我常常还会使用顺势疗法）。您可以按照下述方法来确定剂量：幼犬和小型犬，每2个小时给服250毫克；中型犬，每2个小时给服500毫克；大型或巨型犬，每3个小时给服1 000毫克。不要整晚不停地给药，因为休息对宠物的康复也很重要。一旦狗狗度过了急性发作期，退了烧，您就应当将两次给药的间隔时间翻倍。然后，继续给药，直到宠物彻底康复。

这种狗狗，可能需要您进行特殊的眼部护理，因为它的眼睑可能会出现严重的炎症。用生理盐水清洗宠物的眼部（请参阅第18章）。然后，往狗狗的眼睛里各滴入1滴“甜杏仁油”（简称为“杏仁油”）或者“橄榄油”，帮助宠物治愈炎症，并对宠物的眼睛加以保护。眼部出现溃疡时，使用这种油特别有效。

在犬瘟热的早期阶段，使用下述药物中的一种，应该会大有裨益。

顺势药物“犬瘟丹30c”：该药是利用患有犬瘟热的动物特别制备而成，是犬瘟热早期最有效的药物。我曾经看到，才使用了一两天，患病宠物就康复了。需要使用这种药物进行治疗的狗狗，都是刚刚患病，出现了感冒、发烧和流涕症状的宠物。早晚各给1丸，直到宠物病情出现明显好转，体温恢复正常为止。接下来，只有在狗狗的症状复发时，才能再次给药。

注意：有些药店可能只向兽医提供该药。您可以多到几家药店里去问问。

顺势药物“氯化钠30c”：用于治疗早期犬瘟热，适应证是宠物狗不停地打喷嚏。按照“顺势疗法时间进度2”给药。

顺势药物“白头翁30c”：适用于狗狗出现了结膜炎，眼屎浓稠、呈黄色或带有绿色的这个阶段。按照“顺势疗法时间进度2”给药。

顺势药物“砷酸30c”：适用于病情非常严重、体重迅速下降、食欲不振、身体虚弱、坐卧不安、经常口渴，眼睛中分泌出少量透明的眼屎，导致眼睑及其周围组织发炎的宠物狗。按照“顺势疗法时间进度2”给药。

假如这些药物都不起作用，那么在做得到的情况下，您应当去向一位采取顺势疗法的兽医咨询，因为还有其他许多的药物都值得一试。

// 晚期治疗

到了犬瘟热的晚期，狗狗通常会出现支气管炎和咳嗽症状。此时，您可以选择下述药物中的一种（旨在以防万一，适用于您没有较早对宠物狗进行治疗，或者说虽然进行了治疗，可狗狗的病情仍然日益严重了的情况）。

顺势药物“白毛茛6c”：适用于犬瘟热晚期，此时狗狗会流浓稠而呈黄色的鼻涕，或者是喉咙里面卡有浓痰。狗狗通常都会食欲不振、消瘦下去。按照“顺势疗法时间进度6（c）”给药。

顺势药物“补骨脂素30c”：这是一种极其有效的药物，适用于已经安然熬过了犬瘟热，却没能彻底康复的宠物狗。这种狗狗，通常都会食欲不佳、长有皮疹或者皮肤发炎，体味也很难闻。按照“顺势疗法时间进度4”给药。

// 康复阶段

如果进行恰当的治疗，犬瘟热就是一种不太严重的疾病，而您通常也会看到，几天到1个星期后，狗狗就会痊愈。而从具体的单一病例来看，狗狗起初的健康状况以及（患病幼犬）从母狗身上获得的免疫能力，似乎也是两个重要的因素，决定了这种疾病的严重程度。

假如狗狗痊愈得很困难、不彻底，或者痊愈后狗狗的身体变得虚弱起来，那么采取下述措施，可能就会有所益处。

您应当着重在用于喂饲宠物的健康饮食中使用燕麦，因为燕麦能够增强宠物的神经系统。给宠物狗服用B族维生素，也有好处（您可以使用天然的复合维生素B片剂，剂量为5～10毫克，每天1次，连续给服1周左右）。您也可以使用人用配方，只需相应地削减剂量就行。

至于身体因为患上犬瘟热而变得虚弱的宠物狗，您可以给它服用1剂“普通燕麦”（学名：Avena sativa）酊剂；这是一种很有好处的神经增强剂，在中药店、天然食品店或者顺势疗法药房里都有售。小型犬或幼犬每次给服2～4滴，中型犬每次给服4滴，而大型犬每次给服8至12滴，每天2次。

如果痊愈后，狗狗的消化系统变弱、腹泻未尽或者胸部出现并发症，那么您可以给它喂饲新鲜的、切碎的大蒜末（学名：Allium sativum），每天3次。至于剂量，小型犬或幼犬每次喂饲1小瓣大蒜的一半，中型犬每次喂饲1大瓣大蒜的一半，而大型犬每次可以喂饲1整瓣大蒜。可以将蒜末拌入宠物食品中，或者拌上蜂蜜和面粉，做成丸剂给宠物服用。

对于给狗狗喂饲大蒜，人们还存在一些争议，因为有些人声称，大蒜对狗狗有毒。我还从来没有看到过服食大蒜造成过任何问题，不过，如果您确实担心的话，可以不用大蒜。

// 舞蹈病

舞蹈病通常都是受到犬瘟热病毒感染后出现的后遗症；患上此种病症后，宠物身体某些部位（一般都是腿部、臀部或肩部）的肌肉，每隔几秒钟就会抽搐一下，有时甚至在睡梦中也是如此。这种病，是由于脊椎或大脑部分受损导致的。绝大多数患有舞蹈病的宠物，都被实施了安乐死，因为人们认为这种病症是无法治愈的。然而，尽管并不常见，偶尔也会出现宠物自行康复的情况。我认为，值得用替代疗法来试一试，因为替代疗法会提高宠物痊愈的概率。您可以使用下述几种药物。

顺势药物“马钱子30c”：用这种药物进行治疗后，您应当等待并观察1个星期。假如宠物没有好转的迹象，那就应当改用下一种药物，来进行治疗。

顺势药物“颠茄30c”：同样，给宠物服用1剂后，您应当观察和等待1个星期的时间。假如该药效果显著，却没有彻底治愈宠物的病症，那么您就可以使用下列药物。

顺势药物“碳酸钙 30c”：按照“顺势疗法时间进度4”给药。

顺势药物“硅石 30c”：如果上述药物全都无效，那么您就尤其应该用“硅石 30c”来试一试。给宠物服用1剂，然后等上几个星期的时间，以便充分发挥药效。

白内障

参见“眼部疾病”一节。

舞蹈病

参见“犬瘟热与舞蹈病”一节。

便 秘

如果宠物从饮食中摄入的纤维质不够或者锻炼不够的话，有时就会出现便秘。要是宠物想要排便时主人却不允许它们排便，那么，宠物可能就会养成憋着不排便的习惯。一只宠物狗，若是主人不允许它经常到室外去，或者一只宠物猫总是被关在家里，并且猫砂盆里总是脏得很，那么它们很可能也会形成憋着的习惯。在一些相对比较简单的情况下，下述疗法通常都足以改善它们的便秘情况。

// 治疗方法

给宠物喂饲一种含有新鲜蔬菜、因而含有充足纤维质的天然饮食。如果宠物的便便看上去很干，那么，您可以在宠物的每一顿食物里，添加1/2茶匙到1汤匙的麸皮（根据宠物的体重而定）。麸皮会让宠物的粪便里保留更多的水分。还有一种类似的疗法，就是在宠物的每一顿食物里，添加1/4至2茶匙的洋车前子粉。

许多猫咪都喜欢吃食物中添加的南瓜，这可以增加宠物排泄的粪便量，也能提高宠物粪便中的水分。

假如宠物拉出的粪便很硬，并且积便多却拉不出来，那么，您可以临时性地试一试石蜡油。根据宠物的体重，向宠物食品中添加1/2～2茶匙的石蜡油，每天1次，直到宠物排便为止；不过，这种疗法不能超过1周的时间。长时间使用石蜡油不可取，因为这种油会吸走宠物体内储存的维生素A，并且可能会让宠物产生依赖性，导致它必须使用石蜡油才能排便。虽然我们也可以使用像橄榄油这样的植物油，但石蜡油有一大好处，那就是它在经过宠物体内时不会被宠物消化吸收掉，而植物油通常都会被宠物吸收进体内，永远也到达不了宠物的直肠。

应当让宠物有充足的排便机会。您应当确保猫咪有一个干净的、可以用于排便的猫砂盒。我曾经看到一种建议：为家里的每只猫都配备一个猫砂盒，并且还要额外多放一个。应当让狗狗每天都到室外去遛上几次，确保它得到充足的锻炼。这一点非常重要，因为锻炼能够促进肠道器官的运动，增加全身的血液循环量，并且常常能够将怠惰的新陈代谢过程刺激得活跃起来。长距离散步、跑步或者玩叼东西的游戏，都是相当不错的锻炼。至于猫咪，您可以试一试那些含有抓扑运动的游戏，比如“线拽东西”。

// 宠物狗的治疗

如果您的狗狗出现了便秘问题，那么除了刚刚给出的那些建议，您还可以试一试下述药物中的一种。应当挑选一种与狗狗的症状最相匹配的药物。

顺势药物“马钱子6c”：这是一种很有效果的药物，可以治疗因为所吃食物质量低劣、吃了太多骨头，或者因情绪上的不安（比如泄气、悲伤及对主人责骂产生了反应）而导致的便秘。它最适合那种反复使劲却排不出便便，因而表现得烦躁易怒、显得疼痛、喜欢躲起来或者独自待着的狗狗。按照“顺势疗法时间进度6（a）”给药。

顺势药物“硅石6c”：硅石最适用于那种患有便秘、直肠功能似乎非常衰弱的宠物狗。由于直肠功能衰弱，因此一部分粪便尽管原本已经从肛门中排了出来，但又会重新滑回去。该药也适用于那种无法完整排便的狗狗以及营养不良的宠物。按照“顺势疗法时间进度6（a）”给药。

顺势药物“氯化钠6c”：如果狗狗的便秘现象持久不去，可它却没有想要排便的意愿，那么该药就很有效果。按照“顺势疗法时间进度6（a）”给药。

顺势药物“硫6c”：适用于那种容易反复出现便秘，但有时在晚上或者清晨会出现排便意向的狗狗。这种宠物狗的粪便往往都很硬，狗狗经常想要排便却排不出来。狗狗的肛门周围，可能会出现红肿。按照“顺势疗法时间进度6（a）”给药。

顺势药物“碳酸钙30c”：适用于粪便排不出来，必须用工具才能掏出，或者必须使用灌肠剂才能排便的狗狗。有时，这种狗狗身上还会出现便秘与不由自主地排出软便相交替的症状。按照“顺势疗法时间进度4”给药。

假如宠物狗的直肠功能衰退，那么您还应当考虑铅中毒的可能性。铅中毒的症状，包括长期便秘、使劲也拉不出来、粪便黏稠散乱而不硬等。就算粪便很软，由于直肠肌肉无力，因此排便也是很困难的。如果宠物的便秘症状反复发作，那么您更应当考虑到铅中毒的可能性；即便狗狗表现出

来的症状不同于上述各项，也该如此。如果您怀疑问题正是铝中毒引起的，那就不要再用铝制锅碗烹制或者盛放宠物所吃的食物了，不要购买用铝罐装着的狗粮。而且，不要给宠物狗喂食经过加工的奶酪（因为其中可能含有作为乳化剂的磷酸钠铝）、精制食盐（因为其中常常都含有为了防止结块而添加的硅铝酸钠或者硅酸铝钙）、精白面粉（因为其中可能含有一种起漂白作用的铝盐，即钾矾），也不要让宠物狗喝自来水（其中可能含有硫酸铝这种用于去除水中杂质的沉淀剂）。

您得明白，并非所有宠物都会受到铝的不利影响；然而，个别宠物对铝却非常敏感。

// 宠物猫的治疗

对于出现便秘的猫咪，您可以利用上文中所述的基本疗法。除此之外，您还应当从下面的药物中，选择出最适合猫咪症状的一种来进行治疗。

顺势药物“马钱子6c”：适用于那种使劲却排不出便便来，或者只排出了少量粪便，症状并没有得到缓和的猫咪。这种宠物猫，可能会表现得烦躁易怒，独自躲在另一个房间里不出来，或者不让您去抚触它。便秘可能是由情绪不安、紧张，或者吃了太多丰盛的食物导致的。这种猫咪，可能会有恶心和呕吐的病史。按照“顺势疗法时间进度6（a）”给药。

顺势药物“碳酸钙30c”：适用于猫类的更加严重而持久的便秘，人们通常称之为“顽固性便秘”。有一些猫咪始终都无法充分排便，要每隔两三天才会稍微排便。按照“顺势疗法时间进度4”给药。不要重复给药。

顺势药物“磷30c”：适用于每隔2个星期就出现一次的周期性便秘；这种猫咪的粪便呈细长条形，而不是正常的形状。按照“顺势疗法时间进度4”给药。

顺势药物“石松30c”：与前面的“碳酸钙”一样，该药适用于非常严重且持久不愈的便秘。通常来说，这种猫咪会感受到排便的冲动，仿佛肚子绞痛似的突然弓起身子，然后经过多次尝试，却排不出来。猫咪会变得过于敏感，不让人去触摸或者抚弄。这种情况，可能还伴有食欲大增、体重却仍会下降等症状。按照“顺势疗法时间进度4”给药。

草药“普通大蒜”（学名：Allium sativum）：对于那种胃口很好、喜欢吃很多肉食且容易便秘的宠物猫，您可以在每天喂食时添加半瓣刚刚切碎的新鲜大蒜。许多宠物猫都很喜欢这种味道。

草药“橄榄油”（学名：Olea europaea）：这种油可以增强宠物肠道的功能，刺激胆汁的流动和肠道肌肉的收缩。过量的油脂也会对粪团产生润滑作用，并且舒缓肠道和直肠内壁的黏膜层。您可以将它拌到猫食中，每天喂饲1/2～1茶匙，直到猫咪能够有规律地排便为止（您也可以每周喂1次，把它当成一种滋补品，也可防止猫咪身上的毛起球）。

注意：您还应当像上文中讨论宠物狗的治疗时所说的那样，考虑到猫咪对铝过敏这种可能性。

角膜溃疡

参见“眼部疾病”一节。

库欣病

库欣病属于一种肾上腺功能紊乱症，与艾迪生病很相似。患有艾迪生病时，肾上腺是没有分泌出充足的激素；可患有库欣病时，情况却正好相反，即肾上腺分泌出了**过量的**皮质类固醇（其中主要是皮质醇）。当然，我们希望的是“不多不少、刚好合适”的情况；因此，这种过量分泌就有可能变成一个真正棘手的问题。

为什么会这样呢？虽说人们实际上还没有充分了解其中的原因，但我们的确知道，许多宠物猫狗之所以会患上库欣病，都是因为它们的脑下垂体（这是大脑里面一种分泌激素的“主腺”）刺激肾上腺过量分泌。约有85%～90%的库欣病病例，都属于这种情况。大脑反过来又会对脑下垂体产生影响，从而使得情况进一步复杂化了；因此，完全有可能出现宠物由于心理或生理压力导致而出现大量问题的现象。您的宠物患上这种症状，有可能正是脑下垂体功能紊乱（从而使得肾上腺功能出现紊乱）这个问题导致的。

剩下那10%～15%的病例，则是由于肾上腺内部长了肿瘤，导致肾上腺过量分泌激素。这种类型的肿瘤，通常都是良性的。

这种情况，会导致什么样的结果呢？最常见的症状是宠物过量饮水和排尿（在患病的数周或数个月前就会出现）；腹部变大，这是由于肌肉松弛、腹部脂肪过多以及肝脏肿大造成的；体毛脱落（身体两侧的情况都一样），很容易掉毛。后面这种症状，还伴有宠物的皮肤（最常见的是腹部两侧的皮肤）日益变薄、颜色变成深褐色或者黑色的现象。宠物可能也会出现许多其他变化，比如生殖周期改变、糖尿病症状、体重过度增加即肥胖等。这是一种非常复杂的病症，与其他许多疾病的症状都相似，因此我们需要具有相当老练的本领，才能判断出宠物患上的是库欣病。

还有一个更加复杂的情况，那就是：库欣病可能与其他一些慢性疾病同时发作，看上去几乎就像是宠物的健康每况愈下、进一步恶化了似的。例如，您的宠物狗可能已经患上了多年的皮肤过敏症、由髋关节发育不良导致的关节炎或者十字韧带断裂症（膝关节老化），而如今突然又患上了库欣

病。在我看来，这种现象，其实就是身体控制炎症和修复组织的本领（肾上腺与此密切相关）出现了根本性的衰退。

辨识出这个问题并对其进行治疗，只有兽医才做得到。兽医可以对宠物进行各种各样的血液检测，既可以检测出宠物血液中的激素水平，又可以检测出宠物肾上腺的功能。多年来，我已经治疗过许多患有此种病症的宠物；常规的治疗手段就是实施手术和给宠物用药，但我还是更喜欢利用顺势疗法与营养疗法，把它们当成治疗的第一选择。

由于患病宠物身上可能存在多种问题，因此治疗方法也是很具有个性化的。我建议您与一位接受过顺势疗法培训的兽医协作，因为兽医能够制订一个治疗计划，逐一解决掉宠物身上的所有问题。您可能也料想得到，良好的营养与减少宠物的压力，也是两种必要的辅助手段。

// 治疗方法

在我见到过的病例中，似乎并没有一种明确的症状模式，因此我很难给大家提出什么具体的建议来。事实上，这种疾病的治疗方法必须个性化，必须以宠物的详细病史和目前的症状为依据。下面就是我经常用到的一种药物（不过，您可以用到的药物还有很多）。

顺势药物 “碳酸钙30c”：许多宠物狗都会对该药做出有利的反应。您值得一试。按照“顺势疗法时间进度4”给药。

膀胱炎

参见“膀胱疾病”一节。

毛囊虫兽疥癣

参见“皮肤寄生虫”一节。

牙齿问题

对动物来说，口腔及其相关组织极其重要，因为动物不但要用口腔来进食，而且还要用口腔来给自己进行梳理、摆弄东西。身体的这一部位具有许多的神经，供血量也很大，从而使得牙科疾病要比您预想得严重得多。口腔疼痛，可能会让宠物的进食量不足，或者使得宠物无法恰当地梳理自己的皮毛。

最常见的牙齿问题有4种：导致牙齿或牙龈受损的意外事故；先天疾病或发育不全；牙周病（牙结石或相关的齿龈病）；龋齿。下面，我们就依次来看一看这几个方面。

// 意外事故

要是被汽车撞到了，那么宠物的牙齿断裂或者脱落，这种现象并不罕见。在绝大多数情况下，最初的炎症消退后，宠物并不会感到有什么真正的不适。通常来说，断牙可能会留在原处（假如断牙仍然牢固在留在牙床里的话），至少要等到合适的时机，比如宠物需要接受麻醉再动一次手术时才能去除。然而，有时，宠物的牙根也会出现脓肿，必须拔掉断牙才行。

至于牙周受伤，有一种能够迅速止血并促使伤口快速愈合的治疗方法。

> **草药**“金盏花酊剂”（学名：Calendula officinalis）：用棉签蘸着这种酊剂，直接抹在出血的牙龈上，或者用10倍的水将酊剂稀释，然后把稀释后的溶液当成漱口水，利用注射器或“火鸡滴油管”对宠物牙周进行冲洗。

对于因受伤而导致的口腔疼痛，也有一种很不错的治疗方法。

> **顺势药物**“山金车30c”。到了第二天，再给宠物服用顺势药物“金丝桃30c”。按照“顺势疗法时间进度2”给药。

// 先天疾病或发育不全

这种问题在某些品种的宠物狗身上非常普遍，以至于这种狗狗好像生来如此似的。相比而言，猫咪身上很少出现先天性的口腔问题，原因可能是它们被人为育种改变的程度没有那么严重吧！

有些宠物狗（尤其是超小型犬）的牙齿太过密集，并且常常还会相互重叠。有时，宠物的颌部要么太长，要么太短。而命运最惨的是像斗牛犬和波士顿牛头㹴这样的品种，它们的颌部都很短，牙齿全都挤在一块儿，有的斜着长，完全都错位了。它们的确满嘴都是问题。

对于这种情况，您该怎么办呢？我建议，您可以在宠物狗一些恒牙生长时将它们拔除，如果狗狗年纪尚小，那就更加合适。如果不加处理，那些拥挤不堪和错了位的牙齿，可能就会导致宠物出现牙周疾病和牙齿松动的症状。

有些狗狗的牙齿相对比较整齐，不那么拥挤，只是上下颌部长短不一。结果，宠物的牙齿就无法正常啮合；这种情况，非但会导致宠物觉得不适，而且还会让宠物的牙齿和牙龈过早地退化。假如宠物上下颌之间的长度相差0.6厘米以下，那么在长出恒牙前拔掉一些非恒牙（乳牙），可能会让

宠物的牙齿恢复整齐。不过，假如上下颌之间在长度上相差较大，那我们就采取不了什么预防措施了。最有可能让宠物恢复正常口腔结构的治疗方法，就是给宠物服用以下药物。

顺势药物“碳酸钙30c”：适用于牙齿生长似乎延迟或者不全的宠物。在一些宠物身上，用了该药后，您会看到它们的牙齿还会继续发育。按照“顺势疗法时间进度5”给药。

还有一些结构性的问题，包括：赘生牙（多余的牙齿），它们应当拔掉，以防止食物和食物残渣在宠物的口腔中聚积；乳牙不掉，会迫使恒牙朝着旁边生长，或者长在乳牙的前面（从而留下食物残渣，或许还会让宠物下颌的结构变形）。您应当请兽医帮宠物把这些牙齿拔掉。

// 牙周病

这是最常见的一种齿周疾病。患有此种疾病的宠物，牙龈容易发炎、红肿，使得唾液发生改变，导致钙盐、食物、毛发和细菌等有害物质在宠物的牙齿上聚积起来。这些沉积下来的东西，会对宠物的牙龈产生压力，造成牙龈发炎、肿胀、脱落和萎缩。这样一来，牙龈和牙齿之间就会形成空隙，从而留下更多的食物残渣，使得这种疾病变得更加糟糕。最终，这一过程会造成宠物的牙齿松动、脱落。由此导致的一种严重并发症，就是形成囊肿，对齿根造成破坏。

对于宠物狗，您可以检查一下它们的臼齿，看牙齿上面有没有褐色的积垢，尤其是要看牙齿根部有没有这种积垢。至于猫咪，此种疾病有一种早期的症状，那就是沿着齿线（牙齿与牙龈相接的地方）会出现一条红色的线状。随着时间的推移，这条红线还会扩展，牙龈变红的范围会越来越大。您还可以看到，宠物在进食时会掉渣，或者咀嚼时会把头偏到一边，只用一侧的牙齿去咀嚼食物。

营养对治疗此种疾病很重要，这一点显而易见，不过，您还须注意一个非常重要的因素，尤其是对猫咪而言，那就是因为吃鱼而导致的汞中毒。许多猫粮（以及一些狗粮）中都含有鱼肉（或者鱼粉），而鱼类身上的汞含量极高。汞中毒的一个主要症状，就是口腔和牙周发炎，以及牙齿松动和龋齿。我刚刚开始从业时（1965年），猫咪患上牙科疾病的情况还是相当罕见的，它们甚至都很少需要洗牙。如今，绝大多数猫咪都会出现牙周疾病了。我认为，在很大程度上，这就像是一种不祥之兆，说明我们的环境中已经聚积了太多的汞。

常用的治疗方法，就是给宠物注射麻醉剂，然后给宠物洗牙和拔牙，这种疗法在一段时间里是有效的。信不信由您，我可真的听说过，有些兽医竟然建议顾客把猫咪的牙齿**全都**拔掉，来预防这种疾病呢!

改善宠物所吃的食物其实要好得多。若是没有摄入充足的营养，牙龈就无法自行修复，就无法保持必要的弹性。您应当主要用一些富含烟酸、叶酸和矿物质的蔬菜去喂饲宠物，比如绿叶蔬菜、西蓝花、芦笋、青豆、土豆和莴苣。还有一种摄入叶酸的极佳食物源，那就是普通的花生（您可以用新鲜的花生酱来喂饲宠物；当然，您应该用有机的花生酱）。

此外，您还应当给宠物喂饲可以被它们当成天然“牙刷”的东西，比如骨头，或者像胡萝卜（宠物狗用）、黄瓜（宠物猫用）这样的硬质新鲜蔬菜。每周至少应当喂饲1次，喂一顿骨头或者蔬菜给宠物吃。假如您打算喂骨头的话，那就还要确保，所用的骨头新鲜并源于有机喂养的牲畜。不要喂饲煮熟的骨头（因为这种骨头会碎裂），也不要喂饲小而易碎的鸡骨头和火鸡骨头。这些骨头都很危险。冷冻然后解冻的骨头，也松脆易碎。

至于宠物狗，在最初几个星期里您应当限制狗狗咀嚼骨头的时间，每天只能让它咀嚼30分钟；您还须留意，确保狗狗不会把大骨头吞下去。

同样，您也可以给猫咪喂饲小块生骨，不过，它们不会真正形成啃咬骨头的习惯，除非在它们很小时您就开始喂饲骨头。较易让猫咪接受的做法，就是每周都用野鸡的一部分生喂一次，而不要有规律地每一顿都喂。然而，由于丧失了天生的本能，许多成年猫咪连这个也适应不了呢！

宠物在兽医诊所治疗过牙病后，您可以采取许多的后续护理措施，促进宠物迅速痊愈。此时，宠物的牙龈会疼得厉害，并且发炎红肿。某些草药极具缓解作用。从下述各种草药中，选择看似最为适用的一种（或者，要是适用的话，您也可以结合使用白毛茛和没药，且每一种的剂量都是1/2茶匙）。

草药“紫松果菊”（学名：Echinacea angustifolia）：这种草药，适用于牙齿受到感染、身体消瘦和虚弱的宠物。将1茶匙味道新鲜的紫松果菊根茎放入1杯水中，煮沸10分钟。盖上盖子，关火，浸泡1个小时。过滤，然后用棉签直接将这种汤剂抹到宠物的牙龈上，或者将其当成漱口水给宠物使用。这种药剂会促进宠物的唾液分泌，因此，如果宠物开始流口水，您不必担心。

草药“白毛茛”（学名：Hydrastis canadensis）：这种草药具有抗菌作用，对新的牙龈组织生长很有好处。将1茶匙白毛茛根茎的粉剂泡入0.5升的开水中，然后放凉。把透明的汤剂倒出来，用于冲洗宠物的口腔和牙龈。

草药“没药”（学名：Commiphora myrrha）：没药适用于牙齿松动的宠物。将1茶匙没药树脂放入0.5升的沸水中，浸泡几分钟。过滤后，将浸提剂涂抹在宠物的牙龈上，也可以用注射器或者“火鸡滴油管”，冲洗宠物的牙龈。

草药“车前草”（学名：Plantago major）：假如宠物的病情不是那么严重，不需进行大范围的清洗，您只是看到宠物牙齿上有积垢、牙龈发了炎的话，那么使用这种草药效果就会很好。将1杯水烧开。关火后，加入1汤匙车前草叶。浸泡5分钟。过滤，把汤剂当成漱口水，给宠物使用。

使用草药时的通用原则是： 不管您挑选的是哪种草药，都要每天使用2次，并且持续用药10至14天。或者，您可以早上使用草药，晚上则给宠物使用维生素E（应当用刚从胶囊里倒出来的），用手指将其涂到宠物的牙龈上即可（这种疗法，具有很强的缓解作用）。

可以代替草药的顺势疗法如下。

顺势疗法： 给宠物服用1剂“活性汞或汞稀释液30c”，然后到1个月后再给服1剂“硫30c”；这种疗法，一般会对宠物猫狗起到同样的作用，会改善宠物口腔的健康状况。

// 龋齿

龋齿最常发于牙齿根部，或者多发于牙龈边缘。一旦出现了这种症状，我们几乎就没有什么办法再将其逆转了，此时，宠物通常都必须拔除牙齿。然而，我偶尔也见到，在饮食方面得到了改善的一些宠物身上，会出现龋齿停止发展、不再进一步恶化的现象。采取预防措施必不可少，因此本书在营养方面提出的建议，都是极其重要的。

顺势药物 “北美香柏30c”：每月给宠物服用该药1次，持续3个月，可以逆转宠物的龋齿，或者起码也能阻止牙龈边缘的龋齿继续发展下去。

// 拔牙后的治疗

动过牙科手术后，有一种非常不错的治疗方案（不要在手术前使用，因为这样做会增加麻醉药的用量），那就是：从兽医诊所接回宠物猫狗后（或者是到家后），就给宠物服用“山金车30c”。该药会缓解牙龈疼痛和肿胀的症状，并且减轻拔牙之处的疼痛感。第二天，给宠物服用“金丝桃30c”一次，它可以消除残留的疼痛感，尤其是可以消除拔牙后的疼痛。

还有一点：如果您打算领养一只新的宠物，那就要挑选牙齿和颌部形状正常的宠物（母猫母狗的牙齿和颌部形状也应当正常才是）。请参阅第9章，了解挑选健康宠物方面的知识。

皮　炎

参见“皮肤疾病”一节。

糖尿病

猫咪和狗狗都会患上糖尿病；而且，这些动物患上的糖尿病，其症状在绝大多数方面也跟人类所患的糖尿病很相似。狗狗多会患上Ⅰ型糖尿病（幼年与胰岛素依赖型），而猫咪主要（超过了2/3）

是患有Ⅱ型糖尿病（非胰岛素依赖型）。[4]由于糖尿病类型之间存在这种差异，因此我们对每种宠物的营养建议也会不同。请参阅第6章宠物猫狗食物配方表中的“今日食谱”，看一看第二行里的代码D。这种代码，为您指出了我们认为对这种疾病最有益的食物配方。

首先，让我们来考虑一下，可能导致宠物身上出现糖尿病的原因都有哪些。导致宠物患上糖尿病的可能有诸多因素，而不是只有一种。在人类身上，糖尿病与肥胖症有关，尽管不一定是肥胖本身导致人们患上了糖尿病，但肥胖症可能是健康问题本身的另一种表达形式。

我认为，有一个非常重要的因素，可能也在猫狗所患的糖尿病中发挥了作用，那就是体内聚积了环境中的有毒物质。例如，有一项在1999—2002年对2 000多人进行的研究，集中研究了6种最普遍的污染物质；而在80%以上参与研究的受试者身上，都检测出了这些污染物。[5]研究人员发现，组织器官中这些有毒物质的含量与糖尿病的发病率之间，存在着一种很强的相关性：有毒物质的含量越高，受试者患上糖尿病的可能性也就越大，并且高达常见发病率的38倍。由于这些有毒物质年复一年地聚积起来，体内毒素的含量随着时间的推移而越来越高，因此老年人更易患上糖尿病，这一点就不足为怪了。这种情况，与临床观测中年龄较小的宠物不常患上糖尿病，可年龄较大的宠物却经常患有这种疾病的现象，无疑是一致的（都是因为有毒物质会逐渐聚积起来）。这种情况，与糖尿病患者的数量在所有宠物中正稳步增加的现象，也保持着一致。在过去的30年里，宠物狗的糖尿病发病率已经翻了3倍。

导致宠物患上糖尿病的还有一个可能的原因，或许就是宠物患上了免疫系统疾病。人们已经断定，人类身上的糖尿病可能属于一种免疫疾病，即身体对生成胰岛素的胰脏细胞发动了攻击。可能也是同样的一种过程，破坏了宠物（尤其是狗狗）体内制造胰岛素的这种本领。我们在宠物身上看到的免疫疾病，绝大多数都会因为疫苗接种而变得更加严重，或者可能是宠物接种疫苗后出现的；因此，我们应当认识到这种关联性并且小心行事，在宠物患有免疫疾病时不要给它接种疫苗（请参见第16章关于疫苗接种问题的论述）。

// 犬类糖尿病

宠物狗患上的那种糖尿病，称为Ⅰ型，是体内失去了能够产生胰岛素的胰脏细胞而导致的糖尿病。随着这些细胞丧失殆尽，宠物血液中的胰岛素就会越来越少。胰岛素是用来干什么的呢？胰岛

4 参见泽布拉 · L．佐兰的论文《食肉动物与猫类营养的关系》，发表于《美国兽医协会杂志》第 221 期(11)(2002 年 12 月)。

5 参见李德熙、李仁圭等人撰写的论文《血清中持久有机污染物的浓度与糖尿病之间的强烈剂量反应》，根据“全国健康与体检调查(1999-2002)”的研究结果撰写，发表于《糖尿病护理》第 29 期(2006 年)，第 1638～1644 页。

素的功能，就是协助将血糖转移到细胞中，然后转化成能量。由于身体消耗的能量几乎全都来自血糖，因此胰岛素的作用极其重要。说来奇怪的是，此时体内可能有充足的血糖在循环，实际上血糖还供过于求，它们却到不了需要血糖的组织器官里面。这样一来，多余的血糖（葡萄糖）最终就会进入尿液中。这种神奇的营养成分，完全就是白白地撒到了地上。

您可以看出，这种宠物狗将会经历一种能量不足的状况。虽说吃得不少，可它们还是越来越瘦，而体质也会日益虚弱下去。宠物尿液中始终存在糖分，也会导致其体液流失。这是因为，糖分必须溶解于水中，才能被排泄出去；所以，宠物体内的水分会随着糖分排出体外。结果，狗狗便会变得异常口渴，并且排尿量巨大。

在此，我们只是简单地描述了一下整体情况，因为显而易见的是，这种疾病并非只是缺乏胰岛素那样简单。即便是通过注射胰岛素，小心地满足身体对这种激素的需求，狗狗的病情不断变化、身体不断衰弱的情况，也仍然有可能继续下去。有时会出现胰腺炎反复发作、眼睛白内障，以及更加容易感染疾病（尤其是感染尿道疾病）等情况。

// 猫类糖尿病

猫类通常患上的是另一种称为Ⅱ型的糖尿病，这也是人类身上最常见的一种糖尿病。这一类型的不同之处在于，胰脏内能够产生胰岛素的细胞仍然存在，并且仍在发挥功能，但胰岛素（经由血液）进入的那些体内细胞，却没有对胰岛素产生正确的反应。在前文描述犬类糖尿病时，我们曾经解释过，血糖需要胰岛素的参与才能进入细胞中；可患有糖尿病的狗狗，体内的胰岛素却大为减少了。相反，患有糖尿病的猫咪体内生成的胰岛素不少，甚至高于正常水平，可身体细胞却没有对胰岛素做出正确的反应，没有把血糖吸收进去。猫类糖尿病为什么会是这种类型，我们还不得而知；但对此类糖尿病进行的研究已经表明，这种代谢改变（称为“胰岛素阻抗”）正是急性疾病期间一种正常代谢模式的组成部分。显然，做出这种调整，是身体在严重感染期间，为了维持大脑活动所必需的葡萄糖水平而采取的一种措施。当然，这一点并没有说明糖尿病在猫类（或者人类）身上会呈慢性的原因；但它的确表明，身体正在做出与患上急性疾病时相同的生理反应。

Ⅱ型糖尿病的发病率，在人类中一直都在稳步增长，从1985年的大约三千万例，增长到了2013年的大约三亿六千八百万例。这段时间太短了，因此导致发病率增加的原因，不可能是遗传因素；而且，正如前文已经说明的那样，这种增长似乎与环境中有毒物质的聚积有关，尤其是与多氯联苯及二噁英的聚积有关。[6]

// 犬类糖尿病的治疗

推荐的疗法，就是给宠物狗喂饲一种纤维质和复合碳水化合物（商业配方）含量高的饮食，同时每天还要给宠物狗注射胰岛素（源于其他动物的胰腺）。因此，用下述食物配方来喂饲狗狗，效果最佳：皮特凯恩马里布特色菜、狗用肉菜饭、煮锅晚餐、美味炖汤及炖扁豆。

传统的建议，是每天在宠物狗注射了胰岛素差不多12小时后，给狗狗喂饲1顿罐装狗粮（因为此时胰岛素的活性最高）。然而，我曾经治疗过的许多患病狗狗，一天进食2顿或3顿，而不是进食1顿大餐，也没有什么问题。它们对胰岛素的需求量似乎已经平稳下来，而不会无规律地起起伏伏、每天都不同。您可能需要进行实验，才能找出最适合狗狗的喂饲频率；并且，您还得把兽医给出的建议一并考虑进去。

尤其是，不能给狗狗喂饲用玻璃纸袋包装且不需要冷藏的软湿狗粮。这些产品中，用作防腐剂的糖分含量都相当高，且其中还含有人工色素以及其他的防腐剂。您必须用谷物、豆类和蔬菜中的那种**复合**碳水化合物来喂饲宠物。

某些食物特别有益，因此在选择狗粮时应当重视这些食物，尤其是小米、大米、燕麦、玉米粉和黑麦面包。上好的蔬菜，则有青豆（其豆荚中含有某些激素物质，它们与胰岛素紧密相关）、笋瓜、蒲公英嫩叶、苜蓿芽、玉米、香芹、洋葱和洋姜。

还有一种很有益处的营养补充剂是**葡萄糖耐受因子**。它是酵母中一种天然的含铬物质，能协助身体更加有效地利用血糖。我一向都建议顾客用天然食品加上这种补充剂去喂饲狗狗。可以在每次喂饲时，添加1～3茶匙的**啤酒酵母**或者**营养酵母**，补充随着尿液排泄掉了的B族维生素。

应当确保宠物获得充足的锻炼，因为锻炼具有降低身体对胰岛素的需要量的作用。不过，没有规律的锻炼，却有可能让身体对胰岛素的需求变得不稳定，因此您最好是为宠物制订一种定期的持久锻炼方案。让宠物保持正常的体重，这一点也很重要。身体过胖的宠物如果患上了这种疾病，可要遭罪得多了。

// 猫类糖尿病的治疗

由于猫类患上的是另一种类型的糖尿病（Ⅱ型），因此对蛋白质和脂肪含量高、碳水化合物含量

---

6 参见王淑丽、蔡佩倩等人的论文《糖尿病风险增加与多氯联苯和二噁英的关系》。这是根据一项对“油症组”进行了为期 24 年的跟踪研究撰写的，发表于《糖尿病护理》第 31 期(2008 年)，第 1574～1579 页。

低（只占食物配方的10%～20%）的饮食，它们的反应最好。人们曾经以为，给猫咪喂饲一种碳水化合物含量高的饮食（绝大部分都是商业性猫粮），就会让猫咪很容易患上这种疾病；可研究表明，情况却并非如此。[7]然而，一旦猫咪患上了这种疾病，按照前文所述的方法改变猫咪的饮食，却有助于缓解症状，有时甚至还会根治宠物患上的糖尿病呢。[8]

您可以根据本书提供的食物配方，用碳水化合物含量低的食物去喂饲猫咪，并且可以循环利用下述4种食物配方：幼猫蛋卷、野生豆腐（用1/8茶匙的食盐取代其中的酱油，同时将所用的酵母减至$1\frac{1}{2}$汤匙或者更少）、海味豆腐，以及“宠物猫日”所用的肉食晚餐。在每一种食物配方中，您都只能使用低热量的蔬菜（芦笋、绿叶蔬菜或莴苣、黄瓜），而不能使用淀粉质蔬菜，比如笋瓜或者土豆。至于肉类，用像火鸡肉、鹿肉这样的瘦肉更为可取。

只需改变饮食，尤其是在发病早期改变饮食，就有可能治愈宠物患上的糖尿病。不过，有时我们必须（长期）使用某种形式的胰岛素，才能帮助宠物改变这种局面。我们必须确定用药的时间进度与使用的剂量，因此在这个方面您必须与兽医进行协作才行。

与我们在治疗犬类糖尿病方面提出的建议一样，给猫咪喂饲**葡萄糖耐受因子**这种营养补充剂，可能也很有效果。猫咪通常都很喜欢吃啤酒酵母或者营养酵母，因此用酵母去喂饲猫咪，是一件很容易的事情。每次喂饲时，您都可以将约1茶匙的酵母撒在猫食上，但不要把酵母拌入猫食中。

// 用顺势疗法治疗糖尿病

我发现，利用顺势疗法结合营养方面做出的上述改变，效果非常好。一些宠物患有不太严重的糖尿病已久，经过这种治疗后它们可能会恢复正常，并且不再需要注射胰岛素。对于那些已经注射胰岛素多年了的宠物，这种疗法或许也有效果，不过它们的病症可能不会因此而得到彻底的根治。

顺势药物“北美香柏30c”：首次确诊宠物患有糖尿病后，就可以给服1次。按照“顺势疗法时间进度4”给药。假如过了1个月后，宠物身上的糖尿病仍然存在，您就可以试一试我接下来推荐的那些疗法。假如问题解决了，那就不需要进一步使用顺势疗法。

顺势药物“氯化钠6c”：适用该药的宠物，会患有食欲问题（通常都是食欲过旺），以及体重显著下降等症状。这种宠物很容易产生焦躁和恐惧心理，并且尿液中可以检测出糖分。它们都不能忍受炎热。按照“顺势疗法时间进度6（b）”给药。

---

7 参见多蒂·P. 拉弗兰梅撰写的《猫和碳水化合物：对健康和疾病的影响》一文，见于Vetlearn.com网站的“纲要：兽医继续教育”。

8 参见佐兰的论文《食肉动物与猫类营养的关系》。

顺势药物“磷6c”：适用于身体一直消瘦、性格外向、喜欢主人关注，胃口很大却很容易呕吐，并且消渴、需要喝冷水才能止渴的宠物。它们通常都有胰腺炎（即胰腺发炎）的病史。按照“顺势疗法时间进度6（b）”给药。

顺势药物“磷酸6c”：这种药在其他药物都没有效果时很有用处。它虽然说可能不会彻底治愈糖尿病，但通常会缓解宠物的症状，使得病情比较容易控制。开始时，按照“顺势疗法时间进度6（a）”给药；假如在给药那1个星期左右的时间内产生了作用，那么将来您就可以按照需要时不时地使用该药。例如，可以每隔三四天就给宠物服用1剂。

腹泻与痢疾

腹泻虽然很常见，却不是很具特异性。许多因素都可以导致宠物腹泻，而临床症状却很相似（即频繁地排出稀软或呈液态的大便）；这些因素，包括肠道寄生虫、细菌、病毒、腐坏变质或有毒的食物、食物过敏（请参见“过敏症”一节）、骨折，或者像毛发、织物、塑料之类无法消化的东西。

近年来，宠物患上腹泻和胃肠不适的现象，正在变得日益常见起来，而且还出现了许多的证据，说明一些问题对肠道内重要的微生物产生了影响。这些微生物既有助于消化，又有助于分解食物，甚至会产生出有益的营养成分来。在正常情况下，这些微生物都与肠道内壁及其各种功能和谐而平衡地共存着。不过，要是各种微生物都发生了改变、死亡，或者数量减少了的话，其他一些微生物就会乘虚而入，就有可能导致问题。那样一来，就有可能导致宠物患上“肠漏症”；也就是说，宠物的肠道内壁会变得易被穿透，一些原本不该穿过的物质，比如没有充分分解的蛋白质与糖，就会穿过去。反过来，这种情况又会导致肠道不适；于是，肠道就会通过呕吐或者腹泻，试图修复这种不适。

人们对动物进行的一些研究表明，食用转基因和打过农药的食物，对造成肠道疾病可能会有一定的影响。令人惊讶的是，一些通常情况下很乐意食用谷类的禽畜，比如牛、猪和鸡，要是可以选择的话，都完全不会去吃转基因谷物。有一项研究，曾对用转基因玉米饲养的猪进行尸体解剖。研究结果表明，与那些用非转基因玉米饲养的猪相比，前者患上胃炎的概率要高得多。美国商店里出售的含玉米产品中，差不多97%的产品都含有转基因玉米，因此，您完全可以肯定，含有玉米和大豆、油菜及其衍生物的宠物食品，情况也是如此。

身体对肠道不适的主要反应，就是提高肠道收缩（称为蠕动）的频率，以便清理整个肠道系统。由于肠道中的东西运动得更加迅速，因此结肠吸收的水分不会像平时那样多。于是，大便就会变得清稀了。

由于发炎肠道部位的不同，您可能还会看到其他一些症状。假如是靠近胃部的小肠上部发炎、出血，那么宠物的大便就会由于含有经过了消化的血液而变得颜色很深，或者呈黑色。您还有可能看到宠物的腹部气胀，从而导致宠物嗳气、胃胀或者放屁的现象。这种宠物，在排便时通常都不会显得特别用力。

如果炎症发生在末端的结肠部位，宠物身上就会出现不同的症状。这种宠物不会出现气胀。它们腹泻时，便便往往都是从直肠中强劲地一冲而出，而宠物也会明显地使劲。如果结肠部位在出血，那么血液会呈鲜红色，掺杂在大便中。在这种情况下，宠物排便的频率与主要是小肠发炎时的频率相比，往往要更高。一般来说，您可以看到宠物粪便中存在过多呈透明果冻状的黏液。

由于腹泻可能是由诸多原因和其他疾病造成的，因此我们必须留意其他一些疾病导致此种症状的可能性。然而，在绝大多数情况下，腹泻的原因主要是：宠物吃了不对的食物或者腐坏变质的食物；宠物整体上暴饮暴食；宠物长有寄生虫（尤其是幼猫幼犬）或者感染了病毒。

下面这些指导原则，适用于治疗上述各类腹泻中一些简单的轻微症状。如果这些办法没有解决问题，或者宠物的症状严重，那么您就应该寻求专业人士的帮助，并且越早越好。

// 治疗方法

最重要的是，在最初的24～48小时之内，不要给宠物喂饲任何固态食物。进行一段时间的流质禁食，会给肠道提供一个进行休息并且做好清理工作的机会。应当确保时时都有充足的纯净水，并且要支持宠物多喝水。严重的腹泻还会导致一种危险情况，那就是因为流失水分、钠和钾而造成的脱水症。所以，您应当喂饲蔬菜汤来为宠物补充这些成分，并且在汤中添加少量的营养酵母调味。您还可以在汤里加入少量自然发酵而成的酱油，它一方面可以调味，另一方面也可以给宠物提供容易吸收的氨基酸和钠盐。注意，您只能给宠物喂汤，并且应当在室温环境下喂饲。在禁食期内，您每天可以喂饲数次。

如果病情不太严重，或者宠物是因为吃了腐坏变质的食物才突然出现腹泻，那么只用这种疗法可能就足够了。然而，在病情较为严重的情况下，最好结合使用下述药物之一。

榆树皮粉剂：用榆树的内皮制成，可以治疗各种原因导致的腹泻，因此我经常给前来治疗的宠物使用。制备这种粉剂时，您可以将1茶匙稍满的榆树皮粉倒入1杯冷水中，充分搅拌。然后，一边搅拌一边加热，将其烧开。接下来，将火关小慢慢地炖，继续搅拌2至3分钟，让混合物稍稍变稠一点。从炉灶上端下来后，再加入1汤匙蜂蜜（只用于狗狗，因为猫咪不喜欢甜食，所以不要添加蜂蜜），并且充分搅拌。放凉至室温，猫咪和小型犬每次喂饲1/2至1茶匙，中型犬每次喂饲2茶匙至2汤匙，大型犬则每次喂饲3至4汤匙的量。按照这种剂量，每天喂饲4次，或者每4个小时喂1次。应当将这种混合粉剂盖上盖子，贮存在室温环境下。它可以贮存2天。最简单的办法，就是购买这种草药的散装品，即散装粉剂。您也可以购买胶囊粉剂，只是这种办法效率很低，而且费用也较高。您可以通过天然食品商店订购散装品。

活性炭：这种用植物制成的炭，在药店里是以粉剂或者片剂的形式出售的；它具有吸收毒素、药物和有毒物质，以及其他刺激性物质的功能。对于吃了腐坏变质食物或者有毒物质而导致的腹泻，活性炭尤其有效。将活性炭混入水中，每3个小时或4个小时给宠物口服1次，给服24个小时（宠物睡觉时除外）。由于过量服用活性炭可能会对消化酶产生干扰作用，因此您最好是只给宠物短期服用。根据宠物的体重，您每次可以给服1/2至1茶匙粉剂，或者1至3片活性炭片剂。

焙角豆粉：这种植物制成的物质，通常都被当成巧克力的代用品。它也是一种普遍使用且具有缓解作用的辅助剂，可以治疗腹泻。每次给宠物服用1/2～2茶匙，每天3次，连续给服3天。您可以将粉剂加入水中，或许还可以添加一点蜂蜜，然后给宠物口服。

下面还有一些对腹泻尤其有效的顺势药物。

顺势药物“鬼臼根6c”：对排便时呈喷射状的腹泻很有效果，尤其在宠物大便的气味还异常难闻的情况下。按照“顺势疗法时间进度2”给药。

顺势药物“活性汞或汞稀释液6c”：适用于严重的腹泻发作（不停地排出带血的大便，并且排便过后宠物仍然会继续用力）。这种类型的腹泻，可能是因为宠物食用了有毒物质，或者受到了病毒感染导致的。按照“顺势疗法时间进度2”给药。

顺势药物“砷酸6c”：如果腹泻是由于宠物吃了腐坏变质的食物，尤其是吃了腐坏变质的肉食导致的，您就可以使用这种药物来进行治疗。患有这种腹泻的宠物，通常排便频率都很高，可每次的排便量很少。而且，宠物还会有体弱、消渴和畏寒的症状。对于狗狗来说，腹泻可能是由于它吃了垃圾桶里的垃圾或者堆肥导致的。按照“顺势疗法时间进度2”给药。

顺势药物“白头翁6c”：这是一种很不错的药物，适用于暴饮暴食或者摄入的食物太过油腻的宠物猫狗。它们会因为胃部不适而患上腹泻，并且一般都会变得情绪低落和胆小。通常来说，患上腹泻后，它们并不会出现消渴的症状（这种情况是与众不同的）。按照“顺势疗法时间进度2”给药。

顺势药物“磷30c”：适用于腹泻时间较为持久的宠物猫狗，尤其适用于上述药物都没有让宠物彻底痊愈时。

// 通用建议

在治疗过程中，留意某种新的因素导致宠物患上腹泻的可能性：是不是刚买的一只灭蚤颈圈？是不是因为食物方面做出了改变？是不是因为宠物吃了垃圾桶里的东西或者粪肥？有时，一只宠物之所以会对治疗没有反应，或许可以追溯到这样一种持续存在的原因。此外，您还应当考虑到寄生虫与传染病这些因素，选择在家里进行治疗，或者是在兽医的协助之下进行治疗（请参阅“寄生虫”一节）。

让宠物结束禁食的2天后，您可以开始给宠物喂汤，并且拌上做汤时所用的固体蔬菜。24小时后，您就可以开始用正常的饮食喂饲宠物，尤其是可以把白米饭当成主食（只喂几天，然后改用糙米），因为大米通常都很适合让宠物的腹泻频率降下来。

您也可以跟兽医商量，看能不能往宠物的日常喂食量中添加消化酶和益生菌。

// 康复后

您可以选择非转基因食品，把它作为一种长期喂饲方案的组成部分；要是做得到，选择有机食品。

请参阅第6章宠物猫狗食物配方中的“今日食谱”，看一看第二行里的代码A。这种代码，为您指出了我们觉得最为有益的那些食物配方。

您还可以参阅本部分中“过敏症”与“胃部问题”这两个主题。

痢　疾

参见“腹泻与痢疾”一节。

耳疥癣

参见“耳部疾病”一节。

耳部疾病

耳部发炎、过敏、疼痛和肿胀，都是宠物狗身上的常见疾病，在猫类身上则不那么普遍。这种疾病属于宠物身体总体状况的一部分，反映出宠物其他部位也出现了过敏或者皮肤疾病的情况。这种过敏症会周期性地发作，表现出耳朵突然变红的症状。发作时间可能是在宠物进食后，或者是在一年中某些特定时节，比如植物传授花粉的季节。如果一只宠物狗患有耳部疾病，同时还不停地啃咬自己的前爪，或者把屁股在地板上、地面上使劲地蹭来蹭去，那么它就有可能是患上了过敏症。

猫咪也有可能患上同样的症状。此时，猫耳里的黑色蜡状或油脂状耳垢会越积越多，导致耳内瘙痒无比，使得猫咪不停地晃头。耳垢的气味可能很难闻，宠物的耳朵可能会有点红肿；而在更加严重的情况下，宠物的耳孔（即耳道）可能还会变窄、变小，同时外耳的其余部位则会肿大、变硬。虽说耳疥虫是另一个可能导致猫咪患上耳疾的原因，但猫咪的耳疾通常都属于过敏问题。

由于症状非常顽固，要么是久治不愈，要么是一再复发，因此这种疾病解决起来常很令人灰心。

兽医经常会把这种病症归咎于“酵母菌感染”，但这种理解实际上并不正确。酵母菌是耳道里的一种正常微生物，所有狗狗的耳朵里都有酵母菌。然而，出现这种过敏症状后，耳道内过量分泌出来体液与蜡状耳垢，就像是酵母菌一顿“免费的午餐”。于是，酵母菌便欢欣鼓舞、大量滋生起来了。它们其实既不是导致过敏的原因，也不是一种感染，因此，想用滴液去杀死耳道里酵母菌，纯粹就是在浪费时间。注意一下兽医开出的治疗用药，您几乎每次都会看到，他们开出的往往都是含有皮质类固醇的滴剂（比如“强的松”），这种药物会抵消免疫系统的炎症反应。如果不含类固醇，那么滴剂的作用就不大。

重要的是我们应当理解，耳部疾病的背后，通常都隐藏着范围更加广泛的过敏问题。不要只把注意力集中在耳部，而忽视了其他方面的情况。如果采取的是抑制性的治疗方法，甚至还会使得宠物的病情恶化下去。要想了解这个深层问题的更多知识，请参阅“过敏症”一节。

清理宠物耳朵里的耳垢和分泌物，对于缓解炎症是很有效果的。下面一些药物就可以做到这一点，可以取代常用的滴耳液。

草药：假如耳垢湿软、发臭并且很稀，那么您可以用一种溶液每天冲洗，同时按摩宠物的耳道一两次；这种溶液，是用1杯纯净水（蒸馏水、泉水或者过滤水）、1茶匙“**金盏花花苞**”（学名：Calendula officinalis）酊剂或者甘草提取剂，以及1/4茶匙海盐制成的（参见第18章，了解治疗耳部疾病的更多信息）。

草药“芦荟汁”：对于耳朵疼痛过敏，以及耳内看上去很粗糙，耳垢却很少的宠物，您可以利用芦荟汁，按照上一种草药的方法进行治疗。不过，您应当使用新鲜的芦荟汁，或者用芦荟叶子制成的液态凝胶制剂。

草药“甜杏仁油”（杏仁油）：要想让那种黑色的蜡状油性耳垢变软、分解，您可以用

甜杏仁油（学名：Prunus amygdalus）冲洗并按摩宠物的耳道；这种草药还具有缓解症状和促进皮肤愈合的作用。假如宠物的耳朵还感到疼痛，那么您可以在第二天使用芦荟汁，交替进行治疗（油和水不会很好地相融）。

草药“绿茶”：适用于耳朵里主要分泌黑色、味臭的耳垢的宠物。首先，用杏仁油（参见前文）对宠物耳朵进行清洁，然后在第二天开始使用这种草药疗法。将2个茶包（或2茶匙的松散茶叶）放入一个杯子里，加入沸水，浸泡15分钟。过滤，趁着温热，用茶汤冲洗宠物的耳道。您可以用这种方法每天治疗2次。

除了这些清洗方法，使用下述顺势药物也有益处。

顺势药物“白头翁6c”：适用于耳朵肿得厉害、发红并且疼痛的宠物。这种宠物会非常顺从、非常可怜，想要主人抱着或者安慰。按照“顺势疗法时间进度2”给药。

顺势药物“硅石30c”：假如“白头翁”效果显著，却没有彻底消除宠物的耳部疾病，那么您不妨使用该药来结束治疗。给宠物服用1剂即可。

顺势药物“颠茄6c”：适用于耳朵突然发炎，耳部滚烫、发红的宠物。这种宠物通常还有低烧的症状。即便是在光线明亮的房间里，宠物的瞳孔也会放大。这种宠物会焦躁不安、兴奋易怒。按照“顺势疗法时间进度2”给药。

顺势药物“碳酸钙30c”：假如利用“颠茄”进行治疗后具有显著的效果，那么您可以在治疗结束后等两三天，再给宠物服用1剂“碳酸钙30c”，防止日后这种病症复发。

顺势药物“硫肝30c”：适用于耳部疼得极其厉害的宠物。这种宠物不会让人去抚触它的耳朵；如果您坚持要摸的话，它可能会咬您。按照“顺势疗法时间进度2”给药。

顺势药物“石墨30c”：如果其他疗法都不起作用，宠物的病症一直存在，耳朵瘙痒、敏感，那么您就可以试一试该药。按照“顺势疗法时间进度4”给药。

还有其他一些因素，可能会让过敏的耳部疾病更加复杂和恶化下去。对于许多品种的宠物狗而言，其主要因素都与它们耳朵的形状相关。其他一些较小的相关原因，则有：耳部进水，使得宠物的耳部容易受到感染；狗尾草或其他植物芒刺扎进了耳内；还有耳疥虫（这是一种寄生虫，在猫咪身上较为常见）。我们不妨依次来看一看这些方面。

// 耳部结构的问题

在自然界中，犬科动物的耳朵经过进化后，都是直直地立在脑袋上的；这是一种最佳的设计，既有利于听力，又有利于耳朵的健康。狼或郊狼那种笔直挺立的耳朵，效果非常好，能够把声音直接集中到耳道中。而且，这种形状也使得耳道和外界之间能够保持良好的空气与湿度交换。就算耳朵里面进了水，宠物甩头与空气的自由流动，很快也会将耳道里的湿度降低到恰当的水平。然而，在数千年喂养家犬的过程中，人们选择了许多耳朵更加厚重、耳毛更多，并且往往会折叠起来或者往下垂的宠物狗（从根本上来说，这本是幼犬的一种特点）。至于原因，或许是因为它们这个样子看起来很可爱，或许是因为这种类型的耳朵恰好还伴有人们想要的其他某种特点。不管是哪种情况，耷拉着的耳朵都让狗狗承受了很多不必要的痛苦，也让人们花费了很多不必要的金钱。下垂的耳朵，实际上形成了一个陷阱，既使得耳道无法再与外界进行空气与水分的自由交换，还会使得芒刺与碎屑更加容易留在耳道里面。有些品种，比如贵宾犬，耳道里面甚至还长了毛，从而使得这个问题更加严重。出于这一考虑，现在我们不妨来看一看使得耳部疾病更加复杂的三个因素。尽管它们可能会让任何一条宠物狗受苦，但对于耳朵下垂的宠物狗而言，这三个因素的程度必然会更加严重。

// 耳道进水

许多狗狗都喜欢畅快地游一游泳。但它们在游泳时，耳朵都会进水（有时水还不那么卫生）。假如耳朵里进水太多，就有可能导致一种与人类游泳者的耳朵很相似的病症，即耳内出现轻度炎症。这种炎症偶尔还有可能发展成更加严重的感染。

假如您的狗狗具有这种倾向，那么您应当在狗狗游完泳后，用一种由温水和柠檬汁兑成的、略呈酸性的溶液，冲洗它的双耳（将大约半个小柠檬现榨成汁，兑入1杯水中；或者，也可以用大约1汤匙的白醋或苹果醋，兑入1杯水中）。这样做，会降低宠物耳道内生长细菌或真菌的可能性，并且对耳部炎症也有治疗作用。如果上述两种制剂似乎都会让宠物感到刺痛，您可以用温水进一步稀释制剂。利用滴管或者小杯，将这种制剂注入宠物耳内，然后从外部按摩宠物的耳道（请参阅第18章中关于耳部护理的说明）。然后，让宠物狗使劲甩头（狗狗是很难不去甩头的）。用纸巾将内耳里所有多余的溶液吸干，并且轻轻地用棉签将耳孔蘸干。要记住，您只是要吸干水分，因此不要用棉签在宠物耳内的皮肤上剐蹭。

还有一种附加的预防措施，这就是：您可以利用晒衣夹，将宠物的两只耳朵夹在脑袋后面，或者将它们系在宠物的脑袋后面，好让耳朵进一步干燥。注意，不要直接夹住或者系住耳朵，只能把耳尖上的毛夹住或系住。此外，如果狗狗耳朵里面长了毛，那么向兽医或宠物美容师请教如何将耳道里的毛拔掉，以让宠物耳朵内部的空气更好地循环。

// 耳内的狗尾草

宠物的耳朵如果耷拉着，那么狗尾草或其他的植物芒刺扎进去后，就更有可能留在里面。下垂的耳朵，就像是一扇装有合页的活板门，能够让芒刺直接进入耳道。您几乎没有什么办法来防备芒刺（除了修剪野草、限制狗狗到那些地方跑动）。

狗狗在田野里跑过后，应当马上检查它的耳朵（同时还要检查脚爪之间的部位）。要是看到有狗尾草，您就可以拔掉。如果看不到，但您认为宠物的耳朵深处扎有狗尾草，那就不要试着自己去拔除。那样做不但很可能容易伤到耳朵，还有可能让狗尾草直接扎穿耳鼓。您可以试着轻轻地按一按狗狗的耳道；它在狗狗的耳朵下方，摸上去就像是一根小塑料管。假如狗狗疼得大叫起来，那就很可能是因为耳道里面扎进了一根狗尾草。

假如您没法马上找到兽医来帮忙，那就可以用少量温热的油剂（杏仁油或者橄榄油），注入宠物的耳朵，软化其中的芒刺，使得它不再那么刺痛。还有一种微小的可能性，那就是经过这种处理后，狗狗可能会在甩头时把狗尾草甩出来；但是，您可不能把指望全都寄托在这种可能性上。您应当尽快带着狗狗去看兽医，兽医可以利用合适的工具（有时还会给狗狗打麻药），将那个罪魁祸首拔出来。否则的话，万一刺穿耳鼓，就有可能给宠物造成更大的伤害。

// 耳疥虫

耳疥虫在幼猫身上更加常见；狗狗如果感染了，通常就是从猫咪身上传染的。如果您喂养的一只宠物猫长了耳疥虫，而狗狗身上也出现了疥癣症状，那么，狗狗很可能也是长了耳疥虫。然而，在临床实践中，我看到狗狗患上这种传染病的现象并不多。

尽管用肉眼不可能看到疥虫，但宠物耳朵里形成的耳垢，我们却是看得见的。这种耳垢，样子很像是耳道深处沉积下来的干咖啡粉。受到了感染的猫咪，一旦您触摸到它的耳朵，它就会疯狂地抓挠。

狗狗要是感染了耳疥虫，就会不停地摇晃脑袋、抓挠耳朵。通常来说，这种狗狗的耳朵里，不会有像猫咪身上那种难闻的气味和耳垢；但是，兽医用耳内镜进行查看时，它的耳道看上去会通红和发炎（与猫咪不同，猫咪耳道发炎的程度较轻）。

一般而言，体质虚弱的宠物更容易受到感染；因此，改善宠物的饮食会间接地有助于预防和康复。

用15毫升杏仁油或橄榄油，加上400个国际单位的维生素E（从胶囊中取用），混合成一种可以用于猫狗的温和治疗剂。将它们在滴瓶内混合起来，再将滴瓶浸泡在热水里，加热到体温即可。将宠物的耳朵提起来，往其耳内滴入大半瓶左右的治疗剂。充分按摩宠物的耳道，直到听到里面有液体的声音。过一会后，让宠物甩动脑袋。然后，动作轻柔地用棉签对宠物的耳孔进行清理（但不要深入到耳内去），将碎屑和多余的油脂蘸拭干净。这种混合油剂，会让大量的疥虫窒息而亡，并且开启一种痊愈过程，使得宠物的耳内不再那么适合疥虫生存。每隔1天，就给宠物使用1次这种油剂，持续6天（总共治疗3次）。在两次治疗期间，您应当将油剂瓶的盖子拧紧，贮存在室温环境下。最后一次油剂治疗后，应当让宠物的耳朵休息3天。在此期间，您可以准备下一种药物，即一种用于直接抑制或者灭杀疥虫的草药提取物。

草药：一旦耳朵里面清理干净了，那么最简单的一种灭杀疥虫的办法，就是使用草药“皱叶酸模”（学名：Rumex crispus）。按照“草药疗法时间进度1”里说明的方法进行制备，然后用与上述油剂相同的方法对宠物进行治疗。每3天给宠物耳朵治疗1次，持续3至4周。通常来说，这样就足以彻底根除疥虫了。在治疗过程中，如果看到宠物有过敏或发炎的症状，您就还须利用“过敏症”一节中针对耳朵过敏的方法，给宠物进行治疗。

在症状极其顽固的情况下，您可能还需要对宠物的脑袋与耳朵进行彻底的清洗。疥虫可能会在宠物的外耳周围到处乱爬，然后再爬回耳内。您也得清洗宠物尾巴的末端，因为宠物的尾巴卷到脑袋附近时，可能会有少量疥虫爬到尾巴尖上。最后，再用皱叶酸模的茶叶浸提液给宠物进行冲洗。您还应记住，要用富含营养的饮食来增强宠物皮肤的抵抗能力；对于患有顽固疥癣疾病的宠物来说，这是绝对必要的。

假如经过这样的治疗后，宠物的情况仍无好转，那么，问题可能根本就不在于疥癣。它完全有可能是某种炎症的外在表现，正如我们在一开始时所说的那样。区分的办法如下：如果宠物的耳朵里面长了疥虫，那就只是耳道里面有一种干燥易碎、像“咖啡粉”一样且（用手电）可以看到的耳垢；宠物若是患有过敏症，那么它的耳朵里就会渗出一种油蜡状的、呈深褐色、像液体一样顺着耳道往外流的分泌物，并且外耳附近也看得到这种东西。

子　痫

参见“怀孕、产仔及新生幼崽的护理”一节。

湿　疹

参见“皮肤疾病”一节。

急 症

参见第487页的“应急处理与急救”一节。

脑 炎

参见“犬瘟热与舞蹈病”一节。

癫 痫

癫痫这种疾病在宠物狗身上已经变得相当普遍，而在猫咪身上却没有那么常见。有些情况下，这种疾病似乎成了一种遗传倾向，多半与强化育种有关。然而，我认为最主要的因素还是源于每年一次的疫苗接种。我看到过许多的宠物狗，在接种了年度疫苗的几个星期后，就首次患上了癫痫症。很显然，这种病症是由过敏性脑炎诱发的；而过敏性脑炎，则是大脑对疫苗中的蛋白质和微生物做出反应，继而出现的一种持续性轻度炎症。疫苗导致脑炎的这一现象，人们在多年前就已发现，并且对实验室动物的情况进行了记录。有些人甚至指出，这也是导致人类出现行为和认知问题的一个重要原因。幸好，既然我们已经明白没有必要每年都接种疫苗，那么避免这种可能的原因就会容易得多了（请参阅第16章）。

一般而言，神经系统和大脑的健康会受到诸多因素的影响，比如遗传、母体怀孕过程中的营养、一生中的营养，以及进入大脑中的任何有毒物质或刺激性物质。此外，某些大脑疾病（例如犬瘟热）或者头部严重受伤，也有可能导致癫痫。

然而，对于绝大多数宠物来说，我们都很难指出导致它们患上癫痫的明确原因。宠物可能会毫无预兆地开始抽搐，并且抽搐的频率会越来越高。癫痫首次发作时，宠物要么是年龄还很小，要么就是年龄已经很大了。兽医通常只能在排除掉其他的可能性后，比如寄生虫、低血糖（即血糖含量过低）、肿瘤和中毒，才能诊断出宠物患上了癫痫。因此，这是一种没有确切原因的诊断；而实际上，癫痫可能是由诸多因素结合起来导致的。

癫痫表现出来的症状，可能会大相径庭。症状相对轻微的情况下，宠物可能只会“呆住”，几分钟内动弹不得。它的眼睛或许能够移动，可怜巴巴地看着您，想要您去帮帮它!如果症状比较严重，宠物可能会抽搐着倒下，在地上扑腾，但通常都只会持续1分钟，甚至更短的时间。

发作过后，宠物可能就会恢复正常。有时，宠物会觉得茫然失措，少数宠物还会觉得特别饥饿（这多半是因为宠物体内需要补充血糖）。

// 治疗方法

在临床实践中，我一直都特别注意给宠物提供良好的营养，不让宠物接触到环境中可能存在的有毒物质。正如前文已经强调过的那样，我们必须特别小心，注意宠物食品的质量。只要做得到，我都会用不含动物制品的食物去喂饲宠物，因为让大脑产生炎症的物质主要都源于动物制品。就算难以做到这一点，您起码也应当试上3个月。这样，您就很可能看到由此带来的好处，从而让您更加容易找到付出额外的辛劳、继续这样做下去的理由。

您应当给宠物喂饲专门的营养补充剂。由于B族维生素对神经组织非常重要，因此应当根据宠物的体形大小，使用天然的、营养全面的复合B族维生素，剂量可从10～50毫克。您应当给宠物补充烟酸或者烟酰胺，剂量为5～25毫克。您还应当给宠物补充1/4～2茶匙的蛋黄素，以及10～30毫克的锌（螯合剂最佳）。每日应当给宠物补充250～1 000毫克的维生素C，来促进宠物体内的排毒解毒。

应当保护宠物所处的环境。不要让患有癫痫症的宠物吸入香烟烟雾、汽车尾气（宠物跟在卡车后面跑动时，尤其不利）、化学物质（特别是灭蚤喷剂、药液和灭蚤颈圈，它们都会对宠物的神经系统造成影响），也不要让宠物过度紧张或者劳累（但适当的、有规律的锻炼，对宠物身体是有好处的）。不要让宠物睡在一台开着的彩电附近，或者挨着一台开着的微波炉躺着。

应当使用那些能够增强神经系统的疗法。请参见“行为问题”一节里推荐的草药，并且特别注意使用“普通燕麦”“蓝色马鞭草”和“黄芩”。

对于这种病症，下述特定的顺势药物通常都相当有效，可以取代草药疗法。

顺势药物“颠茄30c”：开始时，您可以用这种药物给宠物进行治疗，然后观察1个月的时间。按照“顺势疗法时间进度4”给药。假如宠物的病情没有好转，那么使用下一种顺势药物（宠物的症状若是有所好转，那就不要再用药物，而应当继而使用前文中的营养疗法和其他支持性疗法）。过了1个月左右后，如果宠物的癫痫症又开始发作，那么您可以再给服1剂“颠茄30c”，看能不能再一次让宠物的病情得到好转。

顺势药物“碳酸钙30c”：如果“颠茄30c”有所作用，但宠物身上的癫痫症状虽说发作频率下降了，却仍然存在，那么您就可以接着使用此种药物。按照“顺势疗法时间进度4”给药。该药很有可能解决问题。

顺势药物“北美香柏30c”：许多的宠物狗，都是在接种疫苗后出现癫痫的，尤其是接种犬瘟热疫苗和狂犬病疫苗后，因为这些疾病很容易对大脑产生影响。假如前文建议的疗法都没有根除宠物的疾病，那么您可以按照“顺势疗法时间进度4”，给宠物服用1剂“北美香柏30c”。然后，让它发挥1个月的作用。如果病症还是没有彻底根除，那么接下来您可以同样按照“顺势疗法时间进度4”，给宠物服用1剂“硅石30c”。您也应当明白，就算“北美香柏”和“硅石”解决了问题，但要是再次接种疫苗的话，宠物的癫痫症很有可能还会复发的。

顺势药物“山金车30c”：该药适用于头部受伤后患上癫痫症的宠物。它可以取代我们刚刚论述过的那些药物，但只有在您很清楚导致疾病的原因是头部受伤时才适用。给宠物服用1剂，然后等上1个星期左右，看宠物的癫痫是不是不再发作。如果继续发作，那就可以给宠物服用1剂“硫酸钠30c”。这种治疗方案，可以治愈许多由脑震荡引发的癫痫症。

顺势药物“舟形乌头30c”：适用于那种久拖不愈、反复发作的癫痫症。这种症状称为“癫痫持续状态”，是很难进行控制的。假如您能够给宠物使用“舟形乌头”，那么每5分钟给服2剂或3剂，绝大多数宠物都会停止抽搐。给一只正在抽搐的宠物服用药物时，您必须非常谨慎才是；如若不然，在试图将药物喂入宠物口中时，您就有可能受伤。最安全的办法，是将药物溶入水中，然后倒在宠物的口部，使得宠物可以服下部分药液。还有一种方法，就是用一支针管很粗的注射器，隔着一定的距离尽量将药液喷射进宠物的嘴里，或者喷射在宠物的上下唇之间。虽说这种疗法并非最终的治疗，也不太可能防止宠物的癫痫症再次复发，但在紧急情况下，该药还是极其管用的。

眼部疾病

有5种主要的问题，可能会感染到宠物的眼睛：白内障、角膜溃疡、炎症（传染）、眼睑向内生长（称为“睑内翻”），以及受伤。我们不妨依次来讨论一下这些问题。

// 白内障

这种病症与人类所患的白内障完全一样。疾病的原因，在于眼睛内部（瞳孔后面）那个圆形而透明的、传输和聚集光线的晶状体，变成了混浊或者呈白色（乳白色）的状态。这种病症有时是由眼睛受伤导致的，有时是宠物狗身上某种慢性疾病和免疫功能紊乱症的伴生症状，只是不太常见。有些患有慢性皮肤过敏症、髋关节发育不良和耳部疾病的狗狗，在年龄稍大后就会患上这种疾病。白内障在一些患有糖尿病的宠物身上更加常见，就算用胰岛素进行了治疗，也是如此。

有时，兽医会给宠物动手术，摘除晶状体。这种做法可能有效。然而，除非彻底治愈了宠物身上的深层病症，否则的话，宠物的眼睛就绝不会真正恢复健康。实际上，治疗宠物身上的慢性疾病，以此来进行预防，才是唯一有效的办法。

// 治疗方法

参见“过敏症”与“皮肤疾病”中推荐的疗法，即便是这些疗法跟眼睛没有直接的联系。您必须采取一种由内而外的治疗方法才行。

然而，如果白内障是由眼部受伤导致的，那么您就应当使用下述疗法。

顺势药物“毒参6c”：适用于眼睛疼得很厉害并且发了炎的宠物。按照“顺势疗法时间进度4”给药。

顺势药物“聚合草30c”：在眼球因为受到固体撞击而淤血青肿时极其有效。这种情况不会表现出严重的发炎症状，但会非常疼痛。按照“顺势疗法时间进度4”给药。

// 角膜溃疡

角膜溃疡常常也是受伤导致的，比如说被猫咪抓挠造成的。眼球表面受伤破损后，眼睛就会感到疼痛，并且会流眼泪。伤处本身可能非常细小，肉眼根本看不见；只有从侧面用光线照着，或者利用一种专门的染料，才能看到。虽然抓破的地方可能会受到细菌感染，但身体健康的宠物通常都会迅速痊愈，不会出现并发症，而且常常都是1天之内就会痊愈。

// 治疗方法

假如伤口很深，或者伤口内留有碎屑或小刺，那就需要给宠物注射麻醉剂，由专业人员来进行清除。表面上的伤口一般不会流血。如果看到了血渍，那就可以断定伤口深入到了眼内，眼内一些脆弱的组织结构受了损伤。这种伤情可能会非常严重。我们推荐的下述疗法，只适用于治疗轻度刺痛、浅层溃疡或者没有受到感染的抓伤。

外用：往眼睛里滴上一两滴杏仁油，每天2～3次。使用前将杏仁油稍稍加热一下，通常都更容易给药。杏仁油具有保护作用，同时还能让角膜更加迅速地痊愈。如果喜欢的话，您还可以加用一两滴液态的维生素A。眼睛可非常喜欢维生素A呢！

营养：维生素A通常都对眼睛非常有益。您可以使用人们服用的那种典型的、规格为10 000个国际单位的维生素A胶囊。把胶囊弄破，挤出2滴，添加到宠物每顿所吃的食物中。持续添加2至3天。

草药：“小米草”（学名：Euphrasia officinalis）：将5滴小米草提取液（您可以买到

小米草酊剂或者其甘油萃取剂），兑入1杯纯净水中。您还应当往这种混合溶液中添加1/4茶匙海盐。充分搅匀，室温下贮存。向受到感染的眼睛里滴上2～3滴，每天3次，以促进伤处愈合。

还有一种迅速减轻眼部疼痛与炎症的顺势药物如下。

顺势药物“舟形乌头30c”：适用于受伤后出现疼痛和发炎症状的宠物。它通常都具有很强的缓解作用。按照“顺势疗法时间进度2”给药。

// 炎症

这种情况，通常都是病毒或细菌感染症状中的一部分。您可以利用第18章中说明的眼部清理疗法（用生理盐水进行冲洗），来进行治疗。

// 眼睑向内生长（睑内翻）

这种病症，就是宠物的眼睑向内翻转，把睫毛压到了角膜表面上。睫毛的不断摩擦，会导致角膜上出现一大片（有时还呈白色）持久不退的溃疡。这个问题并不容易看出来。轻轻地把宠物的眼睑拽离眼球，然后松手，让它们恢复原状。重复几次。假如宠物的眼睑是向内生长的，那么您在松手时，应当能够看出眼睑反转的情况。有些狗狗生来就是这样，因此在它们很小时，您就可以看出来。其他一些宠物，则会在长期患有轻微的结膜炎（眼睑内部发炎）后，出现这种睑内翻的情况。反复的发炎与挛缩，会导致眼睑向里生长。睑内翻在宠物狗身上要比猫类身上更加常见。

// 治疗方法

通常的矫正办法就是动手术，这种手术很容易做，通常也会做得很成功。我给一些患有此种病症的幼猫幼犬使用下述疗法，也收到了良好的效果。

顺势药物“碳酸钙30c”：尤其适用于年龄很小、正在发育的宠物。按照“顺势疗法时间进度5”给药。

顺势药物“硅石30c”：对于眼睛已经发了一段时间的炎，尤其是眼睑上有疤痕或者有变硬症状的宠物很有疗效。它还有一种适应证，那就是宠物经常会有眼泪顺着鼻子旁边流下来。按照“顺势疗法时间进度5”给药。炎症可能会得到缓解，但要是宠物的眼睑没有矫正过来，那么您还是需要给宠物动手术。

草药：给受到感染的眼睛滴上1滴杏仁油，每天3次，可能会起到暂时的缓解作用。

当然，假如导致这种疾病的深层原因是慢性炎症，那么您必须治疗好这种炎症才行。有一种效果很好的疗法如下。

草药“白毛茛”（学名：Hydrastis canadensis）：利用这种草药的提取物（酊剂或者甘油萃取剂），将5滴加入1杯纯净水中。在这种混合溶液中，您还应当加入1/4茶匙海盐。充分搅匀，室温下贮存。往宠物受到感染的眼睛里滴上两三滴，每天3次，可以促进感染愈合。

// 受伤

其他的眼部受伤，包括抓伤、擦伤，以及眼球本身的瘀伤。在这些情况下，您可以使用下述顺势疗法中的一种。

顺势药物“小米草30c”：对不属于角膜部位（眼睛表面）的抓伤和擦伤也尤其有效。按照“顺势疗法时间进度2”给药。

顺势药物“聚合草（紫草科）30c”：适用于眼球受到打击或者撞伤的宠物（即整个眼睛受伤，而并非只是前部的角膜受伤；比如，被石头击中、被汽车撞上或者被棍棒打到）。按照“顺势疗法时间进度2”给药。

猫类免疫缺陷病毒感染症（FIV）

这种疾病是1986年人们在加利福尼亚州发现的；后来又发现，这种疾病在美国和其他国家的分布都相当广泛。之所以获得此名，是因为病毒会感染免疫系统，导致宠物对疾病和寄生虫的抵抗力下降。这种情况有点异常，因为该病尽管具有传染性，但感染了该病的猫咪，却有可能根本不出现任何症状，或者好多年都不出现症状。我认为，这种现象说明整体的健康状态非常关键。换句话说，就是身体健康的猫咪能够对付这种疾病，将病毒压制住。在临床实践中，许多猫咪在进行诊断时结果都呈阳性，说明它们都感染了此种疾病；不过，它们并没有表现出任何可见的生病迹象。

假如猫咪身上出现了早期感染，其早期症状通常是：发烧、淋巴结肿大、嗜睡、呆滞。宠物可能还会出现贫血、体重下降和食欲不振（这是猫咪健康出现了问题时的一种普遍症状）。做出正确诊断的一大难点，就在于宠物身上有可能出现范围相当广泛的其他症状。这是不足为奇的；如

果全身的免疫力都下降了，那么猫咪在生活中经受的压力，就决定了这种疾病的症状会在哪个方面表现出来。

一般而言，病情较为严重的宠物猫，往往都会有眼部和口腔问题，比如眼睛发炎（结膜炎）、牙龈和口腔发炎（齿龈炎、口腔炎）。不过，可能还有许多其他的症状，我们一般不会将这种疾病与之关联起来。这些其他的病症，包括血液疾病、贫血症、细菌感染、皮疹和皮肤感染、持久不愈的兽疥癣（皮肤寄生虫）、长期腹泻（以及日益消瘦）、眼内炎症、发烧、淋巴腺肿大、慢性脓肿、泌尿系统反复感染（膀胱炎），以及食欲不振和体重下降。除此之外，宠物还有可能患上其他一些顽固的传染病，比如真菌性疾病或者弓形虫病（参见“弓形虫病”一节）。这种疾病最令人担忧的一种症状，是会感染到大脑。大脑受到感染后，猫咪就会变得精神错乱、抽搐，或者攻击人和其他动物。

由于猫咪患上免疫缺陷病毒感染症可能出现多种症状，因此根据症状来诊断这种疾病是极其困难的。通常办法是，根据验血结果查看宠物身上是否具有这种病毒的抗体。如果有，兽医就会认为宠物感染了这种疾病。但让这个问题变得较为复杂的是，体内拥有针对某种病毒的抗体，也说明宠物对这种病毒具有免疫力；因此，在任何一种具体病例中，我们都必须对猫咪进行仔细的检查和评估，才能确定猫咪身上可能发生了感染，以及感染正在继续恶化。

// 预防措施

最佳的预防措施，就是让宠物保持一种非常健康的饮食。不让猫咪到外乱跑，不让它与其他猫咪打斗，也会极大地降低它感染这种疾病的可能性，这并不易做到，因为猫咪往往都是我行我素的（可能您根本就注意不到）。

假如家里新养了一只猫咪，那么您应当把它与其他猫咪隔离开来，并且至少要隔离3个星期。在这段时间里，您可以对新猫进行一次猫类免疫缺陷病毒感染症的筛查（同时还要进行猫类白血病的筛查）。如果检测结果呈阳性，那么这只猫咪必须与其他猫咪进行隔离，以防这种疾病传播开来。

还有重要的一点，那就是任何疑似患有免疫缺陷病毒感染症（或者猫类白血病及其他慢性疾病）的猫咪，都绝对不应当接种疫苗。这是因为，疫苗病毒会加重宠物身体的负担（从而有可能将这种疾病从潜伏状态下激活，使得病毒活跃起来）；或者，疫苗病毒会抑制许多猫咪身上的免疫系统。对于这种疾病，我们应当坚持一条原则，就是避免任何可能干扰到或者削弱免疫系统的东西。我知道，这条建议与许多兽医的观点相左，因为他们都赞同疫苗接种是保护体弱猫咪的一种手段。然而，临床经验以及对免疫学进行过研究的背景都让我确信，这是最糟糕的一种做法。

// 治疗方法

对于这种疾病，我们可以为猫咪提供大力的帮助。至于治疗能否成功，则取决于疾病已经造成了多大程度的损害，以及猫咪的年龄。有些猫咪，在余生中都需要接受治疗，并且永远都无法恢复健康。其他一些年龄较小、疾病的发展程度不那么严重的猫咪，起码从疾病逐渐缓解、过上正常而健康的生活这种意义来看，则有可能康复过来。

由于这种疾病的症状多种多样，因此我在这里无法给出太多具体的疗法。您可以使用“附录A 快速参考”里其余部分列出的不同疗法，只要它们适合猫咪身上的症状就行。然而，您最好是与一位采取替代疗法的兽医一起，来进行这种治疗。

假如您找不到其他的疗法，那么下面这种疗法有时可能具有明显的效果；或者说，至少也会具有一定程度的效果。

顺势药物“硫30c”：按照“顺势疗法时间进度5”给药。如果1个月后，您可以断定它的确有效，那么，将来到了猫咪的整体状况似乎正在下降时，您就可以继续使用该药。不能经常给宠物服用该药，绝大多数剂量的效果都会持续1个月的时间。

猫类传染性腹膜炎（FIP）

这种严重的感染，对于已经出现了症状的猫咪来可能具有致命性。这种疾病，似乎是某种因素抑制了免疫系统后开始的。例如，其中许多的宠物猫病例，都是在接受猫类白血病疫苗接种的几个星期后开始患病的；因此，多半是疫苗具有一种暂时抑制免疫力的作用（这是好几种疫苗已知的一种后果），导致了这种疾病。当然，并不是疫苗直接导致了这种疾病，而是因为猫咪本身已经携带了猫类传染性腹膜炎病毒，疫苗只不过是给病毒提供了一个抬头的机会罢了。

猫类传染性腹膜炎是由冠状病毒引起的，这种病毒也可以导致猪、狗和人类患病。然而，从目前所知的情况来看，猫类传染性腹膜炎病毒并不会传染给人类或者其他动物。

人们认为，猫类是通过口腔和喉咙、上呼吸道感染猫类传染性腹膜炎的，或许还会通过肠道感染。人们通常都不知道，自己的猫咪究竟是什么时候感染上这种疾病的，因为猫咪可能不会表现出特定的症状，只是轻微地发烧，似乎在几天之内感觉不适。在这段时间里（受到感染后最初那1～10天内），病毒可能从喉咙、肺部、胃部和肠道中脱离出来，传染给其他猫咪。此后，病毒就会在宠物体内的任何部位潜伏下来，要到几周甚至几年后才会出现症状。

一旦猫咪身上出现了症状，病情恶化起来，就会逐渐失去食欲（体重也会下降）、持续发烧，并

且变得无精打采（行动迟缓、情绪低落）。与此同时，病毒会扩散到所有的身体器官中，尤其会对血管造成影响。到了这个时候（即症状已经非常明显），患病猫咪却不再扩散病毒，因而不再具有传染性了。

在患病猫咪最具有传染性时，您看不出任何不对劲的地方；可一旦猫咪身上出现了症状，再将猫咪隔离开来，就没有任何作用了。然而，环境卫生对约束疾病在猫咪之间的传播，可能具有极大的作用，因为病毒可以在环境中生存很长的时间（比如在肮脏的地板上、在宠物进食或喝水的碗里）；而在家居环境中，病毒的存活时间可高达3周。这种疾病主要出现在养有多只猫咪、不太可能将患病猫咪与其他猫咪隔离开来的家庭或养猫场里，就不足为怪了。

除了上述常见的症状，有的猫咪还会出现胸腔积液或腹腔积液的情况。这种症状非常严重，会对猫咪的呼吸或消化造成干扰。

这种疾病的早期症状，可能也会与普通感冒的症状相类似，比如打喷嚏、流眼泪、流鼻涕（在一些养有多只猫咪的家庭中，猫咪患有的一些慢性上呼吸道疾病，可能也是由这种病毒引起的）。在其他一些猫咪身上，早期症状可能会涉及胃肠道（比如呕吐、腹泻）；这是一种严重的症状，可能会迅速变得具有致命性。

猫类传染性腹膜炎可能还会对眼睛产生影响，导致猫咪的一个瞳孔比另一个瞳孔大，或者导致猫咪的眼球里面积液或积血。与本节中提及的其他严重猫类病毒性疾病一样，猫类传染性腹膜炎有时还会感染大脑，或者对宠物的生殖产生干扰。

// 预防措施

请参见针对预防猫类免疫缺陷病毒感染症提出的建议。

遗憾的是，诊断时通过验血来确定猫咪是否携带病毒，其结果是很不准确的。还有许多程度较轻、无关紧要的相关病毒，可能会让化验结果呈虚假的阳性，显示猫咪患有其实并不存在的疾病。因此，如今许多兽医甚至不再对这种病毒进行检测了。

// 治疗方法

由于猫类传染性腹膜炎有多种类型，因此我只能针对最常见的症状，提出一些通用的指导原则。一些较为严重的类型，需要您在兽医的指导之下进行非常谨慎而持久的治疗。然而，我强烈建议大家不要使用抗生素或者皮质类固醇；因为这些药物根本就没有作用，只会进一步削弱猫咪的体质，几乎必然会使得猫咪最终因为这种疾病而衰弱下去，并且走向死亡。

尽管这种疾病可能非常严重，但在经我治疗过的绝大多数病例中，采用顺势疗法和营养疗法，都取得了非常令人满意的结果。治疗后，人们照例都会问我，猫咪究竟有没有彻底康复，病毒有没有彻底清除。从临床和表象来看，许多猫咪经过治疗后，可能都会变得相当正常。然而，由于我们没有办法（通过化验或者其他途径）确定猫咪体内已经完全没有了病毒，因此，对于问题的这一部分我无法做出回答。但是，看到自己的猫咪开始表现得很正常，样子也很健康，绝大部分宠物主人都会心满意足。

下面是治疗的一些指导方针。

在猫类传染性腹膜炎的早期（以发烧和食欲不振为特点），您可以试一试针对猫类白血病（下一节）的那些疗法。

如果症状主要集中在上呼吸道，那么您可以利用“呕吐与腹泻”一节里相应部分的疗法。

假如您的猫咪运气非常不好，患上的是最严重的那种猫类传染性腹膜炎，有胸腔积液和腹腔积液症状（水胸或者胸膜积液、腹水），那么下述疗法可能具有一定的作用。

顺势药物“砷酸6c”：适用于焦躁不安、畏寒、消渴和坐卧不宁的猫咪。这是最有可能见效的药物。按照“顺势疗法时间进度6（a）”给药。

顺势药物“硫化汞6c”：适用于呼吸特别困难的猫咪。由于胸腔积液，猫咪只能一直坐着。按照“顺势疗法时间进度6（a）”给药。

顺势药物“欧洲蜜蜂6c”：适用于呼吸非常困难（与上文所述情况一样），但有恶热症状、喜欢寻找最凉爽之处（瓷砖地板、浴缸、盥洗室隔壁）坐着的猫咪。这种猫咪偶尔还会叫，有时连睡觉也会这样。按照“顺势疗法时间进度6（a）”给药。

这些药物，对治疗此种疾病都有作用。您应当先试一试其中的一种，如果几天后没有效果，那就不妨换一种试试。

// 疫苗接种

如今已有一种针对此种疾病的疫苗；不过研究表明，如果猫咪身上已经感染了猫类传染性腹膜炎病毒，那么接种疫苗非但毫无用处，甚至还会带来害处。因此，我不推荐这种方法。

猫白血病（FELV）

这是一种病毒性疾病，与猫类免疫缺陷病毒感染症类似，并且广泛分布于全球。在美国，这种

疾病的发病率占到了宠物猫总量的2%～3%。这种病毒，是通过猫咪的体液（唾液、尿液、血液和粪便）传染。母猫在怀孕和哺乳期间，也能把这种疾病传染给幼崽。幸好，只有猫咪之间进行了亲密的或者长时间的接触，病毒才会传播开来。绝大多数情况下，这种疾病都是经由抓咬、梳理毛皮，或者共用饮水碗和喂食盆进行传染的。病毒不会通过空气或者抚弄猫的人进行传播。

许多猫咪都会接触到这种病毒；幸运的是，它们几乎都会自行康复，很少或者几乎不会病倒。然而，体质虚弱的猫咪却会受到较为严重的感染。如果家里养有多只猫咪，那么严重感染的发生率也会高得多。家里可能恰好有病毒生存，在猫咪由于其他原因而体质虚弱时，病毒恰好又变得活跃起来；因此，即便是在接触了多年后，猫咪身上仍然可能出现明显的病症。

猫白血病感染，是从口腔和喉部（接触到病毒）开始的；猫咪若是身体健康的话，那么除此之外，感染就不会进一步发展。不过，只要条件允许，病毒就会扩散到全身，尤其是会在猫咪的泪腺、唾液腺和膀胱内扎下根来。到了这个阶段，受到感染的猫咪就会扩散病毒，对其他猫咪就具有传染性了。

有好几种类型的猫白血病病毒，它们导致的症状也稍有不同。最常见的生病迹象是体重下降、发烧和脱水（组织器官缺水），尤其是在发病早期。还有一些可能出现的症状，包括淋巴腺肿大、牙龈颜色变淡、容易腹泻，以及口腔和牙龈发炎。

这种疾病的症状可能会以多种形式表现出来，这是慢性病毒感染性疾病的典型情况。有时，我们可能看到，猫咪身上会出现顽固持久的膀胱炎；还有一种古怪的现象，那就是猫咪的一个瞳孔会比另一个瞳孔小。许多受到感染的猫咪，都无法正常繁殖，会出现自发性的流产、死胎，或者生下所谓的"弱体小猫"，即尽管细心护理，还是会日益消瘦下去的小猫。雪上加霜的是，许多感染了此种疾病的猫咪都会长出肿瘤。据估计，猫类身上的肿瘤中，有30%都是由这种病毒导致的。

// 预防措施

您应当遵循我们针对猫类免疫缺陷病毒感染症提出的那些相同的预防原则，包括对家里新养的猫咪进行化验和隔离。

// 治疗方法

对于那些表现出了典型症状的猫咪，维生素C可能非常有效；您可以（根据体形大小）给猫咪服用100～250毫克，每天2次。维生素C具有一定的抗病毒效果，因此，尽管无法彻底消除感染，它还是可以对治疗产生协助作用。通常来说，猫咪最愿意服用的，就是维生素C（抗坏血酸）的盐类形式“抗坏血酸钠”。您不妨将这种粉剂添加到猫食中；在必要时，您也可以将其溶于水中或者汤里，用注射器给宠物口服。

其他一些有效的疗法如下。

顺势药物“马钱子30c”：尤其适用于那种已经变得烦躁易怒、躲到家里一个安静之处的猫咪。按照“顺势疗法时间进度2”给药。

顺势药物“白头翁30c”：极其适用于那种变得黏人、想要主人时时关注和抱着的猫咪。这种宠物猫会表现得嗜睡、行动迟缓；如果食物太过油腻的话，它们可能也非常容易呕吐。这种猫咪，可能喜欢躺在浴缸里或者其他的凉爽之处。按照“顺势疗法时间进度2”给药。

顺势药物“磷30c”：适用于极其嗜睡、抱起来时就像是一条湿毛巾那样耷拉着的猫咪。还有一种适应证，那就是猫咪在喝了水大约10至20分钟后会呕吐（但进食后不会这样）。按照“顺势疗法时间进度2”给药。

顺势药物“砷酸30c”：适用此种药物的猫咪，会极其畏寒、坐卧不宁和消渴。而最显著的一点，就是这种猫咪的身体极其虚弱，几乎走不了路；就算能够走路，走起来也会歪七扭八。猫咪的体温可能很低，不到37.8℃；它的皮毛会很干燥，毛会向上竖起。按照“顺势疗法时间进度3”给药。

顺势药物“硝酸30c”：如果猫咪的口腔疼得厉害并且发炎了，那么使用该药就是一种不错的选择。如果猫咪生病后还暴躁易怒，该药尤其有效。它也适用于嘴唇、肛门或眼睑有伤的猫咪（这种伤处，样子就像是溃疡，或者是一块非常疼痛的粗糙区域）。按照“顺势疗法时间进度4”给药。

顺势药物“颠茄30c”：如果口腔疼得极其厉害，让猫咪几乎歇斯底里，瞳孔放大，甚至出现一定程度的发烧，那么您就可以利用该药。按照“顺势疗法时间进度4”给药。假如有效果，那就应当等上5天左右，然后再给宠物服用1剂“碳酸钙30c”（只能给服1剂，并且应当按照“顺势疗法时间进度4”给药）。

还有其他许多的药物可用。假如您看到宠物对此处列出的药物有所反应，并且想要继续进行治疗的话，那么您应当向一位受过顺势疗法培训的兽医进行咨询，看能不能继续采用这种疗法。

// 疫苗接种

接种针对这种疾病的疫苗，只有局部的效果。据我的经验来看，接种疫苗会使得猫咪更有可能患上其他疾病，比如猫类传染性腹膜炎。因此，我不推荐大家给宠物接种疫苗。

猫泛白细胞减少症（猫瘟热；传染性肠炎）

这种猫科疾病会在没有明显预兆的情况下突然发作，并且病情非常严重，通常都会在24～48小时内致幼猫于死地。人们认为，这种疾病的病毒是通过尿液、粪便、唾液或者病猫的呕吐物传播的。病毒可能会迅速传播，形成时疫。

经过一段为期2～9天（通常都为6天）的潜伏期后，猫咪首先出现的症状，就是发高烧（高达40.6℃）、严重的抑郁和严重脱水。此后，患病猫咪通常很快就会出现呕吐症状。最初，猫咪呕出的是清液；过后，猫咪的呕吐物里就会因为带有胆汁而呈黄色。典型的情况是，患病猫咪会把脑袋耷拉在水盆边上，除了舔食一点水或者呕吐，就一动不动。

很显然，并非只是泛白细胞减少症病毒本身会引发如此严重的症状，而是宠物身上存在一种因为各种组织器官受损而导致的继发性感染，其中就包括白细胞受损（它们的作用，原本是保护身体不受到感染的）。在许多病例中，猫咪身上的白细胞几乎都被消除殆尽，从而为其他细菌和病毒的滋生开了一扇方便之门。在许多方面，这种疾病都与狗类身上的细小病毒症非常相似。

// 治疗方法

要想成功地治愈患有这种疾病的猫咪，最关键的是把握住疾病发作的最初阶段。由于幼猫非常容易死亡，因此您通常都不会有足够的时间在家里对宠物进行治疗。如果开始得早，采取像全血输血、补液疗法和抗生素这样的临床措施，可能就会治好猫咪；因此，在做得到的情况下，您应当请专业人员来对猫咪进行治疗。

假如当时没有办法获得这样的专业治疗，并且您的家里也有制备好的药物，那么我可以向您推荐一种治疗方案：只要猫咪出现发烧或者呕吐症状，您就可以对猫咪实施流质禁食（请参阅第18章）。然后，给宠物服用高剂量的维生素C：对于很小的幼猫，每个小时给服100毫克，对于年龄较小的猫咪和成年猫，每个小时则可以给服250毫克。用抗坏血酸钠粉的方式给服，会更加容易一些。您可以用少量的抗坏血酸钠粉，制备出100毫克的溶液，或者用1/16茶匙，制备出250毫克的溶液。将抗坏血酸钠粉与水搅拌均匀，然后给猫咪口服。

如果呕吐既让猫咪的重要体液流失，而且让您给服的维生素C也流失掉了（特点就是，猫咪的皮毛粗糙、眼睛干涩，并且您将它拎起来时可以感觉到，猫咪的皮肤僵硬），那么您应当重点采用下述顺势疗法中的一种，直到猫咪的症状有所改善。然后，配合顺势疗法，重新给猫咪服用维生素C。

顺势药物“白藜芦6c”：如果猫咪体虚无力、情绪沮丧、浑身冰凉，同时还有呕吐（喝水后会加重）和腹泻症状，您就可以给它服用该药。按照“顺势疗法时间进度1”给药。如果症状有所改善，那么在接下来的2天里，您可以逐渐减少给服次数。最后，假如宠物再次出现恶心或嗜睡的症状，那就可以每次给服1片。

顺势药物“磷6c”：对于一只浑身无力、极其嗜睡和对什么都没兴趣的猫咪，该药属于最佳选择。如果把这种猫咪抱起来，它就会像一块湿布一样，在您的手上耷拉着。要是足够细心的话，您还会发现，猫咪口渴、要喝冷水，但在喝完10～20分钟后，猫咪就会呕吐。应当用“磷6c”来进行治疗的猫咪，与适用于“白藜芦6c”的猫咪相比，身上虽说不那么冰凉，却会更加无精打采。按照“顺势疗法时间进度1”给药。

假如您发现，尽管使用了上述药物中的一种，可宠物猫的呕吐症状还是非常严重，并且威胁到了猫咪的性命，那么您就可以遵循本部分中“呕吐”一节提出的建议去行事。

草药：如果您的家里备有原料，那就可以考虑一下这种替代性的草药疗法。将1茶匙“紫松果菊”（学名：Echinacea angustifolia）酊剂或者煎剂，1茶匙“北美兰草”（学名：Eupatorium perfoliatum）酊剂或煎剂，加入1/2杯纯净水中，混合起来。每个小时给服1滴这种混合溶液，直至您看到猫咪的症状有所改善；然后，将给服频率降至每2个小时给服1滴，直到宠物康复。

如果猫咪的病情已经非常严重，快要死去了，那么您就需要一种不同的方法。这种猫咪会处于昏睡状态，几乎一动不动。猫咪的鼻子会呈浅蓝色。至于急救措施，就是给猫咪使用樟脑。您可以使用一种含有樟脑的药膏，比如“虎标”牌万金油。将少量万金油放在猫咪的鼻子前面，使得它喘气时能够吸入万金油的气味。每隔15分钟重复一次，直到猫咪产生反应。

一旦看到猫咪的症状有所改善，您就可以利用上面概括说明的其他一种疗法了。此时，您不要再用樟脑，并且在使用顺势药物或者草药时也不要把樟脑放在附近；否则的话它就会抵消这些药物的功效。

// 康复后

一旦猫咪的症状明显好转起来，烧也退了（体温恢复到38.6℃以下），您就可以再次给宠物喂饲固态食物。让猫咪少食多餐，是一种不错的做法。应当给猫咪补充B族复合配方维生素，剂量从2.5～5毫克，持续1个星期，这样做有助于补充猫咪在生病期间流失的那些水溶性维生素。您要当心，应该将宠物的紧张状态降到最低，并且在刚开始康复后的那几天里，避免让猫咪着凉，因为这种疾病有可能复发。

猫类泌尿系统综合征

参见“膀胱疾病”一节。

跳　蚤

参见“皮肤寄生虫”一节。

狗尾草

亦请参见“耳部疾病”一节。

宠物猫狗最大的敌人，很可能就是数不胜数的狗尾草、植物芒刺以及野生燕麦籽（不管这些多刺植物在当地叫什么名字），因为它们会扎进猫狗的毛皮以及体表各窍里。由于这些芒刺的结构都很独特，因此一旦扎上，拔除起来就不容易了。相反，它们往往会穿透宠物的皮肤，或者扎入宠物的体窍内（眼睛、耳朵、鼻子、嘴里、肛门、阴道、阴茎鞘），并且给这些部位造成严重的问题。假如一根狗尾草扎进了皮肤里面，宠物的身体并不能将狗尾草吸收掉；甚至到了数年后拔除时，看上去它仍然会新鲜得很呢！

因此，尽管身体会想尽千方百计，要把扎入的芒刺清除掉，可芒刺却会顽强地留在组织器官里。结果，这个地方就会形成一个不断发炎、流脓的部位，永远都不会彻底愈合。芒刺可能会深入身体60厘米，甚至更深的地方，使得我们很难找到。宠物的脚爪，是狗尾草最喜欢扎入的部位；还有耳朵和眼睛：芒刺可能会扎到“第三眼睑”[9]的后面，导致宠物的眼睛不断发炎。

// 预防措施

宠物在田野里、空地上或者其他野草较多的地方玩耍过后，您始终都应当对宠物进行检查。应当检查宠物的体表各窍，并且用梳子把宠物全身的毛梳理一遍。一定还要检查宠物的脚爪。在狗尾草茂盛的季节里，如果把宠物脚爪之间的毛剪掉，那么您检查起来就会轻松得多，而宠物的生活也

---

9 第三眼睑（third eyelid），又称为瞬膜。它覆盖在结膜之上，以保护角膜及清除异物，防止眼睛过分干燥。人类的“第三眼睑”基本消失了，但其他动物一般都还保留着（或者保留了一部分）。

会舒适得多。此外，您还应当把宠物身上的毛剪短，剪得不超过2.5厘米长，并且要将长在宠物耳孔周围和耳郭里面的毛剪掉。宠物狗的耳朵如果耷拉着，那么芒刺扎进它们耳内的可能性，就要比钻进其他宠物耳内的可能性高得多。至于解决狗尾草扎进宠物耳内的办法，请参阅“耳部疾病”一节。此外，您还可以参看“脓肿”一节。

// 治疗方法

假如宠物的皮肤里面已经扎进了一根狗尾草，并且长期从一个小的口子里流出脓液，而兽医又找不到芒刺所在的位置，无法将刺拔除的话，那么下述疗法可能有效；不过，您只能在动手术无效的情况下，把它当成最后的办法。

顺势药物“硅石6c”：该药可以让身体通过皮肤上的口子，将狗尾草排挤出来。假如看到了排出的狗尾草，那您就会知道，问题解决了。在流脓的口子上面进行热敷，也有好处。因为口子处的皮肤温度上升后，就会让更多的血液流向这一部位，让更多的细胞参与到痊愈的过程中来。按照“顺势疗法时间进度6（b）”给药。

如果芒刺没有自行排出来，那么您必须请兽医再动手术，将芒刺拔除掉。您要记住的是，对于狗尾草这个方面，一分预防胜过百分治疗。

脱　毛

亦请参见“皮肤疾病”一节。

脱毛常常都是宠物皮肤过敏、不停地舔舐和啃咬自身毛皮导致的。然而有时，宠物也会在没有出现任何皮肤过敏症状的情况下掉毛。这种现象，可能说明宠物的蛋白质摄入量不足，比如食量很小的猫咪；或者，它也有可能说明，即便是宠物胃口不错，但摄入的蛋白质却没有充分消化掉。其他一些营养欠缺，尤其是微量元素缺乏，也会让宠物的毛长得很慢。

有两种药物，对于宠物单纯的（不伴有其他症状）脱毛问题尤其有效。

顺势药物“碳酸钙30c”：假如该药产生了效果，那么您就会在1个月后看到宠物长毛的迹象。不要在没有兽医指导的情况下，重复使用该药。按照“顺势疗法时间进度4”给药。

顺势药物“北美香柏30c”：适用于宠物毛发生长速度非常非常缓慢的症状。这种情况，最常见于剪掉宠物的部分毛发后，比如为了对身体的某个部位进行治疗，或者是为了动手术而给宠物剪毛。此时，剪掉的那一部分毛发，似乎永远都长不回原样了；即便是能够长回原样，可能也需要好几个月的时间。按照“顺势疗法时间进度4”给药。

心脏疾病

心脏疾病偶见于年龄很大的宠物，猫狗都是如此。然而，宠物并不会患上动脉硬化，也不会患上让人类痛苦不堪的那种心脏病。准确地说，它们的问题通常都是心肌无力，同时心脏一侧或者两侧增大。有时，宠物还会出现心脏瓣膜功能不足，或者心率过快、过慢的问题。

宠物患有心脏疾病的典型症状，包括下述一个或者多个方面：锻炼时容易疲劳，一进行锻炼，舌头和牙龈的颜色就会变蓝，突然体力不支或者虚脱，呼吸困难或者气喘，持久干咳少痰，腿部积液或者腹部积液（大肚皮）。

// 治疗方法

传统的兽医疗法，是给宠物服用毛地黄类药物、利尿剂，以及用低钠饮食喂饲宠物。这是因为，人们认为这种病症会逐渐加重，因此治疗的目标就是控制症状，而不是治好这种疾病。

我更愿意使用一种替代疗法，即强调营养；至于方法，主要是使用顺势药物或者草药。尽管宠物或许不可能彻底康复，但这些措施的作用并非只是对抗症状；实际上，它们还能增强受到疾病感染的那些组织器官。当然，任何一种疗法能不能产生效果，都取决于组织器官的受损程度及宠物的年龄。

最佳的办法就是预防，即让宠物拥有一种健康的生活方式，食用营养丰富的食物，定期进行锻炼。然而，要是宠物的症状已经恶化，那么我建议您可以采取如下措施。

让宠物饮用泉水或者其他不含氯、没有加氟的水。如果宠物体重过胖，那就要让它减肥。降低体重很重要，因为多余的体重既会加大心脏为全身供血的压力，还会增加宠物行动的难度。

猫咪需要摄入充足的牛磺酸，您可以从健康食品商店里买到，将其当成一种营养补充剂来喂饲宠物。每天应当给宠物猫喂饲大约200毫克。这种营养补充剂，对于那种因为牛磺酸缺乏而体重过胖、补充牛磺酸会降低其体重的宠物猫狗尤其有益。[10]

营养辅酶Q10也很有益处，因为它会增加心脏的供氧量。您可以给宠物狗每天服用30～40毫克，给宠物猫每天服用10毫克。如果食物中含有营养燕麦，那么这种营养辅酶的吸收率就会更高。

还有一些重要的措施，那就是让宠物有规律地每天进行锻炼，但不要太过剧烈，也不要让宠物太过兴奋（最理想的方式，就是带着宠物遛一遛），且不要让宠物吸入香烟烟雾。对于敏感的宠物，

---

10 参见 N．津保山-笠冈、C．盐泽和 K．佐野等人撰写的论文《牛磺酸（2-氨基乙磺酸）缺乏导致恶性循环，助长肥胖症》，发表于《内分泌学》第 147(7)期(2006 年 7 月)，第 3276～3284 页。

心脏疾病的许多症状，包括脉搏不正常、心脏部位感到疼痛、呼吸困难、咳嗽、头晕，以及虚脱，可能都是由于吸入了二手香烟引发的。

一些特殊的药物，可能也有所帮助。假如宠物的病情不是很严重，并且是最近才经过诊断确定的，那么您可以试一试下述药物。

顺势药物“碳酸钙30c”：该药有助于让心肌恢复力量，尤其是在宠物的心肌张缩无力时。需要使用这种药物来进行治疗的宠物猫狗，过去的胃口一般都很好（但这种情况，可能会在出现心脏疾病后改变），往往体重过胖，并且喜欢待在暖和的地方，比如待在暖气片顶上、散热口附近或者诸如此类的地方。按照“顺势疗法时间进度4”给药。不要在没有兽医指导的情况下，再次使用该药。

顺势药物“氯化钠30c”：对过去胃口很好、体重却一直都在下降的宠物，该药很有效果。这种宠物往往都极感口渴，并且不喜欢热的环境，不会到暖和的房间里去，也不喜欢暖和的天气。宠物的脉搏，往往都会很不规则。生病后，这种宠物都不想主人太过关注；如果您想抱抱它或者让它感觉好一点，它就会非常烦躁。按照“顺势疗法时间进度4”给药。

顺势药物“磷30c”：需要该药的宠物很容易呕吐，并且很喜欢喝冷水（比如喝水龙头里放出来的水），而在喝完水10～20分钟后，可能又会全都吐出来。这种宠物，会对噪声和气味非常敏感。它们很容易受到惊吓，尤其是受到大的噪声惊吓，比如雷声或者鞭炮声。按照“顺势疗法时间进度4”给药。

至于到了疾病晚期，因为没有使用营养疗法和其他措施（如上所述）进行控制而更加严重、更加顽固的一些症状，您可以选择下述疗法中的一种，只要看上去最对症就可以（然而，您可不要忽视了其他措施，却还指望着获得良好的效果）。

顺势药物“锐刺山楂3c”：适用于心肌扩张、心肌无力、呼吸困难、体液潴留，以及（经常）性格紧张不安或急躁易怒的宠物。按照“顺势疗法时间进度6（c）”给药。

顺势药物“箭毒羊角枷3c”：适用于心脏衰弱且瓣膜有问题的宠物。这种宠物的脉搏都会软弱无力、速度很快且不规则，呼吸起来也很困难。宠物身上可能还有体液潴留、食欲不振和呕吐等症状。肥胖和慢性皮肤瘙痒症，也适用该药。按照“顺势疗法时间进度6（c）”给药。

顺势药物“毛地黄6c”：适用于因为运动太过剧烈而体力不支或者晕倒、舌头变蓝的宠物。每次发作时，您都应当给宠物服用1丸。这种宠物的脉搏和心率，通常都会非常缓

慢。宠物身上，可能还有心肌扩张和体液潴留的症状。如果大便呈白色的糊状，那就有可能说明宠物的肝脏有问题。假如这种疗法有效果，那么宠物发作的频率就会降低。

顺势药物 “海绵剂6c”：适用于病情以心跳很快、呼吸困难和显得胆怯为特点的宠物。这种宠物，躺下去可能很难受，而坐起来呼吸则更顺畅。持久干咳，也是这种药物的一种适应证。按照“顺势疗法时间进度6（b）”给药。

使用这些顺势药物时，一般原则就是，应当选择看起来最适合宠物症状的药物。如果在一段时间里有效，那就可以继续使用，直到这种药物失效为止。如果药物不再有效，或者说宠物身上的症状发生了变化，那就应当重新评估一下，另选上文列举的其他药物。许多患有此种病症的宠物，都需要持续进行治疗；宠物若是年龄很老，则尤其如此。然而，有些患病宠物也会逐渐好转起来；那样的话，您就可以不再对其进行治疗。我强烈建议，在这种情况下，您应当请专业人士来帮忙；即便您是使用此处列出的药物也该如此。心脏问题是一种复杂的疾病，经常需要专业人士来判断宠物的情况。

心丝虫病

心丝虫实际上是长在宠物狗心脏内的一种寄生虫（在罕见的情况下，猫咪身上也会长有这种寄生虫），能够长到28厘米长；在少数受到感染的狗狗身上，心丝虫会导致狗狗持久咳嗽、呼吸困难、虚弱无力、晕眩，有时甚至还会导致心脏衰竭。成年心丝虫会繁殖幼虫（称为“微丝蚴”）；这些幼虫会趁着饥饿的蚊子最有可能叮咬狗狗时（尤其是在夏季的傍晚），经由狗狗的血液而大量传播。一只蚊子叮咬过狗狗后，可能会将这些微丝蚴吸入体内；过后它再去叮咬另一只狗狗时，就会让后者感染心丝虫病。

蚊子将微丝蚴传播到另一条狗身上后，这些微丝蚴会在狗狗的皮肤下面经历两个发育阶段，然后再从附近的血管进入血液中。抵达心脏后，它们就会在这个“新家”安营扎寨、变为成虫，并且繁殖后代，重新开始上述循环过程；从第一只蚊子叮咬时算起，这一循环过程大约需要6个月的时间。

兽医若是在宠物的血液中发现了微丝蚴（幼虫），就可以诊断宠物患上了心丝虫病；但是，宠物身上不一定会表现出这种疾病的任何症状。在一个地区，只有一小部分宠物狗会确确实实地因为心丝虫而显著患病；这是因为，宠物常常需要受到大量心丝虫的感染，才会出现显著的症状。血液中只有少量的心丝虫，这是无关紧要的，可能不需进行治疗，因为它们会诱发狗狗体内一种天然的免疫力；而这种免疫力，又可以将心丝虫的数量控制在很低的水平。然而，一旦狗狗身上真的出现了临床症状，那么狗狗就必须接受治疗，并且往往都需要进行住院治疗。治疗时使用的药物毒性都很大，会让狗狗觉得非常难受；因此，在一些已经出现过心丝虫病的地区，我们应当更加重视预防，应当定期给狗狗服用药物。

// 心丝虫病的预防药物

这些预防性的药物，可以杀灭宠物皮肤下面的幼虫；而这些幼虫，是在用药前约1个月时感染的。通常来说，人们会在蚊子肆虐的季节到来前，就开始给狗狗用药，并且持续给药1～2个月，直到蚊子肆虐的那段时间结束。在有些地区，这就意味着全年都得给宠物狗用药。

这些药物，有没有副作用呢？当然有。毕竟来说，它们都是药物。人们已经把宠物身上出现的许多症状，包括呕吐、腹泻、癫痫、瘫痪、黄疸及其他肝脏疾病、咳嗽、流鼻血、高烧、虚弱无力、晕眩、神经系统受损、出血性疾病、食欲不振、呼吸困难、肺炎、情绪抑郁、嗜睡、突然出现攻击性行为、皮疹、抽搐，甚至是突然死亡，都归咎于使用了这些药物。

尽管出现这些反应的狗狗只属少数，但许多品种的狗类身上都会出现这些症状。一些兽医还报告说，在每月服用抗心丝虫药物后最初的那一两个星期里，许多狗狗都会出现消化问题和肠胃不适、暴躁易怒、行动不灵活等症状，以及完全觉得狗狗“虚弱无比”的现象。

美国兽医协会一份关于药物不良反应的报告表明，所有报告的药物反应和因药物反应造成的死亡病例中，分别有65%和48%的比例，都是由心丝虫病的预防药物导致的。

然而，我并不是想要人们停止使用心丝虫病预防药，尤其是在感染率很高的地区；之所以如此，部分原因就在于，我并不能保证他们的宠物狗不会染上心丝虫病。尽管如此，我还是不喜欢使用这些药物；并且我还认为，它们导致的疾病会比我们想象的更多。

那么，我们还有别的什么选择呢？可惜的是，针对心丝虫病进行的研究，目的几乎全都是为了找出新的药物来杀灭微丝蚴。至于提高宠物狗对这种寄生虫的自然抵抗力，人们却很少关注。然而，我们已经切实了解到的几个事实却证明，其实这是一个很有前景的努力方向；其中的一个事实，就是野生动物对这种寄生虫具有强大的抵抗力。也就是说，野生动物会轻微感染这种疾病，然后形成免疫力。另一个事实就是：据估计，在心丝虫病高发地区，约有25%～50%的狗狗受到感染后，会对微丝蚴产生免疫力，并且不会通过蚊子，将心丝虫传播到其他狗狗身上。最终，受到少量心丝虫感染后，尽管它们仍然会被携带这种寄生虫的蚊子叮咬，但绝大多数宠物狗都不会再遭受更多的感染。换言之就是，它们能够控制感染的程度。

这一切，全都说明了宠物狗本身的健康状况和抵抗力的重要性。生物学领域里进行的研究已经

表明，寄生虫在大自然中的作用，就是在不健康的、身体虚弱的动物体内大量滋生。这一点，让我们回到了本书的核心主题之上：如果爱惜宠物，让它们拥有最佳的健康状态，那么宠物对寄生虫（和疾病）的抵抗力就会强大得多。这样做，与不停地用药物去毒害宠物相比，难道不是一种更加诱人的办法吗？很显然，我们需要在这个方面进行更多的研究才是。

如果问一问，为什么过去30年来，心丝虫病会在全美的宠物狗中如此广泛地传播开来，那么另一个被人们忽视了的因素就会浮现出来。有些权威人士指出说，只要我们通过某种方式造成蚊子的数量增加，就会打破大自然的平衡，心丝虫病的发病率就会上升；我很同意他们的这一观点。例如，如今心丝虫病的发病率之所以正在提高，就是因为气候变化让原来一些太过寒冷的地区，变成了适合蚊子繁殖和滋生的地区。

所以，可能是因为环境失衡，加上数十代宠物狗因为以商业性狗粮为食、受到药物与杀虫剂的毒害而健康状况日益恶化，才导致了这种不自然的、寄生虫病发病率急剧增加的现象。近期的研究表明，尽管进行了这么多年的预防性治疗，但不管是哪个地区，如今心丝虫病的感染率却还是与1982年没什么两样，这一点尤其令人觉得灰心。不用多想，我们就能看出，继续用药物进行预防的方法，完全是一条死胡同。

一些采用整体疗法的兽医，始终都在对一种顺势预防药进行实验；该药是用受到心丝虫感染的宠物血液制成的，叫作“心丝虫病质药”。尽管我们只能做规模很小的临床研究，但结果却令人鼓舞。这种药物，最终可能给我们提供一种真正能够替代用药的疗法；不过，我们还需要进行更多的研究。

// 预防措施

对于那些有志采取一种自然的、不用化学药品的预防方法的人，下面有一些建议可供采用，它们都有助于防止宠物患上心丝虫病。您应当利用本书中推荐的最佳营养建议去喂饲宠物。在宠物食品中添加啤酒酵母或者营养酵母，既能让食物带有猫狗非常喜欢的味道，还可能有助于驱走叮咬宠物皮肤的蚊子。要想进一步将宠物受到蚊子叮咬的可能性降到最低，您可以在傍晚和夜间都把狗狗关在家里。宠物外出时，应当使用下面这种天然的驱虫剂：将1滴桉树油用1杯温水稀释，然后涂抹在宠物的鼻口、肛门和生殖器等部位（它们都是蚊子最喜欢叮咬的地方）。您应当小心，不要把桉树油抹到宠物的眼睛和黏膜等敏感器官上。

// 治疗方法

要记住，宠物身上寄生有少量的心丝虫，这种情况本身并不严重。兽医可能会出具呈阳性的化验单；但在临床实践中，只要宠物身上没有出现症状，我都会让顾客采用营养疗法，而不会用药物去给宠物进行治疗。

如果宠物狗的化验结果呈阳性，并且出现了症状（通常都是一种轻微的干咳，并且对体力消耗的耐受性下降），那么您可以在使用常见的药物治疗前先试一试下面这种疗法。如果宠物的治疗反应很好，那么您从此时起开始重视宠物的营养，可能就足够了。

顺势药物“硫30c”：该药会增强宠物对寄生虫的整体抵抗力。按照“顺势疗法时间进度5”给药。

肝　炎

参见“肝脏疾病”一节。

髋关节发育不良症

这个术语，指的是一种髋关节先天畸形症。髋关节发育不良症，通常都被兽医行业看成是一种基因问题受到环境中各种影响而变得复杂化了的结果。然而，这种观点并没有真正令人满意地解释清楚患上此种疾病的原因。遗憾的是，这种疾病在狗类身上非常普遍。

髋关节发育不良症并不是一种先天性疾病。这种疾病是在幼犬时期出现的；原因在于，幼犬的髋关节形状松散或者“肥大”，使得膝盖部位的腿骨活动过多。由于韧带太过虚弱，关节周围的结缔组织无法让关节保持充分稳定，因此狗狗的髋关节就会发炎和受损。除此之外，这种狗狗还很容易患上风湿病，即腿部和髋关节部位的肌肉和结缔组织发炎、疼痛。如果没有得到治疗，这些部位就会逐渐丧失功能。有些年龄较大的宠物狗，实际上整个后腿都不能用了。

// 预防措施

预防，就是最佳的开始之道。一代又一代的不良育种，很可能对宠物患上髋关节发育不良症产生了极大的作用，而由此带来的影响会在每一代宠物身上不断放大。让幼犬保持良好的营养，是一种非常明智的开始。有证据表明，摄入的钙质过量，会增加宠物狗患上髋关节发育不良症的概率；因此，您的喂饲量最好是不要超过我们的推荐量。您只需按照我们在本书中提出的建议，用各种营养丰富的食物去喂饲狗狗即可。

人们还有一种很古怪的观点，认为髋关节发育不良症是因为狗狗生长过快导致的。实际上，有些人还提出，应当限制狗狗的进食量或者蛋白质摄入量，以此来防止幼犬出现发育异常的情况。他

们以为，让狗狗保持很小的体形，就能防止狗狗患上这种疾病。可实际情况并非如此。

我们有一些充分的证据，证明髋关节发育不良症部分是由慢性亚临床坏血症（缺乏充足的维生素C）导致的。根据这种观点，髋关节之所以发育不良，是因为关节周围的韧带和肌肉无力。维生素C则是这些组织器官必需的一种营养成分。

兽医学博士温德尔·本菲尔德曾经在《兽医学/小型宠物临床医师》杂志上报告说，给服大剂量的维生素C，曾经让8窝德国牧羊犬的幼崽百分之百没有患上髋关节发育不良症；可产下这些幼崽的公犬母犬，要么是本身就患有这种症状，要么就是曾经生下过患有此种疾病的幼崽。

他用的是下述这种预防方案。

⊙对于怀孕期间的雌狗，根据每日的喂食量，给服2～4毫克抗坏血酸钠晶体（1/2～1茶匙纯抗坏血酸钠粉，也可以使用抗坏血酸）。

⊙幼犬出生后，每天给它们口服50～100毫克的维生素C（用液态喂饲）。

⊙在幼犬长到3周大时，剂量增加至每天给服500毫克抗坏血酸钠（拌在食物中），直到幼犬长到4个月大。

⊙幼犬长到4个月大后，剂量增加到每天1～2克，并且持续给服到幼犬长到18个月或者2岁大。

// 疫苗接种

预防办法中还有一个重要的因素，那就是给狗狗接种疫苗。髋关节松散，可能属于给年纪很小、正在发育中的宠物接种疫苗导致的恶果之一；因此，您的预防方案中应当包含一个重要的组成部分，那就是尽可能将宠物接种的疫苗数量降到最低（请参见第16章），尽可能将宠物接种疫苗的次数降到最低，以便将疫苗接种的不利影响降到最小。许多育狗的人都会给幼犬接种过量的疫苗，这种做法既不必要，对狗狗保持良好的健康也没有好处。如果是从育种人那里购买幼犬，那么您应当与育种人进行协商，并且按照我的推荐事先做好安排，修改幼犬接种疫苗的时间进度。这样做很重要，因为幼犬当时并不会出现髋关节发育不良的症状，可随着时间的推移，待到症状出现后再去采取预防措施，就为时太晚了。

// 预防性的顺势疗法

这种疗法可能对幼犬非常有效，可以消除疫苗接种和不良遗传的影响，您可以在买来小狗后马上利用这种办法开始进行治疗。同时，这种疗法也适用于年龄较大的宠物狗。由于幼犬的身体正在发育，因此幼犬会对这种疗法做出最积极的治疗反应。

顺势药物“北美香柏30c”：在开始实施预防方案时，就给狗狗服用1剂，并且按照“顺势疗法时间进度4”给药。接下来，等过了这个月后，再给宠物使用下面这种药物。

顺势药物“碳酸钙30c”：按照“顺势疗法时间进度4”给药。

按照前文提出的建议，结合使用维生素C，并且尽早开始，您就很有可能让宠物不会患上这种疾病。

// 治疗方法

宠物身上的症状已经很明显后，传统的治疗方法主要就是给宠物实施多次手术，包括切除某些肌肉、重新调整关节、去除腿骨顶端，或者用一种人工装置完全替代整个髋关节。如果您想看一看自己能不能不采取传统疗法，您就可以试一试下面这些药物。

顺势药物“盐肤木30c”：尤其适用于刚开始走动时特别难受，但一动起来后肌肉似乎就放松下来了的宠物狗。按照“顺势疗法时间进度5”给药。

顺势药物“碳酸钙30c”：假如第一种药物（见上）暂时起到了明显的作用，您就可以等上1个月，让它充分发挥出药效，然后接着使用“碳酸钙30c”，因为它的效果更加深入和持久。按照“顺势疗法时间进度4”给药。

您还有一种选择，那就是与一名采用顺势疗法的兽医协作，继续使用专门针对宠物的其他药物。患有此种病症的宠物狗往往都会疗效显著，从而不必进行手术了。

脊柱按摩疗法可能也有很好的效果，并且可能足以在一段时间里控制住宠物的病情。

传染性腹膜炎

参见“猫类传染性腹膜炎”一节。

受　伤

参见第487页的“应急处理与急救”一节。

腰椎间盘突出症

参见“瘫痪”一节。

黄　疸

黄疸可能是由多种因素引起的，症状则是组织器官明显泛黄。我们通常都认为，这是一种肝脏疾病，但其他原因也有可能导致黄疸。如果宠物血液中的红血细胞快速衰竭（例如，因为血液寄生虫、某些化学品或药物、各种各样的感染或者被毒蛇咬了，导致红血细胞迅速衰竭），那么肝脏就无法对释放出来的所有血色素进行迅速处理。结果，肝脏会释放出一种黄色的色素（它是血色素中的一种成分），从而将组织器官染成了黄色。

兽医必须区分，宠物身上的黄疸究竟是由这些因素导致的，还是与肝脏疾病相关。如果是肝脏有病，那么宠物的粪便通常都会泛白。然而，如果黄疸是由红血细胞衰竭导致的，那么宠物的粪便通常就会因为其中的胆汁过多而呈黑色。

由完好的红血细胞突然丧失而导致的那种黄疸，即便是没有出现明显的失血症状，也会导致宠物患上贫血症。要想促进宠物体内产生出新的红血细胞，您可以遵循“贫血症”一节中的建议去做。除了解决导致红血细胞衰竭的所有潜在原因，您只要每天都让宠物直接晒上几个小时的太阳（如果天气太热的话，也可以让宠物间接地晒一晒），持续数天，就可以治好这种非炎症性黄疸。阳光会刺激宠物，使宠物体内消除掉那种导致黄疸的色素。此外，利用下述药物，可能也会有效。

顺势药物“马钱子30c”：该药可以增强肝脏胆汁的流动，促进肝脏内聚积的有毒物质排出体外。如果疾病似乎有可能是由某种有毒物质引发的，比如某种化学品或者被有毒生物咬伤，那么该药就尤其有效。按照“顺势疗法时间进度5”给药。

顺势药物“中国缬草30c”：如果疾病是由大量失血导致的，并且宠物的身体似乎非常虚弱，那么该药就最为有效。按照“顺势疗法时间进度5”给药。

犬舍咳

参见“上呼吸道感染（感冒）”一节。

肾衰竭

肾脏的功能，就是过滤血液，并且将体内组织器官并不需要或者不健康的东西排出体外。想一想，我们已经发现食物中聚积了多种化学物质，其中还包括像汞、砷、铅和镉这样的有毒金属，那么，肾脏的健康状况不断恶化成了老猫老狗身上的常见问题，这一点就不足为奇了。肾衰竭，也是导致猫类死亡的主要原因。

对于绝大多数猫咪来说，这种疾病都是在它们很小时就开始了，症状是日益消渴、周期性地出现膀胱炎（膀胱发炎）。多年后（通常都是猫咪成年后），猫咪的肾脏出了问题，这一点就会变得非常明显。换言之就是，日后会患上肾衰竭症的猫咪，往往在小时首先就会患有膀胱炎。

通常而言，对于患有膀胱问题的猫咪，我们都会用酸性较大的食物配方去喂饲（旨在通过让尿液呈酸性，来防止宠物身上出现膀胱炎症状）；不过，尽管有效，这种做法实际上只是掩盖了肾脏正在“暗中”衰竭下去的事实。

至于猫类为什么经常会患有这种疾病的原因，人们还没有了解清楚。有时，人们会把原因归咎于细菌感染，而我治疗过的许多肾衰竭病例，患病猫咪也都在接受抗生素治疗。然而，这种疾病几乎全不是由细菌感染导致的，因此抗生素根本就没有什么作用；要说有作用的话，那也是使猫咪病得更加厉害。

我的临床经验表明，就像我在本节一开始时提到的那样，有毒物质正是导致肾脏疾病一个非常重要的因素。例如，汞已经在我们所处的环境中聚积了几十年，在海生鱼类身上的聚积量最高，而许多猫咪吃的都是含有这些鱼类的食物。想一想这种情况吧，这可能就是它们生病的一个因素。汞中毒会对肾脏产生直接的影响，会让宠物感到不舒服。

我还认为，疫苗也在这种疾病中发挥了作用，因为人们已经发现，疫苗会诱发宠物身上产生出针对本身正常组织器官的抗体。如果考虑到疫苗病毒常常都是用肾脏细胞培养出来的，疫苗中也会含有构成肾脏细胞的物质，那么疫苗可能导致这种异常的免疫功能，就是顺理成章的事情。科罗拉多兽医学院进行的一项研究，就证实了这一点。[11]接种过由肾脏细胞培养出来的疫苗（猫泛白细胞减少症疫苗、杯状病毒疫苗、疱疹病毒疫苗）后，猫咪就会产生出针对自身肾脏的抗体。这种情况会导致猫咪的肾脏发炎，它与自然条件下猫咪患上肾炎（间质性肾炎）的方式是一样的。我们更加值得注意的一个原因，就是过度接种疫苗（参见第16章）。

肾脏的净化功能，也与皮肤的清理功能相关，因为皮肤是另一种重要的清洁器官。老年宠物身上那种最终发展而成的肾衰竭症发作前，宠物通常都会先出现皮肤瘙痒和皮疹症状。如果宠物皮肤的分泌物受到皮质类固醇的反复抑制，肾衰竭的过程就会加速。

---

11 参见迈克尔·R. 拉宾、兰德尔·J. 巴萨拉巴和韦恩·A. 延森合撰的论文《接种了“克兰德尔·瑞斯”猫类肾脏细胞溶解液的猫身上出现间质性肾炎》，发表于《猫病专科杂志》第8期(2006年)，第353~356页。

// 疾病的症状

我们甚至很难意识到宠物正在患上这种肾脏疾病，因为肾脏具有极大的本领，可以补足自身组织的流失。只要有1/3的肾脏组织还在发挥功能，宠物身上就不会出现明显的疾病征兆。然而，超过了这个比例，病症就会慢慢地显露出来。到了肾脏组织只有15%～20%还在发挥功能时，宠物就会因为体内毒素的聚积和脱水而走向死亡。

// 早期症状

肾衰竭的早期症状，通常都是宠物日益消渴、经常撒尿、尿量大且排尿无力、晚上憋不住尿，并且偶尔会出现一段时间内精力不足、食欲不振的现象。

那么，什么样的口渴才算消渴呢？狗类的口渴感与人类相似，因此您可以利用常识，注意狗狗有没有出现并非因为天气炎热或者进行了锻炼导致的口渴现象。

至于猫咪，如果它每天都要喝水（甚至喝得不这么经常），那就值得怀疑了；即便它只是一只两三岁的小猫，也是如此。由于猫类是从干旱地区进化出来的，因此出于天性，身体健康的猫咪很少喝水，甚至是不喝水。这条法则唯一的例外，就是在猫咪只吃干食（我并不推荐这种做法）的情况下。干食中含有的水分太少（只有大约10%，而自然饮食的含水量则达到了80%～85%），使得一些猫咪必须喝水才行，尽管这样做有违它们的天性。然而，如果您的宠物猫吃的是罐装食物或家里烹制的食物（或者说，是您让猫咪转而去吃这种食物后），可猫咪却仍然需要喝水，那么猫咪就是身体有了问题。

假如用心的话，您就可以早点觉察出肾衰竭的这些早期症状。那样的话，您就更有可能通过一种优化过的饮食和其他的自然疗法延长宠物的寿命，而不会只是等着宠物出现危急情况了。当然，如果您的宠物猫反复出现膀胱炎症，那么就是一种提示，说明宠物的这个部位必须恢复健康才行。

// 晚期症状

随着病情发展，猫咪可能会出现恶心或呕吐的症状，并且每次会持续好几天的时间。再往后发展，就是猫咪的口腔出现病变，即出现口臭和溃疡。

到了这个时候，宠物需要进行紧急的静脉注射，输入大量的液体才能保住性命。过后，猫咪的情况会恢复到相对正常的水平，但这是一种脆弱的正常水平，因为在许多病例中，猫咪的肾脏组织有60%～70%都已损坏，无法再修复了。

肾脏可以通过让代谢变得更快，来应对这种情况。体液会在肾脏的推动下，更加迅速地排出体外（最高会比平时快上20倍），从而导致维持生命所必需的一些盐分、水和其他营养成分流失。可以这样来想象：一条主干道堵上了，大家不得不开车从街道上绕过去；而一条交通畅通的道路则要留给警察，让警察可以站在交叉路口，挥着手对每一个开车速度都要比正常速度更快的司机进行指挥。想象一下，司机们都会大声叫喊："走啊!往前走。我们必须通过!"肾脏的补偿功能，就有点像是这样。

这种代谢加速的情况会日益严重，最终达到体液过度流失、身体变干、脱水的程度。这会让病情更加严重，因为体液不足，会干扰到体内的循环和消化功能。因此，到了这个时候，绝大多数宠物都必须接受输液，并且常常是余生中每天都必须输液了。

// 肾衰竭与尿毒症

如果您的宠物已经到了患上疾病晚期的尿毒症（蛋白质的代谢废物积滞起来）这个阶段，那么改变宠物的饮食会有一定好处。但这种做法在疾病早期不一定有用，因为改变饮食并不会阻止疾病进一步发展。更准确地说，这是一种**应对有毒物质聚积**的办法，出发点是减少毒素的聚积量。

营养方面也存在一个问题，那就是与碳水化合物和脂肪相比，蛋白质并不是一种非常"清洁"的食物。蛋白质在消化过程中，会把源自蛋白质本身的氮排出来，经由血液送往肾脏去加以清除。如果肾脏不再发挥完整的机能，那么这种氮就会在血液中逐渐聚积起来，导致各种症状，造成所谓的"尿毒症"。至于缓解办法，就是少给宠物喂饲蛋白质，而多喂饲碳水化合物与脂肪。理想的食物配方中，都会含有充足的蛋白质；可患有尿毒症的宠物，需要的蛋白质却属于最低量，因此您应当转而把重心放在不含有氮这种代谢产物的营养物质上。请参阅第6章猫狗食物配方中的"今日食谱"，看一看第二行里的代码K。这种代码，指出了我们认为您用于此种病症时最有益的一些食物配方。

如上所述，除非到了毒素聚积的后期阶段，否则您就不需让宠物进行这种饮食改变。您可以试着用改变后的食物喂饲1个月，同时监测宠物的整体情况、体重以及口渴程度。过了这个月后，再给宠物验一次血，看看各项检测值有没有降下来。其中最重要的两项，就是血脲氮（BUN）和肌酸酐。如果饮食改变起了作用，那么血液中这两种成分的含量就会下降到接近于正常的水平。

您还可以做到的，就是换掉那些水溶性的维生素，因为它们很容易被排泄出体外，尤其是维生素B和维生素C；应当让宠物摄入充足的维生素A，因为这种维生素对肾脏很有好处。您可以喂饲一种宠物维生素，也可以喂饲人用维生素，但应当根据宠物的体重，减量喂饲（假定普通人的体重为65千克）。

许多患有肾脏疾病的猫咪，体内都会出现一种“低钾”状态，从而使得病情进一步复杂化，使得肾脏的情况更加严重。如果猫咪对此处（以及下文中）建议的疗法没有做出充分的反应，那么您可以向兽医进行咨询，看能不能在宠物饮食中添加一种葡萄糖酸钾补充剂。如果需要这样做，那么钾会让这些猫咪的表现大不相同的。猫咪通常的维持剂量是每天80～160毫克的钾，并且通常都需要长时间补充下去。

同样，宠物体内的磷元素水平可能会变得太高，并导致猫咪的病情加重。根据验血结果，兽医可以判断出磷元素水平究竟是不是一个问题，从而可能给宠物开一种可以抑制消化道内吸收磷的药物。

// 治疗方法

大家可以看出，我们越早干预这一过程，就越有利。很显然，我们希望减轻宠物肾脏的负担，因此完全更有理由尽量使用污染程度最低的食物去喂饲，并且将宠物接触到环境中有毒物质的可能性降到最低。您可能会希望再去看一看第10章，因为那一章里较为详尽地说明了普通家庭应当注意的一些方面。

// 其他方面的护理

应当定期地彻底梳理宠物的皮毛，每周给宠物洗一次澡（尤其是宠物狗），并且要用一种天然的、性质温和的非干性洗发水。让宠物有规律地进行不太剧烈的户外锻炼，呼吸到新鲜的空气，晒晒太阳。始终都要让宠物容易找到便溺的地方。始终都要有充足的纯净水供宠物饮用，并且将每日喂食量分成两顿，而不是只喂一顿（如果您以前只喂一顿的话）。

// 药物治疗

下面列出了一些可以增强肾脏组织的草药和顺势药物，您可以从中选取一种来试一试。

草药“紫花苜蓿”（学名：Medicago sativa）：使用酊剂，每天3次，猫咪或小型犬每次给服1滴或2滴，中型犬每次给服2～4滴，大型犬每次给服4～6滴。持续给服，直到您看到宠物有所好转，然后再将给服次数减至每天1次，也可根据需要而定。或者，您也可以使用苜蓿片剂，每天2次，（根据宠物体形大小）每次给服1～4片不等。应当将片剂碾碎，拌进食物中给服。

草药“药用蜀葵”（学名：Althaea officinalis）：将2汤匙药用蜀葵花或药用蜀葵叶加

入1杯开水中，制备成浸提剂。浸泡5分钟。您也可以将其制成煎剂（效果更佳）：把1茶匙药用蜀葵根倒入1杯开水中，浸泡20～30分钟。每天2次，猫咪或小型犬每次给服1/2茶匙，中型犬每次给服1茶匙，大型犬每次给服1汤匙。您也可以试着将药液拌入食物中去喂饲。持续给服几个星期，然后逐渐降低到每周给服2次。

顺势药物“马钱子30c”：该药对尿毒症的临时治疗很有益处。通常来说，它对缓解中毒的症状都有效果，尤其是可以缓解恶心、呕吐以及觉得浑身不适等症状。按照“顺势疗法时间进度4”给药。

顺势药物“氯化钠6c”：该药可以协助身体将水分利用起来。它适用于消渴症状严重、喜欢躺在凉爽之处的宠物猫狗。按照“顺势疗法时间进度6（a）”给药。

顺势药物“磷6c”：该药对于那种极感口渴、喜欢喝冷水，并且在喝水或进食后不断呕吐的宠物猫狗很有效果。这种宠物的食欲通常都会下降，同时体重也会降低。按照“顺势疗法时间进度6（a）”给药。

顺势药物“活性汞或汞稀释液6c”：适用于宠物口腔或舌头出现溃疡时，这时，宠物呼出的气体会有恶臭味，唾液增多，并且通常都黏糊糊的。它们都属于尿毒症的症状，用该药可能会有好处。要想让宠物持续好转，您必须对宠物的饮食进行调整，减少宠物摄入的蛋白质；否则的话，宠物身上的症状就会复发。按照“顺势疗法时间进度4”给药。

// 急救

肾脏功能虚弱或者衰竭的宠物出现严重的危急情况时，只有兽医才能最充分地进行处理。通常情况下，静脉输液对这种宠物的存活至关重要，因为任何口服的药物都会被宠物马上呕吐出来。兽医可以教您每天怎样给宠物进行皮下输液；这种措施，可以帮助许多猫咪多活好几个月，甚至是多活好几年。猫类的存活时间要比接受类似治疗而存活下来的宠物狗更久。

还有一种支持性的疗法，出自草药医师朱丽叶·德·贝拉克利-莱维之手；她建议说，在危急时期过去前，不要给宠物喂饲任何固态食物。相反，您应当喂饲：

凉香芹茶：将1汤匙新鲜香芹放入1杯热水中，浸泡20分钟。每次给服1至2汤匙，每天3次。

大麦茶：制作大麦茶的方法是，往1杯全麦中倒入3杯开水。盖上盖子，浸泡一个晚上。到了早上，用棉布过滤并将茶汤挤出来。然后加入2茶匙蜂蜜与2茶匙纯柠檬汁。每次给宠物喂饲1/4至2杯这样的大麦茶，每天2次（必要时，您可以制备分量更多的大麦茶）。

防风丸：将新鲜切碎的防风根（它有助于给肾脏解毒）与浓蜂蜜拌起来（蜂蜜可以提供能量）。搓成球，然后根据需要给服。这种混合药，狗狗比猫咪更有可能喜欢吃，因为众所周知，我们是很难让猫咪把不常见的东西吃下去的。

灌肠剂：始终都要让宠物能够喝到纯净水。然而，假如宠物难以消化和吸收流质食物，那么您每天可以给宠物使用1～3剂灌肠剂，直到宠物不再呕吐为止。每9千克体重所需剂量的配制方法是：将1/2茶匙海盐、1/2茶匙氯化钾（一种食盐代用品，许多食杂商店里都有售）、1茶匙柠檬汁和500毫克维生素C，充分溶解于0.5升微温的水中（使用方法请参阅第18章）。宠物在脱水的情况下，会留住灌肠剂而不会把灌肠剂排泄出去，从而有助于补充宠物血液中流失的成分。

要记住，最最重要的一个方面，就是要给宠物喂饲大量的流质，以便为宠物的组织器官补充水分，并且对肾脏进行冲洗。没有给宠物充分补液，治疗就不会获得成功。如果宠物呕吐的情况很严重，并且持续不止的话，那么您可以使用本部分中“呕吐”一节推荐的那些办法。尤其是，您可以利用那一节中给出的“吐根6c”这种顺势药物。

肝脏疾病

肝脏是体内最重要的器官之一。它会参与体内的无数种生理过程，其中包括：生成血蛋白、脂肪和凝血蛋白；贮存能量（比如糖原这种动物淀粉），用于生成身体所需的血糖；贮存脂溶性的维生素与铁；清除药物、化学品以及其他不可用之物的毒性；将身体不再需要的激素消除活性；分泌胆汁以及正常消化所需的其他物质。如果这些功能还不足以让肝脏忙碌起来，它还需要将来自消化道的血液进行过滤，不让一些可能有害的细菌进入到体内的其他器官中。

因此，您可以想见，肝脏出现炎症（肝炎），以及这一重要器官出现了其他疾病，都是非常严重的情况。肝脏出现问题后的症状，包括恶心、呕吐、食欲不振、黄疸（组织器官泛黄，从宠物的眼白或者耳内能够最明显地看出来），或许还会出现宠物排出的大便呈浅色或者“样子油腻”的现象（这是由胆汁分泌不足和消化不良导致的），以及因为积液而造成腹部肿胀。

肝脏功能不全是由许多因素导致的。虽说病毒感染或者吃了有毒物质属于其中的两个因素，但在绝大多数情况下，我们很难说清楚起初究竟是什么原因导致了这种疾病。

// 治疗方法

由于在分解和吸收利用食物的整个过程中肝脏处于非常核心的地位，因此治疗方法应当是，通过短期禁食或者让宠物少食多餐、摄入容易消化的食物，来将肝脏必须发挥的作用降到最低限度。在肝炎早期的急性阶段，禁食是最佳的办法，尤其在宠物发烧时。您可以遵循第18章中给出的禁食方法来进行。您应当让宠物吃上几天流食，直到宠物的体温恢复到正常水平，或者症状有所改善为止。在这段时间里，您可以给宠物采取下述疗法。

维生素C：根据宠物的体形大小，每次给服500～2 000毫克，每天4次。将抗坏血酸钠粉剂溶于少量水中（1/4茶匙抗坏血酸钠粉差不多是1 000毫克），最容易给服。

下述药物中的一种，可能也很有效果。

顺势药物“颠茄30c”：在宠物发烧、情绪烦躁不安、头热和瞳孔放大这一阶段最为有效，因此常常都是我们使用的第一种药物。按照“顺势疗法时间进度2”给药。

顺势药物“马钱子6c”：按照“顺势疗法时间进度6（a）”给药。假如给服了该药后几天都没有作用，那就可以尝试下一种药物。

顺势药物“磷6c”：适用于该药的宠物，通常都会有消渴、容易呕吐、腹泻或者大便细窄、坚硬等症状。按照“顺势疗法时间进度6（a）”给药。

待宠物病情有所改善、症状消退后，您就可以逐渐用我们推荐的食物配方去喂饲宠物了。不过，要让宠物摄入的脂肪量降到最低，或许还可以暂时性地降低宠物的脂肪摄入量。因为这时候，宠物的肝脏可能无法产生出足够多的胆汁来消化脂肪。由于其中含有的主要是碳水化合物，因此谷类通常都会被宠物很好地消化掉。待宠物过了一两个月的恢复期后，您就可以逐渐而谨慎地开始使用标准的食物配方去喂饲宠物了。

在这段康复期内，您应当尽量主要使用新鲜、营养全面的食物去喂饲宠物。当然，有些食物（比如谷类和豆类）必须烹煮得很烂，宠物才能消化。只有等到烹煮的食材放凉了后，才能将食物拌起来喂饲。这是一种预防性的做法，可以让宠物尽可能迅速康复所需的营养成分不会改变，并且让摄入量达到最大。如果宠物消化吸收了这些食物，那么可以试着每天都往宠物食品中添加切碎了的新鲜甜菜（1～3汤匙），用它来刺激肝脏恢复活力。往宠物食品中添加1～2汤匙切碎的新鲜香菜，也是很有效果的。

在宠物康复的过程中，您还应当继续给宠物服用维生素C；不过，随着时间的推移，您可以减少给服的剂量。如果在出现了一定的好转后，宠物身上的症状重新复发，那么您应当回过头去，重

新利用上一次最有效果的那种药物。所有症状都消失后，您就可以不再继续给宠物服用维生素C了。

莱姆病

这种疾病，是20世纪早期人们在欧洲（的病人身上）首次发现的；自那以来，整个欧洲、澳大利亚、俄罗斯、中国、日本和非洲都报告过这种病例。从1975年以后，这种疾病在美国就被称为“莱姆病”，当时人们第一次发现，这种疾病在康涅狄格州“老莱姆”镇的孩子中引发了关节炎。大量的研究表明，这种疾病是由一种螺旋菌引起（螺旋菌是一种与梅毒有关的微生物，但它不会通过性接触传播），然后通过扁虱叮咬传播的。在人类身上，莱姆病会导致患者出现皮疹、困倦、发烧畏寒、头疼、背疼、关节炎以及其他的症状。

然而，动物患上这种疾病后，情况就不同了。我在这里即将谈及的内容，您在别的地方很可能听不到。简单地说，这种疾病实际上并非像其他一些传染病那样（比如犬瘟热或者细小病毒症），并非只有宠物狗会患上。要想更加详细地来解释一番的话，您就需要有一定的耐心才行。我们不妨从一些背景知识开始。

我们如何知道一种细菌会导致疾病呢？不妨假定人们因为某种新的细菌而生了病，我们并不知道这种细菌是什么。如果仔细检查，在患者的血液中找到了某种病菌，那么就有可能是这种病菌导致了疾病。那么，我们又怎样知道，这种判断是否正确呢？要知道，通常情况下，我们的体内和体表都生存着成百上千种细菌、病毒和真菌，但它们根本不会导致任何疾病。从数量上来看，健康而正常的身体内部，微生物可比细胞还要多呢！

最显而易见的一种检验办法，就是我们可以将这种“新的”病菌注入某个人的身上，看他会不会得病；而且，不仅仅是生病，他表现出来的症状，也要与我们前看到的一样才行（哦，如果是一种人类疾病，我们就会把病菌注入一只可怜的动物身上）。很符合逻辑，对不对？人们一直都是利用这种方法，去判断一种微生物究竟是不是导致某种病症的原因。您必须记住我的这句话：医学史上充斥着人们原以为是某种东西导致了疾病，可最终却证明这种东西完全无害的现象。

所以，狗类身上这种莱姆病的历史也是如此。尽管科学家们已经多次将那种微生物注入狗类体内，可他们一直无法让狗狗再次患上这种疾病；也就是说，他们无法通过把病菌注入狗狗体内而让宠物狗患上莱姆病。哦，他们有一种可以让狗狗患上症状较为轻微的莱姆病的办法，那就是先给狗狗使用肾上腺皮质酮类药物（因为这种药物会对宠物身上的免疫系统产生抑制作用）。普遍的结论是，狗类的确具有通过扁虱而受到感染的风险，但它们对这种疾病具有天生的免疫力，只有免疫系统受到了干扰的少数宠物狗，才有可能表现出一些轻微的症状来。这种情况说明，似乎只有一小部分宠物狗，即那些已经出现了某种健康问题的狗狗，才会出现一种过度的反应；并且，它们做出的反应，也更像是一种过敏反应。

好吧，我知道兽医跟您说的肯定不是这么回事；并且，兽医会提出许多可怕的警告，说狗狗可能会患上莱姆病，需要使用抗生素，您应当如何如何给狗狗接种疫苗，对不对？那么，我们又如何来验证这一点呢？多年来，我已经治疗过许多被诊断患有此种疾病的宠物狗；我从中获得的经验也相同，那就是：莱姆病其实是一种无关紧要的疾病。“等等，”您会说，“可狗狗身上的确会出现症状，兽医说这就是莱姆病呀。怎么会这样呢？”

兽医所称的狗类莱姆病，症状包括关节炎、关节疼痛和跛腿（这是一种常见的症状）。有时，狗狗还会发烧，但一般情况下不会如此。由于美国一些地区的狗狗经常受到扁虱的叮咬，并且叮咬过后皮肤上还会留下红斑，因此兽医的逻辑有点像是这样：狗狗的腿跛了，又有被扁虱叮咬过的证据，因此狗狗患上的一定就是莱姆病。兽医通常都会开出抗生素，而绝大多数狗狗用了抗生素后，症状也确实好转了。但他们没有明白的是，不管治与不治，这些狗狗的症状都会好转。对于患有这种症状的狗狗进行的研究表明，其中85%的宠物狗都会在根本不用抗生素的情况下康复过来。至于剩下的那15%，不管用不用抗生素，它们的症状都会持续下去。

被扁虱叮咬过的宠物狗，出现患病症状的频率又有多高呢？据宾夕法尼亚大学的梅丽尔·利特曼称，即便是在美国，虽然这种疾病最为普遍，90%的狗狗都容易受到病菌感染，但也只有4%的狗狗会出现跛足、食欲减退或发烧等症状。它们似乎都拥有一种天生的免疫力。“哦，”您会说，“难道这4%的狗狗，不是莱姆病的证据吗？”虽说我们可以持有这种观点，但研究已经表明，出现了症状的这一小部分宠物狗，体内的免疫系统都是因为某种别的原因而受到了削弱。因此，莱姆病并不是一种通常意义上的传染病。

那么，我们又该怎样来理解这一切呢？我认为，特拉华州威明顿市的雪莉·爱普斯坦医生，为我们提供了一种深刻的见解。自从她在临床实践中大幅削减宠物的疫苗接种（将每只宠物接种的疫苗总量减至3种或4种，接种单一疫苗而非联合疫苗，并且在两次疫苗接种之间留有时间间隔）后，她每年只看到有一两只宠物狗患有莱姆病，而它们身上的症状也只是与莱姆病相似。这种情况，与她以前的经历，与她所在地区其他开业兽医的经验，都形成了鲜明的对比（其他兽医会给一只宠物狗接种30～40种疫苗，并且用的是联合疫苗）：其他的兽医，每周都会看到1只患有莱姆病的宠物狗。有可能，是过度接种疫苗的做法，导致宠物狗对体内的莱姆病毒产生了一种异常的免疫反应；不然的话，这些宠物狗对莱姆病毒原本是具有抵抗力的。

假如您认为自己的宠物狗（或者宠物猫，但这种情况很罕见）身上出现了这些症状，那么利用顺势疗法您就可以非常轻松地治好宠物。下面是具体的做法。

// 治疗方法

顺势药物“舟形乌头30c”：适用于处在发病早期、有高烧症状，尤其是同时还表现得焦躁不安的宠物狗。按照“顺势疗法时间进度1”给药。这是第一种疗法，适用于疾病早期，后面的药物则适用于“舟形乌头30c”没有彻底清除掉而遗留下来的那些症状。

顺势药物“白泻根30c”：适用该药的宠物狗会安静地躺在那儿，用最微弱的力气叫出声来。可以给那些因为疼痛而不愿动弹的狗狗服用这种药。按照“顺势疗法时间进度1”给药。

顺势药物“盐肤木30c”：该药适用于行动不灵活、感到疼痛，尤其是躺了一会后、刚刚走动时有这些症状的宠物。然而，待宠物走动起来后，它的关节似乎就会舒展开来，僵硬的状况也不那么明显了。按照“顺势疗法时间进度1”给药。

顺势药物“白头翁30c”：可以给患病后变得非常顺从或者黏人，并且不想喝水的宠物狗服用这种药。按照“顺势疗法时间进度1”给药。

顺势药物“活性汞或汞稀释液30c”：该药对除了以上症状有效，还对牙龈红肿、口臭、容易流口水等症状的狗狗很有效果。按照“顺势疗法时间进度1”给药。

您还要记住，无论什么时候，只要宠物患上的是有发烧症状的急性疾病，那么让狗狗禁食几天，都是很有好处的（请参阅第18章）。

如果上述疗法都没有效果，那么您碰到的这种疾病，很可能需要一个接受过顺势疗法培训的兽医才能解决了。

// 疫苗接种

市场上有好几种针对莱姆病的疫苗，并且受到了许多兽医的大力吹捧。利特曼医生说，那些容易染病的宠物狗（那4%可能出现一些症状的狗狗），接种这些疫苗后，并不能获得保护。事实上，人们还有这样一种担忧：接种了疫苗后，如果这些容易染病的宠物狗受到扁虱感染，那么疫苗可能会让它们患上更加严重的疾病。我的建议是什么呢？那就是您还不如省点儿钱呢！

兽疥癣

参见“皮肤寄生虫”一节。

螨 虫

参见“耳部疾病”和“皮肤寄生虫”两节。

绝 育

参见“阉割与绝育”一节。

肥 胖

参见“体重问题”一节。

胰腺炎

这种疾病，多见于体重过胖、业已成年的宠物狗身上，一开始时通常表现为严重的突发性疾病。症状包括食欲彻底丧失、严重而频发的呕吐、可能带有血迹的腹泻、不愿走动、体弱无力，以及腹部疼痛（这种情况会使得宠物狗不停地吠叫，并且坐立不安）。疾病发作时严重程度不一，有些可能是轻微的、几乎觉察不出的症状，有的则可能表现为严重的、像休克一样、可能最终导致宠物死亡的神志不清。

这种疾病主要集中在消化系统，而核心又在于胰腺。引发此种疾病的根本原因如今我们仍然没有搞清楚，但我认为，胰腺炎是另一种免疫性疾病（就像猫类身上的甲状腺功能亢进症一样）。宠物吃了太多丰盛或油腻的食物，是一个直接的诱发因素，尤其宠物狗在垃圾桶或粪肥堆里大吃了一顿后，这种疾病就易发作。经常性的胰腺炎发作，最终可能会让宠物狗体内的胰岛素缺乏，从而导致狗狗患上糖尿病（请参见“糖尿病”一节）。

// 预防措施

采用适当平衡的自然饮食，并且与有规律的、充足的锻炼结合起来，是预防这种病症的部分措施。锻炼之所以重要，是因为它会促进宠物的消化和胃肠道蠕动，从而让宠物的大便变得有规律，锻炼还会让宠物的体重得到控制。

不要总是把宠物狗喂得过饱，因为肥胖是胰腺炎的诱发性因素。许多人最终都会把宠物狗喂得很肥，因为他们喜欢看到宠物尽情进食时的情景。欲想了解更多知识，请参阅“体重问题”一节。

还要认识到，这种疾病也有可能是慢性的；除非病症得到了治愈，否则就会以一种轻度炎症的形式，持续数月甚至数年之久。假如宠物狗曾经患过胰腺炎，那么您就要特别小心，饮食改变有可能导致这种疾病发作。我建议，尽可能少给患病宠物接种疫苗，因为接种疫苗后，宠物身上的免疫系统会变得更加活跃，从而有可能出现免疫介导性的危重情况。

// 治疗方法

治疗这种疾病，通常都需要让宠物住院；如果宠物出现极端严重的呕吐和腹泻，还要给它进行补液治疗。如果宠物病情轻微却反复发作，下述措施将有助于宠物的健康状况恢复平衡。

要用基本的自然饮食去喂饲宠物，并将食物中的植物油、黄油以及其他可能刺激到胰腺的油腻食物含量降到最低水平。绿叶蔬菜尤其有益，因为它们中的维生素A含量很高。应当给宠物喂饲维生素E，防止宠物的胰腺受损（可以给服50～200个国际单位，根据宠物的体型大小而定）。可以喂饲玉米（新鲜的更好，当然还应当是非转基因玉米，您也可以用磨碎或压碎的谷麦粒）和新鲜切碎的卷心菜，同时搭配其他种类的蔬菜。不要喂饲水果。

请参阅第6章狗类食物配方表里的“今日食谱”，看一看第二行中的代码A。这种代码，为您指出了对这种疾病最有益处的那些食物配方。

应当让宠物少食多餐，喂饲时，所有的食物都应当保持室温，以便宠物最充分地进行消化。有时，在宠物的每顿食物中添加宠物用胰腺酶也是有好处的，因为这种酶可以协助消化。也可以喂饲人用的胰腺酶产品：小型犬给服胶囊容量的一半，而体型较大的狗最多可以给服2颗胶囊的量。

应当经常给宠物服用维生素C和生物类黄酮素。根据宠物狗的体型大小，在做得到的情况下，每天给服250～1 000毫克维生素C，每天3次。抗坏血酸钠粉剂与抗坏血酸相比，可能具有更好的耐受性（1茶匙的抗坏血酸钠粉中，含有差不多4 000毫克维生素C）。同时给服25～50毫克的生物类黄酮素（维生素P），以增强抗坏血酸盐的效果。

不用使用任何可能对宠物的消化系统造成干扰，或者可能会使宠物的症状恶化下去的食物和补充剂。对于不宜再去喂饲的营养补充剂，您可以寻找替代形式；比如，您可以用B族复合维生素取代营养酵母。

除了营养方面的这些措施，您还可以试一试下述药物，把它们当成支持性的治疗方案。开始进行治疗时，您可以使用下述两种药物中的一种。

顺势药物“马钱子30c”：适用于变得非常急躁易怒、躲到另一个房间（避开同伴）并且畏冷的宠物狗。按照“顺势疗法时间进度2”给药。

顺势药物“颠茄30c”：适用于疾病突然发作的宠物；此时，狗狗会发高烧，身体摸上去很烫，对声音和触摸非常敏感，瞳孔放大，并且明显容易激动和烦躁不安。按照“顺势疗法时间进度2”给药。

假如这两种药物的结果都不尽如人意，那么您还可以试一试下述几种药物。

顺势药物“变色鸢尾6c”：该药尤其适用于胰腺炎。假如宠物狗反复呕吐，并且流的口水特别多，那么该药就非常有效。按照“顺势疗法时间进度1”给药。

顺势药物“海绵剂6c”：适用于伴有咳嗽或呼吸困难等症状的胰腺炎。按照“顺势疗法时间进度1”给药。

顺势药物“白头翁30c”：如果宠物狗身上没有出现消渴症状，却会寻找凉爽的地方躺着，并且变得喜欢黏人（时刻都想挨着主人）、喜欢低声哼哼，那么该药就非常有效。按照“顺势疗法时间进度2”给药。

草药“蓍草”（学名：Achillea millefolium）：蓍草能够提高胰腺的健康水平，还有助于控制体内出血。适用于腹泻时大便呈很深的巧克力色或者黑色（说明其中可能含有血液），并且气味恶臭的宠物狗。按照“草药疗法时间进度1”给药。

疾病发作过后，宠物仍然容易受到感染，使得病情进一步恶化下去。因此，您应当特别小心这个方面。

⊙用简单的、脂肪含量低的食物喂饲宠物狗。

⊙不要允许宠物狗多吃垃圾食品。

⊙尽可能不给宠物狗接种疫苗。

⊙让宠物狗的体重保持在正常范围之内。

瘫　痪

导致宠物瘫痪的原因有多种，从造成脊柱受损的意外事故，到脑部血管里形成血栓，再到腰椎间盘突出（“椎间盘脱出”），等等。在此，我们只考虑其中两种最常见的原因，那就是椎间盘疾病与脊椎炎（一种因为患有关节炎而导致钙质在脊椎中聚积起来的疾病）。在某种程度上来说，我们可以认为这两种病症是类似的，因为二者都反映出脊椎的健康状况正在日益恶化下去。

宠物之所以患上椎间盘疾病，是因为包裹宠物正常脊椎间那种柔软胶状物质的纤维囊受到了损坏，使得那种胶状物质漏了出来。最典型的受损原因，是固定这种胶状物质的韧带破裂，使之压迫到了脊髓。这种病症，在背部与腿部相对较长的狗狗品种身上最为严重，比如达克斯猎犬。

在德国牧羊犬这样的大型犬身上，脊椎炎则更为显著。患病后，宠物的脊椎会长期发炎，宠物的身体则会试图用沉着的钙质让脊柱停止活动，以此来缓解症状（这就像是一种关节炎）。最终，这些沉着的钙质就会损及从脊髓中分出来的神经，对这些神经的官能产生干扰。在没有受过专业培训的人看来，这种疾病的症状并不明显。您可以留意，看宠物狗的后背有没有一定程度的僵硬，或者看宠物起身时有没有感到困难和疼痛。随着病情的发展，宠物的背部与后肢会日益衰弱下去，上下楼梯或者在光滑的地板上走路时会很困难，症状也会变得明显起来。通常只有在拍过X光片后，兽医才能做出诊断。脊椎炎常常都与髋关节发育不良症具有相关性，因此您还应当去看一看“髋关节发育不良症”一节。

// 预防措施

在我看来，腰椎间盘突出症与脊椎炎都是同一个问题的表现，即多年来的营养不良、锻炼不足和压迫，导致宠物的脊椎退化了。所以，治疗不如预防。最保险的做法，就是按照我们关于自然饮食的种种推荐去做。此外，不要选择那些容易患上腰椎间盘突出症的宠物品种（背部很长的狗狗），也不要选择容易患上髋关节发育不良症的宠物品种（比如德国牧羊犬）。

// 治疗方法

宠物患上椎间盘疾病后，您可以通过下面这种方案，来缓解宠物的症状。

让宠物摄入良好的营养，这种做法尤其有效。不要使用商业性狗粮与宠物零食，应当让狗狗只吃本书中推荐的那些天然食品与营养补充剂。如果买得到，您还可以在宠物每日所吃的食物中添加1/4～1茶匙的卵磷脂颗粒。而且，每天还应当给宠物狗服用2次维生素C，每次给服250～500毫克，以便增强相关的结缔组织，并且抵消宠物脊椎承受的压力。

至于特定的疗法，您可以使用如下顺势药物。

顺势药物“马钱子30c”：该药对近来刚刚开始背疼、后背下半部肌肉紧张或者痉挛、后肢虚弱无力或者瘫痪了的宠物狗极其有效。按照“顺势疗法时间进度2”给药。

该药适用于疾病较为严重的阶段，但要想治疗深层的关节炎，您还需要用到其他的药物。这种情况下，您需要采用顺势疗法中所称的“全身疗法”，并且应当建立在理解宠物的患病模式的基础上。因此，您应当与一位采用顺势疗法的兽医协作，来进行此种治疗。

对于一只瘫痪了的宠物狗，如果按摩它的背部与腿部，并且帮它活动四肢，以避免腿部的肌肉萎缩，会给它带来很大的好处。假如狗狗的腿部还有轻微的自主性运动，那么您可以帮助它在浴缸或者游泳池里“游一游泳”，让它得到锻炼。您可以用一条毛巾或一根安全带，托住宠物的大部分体重。针灸与脊椎按摩疗法，对椎间盘疾病也很有效果。

宠物狗一旦患上脊椎炎，治疗起来可能就比较困难了。与一只仅仅是身体健康受到了脊椎疾病削弱的宠物狗相比，一只已经瘫痪的宠物狗，身体好转的可能性要低得多。按照本书中给出的那种基本的天然饮食方式，给宠物狗实行一场短期的禁食（参见第18章），在这种疾病的早期阶段，可能是一种恰当的做法。“关节炎”一节中给出的进一步说明，也会非常有用。

除了锻炼和按摩，您还可以利用下面这些顺势药物。

> **顺势药物** “颠茄30c”：按照“顺势疗法时间进度2”给药，并且关注用药后宠物出现了多大程度的好转。假如用药给宠物带来了明显的益处，那么您可以等上1周，然后再给宠物狗服用1剂顺势药物“碳酸钙30c”。
>
> **顺势药物** “磷30c”：如果上述办法都没有作用，那么您就可以用该药来试一试。它对这种疾病通常都会很有好处，但您应当保持耐心，因为您可能需要等上3周或4周的时间，才能判断该药有没有效。按照“顺势疗法时间进度4”给药。

至于要选择其他的疗法，或者要在此后继续进行治疗，您不妨向采用顺势疗法的兽医进行咨询，了解“全身疗法”的相关情况。

中　毒

参见第487页的“应急处理与急救”一节。

怀孕、产仔及新生幼崽的护理

亦请参见“生殖器官疾病”一节。

让宠物成功而轻松地度过怀孕期并且顺利产仔的关键，就在于保持良好的营养。在宠物的妊娠期里（猫咪是63～65天，狗狗是58～63天），母猫母狗的组织器官面临着巨大的营养需求，因为它们必须为数个新生命的形成提供所需的全部营养。一般规律是，幼猫幼犬的需求排在第一位。也就是说，它们会吸收掉自己能够获得的任何营养，而母猫母狗吸收的则是剩余下来的营养。如果母猫母狗摄入的食物不够，无法提供全面的营养，那么缺乏的营养就得由母猫母狗自己的身体来提供了。

母猫母狗要是吃不饱肚子，或者一再产仔，就会使得体内营养不足的情况逐渐累积；并且每次怀孕时都会更严。最终，母猫母狗就会生病，或者是幼猫幼犬变得体质虚弱、容易染病，并且可能一生中都会如此。因此，如果做得到，您就应当花上一段时间，利用我们在本书中推荐的营养方案，在母猫母狗怀孕前，就开始增强它们的体质，3个月即可。

我们不妨来看一看两种最常见的疾病：子痫和难产（分娩困难）。

// 子痫

子痫是一种严重的身体不适，最常见于宠物妊娠结束、分娩后或者哺乳期内。导致这种疾病的根源是钙质损耗。随着体内的幼崽形成新的骨骼，或者随着母兽分泌乳汁，对钙质的需求量会变得非常巨大。这种疾病的症状包括食欲不振、高烧（有时还非常危险）、呼吸急促和抽搐。在抽搐期间，宠物的肌肉会变得僵硬，宠物会头朝后摔倒在地。更加典型的是，您可能会看到宠物身上的肌肉迅速地收缩和放松，就像是一种不由自主的颤抖。

这种病症必须进行积极治疗，包括由兽医实施静脉输钙和进行冷浴（这样做，是为了在宠物的发烧症状非常危险时把它的体温降下来）。这种治疗通常会起效；不过，要是幼崽继续吃奶的话，这种疾病可能还会复发。

在危急情况下最有可能起到作用的疗法如下。

顺势药物“颠茄30c”：每隔15分钟就给宠物服用1丸，直到症状缓解下来。然后，按照“顺势疗法时间进度1”给药，直到宠物完全康复。不管什么时候，只要症状复发，您都可以使用这种疗法。

一旦宠物狗康复过来（这种疾病常见于狗狗身上，猫咪身上不那么常见），您就应当在狗粮中添加碳酸钙，以确保狗狗摄入充足的钙质。例如，一头体重为13.5千克的狗狗，如果它吃的是肉类含量很高的饮食，那么您每天都应当在其食物中添加约2/3茶匙的碳酸钙（差不多相当于3 500毫克的钙质）。如果狗狗吃的是肉类含量较低的饮食或是素食，那么它对钙质的需求量就会低一些；因此，您可以将额外补充的碳酸钙降低到约1/4茶匙。

// 难产（分娩困难）

身体结构正常的猫狗分娩时极少会出现问题。如果在它们的妊娠期内，主人把它们喂得很好，那就更是如此。我们都可以理解，在这段时间里，由于幼崽全都在长身体，因此母体的营养状况非常重要。

最严重的生育问题往往出现在身体结构异常的狗狗身上。这种异常，通常是由育种选择导致的，造成母狗的骨盆相对于幼崽的身体而言太小。除了实施剖宫产手术，我们对这个问题几乎束手无策；不过，我们还可以做的是：不要培育出这种宠物，也不挑选这种动物来做宠物（因为我们的选择，为培育这种宠物创造了市场）。

我们不妨先来回顾一下，宠物猫狗在正常情况下的分娩过程。临产的两三天前，母猫母狗可能会没有食欲，并且表现出筑巢的行为（比如把玩具或其他东西叼到一个特定的地方，把纸张撕碎来做窝）。母兽的外阴可能会肿起，并且出现少量的分泌物。分娩前的24～48小时里，母猫母狗的体温会突然下降到低于正常体温的水平（通常都会低于38.6℃）。但不同母兽的情况也会不同；因此，您最好是在几天前，就通过每天检测2次体温来进行判断。

接下来，就是开始分娩了。

第一阶段，以坐卧不宁、喘息和颤抖为特点（或许还会呕吐一次食物）。这一过程会持续6～12小时（如果宠物是第一次产仔，持续时间可能会更久）。

第二阶段，宠物会出现可见的子宫收缩，并且分娩出幼崽。开始这一阶段时，有些母兽会想要到外面去撒尿。随着宫缩越来越有力，母兽会侧卧下来，一边使劲，一边舔舐自己的外阴。有些母狗还会低声呻吟，甚至是尖叫。在两次宫缩之间，母狗都会使劲喘息。这一阶段，会持续15分钟到1小时。

第三阶段，是排出胞衣的过程。通常来说，胞衣一排出来，就会被母狗吃掉。所有的胞衣都应排出来，这一点很重要；因此，您应当点清每一只胞衣（一只幼崽对应一只胞衣）。

在第二阶段，如果宫缩过后，母狗没有分娩出幼崽，那么，麻烦就有可能开始了。这一点您是看得出来的，因为母狗使劲产仔的时间太久。假如母狗要花四五个小时以上的时间，才能产下第一只幼崽，或者要花3个小时才能产下其余的幼崽，耗时就是实在太久了。在这种情况下，您可以使用如下顺势药物。

> **顺势药物**“白头翁30c”：给服1丸，并且在30分钟后再给服1丸。一旦狗狗开始产仔，就不要再用药。您要记住，产下一只小狗后到产下另一只小狗前，母狗自然都需要休息一会儿，哪怕只是打上一两个小时的盹。因此，不要太过仓促行事。如果给服了2剂（即过了1个小时）后，宠物仍然没有产下幼崽，那就说明该药没有效果。在这种情况下，您应当转而使用：
>
> **顺势药物**“红毛七30c”：按照上面一种药物的时间进度给药。这两种药物中，总有一种会起作用。

如果幼崽产下了一部分，而剩余部分似乎卡住了（没有马上从产道中滑出来），那么轻轻地拽一拽幼崽的身体，可能有助于让它顺利地产下来。抓住幼崽的身子，而不要抓住幼崽的腿或者头部；要注意，哪怕是您使的劲比最轻柔的抚触稍大，也有可能导致母猫母狗受到伤害，甚至导致那些还没有生下来的幼崽受到伤害。如果幼崽卡在产道里的时间超过了半个小时（到了此时，幼崽早已死掉了），那您就要请专业人员来处理。这种情况，很可能需要实施剖宫产手术。这也是给宠物狗实施绝育手术的良好时机，可以防止日后再次出现这种状况。跟兽医谈一谈，看能不能这样做。

假如宠物在家里一帆风顺地产完了仔，那么您就可以使用如下顺势药物。

顺势药物“山金车30c”：该药对增强母猫母狗的体质和预防感染极有效果。按照“顺势疗法时间进度2”给药。

如果有一只胞衣留在母猫母狗体内，那就有可能导致严重的问题。假如宠物体内留有一只胞衣，并且还有发烧或者感染的症状，您就应当利用下述疗法，结合兽医开的药物，对宠物进行治疗。

顺势药物“麦角30c”：该药通常可以防止或者成功地治好宠物因为体内留胞衣而出现的感染，并且促使胞衣排出宠物体外。按照“顺势疗法时间进度2”给药。

// 新生宠物的护理

照料新生宠物的所有事情，母猫母狗通常都会自己去做，除非出现了问题，否则您最好不要进行干预。一生下来，母猫母狗就会将幼崽身上清理干净；而且，在必要时，它们还会把正在成长的幼崽排出的尿液和粪便都舔舐干净。这是让巢穴保持干净的一种自然方式。这种状况对您来说很省心；不过，要是新生幼崽患上了腹泻的话，您也有可能看不出它们患病的迹象来。

腹泻是幼犬较为常见的疾病之一。原因通常是幼崽吃的奶过多（人工喂养的幼猫幼犬，有时也会出现这种问题）、母猫母狗的子宫内部或者乳腺受到了感染（检查一下，看母兽的体温是不是高于38.9℃），或者是因为人们给母猫母狗使用了抗生素（抗生素可能会进入母乳中）。

患有腹泻的幼猫幼犬，会感到畏冷和出现脱水症状（皮肤皱皱巴巴的，样子臃肿，好像比它们的身体更大）。这种幼崽可能会爬离狗窝，并且不停地吠叫；即便是回到了母猫母狗身边，它们也会这样。

如果问题在于母猫母狗的乳汁，那么您可能需要用宠物奶瓶，人工去喂饲幼崽才行。用第8章中给出的哺乳配方，或者使用商业性的幼猫幼犬配方奶去喂饲幼崽。应当将配方奶用纯净水按照1:1的比例进行稀释后再去喂饲，直到幼崽的腹泻症状得到控制。一般喂饲几次后，幼崽身上的病症就会自行消失。如果没有好转，您就可以试一试下面这两种办法。

草药疗法：用一种半为配方奶（温和型）、半为温热的**甘菊茶**（将1茶匙草药泡入1杯沸水中配制而成）的混合奶去喂饲。有规律地喂饲，直到幼崽的病症得到控制为止；一般来说，您只需喂饲两三次就可以了。

顺势疗法：用半为配方奶、半为温水的混合奶去喂饲，但要往其中加入1丸磨碎了的顺势药物制剂“鬼臼根6c”。搅拌均匀。喂饲一次该药，应该就足够了；但在必要时，您也可以每4个小时便重复使用这种配方一次。

检查母猫母狗的乳房，看看有没有硬块、很热或者（按压时会）感到疼痛的部位。如果有的话，母猫母狗可能会患有感染（乳腺炎），需要先进行治疗；否则的话，乳汁对幼崽来说就是不安全的（参见“生殖器官疾病”一节）。

待幼崽的腹泻症状得到控制后，如果母猫母狗没有疾病，那么您就可以让幼崽回到窝里去；但您必须留意，以免腹泻症状复发。

母猫母狗不去照料幼崽的情况时有发生，即任由幼崽叫闹，既不碰幼崽，也不哺乳。这是个严重的问题，因为幼崽不吃东西的话，可没法生存下去。有可能是母猫母狗的身体出了什么问题，比如受到感染，或者体内还留有幼崽没有生下来；因此，您需要请兽医给它进行体检，查明是不是这样。然而，如果母猫母狗的问题是情绪上的，那么下面这种疗法就相当有效。

顺势药物“乌贼 30c”：如果在用了该药的几个小时后，母猫母狗还是不愿亲近幼崽，那么幼犬幼猫就得用奶瓶进行人工喂饲才行。至于具体做法请参见第8章。按照“顺势疗法时间进度2”给药。

狂犬病

不错，您明白我们就要讨论到重大问题了，对不对？这是一种令人提心吊胆的疾病；至于原因，一方面是因为这种疾病的症状很猛烈，患病犬具有很强的攻击性，另一方面也是因为患上这种疾病的人都无药可医。的确，狂犬病是一种能够感染许多不同动物种类的严重疾病，其中就包括人类。这种疾病的症状，通常包括攻击性强大的行为和抓咬，而咬伤正是狂犬病的传播方式（通过唾液传播）。尽管如此，但令人惊讶的是，许多被患有狂犬病的动物咬过的人或宠物，即便是不进行治疗，也不会感染这种疾病。几年前，我惊讶地发现，在非洲的狗类身上还有一种狂犬病，染病的狗狗非但不会出现狂犬病症状，还能自行康复过来。然而，大家更加熟知的、遍布全球大多数地区的，却还是我们都了解的那种狂犬病；得上了这种疾病后，最终都会以死亡结束，因为目前还没有有效的疗法。幸好的是，我自己从来都没有治疗过狂犬病。

人类染上狂犬病的危险，绝大部分实际上并非来自猫狗，而是来自野生动物，比如臭鼬和浣熊。遗憾的是，针对猫狗开发出来的狂犬病疫苗，对这些动物并不是百分之百的安全和有效（例如，我们不建议为狼狗接种狂犬疫苗，因为狼狗有受到疫苗感染的危险）。由于从野生动物身上感染狂犬疫苗的可能性非常大，再加上人们对领养野生动物也有道德和生态方面的一些考虑，因此把野生动物当成宠物的做法并不可取。

// 狂犬病疫苗

由于狂犬病的致死率众所周知地高，因此美国的地方政府都采取了预防措施，其中就包括制定法律，规定养狗人必须给宠物狗定期接种狂犬疫苗（在有些州里，宠物猫仍然属于非强制接种动物，但并非所有的州都是如此）。我们中的绝大多数人，都是通过给宠物接种疫苗与狂犬病产生联系的。

// 宠物狗

我已经多次看到过，宠物狗接种了疫苗后，行为方面就出现了变化。自然界里的狂犬病，主要是感染动物的大脑，而疫苗的功能似乎也是如此。疫苗并不会导致宠物患上狂犬病，而似乎是让狗狗朝着变得多疑、神经质、喜欢咬人和具有攻击性的方向发展。有时，狗狗会变得厉害，主人几乎不可能再将它关在院子里，因为它时时刻刻都在挖洞，或者想方设法要逃走，跑到很远的地方去。假如宠物狗身上出现了这些变化，最有效的疗法是给服用下面的药物。

顺势药物“南美巨腹蛇30c”：按照“顺势疗法时间进度4”给药。然后，等上1个月左右，再对宠物的情况进行评估。

// 宠物猫

宠物猫接种狂犬疫苗的比例，并不像宠物狗那样多。它们也会得上狂犬病，因此也让人们感到担忧。在临床实践中，我没有看到过猫咪在接种疫苗后出现了行为变化的病例，它们只是偶尔会出现一些生理上的症状。有一种药物可能很有效果，那就是下面这种叫作“硫”的药物。

顺势药物“硫30c”：按照“顺势疗法时间进度4”给药。然后等上1个月左右的时间，再对宠物的情况进行评估。

辐射中毒

普通宠物接触到辐射最常见的途径是诊断时的X射线（尤其是CT扫描），以及放射治疗（我不建议让宠物接受后一种疗法）。其他可能接触到辐射的途径则不那么明显，比如核电站泄漏或者核料存放区发生泄漏。有时，辐射源竟然是水。说来很奇怪，但在美国，确实有一些地区的饮用水，受到了核料储存容器中泄漏出来的辐射物的污染（比如说，我以前住在华盛顿的汉福德核电厂附近，据报道，这些年来那座核电厂已经发生过数起泄漏事件；由于该厂挨着哥伦比亚河，因此泄漏物最终都进入了俄勒冈州波特兰市的饮用水中）。

近年日本发生的核反应堆事故，已经极大地增加了全球生物遭到辐射的可能性。大量含有放射性的废水进入了大洋中。2015年6月，太平洋里的放射性水体已经抵达了美国的西海岸；我们所吃的、任何来自太平洋的海产品里，都含有铯-137和锶-90这两种放射性元素。实际上，这就意味着您不应当用任何含有鱼肉的食物去喂饲宠物猫狗，并且在未来的几十年中（就算不要几百年）始终都得这样做。

// 治疗方法

如果宠物由于某种原因受到了辐射，您可以采取一些措施，帮助宠物尽可能地修复辐射造成的损害。

加强营养是主要的辅助手段。您应当把燕麦当成宠物好几个星期内的主要谷类食物。它有助于缓解宠物的恶心症状和其他的副作用。一定要给宠物补充营养酵母，要用冷榨的非饱和有机植物油去喂饲宠物（从而让宠物摄入维生素F）。而且，您可以给宠物喂饲芸香苷（这是一种生物类黄酮素），它可以让受到辐射的宠物死亡率降低800%；要给宠物服用维生素C，它可以与芸香苷一起，增强宠物体内的循环系统，并且消除宠物的压力；还有泛酸，它既能防止辐射对宠物的身体造成损害，还能将受到辐射的宠物死亡率降低200%。您应当根据宠物的体重，每日给宠物服用：100～400毫克的芸香苷，250～2,000毫克的维生素C，以及5～20毫克的泛酸。

有许多的顺势药物，已经用于人们身上，来消除辐射造成的影响（起码也是在一定程度上消除这些影响）。下面这两种药物，都很有效果。

顺势药物“溴化镭30c”：该药是用自然界中存在的、具有放射性的镭制成的；不过，由于经过了大幅稀释，因此它**并不具有放射性**。它能够全面地消除辐射带来的影响。它适用的主要症状是白细胞数量增多（患有白血病时，情形也是如此）和全身无力。这种宠物，可能时时刻刻都想要与主人待在一起。按照“顺势疗法时间进度5”给药。

顺势药物“磷30c”：如果宠物遭受辐射后，主要症状是身上某处过量出血，那么用该药就很有效果。按照“顺势疗法时间进度5”给药。

要想采用上述建议以外的疗法，您必须正儿八经地与一位采取顺势疗法、长于运用顺势药物的兽医密切协作才行，因为宠物身上出现症状后，通常都需要使用一系列的药物。受到辐射后，并非所有后果都能马上看出来，因此您必须考虑对宠物进行为期数月的监测与治疗。

生殖器官疾病

母猫母狗会患上的最为常见的生殖器官疾病是子宫积脓与子宫炎。这两种疾病，子宫都是疾病的发源地，并且都需要立即进行治疗，病情才不会恶化到为时已晚的地步。我们先来分别看一看这两种疾病，然后再来讨论一下乳腺炎（乳腺受到了感染）的情况。

// 子宫积脓

子宫积脓会在数周或数个月内缓慢形成，首先表现为没有规律地发情，在发情间隔期内，宠物的阴道还会流出一种略带红色的黏液。如果没人发现并没有加以治疗，症状就会发展成一种严重的机能衰退，出现食欲不振、呕吐、腹泻、流出无色的阴道分泌物（并非始终都有）、过量喝水以及过量排尿的现象。过量喝水的症状与肾衰竭时很相似，但也还有其他一些症状，可以帮助您看出它们的区别来。比如宠物阴道流脓，尤其宠物是一只年龄已有几岁、没有经过阉割、多次发情却没有产仔的猫狗时。造成子宫积脓还有一个次要因素：宠物吃的食物中激素含量很高（比如含有腺体的肉类，或者肉类中残留有用于催肥家畜的激素）。如果总是给宠物喂饲肉粉或者其他的商业性宠物食品，其中残留的激素可能就会让宠物的子宫容易出现疾病。

// 治疗方法

患有子宫积脓的宠物狗（有时猫咪也会患上这种疾病，但很罕见）可能会突然出现危急情况，需要动手术摘除子宫才行，因为狗狗的子宫通常由于其中的积液而肿大。摘除子宫的手术过程，基本上与阉割手术差不多，但由于病症更加严重，所以做起来也要困难得多。

对于病症没有这么严重的宠物狗，给服下述药物可能会有好处。

顺势药物“白头翁30c”：该药最适用于那些不是很口渴（这种情况并不常见）、希望主人去安慰（抚摸或者抱着）的宠物。如果宠物的阴道里有分泌物，那么这种分泌物通常都很黏稠，并且带有黄色或绿色。我治疗过的病例中，绝大多数宠物狗的子宫积脓，都用该药治愈了。按照“顺势疗法时间进度2”给药。

顺势药物“乌贼30c”：假如用上面的“白头翁”治疗了5天后，宠物的症状仍然没有好转，那么您就可以试一试这种药物。通常来说，这样就足以治好宠物了。按照“顺势疗法时间进度2”给药。

// 子宫炎

母猫母狗分娩后，子宫都很容易受到细菌的感染；受孕后，偶尔也是如此。这种感染的症状可能很严重。子宫炎的症状，包括发烧、机能衰退、不照料幼崽，以及阴道分泌物气味难闻。

宠物顺产后的正常阴道分泌物，会呈深绿色到褐色不等，并且没有气味。如果所有幼崽和胞衣都已正常产下，那么12小时后，宠物的阴道分泌物就会变成一种透明的黏液（但其中有可能带有血丝）。不过，如果产仔后过了12小时到24小时，宠物的阴道分泌物还是呈深绿色或红褐色，浓稠并且带有一股异常的臭味，那么宠物的子宫很可能就是受到了感染。

// 治疗方法

一旦宠物患上了子宫炎，病情就会非常严重，因此您应当寻求专业人员的帮助才行。然而，下述药物可能也有效果。

顺势药物“舟形乌头30c”：该药适用于发烧、表现得害怕或者焦躁不安的宠物。宠物可能很容易受到惊吓，并且非常紧张。按照“顺势疗法时间进度2”给药。

顺势药物“颠茄30c”：该药可以取代“舟形乌头”，适用于发烧、摸上去很热（尤其是头部）并且瞳孔放大的宠物。有时，宠物还会容易兴奋，状况与精神错乱相似，并且往往会咬人，或者表现得具有攻击性。按照“顺势疗法时间进度2”给药。

请参看“怀孕、产仔及新生幼崽的护理”一节，了解由于胞衣残留而导致感染的相关情况。

// 乳腺炎

乳腺在积极分泌乳汁时，极其容易受到感染，受到感染的乳房会变硬、敏感、疼痛并且变色（变成一种红紫色）。乳房可能会形成脓肿并且流脓。兽医常常会给这种宠物使用抗生素。下面就是我曾经用得很成功的一些顺势药物。

顺势药物“舟形乌头30c”：适用于刚刚出现感染迹象，有发烧、坐立不安和焦躁易怒症状的宠物。按照“顺势疗法时间进度2”给药。

顺势药物“颠茄30c”：适用于发烧、瞳孔放大且容易兴奋的宠物狗。按照“顺势疗法时间进度2”给药。

顺势药物“商陆30c”：适用于乳房摸上去很硬且极其疼痛的乳腺炎。按照“顺势疗法时间进度2”给药。

顺势药物“南美巨腹蛇30c”：适用于左乳受到感染，尤其是左乳部位的皮肤已经变成浅蓝色或者黑色的宠物狗。按照“顺势疗法时间进度2”给药。

顺势药物“白头翁30c”：适用于低声呻吟、没有出现口渴症状、且想要主人安抚的宠物狗。按照“顺势疗法时间进度2”给药。

金钱癣

参见“皮肤寄生虫”一节。

鼻窦炎

参见“上呼吸道感染”一节。

皮肤寄生虫

请参见“耳部疾病”一节，了解耳疥癣的情况。

体外寄生虫（比如扁虱和跳蚤）最喜欢寄生在健康状况不佳的动物身上。用推荐的自然饮食去喂饲宠物，并且按照建议对宠物的生活方式做出其他改变后，不用实施任何特殊的治疗，宠物身上的跳蚤和其他寄生虫的数量通常就会大幅减少。虽然这些寄生虫不会彻底消失，但它们不会再给宠物造成麻烦。就算仍有必要进行防治，我们采用其他的寄生虫防控措施也要容易得多、有效得多了。

对一只宠物的整体健康状况进行评估时，我发现，判断宠物身上可能出现皮肤寄生虫的严重程度，是很有益处的。按照程度最轻微到程度最严重的顺序，我把皮肤寄生虫进行了排序：扁虱、跳蚤、虱子，最后则是兽疥螨或金钱癣。根据这种排序，我认为一只长有虱子的宠物猫，病情要比一只长有跳蚤的宠物猫更加严重，而一只长有兽疥螨的宠物狗，病情则要比一只长有跳蚤的宠物狗糟糕得多；您可以依此类推。

我们不妨依次来讨论一下这些寄生虫，并且寻找在不使用有毒化学物质的情况下来控制它们的办法。然而，您必须认识到，仅凭我们推荐的这些办法和化学杀虫剂，长久来看都是没有效果的。只有用一种自然饮食去喂饲宠物，让宠物生活在一种良好的环境中，让宠物得到充足的阳光照射，并且让它定期地进行锻炼，定期地给它梳理毛发，才能取得最理想的效果。

// 扁虱

扁虱并不是一种永久性的寄生虫。更准确地说，它们是附着在宠物身上，吸取一定的血液，然后就会从宠物身上掉落，到地上去产卵。孵化出来的小扁虱会爬到树枝和草叶的顶端，然后耐心地等着（必要时，它们可能会等上好几个星期呢），等待血液恒温且味道鲜美的动物经过，等待恒温动物碰触这些植物。然后，扁虱就会落到动物身上，找到一个恰当而舒适的部位，吸附在那里。

因此，让宠物到一个可能有扁虱出没的地方去跑动前，比如到森林里或田野上去玩耍前，您应当给宠物彻底梳理毛发，去除宠物身上的碎毛和纠缠在一起的毛发。这让您较容易接触到宠物的皮肤，然后给宠物撒上或者抹上用草药制成的驱虱剂（含有桉树油和薰衣草油的商业性配方尤其有效）。将驱虱剂彻底均匀地抹到宠物的毛发里，并且深入到皮肤上。这种做法非常有效。

遛完宠物回到家里后，您应当仔细查看宠物身上有没有扁虱。尽管您采取了预防措施，但一些顽强的扁虱仍有可能爬到宠物身上。用一把细齿除蚤梳梳理宠物身上的毛皮，就可以将这种扁虱梳理出来，甚至可以把那些还没来得及叮咬宠物皮肤的扁虱清理掉。这也是一个好时机，可以同时将宠物身上扎着的狗尾草清除掉（参见“狗尾草”一节）。您应当特别仔细地观察宠物的脖颈、头部和耳下等部位。

假如看到一只扁虱已经叮咬到了宠物身上，那么您可以按照下面这种办法，将扁虱除掉：用大拇指和食指的指甲（或者用一把镊子，如今已经有专门用于去除扁虱的镊子出售了），伸到扁虱身边，尽可能地贴着皮肤将它捏住；不要担心，扁虱是不会咬人的!您需要做的是将扁虱连根拔除，而不仅仅是把扁虱的身体掐掉，却让扁虱的脑袋仍然留在宠物的体内。拔掉时，应当慢慢地、均匀地用力（用10～20秒的时间），然后轻轻扭一下，将那种小东西拽出来，连头连身子一起拔出来。您可能需要使劲才能将扁虱整个拽出来，但也不能用力过猛。仔细观察一下，看有没有把扁虱那个小小的脑袋拔出来；很有可能，扁虱还会留有一点儿组织附着在宠物身上呢。干完这种清除工作后，您应当洗手。

如果您虽然小心翼翼，扁虱的头部却依然残留在宠物身上，那么叮咬的部位可能会出现一段时间的溃烂，很像是小刺扎进了皮肤后的情况。但这种情况并不严重，您可以用“脓肿”一节中说到的“紫松果菊”或“金盏花”等草药对宠物进行治疗。

有时，一些细小的扁虱会爬进宠物的耳朵里。如果宠物狗在一个有扁虱出没的地方跑过后，出现不断地甩头的症状，那就应当请兽医用工具查看一下宠物狗的耳道，看里面有没有扁虱或者狗尾草。要是没办法找兽医来看，那么您可以给宠物狗的耳道里滴上少量杏仁油；过后，扁虱很可能就会被宠物狗甩出来。

要是宠物狗真的严重感染了扁虱，结果会如何呢？毫不夸张地说，我曾经见过身上长满了成百上千甚至可能是成千上万扁虱的宠物狗。在此种情况下，您可能必须使用化学药品，才能将扁虱控

制住；不过，将来再出现这种情况时，您还是应当尽量使用草药制成的驱虫剂。

// 跳蚤

哎呀，跳蚤可是一种祸害，对猫狗来说都一样。在这个方面，我再次发现，健康的生活方式就是最佳的防蚤措施。下面就是一些可能有所帮助的额外措施。

在宠物每日所吃的食物中添加充足的营养酵母。每次喂饲时，都可以添加1茶匙到2汤匙的酵母（根据宠物的体型大小而定）。

每次喂饲时，都应当在食物中拌入新鲜的大蒜，剂量从1/4瓣到1瓣不等，可以用切碎或切片的生大蒜。在必要时，应当用一种柠檬洗剂，每日清洗宠物的皮肤（请再次参阅第11章）。这样做，会使得宠物的身上不那么招跳蚤。

应当使用硼砂类粉剂清洗家中的地毯，这能够极大地减少跳蚤的数量（参见第11章）。

跳蚤是一种所谓的“窝内寄生虫”，因为人们发现，它们会在宠物睡觉或休息之处大量滋生；了解到这一点，也是很有用处的。假如宠物经常在家里某些特定的地方、沙发或者地毯上玩耍，那么您就要特别注意，应当经常用真空吸尘器清理这些地方。这样，您就会把蚤卵和幼蚤吸走，从而中断跳蚤的繁殖周期。

如果您付出了巨大的努力，可跳蚤却始终除不彻底，那么我的最后一条建议，就是试一试捕蚤器。这种设备是用光线和温度来诱捕跳蚤的。跳蚤跳到设备里时，原以为会觅到食物，结果却会被黏纸板或者类似的东西粘住。这种产品，我的顾客用起来效果都很好。

您务必记住，宠物猫狗的整体健康非常关键，因为跳蚤更喜欢寄生在身体状况不那么健康的宠物身上。假如宠物身上还有其他的寄生虫，比如肠虫，那么这些寄生虫可能也得一并驱除才行。

此外，您还可以试一试某些特殊的顺势疗法，以增强宠物的体质，使宠物身上不那么容易寄生跳蚤。其中，通常最有效果的药物如下。

顺势药物“硫30c”：这是您应当最先尝试的一种疗法；然而，在进行这种疗法时，您仍然必须继续采取第11章中提出的所有跳蚤防控措施。该药只会增强宠物够抵抗跳蚤感染的能力，并不会直接杀灭跳蚤。按照“顺势疗法时间进度4”给药。假如1个月后，宠物的情况仍然没有好转，您就应当给宠物服用下一种药物：

顺势药物“活性汞或汞稀释液30c”：按照“顺势疗法时间进度4”给药。

// 防蚤颈圈

至于防蚤颈圈，我要提醒您一点：它们的效果并不是很好。它们具有毒性。有些猫咪甚至会被圈吊死，或者是把颈圈卡在自己的嘴里，从而造成严重的损伤。还有一些猫咪，则会因为过敏反应而导致脖子的周围永久性地脱毛，颈圈戴得太紧时尤其如此。

// 虱子

这些细小的害虫虽说很不常见，但偶尔也会感染体质衰弱的宠物猫狗。您必须仔细查看，才能看到宠物皮肤上的虱子和吸附在宠物毛发上的虱卵。虱子比跳蚤略小，颜色也更淡，多呈褐色或米黄色，而不是深褐色。而且，它们也不像跳蚤那样能够跳起来。幸好的是，狗虱和猫虱都不会寄生到人类身上。

我在临床实践中很少碰到虱子问题，因此我并没有太多的治疗经验。我曾经在一本草药书上看到过，说是可以用薰衣草油来防治虱子；此外，我也看到过一些报道，称用薰衣草油来灭杀儿童头上的虱子效果相当好。在临床实践中，我曾经建议顾客往一种天然的洗发水中加入几滴薰衣草精油，然后给宠物狗洗澡，也收到了良好的效果。据说猫咪很讨厌薰衣草，因此您应当少用；而且，在猫咪洗完澡后，您还应当让它呼吸到充足的新鲜空气。

勤给宠物洗澡，在做得到的情况下，应当让洗剂形成的泡沫在宠物身上停留10分钟，然后再冲洗掉。接下来，您可以给宠物使用第11章中提及的那种柠檬护肤剂（见于该章的“驱蚤剂”一节）。这样做并不会杀灭虱卵，只能灭杀虱子的成虫。过了一段时间后，虱卵会继续孵化出来，所以您也必须继续给宠物洗澡，直到所有的虱卵都灭除了为止。

控虱过程中最困难的部分，就是去除虱卵（附着在宠物毛发上的虫卵）。它们都粘在一根根毛发上，因此，除非是把宠物身上的毛发全部剃光，否则的话，您还是必须找出某种方法来去除虱卵。毒性最小的一种办法，就是将蛋黄酱仔细地抹到宠物的毛发上，然后再冲洗干净，但这种办法很是麻烦。哎唷!

这么说来，您还有什么办法呢？那就是不要耽搁，用一种天然的饮食增强宠物的健康状况。马上开始，用家里制作的食物去喂饲宠物，并且重点是要按照前文中针对跳蚤提出的那种方法，给宠物补充营养酵母和大蒜。

应当按照第11章概括出来的防控跳蚤办法，采取相同的基本措施（包括梳理），在虱子幼虫孵化出来时将它们清除掉。增强宠物的健康状况，会使宠物的皮肤不那么容易寄生虱子。

顺势药物“硫30c”：该药通常都有助于提高宠物的整体抵抗力，尤其是提高宠物对寄生虫的抵抗力。按照“顺势疗法时间进度4”给药。

注意：我们都已经习惯了迅速看到效果，希望效果就像几乎能够立即杀灭虱子的化学药品一样。然而，化学药品不会给宠物业已衰弱的健康状况带来任何好处，而寄生虱子这个问题，首先是由宠物健康状况不佳造成的。事实上，化学药品带来的毒性，还有可能进一步削弱宠物的健康状况。要想用天然的办法来进行，您就需要有耐心。

// 兽疥癣

最常见的一种兽疥癣，就是**毛囊虫疥癣**，多发于狗类身上（但在极其罕见的情况下，猫咪身上也会患上这种疥癣）。如果发现皮肤碎屑中有螨虫，兽医就可以做出诊断，说明宠物已经患上了这种疥癣（方法是用手术刀在宠物皮肤上刮擦一下，将刮下的表层物质收集起来，放到载玻片上，在显微镜下进行观察）。还有一种兽疥癣，叫作“疥螨兽疥癣”，是由一种钻入宠物皮肤内部、使得宠物感到极其瘙痒的疥螨引起的。

// 毛囊虫疥癣

引发毛囊虫疥癣的那种螨虫，分布非常广泛；实际上，绝大多数身体健康的宠物狗以及人脸上（眉毛和鼻子周围）都有，只是我们看不到它们存在的迹象罢了。如果宠物狗出现了这个方面的问题，那就说明狗狗身上的免疫系统有了麻烦，导致平常（健康的宠物狗身上）用于控制这种螨虫的机能发生了改变。或许，是因为此时宠物的皮肤变得更有利于螨虫寄生、有利于它们滋长了；或许，是因为皮肤上螨虫可吃的食物更多了。不管在哪种情况下，螨虫的数量都会大幅增加。狗狗患上毛囊虫疥癣后，通常先是眼睛或者下巴附近会出现一片小小的无毛区域。这个地方不会很痒，因此可能没人注意到。

毛囊虫疥癣，会给一些年龄为12～14个月大的幼犬造成轻微的问题；不过，这种问题通常都会在不加治疗的情况下自动消除。然而，在少数受到感染的宠物狗身上，螨虫却会持续扩散开来。对于一些运气不好的宠物狗，疥螨可能会蔓延到身体的许多部位，导致这些部位脱毛、皮肤瘙痒和增厚。细菌（葡萄球菌）可能也会乘虚而入，导致更多的并发症，比如“丘疹”和流出脓液，尤其是在宠物的脚爪周围。这种疾病，就称为“全身性毛囊虫兽疥癣”。

患上全身性兽疥癣的宠物，都很容易感染其他一些严重的疾病；因此，您必须细心加以治疗，使它们恢复健康才行。还有非常重要的一点，那就是不要给它们接种疫苗，因为它们的免疫系统无法对疫苗做出正确的反应，只会变得更加紊乱。

由这种寄生虫导致的疾病，依赖于宠物的免疫系统功能削弱。可惜的是，我们采取的措施，往往都是一些最糟糕的措施。传统的疗法既简陋，会产生毒性，而且通常都没有用处（轻微的症状，反正是会自行消除的）。人们会把宠物全身的毛发全都剪掉。然后，人们会把药效强劲的杀虫剂“涂抹”到宠物的皮肤上，或者将宠物狗完全泡在这种杀虫剂里。有时，由于杀虫剂毒性太大，因此一次还只能处理完宠物身体的一部分。具有抗毒作用的营养补充剂或者维生素，却很少有人推荐使用，因此，狗狗的基本健康状况就会日益恶化下去。即便是那些经过了数周或数月的治疗后显然康复了的宠物狗，病症日后仍有可能复发，或者患上另一种更加严重的“无关”疾病。在任何情况下，您都不应当给宠物使用“可的松”这样的皮质酮类药物。它们会进一步削弱宠物的免疫系统，因此只会造成任何办法都无法让宠物（在真正意义上）康复过来。

相反，仅仅利用营养疗法和顺势药物，我在这个方面就取得了很好的疗效；不过，治疗时必须“因狗而异”，并且需要密切关注宠物的改善情况。下面就是利用自然疗法时的一般原则。

⊙如果宠物狗的体重和健康状况都不错，那就可以让它禁食5～7天的时间。过后，再用我们在本书中推荐的那种自然饮食去喂饲。

⊙每天都在宠物受到感染的部位抹上新鲜的柠檬汁，或者抹上第11章中提到的柠檬清洗配方。

营养尤其重要。有毒物质可能已经在宠物体内聚积起来，从而给正在竭力跟上组织器官里种种变化的免疫系统带来了压力。您越是重视用天然饮食去喂饲宠物，并且不让狗狗接触到环境中的化学物质，狗狗从这种疾病中痊愈的速度就会越快。

有一种适用于治疗众多兽疥癣（不管是毛囊虫疥癣还是疥螨兽疥癣）的顺势疗法制剂如下。

顺势药物“硫6c”：按照“顺势疗法时间进度6（a）”给药。待宠物身上的症状明显消退后，您就应当按照一种渐降式的方案，逐渐减少“硫6c”的给服次数。

如果宠物狗在患有兽疥癣时，皮肤还受到了葡萄球菌的感染，那么使用下面这种药物，将会很有效果。

草药“紫松果菊”（学名：Echinacea angustifolia）：内服时，按照“草药疗法时间进度1”给药；外用于皮肤时，按照“草药疗法时间进度4”给药（内服和外用，应当同时进行）。必要时，您还可以同时使用这种草药与顺势药物“硫6c”；在使用“紫松果菊”制剂前的10分钟左右，给宠物服用“硫6c”。

// 疥螨兽疥癣

对于患有疥螨兽疥癣的宠物狗或宠物猫（这种疥癣，与其他任何一种疥癣相比，都要更加令人烦恼），采用下述疗法效果最佳。

> **草药**“薰衣草”（学名：Lavandula vera或L. officinalis）：我们都知道，用杏仁油做载体，加入一些薰衣草油（少量，不要超过10%），涂抹在皮肤受到感染的部位，可以灭杀疥螨虫、破坏虫卵。这种方法，适于治疗宠物狗。至于猫咪，由于它们不喜欢薰衣草，因此您可以少用一点；假如它们抗拒得太过厉害，那就可以只用杏仁油去试一试。

您可以根据需要，每天给宠物涂抹1次。

// 金钱癣

这种疾病是由一种真菌造成的，类似于人类的“香港脚”。染病后，真菌会从一个中心点开始生长，然后呈环形向外扩张，很像是往池塘里扔了一块石头后，激起的一个不断向外扩展的涟漪。由于这种真菌生长在宠物的皮肤细胞和毛发里，因此宠物的皮肤可能会变得瘙痒、增厚、红肿，而感染部位的毛发可能会断掉，留下一茬茬粗糙的发根。

猫类更常感染这种疾病，症状通常像身上出现了一片片环形的灰斑，上面的猫毛断裂、很短并且很稀疏，但没有显明的瘙痒或刺激症状。金钱癣会传染给人类（尤其是儿童）和其他动物，请参阅第12章中说明的预防措施。与兽疥癣一样，如果出现大范围的金钱癣，那就说明宠物的健康状况不佳；因为受到此种疾病严重感染的，通常都是那些精神紧张、生病或者体质虚弱的宠物。与全身性兽疥癣相似，金钱癣如果蔓延到了宠物的绝大多数身体部位，就会变成非常严重的问题，说明宠物的免疫系统严重缺乏抵抗力。

// 营养疗法

开始时，应当让宠物禁食两三天的时间（请参阅第18章）；然后，您可以按照本书中推荐的基本天然饮食方案去喂饲宠物。基本脂肪酸对皮肤和毛发的健康非常重要。如果您有一台研磨器，那就可以制备一些新鲜的亚麻籽粉，每天都往宠物所吃的食物中添加一部分。添加剂量为1/2～1茶匙（亚麻油如果是有机的和新鲜的，您也大可使用；不过，这种油剂很容易变质，因此一次只应少量购买，并且要盖好盖子，放到冰箱里冷藏起来。自己磨研亚麻籽的办法更可取）。

// 直接治疗

首先，在宠物身上裸露出的斑块部位，剪掉斑块周围差不多1厘米的毛发；剪毛时要小心，不能伤到宠物的皮肤。把宠物的毛发剪掉后，金钱癣就不太可能蔓延开来，而对局部进行治疗也会容易得多。剪下来的、受到了感染的毛发，应当烧掉或者小心处理掉，因为这种疾病会通过接触传染开来（假如您的宠物已经感染了金钱癣，那么，为了不让宠物松散的毛发到处乱飘，您始终都应当用吸尘器，经常仔细地清扫家里。此外，您还应当经常用热水和肥皂，清洗宠物所用的褥垫和器皿。清洗后，务必要洗手）。

对宠物身上的疮疤进行处理，不但会加速疮疤的愈合，还有助于保护其他宠物，防止其他宠物感染金钱癣。您可以从下面两种草药中选择一种，与其后的顺势药物一起使用。

草药“车前草”（学名：Plantago major）：用车前草的全草制备一种煎剂，方法是：按照每1杯泉水或蒸馏水使用约1/4杯车前草的比例，放入一个玻璃锅或者搪瓷锅内。煮沸约5分钟，然后盖上盖子，让药剂浸泡3分钟。过滤，放凉。将药液涂抹到宠物皮肤上，每天一两次，直到症状消失。

草药“白毛茛”（学名：Hydrastis canadensis）：制备一种很浓的浸提物。将1满茶匙的白毛茛根粉剂，加入1杯开水中。静置，放凉。然后，小心地将透明的药液倒出来，涂抹到宠物皮肤上，每天涂抹一两次。

顺势药物“硫6c”：该药对于提高宠物对皮肤寄生虫的抵抗力很有益处。按照“顺势疗法时间进度6（a）”给药。

皮肤疾病

兽疥癣与金钱癣，在“皮肤寄生虫”一节中已经讨论过了。

皮肤属于一种“两边受气”的器官。身体的其余器官，会利用皮肤来排出有毒物质，尤其是在肾脏受损，导致肾脏无法履行排毒功能时；与此同时，环境中的污染物，以及人为涂抹的化学物质，又会从外部对皮肤发起攻击。皮肤疾病是宠物猫狗身上位列第一的疾病。

从乐观的一面来看，如果宠物身上只有皮肤疾病这一种健康问题，那么您就是非常幸运的。要是一种表面上的症状（比如皮肤疾病）因为反复用药而被抑制住了，那么情况可能就要糟糕得多；在这种情况下，宠物更有可能患上更加严重的病症。宠物只有皮肤疾病，您就可以采用疗效更好的方法去帮助宠物，能防止宠物患上更加深层的疾病（至于抑制病症的问题，我们在第17章中“片面疗法的局限性”一节中已经讨论过了）。

皮肤疾病的症状，是我们最容易察觉出来的。这些症状，通常都包括下面的一种或者多种：皮肤非常干燥；呈片状或者白色的鳞片状，类似于头皮屑；有大片的褐斑、红斑和发炎的部位；瘙痒（从程度轻微到极其严重的瘙痒，甚至血都抓挠出来了）；毛发油腻，皮肤及其分泌物散发出恶臭（许多人都错误地认为这是正常现象，甚至将其看成是一种令人愉快的“狗狗味道”）；脚趾之间出现丘疹和水泡，还流血或者流脓；皮肤有些地方变成褐色、黑色或者灰白色；皮肤上出现疮疤和硬痂；脱毛。我还把耳道内（及耳郭下方）的慢性炎症、肛门腺问题和甲状腺机能低下（或者亢进）症也包括进来，认为它们都与皮肤疾病有关联。

现代医学往往都会把这些众多的症状分门别类，把它们看成是孤立的疾病。我认为，这种做法只会让整个局面更加混乱，以至于我们不会把这个问题当成一个整体来看待。从一种更广阔的视角来看，这些症状反应的实际上都是同一个根本性的问题；只是在个体动物身上，由于各自的遗传、环境、营养、寄生虫及诸如此类的因素不同，因而表征稍有不同罢了。因此，一只宠物狗的尾巴根部附近，可能有严重发炎、潮湿和瘙痒的部位（“过热部位”），而另一只宠物狗背上的皮肤，可能增厚、瘙痒，还有油乎乎、气味难闻的分泌物；不过，它们患有的实际上都是同一种健康问题。

导致这种全身性疾病的，都是哪些原因呢？

毒性：我认为，导致皮肤疾病出现上述诸多症状的主要原因，就是宠物体内聚积了源自食物和环境中的许多污染物质。正如我们在本书已经多次论述过的那样，如今的有毒物质太多，就算宠物尽力利用自己的肾脏和皮肤来排除这些毒素，它们还是变成了许多宠物无法应对的沉重负担。

营养不良：有时，皮肤会反映出宠物缺乏某种营养成分的情况，尤其是反映出宠物体内缺乏某些维生素和基本脂肪酸的情况。如果您对这一点心存怀疑，那么不妨再去看一遍第8章中的“皮肤和皮毛问题”这一节里的饮食建议。

疫苗接种：疫苗接种有可能导致一些容易生病的宠物出现免疫系统疾病，其中最常见的一种免疫系统疾病，就是我们所称的“皮肤过敏症”。

受到抑制的疾病：这是指以前只是通过治疗使得某种健康问题的症状消失了，却没有真正治愈这种疾病，没有让宠物真正恢复健康。这种疾病会潜伏“在地下”，时不时地发作出来，表现为皮肤发炎、瘙痒或流脓等症状。

心理因素：包括厌烦、失望、生气和急躁易怒。然而在我看来，这些方面往往都属次要问题，只是让一种早已存在的疾病变得更加严重罢了。

// 治疗方法

通过利用恰当的营养疗法，以及本书提出的整体保健方案，我们是有可能减轻甚至消除宠物身上的皮肤疾病的。经常令我感到惊讶的一种现象，就是不让宠物的饮食中含有任何动物制品后，宠物的健康状况都出现了极大的好转。您是不会料想到这一点的，但对肉类和乳制品过敏，正是皮肤病最常见的诱因。想利用饮食来改善，的确需要我们有耐心，您或许要经过数周后，才看得见宠物出现了确切的改善；不过，有时好转也出现得相当迅速。您必须让宠物恢复到最理想的健康状态，并且日后不再让宠物受到感染才行。

请参阅第6章宠物猫狗食物配方表中的“今日食谱”，看一看第二行中的代码A（指的是“过敏症”）。这里为您指出了我们认为对这种疾病最有效果的食物配方。

我还采用过一些利用顺势药物的治疗办法。然而，宠物的病症如果很严重，那么往往都需要一种具有个性化且超出了本书范畴的治疗方法；因此，您应当与擅长利用顺势疗法、针灸或其他替代疗法的兽医协作才行。

// 主要障碍

最难治疗的，就是一些以前用大量“可的松”或其人工合成形式的药物（叠氮化钠、黄体酮、氟地塞米松、脱氢可的松或者脱氢皮质醇）治疗过的病症。皮质类固醇能够有效地抑制发炎和瘙痒之类的症状，可它们完全不具有真正的治疗作用。您可能并不知道自己的宠物用没用过“可的松”，因为兽医可能会使用像“抗瘙痒”针剂或“抗蚤敏”片剂这样的术语。这些药物，通常都是透明或呈乳白色的注射液，或者是粉色、白色的小药片。假如您经常跟兽医交流的话，那就可以问一问兽医，他给宠物使用的是不是类固醇。如果同时使用类固醇进行治疗，那么自然疗法就不会产生很好的效果。

还有一种典型的疗法，就是用普通的跳蚤或其他疑似过敏源制成的溶液，把它当成脱敏注射液给宠物进行注射。有时它们会有效果，只是它们的缓解效果往往都属于局部性的，并不能令人满意地彻底治愈疾病。

// 突发性急病的治疗方法

对于皮肤患有急性炎症和瘙痒症，其他方面却状况良好的宠物，您可以从让宠物禁食开始。按照第18章中给出的指南，让宠物狗禁食5～7天，让宠物猫禁食3～5天。这种禁食，是模拟自然环境下的情况，因为对于野生食肉动物而言，它们在两次狩猎之间的禁食期里可以对身体进行清理。禁

食也减轻了宠物身体的负担；如若不然，宠物的身体就必须同时做到消化食物和应对疾病两个方面。

然后，您可以谨慎地引入我们在本书前面章节里推荐的天然食品喂饲方案。正如前文所述，我在临床实践中已经发现，对于某些狗狗和猫咪来说，必须让它们完全不摄入动物制品，症状才能出现重大好转。要想真正让宠物猫狗恢复健康，最理想的饮食就是其中一个不可或缺的组成部分。

把宠物发炎部位的毛发剪掉，并且用不具刺激性的肥皂给宠物洗澡，这种措施是很有好处的（不要用药用驱蚤肥皂，而要用第11章中提及的天然有机肥皂）。将宠物的皮肤擦干，抹上药膏，或者用红茶或绿茶制剂经常冲洗受感染的部位。这种制剂中含有鞣酸，有助于让湿润部位变得干燥起来。您还可以在宠物受感染的部位涂抹少量的维生素E油，或者新鲜的芦荟凝胶（应当从活的芦荟上取用，或者使用健康食品商店里出售的一种液体制剂），每天两三次，根据需要而定。

在症状突然发作时，下面这些顺势药物都是很有效果的（当然，您还需要使用其他的药物，才能完全消除宠物容易患上皮肤疾病的这种倾向。您必须与一名技术精湛的兽医协作，并且需要好几个月的时间，才能做到这一点）。

顺势药物“马钱子6c”：这是一种普遍需要使用的药物。它适用于那种经常性地瘙痒且遍布全身（甚至包括头部）的皮肤病。宠物的症状在晚上更加严重，并且常常伴有某种胃部问题（比如肠胃不适、食欲不振、呕吐）。按照“顺势疗法时间进度2”给药。

顺势药物“白头翁6c”：该药也适用于全身瘙痒、身上暖和后情况更加糟糕的皮肤病。抓挠实际上还会使得病情更加严重。宠物在晚间进行的抓挠，常常都会把主人惊醒。该药尤其适用于吃了肉食后才开始患上皮肤疾病的宠物。按照“顺势疗法时间进度2”给药。

顺势药物“盐肤木6c”：该药适合作为一种临时用药，用来缓解瘙痒突然发作、非常严重的症状。在这种情况下，宠物的皮肤往往都会红肿，而进行温敷后，宠物的症状则会减轻。有些宠物还会出现四肢僵硬、行动困难的症状。按照“顺势疗法时间进度2”给药。

顺势药物“石墨6c”：该药适用于宠物的患病部位渗出一种黏稠的液体（差不多与蜂蜜一样）的症状。按照“顺势疗法时间进度2”给药。

顺势药物“活性汞或汞稀释液6c”：如果宠物受到感染的皮肤上出现一种脓液状的淡黄色或淡绿色分泌物，那就应当使用该药。而且，这种宠物的皮疹周围，毛发往往都会脱落，留下的是粗糙、流血的皮肤。天气炎热或者窝里暖和时，宠物的症状通常都会更加严重。这种宠物，常常还会有牙龈红肿、牙病以及口臭等症状。按照“顺势疗法时间进度2”给药。

顺势药物“砷酸6c”：适用于患有皮疹，并且因此而坐卧不安、浑身不适的宠物狗。这种宠物狗似乎快要被皮疹逼疯了，它们会不断地啃咬、舔舐和在身上抓挠。皮肤病变处不但会红肿得厉害，非常干燥，毛发脱落，而且皮肤还会日渐腐烂，留下发炎的红色疮疤。该药尤其适用于同时还有消渴和畏冷症状的宠物狗。按照“顺势疗法时间进度2”给药。

// 久拖不愈的慢性疾病

对于患有长期轻度炎症，皮肤瘙痒、油腻或者干燥而呈鳞片状（并且可能还患有甲状腺机能低下症）的宠物，应当在一开始时每周禁食1天，只喂饲汤类（请参阅第18章）。其余的时间里，则只应当喂饲我们推荐的那些天然食物。宠物身体状况的改善会循序渐进，需要数周的时间，因此需要您付出极大的耐心。

如果宠物的皮肤很油腻，并且气味难闻，那么您应当按照第11章里建议的方法，经常给宠物洗澡，可以每周1次。假如宠物的皮肤很干燥，那么就要少给宠物洗澡。此外，您还务必要利用第11章里说明的那种柠檬护肤洗剂，为宠物防控跳蚤（参见本部分中的“皮肤寄生虫”一节）。

便秘或者排便不畅，可能也会导致宠物出现皮肤问题。如果情况果真如此，那就要先解决便秘或排便不畅这个问题。您可以利用下述两种疗法中的一种：

草药“大蒜”（学名：Allium sativum）：每天给服1/4瓣至1整瓣大蒜（用新鲜的蒜末或切片），或者1～3颗小的大蒜胶囊（根据宠物的体型大小而定）。大蒜还具有抑制跳蚤的好处（请参见第11章）。

顺势药物“马钱子6c”：根据需要，每次喂食前都可以给宠物服用1丸，直到宠物的排便规律起来（亦请参见“便秘”一节）。如果该药有效，那么您在几天后，就会看到宠物的病情有所改善。

如果便秘或感染部位并不是宠物正在面临的问题，那么您可以结合下述疗法试一试。

顺势药物“硫6c”：该药对一般的皮肤干燥、瘙痒症状非常有效，尤其对于一直很瘦、很“懒”，并且身上不是很干净，眼睛、鼻子或者嘴唇看上去都很红的宠物狗。这种宠物通常都不喜欢太热，但在天气比较凉时，它们偶尔也会到暖和的炉子边上待着。按照“顺势疗法时间进度6（a）”给药。

顺势药物“白头翁6c”：适用该药的宠物，性情都会非常随和，脾气很好，态度温和。吃了丰盛或油腻的食物后，它们的症状往往都会更加严重，并且它们明显很少喝水。同时，它们常常喜欢躺在凉爽的地方。按照“顺势疗法时间进度6（a）”给药。

顺势药物“石墨6c”：适用该药的宠物，常常都有体重过胖、便秘、容易过分兴奋等症状。它们的皮疹上会渗出黏稠的体液。皮肤很容易发炎，即便只是像剐蹭这样的小伤，也会导致皮肤发炎，并且很难愈合。宠物的耳朵可能经常疼痛，散发出难闻的气味，并且分泌出蜡状的耳屎。按照“顺势疗法时间进度6（a）”给药。

顺势药物“北美香柏30c”：该药对于宠物接种疫苗后出现的疾病来说，就是一种解毒剂。我治疗过的许多宠物，都是在接种了疫苗的几个星期后出现皮肤疾病的。我发现，在治疗过程中给宠物服用该药，的确会有助于这些宠物的康复。还有一种情况，您也可以考虑给服“北美香柏30c”，那就是其他药物都没有产生多少效果时。在这种情况下，给宠物服用“北美香柏30c”，然后再回过头去给服上述药物中的一种，有时就会让宠物的病情有所好转。按照“顺势疗法时间进度4”给药。

顺势药物“硅石30c”：假如用了迄今为止我们建议的疗法后，宠物身上的症状却依然存在，尤其是宠物胃口超大，偷窃食物，连垃圾都吃（哪怕是这样会导致宠物体重过大），那么这种药物就会很有效果。按照“顺势疗法时间进度4”给药。不要再次给服这种药物。

注意：一般来说，这些根深蒂固的皮肤病，都需要耐心和持之以恒才能治愈。您通常都会在采用了这种方案的6～8周后，在宠物身上看到清晰而有益的效果。

由于疫苗往往都会使症状加重，因此在治疗期间不要给宠物接种疫苗，这一点非常重要。有时，像预防心丝虫病之类的药物，也会引起宠物的症状发作。在这种情况下，原本是每月都给宠物服用1次的心丝虫病预防药，您最好是每6个星期才给服1次（宠物的皮肤病症状如果很严重，您也可以完全不给服；此时，您不妨与兽医协作，共同制订出一种方案来）。

有些症状非常顽固，无论治疗多久，都不会彻底治愈（但通常都会有所改善）。治疗这些症状，需要更加具有个性化的疗法，需要利用其他的顺势药物，或者利用第17章中说明过的一种整体疗法。如果做得到，您应当请一位经验丰富的专业人士来提供帮助。

// 掉毛的问题

对于掉毛的宠物，您可以尝试一种稍微不同的治疗方案。有时，宠物会在完全没有任何明显疾病的情况下开始掉毛。或者，掉毛问题也有可能是中毒导致的；当然，不一定是那种蓄意的中毒，更常见的是体内有毒物质的不断聚积，可能会对个别敏感的动物产生影响。人们认为，引起中毒的常见物质包括氟化物（有的饮用水和商业性宠物食品中含氟）和铝（源于使用铝碗或者铝制炊具）。

宠物对铝的过敏程度似乎大不一样，因此并非所有的宠物都会表现出这种过敏反应来。铝中毒的宠物，同时往往还有便秘的症状。

宠物掉毛，也有可能反映出宠物的内分泌腺出了问题（尤其是甲状腺机能低下），或者是体内缺乏某种营养元素。如果兽医诊断说宠物患上了这两种疾病之一，那么您应当只用天然的食物配方，加上海藻粉去喂饲宠物。这样做尤为重要，因为海藻粉中含有的碘，有助于刺激宠物的甲状腺发挥功能。

不要再使用铝制器皿和含氟的饮用水。您可以给自来水公司打电话，查明自来水是不是用氟处理过；要是确实如此，您就得另找水源。

如果把营养、有毒物质、水污染这些方面的问题全都解决了，可宠物仍然掉毛的话（不是因为抓挠或啃咬导致的掉毛），那么您就可以试一试下面这些药物。

顺势药物“白头翁30c”：这是一种解毒剂，可以消除疫苗接种带来的副作用；而疫苗接种呢，可能又是导致宠物皮毛状况持久不佳、导致宠物毛发生长速度始终缓慢的一个主要原因。按照“顺势疗法时间进度4”给药（有时，虽说宠物的掉毛速度正常，但问题是掉了后，宠物身上却没有生长出新的毛发来取代，此时该药尤其适用）。

顺势药物“硒30c”：适用于大量掉毛却没有新的毛发生长出来的宠物，尤其是那些此外并没有出现其他病症的宠物。如果“白头翁30c”（参见上文）不足以解决这个问题，您就可以使用“硒30c”。按照“顺势疗法时间进度4”给药。

宠物若是产仔后不久就出现了掉毛的症状，那么您就可以使用如下药物。

顺势药物“乌贼30c”：适用于掉毛问题是与怀孕、产仔或者哺乳相关的宠物。按照“顺势疗法时间进度4”给药。

绝育和阉割

绝育手术，是指切除雌性动物的卵巢和子宫，其目的是防止母兽怀孕，并且让母兽彻底不再发情。阉割手术或称“去雄”，是指将雄性动物的睾丸切除（但会留下阴囊），以防止宠物繁殖，并且减少雄性动物带有攻击性的、到处乱跑和标志地盘的行为。这两种手术，都是在麻醉的情况下无痛进行，并且宠物通常都会迅速而顺利地康复过来。利用自然疗法，可能会让这一过程变得更加容易。

如果宠物在接受手术后很久才醒来，并且全身无力或者感到恶心，可以给服：

顺势药物“磷30c”：该药通常都会迅速发挥作用，从几分钟到1小时不等。一旦宠物出现明显好转，就应停止用药。按照“顺势疗法时间进度2”给药。

如果宠物回到家里后，出现不舒服、疼痛或者烦躁不安的行为，可以试一试：

顺势药物“山金车30c”：该药可以消除组织器官因为手术而导致的疼痛感。通常来说，宠物都不会觉得很疼；但若是宠物确实觉得不舒服，尤其若是触摸其手术部位时，宠物很敏感的话，那就可以给服该药。按照“顺势疗法时间进度2”给药。

如果皮肤上的伤口缝合处出现红肿、分泌出液体或者脓液的现象，那就可以给服：

顺势药物“欧洲蜜蜂6c”：除此之外，还要用10滴“金盏花”酊剂、1/4茶匙海盐和1杯纯净水制成的混合溶液，冲洗伤口所在部位。用一条温热的毛巾蘸着这种溶液，在刀口部位按上几分钟，每天三四次。按照“顺势疗法时间进度1”给药。

花朵精华剂：如果不知道还能采取其他什么措施的话，您就可以利用巴赫医生的“急救灵配方”，每次2滴，每天4次，持续2至3天；这种疗法通常很有效果，并且很容易给服。

动过手术后，给宠物补充维生素A、E和C，也有助于消除麻醉剂和药物带来的毒性。不论宠物体形大小，我的标准治疗方案就是，在术前和术后，都给宠物服用10 000个国际单位的维生素A、100个国际单位的维生素E以及250毫克维生素C，并且每天都是一次性给服。

// 这种手术有害吗？

有些人担心，这样一种重大的手术，会对宠物的健康造成影响。尽管这对宠物的健康确实是一种严重的干扰，但此时此刻，我最想说的就是，绝育手术并不会造成重大的健康问题，也不会提高像皮肤过敏或膀胱炎这种常见疾病的发病率。绝大多数阉割过的宠物猫狗，既长寿，又健康。有些宠物接受手术后，的确有可能变得不如以前活跃，表现得不那么具有攻击性了（这是一种好处），或许体重还会增长。可其实呢，由不加节制地喂饲和缺乏有规律的锻炼导致的肥胖症却更加常见。

另外，在人们把阉割当成一种手段，去治疗宠物发情期持久、卵巢囊肿、不育问题、自发性流产、阴道炎、感染以及诸如此类的疾病时，我却看到过一些更加明显的不良影响。这些生殖方面的疾病，都是宠物健康状况长期不佳导致的。仅仅清除受到了感染的器官，并不会真正治愈深层的疾病。因此，宠物接下来就会出现别的症状；其实，这是同一种疾病，只是症状表达的焦点不一样罢了。

若是宠物出现了生殖方面的健康问题，我一般都是先推荐营养疗法和顺势疗法，如果宠物的病情还没有到达危急的程度，就算这样做没有效果，再实施手术也不迟。然而，如果成功了，宠物身上的这种慢性疾病就会痊愈。

那么，阉割一只健康宠物的原因，究竟是什么呢？一只雌狗或雌猫，每年都会发情2次或2次以上。阻止雌狗或雌猫生育，对宠物来说实际上是强其所难和令其懊恼的，并且有可能导致宠物出现健康问题。可任由它们繁殖呢，却会让宠物数量过多这个更重大的问题变得更加严重。反复繁殖，也有可能损害宠物的健康。

阉割手术可以减少未阉割的雄性宠物造成的破坏，比如财物损毁、打斗、用于标志地盘的气味与污渍、跑到公路上去导致的交通事故，以及成群结队威胁到了其他动物，甚至是威胁到了人的现象。相比而言，一只经过了阉割的雄性宠物，通常都更加温驯，更适宜与人们为伴。

最佳的手术时机，就是等宠物性成熟期后，因为此时再行阉割，能够确保手术对宠物神经内分泌系统造成的影响最小，同时又让宠物充分发育到了成年体形。绝大多数雌性宠物都是在6～8个月大时进入性成熟期，而绝大多数雄性宠物则是在9～12个月大时才进入。

然而，有些宠物进入性成熟期的时间会晚一些，因此您应当等到宠物身上出现明显的性成熟迹象，再去给它实施手术。对于雌性宠物，这种迹象就是第一次发情（此时应当小心地把宠物关在家里，防止它受孕）。

至于雄性猫咪，如果它的尿液开始有了气味，并且开始表现出用撒尿的方式标志地盘的现象，那就说明猫咪进入了性成熟期。成年公犬，则会开始抬起一条腿来撒尿（同时标志自己的地盘）、爬到别的狗身上、与别的狗打斗、到处乱跑，并且变得更加具有攻击性。然而，等待宠物出现性成熟的迹象才实施手术也有风险，那就是宠物意外受孕；意外受孕会助长幼猫幼犬数量严重过剩的问题。绝大多数情况下，您都应当做好计划，在雌性宠物长到6～7个月大、雄性宠物长到9～10个月大时，给它们实施阉割手术。

我们并没有真正可以取代阉割手术的安全办法。多年来，人们已经用过各种各样的激素和药物，想要阻止雌性宠物发情，或者在必要时刺激宠物流产。然而，这些药物通常都会导致某些问题，因此很快便被市场淘汰掉了。或许有一天，人们终将找到替代阉割手术的安全办法；不过，目前我还没有什么办法可以推荐给您。

近来，有些人正在使用像“结扎”这样的手术；这种手术不会切除宠物的生殖器官，但确实会让宠物不再生育。这种手术的效果究竟有多好，我还不太确定。结扎后，宠物的行为与以前相比，不会有两样；因此，这种做法也就丧失了它的优势。我认为，我们还需要积累更多的经验，才能去评估这种方法的优劣。

如果担心手术的费用问题，那么您可以联系附近廉价的阉割诊所，或者给本地的动物收容机构打电话，了解当地兽医提供的一些特殊减费项目。

胃部问题

胃部也有自己的问题，并且通常都是因为宠物吃了不对的食物（比如变质、腐坏和无法消化的东西），或者吃得太多（要提防宠物的暴饮暴食）导致的。然而，胃部问题也有可能表明，宠物还患有其他的毛病，比如传染病、肾脏功能衰竭、肝炎、胰腺炎、结肠炎（小肠发炎）、胃里有异物（像吞下了玩具、绳子、毛发），以及长有寄生虫（比如肠内寄生虫），各种各样。

您应当认识到，其他身体部位的疾病，也有可能导致像呕吐、恶心和食欲不振这样的症状。特别是在宠物的呕吐症状持久不去或者程度严重时，因为这种情况有可能表明宠物（尤其是狗狗）患有某种严重的甚至是危及生命的疾病。这样的话，您最好是请兽医来给宠物进行诊断。

在这里，我们将讨论3种主要只与胃部本身相关的常见问题：急性胃炎（突发性的不适）、慢性胃炎（持久性的不适，但情况不严重），以及胃胀（胃部因为有气而膨胀，有时还会导致胃部扭转性闭合）。我们提出的建议，都属于替代疗法，适用于刚刚被诊断出患有这些疾病的宠物，或者用于疾病反复发作、我们必须使用常见药物之外的办法来进行治疗的宠物。

// 急性胃炎

“胃炎”这个术语，是指胃部发炎（并非感染）。至于“急性”，指的是疾病突然发作，通常是在几分钟或者几个小时之内。最常患有这种疾病的，就是那些喜欢在垃圾桶里找寻食物，或者食用路边、林中动物死尸的狗狗（至于猫咪，由于它们比较挑食，所以罕有因为这样做而导致生病的）。还有一种常见的腐食来源，那就是粪肥。狗类属于一种不完全的食腐动物，因此它们经常会在垃圾桶边觅食，并且会吃进许多异常混杂的东西；这些东西通常都已腐坏，对胃部完全没有好处。

随之而来的呕吐症状（常常还伴有腹泻），就是宠物的身体正在试图通过清除这些有害物质来纠正问题的表现。有些狗狗会出于本能，去吃一些能够刺激呕吐的草类，想要治愈自身。患有轻度胃炎的宠物，也会这样去做。

引发急性胃炎的另一个原因，是吃了无法消化的东西，比如大的骨头。这种问题，主要出现在那些不常啃食骨头的狗狗身上；也有可能是因为吃了煮熟的骨头（这种骨头比较容易碎裂），或者是吃了不能食用的东西，比如织物、塑料、金属、橡胶玩具、高尔夫球以及诸如此类的东西。如果是骨头引起的，您就只应该用大的生骨去喂饲狗狗，并且给它补充B族维生素，确保狗狗胃部能够产生出足够的胃酸。应当小心地进行监管。假如狗狗总是想要吞下大块骨头，那么最好就是不要喂骨头给它吃。

宠物胃里有无法消化的异物时，通常都需动手术才能清除掉异物；但有时，我们也有可能通过给宠物进行胃部插管，将异物取出来。

猫咪有可能吞下缝纫线或者纱线；如果线上还有针的话，针就有可能扎在猫咪的嘴里或者舌头上，而线却下行到了肠道里。这种情况的恶果，可能会让猫咪的肠道沿着那根线向上“蠕动”；除非迅速加以解决，否则这种情况是致命的。

尽管症状不是很明确，但出现了这种问题的猫咪都会不再进食，并且有可能呕吐。一根卡在猫咪舌头周围的针，我们是很难看到的。猫咪只是张开嘴巴，可能并不会让针露出来；这种针若是卡在喉咙或者食管里，那就要拍X光片才能显示出来；肠道聚束症也是如此（这个方面的更多知识，请参见第10章）。

为了防止宠物吞下这些东西，您不要让宠物用任何可能导致问题的玩具或者东西自行玩耍。

// 治疗方法

假如您推测宠物吞下了某种危险的东西，那就应当尽快找专业的兽医来帮忙，否则的话，宠物就有可能些现一些严重的并发症。如果不太确定宠物吞下的究竟是什么，就不要给宠物进行催吐。如果异物锋利、尖锐或者很大，那么呕吐异物时很容易让宠物受伤，太过危险了。形状不规则或者尖锐的异物，通常都需要动手术才能清除。

如果您知道宠物吞下去的是什么，并且这种东西很小，并不锋利，形状也并非不规则，那么宠物可能自行将异物呕吐出来；因此，在等待去看兽医的过程中，您可以让宠物继续呕吐。

有一种顺势药物，对这种问题极其有用，并且通常都会解决这个问题（让异物呕吐出来），而不需要给宠物实施手术。这种药物如下。

顺势药物“磷30c”：如果宠物出现呕吐症状，那么通常会在宠物喝完药10～15分钟后。如果宠物能够把异物排泄出来（令人惊讶的是，情况往往如此），那么异物一般都是在第二天排泄出来。您应当仔细查看宠物的每一次排便，看粪便中排出了什么。

下述疗法，对简单的、并非由异物导致的急性胃炎很有效果。这种胃炎的症状，就是胃疼（按压胃部时，宠物会感到疼痛，会疼得蜷起身子、坐在那里缩成一团，并且表现得很痛苦）、呕吐或者干呕，进食或喝水后呕吐、流口水、过量喝水以及吃草。

首先，让宠物完全禁食至少24个小时，然后再慢慢地重新开始少量喂食。请参阅第18章中关于禁食的说明。始终都应该让宠物能够喝到新鲜的纯净水；如果宠物还有呕吐症状，那么可以每隔2小时就给一两块小冰块，让宠物去舔舐（您不应当鼓励宠物喝太多的水，因为这样做，会加重宠物呕吐和胃部刺激的症状)。

胃部不适时，许多宠物猫狗还会通过吃草来自行催吐。这是一种自然的反应，也是胃部不适刚开始出现时一种恰当的做法。然而，如果症状没有迅速得到解决，那么吃草就只会让情况变得更加严重。

还有一种补充性的疗法是制作甘菊茶，这足以治好轻微的胃部不适症状。将1杯开水倒在1汤匙甘菊花上，浸泡15分钟，过滤，然后用等量的水进行稀释。如果宠物不肯服用这种茶，那么只要让宠物舔舐冰块就行了。

至于更加严重的不适，您可以选择下述药物中的一种来进行治疗。

草药“胡椒薄荷”(学名：Mentha piperira)：这种草药疗法，很适合狗狗(猫咪不喜欢薄荷)，并且通常都很容易买到。按照“草药疗法时间进度1”给药。

草药“白毛莨”(学名：Hydrastis canadensis)：这是一种很有效果的草药，适用于呕吐物浓稠、呈黄色且带有黏性(例如呈浓稠的带状)的宠物。按照“草药疗法时间进度1”给药。

顺势药物“马钱子6c”：尤其适用于那些出现呕吐症状并且想要躲起来、不希望有人陪伴的宠物猫狗。该药也适用于那些因为吃得太多，或者是因为吃了垃圾而生病的宠物。按照“顺势疗法时间进度1”给药。

顺势药物“白头翁6c”：适用于那种想要获得主人的关注和安抚，尤其是不想喝水的宠物猫狗。通常来说，需要该药的宠物，都是因为主人喂饲了太过丰盛或油腻的食物而生病的。按照“顺势疗法时间进度1”给药。

顺势药物“吐根6c”：适用于几乎不停地恶心和呕吐的宠物；如果症状由无法消化的食物导致，或者宠物的呕吐物中含有血迹，那就尤其适用。按照“顺势疗法时间进度1”给药。

顺势药物“砷酸6c”：该药最适用于因为宠物吃了腐坏变质的肉类或者一般的变质食物而导致的胃炎。按照“顺势疗法时间进度2”给药。

顺势药物“颠茄6c”：适用的主要症状是发烧、瞳孔放大和容易兴奋。按照“顺势疗法时间进度1”给药。

// 慢性胃炎

有些宠物，会有经常患上消化疾病的倾向，并且通常都是进食后出现，有时每隔几天就会发作一次。这种情况，既有可能是以前急性胃炎严重发作时康复得不彻底造成的，也有可能是由情绪紧张、食用质量低劣或者宠物讨厌的食物、药物毒性，或者感染了像猫类传染性腹膜炎或肝炎这类病症导致的。慢性胃炎还有可能属于过敏症的组成部分，许多患有皮疹的宠物猫狗也会患有胃炎和肠道炎症。有时，宠物也会在没有明显原因的情况下，患上此种疾病。

慢性胃炎的症状，包括消化不良、容易呕吐、疼痛、情绪抑郁和躲藏（或是进完食后马上躲起来，或是进完食约1个小时后躲藏起来）、食欲不振和肠道气胀。许多患有慢性胃炎的宠物都会吃草，目的就是自行催吐和清理胃部。

// 治疗方法

我推荐的第一种最重要的疗法，就是用天然的饮食去喂饲宠物。我们再怎么强调健康饮食的重要性也不过分，因为这种疾病可能正是由宠物一直所吃的食物导致的。人们曾经做过研究，强迫一些动物食用转基因食品；结果表明，这种做法的常见后果就是胃炎。可导致这种后果的转基因玉米、大豆、菜籽油或者其他物质，如今却普遍存在于宠物的食品中。请参阅第6章猫狗食物配方表里的“今日食谱”，看一看第二行中的代码A。这里为您指出了我们认为最有益于治疗此种疾病的食物配方。

您还可以根据各自的适应证，选取下述药物中的一种，来对宠物进行进一步的治疗。

草药“白毛茛”（学名：Hydrastis canadensis）：适用于消化不良、食欲不振和体重下降的宠物。按照“草药疗法时间进度2”给药。

草药“榆树”：制备方法是，将1茶匙稍满的榆树粉剂与1杯冷水充分混合起来。将其烧开，同时不断搅拌。然后将火关小，同时继续搅拌，慢慢熬制2至3分钟，使得混合物稍稍变稠。从火上撤下来，加入1汤匙蜂蜜（只用于宠物狗；猫咪不喜欢甜食，所以不要添加），充分搅匀。放凉至室温，给宠物猫和小型犬服用1/2至1茶匙，给中型犬服食2茶匙至2汤匙，给大型犬服食3至4汤匙。这种办法，通常都会缓解宠物的症状，并且可以根据需要，每天给服1次或者2次。

// 顺势疗法

有好几种顺势药物，既可以治疗急性胃炎（如上所述），对慢性胃炎也很有疗效。有时，急性发作期只是一种开始，而后宠物患上了长期持久的疾病；当然，一开始时您不会看出这一点。您不妨仔细看一看这些针对急性胃炎的药物，如果宠物表现出了此处所说的症状，它们中的任何一种可能都会有所益处。

急、慢性胃炎的主要差异，就是慢性胃炎的症状不像急性阶段那样显著和严重；不过，即便如此，宠物身上仍然具有某种急性胃炎药物的适应证。例如，“白头翁30c”是一种经常需要用到的药物。至于急性胃炎，您可能注意到，宠物会变得更加黏人，想要您更多地去关注它。此外，宠物还是会喝水，但喝水量可能会减少。

还有一种以前我们没有提及的药物如下。

顺势药物 “氯化钠30c”：适用于异常饥饿、消渴，并且在进食后感到不适的宠物猫。该药也适用与寄生虫有关的肠胃疾病。按照“顺势疗法时间进度4”给药。

// 胃扩张（胃气胀）

这是一种严重的疾病，多发于大型狗（尤其是大丹犬、圣伯纳犬和俄罗斯狼犬）身上。导致这种疾病的原因，我们还没有弄清楚；不过，兽医发现，这种疾病有时与我们用大量颗粒状干食喂饲狗狗有关。这种疾病最常见于年龄为2～10岁的宠物狗身上，并且经常都是夜间发病。

胃扩张的症状是进食后2～6小时，宠物的胃部（上腹部）因为积液、积气而鼓胀起来，有时给人的感觉就像是一面紧绷的大鼓。最常见的情况是，您会发现，宠物狗不停地流涎且涎水过量、试图呕吐却吐不出来、极度不安和不舒服、拼命地想要吃草（或者啃咬地毯），最终变得全身无力和萎靡不振。

这是一种危急情况，因为胃壁承受的压力不断增加，会使体液从血液中泄漏出来，最终导致宠物脱水、休克，并且有可能在几个小时后死亡。还有一种并发症，那就是宠物的胃部会自行转动，形成所谓的“扭结”状态；这种扭结会完全堵死胃部两端，食物和水进不去，也出不来。在这种情况下，宠物必须立即接受手术才行。

// 预防措施

用天然的家制饮食去喂饲宠物，是防止宠物患上胃扩张的最佳途径。如果宠物狗以前出现过这种情况，或者您觉得自己看到了这种疾病的迹象，您就应当每天给宠物狗喂饲两三顿量小的食物，而不要每天只喂饲1顿丰盛的食物。

尤其应当避免喂饲干食或者浓缩食品，因为这种食品吃进去后，会吸收宠物胃里的水分。用这种食品喂饲，会让宠物狗摄入的食物量超出胃部的容纳能力，因为干食或浓缩食品吸收水分而膨胀后，总量就会大幅增加。这非但会阻止宠物的胃部自然排空，还增加了胃部扭结、堵住胃里食物向下排出的可能性。

经常让宠物进行锻炼，既可以增强宠物的肌肉，也会给宠物的胃肠部位进行“按摩”，因此极其有利于预防这种疾病。

// 治疗方法

宠物第一次出现胃扩张症状时，情况通常都会相当突然、令人震惊。有时，我们唯一注意到了的一点，就是狗狗坐立不安，拼命地吃草。如果仔细观察，您就可以看到，宠物的腹部会比正常情况下更大，因为其中有气，鼓胀起来了。

此时，您就应当尽快找兽医来看一看。如果宠物狗患上的是简单的胃扩张，那么在宠物诊所里，给宠物实施胃插管手术可能就会暂时缓解宠物的症状。然而，这种疾病往往都会复发。每一次复发，症状都会更加迅猛，病情也会更加严重。最终，狗狗只能接受安乐死。

假如宠物身上还有扭结的症状（胃部扭转），那么就必须实施手术，将扭结的胃部理顺，以便打通食物进出胃部的通道。兽医还会将宠物的胃壁缝到腹腔壁上“固定”下来，防止将来再出现扭结。

就算您必须立即带着宠物去看兽医，我为您提出一些治疗建议，可能也没有什么不妥，因为您肯定会有无法立即带着宠物去找兽医进行治疗时；而且，这种疾病很容易复发，您也应当了解疾病发作的早期症状才行。如果能够尽快实施干预性的治疗，那您就有可能阻止宠物的疾病发作。

有一种最简单、最容易进行的草药疗法，还是我的一位顾客贝蒂·刘易斯发现的她是新罕布什尔州阿姆赫斯特人，职业是培育大丹犬。她发现，新鲜制作的生卷心菜汁，是一种可用于胃气胀初发阶段的有效药物；而且，她多次运用过这种疗法，效果相当好。

草药 “卷心菜”（学名：Brassica oleracea）：将卷心菜叶子捣碎成汁（可用榨汁机进行）；不要加水。以30～60毫升为1剂，给宠物服用这种汁液，适用于大型品种。体型较小的宠物狗，给服剂量应稍微减小。如果日后症状复发，可以再次给服。

由于这种疾病发作时宠物常会呕吐，再加上胃内压力会把宠物的胃部入口堵死，因此，我主要使用顺势疗法制剂。即便是宠物没有吞咽下去，丸剂或片剂的效果也尤其迅速，只要首先将它们（夹在折叠的厚纸之间）碾成细末，然后放到宠物的舌头上就行了。

当然，您得预先做好计划，提前订购这些制剂才行，因为一旦宠物发病，您就需要立即用到这些制剂。

顺势药物 “白头翁30c”：这是我为此种病症使用的第一种顺势药物。它可以治好绝大多数病例。将3丸“白头翁30c”碾碎，制成1剂；每30分钟给服1剂，总共给服3剂。

顺势药物 “颠茄30c”：该药适用于病情突然发作，并且症状严重、迅急的宠物。狗狗

会焦躁不安，拼命想把各种东西都吃下肚去：草、破布，甚至是地毯。宠物的瞳孔会放大，头部可能会发热。将3丸“颠茄30c”碾碎，制成1剂；每30分钟给服1剂，总共给服3剂。

顺势药物“马钱子30c”：最适用于变得孤僻离群、急躁易怒且畏冷的宠物狗。这是胃部出现扭结后，最理想的一种药物。将3丸“马钱子30c”碾碎，制成1剂；每30分钟给服1剂，总共给服3剂。

顺势药物“秋水仙30c”：适用该药的宠物，腹部会胀得异常厉害，并且明显是由气胀导致的。宠物可能还伴有嗳气的症状。该药也可以用于治疗肠道阻塞（肠梗阻）。将3丸“秋水仙30c”碾碎，制成1剂；每30分钟给服1剂，总共给服3剂。

顺势药物“植物碳30c”：需要此种药物的宠物狗，腹部会气胀得非常厉害，病情似乎非常严重，四肢和耳朵发冷，舌头和牙龈呈浅蓝色。该药也适用于伴随着此种症状而来的休克。将3丸“植物碳30c”碾碎，制成1剂；每15分钟给服1剂，总共给服3剂。等上一段时间，看宠物接下来会不会康复。如果没有，那就可以试一试上面已经提及的一种药物。

运用顺势疗法，可能会让一些以前患有此种疾病（或许还经历了一段病情严重的时期）却没有完全康复的宠物狗获得益处，并且防止日后宠物再次发作。在这种宠物狗身上，您会看到一种消化不良与气胀反复发作、宠物腹部周期性地肿胀并导致呼吸困难的症状模式。这种长期患病的状况会让宠物的身体变得日益衰弱，变得精力不足、全身冰冷。

在病情并不危重时，可以给宠物使用下述疗法。

顺势药物“硫肝30c”：这是一种用于两次病情危重期**之间**的药物，目的是防止疾病进一步发作。它适用于患过皮疹或耳部出疹，并且伴有瘙痒和不适感的宠物狗。有时，宠物狗的病史并不明确；原有的皮肤问题可能得到了抑制，并且无人再记得起来。如果这种疗法起到了效果，那么宠物狗的胃部病情就会出现好转，可皮疹又会暂时性地复发。那样的话，您就必须继续对宠物进行治疗，彻底解决这个问题（请参见“皮肤疾病”一节）。按照“顺势疗法时间进度4”给药。

顺势药物“石墨30c”：需要该药的宠物狗，以前也会有过患有皮肤和耳部问题的病史。通常来说，狗狗尾巴根部的出疹情况往往较为严重。它们都会体重过胖，常常会畏冷（因而喜欢待在暖和的地方），还会患有便秘的毛病。按照“顺势疗法时间进度4”给药。

顺势药物“硅石30c”：适用于消化不良或进食后不舒服、恶心呕吐，并反复发作的宠物狗。这些宠物狗，常常都伴有后肢问题，比如说后肢不灵活、虚弱无力、感到疼痛；经过诊断，它们的后肢问题可能是髋关节发育不良症、脊椎炎、脊椎关节强硬症或者退行性脊髓病（其实，这些方面都属于同一种疾病的不同表征）。按照“顺势疗法时间进度4”给药。

注意：使用这些疗法中的一种，要是收到了良好的效果，那您就要记住，在宠物对顺势疗法产生了积极的反应后，如果立即使用像镇静剂、抗生素、兴奋剂或者抑制剂这样的药物，就很有可能抵消顺势疗法产生的积极效果，导致宠物的身体恢复到起初的状态。正因为如此，所以，假如您正在使用顺势药物，那就要将其他药物的使用量降到最低，或者完全不用其他药物。

结 石

参见“膀胱疾病”一节。

牙 病

参见“牙齿问题”一节。

甲状腺疾病

甲状腺是一种极为重要的腺体，对于食物利用、体重、体温、心率、毛发生长、活动量（甲状腺功能低下的宠物，往往都会行动迟缓）以及其他许多的敏感功能，都具有调节作用。甲状腺是一种内分泌腺，属于对身体具有调节功能的腺体群中的一种；这种腺体群包括：脑垂体（它直接与大脑相连，是所谓的“主腺”，约束着其他腺体，控制着整个身体大小、产仔后的乳汁分泌、皮肤颜色以及其他数种功能）；胰腺（某些细胞参与到了胰岛素的分泌）；肾上腺（参见“艾迪生病”和“库欣病”二节）；甲状旁腺（具有调节体内钙质的作用）；以及生殖腺，即睾丸与子宫。内分泌腺控制着身体的绝大多数机能。如果内分泌腺出了问题，原因往往都是它们要么是机能过于亢进，要么就是活性不足。

// 甲状腺机能低下症

甲状腺机能低下症（甲状腺活力不足），会对宠物狗产生影响（猫咪一般不会患有这种疾病，例外情形极为罕见）；实际上，经过诊断患上此种疾病的宠物狗非常普遍。在绝大多数宠物狗身上，这种疾病其实属于免疫问题的表征。与宠物身上的过敏症状会影响到皮肤一样，甲状腺之所以机能低下，是因为免疫系统对甲状腺产生了影响，阻碍它发挥出正常的功能。实际上，这些患有免疫问题的宠物，身体同时会有多个部位受到影响，其中最常受到影响的就是皮肤、耳朵、甲状腺和肠道。

甲状腺机能降低，也有可能是碘摄入量不足导致的（这种情况很罕见）。使用药物引发这种疾病的情形更加普遍。例如，治疗皮肤过敏的常见方法，就是使用皮质类固醇（消炎药）；而这些药物又会干扰到甲状腺激素的分泌。因此，小狗可能开始时患的是皮肤病，可由于接受了药物治疗，后来就患上了甲状腺机能障碍症。用于控制宠物狗的癫痫病情的苯巴比妥，也会妨碍到甲状腺激素的生成。

这种疾病的症状变化多样，且经常与其他疾病的症状相似。最常见的如嗜睡、精神怠惰、心率缓慢、体重增加导致肥胖、反复感染以及畏冷（宠物会寻找暖和的地方待着，或者是去晒太阳）等。

宠物皮肤上的变化，通常都会提醒我们，宠物某个方面出了问题。患病宠物的毛皮，会很干燥，色泽暗淡，并且很容易掉毛。外层毛皮掉落后，会留下一层非常浓密的、毛茸茸的下层毛皮（这是因为，脱落的毛发没有被充足的新生毛发来取代，变得有点“成堆”了）。宠物身上，可能会出现一处处的脱毛部位（通常身体两侧都有，能够与宠物将瘙痒部位的毛发抓掉这种情形区分开来，后者身上出现的脱毛区往往都不对称），皮肤很干燥，可毛发却让人觉得油乎乎的，会在您的手指上留下一种“狗臭味”。如果宠物患有“库欣病”（一种肾上腺机能失调症），皮肤的色泽可能会变得比正常情况下更加暗淡，皮肤也很容易受到感染，并且由此而导致瘙痒。

传统的对抗疗法是，在宠物狗的一生里每天都给它注射一种人工激素。这种疗法的弊端在于，它并没有解决导致疾病的根本原因（没有消除那种免疫介导性的疾病，或者没有停止使用药物）。它还有一种副作用，那就是人工合成的甲状腺激素会导致甲状腺萎缩，使得甲状腺分泌出来的天然激素甚至比以前更少。长期如此的话，狗狗身上这种可怜的腺体，就永远不再发挥机能了。

因此，我建议大家先尝试一些替代疗法，然后再考虑使用替代性激素，以免宠物的病情变得更加复杂。如果狗狗年龄很小，接受激素治疗的时间还不太久，那么我们仍有可能让它的甲状腺恢复到正常发挥机能的状态，并且让狗狗恢复健康。至于接受激素治疗为时已久的宠物狗，虽说可能无法彻底治愈（由于药物的作用），但它们的健康状况通常也会获得重大的改善，而需要使用的激素剂量，也会大幅降低。

// 预防措施

在临床实践中，我最常见到的情况就是，宠物狗因为别的疾病而接受了抑制性治疗后，便患上了这种疾病。我能够推荐的预防措施，无非就是更多地采用我们在此倡导的那些营养疗法与替代疗法。在不使用抑制性药物的情况下让宠物恢复健康，可以防止宠物过后再患上这种疾病。

// 治疗方法

内分泌疾病是一种深层的、非常严重的问题，因为它们通常都涉及免疫系统紊乱的情况；所以，与我们在本部分中讨论的许多疾病相比，内分泌疾病更加难以对付。改善宠物的营养状况，可能很有益处；但在临床实践中，我常常还会同时利用顺势疗法，从而促进宠物的病情出现显著好转。甲状腺机能低下症需要经验丰富的兽医来进行具有个性化的治疗，但您还是可以采用下述这些建议来试一试。

顺势药物“碳酸钙30c”：适用该药的宠物狗，往往都长得矮矮胖胖且会超重，一般还有过患有皮肤瘙痒和耳部疾病的病史。按照“顺势疗法时间进度4”给药。

顺势药物“碘30c”：适用该药的宠物狗，胃口实际上都大得很；可尽管如此，它们的体重还是会持续降低。虽然经常进食，并且吃了很多的东西，可它们还是有可能变得身体瘦弱。它们常常会坐卧不安，有时还患有关节炎。按照“顺势疗法时间进度4”给药。

顺势药物“石松30c”：适用该药的宠物狗，会显得很饱，只吃一点点食物，然后就不吃了。而且，它们也可能丧失正常的口渴感。它们可能有过腹泻病史，还出现过皮疹，同时身体会散发出浓烈的臭味，很容易寄生跳蚤。按照“顺势疗法时间进度4”给药。

// 甲状腺功能亢进症

甲状腺功能亢进症（甲状腺过度活跃）则属于猫咪的祸根。这种疾病，与狗狗身上的情况（参见上文）完全相反，其致病原因是甲状腺分泌的激素过多。同样，我们也有大量的证据，说明这种疾病是由免疫系统对腺体发动攻击导致的；只是就猫咪的情况而言，它是让甲状腺变得过度活跃，而宠物狗的情况却是让甲状腺变得机能低下。至于为什么会出现这种差异，人们还没有搞清楚。

这种疾病，多发于成年猫咪身上；并且，猫咪的年龄越大，发病率也越高。我刚开始从业时（1965年），我们还没有看到过这种疾病。如今，这种疾病却变得极其普遍了；因此，一定是有某种因素才导致了发病率如此大幅地增长。有些人提出，疫苗是导致宠物出现自体免疫疾病的一种因素；此外，食物中的污染物质，比如汞，可能也是一个原因，因为众所周知，汞中毒的确会对甲状腺造成影响。

由于甲状腺释放出来的激素过多，因此猫咪身上的症状也与我们在狗狗身上见到的正好相反；也就是说，猫咪患病后不是变得超重，而是会消瘦下去；并且，尽管胃口很好，甚至是胃口很大，这些猫咪仍然会日渐消瘦。然而，有些患病猫咪也会变得胃口全无，什么东西都不吃。它们排泄的大便，通常都会是一大堆，不过，有些猫咪也会出现腹泻。这些现象相互矛盾，令人困惑；但是，这些复杂的内分泌疾病的典型特征，确实就是患者身上可能出现各种不同的症状。

最常见的症状，就是食欲旺盛、亢进好动、心率很快且更加有力（有时在宠物的胸口就能看出来）、过度口渴（从而导致排尿增加）、粪便量大或者腹泻、呼吸急促和发烧。

甲状腺肿大或者出现肿块，这种现象并不罕见。有些兽医断定，它们都属于恶性肿瘤；可其实呢，它们跟恶性肿瘤毫无关系，只是甲状腺过度活跃导致的症状罢了。

// 预防措施

不要给宠物过度接种疫苗（请参阅第16章中关于疫苗接种的内容），应当用营养全面的食物去喂饲宠物，尤其是不要给猫咪喂饲任何鱼类，因为鱼类中的汞含量都很高。

// 治疗方法

传统的治疗方案，主要就是对甲状腺的机能进行抑制。这是通过三种途径中的一种来实现的：使用某种药物，阻止甲状腺发挥出机能；使用（可注射的）放射性碘，破坏甲状腺组织；手术摘除宠物的甲状腺。虽然这些措施能够消除宠物的症状，但它们也有可能产生严重的副作用，并且它们根本无法治愈宠物的深层疾病。甲状腺之所以会变得机能亢进，是因为宠物的免疫系统出了问题。摘除甲状腺，并没有解决免疫系统的问题；因此，采用常规疗法后，其他一些同属免疫系统疾病组成部分的症状，通常都会继续存在于宠物身上。

一旦甲状腺被破坏或者被摘除，您就不可能再将它们恢复原状，也不能指望通过其他办法，再去恢复它们的正常功能。我建议顾客先去试一试顺势疗法。不过，这是一种更加复杂的疾病，需要一位有经验的、采取顺势疗法的兽医，才能对宠物进行治疗。

顺势药物“碘30c”：与宠物狗一样，这些患病猫咪的食欲确实会很旺盛；可即便如此，它们的体重仍会持续降低。它们可能会变得非常瘦弱，就算它们经常进食，吃了很多东西，也是如此。它们往往都会焦躁不安、骨瘦如柴、极易受惊。有时候在患有这种疾病的同时，猫咪还患有肾脏问题或者慢性腹泻。按照“顺势疗法时间进度4”给药。

顺势药物“石松30c”：适用该药的猫咪，都不愿意吃太多东西，或者只吃一点就饱了。它们可能很容易患上膀胱疾病，尤其是容易患上膀胱结石。它们在上午都全身无力，又瘦又干，身上的毛发竖起，并且想要找个暖和的地方待着。按照“顺势疗法时间进度4”给药。

顺势药物“磷30c”：在疾病发作前，这种猫咪往往会变得骨瘦如柴和紧张不安。随着病倒，它们会变得行动更加懒散、更加嗜睡，对什么都没有兴趣。它们很容易呕吐，往往变得非常容易受惊。有时，它们还会丧失听力。按照“顺势疗法时间进度4”给药。

扁 虱

参见“皮肤寄生虫”一节。

弓形虫病

这种疾病之所以值得我们稍微详细地来讨论一下，并非因为它是猫类身上一种很重要的疾病（猫咪患上这种疾病后，通常都不需进行治疗就会康复，身上往往也不会出现任何症状），而是因为它会影响到人类未出生的幼儿。如果一名孕妇在首次怀孕期间感染这种疾病，那么胎儿就有可能早产，并且一生下来大脑、眼睛或者其他身体部位就有可能严重受损，甚至出现死胎的现象。

猫类是弓形虫这种寄生虫的天然宿主，弓形虫在猫咪身上的寄生状态，要比在其他任何动物身上都更加旺盛。那些确实表现出了感染征候的猫咪，会出现带脓或带血的腹泻、发烧、肝炎（即肝脏炎症）或肺炎（呼吸困难）等症状。它们通常都会自行痊愈，并且产生一种更加强大的免疫力，从而保护自身不再受到感染。

通常来说，猫咪和人类都有可能在感染这种寄生虫后，不会出现任何症状。而危险就在于：感染此种寄生虫1～3周后，猫咪常常都会开始排出虫卵，即一种卵状的结构；这种虫卵会在暖和的粪便或土壤中进一步发育，大约1天后就有可能感染其他的个体。猫咪在自身产生出了免疫力之后，即差不多2个星期后，才会排泄出这种虫卵（然而，如果猫咪的免疫系统因为“可的松”类药物而受到了抑制，那它就会开始受到感染）。接下来，这些虫卵可能偶然感染到一名孕妇，而后者却还没来得及形成自身对这种寄生虫的免疫力。这样一来，疾病就会传染到胎儿身上，有可能导致我们已经提及的许多严重问题。

人们认为，孕妇的风险主要在于清理猫砂盒（因而接触到猫），以及在厨房里制作肉食（这种情况与猫咪无关；更准确地说，是肉类中经常存在弓形虫这种微生物）。

我指出这一点，并不是想要吓唬您。几乎每一个人，包括女性在内，在接触到了弓形虫后非但不会生病，还会形成免疫力。对于一个已经形成了免疫力的女性而言，怀孕期间是没有感染风险的。医生可以为您进行一次血清检测，查明您是否已经形成了免疫力。要是拿不准的话，那您只需特别注意猫砂盒就行了（再说，难道清理猫砂盒不是丈夫的事情吗？）。

在临床实践中，我还没有看到过一例猫咪感染了弓形虫病的病例，因此我没有治疗此种疾病的经验；不过，如果看到了此种病例的话，我也会根据那只猫咪表现出来的症状进行治疗，因此您完全可以看一看“附录A　快速参考”里对某种可见症状的描述（比如，您可以参看“腹泻和痢疾”一节），并且遵循其中的说明去做。

上呼吸道感染（感冒）

上呼吸道包括鼻子、喉咙、喉头（“音箱”）以及气管（“风管”），是病菌最喜欢在人体内来去的一条通道。许多微生物和病毒，都会在上呼吸道里变干，化成灰尘。其他一些微生物和病毒，则会留在变干的分泌物和痂疤内；然后，这些干的分泌物和痂疤又会分裂成微细的颗粒，散发到人们和动物吸入的空气中。

在动物身上，这种有点像是感冒的疾病，通常都是始于上呼吸道，并且只限于上呼吸道，导致宠物出现像流鼻涕和流眼泪、打喷嚏、嗓子疼、咳嗽这样的症状，有时还会出现口腔发炎的情况。这些感染症状，在很多方面都与人类的感冒相似；但在宠物身上，它们还具有一些独一无二的特点。

宠物身上最普遍的三种上呼吸道疾病，就是犬传染性喉头气管炎（通常所说的“犬舍咳”）、猫病毒性鼻气管炎（FVR，即猫类的眼睛和上呼吸道感染病毒），以及猫杯状病毒病（它与FVR相似，但猫咪眼睛与鼻子受到感染的情况不那么常见）（在本书的“附录A　快速参考”中，“犬瘟热”是单列成条进行说明的）。

// 犬舍咳

“犬舍咳”，又称“犬呼吸道疾病综合征”或者“犬传染性喉头气管炎”；人们认为，这种疾病是由多种不同的病毒引起的，有时还会因为细菌感染而变得更加复杂。这种疾病在狗狗众多的场合中很常见，尤其在其中的小狗都很紧张、接触得也很紧密的情况下。宠物寄存处、动物收容所、宠物美容所、兽医诊所、赛狗会和宠物商店里，都会突然爆发这种疾病。

这种疾病的症状，通常都会在感染的8～10天后出现。此时，受到感染的宠物狗一般都会发出一种声音可怕的干咳，最终出现恶心或干呕症状，或许还会出现流清泪、流清涕或者部分丧失食欲的现象。尽管听起来可怕得很，但这种疾病其实并不严重，极少数的宠物狗可能还会因为自身免疫系统衰弱而出现并发症。

// 治疗方法

在绝大多数情况下我都不会使用抗生素，因为这种疾病是病毒导致的。人们通常都会给宠物使用止咳剂，但这种药物其实作用不大，并且还会产生令人不快的副作用。最有效的措施，就是把狗狗关在一间充满了蒸汽的房间里（比如将浴缸里放满热水，或者在洗了一个热水澡后，将狗狗关在浴室里），或者关在装有一台加湿器的房间里。兽医都已认识到，这种疾病属于“自生自灭型”，会自行痊愈的（通常会持续2周或3周）。如果做得到，您不妨把患病的狗狗隔离开来，因为这些病毒中有一些也会传染给猫咪和您的家人。

从我的经验来看，利用下述疗法就会大幅缩短这种疾病从发病到痊愈的整个过程。

狗狗刚刚开始出现症状时，就给它进行流质禁食，并且应当持续3天。应当按照第18章中关于禁食的指南去做，然后再逐步小心地去给狗狗喂饲固态食物。

维生素对这种疾病具有好几个方面的好处。**维生素C**是一种很好的抗病毒剂。根据狗狗的体型大小，您可以每次给服500～1 000毫克的维生素C，每天3次。**维生素E**会增强宠物狗的免疫反应。您可以从胶囊中取用新鲜的维生素E，每次给服50～100个国际单位，每天3次。您可以刺破胶囊，直接把维生素E挤到狗狗的嘴里。等到狗狗开始康复，您就可以逐渐减少给服次数。**维生素A**也能增强狗狗的免疫系统，有助于缓解狗狗的紧张情绪，并且增强呼吸道黏膜的抵抗力。您可以用一种含有10 000个国际单位的维生素A胶囊，将其挤破，每次给服2、3滴，每天3次。

要是方便的话，您也可以将上述维生素添加到宠物所吃的食物中。

还有一种草药止咳疗法，常常也很有效果。

> **草药**“胡椒薄荷”（学名：Mentha piperita）：最适用于“嗓音”粗哑、吠叫后咳嗽得更加厉害的宠物狗。触摸它的喉咙时狗狗会很难受，而且有可能引发咳嗽。按照“草药疗法时间进度1”给药。

> **草药**“毛蕊花”（学名：Verbascum thapsus）：尤其适用于咳嗽起来声音低沉、嘶哑且在夜间更厉害的宠物狗。如果触摸狗狗的喉咙部位似乎令它觉得疼痛，或者是它在吞咽东西时似乎很困难，那么这种草药也有效果。按照“草药疗法时间进度1”给药。

还有两种顺势药物，对这种疾病也有效果。

> **顺势药物**“南美巨腹蛇30c”：适用于您触摸它的喉咙部位或者拉拽狗带时，会使得它咳嗽起来的宠物狗。按照“顺势疗法时间进度2”给药。

> **顺势药物**“白头翁30c”：适用于需要主人时时关注和抱着、想要寻找凉爽之处待着、不想喝水的宠物狗。按照“顺势疗法时间进度2”给药。

康复后，宠物狗在一段时间之内，或许是1年，或许是2年，应该就相对具有了免疫力。然而，一种不同但相似的病毒，却有可能导致狗狗身上出现“相同的”症状。要记住，紧张似乎是让这种病毒在狗狗身上扎下根来的一个必要条件。

// 猫病毒性鼻气管炎（FVR）

这种病毒性疾病，主要是感染猫类的眼睛和上呼吸道。症状包括一阵阵地打喷嚏、咳嗽、流浓稠的口水、发烧，以及眼部出现清稀的分泌物。受到了感染的猫咪，身上的症状可能从程度轻微、几乎注意不到，直至程度严重而持久。在后一种严重的状况下，猫咪的鼻子会被浓鼻涕堵住，眼睛表面（角膜）会出现溃疡，而眼睑则会被厚厚的眼屎粘在一起，难以分开。猫咪会变得痛苦不堪，拒绝进食，完全无法照料好自己。

没有哪一种对抗疗法，可以缩短这种疾病的持续时间；但是，人们通常都会采取使用抗生素、补液疗法、强迫喂食、眼药膏以及其他的措施，尽可能地维护患病猫咪的身体。然而，这种猫咪常常都会心情不佳，因而拒绝人们的触摸与治疗。为这种猫咪提供恰当的护理，可能真的是一种挑战。

// 治疗方法

如果您早已看到了猫咪身上的症状，那么采用下述治疗方案，就有可能不让宠物的病情恶化到更加严重的程度。在最初的2～3天内，不要喂饲固态食物；或者说，在猫咪的体温恢复到正常状态（不高于38.6℃）前，不要喂饲固态食物。反正，患病猫咪通常也不会进食。您可以用第18章关于禁食那一节里说明的流食去喂饲。

对于不愿进食的患病猫咪来说，给它们服用营养补充剂更加困难；不过，要是做得到的话，您也可以制备少量的维生素C补液，将1/8茶匙的抗坏血酸钠粉（它的味道，没有普通的维生素C那么大）溶于少量纯净水中，然后每天给服3次。

顺势药物“舟形乌头30c”：该药适用于疾病的早期阶段，典型症状则是发烧和全身不适。如果在刚刚出现这些症状时给服，就可以防止猫咪的病情继续发展下去。按照“顺势疗法时间进度2”给药。

假如猫咪身上已经出现了感冒症状，那么给服下面这些顺势药物中的一种，可能会有效果。

顺势药物“马钱子30c”：该药通常适用于此种疾病。对不喜欢也不愿意主人抱着，或者不愿被人们触摸的猫咪来说，是一种不错的选择。这种猫咪，往往都会躲到一个安静的房间里，以免被人打扰。按照“顺势疗法时间进度2”给药。

顺势药物“氯化钠6c”：如果猫咪感冒后不停地打喷嚏，那么该药就极其有效。随着病情的发展，猫咪可能会出现口渴、鼻子里流出白色鼻涕等症状。按照“顺势疗法时间进度1”给药。

顺势药物“白头翁30c”：需要给服该药的猫咪，通常都嗜睡、行动迟缓，而且鼻涕与眼屎都很浓稠，通常还会呈黄色或浅绿色。这种猫咪可能想要主人抱着，或者得到主人的抚慰。按照“顺势疗法时间进度2”给药。

一般来说，到了这个阶段，用一种类似于天然眼泪的生理盐水去清理猫咪的眼睛和鼻子，是会大有好处的。将1/4茶匙海盐加入1杯纯净水（不含氯）中，搅拌均匀。将溶液加热到体温。用一颗棉球蘸着溶液，往猫咪的鼻孔里分别滴上几滴，促使猫咪打喷嚏并将鼻孔冲洗干净。您还应当给猫咪的每个眼睛里也滴上几滴，然后小心地用纸巾将猫咪的眼屎清理干净。

如果在您开始治疗时猫咪的症状已经很严重了，那么，用温热的生理盐水清理猫咪的眼睛和鼻子（如上所述）。必要时，您还可以用一块布吸满生理盐水，放在猫咪的鼻子上短暂地敷一敷，让已经干了的鼻屎软化、松动。小心地将鼻屎清除掉，然后再用生理盐水对猫咪的鼻孔里面进行冲洗。往猫咪的两只眼睛里分别滴入1滴杏仁油；当然，也应当给猫咪的鼻子上涂抹一点（每天2次）。

如果猫咪的病情非常严重，它们还会出现脱水症状；因此，给它们进行补液，可能是很有好处的。您既可以通过注射补液（在兽医诊所里进行，或者让兽医上门服务），也可以用注射器或滴管给猫咪实施口服补液（您的耐心，在这个时候就会体现出来）。您可以给猫咪补充纯净水，或者补充与皮下注射时相同的那种药液（如果您手头有这种药液的话）。

还有一些效果不错的疗法。

顺势药物“白头翁6c”：该药适用于鼻涕浓稠、呈浅绿色或黄色、鼻塞、食欲不振、口臭，以及嗜睡、行动迟缓的猫咪。这种猫咪在患病后，常常都会受到家中其他猫咪的攻击。按照“顺势疗法时间进度6（c）”给药。

顺势药物“硅石30c”：该药通常都用在“白头翁6c”后，并且用完就可以结束治疗。适用于该药的猫咪，通常都有畏寒（会寻找暖和的地方待着）、食欲不振（但会比平时喝更多的水）等症状。它们的眼睛会严重发炎，眼睑会被眼屎粘在一起，角膜（即眼睛的表面）上甚至还会出现溃疡。按照“顺势疗法时间进度2”给药。

顺势药物“北美香柏30c”：如果猫咪对其他疗法都没有反应，而且是在接种了疫苗的3至4周后开始出现感冒症状的，那么，您就需要用到该药。患病猫咪的鼻涕，可能与适用“白头翁6c”的猫咪很相似（参见上文）。按照“顺势疗法时间进度3”给药。

顺势药物“硫30c”：如果其他药物都没有效果，您就可以给宠物使用该药。按照“顺势疗法时间进度3”给药。

草药“白毛茛”（学名：Hydrastis canadensis）：如果猫咪的鼻涕（或者喉咙后部的分

泌物）完全呈黄色，并且黏稠得很，那么给服这种草药就会很有效果。这种猫咪，就算进食量依然很大，它们的体重也有可能大幅下降。按照“草药疗法时间进度2”给药。

一旦猫咪开始进食，您就应当像我们在本书中建议的那样，鼓励猫咪多吃各种新鲜的生食。猫咪普遍喜欢营养酵母或者啤酒酵母，这是一种非常有益的营养补充剂。您可以把这种补充剂撒在猫食上，诱使猫咪去进食。

// 猫杯状病毒病（FCV）

有时，我们很难将猫杯状病毒病（FCV）与上文中的猫病毒性鼻气管炎（FVR）区分开来；但通常来说，前者的感染部位通常不包括猫咪的鼻子与眼睛。这种疾病的典型症状，就是肺炎以及舌头、口腔底部和鼻尖（嘴唇上方）出现溃疡。这种疾病非常难以治疗，因为猫咪的嘴巴会疼得厉害，会拒绝让您把任何东西放进它的口中。在治疗时，您可能需要用一条毛巾将猫咪裹起来，才能不被它挠伤。

// 治疗方法

在疾病早期，可以利用前文中针对猫病毒性鼻气管炎（FVR）而采用的疗法。实际上，在这个阶段，您可能并不知道猫咪感染的究竟是这两种病毒中的哪一种；但是，您不要为了区分不开而感到烦恼，因为我们在此处讨论的疗法，对两种疾病都是适用的。

如果猫咪的症状非常明显，出现了肺炎或溃疡，说明您要对付的是猫杯状病毒病（FCV），那么下面还有几种药物，可能更适合这种病症。

顺势药物“磷30c”：如果猫咪出现了肺炎的症状（发烧、呼吸急促、喘息，或许还会咳嗽），那就可以使用该药。若是猫咪喜欢喝冷水，并且会在喝完水约15分钟后呕吐，或者由于患有肺炎而更喜欢将身体右侧朝下躺着，那么该药就尤为适用。按照“顺势疗法时间进度2”给药。

顺势药物“硝酸30c”：该药适用于病情主要表现为口腔溃疡的猫咪。这种宠物猫的口气会很臭，涎水会带有血色，舌头绯红，并且样子很“干净”（舌头上面没有厚厚的舌苔）。猫咪通常都会变得脾气暴躁，导致您很难去抚弄它，或者给它进行治疗。按照“顺势疗法时间进度3”给药。

顺势药物“活性汞或汞稀释液30c”：需要该药的猫咪，出现的症状与前文所述需要“硝酸30c”的宠物猫很相似。区别在于，这种猫咪不会那么暴躁易怒，分泌的唾液较多，而舌头上则覆盖着一层黄色的舌苔，并且通常会肿起来，使得您甚至可以看到舌头两侧有牙齿的压痕。按照“顺势疗法时间进度3”给药。

猫咪一旦恢复食欲，并且进食情况不错，那就说明它正在康复，这是一个重要的转折点。

尿毒症

参见“肾衰竭”一节。

疫苗接种

通过给动物注射原本用于引发疾病、只是效果“变弱”了的病菌，来防止动物得上传染病，这是一种非常普遍的疾病预防方法，并且受到了人们的大力支持。如果将一种“活性”疫苗注入体内，其中的微生物就会在动物的组织器官里生长起来，导致一种程度轻微的疾病，从而刺激动物产生出免疫反应。这种反应，旨在保护身体在一段时间内不再遭受真正的病菌侵害；这段时间是可变的，从几个月到几年不等。听上去，这种方法很奇妙，不是吗?

然而，我必须指出，疫苗接种方面存在一些极其重大的问题；因此，每一个关注整体健康疗法的人，都应当了解这些问题才行。疫苗并非始终有效，而且有可能导致一些长期的健康问题。

关于接种疫苗的这个问题，已经引发了人们的争议，值得我们来解释一番；因此，在本书的这一版中，我们专门用了一章的篇幅来进行说明。请参阅第16章“疫苗：是友是敌？”

呕　吐

呕吐，属于一些很少自行显露出来的深层疾病的症状之一。呕吐往往都与胃部不适相关，但也有可能是身体对中毒、肾衰竭、药物毒副作用、其他部位疼痛或发炎（比如腹膜、胰脏或者大脑）、手术、严重便秘以及其他许多情况做出的一种反应。因此，我们必须透过呕吐这种表面现象，了解导致呕吐的深层病症，并且对其进行治疗。

偶尔呕吐的现象，对宠物猫狗来说都并不罕见，只是猫咪更常出现这种问题；因此，呕吐并非都标志着宠物患上了严重的疾病。然而，一旦宠物出现了旷日持久的呕吐症状，您就应当带它去看兽医，由兽医来确定宠物呕吐的深层原因。如果不加控制，持久性的呕吐可能导致宠物严重脱水，使得体内一些维持生命所需的盐分流失掉，尤其导致氯化钠和氯化钾的流失。

// 治疗方法

如果宠物其他方面似乎都很正常，那么下面这些药物，通常都会让宠物不再呕吐。

顺势药物“吐根6c”：适用于持久恶心和经常呕吐，并且因为恶心而大量分泌唾液的宠物。按照“顺势疗法时间进度1”给药。

顺势药物“马钱子6c”：适用于吃了一种不同的食物、吃得过饱或者翻找垃圾吃了后，出现呕吐症状的宠物。按照“顺势疗法时间进度1”给药。

此外，在宠物呕吐的那段时间内，不要让宠物吃任何食物，也不要让宠物喝水，只能让宠物偶尔舔一舔冰块。为了补充体液和盐分（如果宠物还有脱水症状的话），您可以按照第18章中说明的办法，每隔2个小时就给宠物使用少量灌肠剂。在每0.5升的灌肠用水中，添加1/4茶匙海盐（也可以退而求其次，添加食盐）和1/4茶匙氯化钾（这是一种食盐替代品，许多地方都有售）。作为灌肠剂给宠物使用后，这种溶液就会留在有脱水症状的宠物体内，并被宠物的身体吸收掉。

疣

狗狗和年龄较大的宠物，最有可能长出一些令人烦恼的疣子，因为这些疣子有时会瘙痒和流血。很多时候，这些肉疣（和其他一些类似的赘生物）都是疫苗接种不良反应的一种表现（请参见第16章）。这种宠物如果病情在接种疫苗后没有得到治疗，那么日后可能也很容易长出一些更加严重的赘生物。

治疗肉疣并没有什么简单的法子，因为这种病症需要具有个性化的疗法，才能解决宠物容易出现这种病症的深层原因。然而，下面一些药物，可能很有效果。

顺势药物“北美香柏30c”：该药对容易长疣的宠物通常都很有效果。先按照“顺势疗法时间进度4”，给宠物服用“北美香柏”。任由该药发挥其刺激作用1个月（但您同时也可以实施下面说明的那种局部疗法）。如果疣子没有消失（或者没有变小），那么您就应当再使用下述两种药物中的一种。

顺势药物“苛性钠30c”：适用于治疗那种很容易出血的疣子。按照“顺势疗法时间进度4”给药。

顺势药物“硅石30c”：如果宠物的疣子很大，尤其是，如果宠物的疣子长在以前注射过疫苗的部位，那么该药就很有效。按照“顺势疗法时间进度4”给药。

在使用这些药物的那段时间里，您还可以采取下述局部疗法中的一种。

营养疗法 “维生素E”：定期将维生素E胶囊刺破，给疣子涂敷，有时可能会让疣子大幅变小。这种方法必须持续数周的时间才能见效。

草药 “蓖麻油”：可以直接涂敷到疣子和赘生物上面，将其软化且缓解它们带来的刺激性。应当在疣子瘙痒起来时进行涂敷。

体重问题

谁曾想到过，体重问题如今会变成人们普遍关注的一个问题呢？正如人们中的肥胖现象日益普遍，尤其是儿童的肥胖问题日益突出一样，宠物猫狗也有可能出现这个问题。

// 体重过大

照我看来，导致肥胖的重要因素，就是活动量不够，却摄入了大量肉类和脂肪的生活方式。在自然界里，狼虽说吃的是高脂肪食物，但它们那种精力充沛的生活方式，却会消耗掉这些脂肪。而可怜的家犬呢，虽然有可能拴着狗链出去遛一遛，但它们的运动量根本就没法跟狼相比。我认为，这种情况就像是一个人整天坐在沙发上，手里拿着遥控看电视，吃的却是专业运动员才需要的饮食。

体重问题，也可能是一种几乎不由自主、难以控制的饥饿感导致的结果。我曾经在许多宠物狗身上都看到过这种情况，它们都患有过敏症和各种各样的皮肤疾病。因此，我觉得，它们的饥饿感正是由深层的疾病引起的。

我认为，其中最大的一个间接原因，就是人们在饲养牲畜时使用生长激素的做法。那些饲养牛、羊、猪以及其他牲畜的人，都想要牲畜尽快长大、长肥，好让他们把牲畜卖给屠宰场时赚取更多的利润。因此，使用激素就成了一种标准的做法；与运动员非法使用激素来增长肌肉一样，他们的目的，就是为了使牲畜长得异常肥壮。例如，给肉牛使用的就有6种合成类固醇，而对这些牲畜的器官和出产的肉类进行检测后，结果也表明，其中含有这些激素；因此，我们所吃的食物中，自然也含有这些激素了。摄入了含有可以让您长胖的激素，的确会让您长胖，这又有什么奇怪的呢？

一旦宠物体重过大，就有可能让宠物身上的其他毛病变得更加复杂。如果宠物患有关节疾病，比如髋关节发育不良症或者膝部的前十字韧带断裂了，那么多余的体重就只会加重这种病症，让关节劳累得更加厉害。

下面是我们提出的一些建议。

参阅第16章宠物猫狗食物配方表中的“今日食谱”，看一看第二行里的代码W。有这种代码的食

物配方，都对减肥特别有效。它们都强调把谷物、豆类和蔬菜当成宠物的营养来源。我经常听到这样的说法，说摄入碳水化合物（人们通常把这种东西理解为谷物）会导致长胖；可在治疗过的宠物猫狗身上，我却从来没有看到过这种现象。要知道，动物制品中含量很高的脂肪，所含热量达到了谷物所含热量的2.5倍，因此动物制品显然是一种更会导致宠物发胖的因素。

如果您的喂饲方案中含有肉类，那就要用有机肉类或者不含激素的肉类去喂饲宠物。

增加宠物的活动量。应当每天都带着宠物狗出去，让它走一走和跑一跑。应当鼓励猫咪多玩耍。增加活动量，会提高宠物的新陈代谢率，并且使之更快地消耗掉食物中的热量（请参阅第11章和第12章。）

如果此处的建议还不够，那么宠物的健康状况可能出现了失衡，也需要得到纠正才行。健康失衡的宠物狗，在遛的过程中会吃垃圾，找到什么吃什么，比如人行道上的口香糖，或者是人们扔掉的食物残屑。很可能，这种宠物身上存在的深层问题就是甲状腺失调，即所谓的“甲状腺机能低下症”（请参见“甲状腺疾病”一节）。

顺势药物“碳酸钙30c”：这是治疗肥胖症的一种重要的顺势药物，并且尤其适用于因为激素水平失衡而导致的肥胖症。按照“顺势疗法时间进度4”给药。

// 体重过轻

如果宠物的情况正好相反，是体重过轻，那么您显然需要采取一种不同的办法才行。宠物的体重若是突然降低，就有可能是因为感染或某种其他问题导致的，您必须首先解决掉这些问题才行。您应当请兽医给宠物进行检查，看有没有这种可能性。宠物猫狗真正消瘦的情况并不常见，除非是它们的食欲与健康方面出了什么问题。

正如我们在前文中已经讨论过的那样，这有可能是宠物体内的毒素聚积导致的，因此用食物链中位置较低的食物去喂饲宠物，就有可能逐渐起到作用（请参见第2章和第3章）。

如果没有发现其他方面的问题，下面这种疗法可能有效。

草药“紫花苜蓿”（学名：Medicago sativa）：按照“草药疗法时间进度3”给药。持续给药，直到发挥出预期的效果，使得宠物的饥饿感增加，体重也随之增加。

还有一种疗法，适用于年龄较大、体质衰弱的宠物：

顺势药物“磷酸钙6c”：尤其适用于具有明显消化不良症状或者营养吸收不良症状的宠物。如果尽管营养充分、胃口适当，可宠物的体重仍然没有增长，就可以证明这一点。按照“顺势疗法时间进度6（a）”给药。

顺势药物“鱼肝油6c”：该药用鱼肝油制成，在改变宠物身体消瘦和体质虚弱方面的效果令人惊讶。这种消瘦与虚弱的状况，可能没有明显的原因，或者有可能是长期的营养不良造成的。您可以尝试性地每天给服1剂，持续2周。如果看到宠物的情况有了明显好转，那么您可以继续给服一段时间（但不要无休无止地给服）。

西尼罗河病毒症

这种疾病是由蚊子传播的，并且感染的主要是人类和马匹。在人类身上，只有差不多1/5的感染者会生病，并且只出现轻微的症状。偶尔也有一些人（在被感染了这种病毒的蚊子叮咬过的人群中，所占比例不到1%）会患上脑炎（大脑内出现炎症），并且非常严重，会出现抽搐症状，甚至导致死亡。马匹偶尔也有可能因为感染而变得病情严重。我们还没有证据，表明这种病毒会在人与人、马与马之间传播。人类和马匹似乎必须被受到感染的蚊子叮咬，才会患病。

猫和狗的情况，又怎么样呢？研究表明，它们虽然有可能受到感染，但不太可能出现症状；因此，在这两种动物身上，西尼罗河病毒症基本上属于一种“没病”状态。人类曾经有意让一些猫咪受到这种病毒感染，其中有少数猫咪表现出了一些轻微的症状，比如食欲稍有下降、嗜睡（它们会变得较安静，或者比较喜欢睡觉），并且暂时性地发烧，但基本上没有出现让绝大多数人都能注意到的症状。

假如您想要防止宠物受到这种病毒的感染，您就可以在给它们使用了驱蚊剂后，才允许它们在外面蚊子可能很多时出去。有一些很安全的草药驱蚊剂，您完全可以给宠物使用。

肠道寄生虫

肠道寄生虫，是指生存于宠物肠道里面的寄生虫。绝大多数宠物的体内，都普遍长有寄生虫（尤其是在宠物年幼时），通常不会变成严重的疾病。

在自然环境下，肠道内长有寄生虫是很正常的状况；认识到这一点，会给我们带来某种启发。有许多的微生物，与我们共同生活在一起。例如，普通人的体内或者身上，竟然生存着1～2千克重的微生物；其实际数目，比人体内的细胞总数还要多。我这句话，并不是说每个人都生病了，而只是为了让您更好地了解情况。这些微生物，与我们人类、与所有的动物共同生存，却不会导致我们和动物生病；实际上，它们还会给我们带来一些真真切切的益处（肠道中的情况，正是如此）。您知不知道，牛之所以能够以草为食，是因为它们拥有一个巨大的胃部，而它们的胃部又像是一个巨大的发酵缸；正是其中的细菌和真菌，把草料分解成了营养成分。因此，牛是靠细菌为生的；没有细菌，它们就无法存活。

在自然界里，肠道寄生虫可能存在于绝大多数动物身上，但其数量会极少。正是因为体内存有这些寄生虫，动物才会产生出一种免疫力，才能抑制住这些寄生虫的数量增长。实际上，这些生存在宠物肠道里的小小寄生虫，虽然会汲取一点养分，却不会导致任何疾病，并且保护着动物，使得动物身上不会生长更多的寄生虫。对寄生虫的免疫力，**取决于寄生虫的存在**；如果彻底消灭了寄生虫，这种免疫力就会丧失，而宠物也会再次感染这些寄生虫。

说完这些后，我认识到，绝大多数人还是完全不希望看到自己和宠物体内长有任何寄生虫；因此，我们不妨稍微详细地来探究一下这个问题。

// 蛔虫

年龄幼小的动物，可能在出生前就已从母亲身上感染了蛔虫。如果母兽并不健康，这种寄生虫就会抓住时机转移到幼崽身上，并且数量会比平时更多。母兽若是身体虚弱，生下来的幼猫幼犬身上可能就会长有大量的寄生虫，因此永远都不会健康成长起来。然而，这并不常见。通常来说，这不是一个非常严重的问题；随着幼猫幼犬体内产生出免疫力，它们身上的寄生虫就会逐渐减少。通常情况是，检查宠物粪便时我们会发现，成年宠物（几个月大了的宠物）身上不会有任何寄生虫；这种情况是自然形成的，并不是非得进行治疗才会如此。

由于感染了寄生虫后，宠物身上通常不会出现任何症状，因此这种病症往往都是兽医在化验宠物粪样、寻找虫卵的过程中发现的。如果您听到兽医做出了此种诊断，那就要问一问，宠物感染的情况是轻微还是严重。

如果宠物感染的情况很严重，那么您通常都会看出一些外在的症状来，比如腹部肿大、体重增加不多，或许还会有腹泻、呕吐等症状。有时，宠物实际上还会吐出整条寄生虫，或者在粪便中排出整条蛔虫来。蛔虫的样子，很像是白色的意大利面条，长5～10厘米，并且在刚刚排出体外时，常常还会扭动。通常情况下，只有几周到几个月大的幼猫幼犬，才会呕吐出蛔虫。

至于猫咪，一旦从最初感染肠道寄生虫的情况下恢复过来，它们就会产生出终生的免疫力，日后再也不会重新受到感染了。在宠物身上，最初感染的寄生虫中，少量可能以一种蛰伏状态（有点像是休眠）存留下来，直到猫咪或狗狗受孕（从而将寄生虫传播给下一代）；不过，在母猫母狗身上，这些蛰伏的寄生虫却不会导致任何问题，而对它们的粪便进行化验，也检测不出来。

让成年宠物对蛔虫产生持久免疫力的一个重要因素，就是让它们摄入充足的维生素A。长期的维生素A摄入不足，会导致宠物重新感染蛔虫，并且让蛔虫在那些原本具有抵抗力的宠物身上寄生下来。

// 蛔虫的治疗方法

如果确实需要对幼猫幼犬进行治疗，我推荐下述措施（在做得到的情况下，您不妨全部使用）。

顺势药物“山道年蒿3c”：按照“顺势疗法时间进度6（c）”给药。治疗过后，到实验室里用显微镜对宠物的粪便再进行一次检测，确保其中已经没有了虫卵。

营养疗法：在宠物每日所吃的食物中，添加1/2至2茶匙的小麦麸皮或者燕麦麸皮（根据宠物的体重而定）。这种粗粮有助于宠物将蛔虫排泄出来。此外，还应喂饲等量的下述蔬菜：切碎的生胡萝卜、萝卜或甜菜。

草药“大蒜”（学名：Allium sativum）：根据宠物的体重，在每日所吃的食物中拌入1/4瓣至1瓣新鲜的大蒜末（请参见第11章关于人们对给宠物猫狗喂饲大蒜的争议）。

矿物质“硅藻土”（硅藻这种小型海洋生物的骨骼残骸）：在天然食品商店与一些宠物商店里可以买到。人们有时会用硅藻土防控跳蚤，用其灭杀蛔虫也很有效。它的防控与灭杀作用，是相同的：硅藻的外壳残骸，对蛔虫的体表具有刺激作用（就像它们对跳蚤具有刺激作用一样），使得蛔虫会从吸附之处松落，进而被宠物排出体外。您可以在宠物每顿所吃的食物中，添加1/4至1茶匙的硅藻土。不要添加游泳池中用于过滤的那种硅藻土，而应当使用天然的、没有经过加工的硅藻土产品；（通常来说）草药商店或者园艺商店里都有出售。

此外，如今您还可以买到好几种草药驱虫剂，它们在驱虫方面的效果也很不错。假如在健康食品商店里购买，那么您应当遵循标签上的用法说明去使用。

我建议，您可以采用上面这种不具毒性的疗法，试着治疗3个星期，然后再检查一次，看宠物体内还有没有蛔虫。假如蛔虫的数量仍然很多，那么您最好还是给宠物进行传统的药物治疗。我发现，一只年幼的宠物接受了上述治疗后，即便是治疗方案并非彻底有效，它也能更好地承受随后药物治疗产生的副作用了。

// 绦虫

宠物吃下跳蚤或者捕食地鼠后，就有可能感染绦虫（通常都属于后一种情况）。其他宠物随着粪便而排泄出来的少量绦虫节片，并不会让宠物直接感染绦虫。这些节片中含有绦虫虫卵，但它们首先必须通过另一只动物，发育至传染状态，并且最终进入这只动物的肌肉中。食用了这只动物（比如地鼠）后，感染就会传播开来。绦虫的幼虫进入宠物猫狗体内后，会在宠物的小肠内生长。每条绦虫的“头部”都附着在肠壁上，而许多全是虫卵的节片成熟后就会脱落，并且随着粪便排出体外。

这些排泄出来的节片，样子就像是奶油色的蛆虫，0.6～1.2厘米长，在刚刚排出的粪便或宠物的肛门周围能够看到。它们实际上并不会爬动，而是通过在一端形成一种“尖状”来移动的。干了后，它们的样子很像是粘在宠物肛门边一根毛发上的白米。

年幼的宠物通常都不会感染绦虫。等到宠物长大，能够出去猎食后，才更有可能出现绦虫感染的情况。

使用化学药品进行驱虫治疗可以杀灭绦虫，但有时，药品只是导致绦虫绝大部分节段突然脱落，可绦虫的头部却依然附着在宠物的肠壁上。遗憾的是，留下的绦虫头部很快又会长出新的身子，又会开始排泄出含有虫卵的节片。

体内寄生了绦虫，通常都不会导致可以让人察觉的健康问题，也并不严重（只是这种东西看上去令人觉得很恶心罢了）。因此，您不必惊慌，不必觉得必须马上将它们铲除干净才行。如果您遵循本书中指出的自然保健方案去行事，您就会发现，随着宠物整体健康状况的改善，宠物身上出现的种种寄生虫问题也会随之减少。随着宠物将体内的毒素排出，许多寄生虫也会自然而然地减少。

// 绦虫的治疗方法

治疗绦虫时的要点，就是利用某些物质，在一段时间里对绦虫造成干扰或者刺激。最终，绦虫便会屈服，从吸附之处脱落、死去并排出宠物体外。

草药“南瓜子”（学名：Cucurbita pepo）：南瓜子是一种针对绦虫的、非常安全的药物。选取完整的生南瓜子，盛于密封容器之内，在室温之下贮存。磨成细末，然后马上喂给宠物吃。如果出于某种原因，您必须预先将南瓜子磨碎，那么，您应当将南瓜子粉盛于密封容器内，放在冰箱里冷藏。每天迅速取出所需的喂食量，然后马上重新将容器密封好，以免进入太多的水汽。然而，最好是到喂饲前才把南瓜子磨碎。在宠物每顿所吃的食物中，添加1/4至1茶匙的南瓜子粉（根据宠物的体型大小而定）。

营养疗法“小麦胚芽油”：在健康食品商店购买优质的小麦胚芽油，就是一种很好的天然绦虫抑制剂，它也能对其他治疗措施产生良好的辅助作用。根据宠物的体型大小，在每顿食物中添加1/4至1茶匙的小麦胚芽油。应当只用少量食物喂饲宠物，以便小麦胚芽油中的酶更加充分地发挥出作用。

营养疗法“植物酶”：许多植物性食物，尤其是那些用无花果和木瓜制成的食物，其中含有的酶能够逐渐侵蚀绦虫的外层表皮。您可以将干无花果剁碎或者磨粉，添加到宠物所吃的食物中去（狗狗比猫咪更愿意吃）。根据宠物的体形大小，在每顿食物中添加1/4至1

茶匙的量。应当只用少量食物喂饲宠物，以便其中的酶发挥出更加充分的作用。

营养疗法 “木瓜”：木瓜是一种很好的植物酶来源。您也可以使用含有木瓜蛋白酶（木瓜中所含的酶）及其他消化酶的酶类补充剂。应当按照标签上的用法说明去喂饲。

顺势药物 “鳞毛蕨3c”：该药是一种久负盛名、用于治疗绦虫的草药，每次可以给服1丸，每天3次，持续2～3周的时间；如果宠物粪便中的绦虫节片很快就没有了，那么用药时间可以更短（要是买不到“鳞毛蕨3c”的话，您也可以使用“蛔虫”一节中讨论过的“山道年蒿3c”）。

每周禁食1次，只许宠物喝蔬菜汤，以便吸收其中含有的植物酶，通常都是一种非常可取的做法。之所以说这种做法尤其有益，是因为这会让绦虫的活力下降，从而使得所用的疗法更加容易将它们杀灭。由于绦虫靠宠物所吃的食物而生存，因此，这样做也会让它们无以为食。

假如宠物的问题很棘手，任何一种肠道寄生虫都难以清除，那么您也可以试一试，偶尔给服1剂蓖麻油。在宠物禁食1天后给服，会将所有活力受到了削弱的寄生虫全都清理出去。对于不到3个月大的幼犬和所有年龄不大的猫咪，您可以喂饲1/2茶匙；对于3～6个月大的幼犬和成年猫咪，可以喂饲1茶匙；中型犬可以喂饲$1\frac{1}{2}$汤匙，而大型犬则应当喂饲2汤匙。

// 鞭虫

鞭虫病在狗狗身上相当普遍，而在猫咪身上则没那么常见。鞭虫通常都不会造成什么可见的症状，人们也认为它不会给健康带来威胁。鞭虫常常会在长时间内处于休眠状态。如果宠物身上出现了症状（通常都是久拖不愈的水样腹泻），这就意味着宠物的免疫系统出了问题。

在临床实践中，我还很少碰到过这种疾病。或许，只是因为我运气好；不过，在我的印象中，这并不是一个什么大不了的问题。我甚至还可以进一步说，如果您的宠物似乎病情严重，并且是由鞭虫引起的，那么您可能就得仔细看一看，宠物身上是不是还存在其他的疾病。

// 鞭虫的治疗方法

前面已经提到过，我对这种疾病没有太多的经验；不过，我想当然地认为，上文中用于蛔虫的那种疗法，对治疗鞭虫也会有效。

// 钩虫

在美国，钩虫病通常不如绦虫病与蛔虫病那样普遍；不过，这种寄生虫是我们此处讨论的肠内

寄生虫里最严重的一种，值得我们重视。在美国南部各地，以及一些人口众多、卫生状况普遍不好的地区，钩虫病的发病率较高。钩虫是通过穿透皮肤、从口腔进入身体，有时甚至是通过吸食母乳而感染的。由于它们会吸食血液，因此可能会导致身体受到损伤；相比而言，我们讨论过的其他肠内寄生虫，却只会分享宿主肠道内的食物。有些种类的钩虫，甚至会感染人类；因此，如果此时您面对的正是钩虫病，那么您就应当努力将钩虫彻底灭杀才行。

受到严重感染后，由于血液会流失到肠道里，因此宠物的粪便会呈黑色，像沥青一样。这种宠物的粪便也有可能变得很稀，并且奇臭无比。宠物的牙龈会变得苍白，说明正在形成溃疡；而幼猫幼犬则会显得体质虚弱，身体消瘦。

// 钩虫的治疗方法

由于钩虫对宠物的身体健康构成了威胁，因此您最好是请兽医来进行治疗。前文中给出的蛔虫治疗方法可能有效，但对于用它们来治疗钩虫病，我本人可没有多少经验。如果您没有别的选择，那么用这些方法来进行治疗，当然也会聊胜于无。

注意：一只宠物长了寄生虫，可能会给其他宠物和您家里的孩子造成健康问题。蛔虫病和钩虫病尤其如此，因为人们可能会通过接触受污染的土壤而受到感染。尽管这些寄生虫在人类体内实际上并不会大肆横行，但若是感染了这些寄生虫，仍然是一个很棘手和令人烦恼的问题（主要是因为，这些寄生虫会在人体内尽力前往适合它们寄生的地方，从而导致皮肤瘙痒）。在完全解决掉这个问题前，特别注意防止环境受到污染，是很有好处的。您应当将宠物的所有粪便全都收集起来，要么（深）埋于某个地方，要么从厕所里冲走，要么就应用袋子谨慎地装好，由公共卫生部门进行处理。

为健康干杯

在本书中，我们已经论述了方方面面的问题。我试图解决的，都是宠物身上出现的主要问题。如要探讨可能出现的每一个问题，本书的篇幅将会变得庞大无比。但愿，看一看本书中给出的一些建议，您会对我推荐的方法有所了解；这种方法，可以用于解决任何一种健康问题。我们可以这样来进行总结：应当努力把保持良好的营养当成是巩固健康的基础，然后利用本书中说明的一些绝妙办法，在这一基础之上，逐步让宠物更健康。换言之，在多年的临床实践中，我已经学会带着尊重之情与自信之心，与宠物的身心进行协作。良好的健康，原本就是我们天生的状态，也是我们不去进行干预时的状态。祝愿您和宠物都身体健康。祝愿你们的生命中都充满光明和友爱。

附录 B

应急处理与急救

重要提示：务必请您先阅读以下内容！在紧急情况下，您在最初几分钟内对宠物进行的护理，可能会决定宠物的生死。我推荐给大家的急救药物，无疑都有疗效，会在紧急情况初发到您带着宠物来到兽医诊所的这段时间内，发挥出巨大的作用。不过，它们只是您在联系兽医、做好带着宠物前往治疗的准备时，可以采取的临时性抢救措施。不要把这些方法当成是延缓自己获得专业人员帮助的手段。只有在您无法及时到达医疗机构时，关于延时治疗的那些指导说明才适用。

要想让这一部分的内容能够为您所用，您就应当预先做好计划，并且将所需物品放在方便拿到的地方。不要临时抱佛脚，不要到出现了紧急情况后，才去找凑这些东西，才开始阅读这一章的内容。下面的内容都简单扼要，是框架式的，并且按照字母先后顺序排列，以便您在需要时查找。不

过，请您提前仔细阅读下述各项，以便在危急时刻到来、弄得您手忙脚乱时，您能够找到正确的标题。

下面有一份物品清单，您应当提前预备好，才能充分利用我提出的建议。巴赫医生的“急救灵配方”，在天然食品商店里有售；而其他物品，在药店里也都能找到。至于顺势药物，您在天然食品商店和顺势疗法药房里都可以买到。

顺势药物

对于下述每一种药物，您都可以向一家顺势疗法药房订购3.5克、规格为10号的丸剂（这种丸剂很小，像沙粒一样，最容易给服）；然后，以约10丸为一剂，倒在瓶盖里给宠物服用。

⊙舟形乌头30c

⊙山金车30c

⊙砷酸30c

⊙颠茄30c

⊙金盏花30c

⊙金盏花酊剂：规格为30毫升的滴瓶

⊙金盏花膏剂：可以从顺势疗法药房里购买

⊙植物碳30c

⊙硝酸甘油30c

⊙金丝桃30c

⊙杜香30c

⊙马钱子30c

⊙磷30c

⊙芸香30c

⊙聚合草30c

⊙欧荨麻酊剂：规格为30毫升的滴瓶

// 其他药物

⊙活性炭颗粒

⊙氨水

⊙新鲜的温热咖啡（含咖啡因的）

⊙生洋葱

⊙巴赫医生的“急救灵配方”。按照下述方法，用购买来的浓缩型小贮存瓶花精，制备出一种溶液：将4滴花精，加入一个规格为30毫升、已经装有1/3瓶白兰地酒的滴瓶里；其中的白兰地酒，是用作保鲜剂。将滴瓶加满泉水，然后充分摇晃。提前制备好这种稀释过的溶液，然后按照推荐的用法去给宠物进行治疗。如果避免日光直晒并且存放于阴凉之处，这种制剂起码能够保存1年之久。

// 所需材料

⊙毛毯2块：厚实

⊙胶带：2.5厘米宽的卷形胶带

⊙弹力绷带：8厘米宽

⊙灌肠袋

⊙纱布垫：1包

⊙天然肥皂

⊙塑料碗：用于制备稀释制剂

⊙海盐：用于制备生理盐水（每1杯水中加入1/4茶匙海盐）

⊙水：用于稀释（泉水或蒸馏水最佳；自来水也没有问题）

⊙空塑料注射器：用于给服药物

⊙空滴瓶：用于制备药物

应急处理方法

// 呼吸骤停

遵循下述步骤，应用这种“人工呼吸急救法”。

1. 掰开宠物的嘴巴，将宠物的舌头拉出来，检查宠物的喉咙深处，确保里面没有阻塞物。必要

时，应当将宠物口中的黏液和血液清除掉。然后重新把宠物的舌头放回去。

2. 给服1剂“植物碳30c”。将数丸“植物碳30c”放置在宠物的舌头上。往舌头上滴点水，让丸剂溶解。

3. 闭合宠物的嘴巴，将您的嘴巴放到宠物的鼻孔上。使劲往宠物的肺里吹气，过后任由宠物把气体呼出来。对于宠物狗，每分钟进行人工呼吸6次；对于猫咪，每分钟应当进行12次。往宠物肺里吹气时，应当吹到看得见宠物胸膛鼓起的程度。

4. 5分钟后，开始给宠物服用巴赫医生的“急救灵配方”。往宠物牙龈或者舌头上滴2滴，并且每隔5分钟给服1次，一直持续到宠物恢复呼吸；然后，再每隔30分钟给服1次（如果您找不到兽医来帮忙的话），持续给药4次。

// 呼吸和心跳停止

（听一听宠物的心跳。）

按照下述步骤进行急救。

1. 使用“人工呼吸急救法”（参见上文），并且给服1剂“植物碳30c”（参见上文中“呼吸骤停”一节），同时实施“心脏外部按摩法”（参见第493页“心跳停止”一节）的步骤1。

2. 实施“指压按摩法”。利用大拇指的边沿，或者钢笔的尖帽，强力按压宠物后脚掌上大爪垫的中央。如果一开始时宠物没有反应，则可以从爪垫的后端往前按压，直至按到中央部位。压上几秒钟后，松开手，再按压宠物鼻子上如下图所示的那个点位。交替进行指压按摩法与心肺复苏术（步骤1）。如果是两个人一起施救，那么就可以每个人实施一种，并且连续进行。

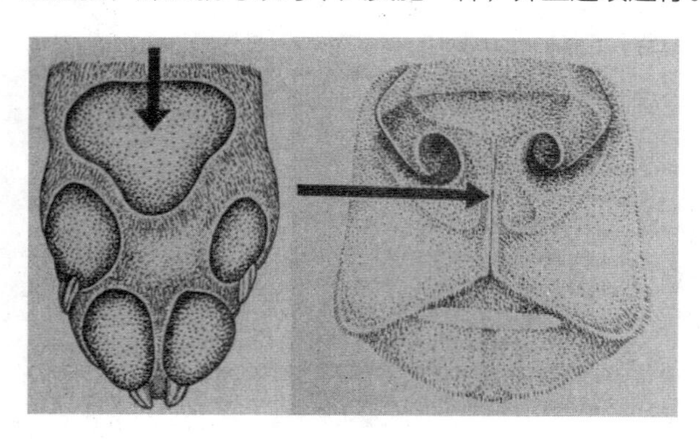

3. 5分钟后，给宠物服用1剂“山金车30c”。将数丸药物置于宠物舌头上。

4. 再过5分钟后，给宠物服用巴赫医生的“急救灵配方”。往宠物牙龈或者舌头上滴2滴，并且每隔5分钟给服1次，持续到宠物恢复呼吸；然后，再每隔30分钟就重复给服1次（如果您找不到兽医来帮忙的话），持续给服4次。

// 烧伤

（皮肤发白或毛发烧焦了。）

采用一种方法即可。

1. 使用“欧荨麻”酊剂。将6滴酊剂加入30毫升（2满汤匙）的水中。用纱布蘸上这种溶液，敷在宠物的烧伤部位。不要移去纱布，但应当往上添洒溶液，让纱布保持湿润。在必要时，可以用绷带把纱布固定住。

2. 给宠物服用1剂“砷酸30c”。

3. 过5分钟后，给服巴赫医生的“急救灵配方”。每隔30分钟往宠物舌头上滴2滴，总共给服3次。每隔4个小时重复给服1次，直到宠物的症状明显缓解下来。

// 交通事故

（明显的外伤；毛皮油乎乎的，或者非常脏。）

按照下述步骤进行。

1. 将宠物移到安全的地方。如果宠物是在路上发现的，脊柱没有弯曲、姿势没有改变，您就可以将宠物轻轻拖到一块板子或者一块绷紧的毛毯上，然后将它转移到安全的地方。您可能需要暂时性地用一根布条或者一块压力绷带，将宠物的口部缠住（就像给宠物戴了个口套似的），或者用一块毯子盖住宠物的头部，以免它咬人。

2. 给宠物服用1剂“山金车30c”。每隔15分钟就往宠物舌头上放置数丸，总共给服3剂的量。只有在安全的情况下，您才能这样去做。宠物受伤后，会毫不客气地乱咬，可能会给您造成极其严重的伤害。如果给宠物服用药物似乎并不安全，那么您可以将2丸药物溶于水中，然后在安全距离之外，从上方滴到宠物的嘴唇上。假如您碰巧有一支带针管的注射器，那就可以从远处将稀释过的药液非常准确地挤射出去，穿过宠物的双唇，射进宠物的嘴里。

3. 给宠物保暖，当心宠物休克（参见第497页的“休克”一节）。

// 心肺复苏术

参见上文中的“呼吸和心跳停止”一节。

// 抽搐

（肌肉僵硬，或者肌肉快速地交替收缩和松弛；剧烈翻滚；口吐白沫。）

按照下述步骤进行。

1. 在宠物抽搐期间，既不要进行干预，也不要想去制止宠物抽搐。那样做，非但对您太过危险，而且对宠物毫无帮助。

2. 如果抽搐过后，宠物呼吸骤停，您应当实施人工呼吸法（参见第489页的“呼吸骤停”一节）。如果宠物的心跳也停止了，您还应当实施心肺复苏术（参见第490页的“呼吸和心跳停止”一节）。

3. 给宠物服用“舟形乌头30c”。在做得到的情况下，您可以往宠物的舌头上放置数丸（参见“交通事故”一节中关于防止被宠物咬伤的警告）。

4. 如果宠物继续抽搐，那么过5分钟后，给宠物服用“颠茄30c”。

5. 再过5分钟后，给宠物服用巴赫医生的“急救灵配方”，每隔15分钟给服2滴；如果宠物受到了惊吓或者完全糊涂了，那么每次可以给服3滴，直到宠物的症状明显缓解下来为止。

6. 考虑宠物抽搐的原因，有可能是中毒（参见第496页的“中毒”一节）。

//割裂伤

（割伤；撕裂伤。）

按照下述步骤进行。

1. 用清水将伤口冲洗干净。将伤口上明显的碎屑清除掉，比如树枝、毛发和碎石。

2. 用“金盏花”洗液敷护伤口。将6滴“金盏花”酊剂加入30毫升（2满汤匙）的水中，用纱布垫蘸上这种药液，然后用胶带将纱布固定在伤口之上。如果这样做对宠物具有刺激作用，那就可以用生理盐水冲洗伤口，然后用绷带将干的纱布垫敷住伤口。

3. 将无须进行专业治疗的小伤口用肥皂水清洗干净，然后小心擦干。将伤口边沿的毛发剪掉。给伤口涂抹“金盏花”药膏，每天2次，直到伤口痊愈。可以的话，不要对伤口进行包扎。

此外，还应给宠物服用1剂“金盏花30c”。

// 骨折

（四肢呈锐角弯折；宠物的腿走不了路。）

按照下述步骤实施。

⊙假如宠物的下肢明显骨折，那么您应当非常小心地将干净的报纸或者杂志卷起来，裹住宠物的下肢，并且用胶带粘好，防止报纸或杂志散开。不要自己试着去固定宠物的腿部；只要让宠物的下肢不会前后晃动就行了。

⊙如果骨折部位还有伤口，那就要在进行上述临时性的夹板固定前，用干净的纱布将伤口盖住。

⊙如果骨折不明显或者位置太高，那就不要试图去用夹板进行固定。让宠物保持最舒适的姿势就可以了。用一个装有垫子的盒子将小型宠物装住，送到兽医那里去治疗，这种做法可能最可取。让宠物用3条腿走路，牵着它去兽医诊所，这种办法适合体形较大的宠物狗。

1. 给服“山金车30c”。1剂通常就已足够；不过，要是宠物仍然疼得厉害的话，您可以在4个小时后再给服1剂。

2. 第二天，给宠物服用“芸香30c”；它可以消除因为骨头上的薄膜撕裂而残留的疼痛感（或者也可以在宠物接受手术后给服，用于减轻术后的疼痛）。

3. 再过3天后，给服“聚合草30c”，以加速骨头的愈合。

// 枪伤

（查查宠物身体两侧是不是各有一个洞，以及宠物是不是极感疼痛和焦虑不安。）

按照下述步骤进行。

1. 给宠物服用“山金车30c”，每隔15分钟给服数丸，总共给服3剂的量。

2. 必要时，可以用干纱布敷在伤口之上进行按压，直到伤口停止出血。或者，您也可以暂时性地使用伤口按压法（参见第495页的“按压包扎术”）。

3. 假如给服了3剂“山金车30c”后，宠物的伤情没有缓解，那就可以给宠物服用“金丝桃30c”。每隔15分钟给服数丸，总计给服3剂的量。

4. 继续用“山金车30c”或“金丝桃30c”进行治疗；不管哪一种，只要效果最佳就好。每隔4个小时给服1剂；并且，凡是需要缓解疼痛时，都可以继续给服。通常来说，3剂就足以让药物发挥出全部作用。

5. 如果宠物仍然明显感到疼痛，那就可以给服1剂“金盏花30c”。

// 心跳停止

（触摸不到心跳，或者在宠物胸部听不到心跳。）

按照下述步骤进行。

1. 实施下述这种“心脏外部按摩法”。让宠物右侧朝下，躺在坚实的地方。将一只手或两只手

（视宠物的体形大小而定）放在宠物的下胸部，也就是宠物肘部的正下方。以每秒1次的速度，平稳地一压一松，如下图所示。注意：按压时如果用力过大，可能会导致宠物的肋骨骨折。

2．给服1剂“植物碳30c”。只要做得到，马上将数丸放置在宠物的舌头上，然后往宠物口中的丸剂上滴一点水，将其溶化。

3．给服巴赫医生的“急救灵配方”。将2滴药物滴入宠物的口内一侧，每隔5分钟给服1剂，直到宠物出现反应为止。然后每隔30分钟给服1剂（如果找不到兽医帮忙的话），总共给服4剂。

4．如果宠物在1分钟后没有恢复心跳，那就应当实施人工呼吸法（参见第489页的“呼吸骤停”一节）。

5．如果宠物的牙龈恢复到了正常的粉色，那就说明心脏外部按摩法（和人工呼吸法）起到了效果。

// 中暑

（宠物在温度很高的汽车内失去意识。）

按照下述步骤进行。

1．马上将宠物转移到一个阴凉的地方。必要时，可以把宠物放到汽车的影子下。

2．往宠物身上浇水。持续浇水，尽可能地让宠物的体温降下来。在将宠物送往兽医诊所的过程中，将冰袋或者冷的湿毛巾放在宠物的身体和头部周围。

3．给服1剂“颠茄30c”。

4．如果在30分钟后宠物的情况仍没有好转，那就可以给服1剂“硝酸甘油30c”。

5．给服巴赫医生的“急救灵配方”。每隔10分钟给宠物口服2滴，直到您带着宠物到达兽医诊所。

6．假如宠物的呼吸已经停止，那就要按照第489页上“呼吸骤停”一节里的说明，实施人工呼吸法。

// 出血

（伤口或者体窍流血。）

对于皮肤创伤，可以运用下述疗法。

1. 给服1剂“山金车30c”。等上30分钟。如果出血没有停止，那就可以给宠物服用下一种药物。

2. 给服1剂“磷30c”。

3. 局部敷用“金盏花”涂剂（将6滴“金盏花”酊剂，用30毫升水进行稀释）。

4. 如果有必要，可以使用“按压包扎术”（参见下文）。

对于体内出血（症状包括：舌头、牙龈和眼睑内侧发白，并且体虚无力），可以应用下述疗法。

1. 给服1剂“山金车30c”，并且每隔30分钟给服1次，总计给服3次。

2. 如果“山金车30c”不足以止血，那就可以按照上述方法，给服3剂“磷30c”。

3. 安抚宠物，让宠物平静下来。假如宠物变得歇斯底里，并且造成了麻烦，那就可以在开始治疗时，每隔5分钟给它口服2滴巴赫医生的“急救灵配方”，总计给服3次。然后，再根据第1步中的方法，给宠物服用“山金车30c”。

// 按压包扎术

（用于控制出血和失血过多；用于固定纱布和药物。）

按照下述步骤进行。

1. 用干的纱布或者加了药物的纱布（“金盏花”药膏是一种不错的选择）敷在伤口上，然后用弹力绷带重叠包扎起来。只能轻轻地进行包扎（尤其是给宠物腿部进行包扎时），因为包扎过紧，可能会让绷带变得像止血带一样，切断血液的供应。如果伤口位于宠物的下肢，您就应当将整个下肢（包括宠物的爪子）全都包扎起来（以防宠物的脚爪出现肿胀）。

2. 用胶带将绷带的末端扎紧，以防止绷带松脱。

3. 如果绷带下方（比如腿上）出现肿胀，那就应当立即将绷带拆除。如果您探得到宠物的爪垫，就要定期检查一下，看宠物的爪垫是不是暖和；宠物的爪垫若是摸起来很凉，那就是绷带扎得太紧了。要记住，用绷带包扎只是权宜之计，只能包扎到出血停止，或者您能够带着宠物去兽医那里就诊为止。

// 蚊虫叮咬

（包括蜜蜂、黄蜂和马蜂叮咬；蜈蚣、蝎子和蜘蛛咬伤；症状是红肿、疼痛。）

按照下述步骤进行。

局部用药：蜜蜂、黄蜂或马蜂叮咬了宠物后，您可以给宠物的伤处敷上一片刚刚切下的洋葱片。或者，您也可以给伤处抹上1滴氨水（您可以使用购买来清洁地板和窗户的那种氨水；少量使用的话，您也可以使用含氨洗涤剂，或者一种氨基窗户清洗剂）。

还有一种效果很好的草药疗法，那就是直接在叮咬处涂抹1滴荨麻提取物（欧荨麻酊剂或者甘油萃取物）。

用一把很钝的刀子，垂直于宠物的皮肤，在叮咬处来回刮擦几次。这样做，会将毒刺找到，并且毫无痛感地拔出来。您可不要试图用手指或者镊子去拔除，因为那样的话，可能会使毒刺把更多的毒素挤进宠物的伤口之中。

内服治疗时，对于所有的蚊虫叮咬，您都可以给宠物服用“杜香30c”，每隔15分钟给服数丸，总共给服3次。

// 中毒

（症状分为三大类：唾液、眼泪过多，以及排尿、排便次数过多；肌肉抽搐、发抖和痉挛；严重呕吐。）

按照下述步骤进行。

1. 给服颗粒状的活性炭。将5满茶匙的活性炭颗粒拌入1杯水中。应当视宠物的体型大小而定，给服1/4至1杯，用勺子喂入。假如给服时宠物挣扎得很厉害，或者给服后症状更加严重，那就不要继续给服。兽医可以给宠物注射镇静剂或者麻醉剂，然后进行治疗。

2. 给服“马钱子30c”，每隔15分钟给服数丸，总计给服3剂的量。如果宠物的中毒症状更加严重，那就不要继续给服。

3. 让宠物保持暖和，并且尽可能让它待在安静的地方。紧张会给宠物造成一种极为不利的影响。

4. 带上疑似的毒药和容器（如果您知道的话），以及宠物的呕吐物去找兽医；兽医可能会搞清楚，让宠物中毒的究竟是什么。

// 穿刺伤

（由牙齿、爪子和尖锐之物造成的伤口。）

按照下述步骤进行。

1. 用肥皂水清洗伤口。要用天然肥皂，而不要用强效洗涤剂。

2. 将伤口中看得见的毛发全都清除掉。

3. 只有在流血过多的情况下，才能用纱布直接按压伤口（参见第495页的“按压包扎术”）。适度出血，有助于将伤口冲洗干净。

4. 给服“杜香30c”，每隔2个小时给服数丸，总共给服3剂的量。

// 休克

（受了重伤后的并发症，症状包括：不省人事、牙龈发白、呼吸急促。）

按照下述步骤进行。

1. 如果宠物身上出现明显的严重瘀伤、外伤，或者您怀疑宠物有内出血的情况，那么可以给服“山金车30c”，每10分钟给服1剂，直到宠物身上出现反应。然后，每隔2小时再给服1剂，直到宠物的牙龈重新变成粉红色，宠物的样子变得正常和机灵为止。

2. 如果宠物失去了意识，那么应当给服“乌头30c”，每10分钟给服1剂，直到宠物恢复意识。假如给服4剂后宠物仍然没有反应，那就应当换成“山金车30c”，用法、时间进度与“乌头30c”相同。

3. 假如宠物似乎濒临死亡（全身发冷、发青、没有生命迹象），那就可以给服“植物碳30c”，每5分钟给服1剂，总共给服3次。要是宠物恢复过来，就应当接着给服“山金车30c”，按照第1步中说明的用法和用量给药。

注意：应该用毛毯给宠物保暖，并且让宠物平躺着。

// 突发性神志不清

（突然之间、毫无预兆地失去意识；晕倒。）

按照下述步骤进行。

1. 首先检查一下，看宠物的呼吸和心跳是否停止了。如果停止了，您应当运用“呼吸骤停”一节（参见第489页）或“呼吸和心跳停止”一节（参见第490页）中描述的方法，对宠物实施急救。

2. 利用巴赫医生的“急救灵配方”，每5分钟给服2滴，直到宠物出现反应，然后每30分钟给服2滴。

3. 给宠物使用温热的咖啡灌肠剂（含咖啡因）。小型犬用1/4杯，中型犬用1/2杯，大型犬用1杯。用纱布按住宠物的肛门15分钟，防止它将灌肠剂排出来。

4. 在做得到的情况下，通过聆听宠物的左胸下部（左肘与胸部相连处的附近），计数1分钟的心率。这种信息对兽医展开治疗很有用处，因为心率异常（过快或过慢）经常都是导致宠物晕倒的原因。

如果这些方法全都没有作用，那么可以给宠物服用1剂“砷酸”，然后就祈祷出现奇迹吧。

草药疗法时间进度

通用指南：如果做得到，就应当使用刚刚采集的新鲜草药和干草药，当年采集和制干的草药更佳。过了几年后，草药会因为接触到空气而丧失药效。草药的酒精萃取物称为“酊剂”，它是一种非常有效的制剂，因为酊剂的性质更加稳定，至少在2年之内保持着药效，有时甚至更久。它们都是装在规格为30毫升的滴瓶里出售的，加水进行稀释时非常方便。胶囊也很有效，可以用于保存草药粉剂。它们会隔绝氧气，使草药保持新鲜；因为草药受到氧化后，药力就会大打折扣。

// 时间进度 1：内服

按照这一时间进度，您应当每天给服草药3次，直到宠物身上的症状消失，或者最高给服7天。您选择的草药种类决定了草药的制备方法（请参阅第18章，了解关于草药的更多知识，以及给宠物服用草药的方法）。下面就是一些可供选择的制剂。

（a）浸提剂。制备浸提剂的方法：先将1杯纯净水（过滤水或者蒸馏水）烧开：将开水倒在1满茶匙的干草药或者1满汤匙的新鲜草药上：盖上盖子，浸泡15分钟：然后用粗棉布或者滤网过滤，提取药液。

每天给宠物服用3次（早晨、下午3点左右和晚上就寝前），给服的剂量如下：猫咪和小型犬（体重低于16千克），每次给服1/2茶匙；中型犬（体重为14～28千克），每次给服1茶匙；大型犬（体重为28千克及以上），每次给服1汤匙。

（b）冷提剂。将2满茶匙干草药或者2满汤匙新鲜草药，浸入1杯冷的纯净水中。盖上盖子，浸泡12小时。滤掉其中的固体药渣，然后用提取的药液每天给服3次，每次的给服剂量与（a）中的浸提剂相同。

（c）汤剂。在有些情况下，本书中的说明还特别提到，您应当制备一种汤剂；这是用于制备某些干燥根茎、块茎和树皮的一种方法。制法：将1满茶匙草药加入1杯纯净水中；将水烧开，然后不盖盖子，文火慢熬15～20分钟；滤掉药渣，再用煎好的药液每天给服3次，每次的给服剂量与（a）中的浸提剂相同。

（d）酊剂。如果您有草药的酊剂（参阅第18章关于制备酊剂的说明，或者在天然食品商店里购买），那就可以按3滴酊剂兑1茶匙纯净水（9滴酊剂兑1汤匙纯净水）的比例，将酊剂进行稀释。用稀释后的药液，每天给服3次，每次的给服剂量与（a）中的浸提剂相同。

（e）胶囊。为人类服用而制备的草药胶囊，也可以给宠物服用，只是剂量要小一点。对于小型犬和猫咪，以半胶囊为1剂；对于中型犬，以1胶囊为1剂；至于大型犬，每剂可以给服2颗胶囊的量。要记住，按照这种时间进度，每次1剂，每天应当给服3次。

// 时间进度 2：内服

按照这种时间进度，每天应当给宠物服用草药2次，差不多就是每隔12小时给服1次。应当根据“时间进度1”中说明的相同步骤和剂量来给服。同样，您应当持续给服到宠物身上的症状消失，或者用药1周。

// 时间进度 3：内服

根据这一方案，您每天只需给宠物服用1次草药（每24小时给服1次）。同样，您应当根据“时间进度1”中说明的相同步骤和药量来给服，并且应当持续给服到宠物身上的症状消失，或者最长用药1周的时间。

// 时间进度 4：外用

这一方案，需要用草药给宠物进行外敷。首先，按照“时间进度1”中的说明，用草药制备出一种热的浸提剂、汤剂或者酊剂稀释液。冷却一会，使药液变成温热，以不至于烫伤宠物的皮肤或者不至于让宠物感到不舒服为准。如果您摸着觉得温度合适，那么很可能宠物也会觉得药液的温度正合适。接下来，将一块抹布或者小毛巾浸入药液中，然后拧干，敷在宠物受到感染的部位上。还应

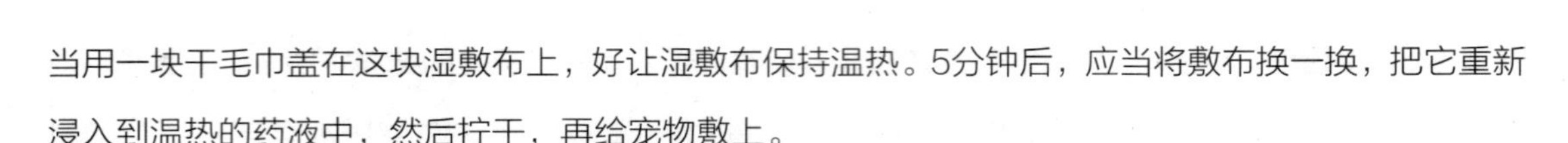

当用一块干毛巾盖在这块湿敷布上，好让湿敷布保持温热。5分钟后，应当将敷布换一换，把它重新浸入到温热的药液中，然后拧干，再给宠物敷上。

如果做得到，您可以敷上15分钟；不过，宠物可能只会让您敷5分钟左右。您可以每天给宠物敷上2次，最多持续2周的时间。

// 时间进度 5：外用

按照“时间进度4”中的说明，制备一种热敷布；但在热敷期间，还应当交替进行几次冷敷（用另一块布浸入自来水中，然后拧干即可敷用）。这种方法更具刺激性，会促进血液强劲地流向所敷部位。首先，用草药药液热敷5分钟，然后进行2分钟的冷敷。接下来，按照相同的顺序，再给宠物敷上1次。整个治疗过程，将会持续15分钟左右。您可以每天给宠物敷上2次，最多持续2周的时间。

// 时间进度 6：外用

根据这种方法，您应当按照“时间进度1”中的说明，用草药制备一种介乎温热之间的浸提剂、汤剂或者酊剂稀释液。待药液温度变得合适后，将宠物的爪子、腿或者尾巴（受到感染的部位）直接浸到药液中。如果宠物能够忍受，那么您至少应当让受到感染的部位浸泡5分钟，然后用毛巾擦干就行了。根据情况需要，每天可以给宠物浸泡2次，最多持续2周的时间。

顺势疗法时间进度

通用指南：给服时，应当先将1丸或2丸药物倒在瓶盖里或者干净的汤匙里，或者先用一张折叠好的小纸，将3丸药物包起来碾碎（丸剂的大小各不一样，我们设想的是标准大小；这种丸剂呈圆形，大小与拉链上的金属串珠差不多。如果丸剂较小，像罂粟籽一样，那么就要多用一点，可以用到10丸左右）。这种方法的要点，就是让患病宠物尝到药物的味道，并且至少服下去1丸。接下来，您就可以将药剂直接倒入宠物的口中或者喉咙里，但不要用手去触摸药剂（请参阅第18章，以便了解更加详细的用法说明，以及可以使用的不同给服方法）。

如果添加到宠物食品中，顺势药物的效果可能不会很好。下面列出的每一种时间进度中，都说明了给宠物服用顺势药物之前和之后，您应当在多长时间内不给宠物喂食。然而，我曾经也让一些顾客把药物添加到少量食物中，去治疗难以直接给药的动物，比如一只受了伤、偶尔过来偷吃狗狗食物的浣熊。对于这种动物，您是无法直接将药物塞到它们嘴里去的!我们这样做了以后，效果似乎也没打什么折扣，因为我们看到，浣熊做出了良好的反应。尽管如此，避免任何可能对药物产生干扰的做法，并且让宠物禁食一段时间，这种做法很可能更安全。

喝水并不是什么大问题，但在给服药物之前和之后的5分钟内不要让宠物喝水，这仍然是一种有益的做法。

// 时间进度 1：急性疾病的治疗

每隔4个小时给服1丸或者1片，直到宠物身上的症状消失。给服药物之前和之后的10分钟内，不要给宠物喂食。

如果宠物身上出现了好转的迹象，那么您就可以停止给药。然而，如果宠物还有发烧的症状，那就要持续进行治疗，直到宠物的体温回到38.6℃以下。

不过，要是给药24小时后仍然没有看到宠物好转的迹象，您就应当换用本书推荐的其他一种药物来试一试了。

// 时间进度 2：急性疾病的治疗

每隔4个小时给服1丸或者2丸，总共给服3次。给药之前和之后的10分钟内，不要给宠物喂食。在接下来的24小时之内，您不需要再用顺势疗法对宠物进行治疗。假如到了那个时候，宠物仍然没有出现明显的好转，那就应当试一试另一种药物，或者选用另一种疗法。

// 时间进度 3：急性疾病的治疗

用这种方法，您只需给宠物进行1次治疗。在给药之前和之后的10分钟内，不要给宠物喂食。假如24小时后宠物仍然没有好转，您就应当选用另一种药物。如果宠物身上出现了明确的好转，您就不需要再给宠物进行顺势治疗。

// 时间进度 4：慢性疾病的治疗

用这种方法，您只需给宠物进行1次治疗。在给药之前和之后的30分钟内，不要给宠物喂食。然后，应当等到整整1个月过去后，才能再给宠物进行治疗；几天后就再次给服药物，是一种错误的做法。如果1个月过后，宠物身上仍然没有出现明显的好转，您就需要另选一种新的药物。

// 时间进度 5：慢性疾病的治疗

按照这种方法，您只需给宠物服用3剂药物，每隔24小时给服1剂，然后再等上1个月的时间。3

次治疗期间，每次您都应当将2整丸或3整丸碾成粉末，然后给宠物服用。将药末放在宠物的舌头上。在每次给药之前和之后的30分钟内，不要给宠物喂食。接下来的1个月内，不要再对宠物进行任何治疗。如果到了那个时候，您仍然没有看到宠物的病情出现好转，那就应当另选一种新的疗法。

// 时间进度 6：慢性疾病的治疗

用这种方法，您须在一段较长的时间内，多次给宠物服用药物。根据推荐的选项，您可以每次给服1剂，(a)每天给药1次；(b)每天给药2次，即差不多每隔12小时给服1次；(c)每天给药3次，即早上、中午和晚上睡觉前各给服1次。每次给药之前和之后的5分钟内，不要给宠物喂食。

整个治疗期，通常都是1个星期或者10天。如果治疗产生了一定的效果，但不足以让宠物彻底痊愈，那么您应当选择一种效果更好的药物。或许，有其他某种因素正在延缓宠物康复的速度。此时，您最好去听听一位采取整体疗法的兽医提出的建议。

评估宠物对药物治疗的反应

判断某种治疗方法有没有发挥出疗效，是您在应用顺势药物的过程中，能否获得全面成功的重要组成部分。这将决定您下一步应当采取什么样的措施，决定您是该继续下去、停止用药，还是该试一试另一种疗法。

一种疗法有效的最初迹象和最佳迹象，就是宠物整体上显得更加舒适，精力、精神状态、活动量和情绪全都有所好转。其次，您也会看到，宠物的身体状况方面出现了某些具体的好转，只是它们出现的速度会较为缓慢。

还有一种良好的迹象，您可能很容易产生误解，那就是宠物的身体可能会出现一种暂时的排毒现象，它属于治愈过程中的一个组成部分。依据所患疾病而定，宠物的这种排毒现象可能呈现出多种形式，比如短暂的腹泻（为期1天）、呕吐（1次），或者皮疹、皮肤溢液。例如，在患有病毒性感染的情况下，宠物的身体还会发烧，以此来调动全身的防御机制。然而，在这些反应中，任何一种都不应该很严重或者持续时间很久。此外，如果治疗方案发挥了作用，那么宠物整体上也会感觉更加舒适。

欲知疗法评估方面的更多信息，请参阅“附录A　快速参考”部分。

许多健康问题都很复杂，难以治疗，因此，如果与一位经验丰富、采用顺势疗法的兽医协作，您将会受益匪浅。假如您心存疑虑，或者宠物的病情变得更加严重，那么您最好是向这样一位兽医咨询一下。在提供兽医顺势疗法培训课程的网站pivh.org上，您可以找到一份兽医名单；其中的兽医，全都接受过皮特凯恩博士关于应用顺势疗法的培训。

延伸阅读

简·阿莱格雷蒂，兽医顺势疗法文凭获得者（DVetHom），《整体疗法养狗全书：宠物狗的家庭保健护理》（第2版，2017年）。

唐·汉密尔顿，兽医学博士（DVM），《猫狗顺势疗法：小宠物，小剂量》（加利福尼亚州巴克莱：北大西洋图书出版公司，修订版，2010年）。

温迪·延森，兽医学博士（DVM），《兽医顺势疗法实用手册》（得克萨斯州卡斯特罗维尔：黑玫瑰作家出版社，2015年）。

安·N.马丁，《宠物最爱的食物》（俄勒冈州特劳特代尔：新圣人出版社，1997年）。

艾伦·舍恩，兽医学博士（DVM），《知心伴侣：人类和动物之间的奇妙关系如何改变了我们的生活方式》（纽约：百老汇图书公司，2002年）。

影像视频

《奶牛阴谋：永远不能说的秘密》（AUM影业公司，2014年）。

YouTube网站上的“短视频”栏目中，有许多关于素食营养学、相关生态和人道问题的专题讲座。

《食品有限公司》（飞天犬影业等，2009年）。